CAMBRIDGE LIBRARY COLLECTION

Books of enduring scholarly value

Mathematical Sciences

From its pre-historic roots in simple counting to the algorithms powering modern desktop computers, from the genius of Archimedes to the genius of Einstein, advances in mathematical understanding and numerical techniques have been directly responsible for creating the modern world as we know it. This series will provide a library of the most influential publications and writers on mathematics in its broadest sense. As such, it will show not only the deep roots from which modern science and technology have grown, but also the astonishing breadth of application of mathematical techniques in the humanities and social sciences, and in everyday life.

Essai sur la théorie des nombres

Adrien-Marie Legendre (1752–1833), one of the great French mathematicians active in the Revolutionary period, made important contributions to number theory, statistics, mathematical analysis and algebra. He taught at the École Militaire, where he was a colleague of Laplace, and made his name with a paper on the trajectory of projectiles which won a prize of the Berlin Academy in 1782, and brought him to the attention of Lagrange. In 1794 he published Eléments de géométrie, which remained a textbook for over 100 years. The first edition of his Essai sur la théorie des nombres was published in 1798, and the much improved second edition, which is offered here, in 1808. In it Legendre had taken account of criticism by Gauss of the mathematical proofs in the first edition, though he was bitter at the manner in which his younger rival had claimed credit for some of his solutions.

Essai sur la théorie des nombres

Adrien-Marie Legendre

Cambridge
University Press

CAMBRIDGE UNIVERSITY PRESS

Cambridge New York Melbourne Madrid Cape Town Singapore São Paolo Delhi

Published in the United States of America by Cambridge University Press, New York

www.cambridge.org
Information on this title: www.cambridge.org/9781108001731

This edition first published 1808
This digitally printed version 2009

ISBN 978-1-108-00173-1

ESSAI
SUR LA THÉORIE
DES NOMBRES;

PAR A. M. LEGENDRE,

Membre de l'Institut et de la Légion d'Honneur, Conseiller titulaire de l'Université Impériale.

SECONDE ÉDITION.

PARIS,

Chez COURCIER, Imprimeur-Libraire pour les Mathématiques, quai des Augustins, n° 57.

1808.

AVERTISSEMENT.

On a tâché de faire disparaître dans cette seconde Édition la plus grande partie des imperfections ou même des erreurs qui étaient restées dans la première, malgré les soins qu'on y avait apportés. Les changemens sont tels, qu'une moitié environ du volume est devenue un ouvrage nouveau.

L'Introduction a été refondue presqu'en entier, et corrigée d'une erreur qui s'était glissée dans les derniers articles.

La première partie a été augmentée de quelques Théorèmes sur les équations indéterminées, et d'une Méthode nouvelle pour l'approximation des racines imaginaires.

Dans la deuxième partie la démonstration de la loi de réciprocité, entre deux nombres premiers, a été perfectionnée à quelques égards.

La théorie contenue dans la troisième partie a été présentée d'une manière nouvelle et entièrement rigoureuse.

La quatrième partie a été augmentée de plusieurs paragraphes sur différens sujets. Dans l'un d'eux on démontre que toute progression arithmétique (excepté celles dont tous les termes ont un commun diviseur) contient une infinité de nombres premiers.

Enfin il a été ajouté une cinquième partie où l'on expose avec tout le détail nécessaire, la belle théorie de la résolution de l'équation $x^n - 1 = 0$, donnée par M. Gauss, dans ses *Disquisitiones arithmeticæ.*

Cet ouvrage qui parut à Léipsick en 1801, et qui plaça tout d'un coup son auteur au rang des Analystes les plus célèbres, contient beaucoup de choses analogues à celles qui sont traitées dans l'Essai sur la Théorie des Nombres, publié en 1798. Il contient particulièrement une démonstration directe et fort ingénieuse de la loi de réciprocité déjà citée; démonstration qu'on se proposait d'insérer avec des développemens plus étendus, dans cette seconde Edition. Mais l'Auteur étant parvenu depuis à en trouver une beaucoup plus simple et plus élégante, on a exposé de préférence cette dernière dans le § VII de la quatrième partie.

On aurait desiré enrichir cet Essai d'un plus grand nombre des excellens matériaux qui composent l'ouvrage de M. Gauss : mais les méthodes de cet auteur lui sont tellement particulières qu'on n'aurait pu, sans des circuits très-étendus, et sans s'assujétir au simple rôle de traducteur, profiter de ses autres découvertes.

PRÉFACE

DE LA PREMIÈRE ÉDITION.

A EN juger par différens fragmens qui nous restent, et dont quelques-uns sont consignés dans Euclide, il paraît que les anciens Philosophes avaient fait des recherches assez étendues sur les propriétés des nombres. Mais il leur manquait deux instrumens pour approfondir cette science; l'art de la numération qui sert à exprimer les nombres avec beaucoup de facilité, et l'Algèbre qui généralise les résultats et qui peut opérer également sur les connues et les inconnues. L'invention de l'un et l'autre de ces arts dut donc influer beaucoup sur les progrès de la science des nombres. Aussi voit-on que l'ouvrage de Diophante d'Alexandrie, le plus ancien auteur d'Algèbre qu'on connaisse, est entièrement consacré aux nombres, et renferme des questions difficiles résolues avec beaucoup d'adresse et de sagacité.

Depuis Diophante jusqu'au temps de Viète et de Bachet, les Mathématiciens continuèrent de s'occuper des nombres, mais sans beaucoup de succès, et sans faire avancer sensiblement la science.

Viète, en ajoutant de nouveaux degrés de perfection à l'Algèbre, résolut plusieurs problèmes difficiles sur les nombres. Bachet, dans son ouvrage intitulé *Problèmes plaisans et délec-*

tables, résolut l'équation indéterminée du premier degré par une méthode générale et fort ingénieuse. On doit à ce même savant un excellent commentaire sur Diophante, qui fut depuis enrichi des notes marginales de Fermat.

Fermat, l'un des Géomètres dont les travaux contribuèrent le plus à accélérer la découverte des nouveaux calculs, cultiva avec un grand succès la science des nombres, et s'y fraya des routes nouvelles. On a de lui un grand nombre de Théorèmes intéressans, mais il les a laissés presque tous sans démonstration. C'était l'esprit du temps de se proposer des problèmes les uns aux autres. On cachait le plus souvent sa méthode, afin de se réserver des triomphes nouveaux tant pour soi que pour sa nation; car il y avait surtout rivalité entre les Géomètres français et les anglais. De là il est arrivé que la plupart des démonstrations de Fermat ont été perdues, et le peu qui nous en reste, nous fait regretter d'autant plus celles qui nous manquent.

Depuis Fermat jusqu'à Euler, les Géomètres, livrés entièrement à la découverte ou à l'application des nouveaux calculs, ne s'occupèrent point de la Théorie des Nombres. Euler, le premier, s'attacha à cette partie; les nombreux Mémoires qu'il a publiés sur cette matière dans les Commentaires de Pétersbourg, et dans d'autres ouvrages, prouvent combien il avait à cœur de faire faire à la science des Nombres les mêmes progrès dont la plupart des autres parties des Mathématiqeus lui étaient redevables. Il est à croire aussi qu'Euler avait un goût particulier pour ce genre de recherches, et qu'il s'y livrait avec une sorte de passion, comme il arrive à presque tous ceux qui s'en occupent. Quoi qu'il en soit, ses savantes recherches le conduisirent à démontrer deux des principaux Théorèmes de Fermat, savoir, 1°. que si a est un nombre premier, et x un nombre quelconque non divisible par a, la formule $x^{a-1}-1$ est toujours divisible par a; 2°. que tout nombre premier de forme $4n+1$, est la somme de deux quarrés.

Une multitude d'autres découvertes importantes se font remarquer dans les Mémoires d'Euler. On y trouve la théorie des diviseurs de la quantité $a^n \pm b^n$, le traité *de partitione numerorum*, qui est inséré aussi dans son *Introd. in Anal. infinit.*, l'usage des facteurs imaginaires ou irrationnels dans la résolution des équations indéterminées, la résolution générale des équations indéterminées du second degré, en supposant qu'on en connaisse une solution particulière; la démonstration de beaucoup de Théorèmes sur les puissances des nombres, et particulièrement de ces propositions négatives avancées par Fermat; que la somme ou la différence de deux cubes ne peut être un cube, et que la somme ou la différence de deux biquarrés ne peut être un quarré. Enfin on trouve dans ces mêmes écrits un grand nombre de questions indéterminées résolues par des artifices analytiques très-ingénieux.

Euler a été pendant long-temps presque le seul Géomètre qui se soit occupé de la Théorie des Nombres. Enfin Lagrange est entré aussi dans la même carrière, et ses premiers pas ont été signalés par des succès égaux à ceux qu'il avait déjà obtenus dans des recherches d'un genre plus sublime. Une méthode générale pour résoudre les équations indéterminées du second degré, et, ce qui était plus difficile, une méthode pour les résoudre en nombres entiers, fut le coup d'essai de ce savant illustre; bientôt après il appliqua les fractions continues à cette branche d'analyse; il démontra le premier que la fraction continue égale à la racine d'une équation rationnelle du second degré, devait être périodique, et il en conclut que le problème de Fermat, concernant l'équation $x^2 - Ay^2 = 1$, est toujours résoluble; proposition qui n'avait pas encore été établie d'une manière rigoureuse, quoique plusieurs Géomètres eussent donné des méthodes pour la résolution de cette équation.

Le même savant, par des recherches ultérieures qui sont consignées dans les Mémoires de Berlin, a démontré le premier que tout nombre entier est la somme de quatre quarrés; on lui doit également plusieurs autres démonstrations importantes, mais la plus remarquable de ses découvertes est une méthode générale de laquelle découlent comme corollaires une infinité de Théorèmes sur les nombres premiers.

Cette méthode, singulièrement féconde, est fondée sur la considération des formes tant quadratiques que linéaires qui conviennent aux diviseurs de la formule $t^2 + au^2$, où t et u sont deux indéterminées, et a un nombre donné. Il restait cependant à établir, d'une manière générale, la relation qui doit exister entre les formes linéaires et les formes quadratiques appliquées aux nombres premiers; car au défaut du principe qui contient cette relation (1), la Théorie de Lagrange, qui donne une infinité de Théorèmes pour les nombres premiers $4n + 3$, n'en fournit qu'un très-petit nombre relatifs aux nombres premiers $4n + 1$.

Un Mémoire que j'ai publié dans le volume de l'Académie

---

(1) Voyez sur cet objet les Mémoires de l'Académie des Sciences de Berlin, année 1775, pag. 350 et 352.

des Sciences pour l'année 1785, offre les moyens de démontrer le principe dont il s'agit, et renferme d'ailleurs des propositions qui paraissent avancer la science des nombres. J'y ai donné 1°. la démonstration d'un Théorème pour juger de la possibilité ou de l'impossibilité de toute équation indéterminée du second degré, ramenée à la forme $ax^2 + by^2 = cz^2$; 2°. la démonstration d'une loi générale qui existe entre deux nombres premiers quelconques, et qu'on peut appeler *loi de réciprocité*; 3°. l'application de cette loi à diverses propositions, et son usage, tant pour perfectionner la Théorie de Lagrange, que pour vaincre d'autres difficultés du même genre.

Le même Mémoire contient en outre l'ébauche d'une théorie entièrement nouvelle sur les nombres considérés en tant qu'ils sont décomposables en trois quarrés; théorie à laquelle appartient le fameux Théorème de Fermat, qu'un nombre quelconque est la somme de trois triangulaires, et cet autre Théorème du même auteur, que tout nombre premier $8n + 7$ est de la forme $p^2 + q^2 + 2r^2$.

Depuis l'époque de la publication de ce Mémoire, je me suis occupé à diverses reprises de développer les vues qu'il contient, et d'apporter quelques perfectionnemens à différens points de la Théorie des Nombres ou de l'Analyse indéterminée (1). Mes recherches à cet égard ayant été suivies de

---

(1) Je ne sépare point la Théorie des Nombres de l'Analyse indéterminée, et je regarde ces deux parties comme ne faisant qu'une seule et même branche de l'Analyse algébrique. En effet, il n'est pas de Théorème sur les nombres qui ne soit relatif à la résolution d'une ou de plusieurs équations indéterminées. Ainsi quand on assure, d'après Fermat, que tout nombre premier $4n + 1$ est la somme de deux quarrés, c'est comme

quelques succès, je me proposais d'abord d'en publier le résultat dans un Mémoire particulier; j'ai cru ensuite devoir profiter de cette occasion pour traiter la Théorie des Nombres avec plus d'étendue qu'on ne l'a fait jusqu'à présent, et en y comprenant le résultat des principales recherches d'Euler et de Lagrange sur la même matière.

C'est ainsi que je me suis déterminé à composer l'ouvrage que j'offre en ce moment au Public; je le donne non comme un traité complet, mais simplement comme un essai qui fera connaître à-peu-près l'état actuel de la science, et qui contribuera peut-être à en accélérer les progrès. . . . .

---

si on disait que l'équation $A = y^2 + z^2$ est toujours résoluble tant que A est un nombre premier de la forme $4n + 1$. On peut ajouter que dans ce même cas l'équation $A = y^2 + z^2$ n'aura jamais qu'une solution, ce qui est un second Théorème contenant une propriété caractéristique des nombres premiers $4n + 1$.

TABLE DES MATIÈRES.

INTRODUCTION,

Contenant des notions générales sur les Nombres.

PREMIÈRE PARTIE.

EXPOSITION DE DIVERSES MÉTHODES ET PROPOSITIONS RELATIVES A L'ANALYSE INDÉTERMINÉE.

SECONDE PARTIE.

PROPRIÉTÉS GÉNÉRALES DES NOMBRES.

TROISIÈME PARTIE.

THÉORIE DES NOMBRES CONSIDÉRÉS COMME DÉCOMPOSABLES EN TROIS QUARRÉS.

QUATRIÈME PARTIE.

MÉTHODES ET RECHERCHES DIVERSES.

CINQUIÈME PARTIE.

TABLES.

FIN DE LA TABLE DES MATIÈRES.

ERRATA.

Pag. 228,	lign. 21.......	$t^2c + cu^2$,	*lisez* $t^2 + cu^2$
232,	2 et 6...	a aura	*a* aura
265,	34.......	$\mu m^2 + \nu n^2$	$m\mu^2 + n\nu^2$
384,	23.......	pusique	puisque
456,	avant-dern.	pouvant	peuvent

ESSAI

SUR

LA THÉORIE DES NOMBRES.

INTRODUCTION

CONTENANT DES NOTIONS GÉNÉRALES SUR LES NOMBRES.

Notre objet, dans cette Introduction, est de présenter quelques considérations générales sur la nature des nombres, et particulièrement sur celle des nombres premiers. Mais, avant tout, nous croyons devoir nous occuper de quelques propositions fondamentales, dont la démonstration ne se trouve pas dans les Traités ordinaires d'Arithmétique, ou du moins n'y est présentée que d'une manière peu rigoureuse.

I. Nous examinerons d'abord pourquoi le produit de deux nombres demeure le même, en changeant l'ordre des facteurs, c'est-à-dire, pourquoi $A\times B=B\times A$.

Soit A le plus grand des deux nombres A et B, soit C leur différence, et en conséquence $A=B+C$. On accordera aisément que le produit de A par B, c'est-à-dire A pris B fois, est composé du produit de B par B et du produit de C par B, de sorte qu'en écrivant le multiplicateur le dernier, on a $A\times B=B\times B+C\times B$. Mais le produit de B par A ou par $B+C$, est composé aussi de B pris B fois et de B pris C fois, de sorte qu'on a $B\times A=B\times B+B\times C$. De là on voit que le produit $A\times B$ sera le même que le produit $B\times A$, si le produit partiel $C \times B$ est égal à $B \times C$. Mais par la même raison l'égalité entre CB et BC se prouvera par l'égalité entre deux produits plus petits CD et DC; et en continuant ainsi on parviendra nécessairement, soit au cas où les deux facteurs sont égaux, soit au cas où l'un des deux est égal à l'unité. Dans le premier cas, l'égalité est manifeste; dans le second, elle se conclut de ce que $H \times 1$ est H, ainsi que $1 \times H$. Donc le produit $A \times B$ est toujours égal au produit $B \times A$.

II. On suppose ordinairement qu'en multipliant un nombre donné C par un autre nombre N qui est lui-même le produit de deux facteurs A et B, il revient au même de multiplier C par N tout d'un coup, ou bien de multiplier C par A, ensuite le produit par B.

Pour démontrer cette proposition, j'observe d'abord que le produit AB n'est autre chose que $A + A + A +$ etc., le nombre de ces termes étant B. Lors donc qu'on multiplie un troisième nombre C par le produit AB, on est censé répéter B fois l'opération de multiplier C par A, c'est-à-dire qu'on a $CA + CA + CA +$etc., le terme CA étant écrit B fois. Le résultat est donc $\overline{CA} \times B$, de sorte qu'on a $C \times \overline{AB} = \overline{CA} \times B$.

III. D'après ces deux propositions, on démontrera facilement que *le produit de tant de facteurs qu'on voudra, demeure toujours le même, en quelque ordre que les facteurs soient multipliés.*

Pour prouver, par exemple, que le produit $A \times B \times C \times D$ est égal au produit $C \times A \times D \times B$, je commence par faire ensorte que la même lettre occupe la dernière place dans les deux. Or on a, en vertu des propositions précédentes, $A \times \overline{BC} = A \times \overline{CB} = \overline{AC} \times B$; donc $A \times B \times C \times D = \overline{AC} \times B \times D = \overline{AC} \times \overline{BD} = \overline{AC} \times D \times B$; la lettre B est à la dernière place dans ce produit, comme elle l'est dans l'autre produit donné $CADB$. Otant la dernière lettre, il suffira de prouver l'égalité $\overline{AC} \times D = C \times A \times D$; or celle-ci résulte de ce que $AC = C \times A$.

IV. « Le produit de deux nombres A et B est divisible par tout nombre » qui divise exactement l'un des deux facteurs A et B. »

Car soit θ un nombre qui divise B, et soit en conséquence $B = C \times \theta$, on aura $AB = \overline{AC} \times \theta$; donc AB divisé par θ donne le quotient exact AC.

V. « Si le nombre θ divise à-la-fois les deux nombres A et B, il di-

» visera la somme et la différence de deux multiples quelconques de ces » nombres. »

Car si l'on a $A = A'\theta$, $B = B'\theta$, il en résulte $mA \pm nB = mA'\theta \pm nB'\theta$, quantité qui, divisée par θ, donne le quotient exact $mA' \pm nB'$.

VI. « Tout nombre premier qui ne divise ni l'un ni l'autre des fac- » teurs A et B, ne peut diviser leur produit AB. »

Cette proposition étant l'une des plus importantes de la théorie des nombres, nous donnerons à sa démonstration tout le développement nécessaire.

Soit, s'il est possible, θ un nombre premier qui ne divise ni A ni B, mais qui divise le produit AB, on pourra supposer qu'en divisant A par θ on a le quotient m (qui pourrait être zéro) et le reste A'; on aura donc $A = m\theta + A'$, et semblablement $B = n\theta + B'$. Donc $AB = mn\theta^2 + nA'\theta + mB'\theta + A'B'$. Cette quantité, d'après l'hypothèse, doit être divisible par θ, et comme les trois premiers termes sont divisibles par θ, il faudra que le quatrième $A'B'$ soit également divisible par θ; ainsi nous pourrons faire $A'B' = C'\theta$.

Dans ce premier résultat, nous remarquerons 1°. que A' et B' ne sont zéro ni l'un ni l'autre, parce que A et B sont supposés non divisibles par θ; 2°. que A' et B', comme restes de la division par θ, sont moindres que θ; 3°. qu'aucun des nombres A' et B' ne peut être égal à l'unité; car si on avait $A' = 1$, le produit $A'B'$ se réduirait à B'; or B' étant $< \theta$, il est impossible qu'on ait $B' = C'\theta$.

Nous avons donc deux nombres entiers, A', B', tous deux plus grands que l'unité, et tous deux moindres que θ, dont le produit est divisible par θ, de sorte qu'on a $A'B' = C'\theta$. Voyons les conséquences qui en résultent.

Puisque A' est moindre que θ, on peut diviser θ par A'; soit p le quotient et A'' le reste, on aura $\theta = pA' + A''$; donc $\theta \times B' = pA'B' + A''B'$. Le premier membre est divisible par θ, il faut donc que le second le soit aussi. Mais la partie $A'B'$ est divisible d'elle-même par θ, puisque $A'B' = C'\theta$; donc l'autre partie $A''B'$ doit être encore divisible par θ.

Le nombre A'', comme reste de la division par A', est moindre que A', il ne peut d'ailleurs être zéro; car si cela était, θ serait divisible par A' et ne serait plus un nombre premier. Donc du produit $A'B'$, supposé divisible par θ, on tire un autre produit $A''B'$ divisible encore par θ, et qui est plus petit que $A'B'$ sans être zéro.

En suivant le même raisonnement, on déduira du produit $A''B'$ un autre produit $A'''B'$ ou $A''B''$, encore plus petit, et qui sera toujours divisible par θ sans être zéro.

Et en continuant la suite de ces produits décroissans, on parviendra nécessairement à un nombre moindre que θ. Or il est impossible qu'un nombre moindre que θ, et qui n'est pas zéro, soit divisible par θ; donc l'hypothèse d'où l'on est parti ne saurait avoir lieu.

Donc si les nombres A et B ne sont divisibles, ni l'un ni l'autre, par θ, leur produit AB ne pourra non plus être divisible par θ.

VII. La doctrine des incommensurables repose entièrement sur le principe qu'on vient de démontrer. En effet, s'il existait, par exemple, une fraction rationnelle $\frac{m}{n}$ égale à $\sqrt{2}$, il faudrait que $\frac{m^2}{n^2}$ fût égale à 2. Donc m^2 devrait être divisible par chacun des nombres premiers qui divisent n. Mais la fraction $\frac{m}{n}$ étant censée irréductible, m n'a aucun diviseur commun avec n; donc, en vertu du théorème précédent, m^2 ne peut avoir non plus aucun diviseur commun avec n; donc il est impossible qu'on ait $\frac{m^2}{n^2}=2$.

En général une puissance quelconque du nombre a ne peut avoir pour diviseurs d'autres nombres premiers que ceux qui divisent a; ainsi s'il n'y a point de nombre entier x tel que $x^n=b$, b étant un nombre donné, il n'y a point non plus de fraction $\frac{x}{y}$ telle que $\frac{x^n}{y^n}=b$.

VIII. « Un nombre quelconque N, s'il n'est pas premier, peut être » représenté par le produit de plusieurs nombres premiers α, β, γ, etc., » élevés chacun à une puissance quelconque, de sorte qu'on peut toujours » supposer $N=\alpha^m\beta^n\gamma^p$, etc. »

La méthode à suivre pour opérer cette décomposition, consiste à essayer la division du nombre N par chacun des nombres premiers 2, 3, 5, 7, 11, etc. Lorsque la division réussit par l'un de ces nombres α, on la répète autant de fois qu'elle est possible, par exemple, m fois, et en appelant le dernier quotient P, on a $N=\alpha^m P$.

Le nombre P ne pouvant plus être divisé par α, il est inutile d'essayer la division de P par un nombre premier moindre que α; car si P était divisible par θ moindre que α, il est clair que N serait aussi divisible par θ, ce qui est contraire à la supposition. On ne devra donc essayer de diviser P que par des nombres premiers plus grands que α; on trouvera ainsi successivement $P = \beta^n Q$, $Q = \gamma^p R$, etc., ce qui donnera $N = \alpha^m \beta^n \gamma^p$, etc.

IX. « Si, après avoir essayé la division d'un nombre donné N par les » nombres premiers plus petits que $\sqrt{N}$, on n'en trouve aucun qui di- » vise N, on en conclura avec certitude que N est un nombre premier. »

Car supposons que N soit divisible par un nombre premier $\theta > \sqrt{N}$, on aurait donc, en appelant P le quotient, $N = \theta P$. Mais puisque θ est $> \sqrt{N}$, on aura $P = \frac{N}{\theta} < \frac{N}{\sqrt{N}} < \sqrt{N}$; donc N serait divisible par un nombre P moindre que $\sqrt{N}$; donc, à plus forte raison, il serait divisible par un nombre premier $< \sqrt{N}$, ce qui est contre la supposition.

On peut donc trouver, de cette manière, si un nombre donné N est premier, ou s'il ne l'est pas; mais quoique cette méthode soit susceptible de quelques abrégés dont nous ferons mention ci-après, elle est en général longue et fastidieuse. Aussi plusieurs mathématiciens ont-ils jugé convenable de construire des tables de nombres premiers plus ou moins étendues.

La manière la plus simple de construire ces tables, est de commencer par écrire de suite les nombres impairs 1, 3, 5, 7, etc. jusqu'à 100000, ou telle autre limite qu'on peut se proposer. Cette suite étant formée, on en efface successivement tous les multiples de 3, tous ceux de 5, tous ceux de 7, etc., en conservant seulement les premiers termes 3, 5, 7, etc., non effacés par les opérations antérieures. De cette manière, il est visible que tous les nombres restans n'ont d'autres diviseurs qu'eux-mêmes, et qu'ainsi ils sont des nombres premiers. On trouvera à la fin de cet Ouvrage une Table n° IX, qui contient les nombres premiers jusqu'à 1229. Dans un Livre intitulé, *Georgii Vega Tabulæ logarithmico-trigonometricæ, Lipsiæ* 1797, on en trouve une qui s'étend jusqu'à 400000, et qui a, de plus, l'avantage d'indiquer pour chaque nombre composé le plus petit nombre premier qui en est diviseur.

X. Un nombre N étant réduit à la forme $\alpha^m \beta^n \gamma^p$, etc., tout diviseur de ce nombre sera aussi de la forme $\alpha^\mu \beta^\nu \gamma^\pi$, etc., où les exposans μ, ν, π, etc. ne pourront surpasser m, n, p, etc. Il suit de là que tous les diviseurs du nombre N seront les différens termes du produit développé

$$P = (1 + \alpha + \alpha^2 \ldots + \alpha^m)\,(1 + \beta + \beta^2 \ldots + \beta^n)\ (\text{etc.})$$

Donc le nombre de tous ces diviseurs est

$$(m+1)\,(n+1)\,(p+1) \text{ etc.}$$

Et en même temps la somme de ces mêmes diviseurs est égale à P et peut se mettre sous la forme

$$P = \frac{\alpha^{m+1}-1}{\alpha-1},\quad \frac{\beta^{n+1}-1}{\beta-1},\quad \frac{\gamma^{p+1}-1}{\gamma-1},\quad \text{etc.}$$

Par exemple, puisqu'on a $360 = 2^3 . 3^2 . 5^1$, le nombre des diviseurs de 360 est $4.3.2 = 24$, et leur somme

$$= \frac{2^4-1}{2-1} \cdot \frac{3^3-1}{3-1} \cdot \frac{5^2-1}{5-1} = 15.13.6 = 1170.$$

XI. Il est facile de trouver un nombre qui ait tant de diviseurs qu'on voudra. Cherchons, par exemple, un nombre qui ait 36 diviseurs; on décomposera 36 en facteurs premiers ou non, tels que 4.3.3; on diminuera chaque facteur d'une unité, ce qui donnera 3.2.2; d'où l'on conclura que $\alpha^3\beta^2\gamma^2$ est l'une des formes du nombre cherché, α, β, γ étant des nombres premiers inégaux. Les facteurs 6, 3, 2 donneraient une autre forme $\alpha^5\beta^2\gamma^1$, dans laquelle le plus simple des nombres compris est $2^5 . 3^2 . 5 = 1440$.

XII. Si on cherche en combien de manières le nombre $N = \alpha^m\beta^n\gamma^p$, etc. peut être le produit de deux facteurs A et B, on trouvera que ce nombre $= \frac{1}{2}(m+1)\,(n+1)\,(p+1)$ etc. Car chaque diviseur A est accompagné de son inverse $\frac{N}{A}$ ou B; ainsi le nombre des quantités AB ou BA est la moitié de celui des diviseurs de N.

Si le nombre N était un quarré, tous les exposans m, n, p, etc. seraient pairs, et alors la moitié du produit $(m+1)\,(n+1)\,(p+1)$ etc. contiendrait la fraction $\frac{1}{2}$, pour laquelle il faudrait prendre l'unité.

XIII. Si l'on veut que les deux facteurs dans lesquels on décompose le nombre N soient premiers entre eux, alors le nombre des combinaisons ne dépend plus des exposans m, n, p, etc., et il est le même que si le nombre N était simplement $\alpha\beta\gamma\delta$, etc. de sorte qu'en appelant k le nombre des facteurs premiers inégaux α, β, γ, etc., on aura 2^{k-1} pour le nombre de manières de partager N en deux facteurs premiers entre eux.

Par exemple, le nombre 1800 peut se partager de 18 manières en deux facteurs; mais il ne peut se partager que de quatre manières en deux facteurs premiers entre eux; car on a $1800 = 2^3 . 3^2 . 5^2$, et $2^{3-1} = 4$.

XIV. Un nombre N étant donné, soit proposé de trouver combien il y a de nombres premiers à N et plus petits que N. Pour cela, nous allons examiner successivement l'influence des différens facteurs premiers sur le résultat.

Soit d'abord $N=\alpha M$, α étant un nombre premier et M un facteur quelconque qui pourrait être divisible par α ou par une puissance de α. Si l'on considère la suite des nombres naturels 1, 2, 3...N, les termes de cette suite qui sont divisibles par α forment eux-mêmes la suite $\alpha, 2\alpha, 3\alpha \ldots M\alpha$; leur nombre $=M$; donc en appelant x le nombre des termes de la première suite qui ne sont pas divisibles par α, on aura

$$x = M\alpha - M = M(\alpha - 1) = N\left(1 - \frac{1}{\alpha}\right).$$

Soit en second lieu $N=\alpha\beta M$, α et β étant deux nombres premiers différens et M un facteur quelconque. Dans la suite 1, 2, 3...N, on peut distinguer trois sortes de termes, 1°. les x termes qui ne sont divisibles ni par α ni par β; 2°. les termes qui sont divisibles par l'un de ces nombres premiers, sans l'être par l'autre; 3°. les termes divisibles par $\alpha\beta$.

Les termes divisibles par α sont au nombre de $\frac{N}{\alpha}$ ou $M\beta$; mais si on en exclut les termes divisibles par β, leur nombre se réduira, suivant ce qu'on a déjà trouvé, à $M(\beta - 1)$. De même les termes divisibles par β, sans l'être par α, sont au nombre de $M(\alpha - 1)$. Enfin les termes divisibles par $\alpha\beta$ sont au nombre de M. Donc on aura

$$\begin{aligned} \alpha\beta M = x + M(\beta - 1) + M \\ + M(\alpha - 1); \end{aligned}$$

d'où l'on tire

$$x = M(\alpha - 1)(\beta - 1) = N\left(1 - \frac{1}{\alpha}\right)\left(1 - \frac{1}{\beta}\right).$$

Soit en troisième lieu $N=\alpha\beta\gamma M$; nous distinguerons semblablement dans la suite 1, 2, 3...N, quatre sortes de termes, 1°. les x termes qui ne sont divisibles par aucun des facteurs α, β, γ; 2°. les termes qui sont divisibles par un de ces facteurs seulement; 3°. ceux qui le sont par deux seulement; 4°. enfin ceux qui le sont par trois.

Les termes divisibles par α sont en général au nombre de $\frac{N}{\alpha}$ ou $M\beta\gamma$; mais si parmi eux on ne considère que ceux qui sont premiers à β et γ, leur nombre se réduit à $M(\beta-1)(\gamma-1)$, ainsi qu'on l'a trouvé dans le second cas.

Les termes divisibles par $\alpha\beta$ sont en général au nombre de $\frac{N}{\alpha\beta}$ ou $M\gamma$;

mais en ne considérant parmi ceux-ci que les termes premiers à γ, leur nombre se réduit à $M(\gamma-1)$.

Enfin les termes divisibles par $\alpha\beta\gamma$ sont au nombre de $\frac{N}{\alpha\beta\gamma}$ ou M. Donc on aura N ou

$$\begin{aligned}\alpha\beta\gamma M = x &+ M(\beta-1)(\gamma-1)+M(\gamma-1)+M\\ &+M(\gamma-1)(\alpha-1)+M(\alpha-1)\\ &+M(\alpha-1)(\beta-1)+M(\beta-1).\end{aligned}$$

Soit, pour un moment, $\alpha-1=\alpha'$, $\beta-1=\beta'$, $\gamma-1=\gamma'$, le premier membre deviendra $M(\alpha'+1)(\beta'+1)(\gamma'+1)$, ou

$$\begin{aligned}M\alpha'\beta'\gamma' &+ M\beta'\gamma'+M\gamma'+M\\ &+M\gamma'\alpha'+M\alpha'\\ &+M\alpha'\beta'+M\beta'.\end{aligned}$$

Et le second membre ne diffère de cette quantité que par le premier terme, qui est x au lieu de $M\alpha'\beta'\gamma'$. Donc on a $x=M\alpha'\beta'\gamma'$, ou

$$x=N\left(1-\frac{1}{\alpha}\right)\left(1-\frac{1}{\beta}\right)\left(1-\frac{1}{\gamma}\right).$$

Le même raisonnement s'étend aisément à un plus grand nombre de facteurs, et on voit que le résultat sera toujours de la même forme.

XV. Cela posé, tout nombre N pouvant être mis sous la forme $\alpha^m\beta^n\gamma^p$, etc., laquelle est comprise dans l'expression générale $M\alpha\beta\gamma$, etc., il est clair que par la formule

$$x=N\left(1-\frac{1}{\alpha}\right)\left(1-\frac{1}{\beta}\right)\left(1-\frac{1}{\gamma}\right), \text{ etc.}$$

on connaîtra combien il y a de nombres premiers à N et plus petits que N.

Par exemple, on a $60=2^2.3.5$, et $60(1-\frac{1}{2})(1-\frac{1}{3})(1-\frac{1}{5})=16$; donc il y a 16 nombres plus petits que 60 et premiers à 60. Ces nombres sont 1, 7, 11, 13, 17, 19, 23, 29, 31, 37, 41, 43, 47, 49, 53, 59.

XVI. Cherchons maintenant combien de fois un nombre premier donné θ est facteur dans la suite des nombres naturels depuis 1 jusqu'à N, ou, ce qui revient au même, quelle est la plus grande puissance de θ qui divise le produit $1.2.3...N$.

Pour cela, désignons par $E\left(\frac{n}{a}\right)$ l'entier le plus grand contenu dans la fraction $\frac{n}{a}$, et le nombre cherché ou l'exposant de θ étant nommé x, nous aurons

$$x = E\left(\frac{N}{\theta}\right) + E\left(\frac{N}{\theta^2}\right) + E\left(\frac{N}{\theta^3}\right) + \text{etc.},$$

cette suite étant prolongée tant que le numérateur est plus grand que le dénominateur.

En effet, il est évident que $E\left(\frac{N}{\theta}\right)$ représente le nombre des termes de la suite 1, 2, 3....N, qui sont divisibles par θ; pareillement, $E\left(\frac{N}{\theta^2}\right)$ représente le nombre des termes de la même suite qui sont divisibles par θ^2, ainsi des autres. Or si dans le produit 1.2.3...N, il n'y avait point de termes divisibles par θ^2, le nombre des facteurs θ qui divisent ce produit serait simplement $E\left(\frac{N}{\theta}\right)$; s'il y a ensuite des termes divisibles par θ^2, chacun de ces termes ajoute un nouveau facteur θ à celui qui était déjà compris dans $E\left(\frac{N}{\theta}\right)$; de sorte qu'à raison des termes divisibles par θ, et des termes divisibles par θ^2, le nombre des facteurs θ devient $E\left(\frac{N}{\theta}\right) + E\left(\frac{N}{\theta^2}\right)$. Pareillement, chaque terme divisible par θ^3 ajoute un facteur θ de plus à ceux qui étaient déjà dénombrés; de sorte que le nombre total des facteurs θ devient $E\left(\frac{N}{\theta}\right) + E\left(\frac{N}{\theta^2}\right) + E\left(\frac{N}{\theta^3}\right)$; ainsi de suite jusqu'à ce qu'on parvienne à une puissance $\theta^i > N$; alors la série des E est terminée, puisque $\frac{N}{\theta^i}$ étant plus petit que l'unité, l'entier compris $E\left(\frac{N}{\theta^i}\right) = 0$.

XVII. Cherchons, par exemple, combien, dans le produit des nombres naturels de 1 à 10000, il y a de fois le facteur 7. Nous ferons l'opération suivante, qui se termine bientôt,

$$E\left(\frac{10000}{7}\right) = 1428$$

$$E\left(\frac{10000}{7^2}\right) = E\left(\frac{1428}{7}\right) = 204$$

$$E\left(\frac{10000}{7^3}\right) = E\left(\frac{204}{7}\right) = 29$$

$$E\left(\frac{10000}{7^4}\right) = E\left(\frac{29}{7}\right) = 4$$

$$E\left(\frac{10000}{7^5}\right) = E\left(\frac{4}{7}\right) = 0.$$

La somme de tous ces nombres $=1665$; donc le produit dont il s'agit est divisible par 7^{1665}.

Si le nombre proposé N eût été une puissance entière de 7, on aurait eu exactement $x=N\left(\frac{1}{7}+\frac{1}{7^2}+\text{etc.}\right)=\frac{N-1}{6}$. En général, si on a $N=\theta^m$, le nombre des facteurs θ compris dans le produit 1.2.3...N sera

$$x=\frac{N-1}{\theta-1}.$$

Et si on fait, comme on peut toujours le supposer,

$$N=A\theta^m+B\theta^n+C\theta^p+\text{etc.},$$

les coefficiens A, B, C, etc. étant plus petits que θ, il en résultera

$$x=\frac{N-A-B-C-\text{etc.}}{\theta-1}.$$

XVIII. Dans le cas particulier où $\theta=2$, si l'on a $N=2^m$, il en résultera $x=N-1$, et si l'on fait généralement

$$N=2^m+2^n+2^p+\text{etc.},$$

on aura

$$x=N-k,$$

k étant le nombre des termes 2^m, 2^n, 2^p, etc. dont se compose la valeur de N.

Veut-on, par exemple, savoir combien de fois 2 est facteur dans la suite des nombres naturels de 1 à 1000? on décomposera 1000 en puissances de 2, savoir $2^9+2^8+2^7+2^6+2^5+2^3$; et comme le nombre de ces termes est 6, le nombre cherché sera $1000-6$ ou 994.

Le même résultat s'obtient non moins facilement par la formule generale, car on a $E\left(\frac{1000}{2}\right)=500$, $E\left(\frac{500}{2}\right)=250$, $E\left(\frac{250}{2}\right)=125$, $E\left(\frac{125}{2}\right)=62$, $E\left(\frac{62}{2}\right)=31$, $E\left(\frac{31}{2}\right)=15$, $E\left(\frac{15}{2}\right)=7$, $E\left(\frac{7}{2}\right)=3$, $E\left(\frac{3}{2}\right)=1$, et la somme de tous ces nombres $=994$.

XIX. « Tout nombre premier, excepté 2 et 3, est compris dans la » formule $6x\pm1$. »

En effet, si l'on divise un nombre impair par 6, le reste ne peut être que l'un des nombres 1, 3, 5. Donc tout nombre impair peut être représenté par l'une des formules $6x+1$, $6x+3$, $6x+5$. La seconde ne peut convenir aux nombres premiers, puisqu'elle est divisible par 3, et que 3 est excepté; d'ailleurs la formule $6x+5$ contient les mêmes nombres que $6x-1$; donc tout nombre premier, hors 2 et 3, est compris dans la formule $6x\pm1$.

Il ne s'ensuit pas réciproquement que tout nombre compris dans la formule $6x\pm1$ soit un nombre premier; on trouverait que cela n'a pas lieu lorsque $x=4$, 6, etc.

XX. En général il n'existe aucune formule algébrique propre à n'exprimer que des nombres premiers. Car soit, par exemple, la formule $P=ax^3+bx^2+cx+d$, et supposons qu'en faisant $x=k$, la valeur de P soit égale au nombre premier p: si on fait $x=k+py$, y étant un entier quelconque, on aura

$$P=p+(3ak^2+2bk+c)py+(3ak+b)p^2y^2+ap^3y^3,$$

d'où l'on voit que P n'est pas un nombre premier, puisqu'il est divisible par p et différent de p.

Il est néanmoins quelques formules remarquables par la multitude des nombres premiers qu'elles contiennent: telle est la formule x^2+x+41, dont Euler fait mention dans les Mémoires de Berlin, 1772, pag. 36, et dans laquelle, si l'on fait successivement $x=0, 1, 2, 3$, etc., on a la suite 41, 43, 47, 53, 61, 71, etc., dont les quarante premiers termes sont des nombres premiers.

On peut citer dans le même genre la formule x^2+x+17, dont les dix-sept premiers termes sont des nombres premiers; la formule $2x^2+29$, dont les vingt-neuf premiers termes le sont, et une foule d'autres.

XXI. Si on ne peut pas trouver de formule algébrique qui renferme uniquement des nombres premiers, à plus forte raison n'en peut-on pas trouver une qui renferme absolument tous ces nombres et qui soit l'expression de leur loi générale. Cette loi paraît très-difficile à trouver, et il n'y a guère d'espérance qu'on y parvienne jamais. Cela n'empêche pas qu'on ne puisse découvrir et démontrer un grand nombre de propriétés générales des nombres premiers, lesquelles répandent un grand jour sur leur nature.

Et d'abord nous pouvons démontrer rigoureusement que la multitude des nombres premiers est infinie.

Car si la suite des nombres premiers 1.2.3.5.7.11, etc. était finie, et que p fût le dernier ou le plus grand de tous, il faudrait qu'un nombre quelconque N fût toujours divisible par quelqu'un des nombres premiers $1.2.3.5\ldots p$. Mais si on représente par P le produit de tous ces nombres (1), il est clair qu'en divisant $P+1$ par l'un quelconque des nombres premiers jusqu'à P, le reste sera 1. Donc l'hypothèse que p est le plus grand des nombres premiers ne saurait avoir lieu; donc la multitude des nombres premiers est infinie.

Cette proposition se prouve encore d'une manière directe et fort élégante, en faisant voir que la suite réciproque des nombres premiers $\frac{1}{1}+\frac{1}{2}+\frac{1}{3}+\frac{1}{5}+\frac{1}{7}+$ etc. a une somme infinie (*Introd. in Anal. infin.*, pag. 235).

XXII. Tous les nombres impairs se représentent par la formule $2x+1$, laquelle, selon que x est pair ou impair, contient les deux formes $4x+1$ et $4x-1$ ou $4x+3$. De là deux grandes divisions des nombres premiers, l'une comprenant les nombres premiers $4x+1$, savoir, 1, 5, 13, 17, 29, 37, 41, 53, 61, 73, etc.; l'autre comprenant les nombres premiers $4x-1$ ou $4x+3$, savoir, 3, 7, 11, 19, 23, 31, 43, 47, 59, etc.

La forme générale $4x+1$ se subdivise en deux autres formes $8x+1$ et $8x-3$ ou $8x+5$; de même la forme $4x+3$ se subdivise en deux autres $8x+3$ et $8x+7$ ou $8x-1$; de sorte que relativement aux multiples de 8, les nombres premiers se partagent en ces quatre formes principales :

$8x+1$ . . . 1, 17, 41, 73, 89, 97, 113, 137, etc.
$8x+3$ . . . 3, 11, 19, 43, 59, 67, 83, 107, etc.
$8x+5$ . . . 5, 13, 29, 37, 53, 61, 101, 109, etc.
$8x+7$ . . . 7, 23, 31, 47, 71, 79, 103, 127, etc.,

---

(1) Si l'on admet successivement 2, 3, 4, etc. facteurs dans le produit P, on trouvera que le nombre $P+1$ prend les valeurs 3, 7, 31, 211, 2311, 30031, etc. Les cinq premiers termes de cette suite sont des nombres premiers, ce qui pourrait faire présumer que les suivans le sont : mais cette conjecture est bientôt anéantie, en examinant le sixième terme 30031, qu'on trouve être le produit de 59 par 509. En général, c'est un problème difficile et non encore résolu, de trouver un nombre premier plus grand qu'un nombre donné. Fermat avait annoncé (mais sans dire qu'il en eût la démonstration) que la formule 2^x+1 donnait toujours des nombres premiers, pourvu qu'on prît pour x un terme de la progression double 1, 2, 4, 8, 16, etc. Cette formule, qui aurait fourni une solution très-simple du problème mentionné, s'est trouvée en défaut; car suivant la remarque d'Euler, si l'on fait $x=32$, on a $2^x+1=641.6700417$.

lesquelles donnent lieu à différens théorèmes qui caractérisent ces formes et que nous exposerons dans la suite.

XXIII. Nous avons déjà vu que les nombres premiers, considérés par rapport aux multiples de 6, sont de l'une des formes $6x+1$ et $6x-1$ ou $6x+5$; dans celles-ci x peut être pair ou impair, et de là résultent, par rapport aux multiples de 12, les quatre formes $12x+1$, $12x+5$, $12x+7$, $12x+11$, chacune renfermant une infinité de nombres premiers.

En général, a étant un nombre donné à volonté, tout nombre impair peut être représenté par la formule $4ax \pm b$, dans laquelle b est impair et moindre que $2a$, ou, ce qui revient au même, par la formule $4ax+b$, dans laquelle b est impair, positif et moindre que $4a$. Si, parmi toutes les valeurs possibles de b, on retranche celles qui ont un diviseur commun avec a, les formes restantes $4ax+b$ comprendront tous les nombres premiers (à l'exception de ceux qui divisent $4a$) partagés, relativement aux multiples de $4a$, en autant d'espèces ou formes que b aura de valeurs différentes. Le nombre de ces formes est évidemment le même que celui des nombres plus petits que $4a$ et premiers à $4a$; donc si on a $4a = 2^m \alpha^n \beta^p$, etc., α, β, etc. étant des nombres premiers, le nombre de ces formes sera donné par la formule

$$\text{a} = 4a\left(1-\frac{1}{2}\right)\left(1-\frac{1}{\alpha}\right)\left(1-\frac{1}{\beta}\right), \text{ etc.}$$

XXIV. Par exemple, si l'on a $a=60$, il en résulte $\text{a}=16$. Ainsi, relativement aux multiples de 60, tous les nombres premiers (excepté 2, 3, 5, diviseurs de 60), se partagent en seize formes, savoir :

$$\begin{array}{llll} 60x+1, & 60x+7, & 60x+11, & 60x+13, \\ 60x+17, & 60x+19, & 60x+23, & 60x+29, \\ 60x+31, & 60x+37, & 60x+41, & 60x+43, \\ 60x+47, & 60x+49, & 60x+53, & 60x+59; \end{array}$$

on prouvera, de plus, par la suite, que la distribution des nombres premiers entre ces seize formes se fait également, ou suivant des rapports qui tendent de plus en plus vers l'égalité.

PREMIÈRE PARTIE.

EXPOSITION DE DIVERSES MÉTHODES ET PROPOSITIONS RELATIVES A L'ANALYSE INDÉTERMINÉE.

§ I. *Des Fractions continues.*

(1) POUR changer une quantité quelconque x rationnelle ou irrationnelle en fraction continue, le principe est de faire successivement

$$x = \alpha + \frac{1}{x'}, \quad x' = \alpha' + \frac{1}{x''}, \quad x'' = \alpha'' + \frac{1}{x'''}, \quad \text{etc.},$$

α étant le plus grand entier contenu dans x, α' le plus grand entier contenu dans x', et ainsi de suite. De cette manière, il est visible que la quantité x sera transformée en cette fraction continue

$$\alpha + \frac{1}{\alpha' + \frac{1}{\alpha'' + \frac{1}{\alpha''' + \text{etc.}}}}$$

laquelle aura un nombre fini ou infini de termes, selon que la quantité x est rationnelle ou irrationnelle.

Ces termes ou *quotiens* α, α', α'', etc. sont supposés, ainsi que la quantité x, toujours positifs (le premier α serait zéro, si x était audessous de l'unité). Quelquefois cependant il convient, pour rendre la suite plus convergente, d'admettre des quotiens négatifs; mais c'est une exception dont il faut avertir expressément, et qui n'aura pas lieu dans ce qui suit.

(2) Lorsque la quantité x est une fraction rationnelle $\frac{M}{N}$, pour transformer cette quantité en fraction continue, il ne s'agit que de faire, sur les deux nombres M et N, la même opération que si on en cher-

chait le plus grand commun diviseur. Voici le type de cette opération, en supposant $M > N$.

$$\text{reste } \frac{M}{P}\left\{\frac{N}{\alpha},\right. \quad \text{reste } \frac{N}{Q}\left\{\frac{P}{\alpha'},\right. \quad \text{reste } \frac{P}{R}\left\{\frac{Q}{\alpha''},\right. \quad \text{etc.}$$

Par ce moyen, on a successivement

$$\frac{M}{N} = \alpha + \frac{P}{N}, \quad \frac{N}{P} = \alpha' + \frac{Q}{P}, \quad \frac{P}{Q} = \alpha'' + \frac{R}{Q}, \quad \text{etc.}$$

Donc

$$\frac{M}{N} = \alpha + \frac{1}{\alpha' + \frac{1}{\alpha'' + \text{etc.}}} \quad \text{et} \quad \frac{N}{M} = \frac{1}{\alpha + \frac{1}{\alpha' + \frac{1}{\alpha'' + \text{etc.}}}}$$

Dans ce cas, les termes de la fraction continue ne sont autre chose que les quotiens successivement trouvés par l'opération du commun diviseur, et il est clair que la fraction continue sera toujours bornée à un certain nombre de termes qui pourra être plus ou moins grand, selon que la fraction $\frac{M}{N}$ sera plus ou moins composée.

(3) Nous avons appelé *quotiens* les termes successifs α, α', α'', etc. de la fraction continue; nous appellerons semblablement *quotiens-complets* les quantités x, x', x'', etc. résultantes de l'opération du développement, et dont les entiers α, α', α'', etc. font la plus grande partie. Chaque quotient-complet renferme implicitement, outre l'entier qui y est contenu, tous les quotiens suivans de la fraction continue, puisque c'est par le développement de ce quotient-complet qu'on trouve successivement tous les quotiens suivans.

Si on a une expression algébrique qui représente la valeur de la fraction continue prolongée jusqu'au terme $\alpha^{(n)}$ inclusivement, et que dans cette expression on substitue, au lieu de $\alpha^{(n)}$, le quotient-complet $x^{(n)}$, il est clair que le résultat sera la valeur exacte de x; car quand même la fraction continue s'étendrait à l'infini, on aurait rigoureusement

$$x = \alpha + \frac{1}{x'}, \quad x = \alpha + \frac{1}{\alpha' + \frac{1}{x''}}, \quad x = \alpha + \frac{1}{\alpha' + \frac{1}{\alpha'' + \frac{1}{x'''}}}, \quad \text{etc.}$$

De là il suit qu'au moyen de chaque quotient-complet, on peut toujours reproduire la valeur entière et exacte de la quantité développée, quelque loin qu'on ait poussé le développement. Cette propriété recevra par la suite un grand nombre d'applications utiles.

(4) Étant proposée une fraction continue

$$x = \alpha + \cfrac{1}{\beta + \cfrac{1}{\gamma + \cfrac{1}{\delta + \text{etc.}}}}$$

pour la réduire en fraction ordinaire, ou pour en trouver la valeur, quel que soit le nombre de ses termes, il faut observer la loi que suivent les résultats obtenus, en prenant successivement le premier terme, les deux premiers, les trois premiers, etc. de cette quantité; or on a, par les réductions ordinaires :

$$\alpha = \frac{\alpha}{1}, \quad \alpha + \frac{1}{\beta} = \frac{\alpha\beta + 1}{\beta}, \quad \alpha + \cfrac{1}{\beta + \cfrac{1}{\gamma}} = \frac{\alpha\beta\gamma + \gamma + \alpha}{\beta\gamma + 1}$$

$$\alpha + \cfrac{1}{\beta + \cfrac{1}{\gamma + \cfrac{1}{\delta}}} = \frac{\alpha\beta\gamma\delta + \gamma\delta + \alpha\delta + \alpha\beta + 1}{\beta\gamma\delta + \delta + \beta}, \quad \text{etc.}$$

De là il suit que $\frac{m}{n}$, $\frac{p}{q}$ étant deux résultats consécutifs, et μ un nouveau quotient, le résultat suivant sera $\frac{p\mu + m}{q\mu + n}$; c'est la loi générale suivant laquelle on peut calculer facilement la valeur de la fraction continue proposée, quel que soit le nombre de ses termes. Voici le type de l'opération :

Quotiens.....		α,	β,	γ,	δ,	...μ,	μ',	μ''...	etc.
Fractions convergentes	...$\frac{1}{0}$,	$\frac{\alpha}{1}$,	$\frac{\alpha\beta + 1}{\beta}$,	$\frac{\alpha\beta\gamma + \gamma + \alpha}{\beta\gamma + 1}$	...	$\frac{p}{q}$,	$\frac{p'}{q'}$,	$\frac{p''}{q''}$...	etc.

Sur une ligne on écrit les quotiens successifs α, β, γ, δ, etc.; au-dessous des deux premiers on met les deux fractions $\frac{1}{0}$, $\frac{\alpha}{1}$ (la première étant mise seulement pour mieux faire sentir la loi), ensuite on multiplie chaque numérateur par le quotient écrit au-dessus, on ajoute le numérateur précédent, et la somme est le numérateur suivant; on fait de même à l'égard des dénominateurs, et la suite des fractions qui résultent de ce calcul représente les diverses valeurs de la fraction continue proposée, selon qu'on en prend plus ou moins de termes. Ces valeurs doivent approcher de plus en plus de la valeur totale de la fraction continue, c'est pourquoi nous les appelons *fractions convergentes*; si la fraction continue ne s'étend pas à l'infini, la dernière des fractions convergentes sera la valeur exacte de la fraction continue proposée.

(5) Pour rendre raison de la loi que nous venons d'indiquer, supposons qu'elle ait été vérifiée au moins jusqu'à un certain quotient μ; soit $\frac{p}{q}$ la fraction convergente qui répond au quotient μ, ou qui est placée immédiatement au-dessous; soient en même temps $\frac{p^\circ}{q^\circ}$ la fraction convergente qui précède $\frac{p}{q}$, et $\frac{p'}{q'}$ celle qui la suit en cette sorte.. $\frac{p^\circ}{q^\circ}, \overset{\mu}{\frac{p}{q}}, \frac{p'}{q'}$,

on aura, suivant la loi dont il s'agit:

$$p' = p\mu + p^\circ.$$
$$q' = q\mu + q^\circ,$$

et la fraction $\frac{p'}{q'}$ sera celle qui résulte de tous les quotiens de la fraction continue jusqu'à μ inclusivement. Ajoutons maintenant un nouveau quotient μ' à la suite de μ, et soit $\frac{p''}{q''}$ la valeur de la fraction continue calculée jusqu'au quotient μ' inclusivement, il est clair que la valeur analytique de $\frac{p''}{q''}$ ne sera autre chose que celle de $\frac{p'}{q'}$ dans laquelle, au lieu de μ, on mettrait $\mu + \frac{1}{\mu'}$; donc on aura

$$\frac{p''}{q''} = \frac{p\left(\mu + \frac{1}{\mu'}\right) + p^\circ}{q\left(\mu + \frac{1}{\mu'}\right) + q^\circ} = \frac{p'\mu' + p}{q'\mu' + q}.$$

Donc la fraction convergente $\frac{p''}{q''}$ se déduira des deux précédentes $\frac{p}{q}$, $\frac{p'}{q'}$, et du quotient μ' répondant à la dernière, suivant la loi

$$p'' = p'\mu' + p$$
$$q'' = q'\mu' + q.$$

Ainsi cette loi de continuation aura lieu généralement dans toute l'étendue de la fraction continue.

(6) Il est à remarquer que les fractions convergentes successives $\frac{1}{0}, \frac{\alpha}{1}, \frac{\alpha\beta + 1}{\beta}, \frac{\alpha\beta\gamma + \gamma + \alpha}{\beta\gamma + 1}$, etc. sont alternativement plus grandes et plus petites que la valeur totale x de la fraction continue; c'est une suite de ce que les quotiens $\alpha, \beta, \gamma, \delta$, etc. sont supposés tous positifs. En effet,

si on prend un seul terme α, on a évidemment $\alpha < x$; si on en prend deux, on aura $\alpha + \frac{1}{\beta} > x$; car pour avoir la vraie valeur de x, il faudrait augmenter le dénominateur β d'une certaine quantité. On verra de même qu'en prenant trois termes $\alpha + \frac{1}{\beta + \frac{1}{\gamma}}$, le résultat est plus petit que x, et ainsi alternativement.

Donc « la valeur de x est toujours comprise entre deux fractions con- » vergentes consécutives. »

Cela posé, je dis que si $\frac{p^\circ}{q^\circ}$, $\frac{p}{q}$ sont deux fractions convergentes consécutives, on aura $pq^\circ - p^\circ q = \pm 1$, savoir $+1$ si la fraction $\frac{p}{q}$ est du nombre des fractions plus grandes que x, ou si elle est de rang impair ($\frac{1}{0}$ étant censée la première), et -1 si elle est de rang pair.

En effet, si l'on considère trois fractions convergentes consécutives $\frac{p^\circ}{q^\circ}$, $\frac{p}{q}$, $\frac{p'}{q'}$, et que μ soit le quotient qui répond à $\frac{p}{q}$, on aura, suivant la loi démontrée, $p' = \mu p + p^\circ$, $q' = \mu q + q^\circ$; d'où résulte...... $p'q - pq' = -(pq^\circ - p^\circ q)$. Mais par la même raison, si la fraction $\frac{p^\circ}{q^\circ}$ est précédée de $\frac{p^{\circ\circ}}{q^{\circ\circ}}$, on aura $pq^\circ - p^\circ q = -(p^\circ q^{\circ\circ} - p^{\circ\circ} q^\circ)$. Remontant ainsi jusqu'aux deux premières fractions $\frac{1}{0}$, $\frac{\alpha}{1}$, où la différence analogue $1 \times 1 - \alpha \times 0 = 1$, on en conclura que la différence $pq^\circ - p^\circ q$ est toujours égale à l'unité avec le signe $+$, si $\frac{p}{q}$ est de rang impair, et avec le signe $-$ dans le cas contraire.

(7) Cherchons présentement quelle est la différence entre une fraction convergente $\frac{p}{q}$ et la valeur entière x de la fraction continue. Pour cela, soit toujours $\frac{p^\circ}{q^\circ}$ la fraction convergente qui précède $\frac{p}{q}$, et y le quotient-complet qui répond à celle-ci; on aura, suivant ce qui a été démontré, $x = \frac{py + p^\circ}{qy + q^\circ}$, d'où l'on tire

$$x - \frac{p}{q} = \frac{p^\circ q - pq^\circ}{q(qy + q^\circ)} = \frac{\mp 1}{q(qy + q^\circ)}$$

$$\text{et } x - \frac{p^\circ}{q^\circ} = \frac{(pq^\circ - p^\circ q)y}{q^\circ(qy + q^\circ)} = \frac{\pm y}{q^\circ(qy + q^\circ)}.$$

De là on voit 1°. que $x-\frac{p}{q}$ et $x-\frac{p^\circ}{q^\circ}$ sont toujours de signes contraires, et qu'ainsi la valeur exacte de x est toujours comprise entre deux fractions convergentes consécutives, comme on l'a déjà démontré.

2°. Que la différence $x-\frac{p}{q}$ est en général moindre que $\frac{1}{q^2}$, et par conséquent peut être représentée par $\frac{\pm\delta}{q^2}$, δ étant plus petit que l'unité.

3°. Que la quantité $p-qx$ est plus petite (abstraction faite de son signe) que $p^\circ-q^\circ x$. Car on a $\frac{1}{y}=\frac{p-qx}{q^\circ x-p^\circ}$; or par la nature des fractions continues, y est toujours plus grand que l'unité.

Donc à plus forte raison, $\frac{p}{q}-x$ est plus petit que $\frac{p^\circ}{q^\circ}-x$; donc « chaque » fraction convergente $\frac{p}{q}$ est plus approchée de x que toutes celles qui » la précèdent. » Propriété qui justifie la dénomination de ces fractions.

(8) Soit maintenant $\frac{\pi}{\varphi}$ une fraction quelconque dont le dénominateur φ soit moindre que q; je dis que la quantité $\pi-\varphi x$, abstraction faite de son signe, sera plus grande que $p-qx$ et même que $p^\circ-q^\circ x$.

Car si l'on prend $M=p\varphi-q\pi$, $N=p^\circ\varphi-q^\circ\pi$, on aura réciproquement,

$$(pq^\circ-p^\circ q)\,\pi=p^\circ M-pN$$
$$(pq^\circ-p^\circ q)\,\varphi=q^\circ M-qN.$$

Or on suppose $\varphi<q$, et on a $pq^\circ-p^\circ q=\pm 1$; donc les nombres M et N seront nécessairement de même signe. Cela posé, on aura $(pq^\circ-p^\circ q)(\pi-\varphi x)=M(p^\circ-q^\circ x)-N(p-qx)$. Mais M et N sont de même signe, les quantités $p^\circ-q^\circ x$ et $p-qx$ sont de signes contraires et on a d'ailleurs $pq^\circ-p^\circ q=\pm 1$; donc $\pi-\varphi x$ est non-seulement plus grande que chacune des quantités $p^\circ-q^\circ x$, $p-qx$, mais elle est au moins égale à leur somme.

Puisque φ étant supposé $<q$, on a généralement $\pi-\varphi x>p-qx$, il s'ensuit, à plus forte raison, qu'on a $\frac{\pi}{\varphi}-x>\frac{p}{q}-x$; donc la fraction convergente $\frac{p}{q}$ est toujours plus approchée de x que toute autre fraction $\frac{\pi}{\varphi}$ dont le dénominateur est moindre que q.

Cette propriété des fractions continues s'applique avec avantage, toutes les fois qu'il est question d'exprimer par des rapports les plus simples et les plus approchés qu'il est possible, des rapports entre de très-grands nombres, ou des nombres irrationnels.

(9) Étant donnée une fraction $\frac{p}{q}$ dont la différence avec une quantité quelconque x est $\pm\frac{\delta}{q^2}$, δ étant plus petit que l'unité, on demande quelle est la condition pour que la fraction $\frac{p}{q}$ soit l'une des fractions convergentes données par le développement de x en fraction continue.

Pour cela, supposons que le développement de la fraction $\frac{p}{q}$ produise les quotiens successifs $\alpha, \beta, \gamma \ldots \mu$, au moyen desquels on calculera les fractions convergentes vers $\frac{p}{q}$, comme il suit :

Quotiens.............	α,	β,	γ...........	μ	
Fract. converg........	$\frac{1}{0}$,	$\frac{\alpha}{1}$,	$\frac{\alpha\beta+1}{\beta}$.........	$\frac{p^\circ}{q^\circ}$,	$\frac{p}{q}$.

Si la fraction $\frac{p}{q}$ est une fraction convergente vers x, il faudra que les quotiens $\alpha, \beta, \gamma \ldots \mu$ naissent également du développement de x, et que le quotient μ soit suivi de plusieurs autres μ', μ'', etc. Appelons y le quotient-complet qui, dans le développement de x, répond à la fraction convergente $\frac{p}{q}$, on aura $x=\frac{py+p^\circ}{qy+q^\circ}$, d'où résulte

$$x-\frac{p}{q}=\frac{p^\circ q-pq^\circ}{q(qy+q^\circ)}=\frac{\pm 1}{q(qy+q^\circ)}.$$

Cette quantité doit être égalée à $\frac{\pm\delta}{q^2}$, ainsi il faut d'abord que le signe de $p^\circ q-pq^\circ$ soit le même que celui de δ. Or c'est ce qu'il est toujours possible d'obtenir.

En effet, la suite des quotiens $\alpha, \beta \ldots \mu$ étant tirée de la fraction donnée $\frac{p}{q}$, par la même opération qui servirait à trouver le commun diviseur de p et q, le dernier de ces quotiens μ est toujours plus grand que l'unité. Car s'il était égal à l'unité, la fraction continue $\alpha+\frac{1}{\beta+\text{etc.}}$, au lieu d'être déterminée par les deux termes $\frac{1}{\lambda+\frac{1}{\mu}}$, le serait par le seul terme $\frac{1}{\lambda+1}$. Réciproquement donc on pourra, si on le juge à propos, étendre le dernier quotient μ en deux autres $\mu-1$, 1; de sorte que le calcul des fractions convergentes vers $\frac{p}{q}$ pourra être terminé à volonté, de l'une ou de l'autre de ces deux manières :

$$\ldots\lambda,\ \mu \qquad\qquad \ldots\lambda,\ \mu-1,\ 1$$
$$\ldots\frac{m}{n},\ \frac{p}{q} \qquad\qquad \frac{m}{n},\ \frac{p-m}{q-n},\ \frac{p}{q}.$$

Soit $\frac{p^\circ}{q^\circ}$ la fraction convergente qui, dans l'une ou l'autre hypothèse, précède $\frac{p}{q}$, on pourra donc prendre ou $p^\circ=m$, $q^\circ=n$, ou $p^\circ=p-m$, $q^\circ=q-n$; mais le signe de $pq^\circ-p^\circ q$ est le contraire dans un cas de ce qu'il est dans l'autre; donc en effet on peut toujours faire ensorte que la quantité $pq^\circ-p^\circ q$ ait le signe qu'on voudra.

On aura donc sans ambiguité $\frac{1}{q(qy+q^\circ)}=\frac{\delta}{q^2}$, ou $\delta=\frac{q}{qy+q^\circ}$. Or il faut que y soit positif et plus grand que l'unité, pour que y soit le quotient-complet qui répond à la fraction convergente $\frac{p}{q}$, donc on aura $\delta<\frac{q}{q+q^\circ}$; et réciproquement si on a $\delta<\frac{q}{q+q^\circ}$, la valeur de y sera positive et plus grande que l'unité, donc $\frac{p}{q}$ sera l'une des fractions convergentes vers x. C'est la condition qu'il s'agissait de trouver.

Cette condition serait remplie entre autres cas, si on avait $\delta<\frac{1}{2}$, parce que q° est toujours $<q$.

(10) Nous placerons ici une application de la propriété précédente, laquelle sera utile dans la résolution des équations indéterminées du second degré.

Soit $p^2-Aq^2=\pm D$ une équation indéterminée dans laquelle D est $<\sqrt{A}$, je dis que si cette équation est résoluble, la fraction $\frac{p}{q}$ sera comprise parmi les fractions convergentes vers $\sqrt{A}$.

En effet, de cette équation on tire $p-q\sqrt{A}=\frac{\pm D}{p+q\sqrt{A}}$, et ainsi $\frac{p}{q}-\sqrt{A}$ que je représente par $\frac{\pm\delta}{q^2}=\frac{\pm D}{q(p+q\sqrt{A})}$, donc $\delta=\frac{Dq}{p+q\sqrt{A}}$. Soit $\frac{p^\circ}{q^\circ}$ la fraction convergente qui précède $\frac{p}{q}$ et qui est déterminée de manière que le signe de δ soit le même que celui de D, il restera à prouver qu'on a $\frac{Dq}{p+q\sqrt{A}}<\frac{q}{q+q^\circ}$, ou $D(q+q^\circ)<p+q\sqrt{A}$. Dans le

second membre je mets, au lieu de p, sa valeur $q\sqrt{A}\pm\frac{\delta}{q}$, et l'inégalité à prouver pourra s'écrire ainsi :

$$(q+q^{\circ})(\sqrt{A}-D)+(q-q^{\circ})\sqrt{A}\pm\frac{\delta}{q}>0.$$

Or cette inégalité est manifeste, puisqu'on a $\sqrt{A}>D$, $q>q^{\circ}$, et que la partie seule $(q-q^{\circ})\sqrt{A}$, qui est au moins égale à $\sqrt{A}$, surpasse $\frac{\delta}{q}$ qui est plus petit que l'unité. Donc $\frac{p}{q}$ sera toujours comprise parmi les fractions convergentes vers $\sqrt{A}$, de sorte qu'il ne s'agit que de développer $\sqrt{A}$ en fraction continue, et de calculer les fractions convergentes qui en résultent, pour avoir toutes les solutions en nombres entiers de l'équation $x^2-Ay^2=\pm D$, D étant $<\sqrt{A}$.

(11) Considérons une fraction continue plus petite que l'unité, et d'un nombre fini de termes $\cfrac{1}{\alpha+\cfrac{1}{\beta+\text{etc.}}}=\frac{p}{q}$; le calcul des fractions convergentes étant fait à l'ordinaire, comme il suit :

Quotiens........	α,	β,	γ.......	$\varkappa$,	λ,	μ	
Fract. converg...	$\frac{0}{1}$,	$\frac{1}{\alpha}$,	$\frac{\beta}{\alpha\beta+1}$....	$\frac{p^{\circ\circ\circ}}{q^{\circ\circ\circ}}$,	$\frac{p^{\circ\circ}}{q^{\circ\circ}}$,	$\frac{p^{\circ}}{q^{\circ}}$,	$\frac{p}{q}$,

on aura, suivant la loi de formation :

$$q=\mu q^{\circ}+q^{\circ\circ} \quad \text{partant} \quad \frac{q^{\circ}}{q}=\cfrac{1}{\mu+\cfrac{q^{\circ\circ}}{q^{\circ}}}$$

$$q^{\circ}=\lambda q^{\circ\circ}+q^{\circ\circ\circ} \qquad \frac{q^{\circ\circ}}{q^{\circ}}=\cfrac{1}{\lambda+\cfrac{q^{\circ\circ\circ}}{q^{\circ\circ}}}$$

$$q^{\circ\circ}=\varkappa q^{\circ\circ\circ}+q^{\circ\circ\circ\circ} \qquad \frac{q^{\circ\circ\circ}}{q^{\circ\circ}}=\cfrac{1}{\varkappa+\cfrac{q^{\circ\circ\circ\circ}}{q^{\circ\circ\circ}}}$$

etc. etc.

Donc en général,

$$\frac{q^{\circ}}{q}=\cfrac{1}{\mu+\cfrac{1}{\lambda+\cfrac{1}{\varkappa.\;\;.\;\;.\;\;.+\cfrac{1}{\alpha}}}},$$

c'est-à-dire que le développement de $\frac{q^{\circ}}{q}$ donne les quotiens μ, λ,

$\varkappa, \ldots\, \beta, \alpha,$ qui ne sont autre chose que les termes de la fraction continue proposée, pris dans l'ordre inverse.

Donc s'il arrive que ces quotiens forment une suite *symmétrique*, c'est-à-dire une suite telle que $\alpha, \beta, \gamma \ldots \gamma, \beta, \alpha,$ dont les extrêmes soient égaux, ainsi que deux termes quelconques également éloignés des extrêmes, il est clair qu'on aura $\frac{q^\circ}{q} = \frac{p}{q}$, ou $q^\circ = p$. Réciproquement si on a $q^\circ = p$, on peut en conclure que la suite des quotiens est symmétrique.

On verra des exemples de ces suites dans le développement des racines quarrées des nombres en fraction continue.

§ II. *Résolution des Équations indéterminées du premier degré.*

(12) Étant donnés deux nombres a et b premiers entre eux, on pourra toujours résoudre en nombres entiers l'équation

$$ax - by = 1.$$

Pour cela, il faut réduire $\frac{a}{b}$ en fraction continue, et calculer la suite des fractions convergentes vers $\frac{a}{b}$. Soit $\frac{a^\circ}{b^\circ}$ celle qui précède $\frac{a}{b}$, on aura l'équation $ab^\circ - a^\circ b = \pm 1$. Si le signe $+$ a lieu, on aura immédiatement $x = b^\circ$, $y = a^\circ$, ou plus généralement, en prenant une indéterminée z,

$$x = b^\circ + bz$$
$$y = a^\circ + az.$$

Si l'on a $ab^\circ - a^\circ b = -1$, alors on peut faire $x = -b^\circ$, $y = -a^\circ$, ou plus généralement

$$x = -b^\circ + bz$$
$$y = -a^\circ + az,$$

z étant une indéterminée qu'on peut prendre à volonté, positive ou négative.

En général, si on a à résoudre l'équation $ax - by = c$, a et b étant toujours premiers entre eux, on cherchera de même, par les fractions continues, les nombres a° et b° qui donnent $ab^\circ - a^\circ b = \pm 1$, et de là on conclura

$$x = bz \pm b^\circ c$$
$$y = az \pm a^\circ c.$$

Au moyen de l'indéterminée z, il est facile de trouver une solution telle que x ne surpasse pas $\pm \frac{1}{2} b$, et une autre telle que y ne surpasse pas $\pm \frac{1}{2} a$. En effet, si $b^\circ c$ surpasse $\frac{1}{2} b$, on peut prendre pour z l'entier le plus proche de $\frac{b^\circ c}{b}$, et alors $b^\circ c - bz$ sera plus petit que $\frac{1}{2} b$.

On suppose que a et b n'ont point de commun diviseur; car s'ils en avaient un, l'équation $ax - by = c$ ne pourrait avoir lieu, à moins que c lui-même ne fût divisible par ce commun diviseur, et dans ce cas, il faudrait le faire disparaître par la division.

Remarque. Sans connaître les nombres t et u qui peuvent être indéterminés, il suffit de savoir que l'un de ces nombres u est premier à un nombre donné A, et on pourra toujours supposer qu'il existe deux nombres n et z, tels que $t = nu - Az$; on pourra supposer en même temps que n n'excède pas $\frac{1}{2}A$. Cette propriété recevra par la suite un grand nombre d'applications.

(13) L'équation $ax - by = c$ que nous venons de résoudre, satisfait à la question de trouver une valeur de x telle que $\frac{ax - c}{b}$ soit un entier, condition que nous exprimerons ainsi $\frac{ax - c}{b} = e$. Or on peut avoir simultanément plusieurs conditions de cette sorte à remplir; supposons qu'on demande une valeur de x telle que les trois quantités

$$\frac{ax - c}{b}, \quad \frac{a'x - c'}{b'}, \quad \frac{a''x - c''}{b''}$$

soient des entiers. La première condition donnera une valeur de x de la forme $x = m + bz$: cette valeur étant substituée dans la seconde quantité, il faudra déterminer z de manière que $\frac{a'bz + a'm - c'}{b'} = e$. Ici peut se manifester un signe d'impossibilité : car si b et b' ont un commun diviseur θ, il est clair que l'équation précédente ne peut avoir lieu, à moins que le nombre déterminé $a'm - c'$ ne soit divisible aussi par θ.

En général, la valeur de z qui satisfait à la condition précédente (si elle n'est pas impossible) sera de la forme $z = n + b'z'$, ou $z = n + \frac{b'}{\theta} z'$, si b' et b ont un commun diviseur θ. On aura donc en général $x = m' + B'z'$, B' étant ou bb' ou le moindre nombre divisible à-la-fois par b et b'. Cette valeur étant substituée dans la troisième quantité qui doit être un entier, on en déduira la valeur finale de x, qui sera de la forme $x = M + Bz$, B étant le moindre nombre divisible à-la-fois par b, b', b'', et z étant une indéterminée. Ainsi on pourra toujours trouver une valeur de x moindre ou non plus grande que $\frac{1}{2}B$: et de cette première valeur on déduira toutes les autres, en lui ajoutant ou en en retranchant un multiple quelconque de B.

Lorsque les nombres sur lesquels on opère ne sont pas bien grands, il est aisé de satisfaire aux diverses conditions, sans avoir recours aux fractions continues. Cherchons, par exemple, un nombre x tel que les trois quantités

$$\frac{3x-10}{7}, \quad \frac{11x+8}{17}, \quad \frac{16x-1}{5},$$

soient des entiers. La dernière quantité contient une partie entière $3x$, et un reste $\frac{x-1}{5}$; soit ce reste $= z$ on aura $x = 5z + 1$. Cette valeur, qui satisfait à la troisième condition, étant substituée dans la première, on aura $\frac{15z-7}{7} = e$, ou en supprimant l'entier, $\frac{z}{7} = e$; donc $z = 7u$, et $x = 35u + 1$. Il reste à substituer cette valeur dans la seconde quantité, et on aura $\frac{385u+19}{17} = e$. Supprimant l'entier contenu dans le premier membre, cette condition devient $\frac{11u+2}{17} = e$, ou $\frac{-6u+2}{17} = e$. Multipliant le premier membre par 3, et supprimant l'entier, on aura $\frac{-u+6}{17} = e$; donc $u = 6 + 17t$, et $x = 211 + 5.7.17t$; d'où l'on voit que le moindre nombre qui satisfait à la question est 211.

(14) Toute fraction $\frac{C}{D}$ dont le dénominateur est le produit de deux nombres m et n premiers entre eux, peut se décomposer en deux autres fractions qui auront m et n pour dénominateurs.

En effet, m et n étant premiers entre eux, on pourra toujours satisfaire à l'équation $mx + ny = C$, d'où résulte $\frac{C}{D} = \frac{C}{mn} = \frac{x}{n} + \frac{y}{m}$.

Chacune de ces fractions pourra se décomposer ultérieurement en deux autres, si son dénominateur est le produit de deux nombres premiers entre eux. En général donc, toute fraction $\frac{C}{D}$ dont le dénominateur est le produit de plusieurs nombres premiers entre eux m, n, p, etc., pourra toujours se décomposer en plusieurs autres dont les dénominateurs seront les facteurs isolés m, n, p, etc.; et le problème deviendra de plus en plus indéterminé, à mesure que le nombre des facteurs augmentera.

§ III. *Méthode pour résoudre en nombres rationnels les Équations indéterminées du second degré.*

(15) Soit proposée l'équation générale

$$ax^2 + bxy + cy^2 + dx + ey + f = 0,$$

dans laquelle x et y sont des indéterminées, et a, b, c, d, e, f des nombres entiers donnés positifs ou négatifs; on tire d'abord de cette équation

$$2ax + by + d = \sqrt{[(by + d)^2 - 4a(cy^2 + ey + f)]}.$$

Ensuite si l'on fait, pour abréger, le radical $= t$, $b^2 - 4ac = A$, $bd - 2ae = g$, $d^2 - 4af = h$, on aura les deux équations

$$2ax + by + d = t$$
$$Ay^2 + 2gy + h = t^2.$$

Multiplions la dernière par A, et faisons de nouveau $Ay + g = u$, $g^2 - Ah = B$; nous aurons la transformée

$$u^2 - At^2 = B.$$

Réciproquement si on peut trouver des valeurs de u et t qui satisfassent à l'équation $u^2 - At^2 = B$, on en tirera les valeurs des indéterminées x et y de l'équation proposée, savoir:

$$y = \frac{u - g}{A}, \quad x = \frac{t - by - d}{2a},$$

où l'on doit observer que u et t peuvent être pris l'un et l'autre avec le signe qu'on voudra.

Si on cherche la solution de l'équation proposée en nombres rationnels, il suffira de résoudre par de tels nombres la transformée $u^2 - At^2 = B$; mais si on veut résoudre la proposée en nombres entiers, il faudra non-seulement que t et u soient des entiers, mais que les valeurs de t et u substituées dans celles de x et y donnent pour celles-ci des nombres entiers. Dans ce moment nous ne nous occuperons que de la résolution en nombres rationnels.

(16) Toute équation indéterminée du second degré peut se réduire, comme nous venons de le voir, à la forme $u^2 - At^2 = B$; or quels que soient les nombres rationnels t et u, on peut supposer qu'ils sont réduits à un même dénominateur. Ainsi, en faisant $u = \frac{x}{z}$, $t = \frac{y}{z}$, on aura à résoudre l'équation

$$x^2 - Ay^2 = Bz^2,$$

dans laquelle maintenant x, y, z sont des nombres entiers.

On peut supposer que ces trois nombres n'ont pas entre eux un même commun diviseur; car s'ils en avaient un, on le ferait disparaître par la division. De même on peut supposer que les nombres A et B n'ont aucun diviseur quarré; car si on avait, par exemple, $A = A'k^2$, $B = B'l^2$, on ferait $ky = y'$, $lz = z'$, et l'équation à résoudre deviendrait

$$x^2 - A'y'^2 = B'z'^2,$$

dans laquelle A' et B' n'ont plus de facteur quarré.

L'équation $x^2 - Ay^2 = Bz^2$ étant ainsi préparée, on observera que deux quelconques des indéterminées x, y, z ne peuvent avoir de commun diviseur; car si θ^2 divisait x^2 et y^2, par exemple, il faudrait qu'il divisât Bz^2; or il ne peut diviser z^2, puisque les trois nombres x, y, z n'ont point de commun diviseur; il ne peut diviser non plus B, puisque B n'a aucun facteur quarré. Donc x et y sont premiers entre eux; par la même raison x et z le sont, ainsi que y et z.

Je dis de plus, que A et B peuvent être supposés positifs; car on ne peut faire à l'égard des signes des termes de notre équation, que les trois suppositions suivantes:

$$x^2 - Ay^2 = +Bz^2$$
$$x^2 - Ay^2 = -Bz^2$$
$$x^2 + Ay^2 = +Bz^2.$$

(J'omets la combinaison $x^2 + Ay^2 = -Bz^2$, parce qu'on voit bien qu'elle est impossible.)

De ces trois combinaisons, la seconde coïncide avec la troisième par une simple transposition; or si on multiplie celle-ci par B, et qu'on fasse $Bz = z'$, $AB = A'$, on aura

$$z'^2 - A'y^2 = Bx^2.$$

Donc l'équation à résoudre peut toujours être ramenée à la forme

$$x^2 - By^2 = Az^2,$$

dans laquelle A et B sont des nombres positifs et dégagés de tout facteur quarré.

(17) La méthode que nous allons suivre pour la résolution de cette équation, est celle qu'a donnée Lagrange dans les Mémoires de Berlin, année 1767 : elle consiste à opérer par des transformations la diminution successive des coefficiens A et B, jusqu'à ce que l'un de ces coefficiens soit égal à l'unité, auquel cas la solution se déduit immédiatement des formules connues.

En effet, l'équation ainsi réduite est de la forme $x^2-y^2=Az^2$ ou $x^2-By^2=z^2$; mais ces deux formules n'en font qu'une, et ainsi il suffira d'indiquer la solution de la première $x^2-y^2=Az^2$. Pour cela, décomposons A en deux facteurs α, β (lesquels seront toujours premiers entre eux, puisque A n'a pas de diviseur quarré), et imaginons que z soit décomposé aussi en deux facteurs p, q, de sorte que l'on ait $A=\alpha\beta$, $z=pq$, on aura l'équation $(x+y)(x-y)=\alpha\beta p^2q^2$, à laquelle on satisfera généralement, en prenant $x+y=\alpha p^2$, $x-y=\beta q^2$, ce qui donnera

$$x=\frac{\alpha p^2+\beta q^2}{2},\quad y=\frac{\alpha p^2-\beta q^2}{2},\quad z=pq;$$

de sorte que les trois indéterminées x, y, z seront exprimées au moyen de deux autres arbitraires p et q; et s'il arrivait que les valeurs de x et de y continssent la fraction $\frac{1}{2}$, on multiplierait à-la-fois x, y, z par 2.

Telle est la solution générale de l'équation $x^2-y^2=Az^2$, laquelle comprendra autant de formules particulières, qu'il y a de manières de décomposer A en deux facteurs.

Par exemple, si $A=30$, il y a quatre manières de décomposer 30 en deux facteurs, savoir: 1.30, 2.15, 3.10, 5.6, et de là résulteront ces quatre solutions de l'équation $x^2-y^2=30z^2$,

$$\begin{array}{llll}
1^\circ. & x=p^2+30q^2, & y=p^2-30q^2, & z=2pq \\
2^\circ. & x=2p^2+15q^2, & y=2p^2-15q^2, & z=2pq \\
3^\circ. & x=3p^2+10q^2, & y=3p^2-10q^2, & z=2pq \\
4^\circ. & x=5p^2+6q^2, & y=5p^2-6q^2, & z=2pq.
\end{array}$$

(18) Venons à l'équation générale $x^2-By^2=Az^2$, et observons d'abord que cette équation étant la même que $x^2-Az^2=By^2$, on peut, sans diminuer la généralité, supposer que le coefficient du second membre est le plus grand des deux. En cas d'égalité, la réduction que nous allons indiquer aurait toujours son effet.

Soit donc proposée l'équation $x^2 - By^2 = Az^2$, dans laquelle on suppose à-la-fois $A > B$, A et B positifs et dégagés de tout facteur quarré.

Nous avons déjà prouvé que x et y sont premiers entre eux; de là il suit que y et A sont également premiers entre eux, car si y^2 et A avaient un commun diviseur θ, il faudrait que x^2 fût aussi divisible par θ; ainsi x^2 et y^2 ne seraient pas premiers entre eux.

Mais puisque y et A sont premiers entre eux, si on suppose que l'équation proposée soit résoluble, et qu'ainsi on puisse trouver des valeurs déterminées de x et de y, telles que $x = M$, $y = N$, on pourra aussi (nº 12) satisfaire à l'équation du premier degré

$$M = nN - y'A,$$

dans laquelle M, N, A seraient des nombres donnés, premiers entre eux, et n, y' deux indéterminées.

Donc en général, sans connaître ces solutions particulières $x = M$, $y = N$, on peut supposer $x = ny - Ay'$, n et y' étant deux indéterminées, et en substituant cette valeur dans l'équation proposée, on aura, après avoir divisé par A,

$$\left(\frac{n^2 - B}{A}\right)y^2 - 2nyy' + Ay'^2 = z^2.$$

Mais puisque y et A sont premiers entre eux, cette équation ne peut subsister, à moins que $\frac{n^2 - B}{A}$ ne soit égal à un entier. Soit cet entier $= A'k^2$, k^2 étant le plus grand quarré qui peut en être diviseur, on aura $n^2 - B = AA'k^2$, et l'équation à résoudre deviendra

$$A'k^2y^2 - 2nyy' + Ay'^2 = z^2.$$

Nous donnerons ci-après les moyens les plus simples pour déterminer un nombre n, de manière que $\frac{n^2 - B}{A}$ soit un entier. Il suffit, pour le présent, d'observer que s'il y a une valeur quelconque de n qui rende $n^2 - B$ divisible par A, cette valeur peut être augmentée ou diminuée d'un multiple quelconque de A, sans que $n^2 - B$ cesse d'être divisible par A; ainsi on peut supposer que la valeur dont il s'agit est comprise entre les limites o et A, ou même entre les limites plus étroites $-\frac{1}{2}A$ et $+\frac{1}{2}A$.

De là il suit, qu'en essayant successivement pour n tous les nombres entiers depuis $-\frac{1}{2}A$ jusqu'à $+\frac{1}{2}A$, on en rencontrera nécessairement un ou plusieurs qui rendront $n^2 - B$ divisible par A, si toutefois l'équation est résoluble; et dans le cas où aucun de ces nombres ne rendrait $n^2 - B$ divisible par A, on en conclura avec certitude que l'équation proposée n'est pas résoluble.

(19) Supposons donc qu'on a trouvé une ou plusieurs valeurs de n qui aient la condition requise, il faudra, d'après chacune de ces valeurs, continuer le calcul de la manière suivante.

Reprenons l'équation $A'k^2y^2 - 2nyy' + Ay'^2 = z^2$, si on la multiplie par $A'k^2$, et qu'on fasse pour abréger,

$$A'k^2y - ny' = x', \quad kz = z',$$

la transformée sera

$$x'x' - By'y' = A'z'z'.$$

Cette transformée serait résolue, si on connaissait la solution de l'équation proposée, puisque les valeurs de x', y', z' se concluent facilement de celles de x, y, z; réciproquement la proposée sera résolue, si on trouve la solution de sa transformée. Car des valeurs connues de x', y', z' on peut également conclure celles de x, y, z: et il importe peu que celles-ci soient sous une forme entière ou fractionnaire, puisqu'il ne s'agit que de la résolution en nombres rationnels, et qu'après avoir trouvé des valeurs quelconques fractionnaires de x, y, z, on peut les réduire au même dénominateur, et supprimer le dénominateur commun.

Puisqu'on peut supposer le nombre $n < \frac{1}{2}A$, il est clair que $\frac{n^2 - B}{Ak^2}$ ou A' sera $< \frac{1}{4}A$ et en même temps positif; car n ne peut être $< \sqrt{B}$, puisqu'autrement $n^2 - B$ serait $< B$, et ne pourrait être divisible par A. Donc l'équation proposée sera ramenée à une équation toute semblable, dans laquelle le coefficient A' qui tient lieu de A est moindre que $\frac{1}{4}A$.

(20) Si on a encore $A' > B$, on pourra semblablement, de l'équation $x'^2 - By'^2 = A'z'^2$, déduire une seconde transformée

$$x''^2 - By''^2 = A''z''^2,$$

dans laquelle A'' sera $< \frac{1}{4}A'$ et toujours positif. Il n'y aura point de nouvelle condition à remplir pour obtenir cette seconde transformée, car ayant déjà trouvé

$$\frac{n^2 - B}{A'} = Ak^2,$$

si on fait $n = \mu A' + n'$, et qu'on prenne l'indéterminée μ de manière que n' soit $< \frac{1}{2} A'$, il est facile de voir que $\frac{n'^2 - B}{A'}$ sera un entier positif moindre que $\frac{1}{4} A'$; on fera en conséquence

$$n'^2 - B = A'A''k'^2,$$

A'' étant plus petit que $\frac{1}{4} A'$ et ne renfermant aucun facteur quarré.

S'il arrive que A'' soit encore plus grand que B, on continuera ce système de transformées, où B est constant, jusqu'à ce qu'on en trouve une

$$x^2 - By^2 = Cz^2,$$

dans laquelle C sera positif et $< B$.

(21) Mais après avoir fait passer dans le second membre le terme qui a le plus grand coefficient, ce qui donne

$$x^2 - Cz^2 = By^2,$$

on peut procéder semblablement à la réduction du coefficient B par un second système de transformées

$$x'^2 - Cz'^2 = B'y'^2$$
$$x''^2 - Cz''^2 = B''y''^2,$$
etc.,

dans lesquelles les coefficiens B', B'', etc. seront positifs, et diminueront suivant une raison au moins quadruple, et ainsi on parviendra bientôt à une transformée

$$x^2 - Cz^2 = Dy^2,$$

dans laquelle le coefficient D sera moindre que C.

Or la suite des nombres positifs et décroissans A, B, C, D, etc. ne saurait aller à l'infini; elle se terminera nécessairement par l'unité, et lorsqu'on sera arrivé à ce terme, la résolution de la dernière transformée, qui est donnée immédiatement, fera connaître celle de toutes les précédentes, et par conséquent celle de l'équation proposée.

Cette méthode n'est pas donnée ici comme la plus simple ni la plus courte, pour arriver à la résolution effective de l'équation proposee : mais la marche qu'elle prescrit pour opérer la diminution successive des coefficiens, est très-lumineuse, et nous en déduirons bientôt un théorème général sur la possibilité des équations indéterminées du second degré.

(22) Il est bon de prévenir une difficulté qui aurait lieu, si deux coefficiens étaient égaux.

Soit donc $A=B$; dans ce cas, pour faire ensorte que $\frac{n^2-B}{A}$ soit un entier, il semble qu'on doit faire $n=0$, et alors on aurait $A'k^2=-1$, ou $A'=-1$, ce qui ne s'accorde pas avec la supposition qu'on fait toujours que A' est positif. Mais cette difficulté est facile à résoudre, car si au lieu de prendre $n=0$, on prend $n=A$, on aura $\frac{n^2-A}{A}=A-1$, ce qui serait la valeur de $A'k^2$. On voit donc que l'équation $x^2-Ay^2=Az^2$ aura pour transformée $x'^2-Ay'^2=A'z'^2$, dans laquelle A' sera $<A$ et positif. On ferait de même, si dans le cours de l'opération, on trouvait $C=B$, ou $D=C$, etc.

Cette remarque fait voir, que dans le cas de $A=B$ et autres semblables, la méthode n'en est pas moins applicable, et qu'ainsi elle a toute la généralité nécessaire. Au reste, le cas dont il s'agit est susceptible d'être traité d'une manière plus simple et plus directe; car si on a l'équation $x^2-Ay^2=Az^2$, on voit d'abord que x doit être divisible par A, ainsi on peut faire $x=Au$, ce qui donnera

$$y^2+z^2=Au^2.$$

Dans cette équation, z et A sont premiers entre eux (sans quoi y et z ne le seraient pas); ainsi on peut supposer $y=nz+Ay'$, ce qui donnera

$$\frac{n^2+1}{A}z^2+2nzy'+Ay'y'=u^2.$$

Celle-ci ne peut subsister, à moins que $\frac{n^2+1}{A}$ ne soit un entier, j'appelle cet entier $A'k^2$, k^2 étant le plus grand quarré qui en est diviseur, et j'aurai

$$A'k^2z^2+2nzy'+Ay'y'=u^2.$$

Multipliant de part et d'autre par $A'k^2$, et faisant $k^2A'z+ny'=z'$, $ku=u'$, on aura

$$z'z'+y'y'=A'u'u';$$

de sorte que l'équation proposée $z^2+y^2=Au^2$ sera ramenée à une équation de même forme, dans laquelle A' est positif et $<\frac{1}{4}A+\frac{1}{A}$. Continuant ainsi de transformée en transformée, les nombres positifs et décroissans A, A', A'', etc. auront nécessairement pour terme l'unité, et alors la dernière équation étant résoluble immédiatement, on en déduira la solution de toutes les précédentes. Il n'y aura dans ce cas d'autre condition pour la possibilité de l'équation, que la première $\frac{n^2+1}{A}=e$, car les autres sont une suite de celle-là.

Dans la solution générale, au contraire, outre la première condition $\frac{n^2-B}{A}=e$, il faut qu'à mesure qu'on passe d'un système de transformées à un autre système, on puisse satisfaire aux diverses conditions $\frac{n'^2-C}{B}=e$, $\frac{n''^2-D}{C}=e$, et ainsi des autres. C'est ce qu'on examinera plus particulièrement dans le § suivant.

§ IV. *Théorème pour juger de la possibilité ou de l'impossibilité de toute équation indéterminée du second degré.*

(23) On a fait voir dans le paragraphe précédent, que toute équation indéterminée du second degré peut se réduire à la forme

$$x^2 - By^2 = Az^2,$$

dans laquelle A et B sont des nombres entiers positifs, dégagés de tout facteur quarré, et l'on a en même temps $A > B$.

Cela posé, pour procéder à la résolution, il faut d'abord déterminer un nombre α plus grand que $\frac{1}{2}A$, tel que $\frac{\alpha^2 - B}{A}$ soit un entier. Ce nombre étant trouvé, on forme la suite d'équations :

$$\begin{array}{ll}
\alpha^2 - B = AA'k^2 & \alpha' = \mu A' \pm \alpha < \frac{1}{2}A' \\
\alpha'^2 - B = A'A''k'^2 & \alpha'' = \mu' A'' \pm \alpha' < \frac{1}{2}A'' \\
\alpha''^2 - B = A''A'''k''^2 & \text{etc.} \\
\text{etc.} &
\end{array}$$

Dans la première, $A'k^2$ est le quotient de $\alpha^2 - B$ divisé par A, k^2 est le plus grand quarré qui divise $A'k^2$, ensorte que A' ne renferme plus que des facteurs simples, ainsi que A et B, et c'est ce qu'on observera dans les autres valeurs semblables. A' étant déterminé, on a α' par l'équation $\alpha' = \mu A' \pm \alpha$, ayant soin de prendre l'indéterminée μ, de manière que α' soit $< \frac{1}{2}A'$, (le signe $<$ n'excluant pas l'égalité). α' étant connu, $\alpha'^2 - B$ est nécessairement divisible par A' ; on désigne le quotient par $A''k'^2$, et on continue de même à former les autres équations.

Au moyen de ces opérations, la suite A, A', A'', etc. dont chaque terme est positif et moindre que le quart du précédent, décroîtra d'une manière rapide, jusqu'à ce qu'on parvienne à un terme $A^{(n)}$ ou C moindre que B; et l'équation proposée aura pour transformées successives les équations sui antes (où pour plus de simplicité je laisse les indéterminées sans accens) :

$$x^2 - By^2 = A'z^2$$
$$x^2 - By^2 = A''z^2$$
$$\vdots$$
$$x^2 - By^2 = Cz^2,$$

équations tellement liées entre elles, que si on connaît la solution d'une seule, on aura immédiatement celle de toutes les autres, et par conséquent celle de l'équation proposée.

Dans ce premier système de transformées, il n'y a aucune condition à remplir, si ce n'est la première $\frac{n^2 - B}{A} = e$.

Mais puisque C est $< B$, la dernière transformée étant mise sous la forme

$$x^2 - Cz^2 = By^2,$$

il faudra, pour qu'elle soit résoluble, qu'on puisse trouver un nombre θ tel que $\theta^2 - C$ soit divisible par B; cette condition étant remplie, on procédera à la diminution de B par un second système de transformées,

$$x^2 - Cz^2 = B'y^2$$
$$x^2 - Cz^2 = B''y^2$$
$$\vdots$$
$$x^2 - Cz^2 = Dy^2,$$

dans lequel la suite B, B', B''... sera prolongée jusqu'à ce qu'on parvienne à un terme $D < C$.

On continuera ainsi la suite des nombres entiers décroissans A, B, C, D, etc. jusqu'à ce qu'on parvienne à un terme égal à l'unité, et alors la question sera résolue.

(24) Il est aisé de voir qu'on ne sera arrêté nulle part dans le cours de cette opération, lorsqu'à l'égard d'une transformée quelconque,

$$x^2 - Fy^2 = Gz^2,$$

on pourra satisfaire aux deux conditions $\frac{\lambda^2 - F}{G} = e$, $\frac{\mu^2 - G}{F} = e$. Or si ces deux conditions sont remplies dans l'équation proposée $x^2 - By^2 = Az^2$, et dans sa première transformée $x^2 - By^2 = A'z^2$, je dis qu'elles le seront dans toutes les autres; de sorte qu'alors l'équation proposée sera nécessairement résoluble.

Supposant donc que les deux conditions mentionnées ont lieu dans les deux premières équations

$$x^2 - By^2 = Az^2$$
$$x^2 - By^2 = A'z^2 :$$

c'est-à-dire qu'il y a des entiers α, β, α', β' tels que

$$\frac{\alpha^2 - B}{A}, \quad \frac{\alpha'^2 - B}{A'}, \quad \frac{\beta^2 - A}{B}, \quad \frac{\beta'^2 - A'}{B}$$

sont des entiers, il faut prouver que les conditions semblables ont lieu dans la transformée suivante

$$x^2 - By^2 = A''z^2.$$

Or comme on a déjà $\frac{\alpha''\alpha'' - B}{A''} = A'k'^2$, il suffit de faire voir qu'il existe un entier β'' tel que $\frac{\beta''\beta'' - A''}{B} = e$.

Soit θ l'un des nombres premiers qui divisent B, on a déjà, par les conditions données :

$$\frac{\beta^2 - A}{\theta} = e, \quad \frac{\beta'^2 - A'}{\theta} = e.$$

Cherchons d'après cela un nombre λ tel que $\frac{\lambda^2 - A''}{\theta} = e$. Si A'' est divisible par θ, il n'y a aucune difficulté; soit donc A'' non divisible par θ, je distingue deux cas, selon que θ divise ou ne divise pas A'.

1°. Si θ divise A', il divisera α et α' en vertu des équations

$$\alpha^2 - B = AA'k^2, \qquad \alpha' = \mu A' \pm \alpha.$$

D'ailleurs on a

$$A''k'k' = \frac{\alpha'\alpha' - B}{A'} = \frac{(\mu A' \pm \alpha)^2 - B}{A'} = \mu^2 A' \pm 2\mu\alpha + Ak^2;$$

donc $\frac{Ak^2 - A''k'k'}{\theta}$ est un entier; ajoutant $\frac{\beta^2k^2 - Ak^2}{\theta}$ qui en est un, on aura $\frac{\beta^2k^2 - A''k'k'}{\theta} = e$. Mais k' est premier à B, et par conséquent à θ, puisque si k' et B avaient un commun diviseur, il faudrait, d'après l'équation $\alpha'^2 - B = A'A''k'^2$, que B eût un facteur quarré, ce qui est contre la supposition; donc on peut faire $k\beta = nk' - m\theta$, et ainsi on aura $\frac{n^2k'k' - A''k'k'}{\theta} = e$, ou simplement $\frac{n^2 - A''}{\theta} = e$.

2°. Si θ ne divise pas A', ni par conséquent $\mathcal{C}'$, de l'équation $\frac{\mathcal{C}'\mathcal{C}'-A'}{\theta}=e$ on déduira d'abord $\frac{A''k'k'\mathcal{C}'\mathcal{C}'-A'A''k'k'}{\theta}=e$, ou $\frac{A''k'^2\mathcal{C}'^2-\alpha'^2}{\theta}=e$. Ensuite puisque $\mathcal{C}'k'$ et θ sont premiers entre eux, on pourra faire $\alpha'=n\mathcal{C}'k'-m\theta$, ce qui donnera $\frac{n^2-A''}{\theta}=e$.

D'après cette démonstration, qui a lieu pour tous les facteurs premiers de B, on voit que non-seulement l'équation $\frac{\mathcal{C}''\mathcal{C}''-A''}{B}=e$ est possible, mais qu'il est facile de trouver *a priori* la valeur de $\mathcal{C}''$. Donc toutes les équations $x^2-By^2=A''z^2$, $x^2-By^2=A'''z^2$, etc. où B est le même, n'offriront aucun signe d'impossibilité.

Nous allons faire voir maintenant que la même chose a lieu dans le second système de transformées où, en conservant une même valeur de C, on fait parcourir à B la suite décroissante B', B'', etc.

(25) Les deux dernières équations du premier système étant

$$x^2-By^2=A^{(n-1)}z^2$$
$$x^2-By^2=A^{(n)}z^2=Cz^2$$

(où n et $n-1$ sont des indices et non des exposans), on peut supposer que ces équations satisfont déjà aux conditions

$$\frac{\alpha^2-B}{A^{n-1}}=e,\quad \frac{\mathcal{C}^2-A^{n-1}}{B}=e,\quad \frac{\alpha'^2-B}{A^n}=e,\quad \frac{\mathcal{C}'^2-A''}{B}=B'f^2;$$

et il s'agit de prouver que dans la transformée suivante, $x^2-A^ny^2=B'z^2$ (qui appartient au second système), on peut satisfaire aux deux conditions

$$\frac{\varphi^2-A^n}{B'}=e,\qquad \frac{\psi^2-B'}{A^n}=e.$$

Or la première est immédiatement remplie par l'équation $\frac{\mathcal{C}'^2-A^n}{B'}=Bf^2$, il reste donc à faire voir qu'on peut toujours satisfaire à la seconde $\frac{\psi^2-B'}{A^n}=e$.

Désignons par θ l'un des nombres premiers qui divisent A^n, et cherchons le nombre ψ tel que $\frac{\psi^2-B'}{\theta}=e$. Si B' est divisible par θ, on aura $\psi=0$, ou un multiple de θ. Si B' n'est pas divisible par θ, il y aura deux cas à considérer.

1°. Si θ est diviseur de B, il le sera de α et de $\mathcal{C}'$, en vertu des équations $\alpha^2 - B = A^n A^{n-1} k^2$, $\mathfrak{G}'\mathfrak{G}' - A^n = BB'f^2$; on pourra donc établir cette suite d'entiers qui dérivent les uns des autres par des substitutions ou opérations très-simples :

$$\frac{\mathfrak{G}^2 - A^{n-1}}{\theta} = e, \quad \frac{k^2\mathfrak{G}^2 A^n - k^2 A^n A^{n-1}}{\theta\theta} = e, \quad \frac{k^2\mathfrak{G}^2 A^n + B}{\theta\theta} = e,$$

$$\frac{(\mathfrak{G}'\mathfrak{G}' - BB'f^2)k^2\mathfrak{G}^2 + B}{\theta\theta} = e, \quad \frac{BB'f^2k^2\mathfrak{G}^2 - B}{\theta\theta} = e, \quad \frac{B'f^2k^2\mathfrak{G}^2 - 1}{\theta} = e,$$

$$\frac{B'B'f^2k^2\mathfrak{G}^2 - B'}{\theta} = e.$$

Soit donc $\psi = B'fk\mathfrak{G}$, et on aura $\frac{\psi^2 - B'}{\theta} = e$.

2°. Si θ ne divise pas B, il ne divisera ni α, ni $\mathfrak{G}'$, on aura donc successivement

$$\frac{\alpha^2 - B}{\theta} = e, \quad \frac{\alpha^2 f^2 B' - f^2 BB'}{\theta} = e, \quad \frac{\alpha^2 f^2 B' - \mathfrak{G}'\mathfrak{G}'}{\theta} = e.$$

Mais αf et θ étant premiers entre eux, on peut supposer $\mathfrak{G}' = \psi\alpha f - m\theta$, ce qui donnera $\frac{\psi^2 - B'}{\theta} = e$.

Le même raisonnement ayant lieu par rapport à tous les diviseurs premiers de A^n, il s'ensuit qu'on pourra toujours satisfaire à l'équation $\frac{\psi^2 - B'}{A^n} = e$.

(26) Donc l'équation $x^2 - By^2 = Az^2$ sera résoluble, si l'on peut satisfaire aux deux conditions $\frac{\alpha^2 - B}{A} = e$, $\frac{\mathfrak{G}^2 - A}{B} = e$, et si, de plus, dans la première transformée $x^2 - By^2 = A'z^2$, on peut satisfaire à la troisième condition $\frac{\mathfrak{G}'\mathfrak{G}' - A'}{B} = e$.

Cette dernière condition serait superflue, comme on va bientôt le démontrer, si les deux nombres A et B étaient premiers entre eux; mais la proposition générale est susceptible d'être présentée d'une manière à-la-fois plus simple et plus élégante.

Observons d'abord que toute équation indéterminée du second degre peut être ramenée à la forme $ax^2 + by^2 = cz^2$, dans laquelle les coefficiens a, b, c sont positifs, n'ont deux à deux aucun diviseur commun, et de plus sont dégagés de tout facteur quarré. Ce qui regarde les signes est manifeste, puisque toute équation formée avec trois quantités, exige qu'une de ces quantités soit égale à la somme des deux autres. Ensuite si a contenait un facteur quarré θ^2, on ferait $a = \theta^2 a'$, $x = \theta x'$, et le terme

ax^2 se changerait en $a'x'^2$, où a' n'a plus de facteur quarré. Enfin, si deux des trois coefficiens a, b, c, par exemple, a et b, avaient un diviseur commun θ, on ferait $a = a'\theta$, $b = b'\theta$, $c\theta = c'$, $z = z'\theta$, et l'équation $ax^2 + by^2 = cz^2$, serait changée en une autre $a'x^2 + b'y^2 = c'z'^2$, dans laquelle a' et b' n'ont plus de commun diviseur.

Cela posé, la nouvelle équation $ax^2 + by^2 = cz^2$ étant mise sous la forme $\left(\frac{cz}{x}\right)^2 - bc\left(\frac{y}{x}\right)^2 = ac$, peut être assimilée à la formule $x^2 - By^2 = Az^2$, et la comparaison donnera $B = bc$, $A = ac$. On aura donc d'abord les deux conditions à remplir

$$\frac{\alpha^2 - bc}{ac} = e, \qquad \frac{\mathcal{C}^2 - ac}{bc} = e.$$

Soit $\alpha = c\mu$, $\mathcal{C} = c\nu$, ces conditions deviendront

$$\frac{c\mu^2 - b}{a} = e, \qquad \frac{c\nu^2 - a}{b} = e.$$

Pour exprimer la troisième $\frac{\mathcal{C}'\mathcal{C}' - A'}{B} = e$, observons qu'on a $\alpha^2 - B = AA'k^2$, ou $c\mu^2 - b = aA'k^2$, et comme ak^2 n'a point de diviseur commun avec bc, la dernière condition sera remplie si l'on a

$$\frac{ak^2\mathcal{C}'\mathcal{C}' - c\mu^2 + b}{bc} = e.$$

Or pour que le numérateur de cette quantité soit divisible par b, il suffit que $ak^2\mathcal{C}'\mathcal{C}' - c\mu^2$ le soit, ou bien mettant $c\nu^2$ au lieu de a en vertu de la seconde condition, il faudra que $k^2\mathcal{C}'^2\nu^2 - \mu^2$ soit divisible par b, ce qui est toujours possible, en déterminant $\mathcal{C}'$ d'après l'équation $\frac{k\nu\mathcal{C}' \pm \mu}{b} = e$. De là on voit que lorsque A et B n'ont pas de commun diviseur (ou lorsque $c = 1$), la troisième condition est remplie par une suite des deux autres.

Mais s'ils ont un commun diviseur c, il restera encore à satisfaire à la condition $\frac{ak^2\mathcal{C}'\mathcal{C}' + b}{c} = e$, ou simplement $\frac{a\lambda^2 + b}{c} = e$. Voici donc un théorème général, d'après lequel on pourra décider immédiatement, et sans aucune transformation, si une équation indéterminée du second degré est résoluble ou ne l'est pas.

THÉORÈME.

(27) « Étant proposée l'équation $ax^2+by^2=cz^2$, dans laquelle les » coefficiens a, b, c, pris individuellement, ou deux à deux, n'ont ni » diviseur quarré, ni diviseur commun; je dis que cette équation sera » résoluble, si on peut trouver trois entiers λ, μ, ν tels que les trois » quantités

$$\frac{a\lambda^2+b}{c},\quad \frac{c\mu^2-b}{a},\quad \frac{c\nu^2-a}{b}$$

» soient des entiers : elle sera au contraire insoluble, si ces trois con- » ditions ne peuvent être remplies à-la-fois. »

Remarque I. Ces conditions se réduisent à deux, si l'un des trois nombres a, b, c, est égal à l'unité, et elles se réduisent à une seule, comme dans le n° 22, si deux de ces nombres sont égaux à l'unité.

Remarque II. On peut toujours arranger les trois termes de l'équation proposée, de manière que a, b, c soient positifs ; mais cette condition n'est pas de rigueur, et le théorème serait encore vrai, quand même quelqu'un de ces termes serait négatif.

Il ne faudrait pas cependant conclure de là qu'une équation telle que $x^2+5y^2+6z^2=0$ est possible, par cela seul qu'on peut satisfaire aux conditions $\frac{\lambda^2+5}{6}=e$, $\frac{\mu^2+6}{5}=e$, il faudrait conclure seulement qu'elle peut se ramener à la forme $x^2+y^2+z^2=0$. En général, toute équation résoluble pourra, par la méthode du § précédent, se ramener à la forme $x^2+y^2-z^2=0$; mais il suffit de la ramener à la forme $Ax^2+y^2-z^2=0$, dont la solution se trouve immédiatement.

§ V. *Developpement de la racine d'un nombre non quarré en fraction continue.*

(28) Le principe exposé n° 1, pour développer une quantité quelconque x en fraction continue, s'applique avec beaucoup de facilité aux racines quarrées des nombres, et en général aux quantités de la forme $\frac{\sqrt{A}+B}{C}$, A, B et C étant des nombres entiers. Mais pour qu'on voie plus clairement la marche de l'opération, nous prendrons d'abord un exemple particulier.

Soit $A=19$, on aura x ou $\sqrt{19}=4+\frac{1}{x'}$; de là $x'=\frac{1}{\sqrt{19}-4}$: ou, en multipliant les deux termes de la fraction par $\sqrt{19}+4$, $x'=\frac{\sqrt{19}+4}{3}$: l'entier le plus grand compris dans cette quantité est 2, ainsi on aura $x'=2+\frac{\sqrt{19}-2}{3}$. Cette dernière partie étant nommée $\frac{1}{x''}$, on en tire $x''=\frac{3}{\sqrt{19}-2}=\frac{\sqrt{19}+2}{5}$; l'entier compris est 1 et le reste $\frac{\sqrt{19}-3}{5}$ qu'il faut renverser de même pour avoir la valeur de x''', ainsi de suite. Voici donc l'opération pour développer $\sqrt{19}$ en fraction continue :

$$
\begin{aligned}
x &= \sqrt{19} = 4+\frac{\sqrt{19}-4}{1}\\
x' &= \frac{1}{\sqrt{19}-4}=\frac{\sqrt{19}+4}{3}=2+\frac{\sqrt{19}-2}{3}\\
x'' &= \frac{3}{\sqrt{19}-2}=\frac{\sqrt{19}+2}{5}=1+\frac{\sqrt{19}-3}{5}\\
x''' &= \frac{5}{\sqrt{19}-3}=\frac{\sqrt{19}+3}{2}=3+\frac{\sqrt{19}-3}{2}\\
x^{\text{IV}} &= \frac{2}{\sqrt{19}-3}=\frac{\sqrt{19}+3}{5}=1+\frac{\sqrt{19}-2}{5}\\
x^{\text{V}} &= \frac{5}{\sqrt{19}-2}=\frac{\sqrt{19}+2}{3}=2+\frac{\sqrt{19}-4}{3}\\
x^{\text{VI}} &= \frac{3}{\sqrt{19}-4}=\frac{\sqrt{19}+4}{1}=8+\frac{\sqrt{19}-4}{1}\\
x^{\text{VII}} &= \frac{1}{\sqrt{19}-4}=\frac{\sqrt{19}+4}{3}=2 \quad \text{etc.}
\end{aligned}
$$

Arrivé à ce terme, on tombe sur une valeur de x^{vii} égale à celle de x', d'où il suit que les quotiens déjà trouvés 2, 1, 3, 1, 2, 8 reviendront dans le même ordre, et qu'ainsi le développement de $\sqrt{19}$ en fraction continue donnera les quotiens

$$4: 2, 1, 3, 1, 2, 8: 2, 1, 3, 1, 2, 8: 2, 1, 3, 1, 2, 8: \text{etc.}$$

où l'on voit qu'après le premier terme 4, la période 2, 1, 3, 1, 2, 8 revient toujours dans le même ordre, et se répète à l'infini.

(29) Soit maintenant A un nombre quelconque, a^2 le plus grand quarré compris, et b le reste, ensorte qu'on ait $A = a^2 + b$, le développement de $\sqrt{A}$ en fraction continue donnera d'abord

$$x = \sqrt{A} = a + \frac{\sqrt{A} - a}{1}$$

$$x' = \frac{1}{\sqrt{A} - a} = \frac{\sqrt{A} + a}{b} = \text{etc.}$$

Supposons qu'en prolongeant indéfiniment l'opération, on parvienne au quotient-complet $x^{(n)}$ ou $y = \frac{\sqrt{A} + I}{D}$; soit μ l'entier compris dans y, le reste sera $\frac{\sqrt{A} + I - \mu D}{D}$; ce reste étant nommé $\frac{1}{y'}$, on aura $y' = \frac{D}{\sqrt{A} + I - \mu D}$; et puisque d'ailleurs l'analogie des formes exige qu'on ait $y' = \frac{\sqrt{A} + I'}{D'}$, on tirera de là l'équation suivante pour déterminer I' et D':

$$\frac{D}{\sqrt{A} + I - \mu D} = \frac{\sqrt{A} + I'}{D'}.$$

Cette équation, où il faut égaler séparément la partie rationnelle à la partie rationnelle et la partie irrationnelle à la partie irrationnelle, donnera

$$I' = \mu D - I$$

$$D' = \frac{A - I'I'}{D}.$$

Telle est la loi très-simple par laquelle d'un quotient-complet quelconque $\frac{\sqrt{A} + I}{D}$, on déduira le quotient-complet suivant $\frac{\sqrt{A} + I'}{D'}$; et il n'est pas à craindre que les nombres I' et D' soient fractionnaires; car si on substitue la valeur de I' dans celle de D', on aura..... $D' = \frac{A - (\mu D - I)^2}{D} = \frac{A - I^2}{D} + 2\mu I - \mu^2 D$. Or ayant $A - I^2 = D'D$, si on désigne par $\frac{\sqrt{A}+I^\circ}{D^\circ}$ le quotient-complet qui précède $\frac{\sqrt{A}+I}{D}$, on aura semblablement $A-I^2=DD^\circ$, donc

$$D'=D^\circ+2\mu I-\mu^2 D.$$

D'où l'on voit que puisque les nombres D et I sont entiers dans les deux premiers quotiens-complets $\frac{\sqrt{A}+\circ}{1}$, $\frac{\sqrt{A}+a}{b}$, ils le seront nécessairement dans tous les autres à l'infini.

La valeur qu'on vient de trouver pour D', peut aussi se mettre sous la forme $D'=D^\circ+\mu(I-I')$; ainsi des deux quotiens-complets consécutifs

$$\frac{\sqrt{A}+I^\circ}{D^\circ}=\mu^\circ+$$
$$\frac{\sqrt{A}+I}{D}=\mu\ +$$

on déduira le quotient-complet suivant $\frac{\sqrt{A}+I'}{D'}$, au moyen des formules $I'=\mu D-I$, $D'=D^\circ+\mu(I-I')$; ce qui réduit la loi de continuation au plus grand degré de simplicité.

(30) Supposons maintenant que $\frac{p^\circ}{q^\circ}$, $\frac{p}{q}$ soient deux fractions consécutives convergentes vers $\sqrt{A}$; soit $\frac{\sqrt{A}+I}{D}$ le quotient-complet qui répond à la fraction $\frac{p}{q}$, on aura, suivant le principe connu,

$$\sqrt{A}=\frac{p\left(\frac{\sqrt{A}+I}{D}\right)+p^\circ}{q\left(\frac{\sqrt{A}\quad I}{D}\right)+q^\circ}=\frac{p\sqrt{A}+pI+p^\circ D}{q\sqrt{A}+qI+q^\circ D},$$

d'où l'on tire les deux équations

$$pI+p^\circ D=qA$$
$$qI+q^\circ D=p,$$

lesquelles donnent

$$(pq^\circ-p^\circ q)\ I=qq^\circ A-pp^\circ$$
$$(pq^\circ-p^\circ q)\ D=pp-Aqq.$$

Or, par la propriété des fractions continues (n° 6) on a $pq^\circ-p^\circ q=+1$, si $\frac{p}{q}$ est $>\sqrt{A}$, et $pq^\circ-p^\circ q=-1$, si $\frac{p}{q}$ est $<\sqrt{A}$, d'où l'on voit que

$pq^{\bar{\circ}} - p^{\bar{\circ}}q$ a toujours le même signe que $pp - Aqq$, et qu'ainsi D est toujours positif. Ces valeurs prouvent encore immédiatement que D et I sont toujours des entiers; je dis de plus que I est toujours positif; car d'un côté l'équation $qI + q^{\circ}D = p$ donne $\frac{q^{\circ}}{q} = \left(\frac{p}{q} - I\right) : D$, et puisque q° est $< q$, il faut qu'on ait $D > \frac{p}{q} - I$, ou $D > \sqrt{A} - I$; d'un autre côté, on a $\frac{\sqrt{A}+I}{D} > \mu$, donc $D < \sqrt{A} + I$. Or ces deux conditions seraient incompatibles, si I était négatif.

Cela posé, il est facile de trouver les limites que les nombres I et D ne peuvent surpasser; l'équation $A - I^2 = DD^{\circ}$ donne $I < \sqrt{A}$, ainsi I ne saurait excéder l'entier a compris dans $\sqrt{A}$, et puisqu'on a d'ailleurs $I' + I = \mu D$, il s'ensuit que $2a$ est la limite de D, et en même temps celle du quotient μ.

Mais puisque la fraction continue qui représente la valeur d'une quantité irrationnelle doit s'étendre à l'infini, et qu'il ne peut y avoir qu'un certain nombre de valeurs différentes tant pour I que pour D, il est nécessaire que la même valeur de I se rencontre une infinité de fois avec la même valeur de D; or dès que l'on retrouve pour le quotient-complet $\frac{\sqrt{A}+I}{D}$ une valeur déjà trouvée, il est clair que les quotiens suivans de la fraction continue doivent être les mêmes et dans le même ordre que ceux qu'on a déjà obtenus; donc la fraction continue qui exprime $\sqrt{A}$ sera composée (au moins après quelques termes) d'une période constante qui se répétera à l'infini, comme on l'a déjà vu dans un cas particulier, n° 28.

(31) Il s'agit présentement de déterminer le point précis où commence la période. Nous supposerons que cette période est $\mu, \mu', \mu'' \ldots \omega$, et nous désignerons à l'ordinaire la suite des quotiens, et celle des fractions convergentes qui leur répondent jusqu'au commencement de la seconde période, comme il suit :

Quotiens	a,	$\alpha, \beta, \gamma \ldots\ldots\ldots \lambda$,		$\mu, \mu', \mu'' \ldots\ldots\ldots$	ω,	$\mu, \mu', \mu'' \ldots \omega$,		
Fractions convergentes	$\frac{1}{0}$,	$\frac{a}{1} \ldots\ldots\ldots\ldots$	$\frac{p^{\circ}}{q^{\circ}}$,	$\frac{p}{q} \ldots\ldots\ldots\ldots$	$\frac{p^{\circ}1}{q^{\circ}1}$,	$\frac{p1}{q1} \ldots\ldots\ldots$		

Soient en même temps les valeurs correspondantes du quotient-complet

$$\frac{\sqrt{A}}{1},\ \frac{\sqrt{A}+a}{b} \ldots\ldots\ \frac{\sqrt{A}+I^{\circ}}{D^{\circ}},\ \frac{\sqrt{A}+I}{D} \ldots\ldots\ \frac{\sqrt{A}+I^{\circ}1}{D},\ \frac{\sqrt{A}+I}{D} \ldots\ldots$$

on aura d'abord, par ce qui a été démontré, $A-I^2=DD^\circ$, et $A-I^2=DD^\circ 1$; ce qui donne $D^\circ 1=D^\circ$; on aura aussi $I=\lambda D^\circ-I^\circ$ et $I=\omega D^\circ 1-I^\circ 1$, d'où l'on tire $\frac{I^\circ-I^\circ 1}{D^\circ}=\lambda-\omega$. Mais d'un autre côté, l'équation $qI+q^\circ D=p$, donne $I=\frac{p}{q}-\frac{q^\circ D}{q}$; et puisque $\frac{p}{q}$ est une valeur approchée de $\sqrt{A}$, on doit avoir $\frac{p}{q}=a+$ une fraction $\frac{r}{q}$, d'où résulte

$$a-I=\frac{q^\circ D-r}{q};$$

donc à cause de $q^\circ<q$, on aura $a-I<D$; on aura semblablement $a-I^\circ<D^\circ$, $a-I^\circ 1<D^\circ 1$; donc à plus forte raison $I^\circ-I^\circ 1<D^\circ$. Mais on a trouvé $\frac{I^\circ-I^\circ 1}{D^\circ}=$ à l'entier $\lambda-\omega$, donc il faut que cet entier soit zéro; donc on aura $I^\circ=I^\circ 1$ et $\lambda=\omega$.

On démontrera de même que le quotient qui précède λ est égal à celui qui précède ω, et ainsi de suite jusqu'au quotient α; de sorte que le quotient α est celui qui revient le premier, et qui doit commencer la période.

(32) Cela posé, on peut représenter ainsi la série des quotiens et celle des fractions convergentes qui leur répondent dans le développement de $\sqrt{A}$.

Quotiens..... a; α, β.... λ, μ; α, β,.. λ, μ; α, β,...λ, μ; etc.

Fract. converg. $\frac{1}{0}$, $\frac{a}{1}$,...... $\frac{p^\circ}{q^\circ}$, $\frac{p}{q}$, $\frac{p'}{q'}$, ... $\frac{p^\circ 1}{q^\circ 1}$, $\frac{p1}{q1}$, $\frac{p'1}{q'1}$,................

Dans cette disposition, $\frac{p}{q}$ est la fraction convergente qui répond au dernier quotient μ de la première période α, β..., λ, μ; soit z le quotient-complet correspondant, on aura $z-\mu=\sqrt{A}-a$, ou $z=\mu-a+\sqrt{A}$, et il en résultera, suivant le principe ordinaire,

$$\sqrt{A}=\frac{pz+p^\circ}{qz+q^\circ}=\frac{p\sqrt{A}+p(\mu-a)+p^\circ}{q\sqrt{A}+q(\mu-a)+q^\circ};$$

ce qui fournit les deux équations

$$p(\mu-a)+p^\circ=Aq$$
$$q(\mu-a)+q^\circ=p.$$

La seconde équation donne $\mu-a+\frac{q^\circ}{q}=\frac{p}{q}$, d'où il suit que $\mu-a$ est le plus grand entier compris dans $\frac{p}{q}$; cet entier est égal à a, ainsi on a $\mu-a=a$, ou $\mu=2a$. En même temps, puisque $q^\circ=p-aq$, il s'ensuit que la série des quotiens α, β,... θ, λ qui précèdent μ est symmétrique (n° 11), car $\frac{p-aq}{q}$ est l'une des fractions convergentes vers $\sqrt{A}-a$, quantité égale à la fraction continue $\cfrac{1}{\alpha+\cfrac{1}{\beta+\text{etc.}}}$, et cette fraction convergente est précédée de $\frac{p^\circ-aq^\circ}{q^\circ}$; donc puisqu'on a $q^\circ=p-aq$, il faut que la période α, β,... θ, λ soit identique avec son inverse λ, θ... β, α. Et de toutes ces remarques il suit que les quotiens provenans du développement de $\sqrt{A}$, procèdent suivant cette loi :

$$a;\ \alpha,\ \beta,\ \gamma\ldots\gamma,\ \beta,\ \alpha,\ 2a;\ \alpha,\ \beta,\ \gamma\ldots\gamma,\ \beta,\ \alpha,\ 2a;\ \text{etc.},$$

loi qui deviendrait encore plus régulière, si le premier quotient était $2a$ ou zéro; c'est-à-dire s'il s'agissait du développement de $\sqrt{A}\pm a$.

(33) Il est important d'observer, que toute fraction convergente $\frac{p}{q}$, qui répond au quotient $2a$ dans une période quelconque, est telle qu'on a $p^2-Aq^2=\pm 1$. Car lorsque le quotient $\mu=2a$, l'équation $I^\circ+I=D\mu$, où I et I° ne peuvent excéder a (n° 30), donnera nécessairement $I=I^\circ=a$, et $D=1$; donc l'équation $(pq^\circ-p^\circ q)D=p^2-Aq^2$, devient $p^2-Aq^2=\pm 1$, savoir $+1$, si $\frac{p}{q}$ est $>\sqrt{A}$, et -1 dans le cas contraire.

Puisque le quotient $2a$ se trouve nécessairement dans le développement de $\sqrt{A}$, il s'ensuit donc que l'équation $x^2-Ay^2=\pm 1$ est toujours résoluble (au moins avec le signe $+$), quel que soit le nombre A, pourvu qu'il ne soit pas un quarré parfait; et on voit en même temps qu'il y aura une infinité de solutions de cette équation, puisque le quotient $2a$ se répète une infinité de fois dans les périodes successives.

Au reste, si le nombre des termes de la période α, β... β, α, $2a$ est pair, toutes les fractions qui répondent au quotient $2a$ dans les diverses périodes, seront plus grandes que $\sqrt{A}$, et ainsi dans ce cas, ces fractions ne satisferont qu'à l'équation $x^2-Ay^2=+1$. Mais si le nombre des termes de la période est impair, alors la première fraction qui répond au quotient $2a$ sera plus petite que $\sqrt{A}$, la seconde plus grande, et ainsi alternativement; de sorte que dans ce cas, l'équation $x^2-Ay^2=-1$ sera résoluble aussi bien que l'équation $x^2-Ay^2=+1$: la première par les fractions convergentes de rang impair, la seconde par celles de rang pair.

§ VI. *Résolution en nombres entiers de l'équation indéterminée* $x^2 - Ay^2 = \pm D$, D *étant* $< \sqrt{A}$.

(34) Nous avons fait voir dans le paragraphe précédent, que l'équation $x^2 - Ay^2 = +1$ est toujours résoluble d'une infinité de manières, quel que soit A, pourvu qu'il ne soit pas un quarré parfait. Quant à l'équation $x^2 - Ay^2 = -1$, elle n'est résoluble que dans certains cas particuliers; et comme la solution, lorsqu'elle est possible, doit se trouver parmi les fractions convergentes vers $\sqrt{A}$, la condition nécessaire et en même temps suffisante pour la possibilité de cette solution, est que la période de quotiens donnée par le développement de $\sqrt{A}$ soit composée d'un nombre de termes impair.

Les solutions de l'une et l'autre équations se tirent immédiatement des fractions convergentes vers $\sqrt{A}$, savoir, de celles qui répondent au quotient $2a$ (a étant l'entier compris dans $\sqrt{A}$), et il y en a une infinité, puisque ce quotient, ainsi que les périodes qui le comprennent, se répète une infinité de fois. Le numérateur de chaque fraction est une valeur de x, et son dénominateur la valeur correspondante de y.

Nous ferons voir ci-après comment on trouve *a priori* l'expression générale des diverses fractions qui répondent à un même quotient placé de la même manière dans les périodes successives. Dans le cas présent, il suffit de faire connaître le résultat qui d'ailleurs se vérifie immédiatement.

Soit $\frac{p}{q}$ la première et la plus simple des fractions convergentes qui répondent à un même quotient $2a$; si l'on a $p^2 - Aq^2 = +1$, ou si le nombre des termes de la période est pair, l'équation $x^2 - Ay^2 = +1$ sera, comme nous l'avons déjà dit, la seule résoluble. Pour avoir alors la solution générale, il suffit d'élever $p + q\sqrt{A}$ à une puissance quelconque m, et d'égaler le résultat à $x + y\sqrt{A}$. En effet, si l'on a

$$(p + q\sqrt{A})^m = x + y\sqrt{A},$$

x et y étant rationnels, on aura en même temps

$$(p - q\sqrt{A})^m = x - y\sqrt{A}.$$

Multipliant ces deux équations entre elles, le produit sera

$$x^2 - Ay^2 = (p^2 - Aq^2)^m = 1^m = 1.$$

Donc en effet les valeurs trouvées pour x et y satisferont à l'équation $x^2 - Ay^2 = 1$, quel que soit l'exposant m. On peut aussi avoir séparément les valeurs de x et y par les formules

$$x = \frac{(p+q\sqrt{A})^m + (p-q\sqrt{A})^m}{2}$$

$$y = \frac{(p+q\sqrt{A})^m - (p-q\sqrt{A})^m}{2\sqrt{A}},$$

lesquelles donneront toujours des nombres entiers pour x et y.

(35) En second lieu, si on a $p^2 - Aq^2 = -1$, ou si le nombre des termes de la période est impair, alors il est visible qu'on peut satisfaire à-la-fois aux deux équations $x^2 - Ay^2 = +1$, $x^2 - Ay^2 = -1$, savoir, à la première, par les puissances paires de $p + q\sqrt{A}$, et à la seconde, par les puissances impaires de ce même binome. Car si l'on fait $(p+q\sqrt{A})^{2k} = x + y\sqrt{A}$, on aura $x^2 - Ay^2 = (-1)^{2k} = +1$, et si l'on fait $(p+q\sqrt{A})^{2k+1} = x + y\sqrt{A}$, on aura $x^2 - Ay^2 = (-1)^{2k+1} = -1$.

Par exemple, lorsque $A = 13$, on trouve $\frac{p}{q} = \frac{18}{5}$, et $p^2 - 13q^2 = -1$. Donc en faisant $(18+5\sqrt{13})^{2k} = x + y\sqrt{13}$, on satisfera à l'équation $x^2 - 13y^2 = 1$, et en faisant $(18+5\sqrt{13})^{2k+1} = x + y\sqrt{13}$, on satisfera à l'équation $x^2 - 13y^2 = -1$.

Les moindres nombres qui satisfont à l'équation $x^2 - 13y^2 = 1$, sont donc $x = 649$, $y = 180$, car on a $(18+5\sqrt{13})^2 = 649 + 180\sqrt{13}$.

Quelquefois les nombres les plus simples qui satisfont à une équation donnée $x^2 - Ay^2 = \pm 1$ sont beaucoup plus considérables. Par exemple, la solution la plus simple de l'équation $x^2 - 211y^2 = 1$, est

$$x = 278\ 354\ 373\ 650$$
$$y = 19\ 162\ 705\ 353,$$

et la solution la plus simple de l'équation $x^2 - 991y^2 = 1$ est

$$x = 37951\ 64009\ 06811\ 93063\ 80148\ 96080$$
$$y = 1205\ 57357\ 90331\ 35944\ 74425\ 38767.$$

D'où l'on voit combien il est nécessaire d'avoir, pour la recherche de ces nombres, une méthode sûre et infaillible, telle que celle que nous avons exposée; car on se tromperait beaucoup, si après avoir essayé inutilement la résolution par des nombres médiocrement grands, on concluait qu'elle n'est possible en aucuns nombres.

(36) Fermat est le premier qui ait paru connaître la résolution de l'équation $x^2-Ay^2=1$; du moins il proposa ce problème comme par défi aux Géomètres anglais, et mylord Brownker en donna une solution qu'on trouve dans les Œuvres de Wallis, et qui est rapportée à peu près textuellement dans le second volume de l'Algèbre d'Euler. Mais d'un côté, Fermat n'a rien publié sur sa propre solution, et de l'autre, la méthode des Géomètres anglais, quoique fort ingénieuse, n'établit cependant pas d'une manière certaine, que le problème soit toujours possible. Il restait donc à démontrer, que l'équation $x^2-Ay^2=1$ est toujours résoluble en nombres entiers, et c'est ce que Lagrange a fait d'une manière aussi élégante que solide, dans les Mélanges de Turin, tome IV, et ensuite dans les Mémoires de Berlin, ann. 1767; cette démonstration, ainsi que la méthode de solution qui l'accompagne, doivent être regardées comme l'un des plus grands pas qui aient été faits jusqu'à présent dans l'analyse indéterminée. En effet l'équation $x^2-Ay^2=1$ n'est pas seulement intéressante en elle-même; elle est encore nécessaire dans la résolution de toutes les équations indéterminées du second degré, où elle sert à trouver une infinité de solutions quand on en connaît une seule.

On trouvera à la fin de cet Ouvrage une Table, n° X, qui contient, sous la forme de fractions, les solutions les plus simples de l'équation $m^2-An^2=\pm 1$, pour tout nombre non quarré A depuis 2 jusqu'à 139.

L'inspection seule des chiffres qui terminent les nombres m et n fera voir s'ils satisfont à l'équation $m^2-An^2=+1$, ou à l'équation... $m^2-An^2=-1$. Quand ils satisfont à cette dernière, il faut faire $(m+n\sqrt{A})^2=p+q\sqrt{A}$, afin d'avoir les moindres nombres p et q qui satisfont à l'équation $x^2-Ay^2=+1$: on a alors $p=2m^2-1$, $q=2mn$.

(37) Venons maintenant à la résolution de l'équation proposée $x^2-Ay^2=\pm D$. On a vu (n° 10) que lorsque D est $<\sqrt{A}$, comme nous le supposons, la fraction $\frac{x}{y}$ doit être l'une des fractions convergentes vers $\sqrt{A}$. Il faudra donc développer $\sqrt{A}$ en fraction continue, et calculer les valeurs successives des quotiens-complets $\frac{\sqrt{A}+I}{D}$; si, parmi ces quotiens-complets, il s'en trouve un dont le dénominateur D soit égal au second membre de l'équation proposée, on en déduira une

solution, soit de l'équation $x^2 - Ay^2 = +D$, soit de l'équation $x^2 - Ay^2 = -D$: il faudra pour cela calculer la fraction convergente $\frac{p}{q}$ qui répond au quotient-complet dont il s'agit; si cette fraction est de rang impair ($\frac{1}{0}$ étant censée la première), elle sera plus grande que $\sqrt{A}$, et ainsi on aura $p^2 - Aq^2 = +D$; si elle est de rang pair, on aura $p^2 - Aq^2 = -D$.

Il peut se trouver plusieurs fois le même nombre D dans la même période, et il se rencontrera toujours au moins deux fois, puisque la période est symmétrique (excepté lorsque le quotient auquel répond $\frac{p}{q}$ est le terme moyen de la période, abstraction faite de son dernier terme $2a$). On aura alors autant de solutions soit de l'équation $x^2 - Ay^2 = D$, soit de l'équation $x^2 - Ay^2 = -D$, lesquelles auront lieu également dans toutes les autres périodes.

Si on ne rencontre point le nombre D parmi les dénominateurs des quotiens-complets dans la première période, on sera assuré que l'équation $x^2 - Ay^2 = +D$ et l'équation $x^2 - Ay^2 = -D$, ne peuvent se résoudre ni l'une ni l'autre en nombres entiers.

(38) Mais si on a une ou plusieurs solutions données par la première période des quotiens, comme on vient de l'expliquer, on pourra déduire immédiatement de chacune de ces premières solutions, une formule générale qui contienne une infinité d'autres solutions dépendantes de cette première base. Soit $\frac{p}{q}$ la fraction convergente qui donne $p^2 - Aq^2 = D$; soient en même temps t et u des nombres quelconques qui satisfont à l'équation $t^2 - Au^2 = 1$; si on multiplie ces deux équations entre elles, le produit pourra être mis sous la forme

$$(pt \pm Aqu)^2 - A(pu \pm qt)^2 = D;$$

de sorte que l'équation $x^2 - Ay^2 = D$ sera résolue généralement par les formules

$$x = pt \pm Aqu$$
$$y = pu \pm qt;$$

et quant aux valeurs de t et u, nous avons déjà fait voir que si m et n sont les moindres nombres qui satisfont à l'équation $m^2 - An^2 = 1$, et qu'on prenne pour k un entier quelconque, on aura

$$(m + n\sqrt{A})^k = t + u\sqrt{A}.$$

On voit donc qu'en partant de différentes solutions primitives comprises dans la première période, on aura autant de formules générales qui renfermeront chacune une infinité de solutions de l'équation proposée.

D'ailleurs les valeurs que nous venons de donner pour x et y ont également lieu, soit que D soit positif, soit qu'il soit négatif; elles supposent seulement que D a le même signe dans l'équation particulière $p^2-Aq^2=D$, que dans l'équation générale $x^2-Ay^2=D$; elles supposent aussi qu'on a $m^2-An^2=+1$.

Si on avait $m^2-An^2=-1$, alors les formules

$$x=pt\pm Aqu$$
$$y=pu\pm qt$$

donneraient à-la-fois la solution de l'équation $x^2-Ay^2=+D$ et celle de l'équation $x^2-Ay^2=-D$, l'une en faisant $(m+n\sqrt{A})^{2k}=t+u\sqrt{A}$, l'autre en faisant $(m+n\sqrt{A})^{2k+1}=t+u\sqrt{A}$.

(39) Si on connaît, soit par la Table dont nous avons parlé, soit par tout autre moyen, la fraction la plus simple $\frac{m}{n}$ qui satisfait à l'équation $m^2-An^2=\pm 1$, le simple développement de $\frac{m}{n}$ en fraction continue, donnera la période des quotiens qui résulteraient du développement de $\sqrt{A}$. Or sans connaître les quotiens-complets $\frac{\sqrt{A}+I}{D}$ qui répondent à ces quotiens entiers, ni par conséquent leurs dénominateurs, on peut néanmoins distinguer facilement ceux qui répondent à une valeur donnée de D. Ces quotiens sont à fort peu près égaux à $\frac{2a}{D}$, a étant l'entier compris dans $\sqrt{A}$. En effet, puisqu'on a (n° 30) $I=\frac{p-q^\circ D}{q}$, il en résulte $\frac{\sqrt{A}+I}{D}=\frac{\frac{p}{q}+\sqrt{A}}{D}-\frac{q^\circ}{q}$, donc l'entier μ compris dans $\frac{\sqrt{A}+I}{D}$ est à peu près égal à l'entier compris dans $\frac{2a}{D}$.

(40) Par exemple, ayant à résoudre l'équation $x^2-61y^2=5$, on développera en fraction continue la fraction $\frac{29718}{3805}$ dont les deux termes satisfont à l'équation $m^2-61n^2=-1$; on trouvera les quotiens et les fractions convergentes comme il suit :

Quotiens	7,	1,	4,	3,	1,	2,	2,	1,	3,	4,	1,	
Fr. conv.	$\frac{1}{0}$,	$\frac{7}{1}$,	$\frac{8}{1}$,	$\frac{39}{5}$,	$\frac{125}{16}$,	$\frac{164}{21}$,	$\frac{453}{58}$,	$\frac{1070}{137}$,	$\frac{1523}{195}$,	$\frac{5639}{722}$,	$\frac{24079}{3083}$,	$\frac{29718}{3805}$.

L'entier compris dans $\sqrt{61}$ est 7, et $\frac{2.7}{5} = 2+$, je cherche donc 2 parmi les quotiens; je trouve les deux fractions correspondantes $\frac{164}{21}$, $\frac{453}{58}$, dont la première donne $p^2 - 61q^2 = -5$, et la seconde $p^2 - 61q^2 = 5$. Donc l'équation proposée $x^2 - 61y^2 = 5$ sera résolue au moyen des formules

$$x = 453t \pm 3538u$$
$$y = 453u \pm 58t$$
$$t + u\sqrt{61} = (29718 + 3805\sqrt{61})^{2k};$$

et elle le sera également par les formules suivantes calculées d'après la première fraction convergente $\frac{164}{21}$:

$$x = 164t \pm 1281u$$
$$y = 164u \pm 21t$$
$$t + u\sqrt{61} = (29718 + 3805\sqrt{61})^{2k+1}.$$

On résoudrait de la même manière l'équation $x^2 - 61y^2 = -5$, et on voit pourquoi les deux valeurs trouvées pour $\frac{p}{q}$, quoique donnant deux valeurs de D de signes différens, servent néanmoins à résoudre la même équation; c'est parce que la valeur de $\frac{m}{n}$ est telle que $m^2 - 61n^2 = -1$, car dans tous les cas semblables une solution de l'équation $x^2 - 61y^2 = D$, en donne toujours une de l'équation $x^2 - 61y^2 = -D$, et réciproquement.

(41) Nous remarquerons que si D, quoique toujours plus petit que $\sqrt{A}$, avait un facteur quarré θ^2, ensorte qu'on eût $D = \theta^2 D'$, alors, outre les solutions trouvées par la méthode précédente, et dans lesquelles x et y sont toujours premiers entre eux, il pourrait y en avoir d'autres dans lesquelles x et y auraient pour diviseur commun θ. En effet, si d'une autre part on trouve possible la solution de l'équation $x'^2 - Ay'^2 = D'$, il est clair qu'on en tirera $x = \theta x'$, $y = \theta y'$. Ainsi il pourra y avoir autant de nouvelles formules de solution, qu'il y a de manières de diviser D par un quarré.

§ VII. *Théorèmes sur la possibilité des équations de la forme* $Mx^2 - Ny^2 = \pm 1$ *ou* ± 2.

(42) SUPPOSONS que A est un nombre premier, et soient p et q les moindres nombres (autres que 1 et 0) qui satisfont à l'équation $p^2 - Aq^2 = 1$. Cette équation peut se mettre sous la forme $p^2 - 1 = Aq^2$, ou $(p+1)(p-1) = Aq^2$; et puisque A est un nombre premier, si l'on fait $q = fgh$, la décomposition de cette équation ne pourra se faire que de ces deux manières,

$$\left.\begin{aligned} p+1 &= fg^2A \\ p-1 &= fh^2 \end{aligned}\right\} \qquad \left.\begin{aligned} p+1 &= fg^2 \\ p-1 &= fh^2A \end{aligned}\right\}.$$

Ainsi il faut que l'une des deux équations suivantes ait lieu,

$$-\frac{2}{f} = h^2 - Ag^2, \qquad \frac{2}{f} = g^2 - Ah^2.$$

Par ces dernières, on voit que f ne peut être que 1 ou 2, de sorte qu'on aura les quatre combinaisons

$$\begin{aligned} -1 &= h^2 - Ag^2 \ldots (1) \qquad & 1 &= g^2 - Ah^2 \ldots (3) \\ -2 &= h^2 - Ag^2 \ldots (2) \qquad & 2 &= g^2 - Ah^2 \ldots (4). \end{aligned}$$

La combinaison (3) doit être exclue, puisqu'il s'ensuivrait que les nombres p et q ne sont pas les moindres qui satisfont à l'équation $p^2 - Aq^2 = 1$; ainsi il ne reste que les trois autres combinaisons à discuter. Pour cela, il faut considérer successivement les diverses formes dont A est susceptible par rapport aux multiples de 4 ou de 8.

(43) Soit 1°. A de la forme $4n+1$. Dans les équations (2) et (4), si l'un des deux nombres g et h est pair, l'autre devra l'être aussi; mais alors le second membre serait divisible par 4, tandis que le premier est ± 2, ce qui ne peut s'accorder. Si ensuite on suppose les deux nombres g et h impairs, leurs quarrés g^2 et h^2 seront de la forme $8n+1$, et alors le second membre sera encore divisible par 4. Donc

l'équation (1) est la seule qui puisse avoir lieu ; donc elle a lieu nécessairement, et il en résulte ce théorème très-remarquable :

« A étant un nombre premier de la forme $4n+1$, l'équation » $x^2-Ay^2=-1$ est toujours possible. »

Cette propriété a lieu pour les nombres premiers $4n+1$ exclusivement ; car si A était de la forme $4n+3$, il est aisé de voir, en attribuant à x et y des valeurs paires ou impaires, que x^2-Ay^2 serait toujours de l'une des formes $4n$, $4n+1$, $4n+2$, dans lesquelles -1 n'est pas compris.

On peut remarquer que A étant un nombre premier de la forme $4n+1$, tout nombre qui est représenté par la formule x^2-Ay^2, pourra l'être aussi par Ay^2-x^2 ; car puisqu'on peut supposer $m^2-An^2=-1$, on aura

$$N=(x^2-Ay^2)(An^2-m^2)=A(my+nx)^2-(mx+Any)^2.$$

(44) Soit 2°. A de la forme $8n+3$; on vient de voir que l'équation (1) ne saurait avoir lieu ; l'équation (4) ne peut avoir lieu non plus. Car si l'un des nombres g et h est pair, l'autre sera pair aussi, puisque le premier membre est pair ; mais alors le second membre serait divisible par 4, tandis que le premier ne l'est que par 2. Si les nombres g et h sont tous deux impairs, le second membre sera de la forme $8n+1-(8n+3)(8n+1)$ ou $8n-2$, laquelle ne s'accorde pas avec le premier. Donc l'équation (2) est la seule possible ; donc elle a lieu nécessairement, et il en résulte ce théorème :

« A étant un nombre premier $8n+3$, l'équation $x^2-Ay^2=-2$ » est toujours possible. »

(45) Soit 3°. A de la forme $8n+7$, on trouvera, par des considérations semblables, que l'équation (4) est la seule qui puisse avoir lieu, d'où résulte ce théorème :

« A étant un nombre premier $8n+7$, l'équation $x^2-Ay^2=2$ est » toujours possible. »

On peut remarquer qu'étant donnés les deux moindres nombres m et n qui satisfont à l'équation $m^2-An^2=\pm 2$, il est facile d'en déduire les deux p et q, qui satisfont à l'équation $p^2-Aq^2=1$. Pour cela, il faut faire

$$\tfrac{1}{2}(m+n\sqrt{A})^2=p+q\sqrt{A},$$

ce qui donne $p=An^2\pm 1$, et $q=mn$.

(46) Supposons maintenant $A=MN$, M et N étant deux nombres premiers impairs quelconques, et soient toujours p et q les moindres nombres qui satisfont à l'équation $p^2-Aq^2=1$. Cette équation, mise sous la forme $(p+1)(p-1)=MNq^2$, ne pourra se décomposer que des quatre manières suivantes, où l'on a fait $q=fgh$,

$$\begin{array}{l} p+1=fMg^2,\ fNg^2,\ fMNg^2,\ fg^2 \\ p-1=fNh^2,\ fMh^2,\ fh^2\ \ ,\ fMNh^2. \end{array}$$

De là résultent les quatre équations

$$\frac{2}{f}=Mg^2-Nh^2,\ \frac{2}{f}=Ng^2-Mh^2,\ \frac{2}{f}=MNg^2-h^2,\ \frac{2}{f}=g^2-MNh^2,$$

où il faut supposer successivement $f=1$ et $f=2$, ce qui donnera les huit combinaisons

$$\begin{array}{llll} 1=Mg^2-Nh^2..(1), & 1=Ng^2-Mh^2..(3), & -1=h^2-MNg^2..(5), & 1=g^2-MNh^2..(7) \\ 2=Mg^2-Nh^2..(2), & 2=Ng^2-Mh^2..(4), & -2=h^2-MNg^2..(6), & 2=g^2-MNh^2..(8), \end{array}$$

desquelles il faut exclure la 7me, puisqu'on a supposé que p et q sont les moindres nombres qui satisfont à l'équation $p^2-Aq^2=1$.

Voici maintenant deux des principales conséquences qu'on peut tirer de ces décompositions.

(47) 1°. Si les nombres premiers M et N sont tous deux de la forme $4n+3$, aucune des équations (2), (4), (6), (8) ne pourra avoir lieu; car quelque supposition qu'on fasse sur la forme paire ou impaire des nombres g et h, le second membre sera toujours de l'une des formes $4n$, $4n+1$, $4n+3$, tandis que le premier membre est ± 2. Dans ce même cas, l'équation (5) ne peut non plus avoir lieu, car il sera démontré ci-après (n° 140) qu'aucun nombre de forme $4n+3$ ne peut diviser $1+h^2$. Donc des deux équations restantes (1) et (3), l'une aura lieu nécessairement, et il en résulte ce théorème très-remarquable :

« M et N étant deux nombres premiers quelconques de la forme
» $4n+3$, l'équation $Mx^2-Ny^2=\pm 1$ sera toujours possible en dé-
» terminant convenablement le signe du second membre. »

(48) 2°. Si les nombres premiers M et N sont tous deux de la forme $4n+1$, on reconnaîtra également que les équations (2), (4), (6) et (8) ne peuvent point encore avoir lieu; mais l'équation (5) n'est plus à rejeter, et la proposition relative à ce cas peut s'énoncer ainsi :

« M et N étant deux nombres premiers $4n+1$, on pourra toujours » satisfaire soit à l'équation $x^2-MNy^2=-1$, soit à l'équation » $Mx^2-Ny^2=\pm 1$, le signe de celle-ci étant pris convenablement. »

Au reste, comme la décomposition de la quantité p^2-1 en deux facteurs $p+1$ et $p-1$, qui ne diffèrent entre eux que de deux unités, ne peut se faire que d'une seule manière; il est évident qu'on ne pourra jamais satisfaire aux deux équations précédentes à-la-fois, mais seulement à l'une des deux.

(49) Par des considérations entièrement semblables, on parviendra aisément à un théorème encore plus général, que voici:

« M et M' étant deux nombres premiers de la forme $4n+3$, et N » un nombre premier de la forme $4n+1$, il sera toujours possible » de satisfaire à l'une des équations

$$Nx^2-MM'y^2=\pm 1$$
$$Mx^2-M'Ny^2=\pm 1$$
$$M'x^2-MNy^2=\pm 1.$$

(50) On peut encore déduire ces propositions et autres semblables, de la considération du quotient moyen qu'offre le développement de $\sqrt{A}$ en fraction continue.

En effet, soit toujours $\frac{p}{q}$ la fraction la plus simple qui satisfait à l'équation $p^2-Aq^2=1$; soit a l'entier le plus grand contenu dans $\sqrt{A}$, et supposons que du développement de $\sqrt{A}$ naissent les quotiens et les fractions convergentes jusqu'à $\frac{p}{q}$, comme il suit:

Quotiens....... a, α, β..... λ, θ, λ..... β, α, $2a$.........

Fract. conv.... $\frac{1}{0}$, $\frac{a}{1}$.......... $\frac{f^{\circ}}{g^{\circ}}$, $\frac{f}{g}$, $\frac{f'}{g'}$.......... $\frac{p^{\circ}}{q^{\circ}}$, $\frac{p}{q}$..........

Nous avons désigné le quotient moyen par θ, et il en existe nécessairement un, sans quoi la fraction $\frac{p}{q}$ serait de rang pair, et on aurait $p^2-Aq^2=-1$, contre la supposition.

Maintenant puisque la période α, β,... θ .... β, α, est symmétrique, la fraction $\frac{g^{\circ}}{g}$ doit donner par son développement les quotiens λ.... β, α, qui suivent θ (n° 11); donc à l'aide du quotient-complet $\theta + \frac{g^\circ}{g}$ on peut déduire immédiatement la fraction $\frac{p}{q}$ des deux consécutives $\frac{f^\circ}{g^\circ}$, $\frac{f}{g}$, ce qui se fera ainsi:

$$\frac{p}{q} = \frac{f\left(\theta + \frac{g^\circ}{g}\right) + f^\circ}{g\left(\theta + \frac{g^\circ}{g}\right) + g^\circ}.$$

Il en résulte $p = f(\theta g + 2g^\circ) + (f^\circ g - fg^\circ)$, $q = g(\theta g + 2g^\circ)$, et substituant ces valeurs dans l'équation $p^2 - Aq^2 = 1 = (f^\circ g - fg^\circ)^2$, on en déduira

$$(f^2 - Ag^2)(\theta g + 2g^\circ) = 2f(fg^\circ - f^\circ g).$$

Soit $f^2 - Ag^2 = (fg^\circ - f^\circ g) D$, et on aura

$$\theta g + 2g^\circ = \frac{2f}{D};$$

d'où l'on voit qu'en général D doit être diviseur de $2f$.

(51) Soit 1°. D pair $= 2M$, il faudra faire $f = Mh$, et l'équation $f^2 - Ag^2 = (fg^\circ - f^\circ g) D$ deviendra

$$M^2h^2 - Ag^2 = 2M(fg^\circ - f^\circ g).$$

Or g ne peut avoir de diviseur commun avec M, puisqu'alors il en aurait avec $f = Mh$; donc M est diviseur de A.

Soit $A = MN$, et on aura

$$Mh^2 - Ng^2 = 2(fg^\circ - f^\circ g) = \pm 2.$$

Donc l'équation $Mx^2 - Ny^2 = \pm 2$ est possible dans ce premier cas, où l'on doit observer que si les nombres M et N sont tous deux impairs, ils doivent être l'un de la forme $4n + 1$, l'autre de la forme $4n + 3$. Car s'ils étaient tous deux de la forme $4n + 1$, ou tous deux de la forme $4n + 3$, le premier membre serait divisible par 4 et ne pourrait se réduire à ± 2.

Soit 2°. D impair $= M$, il faudra faire $f = Mh$, ce qui donnera $M^2h^2 - Ag^2 = \pm M$; donc A est encore divisible par M, et faisant $A = MN$, on aura

$$Mh^2 - Ng^2 = \pm 1.$$

De ces deux cas résulte le théorème suivant:

« Étant donné un nombre quelconque non quarré A, il est toujours

» possible de décomposer ce nombre en deux facteurs M et N tels que » l'une des deux équations $Mx^2 - Ny^2 = \pm 1$, $Mx^2 - Ny^2 = \pm 2$ soit » satisfaite, en prenant convenablement le signe du second membre. »

Il faut d'ailleurs observer que pour un même nombre $A = MN$, il n'y aura jamais qu'une manière de satisfaire à l'une de ces équations; car il n'y a qu'un quotient moyen qui résulte du développement de $\sqrt{A}$ en fraction continue.

Lorsque A est un nombre premier, on ne pourra faire d'autre supposition que celle de $M = 1$ et $N = A$; alors par la discussion des équations $x^2 - Ay^2 = \pm 1$, $x^2 - Ay^2 = \pm 2$, on parviendra aux mêmes théorèmes que ci-dessus concernant les nombres premiers des formes $4n+1$, $4n+3$, $4n+7$. On obtiendrait de même ceux qui concernent les formes $A = MN$, $A = MM'N$, déjà traitées.

(52) Lorsque l'équation $x^2 - Ay^2 = -1$ est résoluble (ce qui a lieu, non-seulement dans le cas où A est un nombre premier $4n+1$, mais dans une infinité d'autres cas), on a $D = 1$ et $\theta = 2a$, d'où il suit que les quotiens α, β.... jusqu'à λ, forment une suite symmétrique (n° 33). De plus, comme on a alors $f^2 - Ag^2 = -1$, il faut que cette même suite soit composée d'un nombre pair de termes. Cela posé, le développement de $\sqrt{A}$ en fraction continue, jusqu'à la fraction convergente $\frac{f}{g}$, sera représenté ainsi:

$$\text{Quotiens.....} a,\ \alpha,\ \beta\ldots\ \mu,\ \mu\ldots.\ \beta,\ \alpha,\ 2a$$
$$\text{Fract. conv....} \frac{1}{0},\ \frac{a}{1}\ldots\ldots\ \frac{m^\circ}{n^\circ},\ \frac{m}{n}\ldots\ldots\ \frac{f^\circ}{g^\circ},\ \frac{f}{g}.$$

Or à l'aide des deux fractions consécutives $\frac{m^\circ}{n^\circ}$, $\frac{m}{n}$, qui répondent aux quotiens moyens μ, μ, on peut obtenir immédiatement la valeur de $\frac{f}{g}$, savoir:

$$\frac{f}{g} = \frac{m\left(\frac{n}{n^\circ}\right) + m^\circ}{n\left(\frac{n}{n^\circ}\right) + n^\circ} = \frac{mn + m^\circ n^\circ}{n^2 + n^{\circ 2}},$$

ce qui donne $f = mn + m^\circ n^\circ$, $g = n^2 + n^{\circ 2}$. Substituant ces valeurs dans l'équation $f^2 - Ag^2 = -1 = -(mn^\circ - m^\circ n)^2$, on aura, en réduisant, $A(n^2 + n^{\circ 2}) = m^2 + m^{\circ 2}$, ou $m^2 - An^2 = -(m^{\circ 2} - An^{\circ 2})$.

Soient $\frac{\sqrt{A} + I^\circ}{D^\circ}$ et $\frac{\sqrt{A} + I}{D}$, les quotiens-complets qui répondent aux fractions convergentes $\frac{m^\circ}{n^\circ}$, $\frac{m}{n}$, on aura (n° 30) $m^2 - An^2 = (mn^\circ - m^\circ n)D$ et $m^{\circ 2} - An^{\circ 2} = -(mn^\circ - m^\circ n)D^\circ$. Donc $D^\circ = D$; mais on a en général $DD^\circ + I^2 = A$; donc

$$A = D^2 + I^2.$$

« Donc toutes les fois que l'équation $x^2 - Ay^2 = -1$ est résoluble » (ce qui a lieu entre autres cas lorsque A est un nombre premier $4n+1$), » le nombre A peut toujours être décomposé en deux quarrés; et cette dé- » composition est donnée immédiatement par le quotient-complet » $\frac{\sqrt{A}+I}{D}$ qui répond au second des quotiens moyens compris dans la » première période du développement de $\sqrt{A}$; les nombres I et D » étant ainsi connus, on aura $A = D^2 + I^2$. »

Cette conclusion renferme un des plus beaux théorèmes de la science des nombres, savoir, « que tout nombre premier $4n+1$ est la somme » de deux quarrés; » elle donne en même temps le moyen de faire cette décomposition d'une manière directe et sans aucun tâtonnement.

§ VIII. *Réduction de la formule* $Ly^2 + Myz + Nz^2$ *à l'expression la plus simple.*

(53) DANS cette formule, on suppose que les coefficiens L, M, N sont des nombres donnés (tels cependant qu'ils ne puissent être divisés tous trois par un même nombre); les quantités y et z, au contraire, sont des indéterminées auxquelles on peut attribuer toutes les valeurs possibles en nombres entiers positifs et négatifs, avec cette seule restriction que y et z soient premiers entre eux. Il y aura donc toujours une infinité de nombres représentés par la même formule $Ly^2+Myz+Nz^2$; mais en général, cette formule est susceptible de différentes formes qui toutes renferment les mêmes nombres, et il s'agit maintenant de déterminer l'expression la plus simple de toutes ces formes.

Nous considérerons d'abord le cas où M est un nombre pair, parce que c'est celui qui présente le plus d'applications, nous indiquerons ensuite les résultats analogues qui ont lieu lorsque M est impair.

Soit donc proposée la formule $py^2 + 2qyz + rz^2$, dans laquelle p, q, r sont des nombres donnés; si on veut transformer cette formule en une semblable qui n'en diffère que par les coefficiens, il faudra supposer

$$y = fy' + mz'$$
$$z = gy' + nz',$$

y' et z' étant de nouvelles indéterminées. Cela posé, la substitution de ces valeurs donne la transformée $p'y'^2 + 2q'y'z' + r'z'^2$, dont les coefficiens sont:

$$p' = pf^2 + 2qfg + rg^2$$
$$q' = pfm + q(fn + gm) + rgn$$
$$r' = pm^2 + 2qmn + rn^2.$$

Or pour que les coefficiens f, g, m, n, ne restreignent pas l'étendue des indéterminées y et z, dans la formule proposée, il faut que les valeurs de y' et z' exprimées en y et z, savoir

$$y' = \frac{ny - mz}{fn - mg}, \quad z' = \frac{fz - gy}{fn - mg},$$

soient des entiers, indépendamment de toute valeur particulière de y et de z; il faut donc pour cela qu'on ait $fn - mg = \pm 1$. De là on voit qu'on peut prendre arbitrairement deux coefficiens tels que f et g, pourvu qu'ils soient premiers entre eux; ensuite on prendra pour $\frac{m}{n}$ la fraction convergente qui précède $\frac{f}{g}$ dans le développement de celle-ci en fraction continue; par ce moyen, la condition $fn - mg = \pm 1$ sera remplie, et on aura la certitude que tout nombre compris dans la formule $py^2 + 2qyz + rz^2$, l'est également dans sa transformée $p'y'^2 + 2q'y'z' + r'z'^2$, et réciproquement. D'ailleurs ayant supposé y et z premiers entre eux il faudra que y' et z' le soient aussi, car si y' et z' avaient un commun diviseur θ, les nombres y et z (d'après les valeurs $y = fy' + mz'$, $z = gy' + nz'$) seraient aussi divisibles par θ; ce qui est contre la supposition.

Nous observerons de plus, que les valeurs trouvées pour p', q', r' donnent $p'r' - q'q' = (pr - qq)(fn - mg)^2 = pr - qq$; d'où il suit que « la quantité $pr - qq$ et son analogue $p'r' - q'q'$ dans la transformée, » sont égales et de même signe. »

Cette quantité $pr - q^2$ est celle qui détermine la nature de la formule $py^2 + 2qyz + rz^2$, eu égard aux deux facteurs $\alpha y + 6z$, $\gamma y + \delta z$ dont on peut imaginer qu'elle est composée. Si ces facteurs sont imaginaires, la quantité $pr - q^2$ sera positive: s'ils sont ou égaux, ou rationnels, la quantité $pr - q^2$ sera égale à zéro, ou à un quarré négatif: enfin s'ils sont réels, mais irrationnels, la quantité $pr - q^2$ sera égale à un nombre négatif et non quarré. C'est ce qui se voit, en mettant la formule... $py^2 + 2qyz + rz^2$ sous la forme

$$\frac{1}{p}[py + qz + z\sqrt{(q^2 - pr)}][py + qz - z\sqrt{(q^2 - pr)}].$$

Nous examinerons séparément ces différens cas; mais il faut, avant tout, résoudre le problème général qui suit (1):

(54) « Étant donnée la formule indéterminée $py^2 + 2qyz + rz^2$, dans » laquelle le coefficient moyen $2q$ excède l'un ou l'autre des coefficiens » extrêmes p et r, ou tous les deux, transformer cette formule en une

---

(1) La solution de ce problème, l'un des plus importans de l'analyse indéterminée, est due à Lagrange. Voyez les Mémoires de Berlin, année 1773.

» formule semblable où le coefficient moyen soit moindre que chacun » des extrêmes, ou au moins n'excède pas le plus petit des deux. »

Supposons $2q > p$, et dans le cas où l'on aurait à-la-fois $2q > p$, et $2q > r$, soit p le moindre des deux nombres p et r, abstraction faite de leurs signes; nous ferons $y = y' - mz$, m étant un coefficient indéterminé, et la substitution donnera cette transformée

$$py'y' - (2pm - 2q)y'z + (pm^2 - 2qm + r)z^2.$$

On peut prendre l'indéterminée m, de manière que $2pm - 2q$ soit plus petit que p, ou égal à p; il faut pour cela que m soit l'entier le plus proche, en plus ou en moins, de la fraction donnée $\frac{p}{q}$. Cela posé, faisant $pm - q = q'$, $pm^2 - 2qm + r = r'$, la transformée sera

$$py'y' - 2q'y'z + r'z^2,$$

et l'on aura $pr' - q'q' = pr - q^2$, et $2q' < p$, le signe $<$ n'excluant pas l'égalité.

Puisqu'on a à-la-fois $2q > p$ et $2q' < p$, il s'ensuit qu'on aura $q' < q$, ce qui est l'objet principal de cette première opération. Maintenant si dans cette transformée le coefficient $2q'$, quoique $< p$, est encore $> r'$, on procédera semblablement, et on obtiendra une nouvelle transformée dans laquelle le coefficient moyen que j'appelle $2q''$ sera $< 2q'$. Or une suite de nombres entiers décroissans q, q', q'', q''', etc. ne saurait aller à l'infini : ainsi en continuant les mêmes opérations, on parviendra nécessairement à une transformée dans laquelle il n'y aura plus lieu à réduction ultérieure, et qui sera par conséquent telle, que le coefficient moyen ne surpasse aucun des extrêmes. Cette transformée satisfera au problème proposé; ses indéterminées seront encore des nombres premiers entre eux, et la quantité analogue à $pr - q^2$ sera de même valeur et de même signe que dans la formule proposée; car ces deux conditions sont toujours observées dans le passage d'une transformée à l'autre, comme nous l'avons démontré.

Soit prise pour exemple la formule $35y^2 + 172yz + 210z^2$; comme l'entier le plus proche de $\frac{q}{p} = \frac{86}{35}$ est 2, on fera $y = y' - 2z$, ce qui donnera la transformée

$$\begin{array}{l} 35y'y' - 140y'z + 140z^2 = 35y'y' + 32y'z + 6z^2 \\ \qquad\quad + 172 \qquad - 344 \\ \qquad\qquad\qquad\quad + 210. \end{array}$$

Dans celle-ci, le coefficient moyen 32 étant plus grand que l'extrême 6, il faut procéder de la même manière à une nouvelle transformation. Prenant donc l'entier le plus proche de $\frac{16}{6}$ qui est 3, on fera $z=z'-3y'$, et la seconde transformée sera

$$\begin{array}{l} 6z'z'-36z'y'+54y'y'=6z'z'-4z'y'-7y'y'. \\ \quad +32 \quad -96 \\ \qquad\quad +35. \end{array}$$

Cette dernière a les conditions requises, puisque le coefficient moyen 4 est moindre que chacun des extrêmes 6 et 7. En même temps, on voit que la quantité $pr-q^2$ est -46 dans la formule proposée comme dans sa dernière transformée; et quant à la relation des premières variables y et z, avec les nouvelles y' et z', on trouve qu'elle est donnée par les équations

$$\begin{aligned} y &= 7y'-2z' \\ z &= z'-3y'. \end{aligned}$$

Examinons maintenant les trois cas généraux dont nous avons fait mention ci-dessus (n° 53).

(55) Soit 1°. $pr-q^2$ égal à un nombre négatif $-A$, nous pourrons supposer que la formule $py^2+2qyz+rz^2$ est réduite à la forme la plus simple, ensorte que $2q$ n'excède ni p ni r; mais alors je dis que les nombres p et r sont de signes différens; car s'ils avaient le même signe, pr serait positif et $>4q^2$, donc $pr-q^2$ serait positif et $>3q^2$, quantité qui ne pourrait être égale à $-A$. Nous pouvons donc supposer que la formule dont il s'agit est $ay^2+2byz-cz^2$, où l'on aura a et c positifs, et $ac+b^2=A$. Mais d'ailleurs on a toujours $2b<a$ et c, et par conséquent $ac+b^2>5b^2$, donc on a $5b^2<A$, ou $b<\sqrt{\frac{A}{5}}$; en même temps les limites de ac sont $ac<A$, $ac>\frac{4}{5}A$.

Remarque. Il peut arriver que différentes formules, telles que $ay^2+2byz-cz^2$, répondent à une même valeur de A, et satisfassent à la condition $2b<a$ et c, sans cependant différer essentiellement entre elles. Par exemple, les deux formules y^2-7z^2 et $2y^2+2yz-3z^2$ donnent également $ac+b^2=7$, et $2b<a$ et c; cependant si l'on fait $y=2t-5u$, $z=3u-t$, la formule $2y^2+2yz-3z^2$ deviendra t^2-7u^2; et réciproquement, si dans cette dernière on fait $t=3y+5z$, $u=y+2z$, elle se réduit à la première $2y^2+2yz-3z^2$. D'où l'on voit que ces deux for-

mules ne sont réellement que deux expressions différentes d'une seule et même formule, et qu'il n'est aucun nombre contenu dans l'une, qui ne soit également contenu dans l'autre avec la même valeur et le même signe.

Le nombre A étant donné, il est facile de trouver toutes les formules $ay^2+2byz-cz^2$ qui satisfont aux conditions $b^2+ac=A$, $2b<a$ et c; et il est clair que le nombre de ces formules est nécessairement limité, puisqu'on doit avoir a et c positifs, et $b<\sqrt{\frac{A}{5}}$. Mais après avoir trouvé ces diverses formules, il restera à distinguer celles qui ne diffèrent point essentiellement entre elles, afin qu'on soit en état de réduire la totalité au plus petit nombre possible. Nous nous occuperons de cette recherche dans le § XIII.

2°. Si en supposant toujours $pr-q^2=-A$, A est un quarré parfait, alors la formule proposée $py^2+2qyz+rz^2$ sera décomposable en deux facteurs rationnels $(\alpha y+6z)(\gamma y+\delta z)$; si de plus on a $pr-q^2=0$, ces deux facteurs seront égaux. Ces cas n'ont pas besoin d'un plus grand développement, et on voit facilement quelle serait alors l'expression la plus simple de la formule proposée.

Soit donc 3°. $pr-q^2=$ à un nombre positif A, et supposons de nouveau que la formule $py^2+2qyz+rz^2$ soit réduite à son expression la plus simple, de sorte que $2q$ ne surpasse ni p ni r. Alors on aura $pr>4q^2$ et $3q^2<A$, ou $q<\sqrt{\frac{A}{3}}$; en même temps on voit que pr sera toujours compris entre A et $\frac{4}{3}A$.

Étant donné le nombre A, il est facile de trouver toutes les formules $py^2+2qyz+rz^2$ qui satisfont aux conditions $pr-q^2=A$, et $2q<p$ et r. On peut démontrer de plus, que toutes ces formules sont essentiellement différentes les unes des autres, et ne peuvent se réduire à un moindre nombre. Ce sera l'objet des deux propositions suivantes.

(56) Théorème. « Si la formule indéterminée $py^2+2qyz+rz^2$ est » telle que $2q$ ne surpasse ni p ni r; si en même temps $pr-q^2$ est égal » à un nombre positif A, je dis que les deux plus petits nombres com- » pris dans cette formule sont p et r. »

On observera d'abord que la formule $py^2+2qyz+rz^2$, considérée analytiquement, est la même que $py^2-2qyz+rz^2$, parce qu'on peut faire à volonté les indéterminées y et z positives ou négatives. Or toutes choses d'ailleurs égales, la formule $py^2+2qyz+rz^2$ dont nous supposerons les trois termes positifs, est plus grande que la formule $py^2-2qyz+rz^2$;

ainsi ce n'est qu'à l'égard de cette dernière que le *minimum* peut avoir lieu.

Soit donc $P = py^2 - 2qyz + rz^2$, et soit $y > z$. Mettons $y - 1$ à la place de y et supposons que P devienne P', nous aurons

$$P' = P - 2py + p + 2qz$$

$$\text{ou } P' = P - 2q(y - z) - y(p - 2q) - p(y - 1).$$

Or à cause de $p > 2q$ et $y > z$, il est manifeste que P' est moindre que P, quand même le signe $>$ comprendrait l'égalité, comme on le suppose toujours.

On pourrait objecter que quoiqu'on ait $P' = P - Q$, Q étant une quantité positive; cependant si Q est lui-même plus grand que P, alors P' pourrait avoir une valeur négative plus grande que P. Mais cette objection tombe d'elle-même, en observant qu'il n'y a aucune valeur de y et de z qui puisse rendre la formule $py^2 - 2qyz + rz^2$ négative, attendu que ses facteurs sont imaginaires.

Il suit de là que, quelles que soient les valeurs de y et z qui donnent le résultat P, on trouvera un résultat moindre en diminuant d'une unité la plus grande des deux quantités y et z, ou l'une des deux, si elles sont égales; car la conclusion qu'on a tirée aurait également lieu, si on avait $y = z$. Mais en continuant ainsi à diminuer les indéterminées y et z, on parviendra nécessairement aux valeurs $y = 1$, $z = 1$; donc la quantité $P = p - 2q + r$ qui répond aux valeurs $y = 1$, $z = 1$, est plus petite que toutes celles qui répondent à des valeurs plus grandes de ces variables.

D'un autre côté, puisque $2q$ est $< p$ et r, la quantité $p - 2q + r$ est plus grande ou au moins égale à la plus grande des quantités p et r. Donc ces deux nombres p et r sont les plus petits qui soient compris dans la formule proposée, et après ceux-ci le plus petit est $p - 2q + r$.

(57) Théorème. « Si deux formules indéterminées $py^2 + 2qyz + rz^2$, » $p'y^2 + 2q'yz + r'z^2$, sont telles l'une et l'autre, que le coefficient du » terme moyen ne surpasse aucun des coefficiens extrêmes; si en même » temps les quantités $pr - q^2$, $p'r' - q'^2$ sont égales à un même nombre po- » sitif A, je dis que ces deux formules sont essentiellement différentes » l'une de l'autre, et qu'elles ne peuvent se réduire à une même formule. »

Car s'il était possible de transformer l'une de ces formules dans l'autre, il faudrait que l'une des deux renfermât au moins un nombre moindre que l'un des coefficiens extrêmes, ce qui est contre le théorème précédent.

(58) Jusqu'à présent, nous n'avons considéré la formule $Ly^2+Myz+Nz^2$ que dans le cas où le coefficient moyen M est pair. Supposons maintenant que ce coefficient soit impair on trouvera, par des considérations semblables, les résultats suivans, qu'il nous suffit d'indiquer.

1°. Toute formule indéterminée $Ly^2+Myz+Nz^2$ dans laquelle on a $M>2L$, peut se réduire à une formule semblable, dans laquelle le coefficient moyen sera moindre que $2L$, et où la quantité analogue à $4LN-M^2$ sera de même valeur et de même signe. Il faut pour cela faire $y=y'-mz$, et prendre pour m l'entier le plus approché de $\frac{M}{2L}$.

2°. Donc par une ou plusieurs transformations de cette sorte, on changera la formule proposée en une formule semblable, dans laquelle le coefficient du terme moyen ne surpassera aucun des extrêmes, et où la quantité $4LN-M^2$ sera de même valeur et de même signe que dans la proposée.

3°. Lorsque $4LN-M^2$ est égal à un nombre négatif $-B$, la transformée qui satisfait aux conditions précédentes est de la forme.... $ay^2+byz-cz^2$, dans laquelle on a $B=b^2+4ac$, $b<a$ et c, et par conséquent $b<\sqrt{\frac{B}{5}}$.

Étant donné le nombre B, on peut trouver aisément toutes les formules $ay^2+byz-cz^2$ qui satisfont aux conditions $b^2+4ac=B$, $b<a$ et c. Mais plusieurs de ces formules peuvent être identiques ou transformables les unes dans les autres; c'est ce qu'on examinera dans le § XIII.

4°. Lorsque $4LN-M^2$ est égal à un nombre positif B, la transformée $ay^2+byz+cz^2$ qui satisfait aux conditions précitées $4ac-b^2=B$, $b<a$ et c, et par conséquent $b<\sqrt{\frac{B}{3}}$, est telle que a et c sont les deux plus petits nombres qui y soient compris.

Donc toutes les formules de cette sorte qui répondent à un même nombre donné B, sont essentiellement différentes les unes des autres, et ne peuvent se réduire à un plus petit nombre.

§ IX. *Développement de la racine d'une équation du second degré en fraction continue.*

(59) Soit $fx^2+gx+h=0$ une équation proposée, dont les coefficiens sont entiers et les racines réelles; on propose de développer en fraction continue l'une de ces racines, que pour plus de simplicité on regardera comme positive (si elle était négative, on mettrait $-x$ à la place de x, et on ferait précéder le résultat du signe $-$).

Ayant commencé l'opération d'après la méthode générale, supposons qu'on soit parvenu aux deux fractions convergentes consécutives $\frac{p^\circ}{q^\circ}$, $\frac{p}{q}$, et soit z le quotient-complet qui répond à la dernière, on aura $x=\frac{pz+p^\circ}{qz+q^\circ}$, et par conséquent $z=\frac{q^\circ x-p^\circ}{p-qx}$. Substituant au lieu de x sa valeur $x=\frac{-g+\sqrt{(g^2-4fh)}}{2f}$, on aura

$$z=\frac{-gq^\circ-2fp^\circ+q^\circ\sqrt{(g^2-4fh)}}{gq+2fp-q\sqrt{(g-4fh)}};$$

quantité qui, en rendant le dénominateur rationnel, devient

$$z=\frac{\frac{1}{2}(pq^\circ-p^\circ q)\sqrt{(g^2-4fh)}-fpp^\circ-\frac{1}{2}g(pq^\circ+p^\circ q)-hqq^\circ}{fp^2+gpq+hq^2}.$$

Si pour abréger, on représente cette valeur par la formule $z=\frac{\sqrt{A}+I}{D}$, les quantités A, I, D seront exprimées comme il suit :

$$A=\tfrac{1}{4}(g^2-4fh)$$
$$(pq^\circ-p^\circ q)I=-fpp^\circ-\tfrac{1}{2}g(pq^\circ+p^\circ q)-hqq^\circ.$$
$$(pq^\circ-p^\circ q)D=fp^2+gpq+hq^2,$$

où l'on voit qu'à cause de $pq^\circ-p^\circ q=\pm 1$, le nombre D sera toujours un entier; quant au nombre I, il sera entier, si g est pair; mais il contiendra toujours la fraction $\frac{1}{2}$, si g est impair.

(60) Quelque loin qu'on ait poussé le développement de x en fraction

continue, on voit que le quotient-complet z s'exprime facilement, au moyen des deux dernières fractions convergentes $\frac{p^\circ}{q^\circ}$, $\frac{p}{q}$, ce qui pourrait servir à continuer le développement encore plus loin. Mais indépendamment des fractions convergentes, on peut avoir la loi de progression des quotiens-complets; en effet, soient

$$\frac{\sqrt{A}+I^\circ}{D^\circ}, \quad \frac{\sqrt{A}+I}{D}, \quad \frac{\sqrt{A}+I'}{D'}$$

trois de ces quotiens consécutifs, et soient $\frac{p^\circ}{q^\circ}$, $\frac{p}{q}$, $\frac{p'}{q'}$ les fractions convergentes qui leur correspondent : si on fait pour abréger, $pq^\circ - p^\circ q = i$, on aura, comme nous venons de le trouver,

$$iI = -fpp^\circ - \tfrac{1}{2}g(pq^\circ + p^\circ q) - hqq^\circ$$
$$iD = fp^2 + gpq + hq^2.$$

Passant de là aux valeurs suivantes, et observant qu'alors i change de signe, parce qu'on a $p'q - pq' = -(pq^\circ - p^\circ q)$, ces formules deviendront

$$-iI' = -fp'p - \tfrac{1}{2}g(p'q + pq') - hq'q$$
$$-iD' = fp'p' + gp'q' + hq'q'.$$

Or si on appelle à l'ordinaire μ le quotient qui répond à la fraction $\frac{p}{q}$, on aura $p' = \mu p + p^\circ$, $q' = \mu q + q^\circ$, valeurs qui, étant substituées dans la première équation, donneront

$$iI' = \mu(fp^2 + gpq + hq^2) + fpp^\circ + \tfrac{1}{2}g(pq^\circ + p^\circ q) + hqq^\circ,$$

ou $iI' = \mu iD - iI$, de sorte qu'on a sans ambiguité

$$I' = \mu D - I.$$

Faisant les mêmes substitutions dans l'équation en D', on aura pareillement

$$-D'i = \mu^2(fp^2 + gpq + hq^2) + \mu(2fpp^\circ + gp^\circ q + gpq^\circ + 2hqq^\circ)$$
$$+ fp^{\circ 2} + gp^\circ q^\circ + hq^{\circ 2};$$

et le second membre se réduisant à $\mu^2 Di - 2\mu Ii - iD^\circ$, on aura encore sans ambiguité

$$D' = D^\circ + 2\mu I - \mu^2 D;$$

ou $D' = D^\circ + \mu(I - I')$. De là il suit qu'étant donnés deux quotiens-complets consécutifs

$$\frac{\sqrt{A}+I^\circ}{D^\circ}=\mu^\circ+$$

$$\frac{\sqrt{A}+I}{D}=\mu+$$

le suivant $\frac{\sqrt{A}+I'}{D'}$ se déterminera très-simplement par les valeurs

$$I'=\mu D-I$$
$$D'=D^\circ+\mu(I-I');$$

ce qui est la même loi qu'on a trouvée (n° 29) dans le développement des racines quarrées.

(61) Si on élimine μ des deux formules précédentes, on aura.... $D'D+I'^2=DD^\circ+I^2$; mais le premier membre de cette équation renferme les mêmes quantités que le second, avec la seule différence qu'elles sont avancées d'un rang de plus; il s'ensuit donc que chaque membre est une quantité constante. Pour déterminer cette quantité en fonction des coefficiens de l'équation proposée, soit k l'entier le plus grand compris dans x, le développement de la valeur de x commencera ainsi :

$$x=\frac{\sqrt{A}-\frac{1}{2}g}{f}=k+\frac{\sqrt{A}-\frac{1}{2}g-fk}{f}$$

$$\frac{f}{\sqrt{A}-\frac{1}{2}g-fk}=\frac{\sqrt{A}+\frac{1}{2}g+fk}{-fk^2-gk-h}=\text{etc.}$$

Donc à l'égard des deux premiers quotiens-complets, on peut supposer $D^\circ=f$, $D=-fk^2-gk-h$, $I=\frac{1}{2}g+fk$, ce qui donnera .. $D^\circ D+I^2=\frac{1}{4}g^2-fh=A$. Donc quel que soit le rang du quotient-complet $\frac{\sqrt{A}+I}{D}$, on aura généralement

$$D^\circ D+I^2=A.$$

Il pourra arriver que les premières valeurs de D soient alternativement positives et négatives; car quoique x soit toujours comprise entre deux fractions convergentes consécutives $\frac{p^\circ}{q^\circ}$, $\frac{p}{q}$, cependant si les deux racines de l'équation $fx^2+gx+h=0$ diffèrent moins entre elles que ne diffèrent l'une de l'autre ces deux fractions convergentes, il est facile de voir que les deux résultats

$$fp^{\circ 2}+gp^\circ q^\circ+hq^{\circ 2}$$
$$fp^2+gpq+hq^2,$$

obtenus en substituant, dans le premier membre de l'équation, $\frac{p^\circ}{q^\circ}$ et $\frac{p}{q}$ à la place de x, seront nécessairement de même signe; donc alors D° et D seront de signes différens. Mais comme l'approximation augmente rapidement à l'aide des fractions continues, cette alternation de signes ne peut avoir lieu que dans un petit nombre des premiers termes, et bientôt après les quantités D seront constamment de même signe.

A compter de cette époque, où la série des quotiens-complets prend une forme plus régulière, la quantité DD° étant toujours positive, on aura à-la-fois $I<\sqrt{A}$ et $D<2\sqrt{A}$. Les valeurs de I et de D étant ainsi limitées, et d'ailleurs les nombres $2I$ et D étant toujours des entiers, le quotient-complet $\frac{\sqrt{A}+I}{D}$ ne peut avoir qu'un certain nombre de valeurs différentes. Donc après un nombre de termes plus ou moins grand, mais qui ne peut excéder $\sqrt{A}\times 2\sqrt{A}$, on retombera nécessairement sur un quotient-complet déjà trouvé, après quoi le reste de la fraction continue ne sera plus composé que d'une même série ou période de quotiens déjà trouvés, laquelle se répétera à l'infini.

(62) Cela posé, il y aura une infinité de fractions convergentes $\frac{p}{q}$, $\frac{p(1)}{q(1)}$, $\frac{p(2)}{q(2)}$, etc. qui, dans les périodes successives, répondront à un même quotient-complet $\frac{\sqrt{A}+I}{D}$; et il est d'autant plus important de rechercher l'expression générale de ces fractions, qu'elles serviront à donner une infinité de solutions des équations de la forme... $fy^2+gyz+hz^2=\pm D$.

Soit donc μ, μ', μ''.....ω la période de quotiens qui, répétée une infinité de fois, forme le développement de $\frac{\sqrt{A}+I}{D}$; au moyen de ces quotiens, on continuera ainsi le calcul des fractions convergentes vers x:

Quotiens...		μ,	μ'	ω,	μ,	μ'	ω,		μ,	μ'		
Fract. conv.	$\frac{p^\circ}{q^\circ}$,	$\frac{p}{q}$,	$\frac{p'}{q'}$	$\frac{p^\circ(1)}{q^\circ(1)}$,	$\frac{p(1)}{q(1)}$		$\frac{p^\circ(2)}{q^\circ(2)}$,		$\frac{p(2)}{q(2)}$			

Représentons en outre par $\frac{\alpha}{\epsilon}$ la valeur de la fraction continue...

$\mu + \frac{1}{\mu'} + \frac{1}{\mu''}$ etc. calculée jusqu'au terme ω inclusivement. Cela posé, comme on a, quel que soit μ, $\frac{p'}{q'} = \frac{p\mu + p^\circ}{q\mu + q^\circ}$; de même, en mettant $\frac{\alpha}{\mathit{6}}$ à la place de μ, on aura

$$\frac{p(1)}{q(1)} = \frac{p\,\frac{\alpha}{\mathit{6}} + p^\circ}{q\,\frac{\alpha}{\mathit{6}} + q^\circ} = \frac{p\alpha + p^\circ\mathit{6}}{q\alpha + q^\circ\mathit{6}},$$

ce qui donne $p(1) = p\alpha + p^\circ\mathit{6}$, $q(1) = q\alpha + q^\circ\mathit{6}$. On aurait aussi, en mettant $\frac{\sqrt{A}+I}{D}$ à la place de μ,

$$x = \frac{p\left(\frac{\sqrt{A}+I}{D}\right) + p^\circ}{q\left(\frac{\sqrt{A}+I}{D}\right) + q^\circ} = \frac{p\sqrt{A} + pI + p^\circ D}{q\sqrt{A} + qI + q^\circ D} = \frac{\sqrt{A} - \frac{1}{2}g}{f}.$$

Cette équation donnerait les mêmes valeurs de I et D qu'on a trouvées ci-dessus; on en tire aussi immédiatement

$$p^\circ = -\frac{p}{D}(\tfrac{1}{2}g + I) - \frac{hq}{D}$$
$$q^\circ = \frac{q}{D}(\tfrac{1}{2}g + I) + \frac{fp}{D}.$$

Substituant ces valeurs dans celles de $p(1)$ et $q(1)$, il en résultera

$$p(1) = p\left(\alpha - \frac{\mathit{6}}{D}I - \frac{\mathit{6}}{D}.\tfrac{1}{2}g\right) - \frac{\mathit{6}}{D}hq$$
$$q(1) = q\left(\alpha - \frac{\mathit{6}}{D}I + \frac{\mathit{6}}{D}.\tfrac{1}{2}g\right) + \frac{\mathit{6}}{D}fp.$$

On aura donc semblablement, à cause de l'égalité des périodes,

$$p(2) = p(1)\left(\alpha - \frac{\mathit{6}}{D}I - \frac{\mathit{6}}{D}.\tfrac{1}{2}g\right) - \frac{\mathit{6}}{D}hq(1)$$
$$q(2) = q(1)\left(\alpha - \frac{\mathit{6}}{D}I + \frac{\mathit{6}}{D}.\tfrac{1}{2}g\right) + \frac{\mathit{6}}{D}fp(1).$$

Soit, pour abréger, $\alpha - \frac{\mathit{6}}{D}I = \varphi$, $\frac{\mathit{6}}{D} = \psi$, $\varphi^2 - A\psi^2 = \varepsilon$, on tirera de ces équations

$$p(2) = 2\varphi p(1) - \varepsilon p$$
$$q(2) = 2\varphi q(1) - \varepsilon q.$$

D'où il suit que les numérateurs p, $p(1)$, $p(2)$, etc. forment une suite récurrente dont l'échelle de relation est 2φ, $-\varepsilon$: il en est de même de la série des dénominateurs q, $q(1)$, $q(2)$, etc. Et ce résultat est applicable non-seulement aux trois premiers termes $\frac{p}{q}$, $\frac{p(1)}{q(1)}$, $\frac{p(2)}{q(2)}$, mais à trois autres quelconques, pourvu qu'ils se suivent immédiatement.

Or il résulte de la théorie connue de ces suites, que si l'on fait

$$(\varphi+\psi\sqrt{A})^n=\Phi+\Psi\sqrt{A},$$

n étant un entier quelconque, le terme général demandé $\frac{p(n)}{q(n)}$ sera donné par les formules

$$p(n)=a'\Phi+b'\Psi$$
$$q(n)=a''\Phi+b''\Psi,$$

où il ne reste plus à déterminer que les coefficiens a', b', a'', b''. Pour cela, soit $n=0$, et conséquemment $\Phi=1$, $\Psi=0$, on pourra supposer $p(n)=p$, $q(n)=q$, ainsi on aura $a'=p$, $a''=q$; soit ensuite $n=1$, il faudra qu'on ait

$$p(1)=p\varphi+b'\psi$$
$$q(1)=q\varphi+b''\psi;$$

de là et des valeurs connues de $p1$ et $q1$, on tire

$$b'=-\tfrac{1}{2}gp-hq$$
$$b''=\tfrac{1}{2}gq+fp.$$

Donc enfin le terme général $\frac{p(n)}{q(n)}$ sera déterminé par les formules

$$p(n)=p\Phi-(\tfrac{1}{2}gp+hq)\Psi$$
$$q(n)=q\Phi+(\tfrac{1}{2}gq+fp)\Psi.$$

Nous allons maintenant faire voir que, quoique les valeurs de φ et ψ, et par conséquent celles de Φ et Ψ paraissent se présenter sous une forme fractionnaire, cependant ces quantités ne peuvent contenir au plus que la fraction $\frac{1}{2}$, ce qui n'empêchera pas les valeurs de $p(n)$ et $q(n)$ d'être toujours des entiers.

(63) Considérons la fraction continue qui résulte du quotient-complet $z=\frac{\sqrt{A}+I}{D}$, et qui est composée, comme nous l'avons déjà dit, de la période μ, μ', $\mu''\ldots\omega$ répétée une infinité de fois; si on calcule les

fractions convergentes vers z, par la loi ordinaire

Quotiens...... $\mu,\ \mu',\ \mu''$.......... $\omega,\ \mu,\ \mu',\ \mu''$......... ω, etc.

Fract. converg. $\frac{1}{0},\ \frac{\mu}{1}$, ... $\frac{\alpha^\circ}{\beta^\circ},\ \frac{\alpha}{\beta}$......

on aura, après la première période, $z=\frac{\alpha z+\alpha^\circ}{\beta z+\beta^\circ}$, ou $\beta z^2+(\beta^\circ-\alpha)z=\alpha^\circ$. Substituant au lieu de z sa valeur $\frac{\sqrt{A}+I}{D}$, et égalant entre eux les termes de la même espèce, on aura les deux équations

$$\beta\left(\frac{A+I^2}{D^2}\right)+(\beta^\circ-\alpha)\frac{I}{D}=\alpha^\circ$$

$$\beta.\frac{2I}{D^2}+\frac{\beta^\circ-\alpha}{D}=0;$$

d'où l'on tire $\frac{\beta I}{D}=\frac{\alpha-\beta^\circ}{2}$, et $\alpha^\circ=\beta\left(\frac{A-I^2}{D^2}\right)=\frac{\beta D^\circ}{D}$. Maintenant les valeurs de φ et ψ donnent

$$\varphi^2-A\psi^2=\alpha^2-\frac{2\alpha\beta}{D}I+\frac{\beta^2}{D^2}I^2-\frac{\beta^2}{D^2}A;$$

et d'abord, à cause de $A-I^2=DD^\circ$, le second membre se réduit à $\alpha^2-\frac{2\alpha\beta}{D}I-\frac{\beta^2}{D}D^\circ$; ensuite si on substitue les valeurs trouvées de $\frac{\beta I}{D}$ et $\frac{\beta D^\circ}{D}$, il devient $\alpha^2-2\alpha\left(\frac{\alpha-\beta^\circ}{2}\right)-\beta\alpha^\circ$, ou $\alpha\beta^\circ-\alpha^\circ\beta=\pm1$, de sorte qu'on a

$$\varphi^2-A\psi^2=\pm1.$$

Il paraît, par ce résultat, que les quantités φ et ψ sont les mêmes, soit que la période $\mu,\ \mu',\ \mu''\ldots\ \omega$ commence au quotient μ, ou à tout autre terme μ', μ'', etc., pourvu qu'elle soit composée des mêmes quotiens disposés dans l'ordre de la période; et c'est d'ailleurs ce dont il est facile de s'assurer, en prenant I' et D' au lieu de I et D, et calculant une valeur de $\frac{\alpha}{\beta}$ qui réponde aux quotiens $\mu',\ \mu''\ldots\ \omega,\ \mu$; car il en résultera absolument les mêmes valeurs pour les nombres φ et ψ.

Au reste, puisqu'on a $\varphi=\alpha-\frac{\beta}{D}I=\frac{\alpha+\beta^\circ}{2}$, il est clair que le nombre φ est entier, ou ne contient au plus que la fraction $\frac{1}{2}$; quant à l'autre nombre $\psi=\frac{\beta}{D}$, je dis qu'il est toujours entier.

(64) En effet, si $\frac{\beta}{D}$ n'est pas un entier, soit $\frac{\gamma}{\delta}$ son expression la plus simple, ensorte qu'on ait $\beta = \theta\gamma$, $D = \theta\delta$; nous avons trouvé $\frac{\alpha^\circ}{D^\circ} = \frac{\beta}{D} = \frac{\gamma}{\delta}$, on pourra donc faire aussi $\alpha^\circ = \lambda\gamma$, $D^\circ = \lambda\delta$. On a d'ailleurs $\frac{\beta I}{D} = \frac{\gamma I}{\delta} = \frac{\alpha - \beta^\circ}{2}$; donc $\frac{\alpha - \beta^\circ}{\gamma}$ doit être un entier, et ainsi on peut faire $I = \frac{H\delta}{2}$. Ces valeurs étant substituées dans l'équation... $DD^\circ + I^2 = A$, on aura

$$(4\theta\lambda + H^2)\delta^2 = 4A = g^2 - 4fh.$$

Donc si le nombre $g^2 - 4fh$ n'a point de diviseur quarré, on aura nécessairement $\delta = 1$, et ainsi il sera démontré que $\frac{\beta}{D}$ est un entier; mais si $g^2 - 4fh$ a un facteur quarré δ^2, l'équation précédente pourra avoir lieu, et il faut examiner les conséquences ultérieures qu'elle fournit.

Or on a $I = \mu^\circ D^\circ - I^\circ$, ou $I^\circ = \mu^\circ D^\circ - I = \mu^\circ \lambda\delta - \frac{H\delta}{2}$; donc I° est divisible par δ. On a ensuite $D = D^{\circ\circ} + \mu^\circ(I^\circ - I)$, d'où l'on tire $D^{\circ\circ} = D - \mu^\circ(I^\circ - I)$. Le second membre étant encore divisible par δ, il faut que le premier $D^{\circ\circ}$ le soit aussi, de même que $I^{\circ\circ}$, dont la valeur est $\mu^{\circ\circ} D^{\circ\circ} - I^\circ$. De là on voit que non-seulement les trois termes du quotient-complet $\frac{\sqrt{A} + I}{D}$ sont divisibles par δ, mais qu'il en est de même des trois termes de chacun des quotiens-complets précédens $\frac{\sqrt{A} + I^\circ}{D^\circ}$, $\frac{\sqrt{A} + I^{\circ\circ}}{D^{\circ\circ}}$, etc. Remontant ainsi jusqu'à la valeur primitive de x, on verra que δ ne peut être qu'un facteur qui affecte inutilement les trois termes de la quantité $\frac{-\frac{1}{2}g + \sqrt{A}}{f}$; et comme on peut supposer qu'un tel facteur n'existe pas, ou qu'on s'en est débarrassé par la division, on aura donc nécessairement $\delta = 1$; et par conséquent $\frac{\beta}{D}$ ou ψ est toujours un nombre entier.

(65) Lorsque g est pair, le nombre A est entier ainsi que I, et alors φ ne peut manquer d'être un entier, puisqu'on a $\varphi^2 - A\psi^2 = \pm 1$. Lorsque g est impair, A et I sont des fractions qui ont pour dénominateurs 4 et 2; cependant il peut arriver même dans ce cas, que ψ

soit pair, et alors φ sera encore un entier, en vertu de l'équation $\varphi^2 - A\psi^2 = \pm 1$.

Enfin, si on a à-la-fois g et ψ impairs, φ contiendra la fraction $\frac{1}{2}$; et en faisant $\varphi = \frac{1}{2}\omega$, $\sqrt{A} = \frac{1}{2}\sqrt{a}$, on aura $\varphi + \psi\sqrt{A} = \frac{1}{2}\omega + \frac{1}{2}\psi\sqrt{a}$. Je dis maintenant qu'une puissance quelconque entière de $\frac{1}{2}\omega + \frac{1}{2}\psi\sqrt{a}$ ne peut contenir au plus que la fraction $\frac{1}{2}$. En effet, à cause de $\omega^2 - a\psi^2 = \pm 4$, on a

$$(\tfrac{1}{2}\omega + \tfrac{1}{2}\psi\sqrt{a})^2 = \tfrac{1}{2}\omega^2 \mp 1 + \tfrac{1}{2}\omega\psi\sqrt{a}$$
$$(\tfrac{1}{2}\omega + \tfrac{1}{2}\psi\sqrt{a})^3 = \frac{\omega^3 \mp 3\omega}{3} + \frac{\psi(\omega^2 \mp 1)}{2}\sqrt{a}.$$

D'où l'on voit que la seconde puissance contient la fraction $\frac{1}{2}$ seulement, et que la 3e ne contient aucune fraction, puisque ω étant impair, $\frac{\omega^3 \mp 3\omega}{2}$ et $\frac{\omega^2 \mp 1}{2}$ doivent se réduire à des entiers. Or l'exposant n, quel qu'il soit, sera toujours de l'une des formes $3k$, $3k+1$, $3k+2$; donc puisque la puissance $3k$ ne contient pas de fraction, la puissance n ne pourra contenir au plus que la fraction $\frac{1}{2}$. Cette puissance est d'ailleurs représentée par $\Phi + \Psi\sqrt{A}$ ou $\Phi + \frac{1}{2}\Psi\sqrt{a}$; donc les nombres 2Φ et Ψ seront toujours entiers. On aura d'ailleurs entre ces entiers la relation $4\Phi^2 - 4A\Psi^2 = \pm 4$.

(66) Revenons à la considération des fractions $\frac{p}{q}$, $\frac{p(1)}{q(1)}$, $\frac{p(2)}{q(2)}$, etc. qui dans les périodes successives répondent à un même quotient-complet $\frac{\sqrt{A}+I}{D}$; si l'on désigne par $\frac{P}{Q}$ l'expression générale de ces fractions (laquelle était ci-dessus $\frac{p(n)}{q(n)}$), il faudra qu'on ait

$$fP^2 + gPQ + hQ^2 = \pm D,$$

le signe $+$ ayant lieu, si la fraction $\frac{P}{Q}$ est de rang impair parmi les fractions convergentes, et le signe $-$ si elle est de rang pair.

Or si on substitue dans le premier membre les valeurs trouvées pour P et Q, savoir :

$$P = p\Phi - (\tfrac{1}{2}gp + hq)\Psi$$
$$Q = q\Phi + (\tfrac{1}{2}gq + fp)\Psi,$$

on trouvera

$$fP^2 + gPQ + hQ^2 = (fp^2 + gpq + hq^2)(\Phi^2 - A\Psi^2);$$

de sorte que comme on a déjà $fp^2+gpq+hq^2=\pm D$, il faut que $\Phi^2-A\Psi^2$ se réduise à ± 1, ce qui s'accorde avec ce que nous avons déjà démontré (n° 63). Cette vérification nous fournit de plus une remarque très-importante, savoir, qu'on peut changer le signe de Ψ dans les valeurs de P et Q, et que les nouvelles valeurs qui en résultent satisfont également à l'équation $fP^2+gPQ+hQ^2=\pm D$; or en examinant ces secondes valeurs

$$P=p\Phi+(\tfrac{1}{2}gp+hq)\Psi$$
$$Q=q\Phi-(\tfrac{1}{2}gq+fp)\Psi,$$

et les comparant aux premières où Ψ a un signe contraire, on trouvera qu'elles ne sont point comprises dans celles-ci, ou du moins qu'elles ne le sont qu'en supposant l'exposant n négatif (c'est ce qu'on développera davantage ci-après). Il faut donc nécessairement que ces nouvelles valeurs de P et Q résultent du développement de l'autre racine de la même équation $fx^2+gx+h=0$.

(67) Il suffit, par conséquent, pour résoudre l'équation proposée $fy^2+gyz+hz^2=\pm D$, lorsque D n'excède pas $\sqrt{(\frac{1}{4}g^2-fh)}$, de développer en fraction continue une seule racine de l'équation $fx^2+gx+h=0$, et la solution qu'on obtiendra par le moyen des fractions convergentes qui répondent au quotient-complet $\frac{\sqrt{A}+I}{D}$, comprendra également, par un simple changement de signe, la solution qui naîtrait du développement de l'autre racine. Ces deux solutions seront réunies dans les formules générales

$$y=p\Phi\pm(\tfrac{1}{2}gp+hq)\Psi$$
$$z=q\Phi\mp(\tfrac{1}{2}gq+fp)\Psi;$$

et s'il arrive que le nombre donné D ne se trouve nulle part parmi les dénominateurs des quotiens-complets dans le développement d'une racine, il sera inutile de chercher ce même nombre dans le développement de l'autre racine, et on pourra dès-lors assurer que l'équation dont il s'agit n'est pas résoluble en nombres entiers.

Pour éviter tout embarras à l'égard des signes dans l'application des formules précédentes, faisons $pq^\circ-p^\circ q=i$, i pouvant être $+1$ ou -1 selon les différens cas, on aura d'abord

$$fp^2+gpq+hq^2=iD.$$

Il faudra ensuite faire attention au nombre des termes de la période $\mu, \mu' \ldots . \omega$; si ce nombre est pair, les diverses fractions convergentes $\frac{p}{q}, \frac{p(1)}{q(1)}, \frac{p(2)}{q(2)}$, etc. seront placées de la même manière, c'est-à-dire qu'elles seront toutes de rang pair, ou toutes de rang impair ; ainsi l'équation $fy^2 + gyz + hz^2 = iD$ sera résolue par les formules

$$y = p\Phi \pm (\tfrac{1}{2}gp + hq)\Psi$$
$$z = q\Phi \mp (\tfrac{1}{2}gq + fp)\Psi,$$

où l'on a $$(\varphi + \psi\sqrt{A})^n = \Phi + \Psi\sqrt{A}.$$

Dans ce cas, l'équation $fy^2 + gyz + hz^2 = -iD$ ne pourra être résolue en nombres entiers, au moins d'après la fraction convergente $\frac{p}{q}$.

Si au contraire le nombre des termes de la période est impair, alors on pourra, par les mêmes formules, résoudre à-la-fois l'équation $fy^2 + gyz + hz^2 = + iD$ et l'équation $fy^2 + gyz + hz^2 = - iD$, savoir, la première, en faisant $n = 2k$, et la seconde, en faisant $n = 2k + 1$.

(68) Le cas de $D = 1$ devant recevoir un grand nombre d'applications, il sera bon de l'examiner en particulier. On aura alors (n° 62), $\frac{q^\circ}{q} + I = \frac{1}{2}g + f\frac{p}{q}$; or $\frac{1}{2}g + f\frac{p}{q}$ est une valeur fort approchée de $\sqrt{A}$ ou de $\frac{1}{2}\sqrt{(g^2 - 4fh)}$; soit donc, si g est impair, m l'entier impair le plus grand contenu dans $\sqrt{(g^2 - 4fh)}$, et si g est pair, m l'entier pair le plus grand contenu dans ce même radical, on aura dans les deux cas (parce que $\frac{q^\circ}{q}$ est plus petit que l'unité)

$$I = \frac{m}{2}.$$

Le quotient-complet $\frac{\sqrt{A} + I}{D}$ deviendra en même temps $\sqrt{A} + \frac{1}{2}m$, et ainsi l'entier compris $\mu = m$. C'est la valeur du quotient qui dans les périodes successives répond à la valeur $D = 1$.

Soit toujours $\mu, \mu', \mu'' \ldots . \omega$, la période des quotiens, et $\frac{\alpha}{\beta}$ la fraction qui en résulte, nous avons trouvé ci-dessus $\frac{2\beta I}{D} = \alpha - \beta^\circ$; donc lorsque $D = 1$ et $I = \frac{m}{2}$, on a $\beta^\circ = \alpha - m\beta = \alpha - \mu\beta$. D'où l'on voit que les quotiens $\mu', \mu'', \ldots \omega$ forment une suite symétrique (n° 32), et ainsi la période qui se répète à l'infini est de la forme m, μ', μ'',...μ'', μ'. Enfin on aura dans le même cas $\varphi = \alpha - \frac{1}{2}m\beta$, $\psi = \beta$.

(69) Quel que soit le nombre D, si g est pair, les formules générales peuvent être simplifiées et débarrassées de fractions. Soit alors l'équation à résoudre $ay^2 + 2byz + cz^2 = \pm D$, ce qui donnera $f = a$, $g = 2b$, $h = c$, $A = bb - ac$; soit toujours μ, μ', μ''... ω la période qui répétée une infinité de fois, forme le développement du quotient-complet $\frac{\sqrt{A}+I}{D}$; si par le moyen de cette période, on calcule la fraction $\frac{\alpha}{\beta}$ comme il suit :

Quotiens...... μ, μ', μ''........ ω

Fract. converg. $\frac{1}{0}$, $\frac{\mu}{1}$............ $\frac{\alpha^\circ}{\beta^\circ}$, $\frac{\alpha}{\beta}$;

on aura $\varphi = \frac{\alpha + \beta^\circ}{2} = \alpha - \frac{\beta}{D}I$, $\psi = \frac{\beta}{D}$, lesquelles valeurs seront toujours des entiers. Faisant ensuite

$$(\varphi + \psi\sqrt{A})^n = \Phi + \Psi\sqrt{A}$$
$$y = p\Phi \pm (bp + cq)\Psi$$
$$z = q\Phi \mp (bq + ap)\Psi,$$

on aura $ay^2 + 2byz + cz^2 = \pm D$, et quant à l'ambiguité du signe, elle sera déterminée par la formule

$$ay^2 + 2byz + cz^2 = (\varphi^2 - A\psi^2)^n (pq^\circ - p^\circ q) D,$$

où l'on sait que $\varphi^2 - A\psi^2$, ainsi que $pq^\circ - p^\circ q$, ne peuvent être que $+1$ ou -1.

Les nombres φ et ψ trouvés, comme on vient de le dire, par le calcul d'une période, seront toujours les plus simples de ceux qui satisfont à l'équation $\varphi^2 - A\psi^2 = \pm 1$; car s'ils ne l'étaient pas, il faudrait supposer, ou que la période dont il s'agit est composée de plusieurs périodes plus courtes, ou qu'il y a des solutions de l'équation proposée non comprises parmi les fractions convergentes. Or le premier cas n'a pas lieu par hypothèse, et le second est impossible, comme il sera prouvé dans le § XII. Donc les nombres Φ et Ψ ne dépendent que du seul nombre A.

Il est inutile d'ajouter que si le nombre D se rencontre plusieurs fois dans le cours d'une même période, on pourra produire un pareil nombre de solutions différentes de l'équation proposée.

§ X. *Comparaison des fractions continues résultantes du développement des deux racines d'une même équation du second degré.*

(70) Nous avons déjà observé (n° 66) que les deux racines d'une même équation du second degré, $fx^2 + gx + h = 0$, réduites en fraction continue, concourent également à la résolution de l'équation $fy^2 + gyz + hz^2 = \pm D$, ensorte que les mêmes valeurs de D doivent se rencontrer nécessairement dans les deux suites de quotiens-complets qui résultent du développement de ces deux racines. Nous allons maintenant mettre cette propriété dans tout son jour, et nous démontrerons d'une manière générale, que si la suite des quotiens-complets, lorsqu'elle est devenue régulière, procède ainsi dans le développement d'une racine :

$$\frac{\sqrt{A}+I^\circ}{D^\circ} = \mu^\circ +$$
$$\frac{\sqrt{A}+I}{D} = \mu +$$
$$\frac{\sqrt{A}+I'}{D'} = \mu' +$$
etc.

le développement de la seconde racine fournira, au moins après l'anomalie des premiers termes, cette autre suite dans l'ordre inverse :

$$\frac{\sqrt{A}+I'}{D} = \mu +$$
$$\frac{\sqrt{A}+I}{D^\circ} = \mu^\circ +$$
$$\frac{\sqrt{A}+I^\circ}{D^{\circ\circ}} = \mu^{\circ\circ} +$$

laquelle retombera nécessairement sur le premier terme $\frac{\sqrt{A}+I'}{D}$, et recommencera ainsi à l'infini.

Considérons de nouveau le développement de la racine $x = \frac{\sqrt{A}-\frac{1}{2}g}{f}$

en fraction continue, et soient $\frac{p^\circ}{q^\circ}$, $\frac{p}{q}$, $\frac{p'}{q'}$ trois fractions convergentes consécutives prises dans la première période des quotiens (1), après que toute irrégularité a cessé, et lorsqu'on s'est assuré que cette même période doit se répéter à l'infini. Nous représenterons à l'ordinaire les trois quotiens-complets correspondans par $\frac{\sqrt{A}+I^\circ}{D^\circ}$, $\frac{\sqrt{A}+I}{D}$, $\frac{\sqrt{A}+I'}{D'}$, et les entiers qui y sont compris par μ°, μ, μ'. Quant à la période de quotiens, elle sera $\mu, \mu', \mu'' \ldots \mu^\circ$, si on la fait commencer au terme μ; elle serait également $\mu', \mu'' \ldots \mu^\circ, \mu$, si on la faisait commencer au terme μ' et ainsi à volonté; en général, la période dont il s'agit peut commencer par tel terme qu'on voudra, mais il faut qu'elle soit composée des mêmes termes, rangés dans le même ordre.

Cela posé, nous avons vu (n° 62), que si on cherche les diverses fractions convergentes $\frac{p}{q}$, $\frac{p(1)}{q(1)}$, $\frac{p(2)}{q(2)}$, etc. qui dans les périodes successives occupent la même place, ou répondent au même quotient-complet $\frac{\sqrt{A}+I}{D}$, l'expression générale de ces fractions $\frac{p(n)}{q(n)}$ est donnée par les formules

$$p(n) = p\Phi - (\tfrac{1}{2}gp + hq)\Psi$$
$$q(n) = q\Phi + (\tfrac{1}{2}gq + fp)\Psi, \qquad (a)$$

où l'on a

$$\Phi + \Psi\sqrt{A} = (\varphi + \psi\sqrt{A})^n, \text{ et } \Phi^2 - A\Psi^2 = (\varphi^2 - A\psi^2)^n = (\pm 1)^n.$$

Il suffit donc de donner à n les valeurs successives 0, 1, 2, 3, etc., et de substituer les valeurs de Φ et Ψ qui en résultent, pour avoir successivement toutes les fractions convergentes dont il s'agit $\frac{p}{q}$, $\frac{p(1)}{q(1)}$, $\frac{p(2)}{q(2)}$, etc. Il reste à voir maintenant ce qui arriverait, si on donnait à n des valeurs négatives -1, -2, -3, etc.

(71) Or j'observe qu'on a

$$(\varphi + \psi\sqrt{A})^{-n} = (\varphi^2 - A\psi^2)^{-n}(\varphi - \psi\sqrt{A})^n = (\pm 1)^n(\Phi - \Psi\sqrt{A});$$

donc la supposition de n négatif revient simplement à changer Ψ de signe,

(1) Cette période pourrait contenir moins de trois termes, mais alors on réunirait plusieurs périodes, afin de ne pas donner lieu à exception pour ce cas particulier.

et à multiplier les valeurs de Φ et Ψ par un même facteur $(\pm 1)^n$, cette quantité ambiguë ± 1 venant de $\varphi^2 - A\psi^2$ qui en effet peut être $+1$, ou -1. Mais comme la fraction $\frac{p(n)}{q(n)}$ n'est pas différente de $\frac{-p(n)}{-q(n)}$, on peut faire abstraction du facteur $(\pm 1)^n$, ainsi les valeurs négatives de n répondront à de nouvelles valeurs de $\frac{p(n)}{q(n)}$ données par les formules

$$p(n) = p\Phi + (\tfrac{1}{2}gp + hq)\Psi$$
$$q(n) = q\Phi - (\tfrac{1}{2}gq + fp)\Psi. \qquad (b)$$

On pourrait croire d'abord que ces formules ne diffèrent des premières que par la forme, et qu'elles conduisent réellement aux mêmes valeurs de $\frac{p(n)}{q(n)}$; mais il faudrait pour cela que deux fractions telles que

$$\frac{p\Phi - (\frac{1}{2}gp + hq)\Psi}{q\Phi + (\frac{1}{2}gq + fp)\Psi}, \quad \frac{p\Phi' + (\frac{1}{2}gp + hq)\Psi'}{q\Phi' - (\frac{1}{2}gq + fp)\Psi'}$$

pussent être égales : or c'est ce qui ne peut jamais avoir lieu, car en les réduisant au même dénominateur, on trouve que la différence des numérateurs est $(fp^2 + gpq + hq^2)(\Phi'\Psi + \Phi\Psi')$, quantité qui ne peut jamais être nulle.

Donc il est certain que les formules (b) donnent des valeurs de $\frac{p(n)}{q(n)}$ différentes de celles que donnent les formules (a). Mais en faisant, soit dans les formules (b), soit dans les formules (a), $p(n) = y$, $q(n) = z$, les valeurs générales de y et de z satisfont à l'équation $fy^2 + gyz + hz^2 = \pm D$; d'un autre côté, D étant supposé plus petit que $\sqrt{A}$, on peut démontrer que toute fraction $\frac{y}{z}$ qui satisfait à cette équation est comprise parmi les fractions convergentes vers une racine de l'équation $fx^2 + gx + h = 0$. Donc si les formules (b) donnent des fractions $\frac{p(n)}{q(n)}$ non comprises parmi les fractions convergentes vers la racine $x = \frac{\sqrt{A} - \frac{1}{2}g}{f}$, il faut que ces mêmes fractions $\frac{p(n)}{q(n)}$ soient comprises parmi les fractions convergentes vers l'autre racine $x' = \frac{-\sqrt{A} - \frac{1}{2}g}{f}$.

On ne doit pas perdre de vue, que parmi les fractions convergentes qui répondent au quotient-complet $\frac{\sqrt{A} + I}{D}$, $\frac{p}{q}$ est supposée la plus simple, ou celle qui est comprise dans la première période. Si on fait $n = -1$ dans les formules (a), ou $n = 1$ dans les formules (b), la fraction qui en résulte pourra tomber dans les parties irrégulières du développement de l'une ou de l'autre racine, ou même ne se trouver dans aucune, par des raisons qui seront exposées ailleurs; mais si on fait $n > 1$ dans les formules (b), alors la fraction qui en résultera sera certainement l'une des fractions convergentes vers la racine $x = \frac{-\sqrt{A}-\frac{1}{2}g}{f}$.

(72) Soit donc, en supposant $n>1$, $(\varphi+\psi\sqrt{A})^n=\Phi+\Psi\sqrt{A}$, et

$$P=p\Phi+(\tfrac{1}{2}gp+hq)\Psi$$
$$Q=q\Phi-(\tfrac{1}{2}gq+fp)\Psi,$$

on aura $\frac{P}{Q}$ pour l'une des fractions convergentes vers la racine... $x'=\frac{-\sqrt{A}-\frac{1}{2}g}{f}$. Mais si on fait semblablement

$$P^\circ=-p'\Phi-(\tfrac{1}{2}gp'+hq')\Psi$$
$$Q^\circ=-q'\Phi+(\tfrac{1}{2}gq'+fp')\Psi$$
$$P'=-p^\circ\Phi-(\tfrac{1}{2}gp^\circ+hq^\circ)\Psi$$
$$Q'=-q^\circ\Phi+(\tfrac{1}{2}gq^\circ+fp^\circ)\Psi,$$

il est clair que $\frac{P^\circ}{Q^\circ}$ et $\frac{P'}{Q'}$ seront pareillement des fractions convergentes vers la même racine. Il s'agit maintenant de faire voir que les trois fractions convergentes $\frac{P^\circ}{Q^\circ}$, $\frac{P}{Q}$, $\frac{P'}{Q'}$, se suivent immédiatement dans l'ordre où elles sont écrites.

Et d'abord les valeurs précédentes donnent $PQ^\circ-P^\circ Q=(p'q-pq')(\Phi^2-A\Psi^2)=\pm 1$, et $(P'Q-PQ')=-(PQ^\circ-P^\circ Q)$; conditions toutes deux nécessaires pour l'objet que nous avons en vue; mais elles ne sont pas encore suffisantes.

On peut, pour fixer les idées, supposer que la valeur de n est un peu grande, ensorte que la fraction convergente $\frac{P}{Q}$ réponde à une période assez éloignée du commencement de la suite. Comme toutes les périodes sont égales, il importe peu quelle est celle qu'on considère; et la forme qu'on trouvera pour une période éloignée, conviendra également à toutes les autres périodes. Or lorsque n est un peu grand, les nombres Φ et Ψ sont très-considérables, et comme on a toujours $\Phi^2-A\Psi^2=(\pm 1)^n=\pm 1$, il s'ensuit qu'on a alors à très-peu près $\Phi=\Psi\sqrt{A}$; substituant cette valeur dans celle de P, on aura $P=\Psi(p\sqrt{A}+\frac{1}{2}gp+hq)=\Psi(\sqrt{A}+\frac{1}{2}g)$

$(p - qx)$, x désignant la première racine $\frac{\sqrt{A}-\frac{1}{2}g}{f}$ dont $\frac{p}{q}$ est une valeur approchée.

On trouvera de semblables valeurs pour P° et P', et si, pour abréger, on appelle R le facteur constant $\Psi(\sqrt{A}+\frac{1}{2}g)$, on aura

$$\begin{aligned} P^\circ &= -R(p'-q'x) \\ P &= R(p-qx) \\ P' &= -R(p^\circ - q^\circ x). \end{aligned}$$

Soit z le quotient-complet qui répond à la fraction convergente $\frac{p}{q}$ dans le développement de la valeur de x, on aura $x = \frac{pz+p^\circ}{qz+q^\circ}$, ou $z = \frac{-(p^\circ - q^\circ x)}{p-qx}$; or z doit être positif et plus grand que l'unité; donc $-(p^\circ - q^\circ x)$ est plus grand que $p-qx$ et de même signe; par la même raison, $(p-qx)$ est de même signe et plus grand que $-(p'-q'x)$; donc les trois nombres P°, P, P' sont de même signe, et ils se suivent par ordre de grandeur, ensorte qu'on a $P^\circ < P$, $P < P'$. On démontrerait la même chose des trois nombres Q°, Q, Q'; et cela posé, si les deux fractions convergentes $\frac{P^\circ}{Q^\circ}$, $\frac{P}{Q}$, ne se suivent pas immédiatement, on ne peut du moins concevoir d'intermédiaire entre elles que la fraction $\frac{P-P^\circ}{Q-Q^\circ}$; car comme on a déjà $PQ^\circ - P^\circ Q = \pm 1$, et qu'en représentant par $\frac{M}{N}$ la fraction convergente qui précède $\frac{P}{Q}$, on doit avoir aussi $PN - MQ = \pm 1$, il s'ensuit qu'on a $M = kP \pm P^\circ$, et $N = kQ \pm Q^\circ$, k étant un nombre indéterminé. Or la condition que M soit comprise entre P et P°, donne $k=1$, $M = P - P^\circ$, $N = Q - Q^\circ$. Ainsi on est assuré que la fraction convergente $\frac{P}{Q}$ est précédée de $\frac{P^\circ}{Q^\circ}$, ou qu'au moins elle l'est de $\frac{P-P^\circ}{Q-Q^\circ}$.

(73) L'incertitude à cet égard va bientôt être fixée, en déterminant le quotient-complet qui répond à la fraction $\frac{P}{Q}$. Soit z ce quotient-complet dans l'hypothèse que $\frac{P^\circ}{Q^\circ}$ précède $\frac{P}{Q}$, alors la valeur entière de la fraction continue serait $\frac{Pz+P^\circ}{Qz+Q^\circ}$; soit y le quotient-complet dans l'hypothèse que $\frac{P-P^\circ}{Q-Q^\circ}$ précède $\frac{P}{Q}$, on aurait la valeur de la fraction continue

$$= \frac{Py+P-P^\circ}{Qy+Q-Q^\circ} = \frac{-P(y+1)+P^\circ}{-Q(y+1)+Q^\circ}.$$

Or il est clair que cette seconde hypothèse est renfermée dans la première, en supposant $z = -y - 1$; donc si en partant de la première hypothèse, on trouve une valeur positive de z, ce sera une preuve que cette hypothèse est légitime, et qu'en effet $\frac{P^\circ}{Q^\circ}$, $\frac{P}{Q}$ sont des fractions convergentes consécutives. Si au contraire le calcul donne pour z une valeur négative, on en conclura que la seconde hypothèse est la véritable.

Or je dis que la valeur de z est non-seulement positive, mais qu'elle est en général $\frac{\sqrt{A}+I'}{D}$; je dis de plus que l'entier compris dans cette quantité est μ. Si ce dernier point est vrai, il faudra donc qu'on ait $P' = \mu P + P^\circ$, $Q' = \mu Q + Q^\circ$, et c'est en effet ce qui se vérifie immédiatement par les valeurs de P, Q, P°, Q°, etc., puisqu'on a toujours $p' = \mu p + p^\circ$, et $q' = \mu q + q^\circ$. Au reste, la seconde partie peut se prouver généralement ainsi.

On a d'abord $I' = \mu D - I$, ce qui donne $\frac{\sqrt{A}+I'}{D} = \mu + \frac{\sqrt{A}-I}{D}$; d'ailleurs la valeur de q° trouvée n° 62, donne $\frac{q^\circ}{q} = \frac{\frac{1}{2}g - I}{D} + \frac{f}{D} \cdot \frac{p}{q}$; et comme $\frac{p}{q}$ est déjà une valeur fort approchée de $\frac{\sqrt{A}-\frac{1}{2}g}{f}$, on a à très-peu près $\frac{q^\circ}{q} = \frac{\frac{1}{2}g - I}{D} + \frac{f}{D} \cdot \frac{\sqrt{A}-\frac{1}{2}g}{f} = \frac{\sqrt{A}-I}{D}$; d'où l'on voit que $\frac{\sqrt{A}-I}{D}$, égale à très-peu près à $\frac{q^\circ}{q}$, est toujours plus petite que l'unité; ainsi on a, suivant la notation accoutumée, $\frac{\sqrt{A}+I'}{D} = \mu +$.

Venons à la première partie de notre assertion. Si $\frac{\sqrt{A}+I'}{D}$ est le quotient-complet qui répond à la fraction convergente $\frac{P}{Q}$, et que celle-ci soit précédée de $\frac{P^\circ}{Q^\circ}$, il faudra donc que la seconde racine x' de l'équation $fx^2 + gx + h = 0$, ait pour valeur

$$x' = \frac{P(\sqrt{A}+I') + P^\circ D}{Q(\sqrt{A}+I') + Q^\circ D}.$$

Mettant au lieu de I' sa valeur $\mu D - I$, et observant qu'on a $\mu P + P^\circ = P'$, $\mu Q + Q^\circ = Q'$, cette équation deviendra

$$x' = \frac{P(\sqrt{A}-I) + P'D}{Q(\sqrt{A}-I) + Q'D}.$$

Si on y substitue ensuite les valeurs de P, Q, P', Q', et que dans le résultat on mette au lieu de p° et q° leurs valeurs trouvées n° 62, on aura

$$x' = \frac{\Phi(p\sqrt{A}+\frac{1}{2}gp+hq)+\Psi(\frac{1}{2}gp\sqrt{A}+hq\sqrt{A}+Ap)}{\Phi(q\sqrt{A}-\frac{1}{2}gq-fp)-\Psi(\frac{1}{2}gq\sqrt{A}+fp\sqrt{A}-Aq)},$$

quantité qu'on peut mettre sous la forme

$$x' = \frac{(\Phi+\Psi\sqrt{A})(p\sqrt{A}+\frac{1}{2}gp+hq)}{(\Phi+\Psi\sqrt{A})(q\sqrt{A}-\frac{1}{2}gq-fp)};$$

de sorte qu'en supprimant le facteur commun aux deux termes, on aura

$$x' = \frac{p\sqrt{A}+\frac{1}{2}gp+hq}{q\sqrt{A}-\frac{1}{2}gq-fp}.$$

Mais à cause de $A=\frac{1}{4}g^2-fh$, on a $h=\frac{(\frac{1}{2}g+\sqrt{A})(\frac{1}{2}g-\sqrt{A})}{f}$, et ainsi $p\sqrt{A}+\frac{1}{2}gp+hq=\frac{(\sqrt{A}+\frac{1}{2}g)}{f}(fp+\frac{1}{2}gq-q\sqrt{A})$; donc enfin la valeur de x' se réduit à

$$x' = \frac{-\sqrt{A}-\frac{1}{2}g}{f};$$

ce qui est la seconde racine de l'équation $fx^2+gx+h=0$.

(74) Ce résultat justifie pleinement les diverses propositions que nous avons avancées, et il en résulte, pour principale conséquence, que $\frac{\sqrt{A}+I'}{D}$ est le quotient-complet qui dans le développement de la seconde racine x' répond à la fraction convergente $\frac{P}{Q}$. Par la même raison, le quotient-complet qui répond à la fraction suivante $\frac{P'}{Q'}$, est $\frac{\sqrt{A}+I}{D^\circ}$, celui qui vient immédiatement après est $\frac{\sqrt{A}+I^\circ}{D^{\circ\circ}}$, etc.; d'où l'on voit que les dénominateurs D, D°, $D^{\circ\circ}$, etc. suivent un ordre contraire à celui qu'ils ont dans le développement de la première racine.

Au reste l'existence du quotient-complet $\frac{\sqrt{A}+I'}{D}$ suffit pour prouver celle des quotiens-complets suivans, qu'on en déduit par l'opération ordinaire du développement en fraction continue. En effet, on a déjà vu que l'entier compris dans $\frac{\sqrt{A}+I'}{D}$ est μ; de là, et des relations déjà connues par le développement de la première racine, on tire la suite

$$\frac{\sqrt{A}+I'}{D}=\mu+\frac{\sqrt{A}-I}{D}$$

$$\frac{D}{\sqrt{A}-I}=\frac{\sqrt{A}+I}{D^{\circ}}=\mu^{\circ}+\frac{\sqrt{A}-I^{\circ}}{D^{\circ}}$$

$$\frac{D^{\circ}}{\sqrt{A}-I^{\circ}}=\frac{\sqrt{A}+I^{\circ}}{D^{\circ\circ}}=\mu^{\circ\circ}+\frac{\sqrt{A}-I^{\circ\circ}}{D^{\circ\circ}}$$

etc.

Mais la suite des quotiens μ, μ°, $\mu^{\circ\circ}$, etc. retombera nécessairement sur le quotient μ; ainsi la période qui règne dans le développement de la seconde racine, est composée des mêmes termes que la période de la première racine, avec cette seule différence que les termes y sont rangés dans un ordre inverse.

S'il arrivait que la période qui règne dans le développement d'une racine fût de la forme μ, μ', $\mu''\ldots\mu''$, μ', μ, k, c'est-à-dire fût composée d'une partie symmétrique, précédée ou suivie d'un terme isolé k, alors le renversement donnerait toujours la même période, laquelle par conséquent serait commune aux deux racines de l'équation. C'est ce qui s'observe dans un grand nombre de cas, et alors les mêmes quotiens-complets se trouvent aussi dans le développement des deux racines, et y suivent le même ordre.

§ XI. *Résolution en nombres entiers de l'équation* $Ly^2+Myz+Nz^2=\pm H$.

(75) Il faut distinguer deux cas, selon que y et z sont ou ne sont pas premiers entre eux. Pour ramener le second cas au premier, soit θ la plus grande commune mesure de y et de z, et soit $y=\theta y'$, $z=\theta z'$, alors le premier membre étant divisible par θ^2, il faudra que H soit aussi divisible par θ^2. Soit donc $H=\theta^2 H'$, on aura

$$Ly'^2+My'z'+Nz'^2=\pm H',$$

équation dans laquelle y' et z' sont maintenant premiers entre eux. Donc autant il y aura de quarrés θ^2 qui peuvent diviser H, autant on aura à résoudre d'équations semblables à la précédente, dans lesquelles les indéterminées seront des nombres premiers entre eux.

On peut supposer que cette sorte de décomposition a été faite par une opération préliminaire; nous pouvons donc regarder l'équation proposée $Ly^2+Myz+Nz^2=\pm H$ comme l'une de celles où il faut que les indéterminées y et z soient des nombres premiers entre eux.

Cela posé, nous distinguerons encore le cas où z et H sont premiers entre eux, et celui où ils ont un commun diviseur θ. Dans ce dernier cas, soit $z=\theta z'$, $H=\theta H'$, il faudra que $\frac{Ly^2}{\theta}$ soit un entier; mais comme y n'a aucun diviseur commun avez z, ni par conséquent avec θ, cette condition exige que L soit divisible par θ. Soit donc $L=\theta L'$, et l'équation à résoudre deviendra

$$L'y^2+Myz'+\theta Nz'^2=\pm H',$$

dans laquelle maintenant on peut considérer z' et H' comme premiers entre eux.

Donc autant il y aura de diviseurs communs entre L et H (l'unité comprise), autant il y aura d'équations à résoudre dans lesquelles z' et H' seront premiers entre eux. Mais il est facile d'éviter cette multiplicité de cas à résoudre, par une transformation qui consiste à mettre $y'+mz$ à la place de y, et à déterminer m de manière que Lm^2+Mm+N n'ait aucun diviseur commun avec H. Alors la nouvelle indéterminée y' ne pourra plus avoir de diviseur commun avec H. Ainsi toute la difficulté se réduit à résoudre l'équation

$$Ly^2+Myz+Nz^2=\pm H,$$

dans laquelle z et y sont premiers entre eux, ainsi que z et H. Or cette équation présente différens cas à examiner, selon que le nombre $4LN-M^2$ est positif, zéro ou négatif; c'est-à-dire, selon que les deux facteurs du premier membre sont imaginaires, égaux ou réels.

(76) Soit d'abord $4LN-M^2=$ à un nombre positif B; si on multiplie l'équation proposée par $4L$, et qu'on fasse $2Ly+Mz=x$, on aura

$$x^2+Bz^2=+4LH.$$

(Nous mettons $+$ seulement dans le second membre, parce qu'on voit bien que le signe $-$ ne pourrait avoir lieu). Or ayant à résoudre l'équation $x^2+Bz^2=C$, la méthode la plus simple est de calculer successivement les différentes valeurs de la quantité $C-Bz^2$, en faisant $z=0, 1, 2, 3\ldots$ jusqu'à $z=\sqrt{\frac{C}{B}}$. Si parmi ces valeurs il se trouve un quarré, et qu'en même temps la racine x de ce quarré rende $\frac{Mz\pm x}{2L}$ égal à un entier, on aura une solution de l'équation proposée. Mais si ces deux conditions ne peuvent être remplies à-la-fois, on en conclura que l'équation proposée n'est pas résoluble en nombres entiers.

Il est évident que dans ce premier cas il ne pourra jamais y avoir qu'un nombre limité de solutions en nombres entiers. Ce cas d'ailleurs est si simple, qu'il n'exige aucune des préparations indiquées dans l'article précédent, et qu'on peut procéder à la résolution, comme il vient d'être dit, sans s'embarrasser si y, z et H ont ou n'ont pas de commun diviseur.

(77) Prenons pour exemple l'équation $15y^2+43yz+32z^2=223$: si on multiplie les deux membres par 60, et qu'on fasse $30y+43z=x$, la transformée sera

$$x^2+71z^2=13380.$$

Je calcule donc les valeurs de la quantité $13380-71z^2$, en faisant successivement $z=0, 1, 2, 3$, etc., jusqu'à ce que la quantité dont il s'agit cesse d'être positive ; les résultats qu'on obtient facilement, au moyen de leurs différences uniformément croissantes, sont :

Valeurs de x^2...	13380,	13309,	13096,	12741,	12244,	11605,	10824,
Différences.....	71,	213,	355,	497,	639,	781,	923,
Valeurs de x^2...	9901,	8836,	7629,	6280,	4789,	3156,	1381.
Différences.....	1065,	1207,	1349,	1491,	1633,	1775.	

Or parmi ces résultats, il n'y a que 8836 qui soit un quarré parfait, celui de 94 ; ainsi les seules valeurs de z et x à employer sont $z=8$ et $x=\pm 94$; mais de là résulte $y=\frac{\pm 94-344}{30}$, et cette valeur ne se réduit pas à un nombre entier ; l'équation proposée n'est donc pas résoluble en nombres entiers ; on peut seulement y satisfaire par des valeurs rationnelles telles que $z=8$, $y=-\frac{25}{3}$, et une infinité d'autres.

(78) Si on a $4LN-M^2=0$, ou si les facteurs du premier membre de l'équation proposée sont égaux, il faudra, pour que cette équation soit résoluble, qu'elle soit de la forme $(my+nz)^2=h^2$, et alors elle se réduit à l'équation du premier degré $my+nz=\pm h$, laquelle sera toujours possible, si m et n sont premiers entre eux.

Il ne reste donc plus à examiner que le cas où $4LN-M^2$ est égal à un nombre négatif $-B$. Et d'abord si le nombre B est un quarré parfait, les facteurs de la quantité $Ly^2+Myz+Nz^2$ seront rationnels, et l'équation à résoudre sera de la forme

$$(my+nz)(fy+gz)=\pm H.$$

Or il est visible, que la résolution de cette équation se réduit à celle des deux équations déterminées

$$my+nz=\theta$$
$$fy+gz=\pm\frac{H}{\theta},$$

θ étant un facteur quelconque de H. On prendra donc successivement pour θ tous les diviseurs de H, en y comprenant l'unité, et on résoudra relativement à chacun d'eux, les équations déterminées qui précèdent. On pourra obtenir, par ce moyen, plusieurs solutions, si toutefois les valeurs de y et z qui en résultent sont des entiers ; mais dans aucun cas, le nombre de ces solutions ne pourra excéder celui des diviseurs du nombre H.

(79) Supposons enfin qu'on ait $M^2 - 4LN = 4A$, A n'étant point un quarré parfait. Alors l'équation proposée

$$Ly^2 + Myz + Nz^2 = \pm H$$

présentera deux cas à examiner, selon que H est $< \sqrt{A}$ ou $> \sqrt{A}$.

Soit d'abord $H < \sqrt{A}$; dans ce cas il suffit de développer en fraction continue une racine de l'équation

$$Lx^2 + Mx + N = 0;$$

et si parmi les quotiens-complets $\frac{\sqrt{A}+I}{D}$ qui résultent de cette opération, on en trouve un dont le dénominateur $D = H$, on en conclura que l'une au moins des deux équations

$$Ly^2 + Myz + Nz^2 = + H$$
$$Ly^2 + Myz + Nz^2 = - H$$

est résoluble, ou même toutes les deux, lorsque les conditions nécessaires sont remplies. Nous avons donné ces conditions dans le paragraphe IX, ainsi que les formules qui contiennent les valeurs complètes de y et z, et nous avons remarqué que ces formules renferment le résultat du développement des deux racines de l'équation $Lx^2 + Mx + N = 0$, de sorte qu'il suffit d'en développer une.

Le nombre H peut se trouver plusieurs fois parmi les valeurs de D dans le cours d'une même période, et il en résulte alors autant de solutions différentes de l'équation proposée. Mais s'il ne se trouve nulle part parmi ces valeurs, on en conclura avec certitude, que l'équation proposée n'est résoluble ni avec le second membre $+H$, ni avec le second membre $-H$.

Ce premier cas de $H < \sqrt{A}$ se résout donc immédiatement, et avec beaucoup de facilité par le seul développement d'une racine de l'équation $Lx^2 + Mx + N = 0$ en fraction continue. Il faut même observer que cette solution suppose seulement y et z premiers entre eux $\Big($car $\frac{y}{z}$ étant assimilée à une fraction convergente $\frac{p}{q}$, doit toujours être une fraction irréductible, puisqu'on a $pq^\circ - p^\circ q = \pm 1\Big)$, et ainsi elle n'exige pas que z et H soient premiers entre eux. On peut donc, par ce moyen, se dispenser de faire la décomposition relative aux facteurs communs de L et de H, dont on a fait mention n° 75, et on aura, par une seule opération, la résolution de toutes les équations de cette sorte. Mais il faut, comme nous l'avons supposé, que H soit $<\sqrt{A}$; de plus, si H contient un facteur quarré θ^2, il faudra, comme nous l'avons déjà indiqué, faire $y=\theta y'$, $z=\theta z'$, $H=\theta^2 H'$, et résoudre, par la même voie, chaque équation $Ly'^2+My'z'+Nz'^2=\pm H'$ pour chaque facteur quarré θ^2 qui peut diviser H.

(80) Soit en second lieu $H>\sqrt{A}$, alors on supposera que l'équation est préparée, comme on l'a dit n° 75, de manière que y et z soient premiers entre eux, ainsi que z et H. On pourra faire alors

$$y=nz+Hu,$$

et ajouter même la condition que n ne surpasse pas $\frac{1}{2}H$; car l'équation précédente subsisterait en mettant $n-\alpha H$ à la place de n, et $u+\alpha z$ à la place de u; or il est clair qu'on peut prendre α, de manière que $n-\alpha H$ soit compris entre $+\frac{1}{2}H$ et $-\frac{1}{2}H$. Substituant donc la valeur de y dans l'équation proposée, et divisant le résultat par H, on aura

$$\left(\frac{Ln^2+Mn+N}{H}\right)z^2+(2nL+M)zu+LHu^2=\pm 1;$$

et puisque z et H sont premiers entre eux, cette équation ne peut avoir lieu, à moins que $\frac{Ln^2+Mn+N}{H}$ ne soit un entier. On donnera donc à n toutes les valeurs en nombres entiers depuis $-\frac{1}{2}H$ jusqu'à $+\frac{1}{2}H$; et s'il n'en est aucune qui rende la quantité Ln^2+Mn+N divisible par H, on prononcera avec certitude que l'équation proposée n'est pas résoluble. Si au contraire on trouve une ou plusieurs valeurs de n qui remplissent cette condition, il faudra prendre successivement ces différentes valeurs, et faire un calcul séparé pour chacune, comme si l'équation proposée était transformée en autant d'équations différentes.

Soit, pour abréger, $Ln^2+Mn+N=fH$, $2nL+M=g$, $LH=h$, l'équation à résoudre pour chaque valeur de n sera

$$fz^2+gzu+hu^2=\pm 1,$$

où il est à remarquer qu'on a toujours $g^2-4fh=M^2-4LN=4A$.

Nous avons donné dans le paragraphe IX une méthode pour résoudre cette équation lorsqu'elle est possible, et les mêmes remarques que nous avons faites lorsque D est $<\sqrt{A}$, sont également applicables dans le cas présent où $D=1$: ainsi nous n'avons rien à ajouter sur cet objet, d'autant qu'on voit bien qu'ayant trouvé les valeurs générales de z et u, on en tire immédiatement celles des indéterminées de l'équation proposée, exprimées pareillement en nombres entiers.

Exemple I.

(81) Soit proposé de résoudre en nombres entiers l'équation.... $2x^2-23y^2=105$.

Cette équation se rapporte au cas précédent; elle n'est point susceptible de se décomposer en plusieurs autres, parce que 105 n'a point de diviseur quarré, ni de commun diviseur avec le coefficient 2. On fera donc $x=ny-105z$, et on déterminera $n<\frac{105}{2}$ de manière que $\frac{2n^2-23}{105}$ soit un entier. Plusieurs moyens seront donnés ci-après pour faciliter de semblables recherches; observons, quant à présent, que comme 105 est le produit des nombres premiers 3, 5, 7, il faut chercher séparément trois valeurs de n telles que $\frac{2n^2-23}{3}$, $\frac{2n^2-23}{5}$, $\frac{2n^2-23}{7}$ soient des entiers. Ces valeurs sont respectivement $n=3\alpha\pm1$, $n=5\beta\pm2$, $n=7\gamma\pm1$, les nombres α, β, γ étant à volonté. Or ces formules sont faciles à concilier entre elles, et comme il suffit de considérer les valeurs de n positives et moindres que $\frac{105}{2}$, la dernière formule donnera

$$n=6,\ 8,\ 13,\ 15,\ 20,\ 22,\ 27,\ 29,\ 34,\ 36,\ 41,\ 43,\ 48,\ 50.$$

De là il faut écarter tous les nombres qui ne satisfont pas à la seconde formule, ou qui divisés par 5 ne laissent pas ±2 de reste; ainsi les 24 valeurs précédentes se réduisent à celles-ci $n=8$, 13, 22, 27, 43, 48. Enfin pour satisfaire à la première formule, il faut encore supprimer tous les nombres divisibles par 3, ce qui ne laissera subsister que ces quatre valeurs $n=8$, 13, 22, 43.

Soit donc 1°. $n=8$, et $x=8y-105z$, la transformée sera

$$y^2-32yz+210z^2=1.$$

Toutes les fois qu'on parvient ainsi à une équation de la forme

$$y^2-2fyz+gz^2=+1,$$

on est assuré que la solution est toujours possible, parce qu'en faisant $y - fz = u$, l'équation devient $u^2 - Az^2 = 1$, qui est toujours résoluble. Dans le cas présent, on trouvera par les formules du n° 69,

$$y = \Phi \pm 16\Psi$$
$$z = \pm \Psi$$
$$(24335 + 3588\sqrt{46})^n = \Phi + \Psi\sqrt{46};$$

d'où résulte pour première solution de la proposée

$$x = 8\Phi \pm 23\Psi$$
$$y = \Phi \pm 16\Psi.$$

Soit 2°. $n = 13$ et $x = 13y - 105z$, la transformée sera

$$3y^2 - 52yz + 210z^2 = 1.$$

Pour résoudre celle-ci, il faut développer en fraction continue une racine de l'équation $3x^2 - 52x + 210 = 0$. Voici l'opération avec le calcul des fractions convergentes, prolongé seulement jusqu'à ce qu'on trouve $D = 1$:

$x = \frac{\sqrt{46}+26}{3} = 10 +$	1 : 0	
$\frac{\sqrt{46}+4}{10} = 1 +$	10 : 1	
$\frac{\sqrt{46}+6}{1} = 12 +$	11 : 1	
etc.	etc.	

Cela posé, les nombres à substituer dans les formules du n° 69 sont $p = 11$, $q = 1$, $a = 3$, $b = -26$, $c = 210$, $A = 46$; d'ailleurs on a déja trouvé dans le premier cas, que les moindres nombres qui satisfont à l'équation $\varphi^2 - 46\psi^2 = \pm 1$ sont $\varphi = 24335$, $\psi = 3588$, lesquels donnent $\varphi^2 - 46\psi^2 = +1$; et comme on a en même temps $pq^\circ - p^\circ q = +1$, l'équation proposée $3y^2 - 52yz + 210z^2 = +1$ sera résoluble (elle ne le serait pas si le second membre était -1); faisant donc toujours

$$(24335 + 3588\sqrt{46})^n = \Phi + \Psi\sqrt{46},$$

on aura par les substitutions $y = 11\Phi \pm 76\Psi$, $z = \Phi \pm 7\Psi$; d'où résulte pour seconde solution

$$x = 38\Phi \pm 253\Psi$$
$$y = 11\Phi \pm 76\Psi.$$

Remarquez qu'on aurait pu trouver immédiatement les valeurs de y et de z par l'opération seule du développement en fraction continue ; car si à la place du quotient-complet $\frac{\sqrt{46}+6}{1}$ qui répond à la fraction convergente $\frac{11}{1}$, on met sa valeur approchée $\frac{\Phi}{\Psi}+6$; et si ensuite, au moyen de ce quotient, considéré comme entier, on calcule la fraction convergente qui suivrait $\frac{11}{1}$, on trouve que cette fraction est $\frac{11\left(6+\frac{\Phi}{\Psi}\right)+10}{1\left(6+\frac{\Phi}{\Psi}\right)+1}$, laquelle se réduit à $\frac{11\Phi+76\Psi}{\Phi+7\Psi}$. C'est la valeur générale de $\frac{y}{z}$, dans laquelle il ne reste plus qu'à donner à Ψ le double signe $\pm$. Il serait facile de démontrer que ce procédé, qui dispense de recourir aux formules générales, s'accorde entièrement avec elles, et peut par conséquent leur être substitué, même pour une valeur quelconque de D.

Soit 3°. $n=22$, et $x=22y-105z$, la transformée sera

$$9yy-88yz+210z^2=1.$$

On développera donc une racine de l'équation $9x^2-88x+210=0$, jusqu'à ce qu'on trouve un quotient-complet dont le dénominateur soit 1, et on calculera à mesure les fractions convergentes comme il suit :

$x=\frac{\sqrt{46}+44}{9}=5+$	1	0
$\frac{\sqrt{46}+1}{5}=1+$	5	1
$\frac{\sqrt{46}+4}{6}=1+$	6	1
$\frac{\sqrt{46}+2}{7}=1+$	11	2
$\frac{\sqrt{46}+5}{3}=3+$	17	3
$\frac{\sqrt{46}+4}{10}=1+$	62	11
$\frac{\sqrt{46}+6}{1}=12+$	79	14

Cette dernière fraction convergente $\frac{79}{14}$ satisfait à l'équation proposée, parce qu'elle est de rang impair, et qu'ainsi on a $pq^\circ-p^\circ q=+1$. Maintenant, suivant la remarque qui a été faite dans le cas précédent, on supposera que le quotient qui répond à la dernière fraction convergente $\frac{79}{14}$ est $6+\frac{\Phi}{\Psi}$, et on en conclura la fraction suivante $\frac{y}{z}=\frac{79\left(6+\frac{\Phi}{\Psi}\right)+62}{14\left(6+\frac{\Phi}{\Psi}\right)+11}=\frac{79\Phi+536\Psi}{14\Phi+95\Psi}$; d'où résultera généralement.... $y=79\Phi\pm536\Psi$, $z=14\Phi\pm95\Psi$, et ainsi la troisième solution sera

$$x=268\Phi\pm1817\Psi$$
$$y=\ \ 79\Phi\pm\ \ 536\Psi.$$

Soit 4°. $n=43$ et $x=43y-105z$, la transformée sera

$$35yy-172yz+210z^2=1.$$

Il faut donc développer une racine de l'équation $35x^2-172x+210=0$, jusqu'à ce qu'on trouve un quotient-complet $\frac{\sqrt{46}+I}{D}$, dans lequel D soit égal à l'unité. Voici l'opération :

$x=\frac{\sqrt{46}+86}{35}=2+$	1	:	0
$\frac{\sqrt{46}-16}{-6}=1+$	2	:	1
$\frac{\sqrt{46}+10}{9}=1+$	3	:	1
$\frac{\sqrt{46}-1}{5}=1+$	5	:	2
$\frac{\sqrt{46}+6}{2}=6+$	8	:	3
$\frac{\sqrt{46}+6}{5}=2+$	53	:	20
$\frac{\sqrt{46}+4}{6}=1+$	114	:	43
$\frac{\sqrt{46}+2}{7}=1+$	167	:	63
$\frac{\sqrt{46}+5}{3}=3+$	281	:	106
$\frac{\sqrt{46}+4}{10}=1+$	1010	:	381
$\frac{\sqrt{46}+6}{1}=12+$	1291	:	487

Cette onzième fraction convergente satisfait à l'équation proposée $35y^2-172yz+210z^2=+1$, puisqu'elle est de rang impair; ensuite on aura la solution complète, en mettant $6+\frac{\Phi}{\Psi}$ à la place du quotient correspondant, ce qui donnera

$$\frac{y}{z}=\frac{1291\left(6+\frac{\Phi}{\Psi}\right)+1010}{487\left(6+\frac{\Phi}{\Psi}\right)+381}=\frac{1291\Phi+8756\Psi}{487\Phi+3303\Psi};$$

d'où résultera la quatrième solution

$$x=4378\Phi\pm 29693\Psi$$
$$y=1291\Phi\pm 8756\Psi.$$

Il est bon de remarquer qu'on serait parvenu plus promptement et plus simplement à cette quatrième solution, en développant l'autre racine de la même équation. Voici l'opération :

$x=\frac{\sqrt{46}-86}{-35}=2+$	1	:	0
$\frac{\sqrt{46}+16}{6}=3+$	2	:	1
$\frac{\sqrt{46}+2}{7}=1+$	7	:	3
$\frac{\sqrt{46}+5}{3}=3+$	9	:	4
$\frac{\sqrt{46}+4}{10}=1+$	34	:	15
$\frac{\sqrt{46}+6}{1}=12+$	43	:	19.

De là résulte $\frac{y}{z}=\frac{43\left(6+\frac{\Phi}{\Psi}\right)+34}{19\left(6+\frac{\Phi}{\Psi}\right)+15}=\frac{43\Phi+292\Psi}{19\Phi+129\Psi}$, et on a pour la quatrième solution

$$x=146\Phi\pm 989\Psi$$
$$y=43\Phi\pm 292\Psi.$$

Formules qui reviennent au même, et qui sont plus simples que celles qu'on a trouvées par le moyen de l'autre racine. Cette identité au reste se démontre, en supposant que les Φ et Ψ de cette formule répondent à une valeur de n moindre d'une unité que les Φ et Ψ de l'autre formule ; de sorte qu'en distinguant ceux-ci par Φ' et Ψ', on pourrait faire $\Phi+\Psi\sqrt{46}=(\Phi'+\Psi'\sqrt{46})(24335\mp 3588\sqrt{46})$.

Rassemblant ces différens résultats, on aura toutes les solutions de l'équation proposée $2x^2 - 23y^2 = 105$ contenues dans les formules suivantes, où l'on suppose $(24335 + 3588\sqrt{46})^n = \Phi + \Psi\sqrt{46}$,

$$x = 8\Phi \pm 23\Psi, \quad y = \Phi \pm 16\Psi$$
$$x = 38\Phi \pm 253\Psi, \quad y = 11\Phi \pm 76\Psi$$
$$x = 268\Phi \pm 1817\Psi, \quad y = 79\Phi \pm 536\Psi$$
$$x = 146\Phi \pm 989\Psi, \quad y = 43\Phi \pm 292\Psi.$$

La même équation, ou une équation équivalente ($p^2 - 46q^2 = 210$) est résolue dans les Mémoires de Berlin, année 1767, et le résultat donné page 263 présente huit solutions.

Ces huit solutions se réduisent aux quatre précédentes; et en général, le calcul peut toujours s'abréger de moitié, en observant, comme nous l'avons fait, qu'il est inutile de développer en fraction continue les deux racines de la même équation, et que le développement d'une seule suffit pour avoir le résultat des deux.

(82) Prenons encore pour exemple l'équation

$$67y^2 - 227yz + 191z^2 = 5,$$

laquelle étant comparée à la formule générale (n° 67) donne $f = 67$, $g = -227$, $h = 191$, $D = 5$, $A = \frac{g^2}{4} - fh = \frac{341}{4}$, et $D < \sqrt{A}$. Donc on peut résoudre cette équation par le développement d'une racine de l'équation $67x^2 - 227x + 191 = 0$ en fraction continue. Voici l'opération prolongée jusqu'à ce qu'on ait trouvé la période qui se répète à l'infini :

	$x = \dfrac{113\frac{1}{2} + \frac{1}{2}\sqrt{341}}{67} = 1 +$	$1 : 0$	
	$\dfrac{-46\frac{1}{2} + \frac{1}{2}\sqrt{341}}{-31} = 1 +$	$1 : 1$	
	$\dfrac{15\frac{1}{2} + \frac{1}{2}\sqrt{341}}{5} = 4 +$	$2 : 1$	*
*	$\dfrac{4\frac{1}{2} + \frac{1}{2}\sqrt{341}}{13} = 1 +$	$9 : 5$	
	$\dfrac{8\frac{1}{2} + \frac{1}{2}\sqrt{341}}{1} = 17 +$	$11 : 6$	
	$\dfrac{8\frac{1}{2} + \frac{1}{2}\sqrt{341}}{13} = 1 +$	$196 : 107$	
	$\dfrac{4\frac{1}{2} + \frac{1}{2}\sqrt{341}}{5} = 2 +$	$207 : 113$	*
	$\dfrac{5\frac{1}{2} + \frac{1}{2}\sqrt{341}}{11} = 1 +$	$610 : 333$	
	$\dfrac{5\frac{1}{2} + \frac{1}{2}\sqrt{341}}{5} = 2 +$	$817 : 446$	*
*	$\dfrac{4\frac{1}{2} + \frac{1}{2}\sqrt{341}}{13} = 1 +$	etc.	

Le quotient-complet $\frac{4\frac{1}{2} + \frac{1}{2}\sqrt{341}}{13}$ étant un de ceux qui ont été déjà trouvés, l'opération est terminée, et on voit qu'immédiatement après les premiers termes 1, 1, 4, on a la période 1, 17, 1, 2, 1, 2, laquelle se répète à l'infini.

Si on cherche maintenant le nombre 5 parmi les dénominateurs des quotiens-complets, on verra que la troisième fraction convergente, la septième et la neuvième, peuvent satisfaire à l'équation proposée. La septième et la neuvième comprises dans une même période, satisfont en effet, parce qu'elles sont de rang impair, et que dans la valeur de x le radical a été pris en plus. Quant à la troisième, elle satisfait aussi ; mais nous en ferons abstraction, parce qu'il suffit de considérer les solutions données par les termes d'une même période, et que toutes les autres doivent y être contenues. Voyez à ce sujet le paragraphe suivant.

On aura donc, par la septième fraction convergente, $p = 207$, $q = 113$, et calculant à l'ordinaire la valeur de la période comptée depuis ce terme :

Période.....	2,	1,	2,	1,	17,	1	
Fract. converg.	$\frac{1}{0}$,	$\frac{2}{1}$,	$\frac{3}{1}$,	$\frac{8}{3}$,	$\frac{11}{4}$,	$\frac{195}{71}$,	$\frac{206}{75}$,

on trouve $\frac{\alpha}{\beta} = \frac{206}{75}$, $\beta^\circ = 71$, $\varphi = \frac{\alpha + \beta^\circ}{2} = 138\frac{1}{2}$, $\psi = \frac{\beta}{D} = 15$, donc on aura

$$\left(\frac{277}{2} + \frac{15}{2}\sqrt{341}\right)^n = \Phi + \tfrac{1}{2}\Psi\sqrt{341}.$$

Or on a en même temps $\varphi^2 - A\psi^2 = +1$, ce qui prouve que l'équation proposée est résoluble avec le second membre $+5$; mais elle ne le serait pas avec le second membre -5. Cela posé, en substituant les valeurs trouvées dans la formule du n° 67, on aura pour première solution de l'équation proposée

$$y = 207\Phi \pm 3823.\tfrac{1}{2}\Psi$$
$$z = 113\Phi \pm 2087.\tfrac{1}{2}\Psi.$$

Procédant de la même manière à l'égard de la neuvième fraction convergente $\frac{817}{446}$, on en déduira cette seconde solution:

$$y = 817\Phi \pm 15087.\tfrac{1}{2}\Psi$$
$$z = 446\Phi \pm 8236.\tfrac{1}{2}\Psi.$$

Ces dernières formules sont celles qui contiennent la solution $\frac{2}{1}$ que nous avons remarquée dans la partie irrégulière de la fraction continue. En effet si on suppose $n = 1$, $\Phi = \frac{277}{2}$, $\pm\Psi = -15$, on trouvera $y = 2$, $z = 1$. De là on peut présumer que la seconde solution générale est susceptible de se réduire à une forme plus simple, et c'est de quoi on s'assurera aisément, en prenant au lieu de Φ et Ψ les quantités analogues qui répondent à une valeur de n différente d'une unité. Il en résultera

$$y = 2\Phi \pm 72.\tfrac{1}{2}\Psi$$
$$z = \Phi \pm 41.\tfrac{1}{2}\Psi.$$

(83) On voit, par ce qui a été démontré dans ce paragraphe, que lorsque les équations qui en font l'objet sont possibles, leur résolution est donnée par un ou plusieurs systèmes de formules telles que

$$y = a'\Phi + b'\Psi$$
$$z = a''\Phi + b''\Psi,$$

les nombres a', b', a'', b'' étant constans, et les quantités Φ, Ψ étant tirées de l'équation

$$(\varphi + \psi\sqrt{A})^n = \Phi + \Psi\sqrt{A},$$

dans laquelle n est un nombre indéterminé, et où l'on a toujours $\varphi^2 - A\psi^2 = \pm 1$, et par conséquent aussi $\Phi^2 - A\Psi^2 = (\pm 1)^n = +1$ ou -1.

Dans les formules générales, on peut prendre Ψ négatif ou positif à volonté, et ainsi affecter Ψ du double signe ± 1; ce qui revient à laisser le signe de Ψ déterminé, mais à prendre pour n des valeurs quelconques tant positives que négatives. En effet on a $(\varphi + \psi\sqrt{A})^{-n} = (\varphi^2 - A\psi^2)^{-n}(\varphi - \psi\sqrt{A})^n = (\pm 1)^n(\Phi - \Psi\sqrt{A})$, et ainsi le changement du signe de n revient au même que celui du signe Ψ; car d'ailleurs le signe de $(\pm 1)^n$ qui affecte le tout est indifférent, puisque par la nature de l'équation proposée on peut changer à-la-fois le signe de y et celui de z.

Il résulte de là que les diverses valeurs de y et z comprises dans un système de formules, tel que le précédent, forment deux suites qui s'étendent à l'infini, tant dans le sens positif que dans le sens négatif, et dont chaque terme répond à une valeur déterminée de n positive ou négative, en cette sorte :

n	.... etc.	-3,	-2,	-1,	0,	1,	2,	3,	etc.
y	etc.	$'''p$,	$''p$,	$'p$,	p,	$p(1)$,	$p(2)$,	$p(3)$,	etc.
z	etc.	$'''q$,	$''q$,	$'q$,	q,	$q(1)$,	$q(2)$,	$q(3)$,	etc.

Au reste, la manière la plus simple de calculer les valeurs numériques de ces termes, est de faire usage de la loi trouvée n° 62, laquelle donnera $p(2) = 2\varphi p(1) \mp p$ (le signe $\mp$ étant le contraire de celui de $\varphi^2 - A\psi^2$). Cette formule où $p, p(1), p(2)$ désignent en général trois termes consécutifs, peut servir à prolonger l'une des séries, soit à droite, soit à gauche, et la même loi a lieu dans l'autre série.

§ XII. *Démonstration d'une proposition supposée dans les paragraphes précédens.*

(84) Nous avons supposé jusqu'ici que s'il est possible de satisfaire à l'équation $fy^2+gyz+hz^2=\pm H$, où l'on suppose y et z premiers entre eux, et $H<\frac{1}{2}\sqrt{(g^2-4fh)}$, la fraction $\frac{y}{z}$ est toujours comprise parmi les fractions convergentes vers une racine de l'équation $fx^2+gx+h=0$. Cette proposition a beaucoup d'analogie avec celle du n° 10; mais il n'est pas moins nécessaire de démontrer qu'elle est vraie généralement, sauf une légère exception dont nous ferons mention.

Soit f un nombre positif, g et h des nombres positifs ou négatifs à volonté; soit $\frac{p}{q}$ une fraction donnée dont les termes sont premiers entre eux, et satisfont à l'équation

$$fp^2+gpq+hq^2=\pm H,$$

je suppose qu'on développe $\frac{p}{q}$ en fraction continue, et que les quotiens qui résultent de cette opération soient α, β, ... λ, μ. Au moyen de ces quotiens, on calculera à l'ordinaire les fractions convergentes vers $\frac{p}{q}$, et en désignant par $\frac{p^\circ}{q^\circ}$ celle qui précède immédiatement $\frac{p}{q}$, nous avons déjà vu (n° 9) qu'on peut faire à volonté $pq^\circ-p^\circ q=+1$, ou $pq^\circ-p^\circ q=-1$.

Cela posé, considérons les mêmes fractions consécutives $\frac{p^\circ}{q^\circ}$, $\frac{p}{q}$ comme appartenant au développement de x en fraction continue; soit z le quotient-complet qui répond à la dernière, il faudra donc qu'on ait $x=\frac{pz+p^\circ}{qz+q^\circ}$, ou $z=\frac{q^\circ x-p^\circ}{p-qx}$. Maintenant la supposition faite que $\frac{p^\circ}{q^\circ}$, $\frac{p}{q}$ sont deux fractions consécutives convergentes vers x, sera légitime, si la valeur de z qu'on vient de trouver est positive et plus grande que l'unité ; car telle est la condition à laquelle doivent être soumis tous les quotiens-complets qui résultent du développement d'une quantité quelconque en fraction continue. Il s'agit donc d'examiner si cette condition est remplie.

De l'équation précédente on tire $z+\frac{q^\circ}{q}=\frac{pq^\circ-p^\circ q}{q^2\left(\frac{p}{q}-x\right)}$, or en faisant toujours $A=\frac{1}{4}g^2-fh$, on a $x=\frac{-\frac{1}{2}g\pm\sqrt{A}}{f}$; substituant cette valeur à la place de x, et faisant passer le radical au numérateur, on aura

$$z+\frac{q^\circ}{q}=\frac{pq^\circ-p^\circ q}{2}\cdot\frac{2f\frac{p}{q}+g\mp2\sqrt{A}}{fp^2+gpq+hq^2}.$$

Dans cette équation, on peut prendre à volonté le signe de $\sqrt{A}$, parce qu'on est maître de prendre pour x l'une ou l'autre racine de l'équation $fx^2+gx+h=0$, et la valeur de z est différente dans les deux cas; en même temps, puisqu'on a $fp^2+gpq+hq^2=\pm H$, cette équation donnera

$$\frac{2fp}{q}+g=\pm2\sqrt{\left(A\pm\frac{fH}{qq}\right)};$$

par conséquent on aura

$$z+\frac{q^\circ}{q}=(pq^\circ-p^\circ q)\cdot\frac{\pm\sqrt{A}\pm\sqrt{\left(A\pm\frac{fH}{qq}\right)}}{\pm H}.$$

De ces diverses indéterminations de signes il n'y a que celle de $\pm\sqrt{A}$ qui soit arbitraire, car celle de H dépend de l'équation proposée, et celle de $\sqrt{\left(A\pm\frac{fH}{qq}\right)}$ est également fixée par la valeur de $\frac{2fp}{q}+g$. Mais comme il importe de considérer la valeur la plus grande de z, on prendra le signe de $\sqrt{A}$ pareil à celui de $\sqrt{\left(A\pm\frac{fH}{q^2}\right)}$, et alors le second membre de notre équation sera nécessairement de la forme

$$\pm(pq^\circ-p^\circ q)\cdot\frac{\sqrt{A}+\sqrt{\left(A\pm\frac{fH}{q^2}\right)}}{H}.$$

Enfin on pourra toujours supposer cette quantité positive, puisqu'on peut faire à volonté $pq^\circ-p^\circ q=+1$ ou -1 ; donc on aura dans tous les cas

$$z+\frac{q^\circ}{q}=\frac{\sqrt{A}+\sqrt{\left(A\pm\frac{fH}{qq}\right)}}{H}.$$

(85) Soit 1°. $fp^2+gpq+hq^2=+H$, et on aura

$$z+\frac{q^\circ}{q}=\frac{\sqrt{A}+\sqrt{\left(A+\frac{fH}{qq}\right)}}{H}.$$

Le second membre est plus grand que $\frac{2\sqrt{A}}{H}$, et par conséquent >2, puisqu'on a $H<\sqrt{A}$; d'ailleurs q° est $<q$; donc la valeur de z est positive et plus grande que l'unité. Donc la fraction donnée $\frac{p}{q}$, qui satisfait à l'équation $fp^2+gpq+hq^2=+H$, est toujours l'une des fractions convergentes vers une racine de l'équation $fx^2+gx+h=0$, et cette conclusion ne souffre aucune exception tant que le second membre H est positif.

(86) Soit 2°. $fp^2+gpq+hq^2=-H$, on aura

$$z+\frac{q^\circ}{q}=\frac{\sqrt{A}+\sqrt{\left(A-\frac{fH}{qq}\right)}}{H}.$$

Or on voit que dès que q^2 devient suffisamment grand par rapport à $\frac{fH}{A}$, (et il ne peut jamais être moindre) la valeur de $z+\frac{q^\circ}{q}$ est à très-peu près égale à $\frac{2\sqrt{A}}{H}$, de sorte qu'on aura $z=\frac{2\sqrt{A}}{H}-\frac{q^\circ}{q}$, quantité positive et plus grande que l'unité.

Au reste, sans négliger le terme $\frac{fH}{qq}$, il est facile d'assigner la limite de q, telle que z soit encore positive et plus grande que l'unité. Pour cela mettons z sous la forme

$$z=\frac{2\sqrt{A}}{H}-\left(\frac{1+q^\circ}{q}\right)+\frac{1}{q}-\frac{\sqrt{A}}{H}+\frac{1}{H}\sqrt{\left(A-\frac{fH}{qq}\right)}:$$

à cause de $\sqrt{A}>H$, $\frac{1+q^\circ}{q}<1$ ou tout au plus $=1$, il est clair que z sera positif et plus grand que l'unité, si la quantité $\sqrt{\left(A-\frac{fH}{qq}\right)}$ est plus grande que $\sqrt{A-\frac{H}{q}}$. Soit donc $\sqrt{\left(A-\frac{fH}{qq}\right)}>\sqrt{A-\frac{H}{q}}$; de là on tire, en quarrant et réduisant,

$$q>\frac{f+H}{2\sqrt{A}}.$$

Donc tant qu'on aura q au-dessus de cette limite, il est certain que la valeur de z sera toujours plus grande que l'unité; mais si on a $q<\frac{f+H}{2\sqrt{A}}$, on ne peut plus affirmer en général que z soit plus grande que l'unité.

(87) Quel que soit q, l'exception n'aura jamais lieu, lorsque f étant, comme nous le supposons, un nombre positif, h est un nombre négatif, car alors l'équation proposée aura la forme

$$fp^2+gpq-h'q^2=-H,$$

laquelle est la même que

$$h'q^2-gpq-fp^2=+H.$$

Cette équation étant ainsi ramenée au premier cas, il s'ensuit que $\frac{q}{p}$ est une fraction convergente vers une racine de l'équation $h'x^2-gx-f=0$; donc $\left(\text{en mettant } \frac{1}{x} \text{ à la place de } x\right)\frac{p}{q}$ sera une fraction convergente vers une racine de l'équation $fx^2+gx-h'=0$.

(88) Si on a à résoudre l'équation $fy^2+gyz+hz^2=-H$ dans laquelle f et h sont positifs, on pourra toujours (n° 58) transformer cette équation en une autre $ay'^2+by'z'-cz'^2=-H$ dans laquelle a et c seront positifs, et où l'on aura $bb+4ac=gg-4fh=4A$. Cette équation sera donc dans le cas du n° précédent, et si d'ailleurs on a $H<\sqrt{A}$, toutes ses solutions seront données par les fractions convergentes vers une racine de l'équation $ax^2+bx-c=0$.

On voit par là, que l'exception dont nous avons fait mention, et qui d'ailleurs n'a lieu que très-rarement et pour de très-petites valeurs de p et q, peut être entièrement évitée par les transformations déjà indiquées. Il est donc vrai de dire généralement, que lorsque H est $<\frac{1}{2}\sqrt{(gg-4fh)}$, toutes les solutions de l'équation

$$fy^2+gyz+hz^2=\pm H$$

sont données par les fractions convergentes vers une racine de l'équation $fx^2+gx+h=0$.

(89) Il ne sera pas inutile, au reste, d'apporter un exemple sujet à l'exception mentionnée, et qui nous fournira de nouvelles remarques. Soit pour cet effet l'équation

$$1801y^2-3991yz+2211z^2=-3,$$

dans laquelle on a $A=\frac{1}{4}g^2-fh=\frac{37}{4}$, $H=3$, et par conséquent $H<\sqrt{A}$; on satisfait à cette équation en faisant $y=31$ et $z=28$; cependant la fraction $\frac{31}{28}$ n'est point comprise parmi les fractions convergentes vers une racine de l'équation

$$1801x^2-3991x+2211=0.$$

En effet, le développement de la plus grande racine donne

$$\begin{array}{lll}
x=\dfrac{1995\frac{1}{2}+\frac{1}{2}\sqrt{37}}{1801}=1+ & \qquad & 1:0 \\[2ex]
\dfrac{-194\frac{1}{2}+\frac{1}{2}\sqrt{37}}{-21}=9+ & & 1:1 \\[2ex]
\dfrac{5\frac{1}{2}+\frac{1}{2}\sqrt{37}}{1}=8+ & & 10:9 \\[2ex]
\dfrac{2\frac{1}{2}+\frac{1}{2}\sqrt{37}}{3}=1+ & & 81:73 \\[1ex]
\text{etc.} & & \text{etc.}
\end{array}$$

et celui de la plus petite racine donne

$$\begin{array}{lll}
x=\dfrac{-1995\frac{1}{2}+\frac{1}{2}\sqrt{37}}{-1801}=1+ & \qquad & 1:0 \\[2ex]
\dfrac{194\frac{1}{2}+\frac{1}{2}\sqrt{37}}{21}=9+ & & 1:1 \\[2ex]
\dfrac{-5\frac{1}{2}+\frac{1}{2}\sqrt{37}}{-1}=2+ & & 10:9 \\[2ex]
\dfrac{3\frac{1}{2}+\frac{1}{2}\sqrt{37}}{3}=2+ & & 21:19 \\[2ex]
\dfrac{2\frac{1}{2}+\frac{1}{2}\sqrt{37}}{1}=5+ & & 52:47 \\[1ex]
\text{etc.} & & \text{etc.}
\end{array}$$

On ne trouve donc ni d'un côté ni de l'autre la fraction convergente $\frac{31}{28}$; c'est au reste ce qui s'accorde avec la formule de l'art. 86, car ici 28, qui est la valeur de q, est plus petit que $\dfrac{f+H}{2\sqrt{A}}$ qui est $\dfrac{1804}{\sqrt{37}}$.

Pour éviter cet inconvénient, et pour faire ensorte que la solution soit donnée par les fractions convergentes, il suffit de réduire la quantité $1801y^2 - 3991yz + 2211z^2$, si ce n'est à l'expression la plus simple, au moins à une forme où les termes extrêmes soient de signes contraires. C'est ce qu'on obtient immédiatement en faisant

$$y = 10y' - 51z'$$
$$z = 9y' - 46z';$$

car alors l'équation proposée se réduit à cette forme très-simple

$$y'y' + y'z' - 9z'z' = -3.$$

Développant donc une racine de l'équation $x^2 + x - 9 = 0$ en fraction continue, on aura

	$x = \frac{-\frac{1}{2} + \frac{1}{2}\sqrt{37}}{1} = 2 +$	1	:	0
*	$\frac{2\frac{1}{2} + \frac{1}{2}\sqrt{37}}{3} = 1 +$	2	:	1
	$\frac{\frac{1}{2} + \frac{1}{2}\sqrt{37}}{3} = 1 +$	3	:	1
	$\frac{2\frac{1}{2} + \frac{1}{2}\sqrt{37}}{1} = 5 +$	5	:	2
*	$\frac{2\frac{1}{2} + \frac{1}{2}\sqrt{37}}{3} = 1 +$	28	:	11
	etc.		etc.	

A l'inspection des quotiens-complets, on voit que la fraction convergente $\frac{2}{1}$ peut être prise pour $\frac{y'}{z'}$, car en faisant $y' = 2$, $z' = 1$, on a... $y'y' + y'z' - 9z'z' = -3$; de là résulte $y = -31$ et $z = -28$; c'est la solution qu'il s'agissait de trouver par les fractions convergentes.

Au reste, la solution générale de l'équation en y' et z' déduite du développement qu'on vient de faire, est comprise dans les formules suivantes :

1°. Si l'on fait $(6 + \sqrt{37})^{2k} = F + G\sqrt{37}$, on aura

$$y' = 2F \pm 16G$$
$$z' = F \pm 5G;$$

d'où résulte

$$y = -31F \mp 95G$$
$$z = -28F \mp 86G.$$

2°. Si l'on fait $(6+\sqrt{37})^{2k+1}=F'+G'\sqrt{37}$, on aura

$$y'=3F'\pm 15G'$$
$$z'=F'\pm 7G',$$

et il en résultera

$$y=-21F'\mp 207G'$$
$$z=-19F'\mp 187G'.$$

(90) Si on réfléchit maintenant sur le procédé que nous venons de suivre dans cet exemple, on verra qu'après avoir simplifié la forme de l'équation à résoudre, les solutions les plus simples ont dû se présenter les premières parmi les fractions convergentes; et de ces premières solutions on a conclu par les formules ordinaires la solution générale, qui n'est autre chose que l'expression des diverses fractions convergentes qui satisfont à la question, ces fractions étant prises successivement à la même place dans toutes les périodes. Or l'expression générale ainsi trouvée, par quelque moyen qu'on y soit parvenu, est une; elle serait la même au fond, quand pour la trouver on serait parti des valeurs particulières de p et q dans une autre période que la première. Pour nous faire mieux entendre, prenons l'équation $y^2-3z^2=1$, à laquelle on satisfait par les valeurs successives

$$\frac{y}{z}=\frac{2}{1},\ \frac{7}{4},\ \frac{26}{15},\ \frac{97}{56},\ \frac{362}{209},\ \text{etc.}$$

L'expression générale de ces valeurs, en partant de la première solution $\frac{2}{1}$, serait $y=F$, $z=G$, F et G étant déterminées par l'équation $(2+\sqrt{3})^n=F+G\sqrt{3}$. Mais on peut partir également de la valeur particulière $\frac{26}{15}$, et l'expression générale se tirerait de l'équation...... $y+z\sqrt{3}=(26+15\sqrt{3})(F\pm G\sqrt{3})$, laquelle donne

$$y=26F\pm 45G$$
$$z=15F\pm 26G.$$

Or cette expression contient non-seulement les nombres supérieurs à 26 et 15, mais tous les inférieurs qui peuvent satisfaire; et en effet, si on prend $F=2$, $G=1$, et qu'on emploie le signe inférieur, on aura $y=52-45=7$, et $z=30-26=4$, c'est la solution qui précède $\frac{26}{15}$; de même en faisant $n=2$, ou $F=7$, $G=4$, et prenant encore le signe inférieur, on aura

$$y = 182 - 180 = 2, \qquad z = 105 - 104 = 1.$$

Donc toutes les solutions, en grands ou en petits nombres, sont également comprises dans l'expression générale, quelles que soient les valeurs particulières qui ont servi à composer ces formules.

Cela posé, il n'est nécessaire, dans aucun cas, de transformer l'équation proposée $fy^2 + gyz + hz^2 = \pm H$, et on peut se borner à suivre la méthode ordinaire indiquée dans le paragraphe précédent : après avoir développé en fraction continue, conformément à cette méthode, une seule racine de l'équation $fx^2 + gx + h = 0$, et avoir continué le développement, jusqu'à ce que la première période de quotiens soit complète, la considération de cette première période suffit pour avoir l'expression générale des diverses fractions convergentes qui dans les périodes successives peuvent satisfaire à l'équation proposée. Et on peut être assuré que les formules ainsi trouvées contiennent absolument toutes les solutions, même celles qui, à cause de l'irrégularité de la fraction continue dans ses premiers termes, ne se trouvent point comprises parmi les premières fractions convergentes.

(91) Ainsi, pour résoudre l'équation $1801y^2 - 3991yz + 2211z^2 = -3$, on développera simplement une racine de l'équation $1801x^2 - 3991x + 2211 = 0$. Voici l'opération continuée jusqu'à ce que le retour du même quotient-complet manifeste l'étendue de la période :

$$x = \frac{1995\frac{1}{2} + \frac{1}{2}\sqrt{37}}{1801} = 1 + \qquad 1 : 0$$

$$\frac{-194\frac{1}{2} + \frac{1}{2}\sqrt{37}}{-21} = 9 + \qquad 1 : 1$$

$$\frac{5\frac{1}{2} + \frac{1}{2}\sqrt{37}}{1} = 8 + \qquad 10 : 9$$

$$\frac{2\frac{1}{2} + \frac{1}{2}\sqrt{37}}{3} = 1 + \qquad 81 : 73$$

$$\frac{\frac{1}{2} + \frac{1}{2}\sqrt{37}}{3} = 1 + \qquad 91 : 82$$

$$\frac{2\frac{1}{2} + \frac{1}{2}\sqrt{37}}{1} = 5 + \qquad 172 : 155$$

$$\frac{2\frac{1}{2} + \frac{1}{2}\sqrt{37}}{3} = 1 + \qquad 951 : 857$$

etc. etc.

On voit que la période qui se répète sans cesse est 1, 1, 5; et en appliquant les formules du paragraphe IX, on trouvera que la solution déduite de la fraction $\frac{81}{73}$ est, en supposant $(6+\sqrt{37})^{2k}=F+G\sqrt{37}$,

$$y=81F\mp465G$$
$$z=73F\mp419G,$$

et la solution déduite de la fraction $\frac{91}{82}$ sera, en supposant..... $(6+\sqrt{37})^{2k+1}=F'+G'\sqrt{37}$,

$$y=91F'\mp577G'$$
$$z=82F'\mp520G'.$$

Si dans cette dernière on fait $F'=6$ et $G'=1$, on aura, en prenant le signe supérieur, $y=-31$, $z=-28$.

Or il est facile de s'assurer que ces formules s'accordent avec celles qu'on a trouvées n° 89. Il suffit pour cela de mettre, au lieu de F' et G', leurs valeurs tirées de l'équation $F'+G'\sqrt{37}=(6\pm\sqrt{37})(F+G\sqrt{37})$, savoir $F'=6F\pm37G$, $G'=6G\pm F$.

§ XIII. *Réduction ultérieure des formules* $Ly^2+Myz+Nz^2$ *lorsque* M^2-4LN *est égal à un nombre positif.*

(92) Supposons d'abord que le coefficient M est pair, et soit la formule proposée $py^2+2qyz+rz^2$; nous avons vu (n° 54) que si q^2-pr est égal à un nombre positif A, cette formule peut toujours se réduire à la forme $ay^2+2byz-cz^2$ dans laquelle a et c sont tous deux positifs, non moindres que $2b$, et où l'on a $b^2+ac=A$. Nous nous proposons maintenant de réduire au plus petit nombre possible les diverses formules $ay^2+2byz-cz^2$ qui pour un nombre donné A satisfont aux conditions précédentes. Faisons voir d'abord comment on trouve ces formules.

Soit par exemple $A=79=b^2+ac$, on donnera à b les valeurs successives 0, 1, 2, 3, sans aller plus loin, parce que b doit être $<\sqrt{\frac{79}{5}}$. Chaque valeur de b en fera connaître une de $ac=79-b^2$, mais celle-ci ne peut être utile qu'autant qu'elle pourra se décomposer en deux facteurs qui ne soient pas moindres que $2b$. Voici le détail du calcul où l'on a supposé constamment $a<c$:

1°. $\begin{cases} b=0 \\ ac=79 \\ a>0 \end{cases}$ $a=1,\quad c=79$

2°. $\begin{cases} b=1 \\ ac=78 \\ a>2 \end{cases}$ $\begin{matrix} a=2, & c=39 \\ 3 & 26 \\ 6 & 13 \end{matrix}$

3°. $\begin{cases} b=2 \\ ac=75 \\ a>4 \end{cases}$ $a=5,\quad c=15$

4°. $\begin{cases} b=3 \\ ac=70 \\ a>6. \end{cases}$ $a=7,\quad c=10$

De là on voit que toute quantité indéterminée $py^2+2qyz+rz^2$, dans laquelle $q^2-pr=79$, doit se réduire à l'une des douze formes suivantes :

$$\begin{array}{ll} y^2-79z^2 & 79y^2-z^2 \\ 2y^2+2yz-39z^2 & 39y^2+2yz-2z^2 \\ 3y^2+2yz-26z^2 & 26y^2+2yz-3z^2 \\ 6y^2+2yz-13z^2 & 13y^2+2yz-6z^2 \\ 5y^2+4yz-15z^2 & 15y^2+4yz-5z^2 \\ 7y^2+6yz-10z^2 & 10y^2+6yz-7z^2. \end{array}$$

De ces douze formes il y en a six qui ne sont autre chose que les six autres prises avec des signes contraires, car d'ailleurs la forme.... $ay^2+2byz-cz^2$ ne diffère pas de $ay^2-2byz-cz^2$, puisqu'on peut prendre indifféremment z positif ou négatif.

(93) Il pourra arriver pour certaines valeurs de A, qu'une formule $ay^2+2byz-cz^2$ soit identique avec son inverse $cy^2+2byz-az^2$, et c'est ce qui a toujours lieu, si on peut satisfaire à l'équation....... $m^2-An^2=-1$. En effet, si l'on a $m^2-An^2=-1$, et qu'on fasse $ay^2+2byz-cz^2=Z=cz'^2+2by'z'-ay'^2$, ces deux valeurs de Z, l'une donnée, l'autre hypothétique, étant multipliées par a, on aura, après avoir fait pour abréger, $ay+bz=x$, $ay'+bz'=x'$,

$$aZ=x^2-Az^2$$
$$-aZ=x'^2-Az'^2,$$

d'où, à cause de $-1=m^2-An^2$, on tire

$$x'^2-Az'^2=(m^2-An^2)(x^2-Az^2).$$

Pour satisfaire à cette équation, on peut la décomposer en ces deux autres :

$$x'+z'\sqrt{A}=(m-n\sqrt{A})(x+z\sqrt{A})$$
$$x'-z'\sqrt{A}=(m+n\sqrt{A})(x-z\sqrt{A});$$

desquelles résultent

$$x'=mx-nAz$$
$$z'=mz-nx=(m-bn)z-any.$$

Donc en premier lieu z' est un entier; ensuite si à la place de x et x'

on met leurs valeurs $ay+bz$, $ay'+bz'$, on aura, après les réductions, $y'=(m+bn)y-cnz$. Donc y' est aussi un entier, et ainsi la formule $ay^2+2byz-cz^2$ est la même que son inverse $cz'^2+2by'z'-ay'^2$.

Lorsque A ne surpasse pas 139, l'inspection de la Table X fera voir si l'équation $m^2-An^2=-1$ est possible; elle le sera toujours (n° 43) lorsque A est un nombre premier $4k+1$, et en général il faut que tous les diviseurs premiers de A ou de $\frac{1}{2}A$ soient de la forme $4k+1$; mais cette condition n'est pas suffisante, puisqu'elle est remplie à l'égard de 34, 146, 205, etc., sans néanmoins que l'équation dont il s'agit soit possible.

(94) Cela posé, voici la méthode pour découvrir parmi toutes les formules qui résultent d'un même nombre A, celles qui sont identiques à une formule donnée $ay^2+2byz-cz^2$.

Si la formule $Z=ay^2+2byz-cz^2$ est identique à une autre formule $a'y'^2+2b'y'z'-c'z'^2$, il faudra que celle-ci résulte de la première par quelque transformation. Or la transformation la plus générale consiste à faire (n° 53)

$$y=py'+p^\circ z'$$
$$z=qy'+q^\circ z',$$

les nombres p, q, p°, q°, n'étant pas entièrement arbitraires (1), mais devant satisfaire à la condition $pq^\circ-p^\circ q=\pm 1$. Supposons donc que la substitution de ces valeurs donne $Z=a'y'^2+2b'y'z'-c'z'^2$, nous aurons

$$a'=ap^2+2bpq-cq^2$$
$$b'=app^\circ+b(pq^\circ+p^\circ q)-cqq^\circ$$
$$-c'=ap^{\circ 2}+2bp^\circ q^\circ-cq^{\circ 2}.$$

Maintenant si l'on veut que a' et $-c'$ soient réellement de différens signes, afin que la transformée soit semblable à la formule proposée, il faudra qu'une racine de l'équation $ax^2+2bx-c=0$ tombe entre les deux fractions $\frac{p^\circ}{q^\circ}$, $\frac{p}{q}$; d'ailleurs comme on a $b'b'+a'c'=bb+ac=A$, et qu'ainsi l'un des nombres a' et c' est nécessairement $<\sqrt{A}$, il faut que l'une au moins des deux fractions précédentes soit comprise parmi

(1) Les lettres p et q n'ont aucun rapport avec les coefficiens de la forme primitive que nous avions représentée par $py^2+2qyz+rz^2$.

les fractions convergentes vers la racine x (§ XII.). Soit $\frac{p}{q}$ cette fraction, et soit prise pour $\frac{p^\circ}{q^\circ}$ la fraction convergente qui précède $\frac{p}{q}$, alors les quatre nombres p, q, p°, q° seront déterminés par deux fractions successives résultantes du développement de la racine x en fraction continue. Mais j'observe qu'il n'est pas même nécessaire de calculer ces fractions pour avoir les transformées successives $a'y'^2 + 2b'y'z' - c'z'^2$. En effet, soit $\frac{\sqrt{A}+I}{D}$ le quotient-complet qui répond à la fraction convergente $\frac{p}{q}$, on aura, comme il a été trouvé ci-dessus (n° 59)

$$ap^2 + 2bpq - cq^2 = D(pq^\circ - p^\circ q)$$
$$app^\circ + b(pq^\circ + p^\circ q) - cqq^\circ = -I(pq^\circ - p^\circ q)$$
$$ap^{\circ 2} + 2bp^\circ q^\circ - cq^{\circ 2} = -D^\circ(pq^\circ - p^\circ q).$$

Donc la transformée Z sera simplement

$$Z = (pq^\circ - p^\circ q)(Dy'^2 - 2Iy'z' - D^\circ z'^2);$$

ainsi, de chaque quotient-complet on déduit immédiatement et sans calcul, la transformée correspondante. Il est inutile d'ajouter que le facteur $pq^\circ - p^\circ q$ aura pour valeur -1, dans la première transformée, $+1$ dans la seconde, et ainsi alternativement.

(95) Cherchons, par exemple, les transformées dont est susceptible la formule $Z = y^2 - 79z^2$; il faudra faire la même opération que pour changer en fraction continue une racine de l'équation $x^2 - 79 = 0$: voici cette opération et les transformées qui en résultent :

	Transformées.
$x = \sqrt{79} = 8 +$	
$\frac{\sqrt{79}+8}{15} = 1 +$	$-15yy + 16yz + zz$
$\frac{\sqrt{79}+7}{2} = 7 +$	$2yy - 14yz - 15zz$
$\frac{\sqrt{79}+7}{15} = 1 +$	$-15yy + 14yz + 2zz$
$\frac{\sqrt{79}+8}{1} = 16 +$	$yy - 16yz - 15zz$
$\frac{\sqrt{79}+8}{15} = 1 +$	etc.

Il est inutile de continuer l'opération plus loin, parce que le retour des mêmes quotiens ramènera les mêmes transformées. On voit donc que de la formule proposée $y^2 - 79z^2$ il ne résulte que quatre transformées, lesquelles se réduisent aux deux suivantes :

$$2y^2 - 14yz - 15z^2$$
$$y^2 + 16yz - 15z^2.$$

Si ensuite on ramène celles-ci à la forme ordinaire où $2b$ soit $< a$ et c; elles deviendront

$$2y^2 - 2yz - 39z^2$$
$$y^2 - 79z^2;$$

et comme l'une des deux n'est autre que la formule proposée, il n'y a véritablement que $2y^2 - 2yz - 39z^2$ qui en soit une transformée.

Pour réduire les autres formules trouvées (n° 92) dans le cas de $A = 79$, considérons une d'entre elles $3y^2 + 2yz - 26z^2$, et développons en fraction continue une racine de l'équation $3x^2 + 2x - 26 = 0$; nous trouverons les transformées suivantes :

	Transformées.
$x = \frac{-1+\sqrt{79}}{3} = 2 +$	
$\frac{\sqrt{79}+7}{10} = 1 +$	$-10y^2 + 14yz + 3z^2$
$\frac{\sqrt{79}+3}{7} = 1 +$	$7y^2 - 6yz - 10z^2$
$\frac{\sqrt{79}+4}{9} = 1 +$	$-9y^2 + 8yz + 7z^2$
$\frac{\sqrt{79}+5}{6} = 2 +$	$6y^2 - 10yz - 9z^2$
$\frac{\sqrt{79}+7}{5} = 3 +$	$-5y^2 + 14yz + 6z^2$
$\frac{\sqrt{79}+8}{3} = 5 +$	$3y^2 - 16yz - 5z^2$
$\frac{\sqrt{79}+7}{10} =$ etc.	etc.

Ces six transformées réduites à la forme ordinaire, seront

$$3y^2 + 2yz - 26z^2$$
$$7y^2 - 6yz - 10z^2$$
$$7y^2 - 6yz - 10z^2$$
$$6y^2 + 2yz - 13z^2$$
$$-5y^2 + 4yz + 15z^2$$
$$3y^2 + 2yz - 26z^2.$$

De là il résulte que les douze formes trouvées ci-dessus pour la quantité indéterminée $py^2 + 2qyz + rz^2$, lorsque $q^2 - pr = 79$, se réduisent aux quatre suivantes :

$$y^2 - 79z^2 \qquad\qquad 79y^2 - z^2.$$
$$3y^2 + 2yz - 26z^2 \qquad\qquad 26y^2 - 2yz - 3z^2.$$

Donc toute équation de la forme $py^2 + 2qyz + rz^2 = \pm H$, dans laquelle $q^2 - pr = 79$, pourra toujours être ramenée à l'une des deux équations

$$y^2 - 79z^2 = \pm H$$
$$3y^2 + 2yz - 26z^2 = \pm H.$$

(96) C'est d'après ces principes que nous avons construit la Table I, où l'on trouve pour chaque nombre non quarré A depuis 2 jusqu'à 136, les diverses formes principales auxquelles peuvent toujours se réduire les formules indéterminées $Ly^2 + 2Myz + Nz^2$, dans lesquelles.... $M^2 - LN = A$. Les signes $\pm$ qui affectent la plupart des formules, indiquent deux formes également possibles, mais qui s'excluent mutuellement. Lorsque les formules ne sont pas précédées d'un signe ambigu, elles ont lieu telles qu'elles sont indiquées, mais elles auraient également lieu avec des signes contraires.

On trouve, par exemple, à côté de 93 la formule réduite $\pm(y^2 - 93z^2)$; cela signifie que toute formule proposée $py^2 + 2qyz + rz^2$, dans laquelle $q^2 - pr = 93$, se réduira toujours à la forme $y'^2 - 93z'^2$, ou à la forme $93z'^2 - y'^2$, mais jamais aux deux à-la-fois.

Au contraire, vis-à-vis de 97 on trouve la formule $y^2 - 97z^2$ sans ambiguité; cela signifie que toute formule $py^2 + 2qyz + rz^2$, dans laquelle $q^2 - pr = 97$, se réduira toujours à la forme $y'^2 - 97z'^2$. Mais elle se réduirait aussi, si on voulait, à la forme $97z'^2 - y'^2$, parce que dans ce cas l'équation $m^2 - 97n^2 = -1$ est possible.

(97) Considérons maintenant la formule indéterminée $Ly^2 + Myz + Nz^2$, dans laquelle M est impair, et où la quantité $M^2 - 4LN$ est égale à un nombre positif B. Cette formule peut toujours être réduite à la forme $ay^2 + byz - cz^2$, où l'on aura à-la-fois a et c positifs, $b < a$ et c, et $b^2 + 4ac = B$. Au moyen du seul nombre B, supposé connu, il est facile de trouver toutes les formules $ay^2 + byz - cz^2$ qui satisfont aux conditions précédentes; mais ensuite il s'agit de réduire ces formules au

moindre nombre possible, en supprimant celles qui sont inutiles ou comprises dans les autres.

Pour cela, considérons l'une de ces formules $ay^2+byz-cz^2$, ou plutôt son double $2ay^2+2byz-2cz^2$; et alors le coefficient du terme moyen étant pair, on pourra procéder, par la méthode précédente, à la recherche de ses transformées successives. Il faudra à cet effet développer en fraction continue une racine de l'équation $2ax^2+2bx-2c=0$, cette racine étant $x=\frac{-b+\sqrt{B}}{2a}$. Les transformées seront également de la forme $2a'y^2+2b'yz-2c'z^2$, laquelle résultera toujours de l'expression

$$(pq^\circ-p^\circ q)(Dy^2-2Iyz-D^\circ z^2),$$

et le multiplicateur 2 commun aux unes et aux autres, n'empêchera pas de reconnaître avec une égale facilité les formes identiques.

Il n'y a donc véritablement aucune différence essentielle dans la manière de traiter le cas de M pair et celui de M impair. Mais les résultats de ce dernier cas doivent être consignés dans une Table particulière qui offrira pour chaque nombre B de la forme $4n+1$, les formes essentiellement différentes auxquelles se rapportent toutes les formules indéterminées $Ly^2+Myz+Nz^2$, dans lesquelles M est impair et.... $M^2-4LN=B$.

(98) Pour donner un exemple du calcul de cette Table, soit $B=181$. Nous chercherons d'abord les diverses valeurs de a, b, c qui satisfont à l'équation $b^2+4ac=181$, et comme en vertu des autres conditions le nombre impair b doit être $<\sqrt{\frac{181}{5}}$, on fera successivement $b=1$, 3, 5; ce qui donnera, en supposant $a<c$,

1°. $\begin{cases} b=1 \\ ac=45 \\ a>1 \end{cases}$ $\quad a=1,\ 3,\ 5 \qquad c=45,\ 15,\ 9$

2°. $\begin{cases} b=3 \\ ac=43 : \text{non décomposable.} \\ a>3 \end{cases}$

3°. $\begin{cases} b=5 \\ ac=39 : \text{non décomposable en facteurs} >5. \\ a>5. \end{cases}$

Donc toutes les formules indéterminées $Ly^2+Myz+Nz^2$, dans lesquelles

$M^2 - 4LN = 181$, peuvent se réduire à l'une de ces six formes :

$$\pm(y^2 + yz - 45z^2)$$
$$\pm(3y^2 + yz - 15z^2)$$
$$\pm(5y^2 + yz - 9z^2).$$

D'ailleurs puisque 181 est un nombre premier $4n+1$, l'équation... $m^2 - 181n^2 = -1$ est possible (n° 43) ; ainsi les six formes précédentes se réduisent à trois, en ôtant le signe ambigu. Il ne reste donc plus qu'à examiner si ces trois formes peuvent se réduire à un moindre nombre.

Pour cela, je cherche les transformées de la formule $2y^2 + 2yz - 90z^2$, ce qui se fera en développant une racine de l'équation fictive... $2x^2 + 2x - 90 = 0$ par le calcul suivant :

	Transformées.
$x = \frac{-1+\sqrt{181}}{2} = 6+$	
$\frac{13+\sqrt{181}}{6} = 4+$	$-6y^2 + 26yz + 2z^2$
$\frac{11+\sqrt{181}}{10} = 2+$	$10y^2 + 22yz - 6z^2$
$\frac{9+\sqrt{181}}{10} = 2+$	$-10y^2 + 18yz + 10z^2$
$\frac{11+\sqrt{181}}{6} = 4+$	$6y^2 + 22yz - 10z^2$
$\frac{13+\sqrt{181}}{2} = 13+$	$-2y^2 + 26yz + 6z^2$
$\frac{13+\sqrt{181}}{6} = 4+$	$6y^2 + 26yz - 2z^2$
etc.	etc.

Il faut ensuite prendre les moitiés de ces transformées, et les réduire à la forme ordinaire, en diminuant le coefficient : or j'observe que cela peut se faire de deux manières, tant que le coefficient moyen est plus grand que chacun des extrêmes. Par exemple, dans la première transformée $-3y^2 + 13yz + z^2$, on peut substituer $y - 2z$ à la place de y, ce qui donne $-3y^2 + yz + 15z^2$, ou bien on peut mettre $z - 6y$ à la place de z, ce qui donnera $z^2 + yz - 45y^2$. Traitant ainsi les deux premières transformées, et observant que par la nature du nombre 181, il est permis de changer tous les signes de chaque résultat, on trouve qu'elles comprennent à elles seules les trois formes

$$y^2 + yz - 45z^2$$
$$3y^2 - yz - 15z^2$$
$$5y^2 + yz - 9z^2.$$

Donc il est inutile d'avoir égard aux autres transformées, et on a acquis la certitude que la seule forme $y^2+yz-45z^2$ renferme toutes les autres. Donc toute équation indéterminée $Ly^2+Myz+Nz^2=\pm H$, dans laquelle $M^2-4LN=181$, pourra toujours se réduire à la forme... $y^2+yz-45z^2=H$.

(99) La Table II offre les réductions de ce genre pour tous les nombres B de forme $4n+1$, depuis 5 jusqu'à 305. Cette Table, indépendamment de ses autres usages, pourra faciliter beaucoup la résolution des équations de la forme précédente, dans lesquelles B ne surpasse pas 305.

Il ne sera peut-être pas inutile de montrer, par un exemple, comment ces réductions s'effectuent dans les cas particuliers.

Soit proposée l'équation $333y^2-719yz+388z^2=H$; pour avoir par une opération uniforme la transformée du premier membre, je développe en fraction continue une racine de l'équation $333x^2-719x+388=0$, et je calcule en même temps les fractions convergentes qui en résultent. Voici le détail de l'opération qu'il suffit de continuer jusqu'à ce que les quotiens-complets cessent d'être irréguliers; mais on l'a prolongée pendant une période entière, parce que cette période n'est composée que de trois termes:

	$x=\dfrac{719+\sqrt{145}}{666}=1+$	$1 : 0$
	$\dfrac{-53+\sqrt{145}}{-4}=10+$	$1 : 1$
	$\dfrac{13+\sqrt{145}}{6}=4+$	$11 : 10$
*	$\dfrac{11+\sqrt{145}}{4}=5+$	$45 : 41$
	$\dfrac{9+\sqrt{145}}{16}=1+$	etc.
	$\dfrac{7+\sqrt{145}}{6}=3+$	
*	$\dfrac{11+\sqrt{145}}{4}=5+$	

De là, et des articles 94 et 97, on conclut que si l'on fait

$$y=45y'+11z'$$
$$z=41y'+10z',$$

on aura pour transformée du premier membre:

$$-(2y'y' - 11y'z' - 3z'z').$$

Cette transformée $-2y'y' + 11y'z' + 3z'z'$ n'est pas encore réduite à la forme convenable, et pour faire ensorte que le coefficient moyen ne soit pas plus grand que les extrêmes, il faut prendre $y' = u' + 3z'$, ce qui donnera $-2u'^2 - u'z' + 18z'^2$; donc il faut faire

$$y = 45u' + 146z'$$
$$z = 41u' + 133z',$$

et la transformée de l'équation proposée, réduite à la forme la plus simple, sera

$$2u'u' + u'z' - 18z'^2 = -H.$$

§ XIV. *Développement en fraction continue des racines des équations d'un degré quelconque.*

(100) Soit proposé de développer en fraction continue une racine réelle de l'équation

$$ax^n + bx^{n-1} + cx^{n-2} + \ldots\ldots + k = 0,$$

dont les coefficiens sont des nombres entiers positifs ou négatifs. D'abord on peut supposer que cette équation n'est divisible par aucun facteur rationnel, car autrement on pourrait supprimer le facteur étranger à la racine qu'on veut développer, et l'opération en deviendrait beaucoup plus simple : par la même raison, l'équation proposée ne pourra avoir des racines égales; car si elle en avait, elle serait divisible par un facteur rationnel qu'on trouverait aisément par les méthodes connues.

Cela posé, la racine dont il s'agit, étant choisie entre toutes les autres, sera connue à moins d'une unité près. Soit α le plus petit des deux entiers prochains entre lesquels elle est contenue, on fera, si x est positif, $x = \alpha + \frac{1}{x'}$, ou s'il est négatif, $x = -\alpha - \frac{1}{x'}$, et on sera sûr que la valeur de x' est positive et plus grande que l'unité. Substituant cette valeur dans l'équation proposée, on aura la transformée

$$a'x'^n + b'x'^{n-1} + c'x'^{n-2} \ldots\ldots + k' = 0,$$

qui servira à déterminer x'. Or on sait déjà que la valeur de x' dont on a besoin, est positive et plus grande que l'unité ; il peut même y avoir plusieurs valeurs de x' qui remplissent ces deux conditions, parce qu'il peut y avoir plusieurs racines de l'équation proposée qui, sans être égales, soient comprises entre α et $\alpha + 1$. On essaiera donc pour x' les nombres successifs 1, 2, 3, etc. jusqu'à ce que, par les caractères connus, on trouve les nombres entiers les plus proches entre lesquels tombe la valeur de x'. Soit β le plus petit des deux, on fera $x' = \beta + \frac{1}{x''}$, et en substituant cette valeur, on aura, pour déterminer

x'', une nouvelle transformée

$$a''x''^n + b''x''^{n-1} + \ldots + k'' = 0,$$

qu'on traitera comme la précédente. En continuant ainsi aussi loin qu'on voudra, il est clair que la valeur de x sera exprimée par cette fraction continue

$$x = \alpha + \frac{1}{\beta + \frac{1}{\gamma + \text{etc.}}}$$

Et au moyen de ces quotiens connus, on calculera à l'ordinaire les fractions convergentes vers x.

(101) Soient $\frac{p^\circ}{q^\circ}$, $\frac{p}{q}$, deux de ces fractions consécutives et z le quotient-complet qui répond à la dernière, on aura, par la propriété connue, $x = \frac{pz + p^\circ}{qz + q^\circ}$; donc on peut trouver directement une transformée quelconque, en substituant cette valeur au lieu de x dans l'équation proposée. Soit cette transformée

$$Az^n + Bz^{n-1} + Cz^{n-2} \ldots + K = 0,$$

et on aura par conséquent

$$A = ap^n + bp^{n-1}q + cp^{n-2}q^2 \ldots + kq^n$$
$$K = ap^{\circ n} + bp^{\circ n-1}q^\circ + cp^{\circ n-2}q^{\circ 2} \ldots + kq^{\circ n},$$

de sorte que suivant nos notations ordinaires, on aurait en général $K = A^\circ$, ou $K' = A$. Mais il est beaucoup plus simple de déduire successivement chaque transformée de la transformée précédente, comme on l'a déjà expliqué. Pour rendre à cet égard le calcul aussi simple qu'il est possible, observons qu'en faisant $z = \mu + \frac{1}{z'}$, l'équation précédente en z devenant

$$A'z'^n + B'z'^{n-1} + C'z'^{n-2} \ldots + K' = 0,$$

on aurait

$$\begin{aligned}
A' &= A\mu^n + B\mu^{n-1} + C\mu^{n-2} \ldots + K \\
B' &= nA\mu^{n-1} + (n-1)B\mu^{n-2} + (n-2)C\mu^{n-3} + \text{etc.} \\
C' &= \frac{n.n-1}{2}A\mu^{n-2} + \frac{n-1.n-2}{2}B\mu^{n-3} + \text{etc.} \\
&\vdots \\
K' &= A.
\end{aligned}$$

Donc si la fonction $Az^n + Bz^{n-1} + Cz^{n-2} \ldots + K$ est désignée par $\varphi : z$ ou φ, et qu'on forme successivement par la différentiation les quantités φ, $\frac{d\varphi}{dz}$, $\frac{dd\varphi}{2dz^2}$, $\frac{d^3\varphi}{2.3dz^3}$, etc., qu'ensuite on substitue au lieu de z sa valeur approchée μ, ces quantités deviendront respectivement les valeurs des coefficiens A', B', C', etc. de la transformée suivante.

Telle est la méthode que Lagrange a le premier proposée pour le développement des racines des équations en fraction continue; mais cette méthode serait d'une longueur rebutante dans la pratique, si le même auteur n'eût indiqué un moyen fort simple de continuer sans tâtonnement la suite des entiers α, β, γ, δ, etc. lorsque quelques-uns des premiers termes sont déjà connus. Voici en quoi consiste ce perfectionnement.

(102) La formule $x = \frac{pz + p^\circ}{qz + q^\circ}$, donne $z = \frac{q^\circ x - p^\circ}{p - qx}$, ou

$$z + \frac{q^\circ}{q} = \frac{pq^\circ - p^\circ q}{q(p - qx)}.$$

x désignant toujours la racine qu'on veut développer, soient x_1, x_2, x_3, etc. les autres racines de la proposée, et soient z_1, z_2, z_3, etc. les valeurs correspondantes de z; alors, outre l'équation précédente, on aura les $n-1$ équations qui suivent:

$$z_1 + \frac{q^\circ}{q} = \frac{pq^\circ - p^\circ q}{q(p - qx_1)}$$

$$z_2 + \frac{q^\circ}{q} = \frac{pq^\circ - p^\circ q}{q(p - qx_2)}$$

$$z_3 + \frac{q^\circ}{q} = \frac{pq^\circ - p^\circ q}{q(p - qx_3)}$$

etc.

Ajoutons toutes ces équations, et observons que l'équation en z étant $Az^n + Bz^{n-1} + \text{etc.} = 0$, on a $z + z_1 + z_2 + z_3 + \text{etc.} = -\frac{B}{A}$, la somme sera

$$-z - \frac{B}{A} + (n-1)\frac{q^\circ}{q} = (pq^\circ - p^\circ q)\frac{\Delta}{q^2} = \pm\frac{\Delta}{q^2},$$

où l'on a fait pour abréger:

$$\Delta = \frac{1}{\frac{p}{q} - x_1} + \frac{1}{\frac{p}{q} - x_2} + \frac{1}{\frac{p}{q} - x_3} + \text{etc.}$$

Maintenant si la quantité $\frac{\Delta}{q^2}$ est assez petite pour pouvoir être négligée, il est clair que la valeur de z sera donnée d'une manière directe et exempte de tâtonnement, par la formule

$$z=(n-1)\frac{q^\circ}{q}-\frac{B}{A}.$$

Il faudra donc prendre pour μ l'entier le plus grand, contenu dans cette valeur, et cet entier μ sera le quotient qui répond à la fraction convergente $\frac{p}{q}$. Au moyen de ce quotient on calculera la fraction suivante $\frac{p'}{q'}$, et la transformée suivante en z'; de sorte que l'opération pourra être continuée aussi loin qu'on voudra sans aucun tâtonnement.

(103) La quantité Δ varie suivant les différentes fractions $\frac{p}{q}$ auxquelles elle se rapporte ; elle ne peut devenir infinie, parce qu'il faudrait pour cela qu'un dénominateur tel que $\frac{p}{q}-x_1$, fût zéro, et par conséquent que l'équation proposée eût un diviseur rationnel $p-qx$, ce qui est contre la supposition.

Néanmoins cette quantité Δ pourra quelquefois être un nombre assez considérable, et cela aura lieu, s'il y a peu de différence entre la racine x et une ou plusieurs des autres racines x_1, x_2, etc. Au reste, comme les fractions convergentes $\frac{p}{q}$ approchent rapidement de la valeur de x, il est clair que les quantités Δ s'approcheront non moins rapidement de la limite

$$T=\frac{1}{x-x_1}+\frac{1}{x-x_2}+\frac{1}{x-x_3}+\text{etc.}$$

Donc si on continue par la première méthode, le calcul des termes de la fraction continue et celui des fractions convergentes, jusqu'à ce que $\frac{T}{q^2}$ soit plus petit qu'une fraction déterminée $\frac{1}{m}$, ou qu'on ait $q>\sqrt{Tm}$ (T étant pris positivement), il est clair que la valeur de z trouvée ci-dessus, savoir :

$$z=(n-1)\frac{q^\circ}{q}-\frac{B}{A},$$

ne sera en erreur que d'une quantité moindre que $\frac{1}{m}$. Donc une connaissance assez imparfaite des racines de l'équation proposée, et seulement de celles qui sont très-peu différentes de la racine qu'on développe, suffit pour déterminer la limite après laquelle on peut continuer l'opération sans aucun tâtonnement, par le moyen de la formule précédente.

Parmi ces racines peu différentes de la racine donnée, il faut comprendre même les racines imaginaires; car *analytiquement parlant*, une racine $\alpha + \beta\sqrt{-1}$, dans laquelle $\frac{\beta}{\alpha}$ est très-petit, est censée peu différente de α. Si donc on a une racine imaginaire $x_1 = \alpha + \beta\sqrt{-1}$, et par conséquent une autre $x_2 = \alpha - \beta\sqrt{-1}$, il résultera de ces deux racines substituées dans la valeur de T les deux termes

$$\frac{1}{x - \alpha - \beta\sqrt{-1}} + \frac{1}{x - \alpha + \beta\sqrt{-1}};$$

lesquels se réduisent à la quantité réelle $\frac{2(x-\alpha)}{(x-\alpha)^2 + \beta^2}$. Cette quantité ne peut excéder son *maximum* $\frac{1}{\beta}$, cependant elle peut être encore assez grande lorsque β est très-petit, ainsi que $x - \alpha$.

Si la différence de la racine x avec chacune des autres racines (différence qui se convertit en somme lorsque les deux racines sont de signes contraires) est plus grande que l'unité, alors il est clair que T sera moindre que $n - 1$, et la limite de q sera $q > \sqrt{(n-1)m}$, valeur, comme on voit, assez petite; de sorte qu'on pourra employer la formule presque dès le commencement de l'opération, et alors il n'y aura presqu'aucun tâtonnement.

Si au contraire la racine x diffère très-peu d'une ou de plusieurs racines réelles ou imaginaires de l'équation proposée, alors la première méthode doit être employée dans un certain nombre de termes; mais on ne tardera pas à atteindre la limite $q > \sqrt{Tm}$, après quoi l'opération se continuera sans le moindre tâtonnement. Au reste, on peut observer que s'il y a réellement deux ou plusieurs racines peu différentes entre elles, l'équation

$$nax^{n-1} + (n-1)bx^{n-2} + (n-2)cx^{n-3} + \text{etc.} = 0$$

qui est vraie lorsqu'il y a des racines égales, aura lieu d'une manière approchée lorsqu'il y a des racines peu inégales, ce qui pourra aider à trouver les premières figures de ces racines.

(104) Lorsque l'opération du développement est avancée jusqu'à un

certain point, et que les dénominateurs q des fractions convergentes commencent à être un peu grands, la formule $z=(n-1)\frac{q^\circ}{q}-\frac{B}{A}$ donne non-seulement le quotient μ correspondant à la fraction $\frac{p}{q}$; mais en développant cette valeur de z en fraction continue, les quotiens qu'on obtient de ce développement peuvent être employés à la suite des quotiens déjà trouvés, et sont exacts jusqu'à une limite que nous allons déterminer.

La valeur exacte de z étant

$$z=(n-1)\frac{q^\circ}{q}-\frac{B}{A}\pm\frac{\Delta}{q^2},$$

le terme négligé $\frac{\Delta}{q^2}$ occasionne dans x une erreur qui sera donnée par l'équation rigoureuse $p-qx=\frac{\pm 1}{qz+q^\circ}$, en mettant $z\pm\frac{\Delta}{q^2}$ à la place de z, et $x+\delta x$ à la place de x. De cette manière, on trouve

$$\delta x=\frac{\Delta}{q^2(qz+q^\circ)^2}.$$

Soient donc $\mu, \mu', \mu'', \ldots \omega$ les quotiens qui résultent du développement de la quantité $(n-1)\frac{q^\circ}{q}-\frac{B}{A}$, et supposons qu'en continuant par le moyen de ces quotiens le calcul des fractions convergentes vers x, on parvienne à la fraction $\frac{P}{Q}$, cette dernière sera encore (n° 9) une fraction convergente, si l'on a $\frac{P}{Q}-x<\frac{1}{2Q^2}$; donc tant qu'on aura $\frac{1}{Q^2}>\frac{2\Delta}{q^2(qz+q^\circ)^2}$, ou à peu près $Q<\frac{q^2\mu}{\sqrt{2T}}$, la fraction $\frac{P}{Q}$ sera encore l'une des fractions convergentes vers x. D'où il suit qu'à partir de la fraction convergente $\frac{p}{q}$, la valeur de z correspondante, développée en fraction continue, fournit les quotiens nécessaires pour prolonger les fractions convergentes vers x, jusqu'à ce qu'elles aient environ deux fois autant de chiffres que celle d'où l'on est parti.

Exemple I.

(105) Soit proposée l'équation $x^3-x^2-2x+1=0$, dont on sait que les racines sont $x=2\cos\frac{1}{7}\pi$, $x=-2\cos\frac{2}{7}\pi$, $x=2\cos\frac{3}{7}\pi$, π étant

la demi-circonférence dont le rayon est 1. On aura donc à peu près $x = 1, 802$; $x = -1, 247$; $x = 0, 445$. Pour développer d'abord la première racine, on observera que les différences de cette racine avec les deux autres étant $x - x1 = 3,049$, $x - x2 = 1, 357$, on a la limite $T = \frac{1}{3,049} + \frac{1}{1,357} = 1$ à peu près ; ainsi la formule qui donne la valeur de z sera exacte à moins de $\frac{1}{10}$ lorsqu'on aura $q > \sqrt{10}$ ou $q > 3$, et à moins de $\frac{1}{100}$ lorsqu'on aura $q > 10$. Il n'y aura donc dans ce cas aucun tâtonnement. Voici au reste les détails de l'opération.

La valeur de x qu'on veut développer étant comprise entre 1 et 2, je fais $x = 1 + \frac{1}{z}$, et j'ai la transformée

$$-z^3 - z^2 + 2z + 1 = 0.$$

Dans celle-ci il est aisé de voir que la valeur positive de z est encore comprise entre 1 et 2, ainsi on fera $z = 1 + \frac{1}{z'}$, ou simplement on mettra $1 + \frac{1}{z}$ à la place de z; car il est inutile de distinguer par des accens les inconnues des transformées successives, et on sait bien qu'elles doivent être differentes. La transformée sera donc

$$z^3 - 3z^2 - 4z - 1 = 0.$$

Dans cette dernière, la valeur de z est comprise entre 4 et 5, de sorte qu'il faut mettre $4 + \frac{1}{z}$ à la place de z. Mais pour faire cette substitution suivant la méthode qui a été indiquée (n° 101), je forme successivement les quantités

$$\varphi = z^3 - 3z^2 - 4z - 1$$

$$\frac{d\varphi}{dz} = 3z^2 - 6z - 4$$

$$\frac{dd\varphi}{2dz^2} = 3z - 3$$

$$\frac{d^3\varphi}{2.3dz^3} = 1.$$

Je substitue ensuite dans ces quantités la valeur $z = 4$, et j'ai les quatre nombres -1, 20, 9, 1, d'où résulte la transformée suivante :

$$-z^3 + 20z^2 + 9z + 1 = 0.$$

Maintenant l'opération est plus avancée qu'il ne faut pour être continuée sans tâtonnement; et d'abord au moyen des quotiens trouvés 1, 1, 4, je forme les fractions convergentes comme il suit :

Quotiens......	1,	1,	4		
Fract. converg.	$\frac{1}{0}$,	$\frac{1}{1}$,	$\frac{2}{1}$,	$\frac{9}{5}$,	

et la quantité z déterminée par la dernière transformée sera le quotient-complet qui répond à la fraction $\frac{9}{5}$. Mais en vertu de la formule $z = \frac{2q^\circ}{q} - \frac{B}{A}$, on a $z = \frac{2}{5} + 20$, donc 20 est l'entier compris dans z. Au moyen de ce nouveau quotient 20, on avancera d'un terme le calcul des fractions convergentes, savoir :

$$\begin{array}{ccccc} 1, & 1, & 4, & 20 & \\ \frac{1}{0}, & \frac{1}{1}, & \frac{2}{1}, & \frac{9}{5}, & \frac{182}{101}. \end{array}$$

Et pour avoir la transformée suivante, on formera les quatre quantités

$$\varphi = -z^3 + 20z^2 + 9z + 1$$

$$\frac{d\varphi}{dz} = -3z^2 + 40z + 9$$

$$\frac{dd\varphi}{2dz^2} = -3z + 20$$

$$\frac{d^3\varphi}{2.3dz^3} = -1,$$

on y substituera la valeur $z = 20$, ce qui donnera les quatre nombres 181, -391, -40, -1; partant, la nouvelle transformée sera

$$181z^3 - 391z^2 - 40z - 1 = 0.$$

La valeur approchée de z dans cette transformée sera, suivant la formule, $z = \frac{10}{101} + \frac{391}{181} = 2+$, de sorte que 2 est le quotient suivant. En procédant ainsi, on trouvera les résultats exposés dans le tableau suivant :

Développement de la racine comprise entre 1 *et* 2.

Équation proposée, et ses transformées successives.	Entier de la racine.	Fractions convergentes.
$x^3 - x^2 - 2x + 1 = 0$	1	1 : 0
$-z^3 - z^2 + 2z + 1 = 0$	1	1 : 1
$z^3 - 3z^2 - 4z - 1 = 0$	4	2 : 1
$-z^3 + 20z^2 + 9z + 1 = 0$	20	9 : 5
$181z^3 - 391z^2 - 40z - 1 = 0$	2	182 : 101
$-197z^3 + 568z^2 + 695z + 181 = 0$	3	373 : 207
$2059z^3 - 1216z^2 - 1205z - 197 = 0$	1	1301 : 722
$-559z^3 + 2540z^2 + 4961z + 2059 = 0$	6	1674 : 929
$2521z^3 - 24931z^2 - 7522z - 559 = 0$	10	11345 : 6296
$-47879z^3 + 250158z^2 + 50699z + 2521 = 0$		115124 : 63889
etc.		etc.

La dernière transformée a pour racine approchée

$$z = \frac{12592}{63889} + \frac{250158}{47879};$$

quantité qui étant réduite en une seule fraction, et développée en fraction continue, donne les quotiens 5, 2, 2, 1, 2, 2, 1, 18, 1, 1, 3, etc. On pourra donc, au moyen de ces quotiens mis à la suite des quotiens déjà trouvés, continuer le calcul des fractions convergentes, jusqu'à ce que leurs termes aient 11 ou 12 chiffres. Par des opérations semblables, on développera les deux autres racines, comme on le voit dans les deux tableaux suivans :

Développement de la racine comprise entre 0 *et* 1.

Équation proposée et ses transformées.	Entier de la racine.	Fractions convergentes.
$x^3 - x^2 - 2x + 1 = 0$	0	1 : 0
$z^3 - 2z^2 - z + 1 = 0$	2	0 : 1
$-z^3 + 3z^2 + 4z + 1 = 0$	4	1 : 2
$z^3 - 20z^2 - 9z - 1 = 0$	20	4 : 9
	2	81 : 182
Suivent les mêmes transformées, et par conséquent les mêmes quotiens que dans le développement de la première racine.	3	166 : 373
	1	579 : 1301
	6	745 : 1674
	10	5049 : 11345
	5	51235 : 115124
	2	261224 : 586965
	etc.	etc.

Développement de la racine comprise entre — 1 *et* — 2.

$x^3 - x^2 - 2x + 1 = 0$	-1	$-1 : 0$
$z^3 - 3z^2 - 4z - 1 = 0$	4	$-1 : 1$
$-z^3 + 20z^2 + 9z + 1 = 0$	20	$-5 : 4$
	2	$-101 : 81$
Suivent encore les mêmes transformées et les mêmes quotiens qu'on a trouvés dans le développement de la première racine.	3	$-207 : 166$
	1	$-722 : 579$
	6	$-929 : 745$
	10	$-6296 : 5049$
	5	$-63889 : 51235$
	etc.	etc.

Dans cet exemple, il est très-remarquable qu'on trouve un rapport entre les trois racines, au moyen duquel le développement de la première racine suffit pour donner celui des deux autres. Ce rapport est tel, que si on appelle θ une même racine de l'équation $z^3 - 3z^2 - 4z - 1 = 0$, celle par exemple qui est entre 4 et 5, les trois racines de la proposée seront :

$$x = 1 + \frac{1}{1+\frac{1}{\beta}} = \frac{2\beta+1}{1+\beta}$$

$$x_1 = \frac{1}{2+\frac{1}{\beta}} = \frac{\beta}{2\beta+1}$$

$$x_2 = -1 - \frac{1}{\beta} = -\left(\frac{1+\beta}{\beta}\right);$$

ou si on appelle α la première valeur de x, les deux autres seront :

$$x_1 = \frac{1}{1+\frac{1}{\alpha-1}} = \frac{\alpha-1}{\alpha}$$

$$x_2 = -\frac{1}{\alpha-1}.$$

Ces propriétés se vérifieraient aisément par les formules des sinus, puisqu'on a $x = 2\cos\frac{1}{7}\pi$, $x_1 = 2\cos\frac{3}{7}\pi$, $x_2 = 2\cos\frac{5}{7}\pi = -2\cos\frac{2}{7}\pi$. Nous remarquerons au reste que l'équation dont il s'agit tire son origine de l'équation $r^7 - 1 = 0$, où l'on a fait $r^2 + rx + 1 = 0$; elle servirait aussi à inscrire le polygone régulier de 7 et celui de 14 côtés, car on a le côté de l'heptagone régulier $= 2\sin\frac{1}{7}\pi = \sqrt{(4-x^2)} = \frac{2}{\sqrt{7}}(x+2)(x-\frac{3}{2})$, et celui du polygone de 14 côtés $= 2\cos\frac{3}{7}\pi = x_1$.

Toutes les équations relatives à la division du cercle sont telles, qu'une de leurs racines suffit pour déterminer rationnellement toutes les autres ; mais il en existe une infinité d'autres qui offrent la même facilité, et entre toutes ces équations, on doit distinguer surtout celles dont une racine développée en fraction continue suffit pour donner le développement de toutes les autres racines.

EXEMPLE II.

(106) L'équation $x^4 - x^3 - 3x^2 + 2x + 1 = 0$ aurait pour racines $x = 2\cos\frac{}{9}$, $x = -2\cos\frac{2\pi}{9}$, $x = 2\cos\frac{3\pi}{9}$, $x = -2\cos\frac{4\pi}{9}$: mais en excluant la racine $2\cos\frac{3\pi}{9}$ qui se réduit à l'unité, on a l'équation. $x^3 - 3x - 1 = 0$ dont les racines sont $x = 2\cos\frac{\pi}{9}$, $x = -2\cos\frac{2\pi}{9}$: $x = -2\cos\frac{4\pi}{9}$. Voici le développement de la plus petite $-2\cos\frac{4\pi}{9}$.

$x^3-3x-1=0$	-0	$-1:0$
$-z^3+3z^2-1=0$	2	$-0:1$
$3z^3-3z-1=0$	1	$-1:2$
$-z^3+6z^2+9z+3=0$	7	$-1:3$
$17z^3-54z^2-15z-1=0$	3	$-8:23$
$-73z^3+120z^2+99z+17=0$	2	$-25:72$
$111z^3-297z^2-318z-73=0$	3	$-58:167$
$-703z^3+897z^2+702z+111=0$	1	$-199:573$
$1007z^3+387z^2-1212z-703=0$	1	$-257:740$
$-521z^3+2583z^2+5408z+1007=0$	6	$-456:1313$
$1907z^3-21864z^2-6790z-521=0$	11	$-2993:8618$
etc.	etc.	etc.

La dernière transformée aura pour racine approchée

$$\frac{1313}{4309}+\frac{21864}{1907}=11\,\frac{6325974}{8217263},$$

et le développement de cette fraction donnera à la suite de 11 les quotiens 1, 3, 2, 1, 9, 1, 2, 5, etc., au moyen desquels l'approximation des fractions convergentes peut être poussée jusqu'à ce que les dénominateurs n'excèdent pas $(8618)^2$.

Développement de la racine $x=2\cos\frac{7}{9}$.

$x^3-3x-1=0$	1	$1:0$
$-3z^3+3z+1=0$	1	$1:1$
$z^3-6z^2-9z-3=0$	7	$2:1$
$-17z^3+54z^2+15z+1=0$	3	$15:8$
Les autres transformées sont les mêmes que dans le développement de la première racine.	2	$47:25$
	3	$109:58$
	1	$374:199$
	1	$483:257$
	6	$857:456$
	11	$5625:2993$
	etc.	etc.

Développement de la racine. $x = -2\cos\frac{2\pi}{9}$

$x^3 - 3x - 1 = 0$	-1	$-1 : 0$
$z^3 - 3z - 1 = 0$	1	$-1 : 1$
$-3z^3 + 3z + 1 = 0$	1	$-2 : 1$
$z^3 - 6z^2 - 9z - 3 = 0$	7	$-3 : 2$
	3	$-23 : 15$
Les autres transformées comme dans la racine précédente.	2	$-72 : 47$
	3	$-167 : 109$
	1	$-573 : 374$
	1	$-740 : 483$
	6	$-1313 : 857$
	11	$-8618 : 5625$
	etc.	etc.

Ces rapports entre les racines pourront se vérifier aisément par les formules connues des sinus.

(107) Nous avons déjà remarqué (n° 99), que si l'équation proposée est

$$ax^n + bx^{n-1} + cx^{n-2} \ldots\ldots + k = 0,$$

et qu'une de ses transformées, correspondante à la fraction convergente $\frac{p}{q}$, soit

$$Az^n + Bz^{n-1} + Cz^{n-2} \ldots\ldots + K = 0,$$

on aura

$$A = ap^n + bp^{n-1}q + cp^{n-2}q^2 \ldots\ldots + kq^n.$$

De là il suit que si on a à résoudre l'équation indéterminée

$$at^n + bt^{n-1}u + ct^{n-2}u^2 \ldots\ldots + ku^n = A,$$

et que le nombre A se trouve coefficient du premier terme de l'une des transformées successives données par le développement de x en fraction continue, la fraction correspondante $\frac{p}{q}$ sera une valeur de $\frac{t}{u}$ et donnera une solution de l'équation proposée. On aura donc ainsi autant de ces solutions particulières qu'on trouvera de fois le nombre A parmi les coefficiens dont il s'agit; mais il faudra en outre que le signe de ce coefficient, tel qu'il est donné par la série des opérations, s'accorde avec celui de A dans le second membre de l'équation proposée.

Pour passer de l'équation proposée à sa transformée en z, on peut faire directement $x=\frac{pz+p^\circ}{qz+q^\circ}$; réciproquement pour revenir de la transformée à la proposée, il faut faire $z=\frac{q^\circ x-p^\circ}{p-qx}$; ce qui donnera

$$\pm a=A(-q^\circ)^n+B(-q^\circ)^{n-1}q+C(-q^\circ)^{n-2}q^2\ldots\ldots+Kq^n;$$

de sorte que si on avait à résoudre l'équation indéterminée

$$a=Ay^n+By^{n-1}u+Cy^{n-2}u^2+\ldots\ldots+Ku^n,$$

on y satisferait en prenant $\frac{y}{u}=\frac{-q^\circ}{q}$. Et le rapport que nous établissons ici entre l'équation proposée et chacune de ses transformées, a également lieu entre deux transformées quelconques, pourvu que les fractions convergentes soient calculées d'après les quotiens intermédiaires.

Ainsi dans l'exemple premier, on peut comparer directement la seconde transformée $x^2-3x^2-4x-1=0$ à la neuvième.... $-47879z^3+250158z^2+50699z+2521=0$; mais pour cela, il faut calculer les fractions convergentes vers une racine de l'équation... $x^3-3x^2-4x-1=0$, ce qui se fera au moyen des quotiens trouvés 4, 20, 2, 3, 1, 6, 10; voici ce calcul :

Quotiens......		4,	20,	2,	3,	1,	6,	10
Fract. converg.	$\frac{1}{0}$,	$\frac{4}{1}$,	$\frac{81}{20}$,	$\frac{166}{41}$,	$\frac{579}{143}$,	$\frac{745}{184}$,	$\frac{5049}{1247}$,	$\frac{51235}{12654}$.

On aura donc $x=\frac{51235z+5049}{12654z+1247}$, ou $z=\frac{-1247x+5049}{12654x-51235}$.

On voit en même temps que si on avait à résoudre l'équation

$$47879t^3+250158t^2u-50699tu^2+2521u^3=1,$$

on y satisferait en faisant $t=1247$, $u=12654$.

Une telle réduction entre de si grands nombres paraît remarquable; cependant pour peu qu'on y réfléchisse, on verra que toutes les transformées comprises dans le développement de la même racine jouissent de la même propriété, c'est-à-dire que si l'une quelconque de ces transformées est représentée par $Az^3+Bz^2+Cz+D=0$, les nombres A, B, C, D pouvant s'élever à une grandeur quelconque, on satisfera toujours à l'équation

$$At^3 + Bt^2u + Ctu^2 + Du^3 = 1,$$

en prenant $t = -q^\circ$, $u = q$, $\frac{p}{q}$ étant la fraction convergente à laquelle répond le quotient-complet z.

Si l'on considère de plus que la proposée $x^3 - x^2 - 2x + 1 = 0$ et ses trois premières transformées ont à leur premier terme l'unité pour coefficient, et que chacune de ces quatre équations peut être regardée comme l'équation principale qui, par le développement de sa racine, fournit toutes les autres transformées, on en conclura qu'il y a toujours au moins quatre manières de réduire à l'unité la quantité $At^3 + Bt^2u + Ctu^2 + Du^3$. Par exemple, si l'on se propose encore l'équation

$$47879t^3 + 250158t^2u - 50699tu^2 + 2521u^3 = 1,$$

on y satisfera de ces quatre manières:

$$\begin{array}{ll} t = 6296 & u = 63889 \\ t = 5049 & u = 51235 \\ t = 1247 & u = 12654 \\ t = 61 & u = 619. \end{array}$$

(108) Mais on peut encore trouver d'autres solutions par le développement des deux autres racines de la même équation. En effet, puisqu'en partant de l'équation

$$47879z^3 + 250158z^2 - 50699z + 2521 = 0,$$

et faisant $z = \frac{6296x - 11345}{63889x - 115124}$, on a la transformée

$$x^3 - x^2 - 2x + 1 = 0,$$

on peut supposer qu'on est parvenu à ce résultat, en développant en fraction continue une racine de l'équation en z, comprise entre 0 et 1. Voici l'opération qui serait l'inverse de celle de l'exemple I:

$0=47879z^3+250158z^2-50699z+2521$	0	1 : 0
$0=2521y^3-50699y^2+250158y+47879$	10	0 : 1
$0=559y^3-7522y^2+24931y+2521$	6	1 : 10
$0=2059y^3-4961y^2+2540y+559$	1	6 : 61
$0=197y^3-1205y^2+1216y+2059$	3	7 : 71
$0=181y^3-695y^2+568y+197$	2	27 : 274
$0=y^3-40y^2+391y+181$	20	61 : 619
$0=y^3-9y^2+20y+1$	4	1247 : 12654
$0=y^3-4y^2+3y+1$	1	5049 : 51235
* $0=y^3-2y^2-y+1$	1 *	6296 : 63889
$0=-Z^3-2Z^2+Z+1$		11345 : 115124

Arrivé à cette transformée, on aurait $z=\frac{11345Z+6396}{115124Z+63889}$; ainsi en mettant $-\frac{1}{x}$ à la place de Z, on voit que la substitution de la valeur $z=\frac{6296x-11345}{63889x-115124}$ donne en effet la transformée $x^3-x^2-2x+1=0$. Mais le développement précédent, qui est exact jusque dans l'avant-dernière transformée, cesse de l'être dans la dernière, et par cette raison, nous avons séparé par un trait les derniers résultats qui ont besoin d'être rectifiés.

L'avant-dernière transformée $0=y^3-2y^2-y+1$ a deux racines positives, l'une comprise entre 0 et 1, l'autre entre 2 et 3. Si on fait d'abord usage de la dernière, il faudra prendre 2 pour racine approchée, au lieu de 1* qui a été mis dans le tableau précédent, alors le calcul se continuera ainsi :

		5049 : 51235
* $0=y^3-2y^2-y+1$	2	6296 : 63889
$0=-y^3+3y^2+4y+1$	4	17641 : 179013
$0=y^3-20y^2-9y-1$	20	76860 : 779941
$0=-181y^3+391y^2+40y+1$	2	1554841 : 15777833
Suivent les mêmes transformées et les mêmes quotiens que dans l'exemple I.	etc.	etc.

Et comme on trouve ici deux nouvelles transformées dont le premier terme a pour coefficient 1, il s'ensuit que l'équation indéterminée

$$47879t^3 + 250158t^2u - 50699tu^2 + 2521u^3 = \pm 1$$

est susceptible de deux nouvelles solutions, savoir :

$t = 17641$, $u = 179013$, 2^d membre -1
$t = 76860$, $u = 779941$, 2^d membre $+1$.

Si ensuite on fait usage de la racine comprise entre 0 et 1, il faudra de plus rectifier le quotient mis devant la transformée précédente... $0 = y^3 - 4y^2 + 3y + 1$, et on aura les résultats suivans, qui présentent le développement d'une seconde valeur de z :

		1247 : 12654
$0 = y^3 - 4y^2 + 3y + 1$	2	5049 : 51235
$0 = -y^3 - y^2 + 2y + 1$	1	11345 : 115124
$0 = y^3 - 3y^2 - 4y - 1$	4	16394 : 166359
$0 = -y^3 + 20y^2 + 9y + 1$	20	76921 : 780560
$0 = 181y^3 - 391y^2 - 40y - 1$	2	1554814 : 15777559
	3	etc.
Le reste comme ci-dessus.	1	
	etc.	

On aura donc encore trois nouvelles valeurs qui satisfont à l'équation indéterminée, savoir :

$t = 11345$, $u = 115124$, 2^d membre -1
$t = 16394$, $u = 166359$, 2^d membre $+1$
$t = 76921$, $u = 780560$, 2^d membre -1.

(109) Pour éclaircir davantage cette théorie, considérons en général une équation proposée $X = 0$, et supposons qu'en développant une de ses racines en fraction continue, on parvienne à une transformée quelconque $Z = 0$; soit α, $\beta \ldots \mu$, etc. la série des quotiens trouvés, et $\frac{p}{q}$ la fraction convergente qui répond tant au quotient entier μ qu'au quotient-complet z donné par l'équation $Z = 0$. Voici l'opération figurée du développement :

$X=0$	α	$1 : 0$
.	β	$\alpha : 1$
.	γ	:
.	δ	:
.	.	:
.	.	:
.	μ°	$p^{\circ} : q^{\circ}$
$Z=0$	μ	$p : q$
$Z'=0$	μ'	$p' : q'$
.	.	.
.	.	.
.	.	.

Cela posé, la transformée $Z=0$ résulte directement de la proposée, en y substituant, au lieu de x, la valeur $x=\frac{pz+p^{\circ}}{qz+q^{\circ}}$; réciproquement la proposée $X=0$ résulterait d'une quelconque de ses transformées $Z=0$, en substituant dans celle-ci, au lieu de z, la valeur... $z=\frac{q^{\circ}x-p^{\circ}}{p-qx}$. Le même rapport peut être établi entre deux transformées quelconques, pourvu que les fractions convergentes soient calculées au moyen des quotiens intermédiaires, en partant de celui qui répond à la première transformée, et qui en est une racine approchée.

Il est aisé de voir que la formule $x=\frac{pz+p^{\circ}}{qz+q^{\circ}}$ renferme implicitement toutes les racines de l'équation proposée, car on peut imaginer qu'on substitue successivement à la place de z les différentes racines de l'équation $Z=0$, et il en résultera autant de différentes valeurs de x.

Réciproquement la valeur de $z=\frac{q^{\circ}x-p^{\circ}}{p-qx}$ renferme toutes les racines de la transformée $Z=0$. L'une de ces racines, qui est positive et plus grande que l'unité, est donnée par la continuation du développement, ensorte que l'on a

$$z=\mu+\frac{1}{\mu'}+\frac{1}{\mu''} \text{ etc. à l'infini.}$$

Celle-ci est censée répondre à la racine x qu'on a développée en fraction continue. Les autres racines de la transformée (au moins lorsque le développement est devenu régulier, et que la transformée n'a pas à-la-fois deux racines positives et plus grandes que l'unité) sont toutes négatives et plus petites que l'unité ; en effet, si on désigne par x_1 celle des autres racines de la proposée à laquelle répond une autre racine de la transformée, désignée semblablement par z_1, on aura

$$z_1 = \frac{q^\circ x_1 - p^\circ}{p - q x_1} = -\frac{p^\circ}{p} + \frac{(pq^\circ - p^\circ q)x_1}{p(p - q x_1)}.$$

Or on a $pq^\circ - p^\circ q = \pm 1$, et comme p va en augmentant, ainsi que $p - qx_1$, puisque $\frac{p}{q}$ n'est pas une fraction convergente vers x_1, il est clair que la valeur de z_1 approchera d'autant plus de $\frac{-p^\circ}{p}$ que p sera plus grand. Ce résultat a lieu également pour toute racine de la transformée autre que z ; d'où l'on voit que toutes ces racines tendent continuellement à être égales entre elles, et à avoir pour valeur commune $\frac{-p^\circ}{p}$, quantité négative et plus petite que l'unité.

(110) D'un autre côté, on sait (n° 11) que la quantité $\frac{p^\circ}{p}$ est égale à la fraction continue

$$\cfrac{1}{\mu^\circ + \cfrac{1}{\mu^{\circ\circ} + \cfrac{1}{\mu^{\circ\circ\circ} \ldots \ldots + \cfrac{1}{\alpha}}}}$$

composée des quotiens qui précèdent μ dans l'ordre rétrograde, jusqu'au premier α inclusivement. Donc tandis qu'une racine z de la transformée $Z = 0$, donne dans son développement les quotiens μ, μ', μ'', etc., toutes les autres racines de la même transformée donnent dans leur développement les quotiens précédens μ°, $\mu^{\circ\circ}$, $\mu^{\circ\circ\circ}$, etc. dans l'ordre inverse. Ces racines sont donc en effet d'autant plus près de l'égalité, qu'il y a un plus grand intervalle entre la proposée et la transformée dont il s'agit. Mais quelque approchée que soit cette égalité, elle ne devient jamais rigoureuse, et on peut toujours développer séparément les différentes valeurs de z_1 correspondantes aux valeurs analogues de x_1.

Car si on reforme la fraction $\frac{p^\circ}{p}$, au moyen des quotiens qui la composent, en cette sorte

$$\mu^{\circ},\ \mu^{\circ\circ},\ \mu^{\circ\circ\circ} \ldots\ldots\ldots\ldots\ldots \mathcal{C},\ \alpha$$

$$\frac{0}{1},\ \frac{1}{\mu^{\circ}} \ldots\ldots\ldots\ldots\ldots\ldots\ldots \frac{q^{\circ}}{q},\ \frac{p^{\circ}}{p};$$

si ensuite on met $\alpha - x_1$ à la place de α, il est clair que la fraction continue deviendra $\frac{p^{\circ}-q^{\circ}x_1}{p-qx_1}$, et qu'ainsi on aura $-z_1 = \frac{p^{\circ}-q^{\circ}x_1}{p-qx_1}$: donc la valeur exacte de $-z_1$ développée en fraction continue sera:

$$-z_1 = \cfrac{1}{\mu^{\circ} + \cfrac{1}{\mu^{\circ\circ} \ddots + \cfrac{1}{\alpha - x_1}}}$$

Il ne s'agit plus que de substituer à la place de x_1 sa valeur exprimée aussi en fraction continue. Pour cela, il y a différens cas à examiner.

1°. Si x_1 est négatif, et que sa valeur développée commence ainsi $-x_1 = \alpha_1 + \cfrac{1}{\mathcal{C}_1 + \cfrac{1}{\gamma_1 + \text{etc.}}}$, alors il est clair que la jonction des deux fractions continues se fera sans difficulté, et donnera

$$-z_1 = \cfrac{1}{\mu^{\circ} + \cfrac{1}{\mu^{\circ\circ} + \ddots + \cfrac{1}{\mathcal{C} + \cfrac{1}{\alpha + \alpha_1 + \cfrac{1}{\mathcal{C}_1 + \text{etc.}}}}}}$$

2°. Si la valeur de x_1 est positive et moindre que α, on fera $x_1 = \alpha_1 + \frac{1}{y}$, ce qui donnera $\alpha - x_1 = \alpha - \alpha_1 - 1 + \cfrac{1}{1 + \cfrac{1}{-1+y}}$. Dans le cas où $\alpha - \alpha_1 = 1$, il faut remonter au quotient qui précède α, et on aura $\mathcal{C} + \frac{1}{\alpha - x_1} = \mathcal{C} + 1 + \frac{1}{-1+y}$.

3°. Si la valeur de x_1 est positive et plus grande que α, il faudra encore remonter au quotient $\mathcal{C}$, et on aura

$$\mathcal{C} + \frac{1}{\alpha - x_1} = \mathcal{C} + \cfrac{1}{\alpha - \alpha_1 - \cfrac{1}{y}}.$$

Soit d'abord $\alpha_1 = \alpha$, cette valeur se réduit à $\beta - y$, et on se conduira à l'égard de $\beta - y$, comme on l'a fait pour $\alpha - x$.

Soit ensuite $\alpha - \alpha_1 = -m$, on aura

$$\beta + \cfrac{1}{\alpha - x_1} = \beta - \cfrac{1}{m + \cfrac{1}{y}} = \beta - 1 + \cfrac{1}{1 + \cfrac{1}{m - 1 + \cfrac{1}{y}}}.$$

De là on voit que dans tous les cas la substitution de la valeur de x_1 peut se faire dans la fraction continue égale à z_1, sans occasionner d'autre changement que sur quelques-uns des dernièrs termes de la suite μ°, $\mu^{\circ\circ} \ldots \beta$, α, ou sur quelques-uns des premiers de la suite α_1, β_1, γ_1, etc. venant du développement de x_1. D'ailleurs la suite infinie α_1, β_1, γ_1, etc. (sauf peut-être quelques premiers termes) sera également comprise dans le développement de la racine z_1. Donc une racine quelconque de la transformée offre toujours dans son développement en fraction continue les mêmes quotiens que la racine correspondante de la proposée, sauf les premiers termes qui sont différens, tant à cause de la partie μ°, $\mu^{\circ\circ}$, etc. qui est propre à la transformée, qu'à cause de la jonction des deux fractions continues qui peut opérer un changement dans les premiers termes.

(111) Pour rendre ces résultats encore plus sensibles, reprenons l'exemple I, où l'équation proposée est $x^3 - x^2 - 2x + 1 = 0$, et considérons une de ses transformées, telle que

$$-197z^3 + 568z^2 + 695z + 181 = 0;$$

la racine positive et plus grande que l'unité sera donnée par les quotiens qui naissent de la continuation du développement, et qui sont 3, 1, 6, 10, 5, 2, 2, 1, 2, 2, 1, 18, 1, 1, 3, etc.; de sorte qu'on aura pour cette première racine,

$$z = 3 + \cfrac{1}{1 + \cfrac{1}{6 + \cfrac{1}{10 + \cfrac{1}{5 + \text{etc.}}}}}$$

Pour avoir les deux autres racines de la même équation, il faut, conformément à ce que nous avons dit, prendre

$$-z_1 = \cfrac{1}{2 + \cfrac{1}{20 + \cfrac{1}{4 + \cfrac{1}{1 + \cfrac{1}{1 - x_3}}}}}$$

et substituer au lieu de x_1 successivement les deux autres racines de l'équation proposée. La racine négative étant celle dont la substitution est la plus facile, nous prendrons d'abord sa valeur développée, qui est

$$-x_1 = 1 + \cfrac{1}{4+\cfrac{1}{20+\cfrac{1}{2+\cfrac{1}{3+\text{etc.}}}}}$$

d'où résultera

$$-z_1 = \cfrac{1}{2+\cfrac{1}{20+\cfrac{1}{4+\cfrac{1}{1+\cfrac{1}{2+\cfrac{1}{4+\cfrac{1}{20+\cfrac{1}{2+\cfrac{1}{3+\cfrac{1}{1+\cfrac{1}{6+\text{etc.}}}}}}}}}}}$$

Prenons ensuite la troisième racine positive

$$x_2 = 0 + \cfrac{1}{2+\cfrac{1}{4+\cfrac{1}{20+\text{etc.}}}}$$

si on fait, pour abréger, $x_2 = \cfrac{1}{2+\cfrac{1}{y}}$, on aura la troisième racine de la transformée

$$-z_2 = \cfrac{1}{2+\cfrac{1}{20+\cfrac{1}{4+\cfrac{1}{1+\cfrac{1}{1-\cfrac{1}{2+\cfrac{1}{y}}}}}}}.$$

Pour faire disparaître l'irrégularité dans cette valeur, il faut changer ainsi les derniers termes de la fraction continue :

$$\cfrac{1}{1+\cfrac{1}{1-\cfrac{1}{2+\cfrac{1}{y}}}} = \frac{y+1}{3y+2} = \cfrac{1}{2+\cfrac{y}{y+1}} = \cfrac{1}{2+\cfrac{1}{1+\cfrac{1}{y}}}.$$

Donc on aura, sans aucun terme négatif,

$$-z_2 = \cfrac{1}{2+\cfrac{1}{20+\cfrac{1}{4+\cfrac{1}{2+\cfrac{1}{1+\cfrac{1}{4+\cfrac{1}{20+\cfrac{1}{2+\cfrac{1}{3+\text{etc.}}}}}}}}}}$$

les quotiens suivans étant comme dans la première racine 1, 6, 10, 5, 2, 2, 1, 2, 2, 1, 18, 1, 1, 3, etc.

Au reste, si on applique cette théorie aux équations du second degré, et qu on considère l'équation transformée qui donne la valeur du quotient-complet dans une période éloignée, on trouvera que la seconde racine de cette transformée est exprimée par les quotiens précédens pris dans l'ordre inverse; d'où il suit que la période qui a lieu dans le développement de cette seconde racine, est la même que celle de la première, mais prise dans l'ordre inverse. Résultat entièrement conforme avec ce que nous avons déjà trouvé pour les équations du second degré (§ X.).

(112) Quoiqu'on ait supposé dans ce qui précède, que les coefficiens de l'équation proposée sont des nombres entiers, cette condition n'est pas cependant absolument nécessaire, et on peut, au besoin, convertir en fraction continue la racine de toute équation proposée, soit algébrique, soit même transcendante. Pour cela, il faut chercher, par une méthode quelconque, la valeur approchée de la racine dont il s'agit, puis convertir cette valeur en fraction continue, en ayant soin d'arrêter le développement et le calcul des fractions convergentes au point où l'on présume que l'exactitude doit cesser. Si la fraction $\frac{p}{q}$ à laquelle on s'arrête, est une fraction convergente, il faut se rappeler que la différence de cette fraction avec x doit être moindre que $\frac{1}{q^2}$; et ainsi le degré d'approximation de la valeur de x étant supposé connu, on connaîtra la limite de q. Au reste, une approximation ultérieure servirait à redresser l'erreur, s'il y en avait.

Supposons donc qu'en vertu de la première approximation, on a trouvé les quotiens et les fractions convergentes vers x comme il suit:

$$\text{Quotiens} \ldots\ldots\ldots \alpha,\ \beta,\quad \gamma \ldots\ldots\ \mu^\circ$$

$$\text{Fract. converg.} \ldots \frac{1}{0},\ \frac{\alpha}{1},\ \frac{\alpha\beta+1}{\beta} \ldots\ldots \frac{p^\circ}{q^\circ},\ \frac{p}{q}.$$

Pour continuer le développement, on prendra l'équation proposée $F(x)=0$, et on substituera dans le premier membre, au lieu de x, la valeur $\frac{p}{q}+\omega$. On suppose que ω est une correction assez petite pour qu'on puisse négliger les puissances de ω supérieures à la première, et alors en faisant $\frac{dF}{dx}=F'$, le résultat de la substitution sera $F:\left(\frac{p}{q}\right)+\omega F':\left(\frac{p}{q}\right)=0$, d'où l'on tire

$$\omega=-\frac{F:\left(\frac{p}{q}\right)}{F':\left(\frac{p}{q}\right)}.$$

Soit maintenant z le quotient-complet qui répond à $\frac{p}{q}$, on aura.... $x=\frac{pz+p^\circ}{qz+q^\circ}=\frac{p}{q}+\omega$, ce qui donnera, en substituant la valeur de ω,

$$z=-\frac{q^\circ}{q}+(pq^\circ-p^\circ q)\cdot\frac{F'\left(\frac{p}{q}\right)}{q^2F\left(\frac{p}{q}\right)}.$$

Si l'équation est algébrique, et qu'on ait

$$F:(x)=ax^n+bx^{n-1}+cx^{n-2}+\ldots\ldots\ldots\ldots+k$$
$$F':(x)=nax^{n-1}+(n-1)bx^{n-2}+(n-2)cx^{n-3}+\text{etc.}$$

il en résultera

$$z=-\frac{q^\circ}{q}+\frac{pq^\circ-p^\circ q}{q}\cdot\frac{nap^{n-1}+(n-1)bp^{n-2}q+(n-2)cp^{n-2}q^2\ \text{etc.}}{ap^n+bp^{n-1}q+cp^{n-2}q^2+\ldots\ldots+kq^n},$$

ce qui revient à la formule du n° 102.

En général, il est à remarquer que la valeur de z donnera par son développement divers quotiens μ, μ', μ'', etc. qui feront suite avec les quotiens déjà trouvés, et permettront de continuer le calcul des fractions convergentes jusqu'à ce que l'erreur de la première approximation soit réduite à son quarré. Et s'il arrivait que la valeur de z ne fût pas positive et plus grande que l'unité, ce serait une preuve qu'un ou plusieurs des quotiens précédens μ°, $\mu^{\circ\circ}$, etc. sont fautifs, et doivent être corrigés au moyen de la valeur de z. Alors on réduirait en une seule fraction $\mu^\circ+\frac{1}{z}$, et si la somme était positive et plus grande que l'unité, il n'y aurait que le dernier quotient μ° à changer. Dans le cas contraire, il faudrait substituer la valeur de z dans $\mu^{\circ\circ}+\frac{1}{\mu^\circ+\frac{1}{z}}$, ou même dans $\mu^{\circ\circ\circ}+\frac{1}{\mu^{\circ\circ}+\frac{1}{\mu^\circ+\frac{1}{z}}}$, ainsi en rétrogradant, jusqu'à ce qu'on parvînt à un résultat positif et plus grand que l'unité. Cette valeur étant développée en fraction continue, donnerait à-la-fois les quotiens qu'on doit substituer aux quotiens défectueux et quelques-uns de ceux qui les suivent, selon le degré de la première approximation.

Il est clair que par des opérations semblables, réitérées autant qu'il est nécessaire, on peut parvenir à développer en fraction continue, et jusqu'à un nombre de quotiens quelconque, toute racine d'une équation proposée, de quelque nature qu'elle soit.

(113) Quant à la méthode pour obtenir la première approximation, on peut proposer comme l'une des plus simples et des plus convenables pour cet objet, la méthode de Daniel Bernoulli, fondée sur la théorie des suites récurrentes, et dont Euler a donné une exposition détaillée dans son *Introd. in Analys. Inf. Cap. XVII.* Cependant comme cette méthode est sujette à quelques difficultés dans les applications, il ne sera pas inutile de la présenter ici avec une modification qui peut faire disparaître une grande partie de ces difficultés.

Soit $x^m + ax^{m-1} + bx^{m-2} + cx^{m-3} +$ etc. $= 0$, une équation proposée dont les racines sont α, β, γ, δ, etc.; si on prend pour z une variable quelconque, on aura l'équation identique

$$1 + az + bz^2 + cz^3 \text{ etc.} = (1 - \alpha z)(1 - \beta z)(1 - \gamma z) \text{ etc.};$$

d'où résulte, par la différentiation, cette autre équation pareillement identique :

$$\frac{-a - 2bz - 3cz^2 - \text{etc.}}{1 + az + bz^2 + cz^3 + \text{etc.}} = \frac{\alpha}{1 - \alpha z} + \frac{\beta}{1 - \beta z} + \frac{\gamma}{1 - \gamma z} + \frac{\delta}{1 - \delta z} + \text{etc.}$$

Soit $A + Bz + Cz^2 + Dz^3 \ldots + Mz^{n-1} + Nz^n +$ etc. la série qui vient du développement du premier membre, on aura, d'après la loi connue des suites récurrentes,

$$\begin{aligned}
A &= -a \\
B &= -aA - 2b \\
C &= -aB - bA - 3c \\
D &= -aC - bB - cA - 4d \\
E &= -aD - bC - cB - dA - 5e \\
&\text{etc.}
\end{aligned}$$

Il faut par conséquent que la suite ainsi trouvée $A + Bz + Cz^2 +$ etc.

soit identique avec celle qui résulte du second membre....... $\frac{\alpha}{1-\alpha z}+\frac{\beta}{1-\beta z}+$ etc. Or on a $\frac{\alpha}{1-\alpha z}=\alpha+\alpha^2 z+\alpha^3 z^2+$ etc., et les autres fractions partielles donnent des résultats semblables; donc en réunissant tous ces résultats, on aura

$$A=\alpha+\beta+\gamma+\delta+\varepsilon+\text{etc.}$$
$$B=\alpha^2+\beta^2+\gamma^2+\delta^2+\varepsilon^2+\text{etc.}$$
$$C=\alpha^3+\beta^3+\gamma^3+\delta^3+\varepsilon^3+\text{etc.}$$
$$\vdots$$

et en général $$N=\alpha^n+\beta^n+\gamma^n+\delta^n+\varepsilon^n+\text{etc.}$$

Ces formules sont celles qui servent à trouver la somme des puissances des racines d'une équation donnée; mais il est évident qu'elles sont applicables aussi à la résolution approchée des équations; car si α est la plus grande des racines, et que l'exposant n soit suffisamment grand, on aura à fort peu près $N=\alpha^n$: on aurait, par la même raison, $M=\alpha^{n-1}$, donc la racine cherchée $\alpha=\frac{N}{M}$.

Donc pour avoir par approximation la plus grande racine de l'équation proposée, il faut calculer les coefficiens successifs A, B, C, D....M, N.... par la loi générale des suites récurrentes; puis on divisera le dernier coefficient trouvé par l'avant-dernier, et le résultat sera la valeur de la racine demandée: valeur d'autant plus approchée, que l'opération aura été poussée plus loin, et qu'il y aura plus d'inégalité entre les racines.

Il est aisé, par une transformation, de faire ensorte qu'une racine quelconque devienne la plus grande des racines, ainsi cette méthode peut servir à trouver indistinctement toutes les racines. Dans un grand nombre de cas l'approximation sera plus rapide par cette voie que par aucune autre connue; quelquefois elle sera lente, quelquefois aussi les résultats seront absolument fautifs; mais il est facile de prévoir et d'éviter ces inconvéniens, si l'on a une première notion de la grandeur relative et de la nature des racines.

(114) Appliquons ces méthodes à l'équation $x^3-3x^2+1=0$; pour avoir la valeur approchée de la plus grande racine, il faudra dévelop-

per en série la fraction $\frac{3-3z^2}{1-3z+z^3}$, ce qui donnera $3+9z+24z^2+69z^3+198z^4+570z^5+1641z^6+4725z^7+13605z^8+39174z^9+$ etc. En s'arrêtant ainsi au dixième terme, on aura la racine cherchée $x=\frac{39174}{13605}$.

Maintenant si on développe cette valeur en fraction continue, on aura les quotiens 2, 1, 7, 3, 2, 3, 1, 2, 6; et pour juger jusqu'à quel point ils peuvent être exacts, on développera semblablement la fraction $\frac{13605}{4725}$ qu'on aurait eue en s'arrêtant au neuvième terme; il résulte de celle-ci les quotiens 2, 1, 7, 3, 2, 5; d'où il paraît qu'on peut regarder comme exacts les quotiens 2, 1, 7, 3, 2, 3. Au moyen de ceux-ci on calculera les fractions convergentes comme il suit :

Quotiens .... 2, 1, 7, 3, 2, 3.

Fract. converg..... $\frac{1}{0}$, $\frac{2}{1}$, $\frac{3}{1}$, $\frac{23}{8}$, $\frac{72}{25}$, $\frac{167}{58}$, $\frac{573}{199}$.

Pour continuer le calcul de ces fractions d'après la méthode du n° 112, faisons $\frac{p^\circ}{q^\circ}=\frac{167}{58}$, $\frac{p}{q}=\frac{573}{199}$, et soit toujours z le quotient complet qui répond à cette dernière fraction, nous aurons, en observant que $pq^\circ-q^\circ p=+1$:

$$z=-\frac{q^\circ}{q}+\frac{1}{q}\cdot\frac{3p^2-6pq}{p^3-3p^2q+q^3}=\frac{260051}{139897}.$$

Cette valeur étant positive et plus grande que l'unité, il s'ensuit que tous les quotiens déjà employés sont exacts; et pour avoir ceux qui viennent à la suite, il faut développer la valeur de z en fraction continue, ce qui donnera les nouveaux quotiens 1, 1, 6, 11, 1, 1, 1, 3, etc., de sorte que l'opération du développement se continuera ainsi :

Quotiens .... 1, 1, 6, 11, 1.

Fractions converg..... $\frac{167}{58}$, $\frac{573}{199}$, $\frac{740}{257}$, $\frac{1313}{456}$, $\frac{8618}{2993}$, $\frac{96111}{33379}$, $\frac{104729}{36372}$, etc.

On s'arrête à cette dernière, parce que 36372 a autant de chiffres que le quarré de 199, et que la fraction suivante pourrait n'être plus du nombre des fractions convergentes.

(115) Les méthodes qu'on vient d'exposer ne concernent que les racines réelles des équations. A l'égard des racines imaginaires, il peut

être utile aussi d'en avoir une expression approchée indéfiniment, et l'analyse indéterminée offre des cas où l'on a besoin de convertir en fraction continue la partie réelle de ces racines. Nous saisirons cette occasion de présenter quelques vues nouvelles sur l'approximation des racines imaginaires, objet jusqu'à présent assez négligé des Analystes.

On sait que toute racine imaginaire d'une équation peut être représentée par $\alpha + \beta\sqrt{-1}$, α et β étant des quantités réelles; on sait aussi que la quantité α peut être déterminée directement par une équation du degré $\frac{n(n-1)}{2}$, n étant le degré de l'équation proposée. Ayant trouvé α, il n'est pas difficile d'avoir β; car comme l'équation proposée doit être divisible par $x^2 - 2\alpha x + \alpha^2 + \beta^2$, si on exécute la division et que le reste soit $Ax + B$, il faudra qu'on ait $A = 0$ et $B = 0$, équations au moyen desquelles on pourra avoir une valeur rationnelle de β^2 en fonction de α. Tout se réduit donc à trouver la valeur de α par l'équation dont elle dépend, et qui résulte de la combinaison des équations $A = 0$ et $B = 0$; mais dès que n surpasse 4, le degré de cette équation devient trop élevé pour qu'elle soit de quelqu'utilité dans la pratique, et il faut absolument recourir à d'autres moyens pour avoir les valeurs approchées de α et β. Or quels que soient α et β, on peut toujours supposer $\alpha = r\cos\varphi$, $\beta = r\sin\varphi$, ce qui donnera $x = r(\cos\varphi + \sqrt{-1}\sin\varphi)$, et en général $x^m = r^m(\cos m\varphi + \sqrt{-1}\sin m\varphi)$. Ces formules dont l'emploi a été indiqué par Euler, sont propres à simplifier beaucoup dans certains cas la recherche des racines imaginaires.

(116) Soit d'abord l'équation $ax^m + bx + c = 0$, à laquelle peut se réduire toute équation à trois termes (car on ne suppose pas que m soit un nombre entier). Si on met au lieu de x la valeur $r(\cos\varphi + \sqrt{-1}\sin\varphi)$, l'équation proposée se décompose en ces deux autres

$$0 = ar^m\cos m\varphi + br\cos\varphi + c$$
$$0 = ar^m\sin m\varphi + br\sin\varphi.$$

Multipliant la première par $\sin m\varphi$, la seconde par $-\cos m\varphi$, et ajoutant les produits, on aura $0 = c\sin m\varphi + br\sin(m-1)\varphi$, d'où l'on tire

$$r = -\frac{c}{b}\cdot\frac{\sin m\varphi}{\sin(m-1)\varphi}.$$

Substituant cette valeur dans la seconde des équations précédentes, on aura pour déterminer φ, l'équation

$$\frac{\sin^m (m\varphi)}{\sin\varphi \sin^{m-1}(m-1)\varphi} = \frac{c}{a}\left(\frac{-b}{c}\right)^m.$$

Or, après quelques essais, on reconnaîtra bientôt entre quels degrés voisins tombe l'angle φ; ensuite, par les fausses positions, on achevera de déterminer φ avec toute l'exactitude que les tables comportent, c'est-à-dire, ordinairement avec six ou sept chiffres. φ étant connu, r le deviendra; ainsi on connaîtra la racine imaginaire $r(\cos\varphi + \sqrt{-1}\sin\varphi)$ assez exactement pour la plupart des applications.

(117) Prenons pour exemple l'équation $x^4 - x + 1 = 0$; en faisant $x = r(\cos\varphi + \sqrt{-1}\sin\varphi)$, on aura $r = \frac{\sin 4\varphi}{\sin 3\varphi}$, et l'équation pour déterminer φ, sera

$$\frac{\sin^4 . 4\varphi}{\sin\varphi \sin^3 . 3\varphi} = 1.$$

Si l'on fait $\varphi = 30°$, le premier membre se réduira à $\frac{3}{8}$, ainsi l'erreur $= +\frac{1}{8}$; si l'on fait $\varphi = 31°$, le premier membre sera 0,921, ce qui donne l'erreur $= -0.079$. De là on trouve $\varphi = 30° 36'$ à-peu-près.

Soit donc $\varphi = 30° 36'$, le premier membre aura pour logarithme 9,99933, et l'erreur sera par conséquent de -67 unités décimales du sixième ordre. Faisant $\varphi = 30° 35'$, l'erreur logarithmique devient $+1394$; de là on tire la vraie valeur de φ approchée autant que le permettent des tables à six décimales,

$$\varphi = 30° 35'.954.$$

Ensuite on aura $\log r = 9.926739$, $\log \alpha = 9,861615$, $\log \beta = 9.633482$ donc enfin la racine cherchée

$$x = 0.727136 + 0.430014\sqrt{-1}.$$

(118) Considérons maintenant l'équation générale

$$ax^n + bx^{n-1} + cx^{n-2} + \ldots\ldots + hx + k = 0;$$

si on substitue la valeur $x = r(\cos\varphi + \sqrt{-1}\sin\varphi)$, et qu'on fasse pour abréger

$$P = ar^n \cos n\varphi + br^{n-1}\cos(n-1)\varphi + \ldots\ldots + hr\cos\varphi + k,$$
$$Q = ar^n \sin n\varphi + br^{n-1}\sin(n-1)\varphi + \ldots\ldots + hr\sin\varphi,$$

le résultat de la substitution sera $P + Q\sqrt{-1} = 0$, desorte qu'on aura pour déterminer r et φ les deux équations $P = 0$, $Q = 0$. Mais comme la résolution effective de ces équations n'est possible que dans un petit nombre de cas qui ne s'étendent guère au-delà du théorème de Côtes, il faut se borner à les résoudre par approximation.

Supposons donc qu'après quelques tentatives on a trouvé des valeurs de φ et r qui rendent P et Q très-petites ; pour avoir des valeurs plus approchées, on désignera celles-ci par $\varphi + d\varphi$, $r + dr$; il faudra donc que la substitution de $r + dr$ et $\varphi + d\varphi$ à la place de r et φ, dans les fonctions P et Q, rende ces fonctions égales à zéro. Or en négligeant les puissances de dr et $d\varphi$ supérieures à la première, la quantité P devient en général par la substitution dont il s'agit, $P + \frac{rdP}{dr} \cdot \frac{dr}{r} + \frac{dP}{d\varphi} d\varphi$, et on a les coefficiens :

$$r\frac{dP}{dr} = \quad nar^n \cos n\varphi + (n-1)br^{n-1} \cos(n-1)\varphi + \ldots + hr\cos\varphi,$$

$$\frac{dP}{d\varphi} = -nar^n \sin n\varphi - (n-1)br^{n-1} \sin(n-1)\varphi - \ldots - hr\sin\varphi,$$

De même, la quantité Q devenant $Q + r\frac{dQ}{dr} \cdot \frac{dr}{r} + \frac{dQ}{d\varphi} d\varphi$, on a

$$r\frac{dQ}{dr} = nar^n \sin n\varphi + (n-1)br^{n-1} \sin(n-1)\varphi \ldots\ldots + hr\sin\varphi,$$

$$\frac{dQ}{d\varphi} = nar^n \cos n\varphi + (n-1)br^{n-1} \cos(n-1)\varphi \ldots\ldots + hr\cos\varphi.$$

Donc il suffit de prendre deux auxiliaires M et N d'après les valeurs :

$$M = nar^n \cos n\varphi + (n-1)br^{n-1} \cos(n-1)\varphi \ldots\ldots + hr\cos\varphi,$$
$$N = nar^n \sin n\varphi + (n-1)br^{n-1} \sin(n-1)\varphi \ldots\ldots + hr\sin\varphi,$$

et on aura pour déterminer dr et $d\varphi$, les deux équations :

$$P + M\frac{dr}{r} - Nd\varphi = 0,$$

$$Q + N\frac{dr}{r} + Md\varphi = 0;$$

d'où l'on tire

$$-\frac{dr}{r} = \frac{PM + QN}{MM + NN}, \quad d\varphi = \frac{PN - QM}{MM + NN}.$$

On connaîtra ainsi les valeurs corrigées de r et φ qui sont $r\left(1 + \frac{dr}{r}\right)$ et $\varphi + d\varphi$, où il faut observer que la valeur de $d\varphi$ donnée par la formule est exprimée en parties du rayon, et que pour la réduire en minutes ou secondes, il faut la multiplier par le nombre de minutes ou de secondes contenues dans le rayon. Enfin on peut rendre ces formules encore plus commodes pour le calcul trigonométrique, en prenant des angles λ et μ, et des nombres F et G, d'après les valeurs

$$\tang \lambda = \frac{P}{Q}, \quad F = \frac{P}{\sin \lambda} = \frac{Q}{\cos \lambda},$$
$$\tang \mu = \frac{M}{N}, \quad G = \frac{M}{\sin \mu} = \frac{N}{\cos \mu},$$

d'où résulte

$$\frac{dr}{r} = -\frac{F}{G} \cos(\lambda - \mu), \quad d\varphi = \frac{F}{G} \sin(\lambda - \mu).$$

D'ailleurs il est bon de remarquer que les quantités M et N se forment aisément par le moyen des mêmes termes qui servent à composer les valeurs de P et Q, car tandis qu'on a

$$P = A + B + C + D + \text{etc.};$$

les termes successifs A, B, etc. étant $ar^n \cos n\varphi$, $br^{n-1} \cos(n-1)\varphi$, etc., la valeur de M est exprimée par la suite

$$nA + (n-1)B + (n-2)C + (n-3)D + \text{etc.}$$

La valeur de N se forme de même à l'aide des termes qui composent Q.

Ayant trouvé par cette méthode des valeurs plus approchées de r et φ, on peut s'en servir comme d'une première approximation pour en trouver de nouvelles qui soient plus approchées encore, et ainsi de suite jusqu'à ce qu'on obtienne tout le degré d'exactitude dont les tables sont susceptibles.

(119) Il est indispensable pour l'usage de la méthode précédente, d'avoir une première valeur approchée de la racine imaginaire que l'on cherche : or jusqu'à présent on n'a point de méthode générale et praticable qui conduise à ce but; c'est pourquoi j'espère que les Analystes verront avec plaisir celle que je vais proposer, dont l'usage est fort simple, et qui ne semble sujette à aucune exception.

Représentons l'équation à résoudre par $F(x)=0$, et supposons qu'on fasse $x = \alpha + \beta\sqrt{-1}$, α et β étant des quantités réelles quelconques, mais qu'il convient de prendre moindres que la limite des racines réelles déterminée comme si l'équation en avait ou pouvait en avoir.

Cette valeur hypothétique de x étant substituée dans $F(x)$, supposons qu'il en résulte $F(x) = P + Q\sqrt{-1}$, P et Q étant réels. Supposons encore qu'ayant fait $\frac{dF}{dx} = F'$, on substitue la même valeur de x dans la fonction F', et qu'on ait pour résultat $F'(x) = M + N\sqrt{-1}$. Si l'on prend une indéterminée ω réelle ou imaginaire, mais très-petite par rapport à $\sqrt{(\alpha^2 + \beta^2)}$, il est clair qu'en faisant $x = \alpha + \beta\sqrt{-1} + \omega$, et rejetant les puissances supérieures de ω, on aura

$$F(\alpha + \beta\sqrt{-1} + \omega) = P + Q\sqrt{-1} + \omega(M + N\sqrt{-1}).$$

Maintenant ω étant à volonté, on pourra faire

$$\omega(M + N\sqrt{-1}) = -n(P + Q\sqrt{-1}),$$

n étant une fraction positive plus ou moins petite, dont la quantité pourra être fixée postérieurement. On aura ainsi

$$\omega = -n\left(\frac{PM + QN}{M^2 + N^2}\right) - n\sqrt{-1}\left(\frac{QM - PN}{M^2 + N^2}\right).$$

Et la valeur corrigée $x = \alpha + \beta\sqrt{-1} + \omega$, donnera d'une manière approchée

$$F(x) = (1 - n)(P + Q\sqrt{-1});$$

quantité moindre, dans la proportion de $1 - n$ à 1, que le résultat obtenu en supposant $x = \alpha + \beta\sqrt{-1}$. Quant à n, il peut être pris à volonté, de manière cependant que ω soit toujours assez petit par rapport à $\sqrt{(\alpha^2 + \beta^2)}$. Si P et Q étaient déjà très-petits par rapport à M et N, on pourrait prendre $n = 1$, et la seconde valeur approchée $\alpha + \beta\sqrt{-1} + \omega$ s'accorderait avec celle qu'on trouve par la méthode ordinaire (n° 118), en supposant que $\alpha + \beta\sqrt{-1}$ est une première valeur approchée de x. Mais lorsque P et Q ne seront pas très-petits par rapport à M et N, on ne prendra pour n qu'une quantité moindre que l'unité, et assez petite pour que ω soit contenu plusieurs fois dans $\alpha + \beta\sqrt{-1}$, ce qui laisse beaucoup de latitude dans le choix (1).

---

(1) Quand on compare en grandeur deux quantités imaginaires telles que $\alpha + \beta\sqrt{-1}$, $\mu + \nu\sqrt{-1}$, la comparaison doit s'entendre seulement des quantités réelles $\sqrt{(\alpha^2 + \beta^2)}$, $\sqrt{(\mu^2 + \nu^2)}$, qui leur serviraient de facteurs, si elles étaient réduites à la forme $r(\cos\varphi + \sqrt{-1}\sin\varphi)$.

La valeur ainsi corrigée de x étant représentée de nouveau par $\alpha + 6\sqrt{-1}$, si on la substitue dans les fonctions F et F', on en déduira semblablement une seconde valeur corrigée, au moyen de laquelle le nouveau résultat $P + Q\sqrt{-1}$ sera encore diminué dans le rapport $1 - n$ à 1; et on continuera ainsi indéfiniment jusqu'à ce que $F(x)$ se réduise à une quantité très-petite, auquel cas, on pourra faire $n = 1$, et l'approximation deviendra très-rapide.

Il faut bien observer que par la nature des quantités imaginaires, la diminution progressive de $F(n)$ ne pourra être sujette à aucune limite; en effet, quand même on aurait $M = 0$ et $N = 0$, c'est-à-dire $\frac{dF}{dx} = 0$, la substitution de $x = \alpha + 6\sqrt{-1}$ étant faite dans les fonctions $\frac{ddF}{2dx^2}$, $\frac{d^3F}{2.3dx^3}$, etc., on parviendra nécessairement à un terme qui ne s'évanouira pas. Alors on aura un résultat de la forme

$$F(\alpha + 6\sqrt{-1} + \omega) = P + Q\sqrt{-1} + \omega^k(T + V\sqrt{-1}),$$

où l'on pourra faire $\omega^k(T + V\sqrt{-1}) = -n(P + Q\sqrt{-1})$. Pour déduire de là la valeur de ω, soient déterminés r et μ de manière qu'on ait $r(\cos\mu + \sqrt{-1}\sin\mu) = -n\left(\frac{P + Q\sqrt{-1}}{T + V\sqrt{-1}}\right)$, on aura donc....

$\omega^k = r(\cos\mu + \sqrt{-1}\sin\mu)$, d'où résulte $\omega = r^{\frac{1}{k}}\left(\cos\frac{\mu}{k} + \sqrt{-1}\sin\frac{\mu}{k}\right)$.

Ainsi en faisant $x = \alpha + 6\sqrt{-1} + \omega$, on aura à très-peu près

$$F(x) = (1 - n)(P + Q\sqrt{-1}).$$

Donc en diminuant continuellement $F(x)$ par des opérations semblables répétées convenablement, il est clair qu'on parviendra à une valeur de $F(x)$ aussi petite qu'on voudra, et alors la valeur de x sera connue.

Il est démontré ainsi d'une manière tout-à-la-fois simple et directe, qu'une valeur de x de la forme $\alpha + 6\sqrt{-1}$ peut toujours satisfaire à l'équation proposée $F(x) = 0$; et cette valeur se réduit à une quantité réelle lorsqu'on a $6 = 0$.

Mais en général x doit être supposée de la forme $\alpha + 6\sqrt{-1}$, ce qui fournit une nouvelle démonstration du théorème concernant la forme des racines imaginaires des équations; démonstration qui a lieu pour toutes sortes d'équations algébriques ou transcendantes.

§ XV. *Résolution en nombres entiers de l'équation indéterminée* $Ly^n + My^{n-1}z + Ny^{n-2}z^2 \ldots + Vz^n = \pm H$.

(120) Nous supposerons que cette équation a été préparée de la manière indiquée n° 75, et qu'en conséquence on peut considérer y et z comme premiers entre eux, ainsi que z et H. Cela posé, on pourra faire semblablement $y = \theta z + Hu$, θ étant un nombre compris entre $-\frac{1}{2}H$ et $+\frac{1}{2}H$; substituant cette valeur dans l'équation proposée, et divisant tout par H, on aura

$$\begin{aligned}\pm 1 = &\left(\frac{L\theta^n + M\theta^{n-1} + N\theta^{n-2} \ldots + V}{H}\right) z^n \\ &+ (nL\theta^{n-1} + (n-1) M\theta^{n-2} + \text{etc.})\, z^{n-1}u \\ &+ \left(\frac{n.n-1}{2} L\theta^{n-2} + \frac{n-1.n-2}{2} M\theta^{n-3} + \text{etc.}\right) Hz^{n-2}u^2 \\ &+ \text{etc.}\end{aligned}$$

Mais z et H étant premiers entre eux, cette équation ne peut subsister, à moins que $\frac{L\theta^n + M\theta^{n-1} + N\theta^{n-2} \ldots + V}{H}$ ne soit un nombre entier; c'est la condition qui sert à déterminer θ. On essaiera donc successivement pour θ tous les nombres entiers compris depuis $-\frac{1}{2}H$ jusqu'à $+\frac{1}{2}H$, et s'il n'en est aucun qui rende $L\theta^n + M\theta^{n-1} + N\theta^{n-2} +$ etc. divisible par H, on en conclura avec certitude que l'équation proposée n'est pas résoluble en nombres entiers; mais si on trouve un ou plusieurs nombres qui satisfont à cette condition, on aura à résoudre ultérieurement, pour chaque valeur de θ, la transformée en z et u, qui sera de la forme

$$az^n + bz^{n-1}u + cz^{n-2}u^2 + \ldots + ku^n = \pm 1;$$

et il est évident que chaque solution de celle-ci en nombres entiers en donnera une de la proposée.

Tout se réduit par conséquent à résoudre une équation de même forme que l'équation proposée, mais dans laquelle le second membre $= \pm 1$.

On doit supposer que le premier membre de l'équation proposée (avant même d'y appliquer aucune réduction) n'est divisible par aucun facteur rationnel; car s'il pouvait se partager en deux facteurs de cette sorte, l'un du degré m, l'autre du degré $n-m$, l'équation proposée se décomposerait en deux autres de la forme

$$L'y^m + M'y^{m-1}z + N'y^{m-2}z^2 + \text{etc.} = \pi$$
$$L''y^{n-m} + M''y^{n-m-1}z + N''y^{n-m-2}z^2 + \text{etc.} = \frac{H}{\pi},$$

π étant un diviseur de H, de sorte qu'alors le problème deviendrait entièrement déterminé.

Il s'ensuit évidemment de cette supposition, que le premier membre $az^n + bz^{n-1}u + cz^{n-2}u^2 + \text{etc.}$ de la transformée, n'est point non plus décomposable en facteurs rationnels. Donc il n'y aura aucunes valeurs de u et z en nombres entiers qui pourront rendre ce premier membre égal à zéro; et ainsi la valeur ± 1 est absolument la plus petite de toutes celles qu'il peut recevoir en substituant pour y et z des nombres entiers quelconques positifs ou négatifs.

(121) Cela posé, nous allons chercher en général quelles doivent être les valeurs de t et u pour que la fonction homogène

$$at^n + bt^{n-1}u + ct^{n-2}u^2 \ldots\ldots + ku^n$$

soit la plus petite possible. Pour cela, imaginons qu'en résolvant l'équation déterminée

$$0 = ax^n + bx^{n-1} + cx^{n-2} \ldots\ldots + k$$

on trouve les facteurs simples réels $x-\alpha$, $x-\alpha'$, $x-\alpha''$, etc. et les facteurs doubles imaginaires $(x-\beta)^2 + \gamma^2$, $(x-\beta')^2 + \gamma'^2$, etc.; alors la fonction proposée $at^n + bt^{n-1}u + ct^{n-2}u^2 + \text{etc.}$ que je désigne par $F(t, u)$, sera égale au produit

$$a(t-\alpha u)(t-\alpha' u)(t-\alpha'' u)\ldots(\overline{t-\beta u}^2 + \gamma^2u^2)(\overline{t-\beta' u}^2 + \gamma'^2u^2) \text{ etc.}$$

Supposons que les valeurs de t et u qui répondent au *minimum* de cette fonction soient $t=p$, $u=q$, ensorte que ce *minimum* soit

$$F(p, q) = a(p-\alpha q)(p-\alpha' q)\ldots(\overline{p-\beta q}^2 + \gamma^2q^2) \text{ etc.}$$

Il faudra donc qu'en prenant pour t et u des valeurs en nombres entiers différentes de p et q (au moins jusqu'à une certaine limite), on ait

$F(p, q) < F(t, u)$. C'est ce qui ne pourrait avoir lieu, si chaque facteur de $F(t, u)$ était égal ou plus petit que le facteur correspondant de $F(p, q)$. Donc il y aura au moins un facteur de $F(t, u)$ qui sera plus grand que le facteur correspondant de $F(p, q)$. Ce facteur sera, ou l'un des facteurs simples réels, ou l'un des facteurs doubles imaginaires.

1°. Soit $t - \alpha u$ le facteur simple plus grand que son correspondant $p - \alpha q$; comme les nombres t et u ont été pris à volonté, et qu'on peut supposer par conséquent que $\frac{t}{u}$ diffère très-peu de $\frac{p}{q}$, il en résulte que $\frac{p}{q}$ doit être une fraction très-approchée de α, et on peut même conjecturer de là que $\frac{p}{q}$ doit être l'une des fractions convergentes vers la racine α. En effet, si $\frac{p^\circ}{q^\circ}$, $\frac{p}{q}$, $\frac{p'}{q'}$ sont trois fractions consécutives convergentes vers α, il a été démontré n° 8, que quels que soient les nombres t et u, pourvu seulement que u soit moindre que q', la quantité $t - \alpha u$ sera toujours plus grande que $p - \alpha q$, ce qui satisferait à la condition observée.

2°. Soit $(t - 6u)^2 + \gamma^2 u^2$ le facteur double imaginaire plus grand que son correspondant $(p - 6q)^2 + \gamma^2 q^2$; nous supposerons qu'on a pris $u < q$, alors il faudra à plus forte raison que $t - 6u$ soit plus grand que $p - 6q$. Or c'est ce qui aura lieu, si $\frac{p}{q}$ est l'une des fractions convergentes vers la quantité 6, partie réelle de la racine imaginaire $6 \pm \gamma\sqrt{-1}$.

(122) Revenons à la considération du premier cas, et supposons qu'on ait pris $t = p^\circ$, $u = q^\circ$, $\frac{p^\circ}{q^\circ}$ étant la fraction convergente qui précède $\frac{p}{q}$ et qui est donnée par le développement de celle-ci en fraction continue. Il faudra donc que $p^\circ - \alpha q^\circ$ soit plus grand que $p - \alpha q$, ou que $\frac{p^\circ - \alpha q^\circ}{p - \alpha q}$ soit plus grande que l'unité; mais d'ailleurs cette quantité peut être négative ou positive.

Soit d'abord $\frac{p^\circ - \alpha q^\circ}{p - \alpha q} = -y$, on en déduira $\alpha = \frac{py + p^\circ}{qy + q^\circ}$; donc, à cause de y positif et plus grand que l'unité, $\frac{p^\circ}{q^\circ}$ et $\frac{p}{q}$ seront deux fractions consécutives convergentes vers α, et y sera le quotient-complet qui répond à la seconde.

En second lieu, soit $\frac{p^\circ - \alpha q^\circ}{p - \alpha q} = +y$, on aura $\alpha = \frac{py - p^\circ}{qy - q^\circ}$; mais il faut subdiviser ce cas en deux autres, selon que y est >2 ou <2.

Si l'on a $y > 2$, on fera $y = 1 + z$, z étant > 1, et on aura... $\alpha = \frac{pz + p - p^\circ}{qz + q - q^\circ}$; donc $\frac{p - p^\circ}{q - q^\circ}$, $\frac{p}{q}$ seront encore deux fractions consécutives convergentes vers α, et z sera le quotient-complet qui répond à la dernière.

Dans ces premiers cas, qui présentent déjà une grande latitude, il est donc prouvé, d'une manière directe et fort simple, que $\frac{p}{q}$ est une fraction convergente vers la racine α.

Il reste à examiner le dernier cas où l'on a $y < 2$. Soit alors $y = 1 + \frac{1}{z}$, z étant toujours > 1, on aura

$$\alpha = \frac{(p - p^\circ)z + p}{(q - q^\circ)z + q} = \frac{(p - p^\circ)(z + 1) + p^\circ}{(q - q^\circ)(z + 1) + q^\circ};$$

donc $\frac{p^\circ}{q^\circ}$, $\frac{p - p^\circ}{q - q^\circ}$ seront deux fractions consécutives convergentes vers α (1), et le quotient-complet qui répond à la dernière sera $z + 1$, quantité plus grande que 2.

Il faudrait que le quotient fût seulement 1 plus une fraction, pour que $\frac{p}{q}$ fût la fraction convergente qui suit $\frac{p - p^\circ}{q - q^\circ}$; et puisqu'on a $z + 1 > 2$, il s'ensuit que dans ce dernier cas $\frac{p}{q}$ ne peut plus être une fraction convergente vers α; mais au moins puisque $\frac{p - p^\circ}{q - q^\circ}$ en est une, et que la différence entre $\frac{p}{q}$ et $\frac{p - p^\circ}{q - q^\circ}$ n'est que $\frac{1}{q(q - q^\circ)}$, on voit que $\frac{p}{q}$ est toujours une valeur fort approchée de la racine α.

Soit $p - p^\circ = \pi$, $q - q^\circ = \varphi$, nous pourrons représenter par $\frac{p^\circ}{q^\circ}$, $\frac{\pi}{\varphi}$,

---

(1) On suppose $p - p^\circ > p^\circ$, et en effet le développement de $\frac{p}{q}$ en fraction continue donne une suite de quotiens dont le dernier peut être supposé à volonté plus grand que l'unité ou égal à l'unité. Or si on le prend plus grand que l'unité, p ne sera pas moindre que $2p^\circ + p^{\circ\circ}$, et ainsi on aura $p - p^\circ > p^\circ$.

$\frac{\pi'}{\varphi'}$, trois fractions consécutives convergentes vers α; et parce que q tombe entre φ et φ', il est clair qu'on aura (n° 8) $p-\alpha q > \pi - \alpha\varphi$.

Mais en faisant $t=\pi$, $u=\varphi$, il faut qu'on ait $F(\pi,\varphi) > F(p,q)$, puisque celle-ci est un *minimum*; donc il y aura dans la valeur de $F(\pi,\varphi)$ quelqu'autre facteur $\pi-\alpha'\varphi$ plus grand que le facteur correspondant $p-\alpha' q$.

Or de ce que $\frac{\pi-\alpha'\varphi}{p-\alpha' q}$ est plus grand que l'unité, et peut être d'ailleurs positif ou négatif, on conclura comme ci-dessus que $\frac{p}{q}$ est une fraction convergente vers α', ou qu'au moins on a $\alpha' = \frac{(p-\pi)(z+1)+\pi}{(q-\varphi)(z+1)+\varphi}$, z étant positif et >1; de là résulte, en substituant les valeurs de π et φ,

$$\alpha' = \frac{p^\circ(z+1)+p-p^\circ}{q^\circ(z+1)+q-q^\circ} = \frac{p^\circ z+p}{q^\circ z+q} = \frac{p^\circ(z+\mu^\circ)+p^{\circ\circ}}{q^\circ(z+\mu^\circ)+q^{\circ\circ}},$$

(car on suppose toujours $p=\mu^\circ p^\circ + p^{\circ\circ}$). Donc $\frac{p^{\circ\circ}}{q^{\circ\circ}}$, $\frac{p^\circ}{q^\circ}$ seront deux fractions consécutives convergentes vers α', et la fraction suivante sera $\frac{p^\circ(k+\mu^\circ)+p^{\circ\circ}}{q^\circ(k+\mu^\circ)+q^{\circ\circ}}$ ou $\frac{p^\circ k+p}{q^\circ k+q}$, k étant l'entier compris dans z. Et puisque q tombe entre q° et $q^\circ k+q$, il s'ensuit qu'on aura $p^\circ - \alpha' q^\circ < p - \alpha' q$.

Le même raisonnement s'applique aux autres racines α'', α''', etc. et même aux quantités β, β', β'', etc.; il en résulte pour conclusion générale, que la fraction $\frac{p}{q}$, qui répond au *minimum* de la fonction proposée, doit être comprise parmi les fractions convergentes vers l'une des racines α, α', α'', ou vers l'une des quantités β, β', β'', etc. Car si elle n'est pas comprise, il faudra que les conditions suivantes soient réunies.

1°. Que la quantité $\frac{p^\circ - \alpha q^\circ}{p-\alpha q}$ relative à une racine déterminée α, soit comprise entre $+1$ et $+2$.

2°. Que toutes les quantités analogues $\frac{p^\circ-\alpha' q^\circ}{p-\alpha' q}$, $\frac{p^\circ-\alpha'' q^\circ}{p-\alpha'' q}$, etc. $\frac{p^\circ-\beta q^\circ}{p-\beta q}$, $\frac{p^\circ-\beta' q^\circ}{p-\beta' q}$, etc. relatives aux autres racines, soient plus petites que l'unité.

Mais cela posé, il paraît impossible que la quantité $\frac{F(p^\circ,q^\circ)}{F(p,q)}$ qui est composée du produit de tous les facteurs

$$\frac{p^\circ-\alpha q^\circ}{p-\alpha q}, \frac{p^\circ-\alpha' q^\circ}{p-\alpha' q}, \frac{p^\circ-\alpha'' q^\circ}{p-\alpha'' q} \cdots\cdots \frac{(p^\circ-\beta q^\circ)^2+\gamma^2 q^{\circ 2}}{(p-\beta q)^2+\gamma^2 q^2}, \text{ etc.}$$

soit plus grande que l'unité, comme elle doit l'être, si $F(p, q)$ est un *minimum*.

En effet, puisque la différence entre $\frac{p}{q}$ et $\frac{p^\circ}{q^\circ}$ n'est que $\frac{1}{qq^\circ}$, et que $\frac{p^\circ}{q^\circ}$, est une fraction convergente vers α, il suffit que parmi les racines α', α'', etc. et les quantités β, β', etc. il y en ait une ou d'un signe contraire de α, ou dont la différence avec α soit sensiblement plus grande que $\frac{1}{qq^\circ}$; alors si α' est cette racine, le facteur $\frac{p^\circ - \alpha' q^\circ}{p - \alpha' q}$ sera à peu près $\frac{q^\circ}{q}$ et ainsi sera moindre que $\frac{1}{2}$; et si β est une quantité assez différente de α, le facteur $\frac{(p^\circ - \beta q^\circ)^2 + \gamma^2 q^{\circ 2}}{(p - \beta q)^2 + \gamma^2 q^2}$ se réduira encore à très-peu près à $\left(\frac{q^\circ}{q}\right)^2$, et sera par conséquent plus petit que $\frac{1}{4}$. Donc dans la valeur de $\frac{F(p^\circ, q^\circ)}{F(p, q)}$, il n'y aurait qu'un facteur plus grand que l'unité, mais moindre que 2; tandis que tous les autres facteurs seraient plus petits que l'unité, et que parmi ceux-ci il s'en trouverait au moins un plus petit que $\frac{1}{2}$, ou même plus petit que $\frac{1}{4}$; donc cette quantité $\frac{F(p^\circ, q^\circ)}{F(p, q)}$ serait plus petite que l'unité, ce qui est contraire à la supposition faite que $F(p, q)$ est un *minimum*. Donc enfin (1) la fraction $\frac{p}{q}$ est toujours une fraction convergente vers l'une des quantités, α, α', α''... β, β'... etc.

(123). La condition qu'on vient de démontrer, ne détermine point encore le *minimum* qu'on cherche, elle indique seulement un ordre de quantités parmi lesquelles il faut chercher la fraction $\frac{p}{q}$ propre à donner ce *minimum*. Voici en conséquence le procédé qu'il faut suivre.

Développez en fraction continue successivement chacune des racines réelles α de l'équation $ax^n + bx^{n-1} + \ldots k = 0$.

Développez de même chacune des parties réelles β des racines imaginaires de la même équation.

---

(1) On trouve cette proposition dans les additions à l'Algèbre d'Euler, n° 28, mais le savant auteur n'est point entré dans le détail de la démonstration. Il en a donné une pour le cas où le *minimum* est 1, dans les Mém. de Berlin an. 1768; mais il y a quelque différence dans l'énoncé, en ce qui concerne les quantités β, β', etc.

Prenez successivement pour $\frac{p}{q}$ toutes les fractions convergentes qui résultent de ces diverses opérations, et substituez les valeurs de p et q dans la fonction proposée. Vous aurez autant de résultats qui chacun dans son genre sont une sorte de *minimum;* le plus petit de tous ces résultats, ou le *minimum minimorum*, sera donc celui qu'il s'agissait de déterminer.

Remarque I.

(124). Si la racine réelle α, ou la partie réelle β d'une racine imaginaire est négative, on fera son développement en fraction continue, comme si elle était positive ; mais ensuite on affectera chaque fraction convergente du signe — avant de la prendre pour $\frac{p}{q}$.

Ici se présente la question de savoir lequel des deux termes p et q sera pris négativement. Cette question est facile à résoudre : si l'exposant n de l'équation proposée est un nombre pair, il est indifférent de faire porter le signe — sur l'un ou sur l'autre des deux termes p et q, et la quantité $ap^n + bp^{n-1}q +$ etc. restera absolument la même. Si au contraire l'exposant n est impair, la quantité $ap^n + bp^{n-1}q +$ etc. conservera la même valeur, mais changera de signe, lorsqu'au lieu de prendre p positif et q négatif, on prendra p négatif et q positif; ou en général lorsqu'on changera à-la-fois le signe de p et celui de q.

De là on voit que dans le cas de n impair, l'équation $ap^n+bp^{n-1}q\,.. + kq^n = +H$, est toujours résoluble en même temps que l'équation $ap^n + bp^{n-1}q \ldots. + kq^n = -H$.

Remarque II.

(125) Si on développe en fraction continue chaque racine α, par la méthode exposée ci-dessus (n° 100), on pourra se dispenser de calculer la valeur de $F(p, q)$ pour chaque fraction convergente $\frac{p}{q}$; en effet la transformée qui répond à la fraction $\frac{p}{q}$ étant $Az^n+Bz^{n-1}+\text{etc.}=0$, le premier coefficient A de cette transformée sera précisément la valeur de $F(p, q)$; donc il suffira de jeter les yeux sur le premier terme de chaque transformée pour avoir le *minimum* demandé.

La même chose aurait lieu à l'égard des quantités β, si on faisait leur développement au moyen de l'équation dont elles sont des racines réelles. Mais comme cette équation est pour l'ordinaire d'un degré trop élevé, il conviendra mieux de faire ce développement par le moyen d'une valeur approchée de β, et on substituera au lieu de $\frac{p}{q}$, les fractions convergentes qui en résultent (n° 114). D'ailleurs on va voir que le développement de ces quantités ne doit être prolongé que jusqu'à une certaine limite.

Remarque III.

(126) Les opérations indiquées sont les mêmes, soit que le *minimum* soit déjà déterminé, comme il l'est quand on se propose de résoudre l'équation $at^n + bt^{n-1}u + ct^{n-2}u^2 \ldots + ku^n = \pm 1$, soit qu'on cherche simplement quelle est la moindre valeur dont le premier membre de cette équation est susceptible. Dans le premier cas, on sent bien que le problème ne sera pas toujours possible. Dans le second, il n'y a autre chose à faire que de chercher dans plusieurs séries de nombres connus quel est le plus petit.

Mais dans les deux cas, comme l'opération du développement s'étend à l'infini, et que passé le second degré on ne connaît aucune loi à laquelle soient assujétis les quotiens et les transformées successives, il est clair qu'on n'aura déterminé le *minimum* de la fonction $at^n + bt^{n-1}u \ldots + ku^n$ que dans l'hypothèse que t et u n'excèdent pas les plus grands termes des fractions convergentes calculées. On ne pourra donc assurer qu'un *minimum* pareil ou même plus petit (s'il n'est pas déjà ± 1) ne puisse avoir lieu au moyen des fractions convergentes ultérieures dont les termes sont plus grands. En effet, on ne voit rien qui empêche que même avec de très-grandes valeurs de p et q, la fonction $ap^n + bp^{n-1}q +$ etc. ne se réduise à l'unité ou à un nombre fort petit; de sorte qu'à cet égard il ne paraît pas qu'on puisse assigner de limite.

Nous observerons cependant que cette grandeur indéfinie des nombres p et q ne peut concerner les fractions convergentes qui résultent du développement de la partie réelle β d'une racine imaginaire $\beta + \gamma\sqrt{-1}$. Car un facteur tel que $(p - \beta q)^2 + \gamma^2 q^2$ ne peut diminuer que jusqu'à un certain point, savoir, tant que la diminution de la partie $(p - \beta q)^2$ est plus considérable que l'augmentation de l'autre partie $\gamma^2 q^2$; mais bientôt après ces facteurs doivent augmenter rapidement. On voit par cette raison, qu'il n'est pas nécessaire de chercher les équations dont β, β', etc. sont les racines, et qu'on peut se contenter, comme nous l'avons déjà dit, d'une valeur approchée de ces quantités.

(127) Supposons que $\frac{p}{q}$ soit une fraction convergente assez approchée de la racine α, pour que la différence $\frac{p}{q}-\alpha$ soit beaucoup plus petite que la différence entre la racine α et chacune des autres racines ou parties de racines $\alpha', \alpha'' \ldots \beta, \beta'$, etc.; alors si l'on fait pour abréger,

$$L=(\alpha-\alpha')(\alpha-\alpha'')\ldots(\overline{\alpha-\beta}^2+\gamma^2)(\overline{\alpha-\beta'}^2+\gamma'^2)\text{ etc.}$$

on aura à très-peu près $F(p,q)=aq^{n-1}(p-\alpha q)L$. Soit z le quotient-complet qui répond à la fraction convergente $\frac{p}{q}$, on aura $p-\alpha q=\pm\frac{1}{qz+q^\circ}$; donc $F(p,q)=\pm aL\,.\,\dfrac{q^{n-2}}{z+\frac{q^\circ}{q}}$.

Dans cette formule, aL étant une quantité constante, on voit que pour que $F(p,q)$ soit un nombre donné, il faut que le quotient z soit en général proportionnel à q^{n-2}.

Ainsi, par exemple, si on veut que $F(p,q)$ se réduise à ± 1, comme cela est nécessaire dans les équations que nous nous sommes proposées, il faut qu'on ait $z=aLq^{n-2}$ à peu près. Telle est la grandeur des quotiens auxquels on reconnaîtra les fractions convergentes qui satisfont à la condition du *minimum* $F(p,q)=\pm 1$. Cette formule sera surtout utile, si le développement d'une racine se fait non par la méthode des transformées successives, mais par le moyen d'une valeur approchée de cette racine (n° 112).

A mesure que l'opération du développement avance, la valeur de q augmente, et par conséquent celle de z (car on suppose ici $n>2$), de sorte qu'il devient de moins en moins probable qu'on trouvera le quotient z nécessaire pour le *minimum*. Cependant si la racine α est très-peu différente d'une ou de plusieurs autres racines α', α'', etc. ou des quantités β, β', etc., alors la limite L pourra être extrêmement petite, et il ne faudra plus un quotient aussi considérable z pour répondre au *minimum* de $F(p,q)$. Cette remarque s'accorde avec les propriétés que nous avons déjà exposées (n°s 109 et 110).

Supposons en second lieu que $\frac{p}{q}$ soit l'une des fractions convergentes vers la quantité β; supposons en même temps que la différence entre $\frac{p}{q}$ et β soit beaucoup plus petite que γ, et aussi beaucoup plus petite qu'aucune des quantités α, α', α''...β', β'', etc. Cela posé, si l'on fait pour abréger,

$$\Lambda = (\beta - \alpha)(\beta - \alpha')(\beta - \alpha'')\ldots[(\beta - \beta')^2 + \gamma'^2] \text{ etc.},$$

on aura à très-peu près $F(p, q) = aq^n\gamma^2\Lambda$. Donc si on veut que... $F(p, q) = \pm 1$, il faudra qu'on ait $q^n = \pm \frac{1}{a\gamma^2}$; ainsi q ne peut surpasser $\sqrt[n]{\frac{1}{a\gamma^2}}$; d'où l'on voit que le *minimum* ± 1 ne pourra avoir lieu, à l'aide des racines imaginaires, que dans des cas très-limités, lorsque γ ou Λ seront très-petits, c'est-à-dire lorsqu'il y aura des racines presqu'égales. En même temps on a la limite du dénominateur q, au-delà de laquelle il est inutile de prolonger le développement de la quantité β, ainsi que l'essai des fractions convergentes qui en résultent.

Nous avons déjà donné dans le paragraphe précédent, des exemples de la résolution des équations indéterminées homogènes dont le second membre ± 1, nous nous contenterons d'ajouter un nouvel exemple où une solution est donnée par la racine réelle, et une par les racines imaginaires.

EXEMPLE.

(128) Soit proposé de trouver le *minimum* de la fonction

$$7t^3 - 110t^2u + 565tu^2 - 941u^3,$$

je considère l'équation $7x^3 - 110x^2 + 565x - 941 = 0$, et je trouve, après quelques essais, qu'elle a une racine réelle entre 3 et 4, et deux racines imaginaires peu différentes entre elles. Voici le développement de la racine réelle en fraction continue :

$7x^3-110x^2+565x-941=0$	3	1 : 0
$-47z^3+94z^2-47z+7=0$	1	3 : 1
$7z^3-47z-47=0$	2	4 : 1
$-85z^3+37z^2+42z+7=0$	1	11 : 3
$z^3-139z^2-218z-85=0$	140	15 : 4
$-11005z^3+19662z^2+281z+1=0$	1	2111 : 563
$8939z^3+6590z^2-13353z-11005=0$	1	2126 : 567
$-8829z^3+26644z^2+33407z+8939=0$	4	4237 : 1130
$3807z^3-177233z^2-79304z-8829=0$	46	19074 : 5087
$-8123689z^3+7782096z^2+348133z+3807=0$	1	877404 : 235132
$10347z^3-8458742z^2-16588971z-8123689=0$	819	896478 : 240219
etc.	2	etc.
	6	
	2	
	etc.	

On voit par les premiers termes des transformées, que le *minimum* $+1$ a lieu lorsque $t=15$ et $u=4$, de sorte que ces valeurs satisfont à l'équation

$$7t^3-110t^2u+565tu^2-941u^3=1.$$

Dans le reste de l'opération, on ne trouve plus de transformées dont le premier terme ait pour coefficient 1, et ainsi on est certain que la première racine ne fournit plus d'autre solution de l'équation précédente, à moins de supposer le nombre u beaucoup plus grand que 819×240219; mais par cette grandeur même, il paraît bien peu probable que l'opération prolongée fournisse de nouvelles valeurs de t et u. Il reste à développer en fraction continue la partie réelle des racines imaginaires. Or comme l'équation n'est que du troisième degré, si on appelle α la racine réelle dont nous venons de trouver des valeurs approchées, la partie réelle β des racines imaginaires sera $\beta=\frac{110}{14}-\frac{1}{2}\alpha$; substituant la valeur connue de α, et développant le résultat en fraction continue, on aura les quotiens et les fractions convergentes vers β comme il suit :

Quotiens...... 5, 1, 55, 1, 2, 2, 1, 3

Fract. converg. $\frac{1}{0}$, $\frac{5}{1}$, $\frac{6}{1}$, $\frac{335}{56}$, $\frac{341}{57}$, etc.

Or en prenant successivement pour $\frac{t}{u}$ ces diverses fractions convergentes, on trouve que les valeurs $t=6$, $u=1$, donnent encore le *minimum* $+1$, et fournissent ainsi une seconde solution de l'équation indéterminée $7t^3 - 110t^2u$ etc. $=1$. Il serait inutile de prendre pour $\frac{t}{u}$ d'autres fractions convergentes, parce que la limite trouvée ci-dessus $q = \sqrt[n]{\frac{1}{a\gamma^2\Delta}}$ donne à très-peu près $q=1$.

SECONDE PARTIE.

PROPRIÉTÉS GÉNÉRALES DES NOMBRES.

§ I. *Théorèmes sur les nombres premiers.*

(129) Théorème. « Si c est un nombre premier, et N un nombre » quelconque non divisible par c, je dis que la quantité $N^{c-1}-1$ sera » divisible par c, de sorte qu'on aura $\frac{N^{c-1}-1}{c}=$ entier $=e$ » (1).

Soit x un nombre entier quelconque, si on considère la formule connue

$$(1+x)^c=1+cx+\frac{c.c-1}{1.2}x^2+\frac{c.c-1.c-2}{1.2.3}x^3+\ldots\ldots+cx^{c-1}+x^c,$$

il est aisé de voir que tous les termes de cette suite, à l'exception du premier et du dernier, sont divisibles par c. En effet, soit M le coefficient de x^m, on aura $M=\frac{c.c-1.c-2\ldots\ldots c-m+1}{1.\ 2\ .\ 3\ldots\ldots\ldots m}$, ou $M.1.2.3\ldots m=c.c-1.c-2\ldots c-m+1$; et puisque le second membre est divisible par c, il faut que le premier le soit aussi. Mais l'exposant m, dans les termes dont il s'agit, ne surpasse pas $c-1$; donc c, qui est supposé un nombre premier, ne peut diviser le produit $1.2.3\ldots m$; donc il divise nécessairement M pour toute valeur de m depuis 1 jusqu'à $c-1$. Donc la quantité $(1+x)^c-1-x^c$ est divisible par c, quel que soit l'entier x.

Soit maintenant $1+x=N$, la quantité précédente deviendra...

(1) Ce théorème, l'un des principaux de la théorie des nombres, est dû à Fermat; il a été démontré par Euler dans divers endroits des Mémoires de Pétersbourg, et notamment dans le Tome I des *Novi commentarii*.

$N^c - (N-1)^c - 1$; et puisqu'elle est divisible par c, si on omet les multiples de c, on aura $N^c - 1 = (N-1)^c$, ou $N^c - N = (N-1)^c - (N-1)$. Mais en mettant $N-1$ à la place de N, et négligeant toujours les multiples de c, on aura semblablement $(N-1)^c - (N-1) = (N-2)^c - (N-2)$. Continuant ainsi de restes égaux en restes égaux, on parviendra nécessairement au reste $(N-N)^c - (N-N)$, lequel est évidemment zéro. Donc tous les restes précédens le sont; donc $N^c - N$ est divisible par c.

Mais $N^c - N$ est le produit de N par $N^{c-1} - 1$, donc puisque N est supposé non divisible par c, il faudra que $N^{c-1} - 1$ soit divisible par c; *ce qu'il fallait démontrer.*

Corollaire. Lorsque c est un nombre premier, on satisfera à l'équation $\frac{x^{c-1}-1}{c} = e$, en prenant pour x un nombre quelconque non-divisible par c. Donc si on considère seulement les valeurs de x positives et moindres que c, ces valeurs seront les nombres successifs 1, 2, 3, $4 \ldots c-1$; et si on considère les valeurs ou solutions comprises entre $-\frac{1}{2}c$ et $+\frac{1}{2}c$, ces valeurs ou solutions seront ± 1, ± 2, $\pm 3 \ldots \pm\left(\frac{c-1}{2}\right)$. Dans les deux cas, les solutions de l'équation dont il s'agit, sont au nombre de $c-1$ égal à l'exposant de x.

(130) Théorème. « Si n est un nombre premier, le produit » $1.2.3\ldots(n-1)$ augmenté d'une unité, sera divisible par n. »

En effet, il résulte de la théorie des différences qu'on a, quel que soit m, l'équation

$$1.2.3\ldots m = m^m - \frac{m}{1}(m-1)^m + \frac{m.m-1}{1.2}(m-2)^m - \frac{m.m-1.m-2}{1.2.3}(m-3)^m + \text{etc.}$$

Si l'on fait $m = n-1$, et qu'on néglige les multiples de n, on aura, suivant le théorème précédent,

$$m^m = 1, \quad (m-1)^m = 1, \quad (m-2)^m = 1, \quad \text{etc.}$$

Donc le produit $1.2.3\ldots m$, en faisant les mêmes omissions, se réduit à $1 - m + \frac{m.m-1}{1.2} - \frac{m.m-1.m-2}{1.2.3} + \text{etc.}$, le nombre des termes de cette suite étant m. Mais ces m termes composent la puissance développée $(1-1)^m$ moins son dernier terme, qui est $+1$, parce que m est pair. Donc la somme des termes en question $= (1-1)^m - 1 = -1$. Donc la quantité $1.2.3\ldots\ldots(n-1)+1$ est divisible par n.

(131) Ce théorème, dont Waring fait mention dans ses *Meditationes Algebraïcæ*, et dont il attribue la découverte à Jean Wilson, a été démontré pour la première fois par Lagrange dans les Mémoires de Berlin, année 1771, et ensuite par Euler dans ses *Opuscula Analytica, Tom. I.* Il est surtout remarquable, en ce qu'il n'a lieu que lorsque n est un nombre premier. En effet, si n est composé de deux facteurs quelconques inégaux a et b, ces deux facteurs se trouveront nécessairement tous deux parmi les nombres $1, 2, 3, \ldots (n-1)$, et la quantité $1.2.3\ldots(n-1)+1$ divisée par n, laissera pour reste $+1$. La même chose aurait lieu, quand même n serait égal au produit des deux facteurs égaux $a \times a$; car alors a et $2a$ se trouveraient dans la suite $1, 2, 3 \ldots n-1$. Donc le produit de ces nombres serait divisible par a^2 ou n, et ce produit, augmenté d'une unité, laisserait pour reste 1.

On peut déduire de là une règle générale et infaillible, pour reconnaître si un nombre donné n est premier ou s'il ne l'est pas. Pour cela, il faut ajouter une unité au produit $1.2.3\ldots(n-1)$; si la somme est divisible par n, le nombre n sera premier; si elle ne l'est pas, le nombre n sera composé. Mais quoique cette règle soit très-belle *in abstracto*, elle ne peut guère être utile dans la pratique, attendu la grandeur énorme à laquelle s'élève bientôt le produit $1.2.3\ldots(n-1)$.

Observons que les nombres $n-1$, $n-2$, $n-3$, etc. considérés comme restes de la division par n, sont équivalens aux restes -1, -2, -3, etc.; d'ailleurs n étant supposé impair, le nombre des facteurs $1, 2, 3 \ldots n-1$ sera pair. Donc le produit $1.2.3\ldots(n-1)$, divisé par n, laissera le même reste que $\pm 1^2.2^2.3^2\ldots\left(\frac{n-1}{2}\right)^2$, le signe ambigu étant $+$ lorsque n est de la forme $4k+1$, et $-$ lorsqu'il est de la forme $4k+3$.

Donc 1°. si le nombre premier n est de la forme $4k+1$, la quantité $\left(1.2.3\ldots\frac{n-1}{2}\right)^2+1$ sera divisible par n. On connaît donc ainsi une somme de deux quarrés a^2+1 dont n doit être diviseur.

2°. Si le nombre premier n est de la forme $4k+3$, la quantité $\left(1.2.3\ldots\frac{n-1}{2}\right)^2-1$ sera divisible par n, et par conséquent n doit diviser l'une ou l'autre des deux quantités $1.2.3\ldots\left(\frac{n-1}{2}\right)+1$, $1.2.3\ldots\left(\frac{n-1}{2}\right)-1$.

(132) LEMME. « Soit c un nombre premier, et P un polynome du degré » m dont les coefficiens sont entiers, savoir, $P = \alpha x^m + \mathcal{C} x^{m-1} + \gamma x^{m-2} \ldots + \omega$; » je dis qu'il ne peut y avoir plus de m valeurs de x, comprises entre » $+\frac{1}{2}c$ et $-\frac{1}{2}c$, qui rendent ce polynome divisible par c. »

Car soit k une première valeur de x qui rende P divisible par c, on pourra faire $P = (x-k)P' + Ac$, et on aura pour P' un polynome en x du degré $m-1$. Soit k' une seconde valeur de x qui rende P divisible par c, il faudra que cette valeur rende $(x-k)P'$ divisible par c. Mais le facteur $x-k$, qui devient $k'-k$, ne peut être divisible par c, puisque k et k' sont supposés chacun plus petits que $\frac{1}{2}c$; donc P ne pourra être divisible une seconde fois par c, à moins que P' ne le soit. Le polynome P du degré m n'admet par conséquent qu'une solution de plus que le polynome P' du degré $m-1$; donc il ne peut y avoir au plus que m valeurs différentes de x, comprises entre $\frac{1}{2}c$ et $-\frac{1}{2}c$, qui rendent P divisible par c.

Nous regarderons comme *solution* ou *racine* de l'équation $\frac{P}{c} = e$, toute valeur de x, comprise entre $+\frac{1}{2}c$ et $-\frac{1}{2}c$, qui rend le premier membre égal à un entier. Le nombre de ces solutions, qu'on pourrait prendre aussi entre o et c, ne doit jamais surpasser l'exposant m, comme il vient d'être démontré; mais d'après une solution telle que $x = k$, on peut faire plus généralement $x = k + cz$, et toutes les valeurs de x renfermées dans cette formule, satisferont à l'équation $\frac{P}{c} = e$.

(133) THÉORÈME. « Soit toujours c un nombre premier, et P un po- » lynome du degré m, lequel soit diviseur du binome $x^{c-1} - 1$; je dis » qu'il y aura toujours m valeurs de x, comprises entre $+\frac{1}{2}c$ et $-\frac{1}{2}c$, » qui rendent ce polynome divisible par c. »

Car soit $x^{c-1} - 1 = PQ$, Q étant un autre polynome du degré $c-1-m$. Puisqu'il y a $c-1$ valeurs de x, savoir $\pm 1, \pm 2, \pm 3 \ldots \pm \frac{c-1}{2}$, qui rendent le premier membre divisible par c, il faut que chacune de ces valeurs rende P ou Q divisible par c. Parmi ces $c-1$ valeurs, il ne peut y en avoir plus de m qui rendent P divisible par c, parce que P n'est que du degré m; il ne peut non plus y en avoir moins de m, car alors il y aurait plus de $c-1-m$ valeurs de x qui rendraient Q divisible par c; ce qui est impossible, puisque Q n'est que du degré $c-1-m$. Donc le nombre de valeurs de x qui rendent P divisible par c, et qui sont comprises entre $+\frac{1}{2}c$ et $-\frac{1}{2}c$, est précisément m.

Remarque. La même proposition aurait lieu, si P était diviseur de $x^{c-1}-1+cR$, R étant un polynome d'un degré quelconque moindre que c.

(134) Théorème. « Si le nombre premier c est diviseur de x^2+N, » N étant un nombre donné positif ou négatif, je dis que la quantité » $(-N)^{\frac{c-1}{2}}-1$ doit être divisible par c; et réciproquement si cette » condition est remplie, il existera un nombre x (moindre que $\frac{1}{2}c$) tel » que x^2+N sera divisible par c. (On excepte le cas de $c=2$, et » celui où N est divisible par c.) »

Car 1°. si c est diviseur de x^2+N, on aura, en omettant les multiples de c, $x^2=-N$; donc $x^{c-1}-1=(-N)^{\frac{c-1}{2}}-1$. Le premier membre est divisible par c, donc le second doit l'être également.

2°. Si on suppose que $(-N)^{\frac{c-1}{2}}-1$ soit divisible par c, je fais cette quantité $=cr$, ce qui donnera $x^{c-1}-1-cr=x^{c-1}-(-N)^{\frac{c-1}{2}}$. Mais si l'on fait pour un moment $c-1=2b$, $-N=M$, le second membre devient $x^{2b}-M^b$, lequel est divisible par x^2-M ou x^2+N. Donc x^2+N divise également le premier membre $x^{c-1}-1-cr$. Donc (n° 133) il y a nécessairement deux valeurs de x, moindres que $\frac{1}{2}c$, qui rendent x^2+N divisible par c; ces deux valeurs n'en font proprement qu'une, parce qu'elles ne diffèrent que par leur signe.

Remarque. Nous avons démontré que N étant un nombre quelconque, et c un nombre premier qui ne divise pas N, la quantité $N^{c-1}-1$ est toujours divisible par c; cette quantité est le produit des deux facteurs $N^{\frac{c-1}{2}}+1$, $N^{\frac{c-1}{2}}-1$; il faut donc que l'un ou l'autre de ces deux facteurs soit divisible par c; d'où nous conclurons que la quantité $N^{\frac{c-1}{2}}$ divisée par c, laissera toujours le reste $+1$ ou le reste -1.

(135) *Comme les quantités analogues à* $\mathrm{N}^{\frac{c-1}{2}}$ *se rencontreront fréquemment dans le cours de nos recherches, nous emploîrons le caractère abrégé* $\left(\frac{\mathrm{N}}{\mathrm{c}}\right)$ *pour exprimer le reste que donne* $\mathrm{N}^{\frac{c-1}{2}}$ *divisée par* c; *reste qui, suivant ce qu'on vient de voir, ne peut être que* $+1$ *ou* -1.

Dans l'expression $\left(\frac{N}{c}\right)$ le nombre N est un nombre quelconque positif ou négatif, mais c est toujours un nombre premier, 2 excepté.

Lorsque c est un nombre premier $4n+1$, l'exposant $\frac{c-1}{2}$ est pair; au contraire cet exposant est impair, lorsque c est de la forme $4n+3$. Dans le premier cas on doit donc avoir $\left(\frac{-N}{c}\right)=\left(\frac{N}{c}\right)$, et dans le second $\left(\frac{-N}{c}\right)=-\left(\frac{N}{c}\right)$.

Une expression telle que $\left(\frac{MN}{c}\right)$ est toujours le produit des deux expressions $\left(\frac{M}{c}\right)$, $\left(\frac{N}{c}\right)$. Car soit $\left(\frac{M}{c}\right)=\mu$ et $\left(\frac{N}{c}\right)=\nu$, le sens de ces expressions indique assez qu'on peut faire $M^{\frac{c-1}{2}}=mc+\mu$, $N^{\frac{c-1}{2}}=nc+\nu$, m et n étant des entiers; de là résulte $(MN)^{\frac{c-1}{2}}=(mc+\mu)(nc+\nu)$, et il est visible que le second membre divisé par c laisse le reste $\mu\nu$; donc on a $\left(\frac{MN}{c}\right)=\left(\frac{M}{c}\right).\left(\frac{N}{c}\right)$, et ainsi pour un plus grand nombre de facteurs.

Dans le cas de deux facteurs égaux, l'expression $\left(\frac{MM}{c}\right)$, qui est la même chose que $\left(\frac{M}{c}\right)\times\left(\frac{M}{c}\right)$, est toujours égale à $+1$, puisque chaque facteur $\left(\frac{M}{c}\right)$ ne peut être que $+1$ ou -1.

§ II. *Recherche de la forme qui convient aux diviseurs de la formule* t^2+au^2.

(136) DANS la formule t^2+au^2, nous regarderons a comme un nombre donné positif ou négatif, et nous supposerons que t et u sont deux indéterminées auxquelles on peut attribuer toutes les valeurs possibles en nombres entiers positifs ou négatifs, mais avec la condition essentielle que t et u soient premiers entre eux. En effet, sans cette condition tout nombre pourrait diviser la formule t^2+au^2, et il n'y aurait par conséquent aucune forme particulière qui caractérisât les diviseurs de cette formule. Cela posé, on voit que pour une même valeur de a, la formule t^2+au^2 représentera une infinité de nombres différens, et il s'agit d'examiner la nature des diviseurs de cette formule.

Soit p un diviseur quelconque de la formule t^2+au^2, et soit en conséquence $t^2+au^2=Pp$: je dis d'abord que les nombres u et p sont premiers entre eux: car si u^2 et p avaient un commun diviseur θ, il est clair que θ diviserait $Pp-au^2$ ou t^2, et qu'ainsi t et u auraient un commun diviseur, ce qui est contre la supposition. Puis donc que p et u sont premiers entre eux, on pourra (n° 13) trouver deux nombres y et q tels qu'on ait $t=py+qu$. Substituant cette valeur dans l'équation $t^2+au^2=Pp$ et divisant tout par p, on aura

$$py^2+2qyu+\left(\frac{q^2+a}{p}\right)u^2=P.$$

Mais puisque u n'a aucun diviseur commun avec p, cette équation ne peut subsister à moins que $\frac{q^2+a}{p}$ ne soit un entier. Donc le nombre p qui divise la formule t^2+au^2, divisera également la formule moins générale x^2+a, en faisant $x=q$.

(137) Non-seulement la formule à deux indéterminées t^2+au^2, n'a pas d'autres diviseurs que la formule à une seule indéterminée t^2+a

ou x^2+a; mais à cet égard la formule $At^2+Btu+Cu^2$, où A, B, C sont des nombres donnés, n'est pas plus générale que les deux premières. En effet si on multiplie la dernière par $4A$, et qu'on fasse $2At+Bu=x$, $4AC-B^2=a$, le produit sera x^2+au^2. Donc les diviseurs de la formule $At^2+Btu+Cu^2$ sont les mêmes que ceux de la formule plus simple x^2+au^2, ou seulement x^2+a, a étant égale à la quantité constante $4AC-B^2$. Et quoiqu'on ait multiplié par $4A$ la formule proposée, il n'y a pas même exception par rapport aux diviseurs qui ne seraient pas premiers à A, car en faisant $x=B$, la formule x^2+a devient B^2+a ou $4AC$; elle est par conséquent divisible par A.

Soit toujours p un diviseur quelconque de la formule t^2+au^2, et supposons que β, γ, δ, etc. soient les nombres premiers qui divisent p, il faudra que chacun de ces nombres divise la formule x^2+a; ainsi, d'après le n° 134 et la notation indiquée n° 135, il faudra qu'on ait les équations

$$\left(\frac{-a}{\beta}\right)=1,\quad \left(\frac{-a}{\gamma}\right)=1,\quad \left(\frac{-a}{\delta}\right)=1,\quad \text{etc.}$$

Ces conditions seront suffisantes, au moins tant que p et a n'auront pas de commun diviseur.

(138) Revenons à la formule $py^2+2qyu+\left(\frac{q^2+a}{p}\right)u^2=P$, et puisque $\frac{q^2+a}{p}$ est un entier, faisons $\frac{q^2+a}{p}=r$, nous aurons

$$P=py^2+2qyu+ru^2.$$

Mais P peut désigner pareillement un diviseur quelconque de la formule t^2+au^2; donc tout diviseur de cette formule indéterminée peut être représenté par la formule de même degré $py^2+2qyu+ru^2$, dans laquelle on a $pr-q^2=a$.

Et comme on est maître de supposer $u=1$, puisque la formule t^2+a doit avoir les mêmes diviseurs que la formule t^2+au^2, il s'ensuit qu'on peut aussi représenter l'un quelconque de ces diviseurs par la formule $py^2+2qy+r$, où l'on a également $pr-q^2=a$. Cette forme est plus simple que la précédente; cependant nous préférerons celle-ci, parce que ses coefficiens peuvent toujours être renfermés entre des limites connues et dépendantes du seul nombre a.

En effet, nous avons démontré (n° 46) que la formule indéterminée $py^2+2qyu+ru^2$ peut toujours être transformée en une formule semblable, dans laquelle le coefficient moyen $2q$ n'excédera aucun des coefficiens extrêmes p, r, et où l'on aura toujours $pr - q^2 = a$.

Supposons que cette réduction soit effectuée, et nous serons en droit de conclure, selon que a est positif ou négatif,

1°. Que tout diviseur de la formule $t^2 + cu^2$, où c est un nombre positif, peut être représenté par la formule $py^2 + 2qyz + rz^2$, dans laquelle on a $pr - q^2 = c$, $2q < p$ et r, et par conséquent $q < \sqrt{\frac{c}{3}}$.

2°. Que tout diviseur de la formule $t^2 - cu^2$, peut être représenté par la formule $py^2 + 2qyz - rz^2$, où l'on a $pr + q^2 = c$, $2q < p$ et r, et par conséquent $q < \sqrt{\frac{c}{5}}$.

(139) Dans les deux cas, il faut se souvenir que les indéterminées y et z doivent être des nombres premiers entre eux, comme le sont les indéterminées t et u de la formule proposée $t^2 \pm cu^2$. Avec cette condition, tout nombre P renfermé dans la formule $py^2 + 2qyz \pm rz^2$ sera nécessairement diviseur de la formule $t^2 \pm cu^2$.

Car supposons qu'on ait $P = p\alpha^2 + 2q\alpha\beta \pm r\beta^2$, et soit $\frac{\alpha^\circ}{\beta^\circ}$ la fraction convergente qui précède $\frac{\alpha}{\beta}$ dans le développement de celle-ci en fraction continue. Si à la place de y et z on met $\alpha y + \alpha^\circ z$ et $\beta y + \beta^\circ z$ dans la formule indéterminée $py^2 + 2qyz \pm rz^2$, le résultat sera (n° 53) de la forme $Py^2 + 2Qyz + Rz^2$, où l'on aura $PR = Q^2 \pm c$. Donc P est diviseur de $Q^2 \pm c$ ou de $t^2 \pm cu^2$.

§ III. *Application de la théorie précédente à diverses formules* $t^2 + u^2$, $t^2 + 2u^2$, $t^2 - 2u^2$, *etc. Conséquences qui en résultent pour les formes générales des nombres premiers.*

(140) POUR avoir les diviseurs de la formule t^2+u^2, il faudra, suivant la méthode du § précédent, faire $c=1$, $pr-q^2=1$, et $q<\sqrt{\frac{1}{3}}$, on aura donc $q=0$, $pr=1$, $p=r=1$, et le diviseur $py^2+2qyz+rz^2$ se réduit à y^2+z^2. Donc « tout diviseur de la formule t^2+u^2, com- » posée de deux quarrés premiers entre eux, est également la somme » de deux quarrés premiers entre eux. »

Ce théorème étant d'un très-grand usage dans la théorie des nombres, nous croyons devoir en donner une seconde démonstration fondée sur d'autres principes.

Soit N un nombre quelconque qui divise la somme de deux quarrés premiers entre eux t^2+u^2, on pourra supposer que les nombres t et u ne surpassent pas $\frac{1}{2}N$; car puisque N divise t^2+u^2, il divisera également $(t-\alpha N)^2+(u-\beta N)^2$; or les nombres α et β peuvent toujours être pris de manière que $t-\alpha N$ et $u-\beta N$ n'excèdent pas $\frac{1}{2}N$.

Cette préparation étant supposée faite, la quantité t^2+u^2 sera moindre que $\frac{1}{2}N^2$, ainsi en faisant $t^2+u^2=NN'$, on aura $N'<\frac{1}{2}N$.

Et d'abord si on avait $N'=1$, le nombre N serait égal à t^2+u^2, et la proposition serait vérifiée.

Soit donc $N'>1$; puisque N' divise t^2+u^2, il divisera aussi $(t-\alpha N')^2+(u-\beta N')^2$; or on peut prendre α et β de manière que $t-\alpha N'$ et $u-\beta N'$ n'excèdent pas $\frac{1}{2}N'$. Si l'on fait donc dans cette hypothèse

$$(t-\alpha N')^2+(u-\beta N')^2=N'N'',$$

on aura $N''<\frac{1}{2}N'$. Multipliant cette équation membre à membre par l'équation $t^2+u^2=NN'$, on trouvera que le produit peut être mis sous la forme

$$(t^2+u^2-\alpha tN'-\beta uN')^2+(\alpha uN'-\beta tN')^2=NN'^2N''.$$

Substituant dans le premier membre NN' au lieu de t^2+u^2, et divisant tout par N'^2, on aura

$$(N-\alpha t-\mathcal{C}u)^2+(\alpha u-\mathcal{C}t)^2=NN''.$$

Si dans ce nouveau résultat, on avait $N''=1$, le nombre N serait égal à la somme de deux quarrés, et la proposition serait démontrée.

Soit donc encore $N''>1$, alors, en suivant la même marche, on déduira du produit NN'' un nouveau produit NN''' où l'on aura $N'''<\frac{1}{2}N''$, et qui sera exprimé pareillement par la somme de deux quarrés.

Mais la suite des nombres entiers N, N', N'', N''', etc. dans laquelle chaque terme est moindre que la moitié du précédent, ne saurait aller à l'infini; on parviendra donc nécessairement à un terme égal à l'unité, et alors le nombre N sera égal à la somme de deux quarrés.

(141) Revenons à la méthode générale, et proposons-nous de déterminer les diviseurs de la formule t^2+2u^2. On aura, dans ce cas, $c=2$, $pr-q^2=2$, $q<\sqrt{\frac{2}{3}}$; donc il faut faire encore $q=0$, ce qui donne $pr=2$, et par conséquent $p=1$, $r=2$. Donc le diviseur $py^2+2qyz+rz^2$ sera toujours de la forme y^2+2z^2 semblable à la formule dividende t^2+2u^2.

Soit encore la formule t^2-2u^2, dont nous représenterons un diviseur quelconque par $py^2+2qyz-rz^2$, on aura $c=2$, $pr+q^2=2$, $q<\sqrt{\frac{2}{5}}$. Il en résulte $q=0$ et $pr=2$, ce qui donne $p=1$, $r=2$, ou $p=2$, $r=1$. Donc tout diviseur de la formule t^2-2u^2 peut être représenté, soit par y^2-2z^2, soit par $2y^2-z^2$. Ces deux formes, au reste, se réduisent à une seule, car nous avons déjà observé qu'on a

$$y^2-2z^2=2(y-z)^2-(y-2z)^2.$$

On trouvera de la même manière, que la formule t^2+3u^2 ne peut avoir pour diviseur impair qu'un nombre de forme semblable y^2+3z^2, et aussi que la formule t^2-5u^2 ne peut avoir pour diviseur impair que l'une ou l'autre des deux formes y^2-5z^2, $5y^2-z^2$. Or il est aisé de voir que ces deux formes se réduisent encore à une seule, puisqu'on a

$$y^2-5z^2=5(y-2z)^2-(2y-5z)^2.$$

Donc en général « tout nombre compris dans l'une des formes t^2+u^2,
» t^2+2u^2, t^2-2u^2, t^2+3u^2, t^2-5u^2, t et u étant premiers entre
» eux, ne peut avoir pour diviseur qu'un nombre de même forme. Il

» faut excepter seulement, à l'égard des deux dernières formules $t^2 + 3u^2$, » $t^2 - 5u^2$, les diviseurs doubles d'un impair, lesquels ne pourraient » être des formes $y^2 + 3z^2$, $y^2 - 5z^2$. »

Ces diverses formes, qui ont l'avantage de se reproduire dans leurs diviseurs, ne sont point incompatibles entre elles; elles se trouvent au contraire réunies assez souvent, deux ou plusieurs, dans le même nombre. Ainsi on a $89 = 8^2 + 5^2 = 9^2 + 2.2^2$; $241 = 15^2 + 4^2 = 13^2 + 2.6^2 = 21^2 - 2.10^2 = 7^2 + 3.8^2 = 31^2 - 5.12^2$.

(142). C'est ici le lieu de développer quelques-unes des propriétés des nombres fondées sur la combinaison des quarrés pairs et impairs; et d'abord observons qu'un quarré pair $(2x)^2$ est toujours de la forme $4n$, et un quarré impair $(2x+1)^2$ de la forme $8n+1$. En effet on a $4x^2 + 4x + 1 = 8\left(\frac{x^2+x}{2}\right) + 1$; or $\frac{x^2+x}{2}$ est toujours un entier, et de plus, cet entier est un nombre triangulaire (1).

---

(1) Voici les différentes séries de nombres auxquels on a donné le nom de *nombres figurés* :

A	1, 2, 3, 4, 5, 6..........	n
B	1, 3, 6, 10, 15, 21........	$\frac{n.\overline{n+1}}{1.2}$
C	1, 4, 10, 20, 35, 56.......	$\frac{n.\overline{n+1}.\overline{n+2}}{1.2.3}$
D	1, 5, 15, 35, 70, 126......	$\frac{n.\overline{n+1}.\overline{n+2}.\overline{n+3}}{1.2.3.4}$
etc.	etc., etc.	

La première série *A* est celle des *nombres naturels* dont le terme général est n; la seconde série *B* est celle des *nombres triangulaires*, son terme général est $\frac{n.\overline{n+1}}{2}$. Si de ce terme général, qui est le $n^{ième}$ terme de la série *B*, on retranche le terme précédent de la même série, lequel est $\frac{\overline{n-1}.n}{2}$, le reste sera n, qui est le terme général ou $n^{ième}$ terme de la série *A*. Donc on formera le $n^{ième}$ terme de la série *B*, en ajoutant le $(n-1)^{ème}$ terme de la même série avec le $n^{ème}$ de la série *A*.

La troisième série *C* est celle des *nombres pyramidaux*, dont le terme général est $\frac{n.\overline{n+1}.\overline{n+2}}{1.2.3}$; si de ce terme on retranche le précédent $\frac{\overline{n-1}.n.\overline{n+1}}{1.2.3}$ de la même

Puisque y^2 et z^2 ne peuvent être que de l'une des formes $4n$, $8n+1$, on établira immédiatement les trois propositions suivantes :

1°. « Tout nombre impair représenté par la formule y^2+z^2 est de la » forme $4n+1$. »

2°. « Tout nombre impair représenté par la formule y^2+2z^2 est de » l'une des formes $8n+1$, $8n+3$. »

3°. « Tout nombre impair représenté par la formule y^2-2z^2 est de » l'une des formes $8n+1$, $8n+7$. »

De ces trois propositions résultent, par voie d'exclusion, ces trois autres :

4°. « Aucun nombre de la forme $4n+3$ ne peut être représenté par « y^2+z^2. »

5°. « Aucun nombre des formes $8n+5$, $8n+7$ ne peut être repré- » senté par y^2+2z^2. »

6°. « Aucun nombre des formes $8n+3$, $8n+5$ ne peut être repré- » senté par y^2-2z^2. »

Cela posé, il sera facile de démontrer les quatre théorèmes suivans, qui sont d'une grande importance dans la théorie des nombres.

(143) Théorème I. « Tout nombre premier $4n+1$ est la somme de » deux quarrés. »

Soit ce nombre premier $c=4n+1$, on aura $x^{c-1}-1=x^{4n}-1=(x^{2n}+1)(x^{2n}-1)$; donc (n° 133) il y aura $2n$ valeurs de x, comprises entre $+\frac{1}{2}c$ et $-\frac{1}{2}c$, qui rendront $x^{2n}+1$ divisible par c. Mais $x^{2n}+1$ est la somme de deux quarrés premiers entre eux, donc (n° 140)

---

série, la différence sera $\frac{n.\overline{n+1}}{1.2}$, qui est le $n^{ième}$ terme de la série B. Donc on peut former la série C au moyen de la série B, comme on a formé celle-ci au moyen de la série A.

Il en est de même de la quatrième série D, qui est celle des *nombres triangulo-triangulaires*, et dont le terme général est $\frac{n.\overline{n+1}.\overline{n+2}.\overline{n+3}}{1.2.3.4}$, et ainsi des autres.

Les termes généraux que nous donnons ici comme définitions, et d'où nous déduisons la loi de formation successive, renferment toute la théorie des nombres figurés, et offrent immédiatement la démonstration d'une proposition générale dont Fermat fait mention dans ses notes sur Diophante, pag. 16, et qu'il regardait comme une de ses principales découvertes.

son diviseur c est également la somme de deux quarrés premiers; donc on pourra toujours supposer $c = y^2 + z^2$. (1).

Remarque. La forme $4n+1$ renferme les deux formes $8n+1$, $8n+5$; donc tout nombre premier soit de la forme $8n+1$, soit de la forme $8n+5$, est la somme de deux quarrés.

(144) Théorème II. « Tout nombre premier $8n+1$ est à-la-fois des trois formes y^2+z^2, y^2+2z^2, y^2-2z^2. »

Soit ce nombre premier $c = 8n+1$, on a déjà prouvé qu'il doit être de la forme y^2+z^2, ainsi il reste à démontrer qu'il est en même temps des deux autres formes y^2+2z^2, y^2-2z^2. Or on a $x^{c-1}-1 = x^{8n}-1 = (x^{4n}-1)(x^{4n}+1)$; donc (n° 133) il y a $4n$ valeur de x comprises entre $+\frac{1}{2}c$ et $-\frac{1}{2}c$, qui rendent le binome $x^{4n}+1$ divisible par c. Mais d'abord le binome $x^{4n}+1$ peut se mettre sous la forme $(x^{2n}-1)^2+2.x^{2n}$, laquelle est comprise dans la formule t^2+2u^2, t et u étant premiers entre eux; donc son diviseur c est de la forme y^2+2z^2.

En second lieu, le binome $x^{4n}+1$ peut aussi se mettre sous la forme $(x^{2n}+1)^2-2x^{2n}$, laquelle revient à t^2-2u^2; donc son diviseur c doit être également de la forme y^2-2z^2.

Donc tout nombre premier $8n+1$ est à-la-fois des trois formes y^2+z^2, y^2+2z^2, y^2-2z^2. Et pour en donner un exemple, $73=8^2+3^2 = 1^2+2.6^2=9^2-2.2^2$.

(145) Théorème III. « Tout nombre premier $8n+3$ est de la forme » y^2+2z^2. »

Car en faisant $c=8n+3$, et prenant en particulier $x=2$, la formule $x^{c-1}-1$ devient $2^{8n+2}-1=(2^{4n+1}-1)(2^{4n+1}+1)$; donc il faut que l'un de ces facteurs binomes soit divisible par c. Mais si le premier facteur, qui est de la forme $2t^2-u^2$, était divisible par c, le nombre c lui-même serait de la forme $2y^2-z^2$ ou y^2-2z^2, laquelle, comme on l'a vu n° 142, ne peut convenir à aucun nombre $8n+3$. Donc c divise

---

(1) Cette proposition a été démontrée ci-dessus (n° 52) d'une manière encore plus directe, et elle résulte également de ce que l'équation $x^2-cy^2=-1$, étant toujours possible dans ce cas, c doit être diviseur de x^2+1.

nécessairement le second facteur $2.2^{4n}+1$, lequel est de la forme t^2+2u^2, donc c est de la même forme y^2+2z^2 (1).

(146) Théorème IV. « Tout nombre premier $8n+7$ est de la forme » y^2-2z^2. »

Car en faisant $c=8n+7$, et prenant encore $x=2$, on aura.... $x^{c-1}-1=(2^{4n+3}+1)(2^{4n+3}-1)$; le premier membre (n° 129) doit être divisible par c, donc il faut que c divise l'un des facteurs du second membre. Mais en doublant ces facteurs, et faisant $2^{2n+2}=k$, ils deviennent k^2+2, k^2-2; or si c divisait k^2+2, il serait de la forme y^2+2z^2, laquelle (n° 142) ne peut convenir à aucun nombre $8n+7$. Donc c divise nécessairement l'autre facteur k^2-2, donc il est de la forme y^2-2z^2 (2).

Corollaire général.

(147) Il suit de ces quatre théorèmes, que les nombres premiers impairs étant distribués en quatre classes ou espèces $8n+1$, $8n+3$, $8n+5$, $8n+7$, on peut établir les propriétés suivantes qui distinguent deux espèces de deux autres :

1°. « Les nombres premiers $8n+1$, $8n+5$, sont, exclusivement à » tous autres, de la forme y^2+z^2. »

2°. « Les nombres premiers $8n+1$, $8n+3$, sont, exclusivement à » tous autres, de la forme y^2+2z^2. »

3°. « Les nombres premiers $8n+1$, $8n+7$, sont, exclusivement à » tous autres, de la forme y^2-2z^2. »

D'où l'on voit que la seule espèce $8n+1$, dans laquelle l'unité est

---

(1) On a démontré ci-dessus, n° 44, que c étant un nombre premier $8n+3$, il est toujours possible de satisfaire à l'équation $x^2-cy^2=-2$: de là il résulte fort directement que c est diviseur de x^2+2, et qu'ainsi c est de la forme y^2+2z^2.

(2) C'est encore ce qu'on peut déduire immédiatement de la proposition du n° 45; car puisque, suivant cette proposition, l'équation $x^2-cy^2=2$ est toujours possible, il s'ensuit que c divise x^2-2, et qu'ainsi c est de la forme y^2-2z^2.

Ces quatre théorèmes, et quelques autres semblables, ont été découverts par Fermat; mais les démonstrations de ce savant ne nous ont point été transmises. Euler a démontré le premier et le second dans les nouveaux Comment. de Pétersbourg; Lagrange a démontré les autres dans les Mém. de Berlin, ann. 1775.

comprise, réunit les trois propriétés, et que chacune des trois autres espèces ne jouit que d'une seule de ces mêmes propriétés.

A l'aide de ces théorèmes, il est facile d'évaluer l'expression $\left(\frac{2}{c}\right)$ selon les diverses formes du nombre premier c. On se souviendra (n° 135) que cette expression désigne le reste de $2^{\frac{c-1}{2}}$ divisé par c, reste qui ne peut être que $+1$ ou -1.

(148) THÉORÈME V. « L'expression $\left(\frac{2}{c}\right)$ sera égale à $+1$, si le » nombre premier c est de forme $8n+1$ ou $8n+7$; elle sera égale à » -1, si le nombre premier c est de l'une des deux autres formes » $8n+3$, $8n+5$. »

Car 1°. si c est de l'une des formes $8n+1$, $8n+7$, on pourra faire $c=y^2-2z^2$, ou $2z^2=y^2-c$. Élevant chaque membre à la puissance $\frac{c-1}{2}$ et négligeant les multiples de c, on aura $2^{\frac{c-1}{2}}z^{c-1}=y^{c-1}$; mais en omettant ces mêmes multiples, on aura (n° 129) $y^{c-1}=1$, $z^{c-1}=1$. Donc $2^{\frac{c-1}{2}}=1$, ou suivant notre notation abrégée, $\left(\frac{2}{c}\right)=1$.

2°. Si c est de la forme $8n+3$, on pourra faire $c=y^2+2z^2$, ou $2z^2=c-y^2$. Élevant chaque membre à la puissance $\frac{c-1}{2}$ et observant que $\frac{c-1}{2}$ est impair, on aura, en négligeant toujours les multiples de c, $2^{\frac{c-1}{2}}z^{c-1}=-y^{c-1}$, ou $2^{\frac{c-1}{2}}=-1$, ou enfin $\left(\frac{2}{c}\right)=-1$.

3°. Si c est de la forme $8n+5$, c ne pourra être de la forme y^2-2z^2, donc c ne pourra diviser un nombre de la forme t^2-2u^2. Mais si c divisait un nombre de cette forme, on aurait (en vertu du n° 134) $\left(\frac{2}{c}\right)=1$; donc puisqu'on ne peut avoir $\left(\frac{2}{c}\right)=1$, on aura nécessairement $\left(\frac{2}{c}\right)=-1$.

Ce théorème, joint aux observations contenues dans le n° 135, formera une sorte d'algorithme très-utile pour le calcul des quantités $\left(\frac{N}{c}\right)$.

§ IV. *Où l'on prouve que tout nombre entier est composé de quatre ou d'un moindre nombre de quarrés.*

Nous commencerons par démontrer la proposition suivante, qui n'est pas seulement subsidiaire pour l'objet que nous avons en vue, mais qui contient une propriété très-remarquable des nombres premiers.

(149) Théorème. « Étant donné un nombre premier A et deux autres » nombres quelconques B et C, positifs ou négatifs, mais non divisibles » par A, je dis qu'on peut toujours trouver deux nombres t et u, tels » que la quantité $t^2 - Bu^2 - C$ soit divisible par A. » (Lagrange, Mém. de Berlin, 1770.)

Car 1°. si l'on peut trouver un nombre u tel que $Bu^2 + C$ soit divisible par A, on prendra pour t un multiple de A, et la formule... $t^2 - Bu^2 - C$ sera divisible par A.

2°. S'il n'y a aucun nombre qui remplisse cette condition, faisons, pour abréger, $A = 2a + 1$, $Bu^2 + C = V$, la quantité dont il s'agit $t^2 - Bu^2 - C$ ou $t^2 - V$ étant un diviseur de $t^{2a} - V^a$, on pourra faire le quotient

$$t^{2a-2} + Vt^{2a-4} + V^2t^{2a-6} \ldots\ldots + V^{a-1} = P,$$

et on aura

$$(t^2 - V)P = t^{2a} - V^a = t^{2a} - 1 - (V^a - 1).$$

Soit $Q = V^a + 1$, et en multipliant de part et d'autre par Q, on aura

$$(t^2 - V)PQ = Q(t^{2a} - 1) - (V^{2a} - 1).$$

Mais d'après le théorème de Fermat (n° 129), on sait que le second membre est divisible par A, pourvu que t et V soient premiers à A. Donc si, outre ces deux conditions, on peut faire ensorte que A ne divise ni P ni Q, on en conclura avec certitude que $t^2 - V$ est divisible par A, ce qui est l'objet de notre démonstration.

Mais d'abord on a supposé que V n'est jamais divisible par A; et pour que t ne le soit pas, il suffit de prendre pour t l'un des nombres 1, 2, 3....$A-1$. Ainsi les deux premières conditions se remplissent d'elles-mêmes, et il ne s'agit plus que de satisfaire aux deux autres, c'est-à-dire de faire ensorte que A ne divise ni P ni Q.

Or 1°. la quantité $Q=V^a+1=(Bu^2+C)^a+1$ étant développée, donne

$$Q=1+B^a u^{2a}+aB^{a-1}Cu^{2a-2}+\frac{a.a-1}{1.2}B^{a-2}C^2u^{2a-4}+\text{etc.}$$
$$+C^a\ +aBC^{a-1}u^2\ +\frac{a.a-1}{1.2}B^2C^{a-2}u^4\ +\text{etc.}$$

Et il faut de deux choses l'une (n° 134), ou que C^a-1 soit divisible par A, ou que C^a+1 le soit. Si le premier cas a lieu, ou en d'autres termes, si l'on a $\left(\frac{C}{A}\right)=1$, on pourra faire $u=0$, et la quantité Q sera non-divisible par A. Ce cas, au reste, est évident par lui-même, puisqu'indépendamment du terme Bu^2 qu'on peut faire zéro ou multiple de A, la partie t^2-C est divisible par A, en vertu de la condition $\left(\frac{C}{A}\right)=1$.

Si le second cas a lieu, ou si l'on a $\left(\frac{C}{A}\right)=-1$, alors en séparant dans Q la partie C^a+1 qui est divisible par A, et divisant le reste par u^2, nous aurons le quotient

$$Q'=B^a u^{2a-2}+aB^{a-1}Cu^{2a-4}+\ldots+aBC^{a-1}.$$

Cette fonction, considérée par rapport à u, n'étant que du degré $2a-2$ ou $A-3$, il ne peut y avoir au plus que $A-3$ valeurs de u, qui rendent Q' divisible par A; donc il y aura au moins deux valeurs de u qui rendront Q', et par conséquent Q non divisible par A.

2°. u étant ainsi déterminé, la fonction P ne contient plus que la variable t, et comme relativement à cette variable, elle n'est que du degré $2a-2$ ou $A-3$, il ne peut y avoir au plus que $A-3$ valeurs de t, entre 0 et A, qui rendent P divisible par A; donc il y aura au moins deux valeurs de t, toujours entre 0 et A, qui rendront P non-divisible par A.

Donc il sera toujours possible de satisfaire aux deux conditions exigées, de manière que la quantité t^2-Bu^2-C sera divisible par le nombre premier A.

Corollaire. Si l'on fait $B=C=-1$, on conclura de cette proposition, que tout nombre premier A est diviseur de la formule t^2+u^2+1.

C'est ce qu'Euler a démontré le premier dans le Tom. V des nouveaux Commentaires de Pétersbourg.

(150) Lemme. « Le produit d'une somme de quatre quarrés par une » somme de quatre quarrés, est semblablement la somme de quatre » quarrés. »

Il suffit, pour s'en assurer, de développer la formule suivante, qu'on trouvera être identique :

$$\begin{aligned}&(p^2+q^2+r^2+s^2)(p'^2+q'^2+r'^2+s'^2)\\ &=(pp'+qq'+rr'+ss')^2+(pq'-qp'+rs'-sr')^2\\ &+(pr'-qs'-rp'+sq')^2+(ps'+qr'-rq'-sp')^2.\end{aligned}$$

Dans cette formule, on peut changer à volonté le signe de chacune des lettres qui y entrent, ce qui donnera plusieurs manières de décomposer en quatre quarrés le produit dont il s'agit (1).

Remarque. Ce beau théorème d'algèbre est encore dû à Euler ; il a été généralisé depuis par Lagrange dans les termes suivans : (Mémoires de Berlin, année 1770.)

$$\begin{aligned}&(p^2-Bq^2-Cr^2+BCs^2)(p'^2-Bq'^2-Cr'^2+BCs'^2)\\ &=(pp'+Bqq'\pm Crr'\pm BCss')^2-B(pq'+p'q\pm Crs'\pm Cr's)^2\\ &-C(pr'-Bqs'\pm rp'\mp Bsq')^2+BC(qr'-ps'\pm ps'\mp rq')^2.\end{aligned}$$

On voit par cette formule, que deux fonctions de la forme.... $x^2-By^2-Cz^2+BCu^2$, B et C étant des coefficiens constans, donnent pour leur produit une fonction semblable. Donc un nombre quelconque de semblables fonctions multipliées entre elles, donneraient pour leur produit une fonction semblable.

---

(1) On peut s'assurer qu'il n'existe aucune formule semblable pour trois quarrés, c'est-à-dire que le produit d'une somme de trois quarrés par une somme de trois quarrés, ne peut pas être exprimée généralement par une somme de trois quarrés. Car si cela était possible, le produit $(1+1+1)(16+4+1)$, qui est 63, pourrait se décomposer en trois quarrés. Or cela n'a lieu, (n° 153) ni pour le nombre 63, ni pour aucun nombre $8n+7$.

Par la même raison, ou par l'exemple de $(1+4+2.4)(0+4+2.1)$, on démontrerait que le produit de deux formules telles que $p^2+q^2+2r^2$, $p'^2+q'^2+2r'^2$ ne peut généralement être égal à une formule semblable $x^2+y^2+2z^2$.

(151) THÉORÈME. « Tout nombre premier A est de la forme » $p^2+q^2+r^2+s^2$. »

On a prouvé (n° 149) qu'il existe toujours deux nombres t et u, tels que t^2+u^2+1 est divisible par A. Mais si à la place de t et u on met $t-A\alpha$ et $u-A\beta$, le résultat $(t-A\alpha)^2+(u-A\beta)^2+1$ sera encore divisible par A; on peut donc supposer que les premières valeurs de t et u sont moindres que $\frac{1}{2}A$, ou qu'elles ont été rendues telles en en retranchant des multiples de A. Cela posé, si l'on fait

$$AA'=t^2+u^2+1,$$

on aura $AA'<\frac{1}{4}A^2+\frac{1}{4}A^2+1$, ou $A'<\frac{1}{2}A+\frac{1}{A}$.

Considérons plus généralement l'équation

$$AA'=p^2+q^2+r^2+s^2,$$

dans laquelle chacun des nombres p, q, r, s, sera supposé moindre que $\frac{1}{2}A$, on aura $A'A<\frac{4}{4}A^2$, ou $A'<A$. Et d'abord si on avait $A'=1$, il est clair que A serait égal à la somme de quatre quarrés, et la proposition serait démontrée.

Soit donc $A'>1$, et parce que A' est diviseur de $p^2+q^2+r^2+s^2$, il sera aussi diviseur de la quantité $(p-\alpha A')^2+(q-\beta A')^2+(r-\gamma A')^2+(s-\delta A')^2$, α, β, γ, δ étant pris à volonté. Supposons qu'on prenne ces indéterminées de manière qu'aucun des termes $p-\alpha A'$, $q-\beta A'$, etc. n'excède $\frac{1}{2}A'$; alors si l'on fait

$$A'A''=(p-\alpha A')^2+(q-\beta A')^2+(r-\gamma A')^2+(s-\delta A')^2,$$

on aura $A'A''<\frac{4}{4}A'A'$ ou $A''<A'$. Maintenant si au moyen de la formule du n° 150 on multiplie la valeur de AA' par celle de $A'A''$, on trouvera pour produit une somme de quatre quarrés dont chacun est divisible par $A'A'$; de sorte qu'en divisant tout par A'^2, on aura

$$AA''=\ (A-\alpha p-\beta q-\gamma r-\delta s)^2+(\alpha q-\beta p+\gamma s-\delta r)^2$$
$$+(\alpha r-\gamma p+\delta q-\beta s)^2+(\alpha s-\delta p+\beta r-\gamma q)^2.$$

Cela posé, si on a $A''=1$, la proposition sera démontrée; mais si on a $A''>1$, on procédera de la même manière pour obtenir un nouveau produit AA''' exprimé par quatre quarrés, et dans lequel on aura $A'''<A''$. Continuant ainsi la suite des entiers décroissans A, A', A'', A''', etc., on parviendra nécessairement à un terme égal à l'unité; donc alors le nombre premier A sera exprimé par la somme de quatre quarrés.

(152) THÉORÈME. « Un nombre quelconque est la somme de quatre » ou d'un moindre nombre de quarrés (1). »

C'est une conséquence immédiate de la proposition qu'on vient de démontrer, et du lemme qui la précède; car un nombre quelconque étant le produit de plusieurs nombres premiers égaux ou inégaux, et chacun des facteurs étant de la forme $p^2+q^2+r^2+s^2$, si on multiplie deux facteurs entre eux, puis le produit des deux par un troisième, puis le produit des trois par un quatrième, etc. jusqu'à ce que tous les facteurs soient employés, il est clair que les produits successifs seront toujours la somme de quatre quarrés. Donc le produit final, qui est le nombre proposé, sera aussi la somme de quatre quarrés, et pourra être représenté par $p^2+q^2+r^2+s^2$. Rien n'empêche d'ailleurs qu'un ou plusieurs des quarrés p^2, q^2, r^2, s^2 ne soient zéro; donc un nombre quelconque est égal à la somme de quatre ou d'un moindre nombre de quarrés.

(153) Il n'est point de nombre entier qui ne soit compris dans la formule $p^2+q^2+r^2+s^2$, mais ils peuvent, pour la plus grande partie, être représentés par la formule plus simple $p^2+q^2+r^2$. En général, on peut affirmer que « tout nombre impair est de la forme $p^2+q^2+r^2$, » excepté seulement les nombres $8n+7$. »

On excepte les nombres $8n+7$, parce que si des trois termes p, q, r, deux sont pairs et le troisième impair, la formule $p^2+q^2+r^2$ sera de la forme $4n+1$, et si les trois nombres p, q, r sont impairs, la formule $p^2+q^2+r^2$ sera de la forme $8n+3$. Donc aucun nombre $8n+7$ ne peut être la somme de trois quarrés.

Si dans la formule $p^2+q^2+r^2+s^2$ on suppose deux termes égaux, on aura une nouvelle formule $p^2+q^2+2r^2$, laquelle est encore très-générale; car on peut affirmer que « tout nombre impair, sans exception, est de la forme $p^2+q^2+2r^2$. »

Ces propositions seront mises ci-après dans un plus grand jour: observons quant à présent, que les deux formes $p^2+q^2+r^2$, $p^2+q^2+2r^2$ dont il est question dans ces théorèmes, ont entre elles cette relation,

---

(1) Lagrange est le premier qui ait donné la démonstration de ce beau théorème (Mém. de Berlin, 1770): cette démonstration a été ensuite beaucoup simplifiée par Euler dans les *Acta Petrop.* an. 1777.

que le double de l'une reproduit l'autre. C'est ce qu'on voit par les formules

$$2(p^2+q^2+r^2\ )=(p+q)^2+(p-q)^2+2r^2$$
$$2(p^2+q^2+2r^2)=(p+q)^2+(p-q)^2+(2r)^2.$$

(154) La proposition que nous avons démontrée dans ce paragraphe, fait partie d'une propriété générale des nombres polygones découverte par Fermat, et dont nous ne pouvons nous dispenser de faire mention. Mais d'abord il faut, en faveur de quelques lecteurs, expliquer ce qu'on entend par nombres polygones.

Si on considère différentes progressions arithmétiques qui commencent toutes par l'unité, et dont les raisons soient successivement 1, 2, 3, 4, etc.; si ensuite, par l'addition des termes de chaque progression, on forme une suite correspondante, ces différentes suites composeront ce qu'on appelle *les nombres polygones*; elles sont comprises dans le tableau suivant :

Progressions arithmétiques.	*Suite des nombres polygones.*
$1, 2, 3, 4, 5 \ldots\ldots\ldots\ldots n$	$1, 3, 6, 10, 15 \ldots\ldots\ldots\ldots \frac{n.n+1}{2}$
$1, 3, 5, 7, 9 \ldots\ldots 2n-1$	$1, 4, 9, 16, 25 \ldots\ldots\ldots\ldots n^2$
$1, 4, 7, 10, 13 \ldots 3n-2$	$1, 5, 12, 22, 35 \ldots\ldots\ldots \frac{n(3n-1)}{2}$
$1, 5, 9, 13, 17 \ldots 4n-3$	$1, 6, 15, 28, 45 \ldots\ldots\ldots n(2n-1)$
.	.
.	.
.	.
$1, \alpha+1, 2\alpha+1, \ldots n\alpha-\alpha+1$	$1, \alpha+2, 3\alpha+3, \ldots\ldots \frac{n(n-1)}{2}\alpha+n.$

La première suite 1, 3, 6, etc. est celle des nombres triangulaires, la seconde 1, 4, 9, etc. celle des quarrés, la troisième 1, 5, 12, etc. celle des nombres pentagones, et ainsi de suite.

Voici maintenant la proposition dont nous voulons parler, telle qu'elle est énoncée par Fermat dans une de ses notes sur Diophante, page 180.

« *Imo propositionem pulcherrimam et maxime generalem nos primi deteximus. Nempe omnem numerum vel esse triangulum vel ex duobus aut tribus triangulis compositum, esse quadratum vel ex duobus aut tribus quadratis compositum; esse pentagonum vel ex duobus tribus quatuor aut quinque pentagonis compositum et sic deinceps in infinitum in hexagonis, heptagonis et polygonis quibuslibet, enuntianda videlicet pro numero angulorum generali et mirabili propositione. Ejus autem demonstrationem quæ ex multis variis et abstrusissimis numerorum mysteriis derivatur hic apponere non licet, opus enim et librum integrum huic operi destinare decrevimus et Arithmeticen hac in parte ultra veteres et notos terminos mirum in modum promovere.* »

Nous avons rapporté les propres expressions de l'auteur, parce que c'est surtout dans ce passage qu'on voit que Fermat s'occupait d'un grand ouvrage qui devait contenir, comme il le dit lui-même, beaucoup de belles propriétés des nombres. Les Géomètres regretteront long-temps que ce savant illustre n'ait pas réalisé son projet, ou que du moins ses parens ou amis, devenus dépositaires de ses manuscrits, n'en aient pas fait part au public. On y aurait trouvé sans doute, outre les démonstrations encore inconnues de plusieurs de ses théorèmes, des méthodes dignes de la sagacité de l'auteur; méthodes qui jointes aux découvertes postérieures, auraient contribué beaucoup à perfectionner cette partie très-difficile des sciences exactes.

Pour revenir à la proposition citée, si on considère qu'un moindre nombre de termes polygones est toujours contenu dans un plus grand, parce que zéro peut être mis à la place des termes qui manquent, et qu'en effet zéro est un terme de chaque suite des nombres polygones; on pourra énoncer plus briévement la proposition dont il s'agit, en ces termes :

« Un nombre quelconque peut être formé par l'addition de trois » nombres triangulaires; il peut être formé également par l'addition » de quatre quarrés, par celle de cinq nombres pentagones, par celle » de six hexagones, et ainsi à l'infini. »

(155) Soit donc A un nombre donné, et x, y, z, etc. des nombres indéterminés, les différentes parties du théorème général pourront se détailler de la manière suivante :

1°. « Quel que soit le nombre donné A, on pourra toujours satisfaire » à l'équation $A = \frac{x^2+x}{2} + \frac{y^2+y}{2} + \frac{z^2+z}{2}$, ou, ce qui revient au même, » à l'équation $8A+3 = (2x+1)^2 + (2y+1)^2 + (2z+1)^2$. »

Cette première partie, si elle était démontrée, prouverait que tout nombre de forme $8n+3$ est la somme de trois quarrés. Réciproquement, s'il était prouvé que tout nombre $8n+3$ est la somme de trois quarrés, il s'ensuivrait immédiatement que tout nombre entier est la somme de trois triangulaires.

2°. « Quel que soit le nombre donné A, on pourra satisfaire à l'équa-» tion $A=x^2+y^2+z^2+u^2$. »

Cette seconde partie a été démontrée ci-dessus d'une manière qui ne laisse rien à desirer: cependant il ne sera pas inutile de faire voir que la première partie a une liaison nécessaire avec la seconde. En effet, s'il était démontré qu'on peut toujours satisfaire à l'équation

$$8A+3=x^2+y^2+z^2,$$

on tirerait de là $8A+4=x^2+y^2+z^2+1$. Mais les quatre quarrés du second membre ne pouvant être qu'impairs, les nombres $x+y$, $x-y$, $z+1$, $z-1$, seront pairs, ainsi on aura en nombres entiers:

$$4A+2=\left(\frac{x+y}{2}\right)^2+\left(\frac{x-y}{2}\right)^2+\left(\frac{z+1}{2}\right)^2+\left(\frac{z-1}{2}\right)^2,$$

ou pour abréger,

$$4A+2=x'^2+y'^2+z'^2+u'^2.$$

Or de ces quatre nouveaux quarrés deux doivent être pairs et deux impairs, sans quoi la somme ne pourrait être $4A+2$, on aura donc

$$4A+2=4a^2+4b^2+(2c+1)^2+(2d+1)^2;$$

d'où l'on déduira

$$2A+1=(a+b)^2+(a-b)^2+(c+d+1)^2+(c-d)^2.$$

Donc la première partie de la proposition générale, celle qui concerne les nombres triangulaires, étant supposée, il s'ensuit, comme conséquence immédiate, que tout nombre impair $2A+1$ est la somme de quatre quarrés. Mais si un nombre est la somme de quatre quarrés $m^2+n^2+p^2+q^2$, son double sera aussi une semblable somme, puisqu'on a

$$2(m^2+n^2+p^2+q^2)=(m+n)^2+(m-n)^2+(p+q)^2+(p-q)^2.$$

Donc un nombre quelconque est la somme de quatre quarrés.

On voit par là que la première partie du théorème de Fermat renferme implicitement la seconde, et puisque celle-ci est démontrée rigoureusement par une autre voie, on doit regarder la première comme déjà pourvue d'un grand degré de probabilité.

3°. La troisième partie du théorème général donne

$$A = \frac{3x^2 - x}{2} + \frac{3y^2 - y}{2} + \frac{3z^2 - z}{2} + \frac{3t^2 - t}{2} + \frac{3u^2 - u}{2},$$

ou

$$24A + 5 = (6x - 1)^2 + (6y - 1)^2 + (6z - 1)^2 + (6t - 1)^2 + (6u - 1)^2;$$

de sorte que l'énoncé de cette proposition particulière revient à celui-ci: « tout nombre de la forme $24A + 5$ est composé de cinq quarrés dont » les côtés sont de la forme $6m - 1$. »

4°. La quatrième partie donne

$$A = x(2x - 1) + y(2y - 1) + z(2z - 1) + s(2s - 1) + t(2t - 1) + u(2u - 1),$$

ou

$$8A + 6 = (4x - 1)^2 + (4y - 1)^2 + (4z - 1)^2 + (4s - 1)^2 + (4t - 1)^2 + (4u - 1)^2.$$

Il faut donc que « tout nombre $8A + 6$ se décompose en six quarrés » dont les côtés sont de forme $4m - 1$. »

En général, la proposition dont il s'agit se réduit toujours à la décomposition d'un nombre donné en quarrés, et toutes les propositions partielles sont contenues dans cette formule générale :

$$8\alpha A + (\alpha + 2)(\alpha - 2)^2 = (2\alpha x - \alpha + 2)^2 + (2\alpha y - \alpha + 2)^2 + \text{etc.},$$

le nombre des termes du second membre étant $\alpha + 2$.

§ V. *De la forme linéaire qui convient aux diviseurs de la formule* $a^n \pm 1$, a *et* n *étant des nombres donnés.*

(156) Il ne serait pas plus général de considérer la formule $a^n \pm b^n$, a et b étant des nombres premiers entre eux; car si cette formule est divisible par le nombre premier p, on pourra toujours faire $a = bx + py$, et il faudra que $x^n \pm 1$ soit aussi divisible par p. Cela posé, nous examinerons successivement les deux formules $a^n + 1$, $a^n - 1$.

Soit proposé d'abord de trouver la condition nécessaire pour que le nombre premier p divise la formule $a^n + 1$.

Quel que soit p, on peut toujours supposer $p = 2nx + \pi$, x étant une indéterminée et π un nombre positif moindre que $2n$. On aura donc, en rejetant les multiples de p, $a^n = -1$; on aura aussi, par le théorème de Fermat, et parce que a ne saurait être divisible par p, $a^{p-1} = +1$, ou $a^{2nx+\pi-1} = 1$. Mais à cause de $a^n = -1$, on a $a^{2nx} = 1$, et ainsi l'équation précédente devient $a^{\pi-1} = 1$; de sorte que nous avons à satisfaire aux deux conditions

$$a^n = -1, \quad a^{\pi-1} = 1.$$

La seconde sera remplie d'elle-même, si on a $\pi = 1$, et alors la forme du diviseur deviendra $p = 2nx + 1$.

Si on a $\pi > 1$, soit ω le plus grand commun diviseur de n et de $\pi - 1$, on pourra faire $n = n'\omega$, et $\pi - 1 = \pi'\omega$, ce qui donnera

$$a^{n'\omega} = -1, \quad a^{\pi'\omega} = 1.$$

Mais puisque n' et π' sont premiers entre eux, on pourra toujours trouver deux nombres entiers f et g, tels que $fn' - g\pi' = 1$.

De là je tire $(-1)^f = a^{fn'\omega} = a^{g\pi'\omega+\omega} = a^\omega$, ou $a^\omega = (-1)^f$, et cette valeur étant substituée dans les deux équations $a^{n'\omega} = -1$, $a^{\pi'\omega} = 1$, il en résulte les deux conditions

$$(-1)^{fn'} = -1, \quad (-1)^{\pi' f} = 1.$$

La première fait voir que f et n' doivent être des nombres impairs; la seconde que π' est un nombre pair. Celle-ci, au reste, renferme la première; car si π' est pair, il faudra bien, d'après l'équation $fn' = g\pi' + 1$, que f et n' soient impairs.

Cela posé, on aura $a^\omega = -1$, c'est-à-dire que $a^\omega + 1$ sera divisible par p.

Et comme les seules suppositions à faire sont celles de $\pi = 1$ et de $\pi > 1$, on peut établir le théorème général qui suit :

(157) « Tout nombre premier p qui divise la formule $a^n + 1$, doit » être ou de la forme $2nx + 1$, ou tout au moins de la forme nécessaire » pour diviser une autre formule $a^\omega + 1$ dans laquelle l'exposant ω est » le quotient de n divisé par un nombre impair. »

Ce théorème s'appliquera de même aux diviseurs de $a^\omega + 1$, et fera connaître ainsi, de proche en proche, toutes les formes dont sont susceptibles les diviseurs de la formule proposée $a^n + 1$. Voici quelques corollaires principaux qu'on en déduit immédiatement, et qu'il suffira d'énoncer.

1°. Si l'exposant n est un nombre premier impair, tout nombre premier qui divise la formule $a^n + 1$ doit être de la forme $2nx + 1$, ou au moins il divisera $a + 1$.

2°. Si l'exposant n est une puissance de 2, la formule $a^n + 1$ ne pourra avoir pour diviseurs que les nombres premiers compris dans la forme $2nx + 1$.

Ainsi si l'on veut chercher les diviseurs premiers de $2^{32} + 1 = 4\,294\,967\,297$, ils doivent être contenus dans la formule $64x + 1$; on essaiera donc successivement 193, 257, 449, 577, 641. La division réussit par 641, et on trouve le quotient 6700 417. Pour trouver les diviseurs de celui-ci, il faut essayer de même tous les nombres premiers de la forme $64x + 1$, plus grands que 641, et moindres que $2588 = \sqrt{6700417}$; ce sont 769, 1153, 1217, 1409, 1601, 2113. Et comme aucun de ces nombres ne divise 6700 417, on en conclura, avec assurance, que 6700 417 est un nombre premier.

3°. Si on a $n = \lambda\nu$, λ étant un terme de la progression 2, 4, 8, 16, etc., et ν un nombre premier, le diviseur premier de la formule $a^n + 1$ sera de la forme $2nx + 1$, ou tout au moins il divisera la formule $a^\lambda + 1$, et alors il sera de la forme $2\lambda x + 1$

4°. Si on a $n=\mu\nu$, μ et ν étant deux nombres premiers impairs, le diviseur premier de la formule a^n+1 sera de la forme $2nx+1$, ou bien il divisera la formule $a^\mu+1$ et sera de la forme $2\mu x+1$, ou bien il divisera la formule $a^\nu+1$ et sera de la forme $2\nu x+1$, ou enfin il divisera la formule $a+1$. Ces cas ne s'excluent pas mutuellement; car, par exemple, il est clair que le nombre premier qui divise la formule $a+1$, divisera toutes les autres formules $a^\nu+1$, $a^\mu+1$, etc., et de même le nombre premier qui divise $a^\nu+1$, divisera nécessairement a^n+1.

(158) Il est inutile d'étendre ces corollaires à un plus grand nombre de cas. Observons seulement que lorsqu'il s'agira de trouver les diviseurs d'une formule proposée a^n+1, on cherchera successivement ceux de toutes les formules inférieures $a^\omega+1$, en commençant par celles où l'exposant de a est le plus petit, et il ne restera plus à chercher, d'après la forme $2nx+1$, que les diviseurs qui ne sont pas donnés par les formules inférieures à a^n+1.

On observera encore que lorsque n est un nombre impair, la formule a^n+1, multipliée par a, devient de la forme x^2+a, elle ne peut donc avoir pour diviseurs que les nombres premiers qui divisent x^2+a. Cette condition servira à exclure la moitié des nombres premiers renfermés dans la formule $2nx+1$; mais pour cet effet, il faut consulter ce qu'on démontrera ci-après sur les diviseurs de x^2+a. On peut voir dès-à-présent que si a était 2, les diviseurs premiers de x^2+2 ne peuvent être que des formes $8m+1$, $8m+3$; d'où il arrive que les deux autres formes générales $8m+5$, $8m+7$ sont exclues et ne diviseront jamais la formule 2^n+1, n étant impair. Une semblable exclusion aura également lieu pour d'autres valeurs de a.

Exemple.

(159) Proposons-nous de trouver tous les diviseurs du nombre $549\,755\,813\,888=2^{39}+1=A$.

Je considère d'abord les formules inférieures $2^{13}+1$, 2^3+1, 2^1+1; la dernière donne 3 pour diviseur de toutes les formules précédentes.

La formule $2^3+1=9$, ne donne encore que 3 pour diviseur premier; elle apprend de plus que A sera divisible par 9.

La formule $2^{13}+1=8193=3.2731$, si elle a un autre diviseur que 3, ne peut en avoir que dans la forme $26x+1$; mais comme le moindre nombre premier compris dans la forme $26x+1$, est 53 déjà trop grand, puisqu'il excède la racine de 2731, il s'ensuit que 2731 est un nombre premier, et qu'ainsi $2^{13}+1$ n'a pas d'autres facteurs que 3 et 2731.

Cela posé, le nombre A doit être divisible par 9.2731; si on le divise d'abord par 3.2731, qui est la même chose que $2^{13}+1$, le quotient sera $2^{26}-2^{13}+1$, ou 67 100 673, et celui-ci étant divisé par 3, on aura $A=3^2.2731\,.\,22\,366\,891$.

Il ne reste donc plus qu'à chercher les diviseurs du nombre $B=22\,366\,891$; ces diviseurs doivent être de la forme $78x+1$, et puisqu'ils doivent aussi diviser la formule t^2+2, ils ne peuvent être que de l'une des formes $8n+1$, $8n+3$. Mais la forme $78x+1$, en comprend quatre autres, selon que x est égal à l'un des nombres $4y$, $4y+1$, $4y+2$, $4y+3$; ces quatre formes sont:

$$312y+1,\quad 312y+79,\quad 312y+157,\quad 312y+235.$$

La seconde et la troisième doivent être exclues comme étant comprises dans $8n+7$ et $8n+5$; ainsi tout nombre premier qui divisera B doit être renfermé dans l'une des deux formes

$$312y+1,\qquad 312y+235.$$

Les nombres premiers compris dans ces formes, et en même temps moindres que $\sqrt{B}$, qui est environ 4620, sont: 313, 547, 859, 937, 1171, 1249, 1483, 1873, 2731, 3121, 3433, 4057, 4603. Si on essaie successivement ces treize nombres, ou seulement douze (car il est inutile d'essayer 2731), on trouvera qu'aucun d'eux ne divise B; d'où l'on conclura que 22 366 891 est un nombre premier.

Le nombre B étant diviseur de t^2+2, doit être de la forme p^2+2q^2; si on veut réellement mettre B sous cette forme, on le pourra sans tâtonnement à l'aide de la formule suivante:

$$\frac{4m^4-2m^2+1}{3}=\left(\frac{2m^2\pm 2m-1}{3}\right)^2+2\left(\frac{2m^2\mp m-1}{3}\right)^2.$$

Or on a $B=\frac{2^{26}-2^{13}+1}{3}$; donc si on fait $m=2^6$, on trouvera

$$B=(2773)^2+2(2709)^2.$$

(160) Venons maintenant à la seconde question, et proposons-nous de trouver la forme que doivent avoir les diviseurs premiers du nombre donné a^n-1.

Quel que soit le nombre premier p qui divise cette formule, on peut le supposer de la forme $p=nx+\pi$, π étant un nombre positif moindre que n. On aura donc, en rejetant les multiples de p, $a^n=1$, et $a^{p-1}=1$, d'où résulte $a^{\pi-1}=1$. Dans cette dernière équation, on ne peut supposer que $\pi=1$, ou $\pi>1$.

1°. Si on a $\pi=1$, la forme du diviseur est $p=nx+1$; elle restera ainsi tant que n sera pair; mais si n est impair, il faudra nécessairement que x soit pair, et ainsi on aura $p=2nz+1$.

2°. Si on a $\pi>1$, soit ω le plus grand commun diviseur de n et de $\pi-1$, (ω devant être 1 lorsqu'il n'y a pas d'autre mesure commune) on pourra toujours trouver deux entiers f et g, tels que $fn-g(\pi-1)=\omega$. Or les deux équations $a^n=1$, $a^{\pi-1}=1$, donnent $1=a^{fn}=a^{g(\pi-1)+\omega}=a^\omega$, ou $a^\omega=1$, donc p sera diviseur de $a^\omega-1$; et ici il n'y a aucune restriction à apporter au résultat $a^\omega=1$, parce que l'équation $a^\omega=1$ satisfait aux deux $a^n=1$, $a^{\pi-1}=1$.

Cela posé, toute la théorie des diviseurs de la quantité a^n-1 est comprise dans le théorème suivant.

(161) « Tout nombre premier p qui divise la formule a^n-1, doit » être compris dans la forme $p=nx+1$, ou au moins peut être divi- » seur de la formule $a^\omega-1$, dans laquelle ω est un sous-multiple de n. »

Ajoutons que si n est impair, auquel cas la forme $nx+1$ devient $2nz+1$, le diviseur p doit encore être compris dans les formes qui conviennent aux diviseurs de la formule x^2-a.

Le même théorème s'appliquant à la formule $a^\omega-1$, ou à telle autre qui résulte immédiatement des diviseurs de n, on aura, par la combinaison des résultats, tous les diviseurs de la formule proposée. Voici quelques corollaires généraux qui en résultent.

1°. Si le nombre n est premier, tous les diviseurs de la formule a^n-1 seront compris dans la forme $2nz+1$, il faut seulement en excepter ceux qui peuvent diviser $a-1$.

2°. Si le nombre n est le produit de deux nombres premiers μ et ν (2 excepté), le diviseur premier p de la formule a^n-1 sera de la forme

$2nz+1$; ou bien il divisera a^n-1, et sera de la forme $2\mu z+1$, ou bien il divisera $a^\nu-1$ et sera de la forme $2\nu z+1$; ou enfin il divisera $a-1$ et sera de la forme $2z+1$, laquelle convient à tous les nombres premiers. En effet, lorsque n est impair, il est évident que $a-1$ divise a^n-1; donc tout diviseur de la première quantité doit être diviseur de la seconde.

3°. Si le nombre n est une puissance de 2, et qu'on fasse $\alpha=\frac{1}{2}n$, $\beta=\frac{1}{2}\alpha$, $\gamma=\frac{1}{2}\beta$, etc. le diviseur p de la formule a^n-1 sera de la forme $nx+1$, ou bien il sera de la forme $\alpha x+1$ et divisera la formule $a^\alpha-1$, ou bien il sera de la forme $\beta x+1$ et divisera la formule $a^\beta-1$, ainsi de suite jusqu'à la forme $2x+1$ qui divisera la formule a^2-1.

EXEMPLE I.

(162) Pour avoir tous les diviseurs du nombre $A=2^{32}-1$, nous formerons le tableau suivant, où l'on voit la formule proposée et celles qui s'en déduisent, avec les formes correspondantes du diviseur:

$$\begin{array}{ll} p=32x+1 \ldots\ldots & A=2^{32}-1=(2^{16}+1)B \\ p=16x+1 & B=2^{16}-1=(2^8+1)C \\ p=\ \ 8x+1 & C=2^8-1=(2^4+1)D \\ p=\ \ 4x+1 & D=2^4-1=(2^2+1)E \\ p=\ \ 2x+1 & E=2^2-1=3. \end{array}$$

Le dernier nombre E, qui se réduit à 3, doit diviser tous les précédens, et d'abord on a $D=(2^2+1).3=3.5$; ensuite $C=(2^4+1)D=3.5.17$. Le nombre B contient les mêmes diviseurs que C, et de plus $2^8+1=257$, lequel est un nombre premier. Enfin A est le produit de B par $2^{16}+1=65537$. Or comme $2^{16}+1$ ne peut avoir aucun diviseur commun avec B qui est $2^{16}-1$, il s'ensuit que $2^{16}+1$ ou 65537 ne peut avoir pour diviseur que des nombres premiers de la forme $32x+1$. Mais les nombres premiers contenus dans cette forme et moindres que $\sqrt{65537}$ sont 97 et 193, lesquels ne divisent point 65537. Donc 65537 est un nombre premier, donc le nombre A décomposé en ses facteurs premiers $=3.5.17.257.65537$. Si on multiplie cette valeur par celle qu'on a trouvée (pag. 12) pour $2^{32}+1$, on aura la valeur décomposée de $2^{64}-1$.

EXEMPLE II.

(163) Soit encore proposé le nombre $A=2^{31}-1$; comme l'exposant 31 est un nombre premier, les diviseurs de A ne pourront être que de la forme $62x+1$, et il n'y aura aucune exception, attendu que $a-1$ se réduit dans ce cas à $2-1=1$. Si l'on considère en même temps que le nombre $2A$ est de la forme t^2-2, et qu'en conséquence les diviseurs de A doivent être de l'une des formes $8n+1$, $8n+7$, on trouvera, en combinant ces dernières formes avec la première $62x+1$, que tout diviseur premier de A est nécessairement de l'une des formes $248z+1$, $248z+63$. Or Euler nous apprend (Mém. de Berlin, ann. 1772, pag. 36) qu'après avoir essayé tous les nombres premiers contenus dans ces formes, jusqu'à 46339, racine du nombre A, il n'en a trouvé aucun qui fût diviseur de A; d'où il faut conclure, conformément à une assertion de Fermat, que le nombre $2^{31}-1=2\,147\,483\,647$ est un nombre premier. C'est le plus grand de ceux qui aient été vérifiés jusqu'à présent.

Nous ne terminerons pas ce paragraphe, sans observer qu'Euler est auteur des principaux théorèmes qui y sont contenus. Voyez le Tom. I des *Novi Comment. Petrop.*

§ VI. *Théorème contenant une loi de réciprocité qui existe entre deux nombres premiers quelconques.*

(164) Nous avons vu (n° 135) que si m et n sont deux nombres premiers quelconques impairs et inégaux, les expressions abrégées $\left(\frac{m}{n}\right)$, $\left(\frac{n}{m}\right)$ représentent l'une le reste de $m^{\frac{n-1}{2}}$ divisé par n, l'autre le reste de $n^{\frac{m-1}{2}}$ divisé par m; on a prouvé en même temps que l'un et l'autre restes ne peuvent jamais être que $+1$ ou -1. Cela posé, il existe une telle relation entre les deux restes $\left(\frac{m}{n}\right)$, $\left(\frac{n}{m}\right)$, que l'un étant connu, l'autre est immédiatement déterminé. Voici le théorème général qui contient cette relation.

« Quels que soient les nombres premiers m et n, s'ils ne sont pas » tous deux de la forme $4x+3$, on aura toujours $\left(\frac{n}{m}\right)=\left(\frac{m}{n}\right)$, et s'ils » sont tous deux de la forme $4x+3$, on aura $\left(\frac{n}{m}\right)=-\left(\frac{m}{n}\right)$. Ces » deux cas généraux sont compris dans la formule

$$\left(\frac{n}{m}\right)=(-1)^{\frac{m-1}{2}\cdot\frac{n-1}{2}}\cdot\left(\frac{m}{n}\right). \text{ »}$$

Pour développer les différens cas de ce théorème, il est nécessaire de distinguer, par des lettres particulières, les nombres premiers de la forme $4x+1$, et ceux de la forme $4x+3$. Nous désignerons dans le cours de cette démonstration, les premiers par les lettres A, a, α; les seconds par les lettres B, b, $\mathcal{C}$. Cela entendu, le théorème que nous venons d'énoncer renferme les huit cas suivans:

I. Si l'on a $\left(\frac{A}{a}\right)=+1$, il s'ensuit $\left(\frac{a}{A}\right)=+1$

II. Si l'on a $\left(\frac{A}{a}\right)=-1$, il s'ensuit $\left(\frac{a}{A}\right)=-1$

III. Si l'on a $\left(\frac{a}{b}\right)=+1$, il s'ensuit $\left(\frac{b}{a}\right)=+1$

IV. Si l'on a $\left(\frac{a}{b}\right)=-1$, il s'ensuit $\left(\frac{b}{a}\right)=-1$

V. Si l'on a $\left(\frac{b}{a}\right)=+1$, il s'ensuit $\left(\frac{a}{b}\right)=+1$

VI. Si l'on a $\left(\frac{b}{a}\right)=-1$, il s'ensuit $\left(\frac{a}{b}\right)=-1$

VII. Si l'on a $\left(\frac{B}{b}\right)=+1$, il s'ensuit $\left(\frac{b}{B}\right)=-1$

VIII. Si l'on a $\left(\frac{B}{b}\right)=-1$, il s'ensuit $\left(\frac{b}{B}\right)=+1$.

Démonstration des cas IV et V.

(165) J'observe, d'abord que l'équation $x^2+ay^2=bz^2$, ou plus généralement l'équation $(4f+1)x^2+(4g+1)y^2=(4n+3)z^2$, est impossible; car x et y devant être supposés premiers entre eux, le premier membre sera toujours compris dans les formes $4k+1$ et $4k+2$, tandis que le second l'est dans les formes $4k$ ou $4k+3$.

Mais suivant le n° 27, l'équation $x^2+ay^2=bz^2$ serait résoluble si on pouvait trouver deux entiers λ et μ, tels que $\frac{{}^2+a}{b}$ et $\frac{\mu-b}{a}$ fussent des entiers. D'un autre côté, la condition pour que b soit diviseur de λ^2+a, est $\left(\frac{-a}{b}\right)=1$, ou $\left(\frac{a}{b}\right)=-1$, parce que b est de forme $4n+3$, et la condition pour que a divise μ^2-b, est $\left(\frac{b}{a}\right)=+1$. Donc on ne saurait avoir à-la-fois $\left(\frac{a}{b}\right)=-1$ et $\left(\frac{b}{a}\right)=+1$; d'ailleurs ces expressions ne peuvent être que $+1$ ou -1; donc

(IV) Si l'on a $\left(\frac{a}{b}\right)=-1$, il s'ensuit $\left(\frac{b}{a}\right)=-1$,

(V) et si l'on a $\left(\frac{b}{a}\right)=+1$, il s'ensuit $\left(\frac{a}{b}\right)=+1$.

Au reste ces deux propositions sont liées entre elles, de sorte que l'une n'est qu'une conséquence de l'autre; car la première étant posée, soit $\left(\frac{b}{a}\right)=+1$, on ne pourra avoir $\left(\frac{a}{b}\right)=-1$, puisqu'il s'ensuivrait $\left(\frac{b}{a}\right)=-1$ contre la supposition; donc on aura $\left(\frac{a}{b}\right)=+1$.

Démonstration des cas VII et VIII.

(166) B et b étant deux nombres premiers $4n+3$, on a démontré généralement (n° 47) qu'il est toujours possible de satisfaire à l'une des équations $Bx^2 - by^2 = +1$, $Bx^2 - by^2 = -1$.

Soit 1°. $\left(\frac{B}{b}\right) = +1$, l'équation $Bx^2 - by^2 = -1$ ne pourra avoir lieu; car il s'ensuivrait que b est diviseur de Bx^2+1, ou de z^2+B (en faisant $Bx=z$); partant on aurait $\left(\frac{-B}{b}\right)=1$, ou $\left(\frac{B}{b}\right) = -1$, contre la supposition. L'une des deux équations étant ainsi exclue, l'autre $Bx^2 - by^2 = +1$ a lieu nécessairement : or par celle-ci on voit que B est diviseur de by^2+1, ou de z^2+b (en faisant $by=z$); donc on a $\left(\frac{-b}{B}\right)=1$, ou $\left(\frac{b}{B}\right) = -1$.

Soit 2°. $\left(\frac{B}{b}\right) = -1$, on prouvera semblablement que l'équation $Bx^2 - by^2 = +1$ est impossible ; donc alors l'autre équation.... $Bx^2 - by^2 = -1$ a lieu nécessairement, et il résulte de celle-ci que B est diviseur de by^2-1, ou de z^2-b, ce qui donne $\left(\frac{b}{B}\right) = +1$. Donc

(VII) Si l'on a $\left(\frac{B}{b}\right) = +1$, il s'ensuit $\left(\frac{b}{B}\right) = -1$,

(VIII) et si l'on a $\left(\frac{B}{b}\right) = -1$, il s'ensuit $\left(\frac{b}{B}\right) = +1$,

d'où l'on voit que $\left(\frac{B}{b}\right)$ et $\left(\frac{b}{B}\right)$ sont toujours de signes contraires.

Démonstration des cas I et II.

(167) Soit $\left(\frac{A}{a}\right)=+1$, je dis qu'il en résultera également $\left(\frac{a}{A}\right)=+1$. En effet, soit b un nombre premier de forme $4n+3$, qui divise la formule x^2+A; il faudra qu'on ait $\left(\frac{A}{b}\right) = -1$, et par le cas IV, il s'ensuivra $\left(\frac{b}{A}\right) = -1$. Considérons l'équation impossible......... $x^2 + Ay^2 = abz^2$; cette équation aurait lieu (n° 27), si on pouvait trouver

deux entiers λ et μ, tels que $\frac{\lambda^2+A}{ab}$ et $\frac{\mu^2-ab}{A}$, fussent des entiers. Or la première condition est remplie d'elle-même ; car pour que λ^2+A soit divisible par a, il faut qu'on ait $\left(\frac{-A}{a}\right)=1$, ou $\left(\frac{A}{a}\right)=1$, ce qui a lieu par hypothèse ; et pour que λ^2+A soit divisible par b, il faut qu'on ait $\left(\frac{-A}{b}\right)=1$, ou $\left(\frac{A}{b}\right)=-1$, ce qui a encore lieu.

La seconde condition exigerait qu'on eût $\left(\frac{ab}{A}\right)=+1$, ou...... $\left(\frac{a}{A}\right).\left(\frac{b}{A}\right)=+1$; mais on a déjà $\left(\frac{b}{A}\right)=-1$, donc il faudrait qu'on eût $\left(\frac{a}{A}\right)=-1$. Cette seconde condition ne peut pas être remplie, puisque l'équation proposée est impossible, donc on a $\left(\frac{a}{A}\right)=+1$. Donc

(I) Si l'on a $\left(\frac{A}{a}\right)=+1$, il s'ensuit $\left(\frac{a}{A}\right)=+1$.

Soit maintenant $\left(\frac{A}{a}\right)=-1$, on ne pourra avoir $\left(\frac{a}{A}\right)=+1$, car de celle-ci il résulterait (par le cas qu'on vient de démontrer, et parce que les nombres a et A sont tous deux de la même forme $4n+1$) $\left(\frac{A}{a}\right)=+1$, contre la supposition. Donc on aura $\left(\frac{a}{A}\right)=-1$. Donc

II. Si l'on a $\left(\frac{A}{a}\right)=-1$, il s'ensuit $\left(\frac{a}{A}\right)=-1$.

On a trouvé ci-dessus (n° 48) que a et A étant deux nombres premiers $4n+1$, il est toujours possible de satisfaire à l'une des équations $Ax^2-ay^2=\pm 1$, $x^2-Aay^2=-1$. La première exige qu'on ait $\left(\frac{A}{a}\right)=+1$ et $\left(\frac{a}{A}\right)=+1$; donc si l'on a $\left(\frac{A}{a}\right)=-1$ et $\left(\frac{a}{A}\right)=-1$, conditions qui dérivent toujours l'une de l'autre, ainsi qu'on vient de le démontrer, la seconde équation sera la seule possible, et aura lieu nécessairement ; d'où résulte ce théorème :

« A et a étant deux nombres premiers $4n+1$, si l'on a $\left(\frac{A}{a}\right)=-1$ » ou $\left(\frac{a}{A}\right)=-1$, l'équation $x^2-Aay^2=-1$ sera toujours possible. »

Démonstration des cas III et VI.

(168) Soit $\left(\frac{a}{b}\right) = +1$, je dis qu'il en résultera $\left(\frac{b}{a}\right) = +1$. En effet, soit encore B un nombre premier de forme $4n+3$ qui divise la formule x^2+a, ensorte qu'on ait $\left(\frac{a}{B}\right) = -1$, et par suite $\left(\frac{B}{a}\right) = -1$. On a déjà vu (n° 49) qu'il est toujours possible de satisfaire à l'une des trois équations suivantes, pourvu qu'on prenne convenablement le signe du premier membre

$$\pm 1 = ax^2 - Bby^2$$
$$\pm 1 = bx^2 - aBy^2$$
$$\pm 1 = Bx^2 - aby^2.$$

Or ayant supposé $\left(\frac{a}{b}\right) = +1$, $\left(\frac{a}{B}\right) = -1$, $\left(\frac{B}{a}\right) = -1$, on trouve que de ces trois équations qui en représentent six, il y en a quatre qui ne peuvent avoir lieu; savoir :

1°. L'équation $+1 = Bx^2 - aby^2$, qui suppose $\left(\frac{B}{a}\right) = +1$;

2°. L'équation $-1 = Bx^2 - aby^2$, qui suppose $\left(\frac{B}{a}\right) = +1$;

3°. L'équation $-1 = ax^2 - Bby^2$, qui suppose $\left(\frac{a}{b}\right) = -1$;

4°. L'équation $+1 = ax^2 - Bby^2$, qui suppose $\left(\frac{a}{B}\right) = +1$.

Il ne nous reste donc plus que les deux équations

$$+1 = bx^2 - aBy^2$$
$$-1 = bx^2 - aBy^2,$$

dont l'une doit avoir lieu nécessairement; or elles exigent toutes deux qu'on ait $\left(\frac{b}{a}\right) = +1$, puisque par la première a est diviseur de $z^2 - b$, et par la seconde a est diviseur de $z^2 + b$. Donc

III. Si l'on a $\left(\frac{a}{b}\right) = +1$, il s'ensuit $\left(\frac{b}{a}\right) = +1$.

Soit en second lieu $\left(\frac{b}{a}\right) = -1$, je dis qu'il en résultera $\left(\frac{a}{b}\right) = -1$.

Car si on avait $\left(\frac{a}{b}\right) = +1$, il s'ensuivrait par le cas qui vient d'être démontré $\left(\frac{b}{a}\right) = +1$, contre la supposition. Donc enfin

VI. Si l'on a $\left(\frac{b}{a}\right) = -1$, il s'ensuit $\left(\frac{a}{b}\right) = -1$.

(169) On peut remarquer que les quatre premiers cas sont démontrés d'une manière complète et qui ne laisse rien à desirer. Les quatre autres supposent qu'étant donné le nombre a de forme $4n+1$, il est toujours possible de trouver un nombre premier b de forme $4n+3$, tel que b divise la formule z^2+a.

L'existence de cet auxiliaire se prouve immédiatement lorsque a est de la forme $8n+5$; car faisant $z=1$, le nombre z^2+a qui devient $1+a$, est de la forme $8n+6=2(4n+3)$; il est donc divisible par un nombre de la forme $4n+3$, et par conséquent par un nombre premier de la même forme, lequel pourra être pris pour b.

Lorsque a est de la forme $8n+1$, on peut observer que cette forme considérée par rapport aux multiples de 3, se divise en deux autres, qui sont $24n+1$ et $24n+17$. Dans ce dernier cas, il suffit encore de faire $z=1$, et z^2+a étant divisible par 3, on pourra faire $b=3$.

Reste donc à considérer seulement la forme $24n+1$, laquelle pourrait se subdiviser de même relativement aux multiples de 7, 11, etc., et à chaque opération on réduirait le nombre des formes à moitié. Il semble que la difficulté qui se présente pour déterminer *a priori* un nombre de la forme $4n+3$ qui divise la formule z^2+a, tient à ce que dans le cas particulier où $a=1$, cas qui est compris dans la forme $8n+1$, il n'y a réellement aucun nombre premier de forme $4n+3$ qui divise z^2+1 (n° 140).

Mais excepté ce seul cas et celui où a est un quarré, qui revient au même, toute formule $z^2 \pm a$, dans laquelle a est un nombre donné quelconque, a toujours une infinité de diviseurs des formes $4n+1$ et $4n+3$, et doit même en avoir un nombre égal de chaque espèce.

Au reste le théorème général auquel nous avons donné le nom de *loi de réciprocité*, étant la proposition la plus remarquable et la plus féconde de la Théorie des Nombres, nous donnerons ci-après une seconde démonstration de ce théorème, fondée sur d'autres principes et exempte de toute difficulté.

(170) C'est ici le lieu de placer quelques théorèmes assez importans, dont plusieurs ne peuvent se démontrer qu'à l'aide de la loi de réciprocité qu'on vient d'établir.

« Tout nombre premier $4n+1$ divise à-la-fois les deux formules » t^2+cu^2, t^2-cu^2, ou ne divise ni l'une ni l'autre. »

Soit a le nombre premier dont il s'agit; si l'on a $\left(\frac{c}{a}\right)=+1$, a divisera les deux formules t^2+cu^2, t^2-cu^2, où c est un nombre quelconque : si l'on a $\left(\frac{c}{a}\right)=-1$, il ne divisera ni l'une ni l'autre. C'est ce qui résulte immédiatement des n°s 134 et 135.

(171) « Tout nombre premier $4n+3$ qui divise t^2+cu^2, ne peut » être diviseur de t^2-cu^2, et réciproquement. »

Car soit ce nombre premier $=b$, la condition pour que b divise t^2+cu^2, est $\left(\frac{-c}{b}\right)=1$, ou $\left(\frac{c}{b}\right)=-1$; et la condition pour qu'il divise t^2-cu^2 est $\left(\frac{c}{b}\right)=1$; or ces deux conditions s'excluent mutuellement.

Corollaire. Tout nombre premier b de forme $4n+3$ divise nécessairement l'une des deux formules t^2+cu^2, t^2-cu^2; car on a toujours, ou $\left(\frac{c}{b}\right)=+1$, ou $\left(\frac{c}{b}\right)=-1$. On fait abstraction dans ce théorème, ainsi que dans le précédent, du cas où b serait diviseur de c; alors en effet on ne mettrait plus en question si b divise t^2+cu^2 ou t^2-cu^2.

(172) « Si le nombre premier c divise les deux formules t^2-au^2, » t^2-bu^2, il divisera également la formule t^2-abu^2. »

Car ayant par hypothèse $\left(\frac{a}{c}\right)=1$, $\left(\frac{b}{c}\right)=1$, il s'ensuit que $\left(\frac{ab}{c}\right)=1$, et qu'ainsi c est diviseur de t^2-abu^2.

Le même résultat aurait lieu pour un plus grand nombre de facteurs.

(173) « Si le nombre premier c ne divise ni la formule t^2-au^2, ni » la formule t^2-bu^2, il divisera nécessairement la formule t^2-abu^2. »

Car ayant par hypothèse $\left(\frac{a}{c}\right)=-1$, $\left(\frac{b}{c}\right)=-1$, il s'ensuit encore $\left(\frac{ab}{c}\right)=+1$; donc c est diviseur de t^2-abu^2.

(174) « Soient a et A des nombres premiers, tous deux de la forme » $4n+1$, je dis que si a divise la formule t^2+Au^2, réciproquement A

» divisera la formule $t^2 + au^2$; et si a ne divise point la formule $t^2 + Au^2$, » réciproquement A ne divisera pas la formule $t^2 + au^2$. »

Car dans le premier cas on a $\left(\frac{-A}{a}\right) = 1$, c'est-à-dire $\left(\frac{A}{a}\right) = 1$; donc réciproquement $\left(\frac{a}{A}\right) = 1$; donc A est diviseur de $t^2 + au^2$.

Dans le second cas, on aurait $\left(\frac{A}{a}\right) = -1$; d'où résulte également $\left(\frac{a}{A}\right) = -1$; donc A n'est point diviseur de $t^2 + au^2$.

(175) « Soit a un nombre premier $4n+1$, et soient A et B deux » nombres premiers quelconques tous deux diviseurs, ou tous deux » non-diviseurs de la formule $t^2 - au^2$, je dis que a sera diviseur de la » formule $t^2 - ABu^2$. »

Car 1°. si A et B sont diviseurs de la formule $t^2 - au^2$, on aura $\left(\frac{a}{A}\right) = 1$, $\left(\frac{a}{B}\right) = 1$; donc réciproquement $\left(\frac{A}{a}\right) = 1$, $\left(\frac{B}{a}\right) = 1$; donc $\left(\frac{AB}{a}\right) = 1$, donc a est diviseur de $t^2 - ABu^2$.

2°. Si A et B sont non-diviseurs de la formule $t^2 - au^2$, on aura $\left(\frac{a}{A}\right) = -1$, $\left(\frac{a}{B}\right) = -1$; d'où résulte $\left(\frac{A}{a}\right) = -1$, $\left(\frac{B}{a}\right) = -1$; donc on a encore $\left(\frac{AB}{a}\right) = +1$; donc a est diviseur de $t^2 - ABu^2$.

(176) « Soit a un nombre premier $4n+1$, et b un nombre premier » $4n+3$ qui ne soit pas diviseur de $t^2 + au^2$, je dis que a sera au con- » traire diviseur de $t^2 + bu^2$. »

Car ayant par hypothèse $\left(\frac{-a}{b}\right) = -1$, ou $\left(\frac{a}{b}\right) = +1$, il s'ensuit $\left(\frac{b}{a}\right) = 1$; donc a est diviseur de $t^2 + bu^2$.

En général, si on a plusieurs nombres premiers b, b', b'', tous de la forme $4n+3$, et non-diviseurs de $x^2 + a$, a sera diviseur de la formule $t^2 + bb'b''u^2$.

(177) « Tout nombre premier c de la forme $8n+1$ ou $8n+7$, » divise à-la-fois les deux formules $t^2 + au^2$, $t^2 + 2au^2$, ou ne divisera » ni l'une ni l'autre. »

Car la valeur de $\left(\frac{-a}{c}\right)$ et la même que celle de $\left(\frac{-2a}{c}\right)$, puisque le nombre c étant de l'une des deux formes mentionnées, on a toujours $\left(\frac{2}{c}\right) = 1$ (n° 148).

(178) « Tout nombre premier c de la forme $8n+3$ ou $8n+5$, di-
» vise toujours l'une des deux formules t^2+au^2, t^2+2au^2, mais n'en
» peut diviser qu'une. »

Car dans les formes mentionnées on a $\left(\frac{2}{c}\right)=-1$; donc les deux quantités $\left(\frac{-a}{c}\right)$ et $\left(\frac{-2a}{c}\right)$ sont de signes contraires. Donc il faut que l'une de ces quantités soit $+1$ et l'autre -1; d'où il suit que c divise l'une des deux formules dont il s'agit, et ne divise pas l'autre.

Remarquez que dans ce théorème, ainsi que dans le précédent, a est un nombre quelconque positif ou négatif.

(179) Nous ne nous arrêterons pas à multiplier davantage ces sortes de théorèmes, mais nous croyons que les Géomètres verront avec plaisir l'application de notre loi de réciprocité à la démonstration de deux conclusions générales auxquelles Euler est parvenu, par voie d'induction, dans ses *Opuscula Analytica*, tom. I, et qui sont la base d'une théorie importante. La première est concue à peu près en ces termes: (Voyez l'ouvrage cité, pag. 276.)

« Si tous les quarrés successifs 1, 4, 9, 16, etc. sont divisés par un
» même nombre premier $4n+1$, les restes des divisions comprendront
» non-seulement tous les nombres contenus dans les formules $n-qq-q$
» et $qq+q-n$, mais encore tous les facteurs premiers dont ces nombres
» sont composés. »

D'abord il est facile de voir, que puisque $c=4n+1$, on satisfera à l'équation $\frac{xx+n-qq-q}{c}=e$, en prenant $2x=2q+1\pm c$. D'ailleurs c étant de la forme $4n+1$, si l'équation $\frac{x^2+a}{c}=e$ est possible, l'équation $\frac{y^2-a}{c}=e$ l'est également; donc, en effet, tout nombre compris, soit dans la formule $n-qq-q$, soit dans la formule $qq+q-n$, ou ce nombre diminué d'un multiple de c, peut être regardé comme le reste d'un quarré divisé par c. Cette première partie du théorème ne souffre aucune difficulté, ainsi qu'Euler lui-même l'a fait voir. Venons à la seconde qui exige l'emploi de la loi de réciprocité.

Soit α un nombre premier qui divise $n-qq-q$ ou $qq+q-n$, on pourra faire $qq+q-n=\pm\alpha A$; donc en multipliant par 4, puis mettant au lieu de $4n$ sa valeur $c-1$, on aura

$$(2q+1)^2-c=\pm 4\alpha A.$$

De là, en omettant les multiples de α; on tire $c = (2q+1)^2$; donc $c^{\frac{\alpha-1}{2}}$, ou suivant notre notation $\left(\frac{c}{\alpha}\right) = (2q+1)^{\alpha-1} = 1$. Mais de ce que $\left(\frac{c}{\alpha}\right) = 1$, il s'ensuit par la loi de réciprocité $\left(\frac{\alpha}{c}\right) = 1$; donc c est diviseur de la formule $x^2 - \alpha$. Donc α doit se trouver parmi les restes des quarrés divisés par le nombre premier c, ce qui est la proposition d'Euler.

(180) La seconde conclusion générale (Voyez l'ouvrage cité, pag. 281.) est celle-ci :

« Si l'on divise les quarrés 1, 4, 9, 16, etc. par le nombre premier » $4n-1$, les restes des divisions comprendront non-seulement tous les » nombres représentés par la formule $n+qq+q$, mais encore tous les » facteurs premiers dont ces nombres sont composés. »

Pour satisfaire à la première partie, il faut trouver un nombre x tel que $x^2 - (n+qq+q)$ soit divisible par le nombre premier $c = 4n-1$; or c'est ce que l'on obtiendra immédiatement, en prenant $2x = 2q+1 \pm c$. Donc le nombre $n+qq+q$, ou ce nombre diminué d'un multiple de c, est toujours le reste d'un quarré x^2 divisé par c.

Soit en second lieu α un nombre premier qui divise $n+qq+q$, si l'on fait $n+qq+q = \alpha A$, on en déduira comme ci-dessus, $(2q+1)^2 + c = 4\alpha A$. Donc en omettant les multiples de α, on a $c = -(2q+1)^2$; donc $\left(\frac{-c}{\alpha}\right) = 1$. Cela posé, il y a deux cas à distinguer.

1°. Si α est de la forme $4m+1$, l'équation $\left(\frac{-c}{\alpha}\right) = 1$ est la même que $\left(\frac{c}{\alpha}\right) = 1$, et on en déduit par la loi de réciprocité $\left(\frac{\alpha}{c}\right) = 1$; donc c est diviseur de $x^2 - \alpha$.

2°. Si α est de la forme $4m-1$, l'équation $\left(\frac{-c}{\alpha}\right) = 1$, donne $\left(\frac{c}{\alpha}\right) = -1$, et on en déduit par la loi de réciprocité $\left(\frac{\alpha}{c}\right) = 1$; donc c est encore diviseur de $x^2 - \alpha$.

Donc, dans tous les cas, le nombre premier α, ou ce nombre diminué d'un multiple de c, est le reste d'un quarré divisé par c, et par conséquent doit se trouver parmi les restes que donnent les différens termes de la suite 1, 4, 9, 16, etc. divisés par c.

§ VII. *Usage du théorème précédent pour connaître si un nombre premier* c *divise la formule* x^2+a. *Des cas où l'on peut déterminer* a priori *le nombre* x.

(181) Lorsque c est un nombre un peu grand, et qu'on a besoin de savoir si c est diviseur de x^2+a, il peut être fort long d'élever a à la puissance $\frac{c-1}{2}$, même en abrégeant l'opération autant qu'il est possible, et en ayant soin d'omettre les multiples de c à mesure qu'ils se présentent. Voici un procédé que fournit le théorème précédent, et qui conduit très-promptement à la valeur cherchée de $\left(\frac{a}{c}\right)$.

1°. Si a est plus grand que c, on mettra, au lieu de a, le reste de la division de a par c; ainsi on pourra toujours supposer que a est plus petit que c. En effet, on voit bien que $(mc+\alpha)^{\frac{c-1}{2}}$ divisé par c, laissera le même reste que $\alpha^{\frac{c-1}{2}}$.

2°. Si le nombre a ainsi réduit est un nombre premier, l'expression $\left(\frac{a}{c}\right)$ se changera suivant le théorème, soit en $\left(\frac{c}{a}\right)$, soit en $-\left(\frac{c}{a}\right)$, ce dernier cas n'ayant lieu que lorsque a et c sont tous deux de la forme $4n+3$. Mais puisque c est $>a$, on peut, au lieu de c, prendre le reste de la division de c par a; soit ce reste c', on aura donc $\left(\frac{c}{a}\right)=\left(\frac{c'}{a}\right)$; ainsi la recherche de la valeur de $\left(\frac{a}{c}\right)$ est réduite à celle de l'expression $\left(\frac{c'}{a}\right)$ qui est composée de plus petits nombres; la résolution se fera donc ultérieurement, tant par ce qui a été déjà dit que par ce que nous allons ajouter.

3°. Si a n'est pas premier, décomposez a en ses facteurs premiers α, β, γ.... parmi lesquels 2 peut être compris, vous aurez $\left(\frac{a}{c}\right)=$ au produit des expressions $\left(\frac{\alpha}{c}\right)\left(\frac{\beta}{c}\right)\left(\frac{\gamma}{c}\right)$, etc. Omettez parmi les facteurs α, β, γ, ceux qui sont quarrés, car en général... $\left(\frac{\alpha^2}{c}\right)=\left(\frac{\alpha}{c}\right)\left(\frac{\alpha}{c}\right)=+1$; observez de plus, que suivant le n° 148 on a $\left(\frac{2}{c}\right)=+1$, si c est de la forme $8n\pm1$, et $\left(\frac{2}{c}\right)=-1$, si c est de la forme $8n\pm3$.

Au moyen de ces préceptes et des renversemens donnés par le théorème du paragraphe précédent, on trouvera bientôt la valeur de l'expression proposée $\left(\frac{a}{c}\right)$. Et l'opération, assez semblable à celle par laquelle on cherche le plus grand commun diviseur de deux nombres, sera à peu près aussi expéditive.

Exemple I.

(182) Pour avoir la valeur de l'expression $\left(\frac{601}{1013}\right)$ j'observe que ces deux nombres sont premiers, et j'aurai, en vertu du théorème, $\left(\frac{601}{1013}\right)=\left(\frac{1013}{601}\right)$; la division de 1013 par 601 donne 412 de reste, et 412 étant le produit de 4 par 103, on peut omettre le facteur quarré 4, ce qui donnera $\left(\frac{601}{1013}\right)=\left(\frac{103}{601}\right)$. Mais 103 étant encore un nombre premier, on a par le théorème, $\left(\frac{103}{601}\right)=\left(\frac{601}{103}\right)=$ (en divisant 601 par 103 et ne conservant que le reste) $\left(\frac{86}{103}\right)=\left(\frac{2}{103}\right)\cdot\left(\frac{43}{103}\right)=$ (parce que $\left(\frac{2}{103}\right)=1$) $\left(\frac{43}{103}\right)=-\left(\frac{103}{43}\right)=-\left(\frac{17}{43}\right)=-\left(\frac{43}{17}\right)=-\left(\frac{9}{17}\right)=-1$. Donc $\left(\frac{601}{1013}\right)=-1$. Donc 1013 n'est pas diviseur de x^2+601.

Pour faire la même vérification par la voie ordinaire, il aurait fallu élever 601 à la puissance 506, en rejetant les multiples de 1013 à mesure qu'ils se présentent. Or 506 exprimé en chiffres de l'arithmétique binaire (1) est 111 111 010, c'est-à-dire en d'autres termes que 506

(1) Voici un moyen très-court d'exprimer un nombre un peu grand en caractères binaires. Soit par exemple le nombre 11183445 dont il sera question dans l'exemple III, je divise ce nombre par 64, j'ai le reste 21 et le quotient 174741; celui-ci, divisé par 64, donne le reste 21 et le quotient 2730; enfin 2730 divisé par 64, donne le reste 42 et le quotient 42 : mais 21 s'exprime en chiffres binaires par 10101 et 42 par 101010. Donc le nombre proposé s'exprimera par 101010 101010 010101 010101.

est la somme des puissances de 2, dont les exposans sont 8, 7, 6, 5, 4, 3, 1. Pour former les puissances de 601 qui ont ces puissances de 2 pour exposans, il faut faire huit multiplications ou élévations au quarré; ensuite, pour multiplier entre elles les diverses puissances de 601 dont les exposans sont 2^8, 2^7, 2^6, 2^5, 2^4, 2^3, 2^1, il faut encore six multiplications; de sorte qu'il faut en tout quatorze multiplications, et autant de divisions par 1013 pour arriver au résultat final. Voici au reste le détail de l'opération, afin qu'on puisse mieux comparer les deux méthodes; on n'a mis que les restes des divisions par 1013.

$$(601)^2 = 573 \qquad (601)^{384} = 89\times525 = 127$$
$$(601)^4 = (573)^2 = 117 \qquad (601)^{448} = 127\times-437 = +216$$
$$(601)^8 = (117)^2 = 520 \qquad (601)^{480} = +216\times-24 = -119$$
$$(601)^{16} = (520)^2 = -71 \qquad (601)^{496} = -119\times-71 = 345$$
$$(601)^{32} = (71)^2 = -24 \qquad (601)^{504} = 345\times520 = 99$$
$$(601)^{64} = (24)^2 = -437 \qquad (601)^{506} = 99\times573 = -1.$$
$$(601)^{128} = (437)^2 = 525$$
$$(601)^{256} = (525)^2 = 89 \qquad \text{Donc en effet } \left(\frac{601}{1013}\right) = -1.$$

Exemple II.

(183) On demande la valeur de $\left(\frac{402}{929}\right)$?

Pour cela je décompose 402 en ses trois facteurs 2.3.67, et j'ai $\left(\frac{402}{929}\right) = \left(\frac{2}{929}\right)\cdot\left(\frac{3}{929}\right)\cdot\left(\frac{67}{929}\right)$. Or on a

$$\left(\frac{2}{929}\right) = 1$$
$$\left(\frac{3}{929}\right) = \left(\frac{929}{3}\right) = \left(\frac{2}{3}\right) = -1$$
$$\left(\frac{67}{929}\right) = \left(\frac{929}{67}\right) = \left(\frac{-9}{67}\right) = -\left(\frac{1}{67}\right) = -1;$$

et le produit de ces trois résultats est $+1$, donc $\left(\frac{402}{929}\right) = +1$; donc 929 est diviseur de $t^2 \pm 402u^2$, ou de $x^2 \pm 402$.

Exemple III.

(184) Prenons un nombre premier très-grand, tel que 22 366 891, et cherchons si ce nombre est diviseur de $x^2 + 1459$?

Il faut donc avoir la valeur de $\left(\frac{1459}{22\,366\,891}\right)$; et parce que 1459 est également un nombre premier $4n+3$, cette valeur $=-\left(\frac{22\,366\,891}{1459}\right)$ $=-\left(\frac{421}{1459}\right)=-\left(\frac{1459}{421}\right)=-\left(\frac{196}{421}\right)=-1$, (parce que 196 est un quarré). Donc la valeur cherchée est -1. Donc 22 366 891 est diviseur de x^2+1459.

C'est ce qu'on n'aurait pu trouver par la voie ordinaire, qu'en faisant 34 multiplications et autant de divisions très-laborieuses, puisque le diviseur serait 22 366 891.

(185) Après s'être assuré que le nombre premier c est diviseur de x^2+a, il reste à déterminer la valeur de x qui rend la division possible. C'est ce qu'on peut faire *a priori* dans quelques cas généraux que nous allons indiquer.

1°. Lorsque $c=4n+3$, la condition de possibilité donne $(-a)^{2n+1}-1$ divisible par c; donc $a^{2n+2}+a$ est divisible par c; donc si on prend $x=a^{n+1}$ ou égal au reste de a^{n+1} divisé par c, on sera sûr que $\frac{x^2+a}{c}$ est un entier. Ce premier cas très-général comprend déjà la moitié de tous les cas possibles. Il ne reste donc plus à examiner que le cas de $c=4n+1$, lequel comprend les deux formes $8n+1$, $8n+5$.

2°. Lorsque $c=8n+5$, la condition de possibilité exige que $a^{4n+2}-1$ soit divisible par c; mais cette quantité est le produit des deux facteurs $a^{2n+1}+1$, $a^{2n+1}-1$, il faut donc que l'un de ces facteurs soit divisible par c. Si le facteur $a^{2n+1}+1$ est divisible par c, faites $x=a^{n+1}$, et vous aurez $\frac{x^2+a}{c}=e$. Si c'est l'autre facteur qui est divisible par c, faites de même $\theta=a^{n+1}$, et vous aurez $\frac{\theta^2-a}{c}=e$; dans ce dernier cas, il ne reste plus qu'à satisfaire à l'équation $\frac{x^2+\theta^2}{c}=e$. Or puisque c est de la forme $4m+1$, on peut supposer $c=f^2+g^2$; cherchant ensuite les indéterminées p et q d'après l'équation

$$\theta=fp+gq,$$

on en conclura $x=fq-gp$; car de là résulte $x^2+\theta^2=(f^2+g^2)(p^2+q^2)$; donc $x^2+\theta^2$, et par suite x^2+a est divisible par c.

3°. Le dernier cas à considérer, est celui de $c=8n+1$, mais alors on ne peut pas toujours satisfaire à l'équation $\frac{x^2+a}{c}=e$ d'une manière directe et sans tâtonnement. Si l'on a $n=\alpha\beta$, β étant un nombre impair et α une puissance de 2, la condition de possibilité exigeant que $a^{4\alpha\beta}-1$ soit divisible par c, il pourra arriver que $a^{\beta}\pm 1$ soit divisible par c, et alors à cause de β impair, on trouvera la valeur de x de la même manière qu'on l'a trouvée lorsque $c=8n+5$.

Si $a^{\beta}\pm 1$ n'est pas divisible par c, on ne trouve pas de solution *a priori*; ainsi pour résoudre l'équation $\frac{x^2+a}{c}=e$, il faudra calculer les différens termes de la suite $c-a$, $2c-a$, $3c-a$, $4c-a$, etc., jusqu'à ce qu'on en trouve un qui soit un quarré parfait et qui donnera la valeur de x^2; cette suite, au reste, contiendra nécessairement le quarré qu'on cherche, quarré qui doit être moindre que $\frac{1}{4}c^2$, ainsi le nombre de termes à calculer ne peut excéder $\frac{1}{4}c$.

Par exemple, soit proposée l'équation $\frac{x^2+229}{641}=e$, dont la possibilité est déjà établie par la condition $\left(\frac{229}{641}\right)=1$; il faudra former les différens termes de la progression arithmétique dont le terme général est $641e-229$. Cette progression est 412, 1053, 1694, 2335, etc. mais il faut la continuer jusqu'au 94eme terme avant qu'on trouve le quarré 60025 dont la racine $245=x$. Il est vrai qu'on peut passer sur beaucoup de termes, lorsqu'on prévoit que le chiffre qui les termine n'est pas un de ceux qui conviennent aux quarrés (1). Mais le travail est encore assez long par cette voie, lorsque le nombre cherché x n'est pas beaucoup plus petit que $\frac{1}{2}c$.

(186) Pour rendre cette détermination moins laborieuse, on pourra

---

(1) Le quarré de $10m+n$ est $100m^2+20mn+n^2$, donc le chiffre qui termine le quarré de $10m+n$, est le même que celui qui termine le quarré de n. Mais les nombres 0, 1, 2, 3...9 ont leurs quarrés terminés par l'un des chiffres 0, 1, 4, 5, 6, 9; donc aucun quarré ne peut être terminé par 2, 3, 7, 8. On peut ajouter à cette observation, 1°. que si le dernier chiffre d'un quarré est 0, il faut que les deux derniers soient deux zéros. 2°. Que si le dernier chiffre est 5, les deux derniers doivent être 25. 3°. Que si le dernier chiffre est impair, l'avant-dernier doit être pair. 4°. Que si le dernier chiffre est 4, l'avant-dernier doit être pair, afin que tout le nombre soit divisible par 4. 5°. Que si le dernier chiffre est 6, l'avant-dernier doit être impair par la même raison.

avoir recours aux propriétés des diviseurs qui seront démontrées ci-après. En vertu de ces propriétés, tout diviseur de la formule t^2+au^2 est lui-même de la forme y^2+az^2, ou au moins il devient de cette forme, en le multipliant par un nombre p moindre que $2\sqrt{\frac{a}{3}}$. Supposons donc qu'on a trouvé $pc=f^2+ag^2$, on cherchera x d'après l'équation

$$f=gx+cy,$$

et la valeur de x sera telle, que x^2+a est divisible par c.

Ainsi, dans l'exemple précédent, on reconnaît bientôt que 641 n'est pas de la forme f^2+229g^2, mais il le devient, étant multiplié par 14, car on a $641\times14=8974=57^2+229.5^2$; faisant donc $57=5x+641y$, on trouvera $x=-245$. Cette méthode peut faire éviter beaucoup de tâtonnement, et elle sera surtout utile lorsque le nombre a est peu considérable; car les Tables feront connaître, d'après la forme $4az+a$ du nombre c, quel est le multiplicateur p qui peut rendre le produit pc de la forme f^2+ag^2.

§ VIII. *De la manière de déterminer* x *pour que* x^2+a *soit divisible par un nombre composé quelconque* N.

(187) Soit c un nombre premier, et a un nombre quelconque non-divisible par c, si l'on demande la valeur de x telle que x^2+a soit divisible par c^m, cherchez d'abord par ce qui précède la valeur de θ qui rend θ^2+a divisible par c; faites ensuite $(\theta+\sqrt{-a})^m=p+q\sqrt{-a}$; vous aurez de même $(\theta-\sqrt{-a})^m=p-q\sqrt{-a}$, et le produit de ces deux équations donnera $(\theta^2+a)^m=p^2+aq^2$, donc p^2+aq^2 est divisible par c^m. Dans ce résultat, q et c sont premiers entre eux; ainsi on pourra supposer $p=qx+c^my$, et x^2+a sera divisible par c^m, ce qui est la question proposée.

Nous venons de supposer que q n'est point divisible par c; car s'il l'était, p le serait aussi en vertu de l'équation $(\theta^2+a)^m=p^2+aq^2$ dont le premier membre est divisible par c^m. Mais on a

$$p=\theta^m-\frac{m.m-1}{1.2}\theta^{m-2}a+\frac{m.m-1.m-2.m-3}{1.2.3.4}\theta^{m-4}a^2-\text{etc.}$$

et puisque θ^2+a est divisible par c, on peut mettre $-\theta^2+Ac$ à la place de a, ce qui donnera p de cette forme

$$p=\theta^m\left(1+\frac{m.m-1}{1.2}+\frac{m.m-1.m-2.m-3}{1.2.3.4.}+\text{etc.}\right)+Bc,$$

ou $p=2^{m-1}\theta^m+Bc$; mais θ n'est point divisible par c, donc p ne peut l'être, ni par conséquent q.

Si le nombre a est divisible par c, la quantité x^2+a sera divisible par c, en prenant $x=0$ ou un multiple de c; mais il sera souvent impossible que x^2+a soit divisible par c^2 ou par une puissance plus élevée de c; par exemple, si a est divisible par c et non par c^2, il est évident que jamais x^2+a ne peut être divisible par c^2.

(188) Il est facile maintenant de trouver, lorsque cela est possible, la valeur de x, telle que x^2+a soit divisible par un nombre composé quelconque N.

1°. Si N et a sont premiers entre eux, on décomposera N en ses facteurs premiers impairs $\alpha^\lambda \epsilon^\mu \gamma^\nu$, etc., et on cherchera par la méthode qui précède les nombres A, B, C, etc. tels que les quantités

$$\frac{A^2+a}{\alpha^\lambda}, \quad \frac{B^2+a}{\epsilon^\mu}, \quad \frac{C^2+a}{\gamma}, \text{ etc.}$$

soient des entiers; il faudra ensuite satisfaire aux équations indéterminées

$$x = A + \alpha^\lambda y = \pm B + \epsilon^\mu z = \pm C + \gamma^\nu u = \text{etc.}$$

Et il est facile de voir que x^2+a étant divisible par chacun des facteurs α^λ, ϵ^μ, γ^ν, etc., sera divisible par leur produit $\alpha^\lambda \epsilon^\mu \gamma^\nu$, etc.

2°. Si les nombres N et a ne sont pas premiers entre eux, soit $\psi^2\omega$ leur plus grand commun diviseur, ψ^2 étant le plus grand quarré qui divise $\psi^2\omega$, et par conséquent ω ne pouvant plus avoir que des facteurs simples; alors il faudra faire $N = \psi^2\omega N'$, $a = \psi^2\omega a'$, $x = \psi\omega x'$, et l'équation à résoudre $\frac{x^2+a}{N} = e$, deviendra $\frac{\omega x'^2 + a'}{N'} = e$. Dans celle-ci ω et N' doivent être premiers entre eux, car s'ils avaient un commun diviseur π, il faudrait que a' fût aussi divisible par π (sans quoi l'équation à résoudre serait impossible); donc $\omega^2\psi$ ne serait pas le plus grand commun diviseur de a et N, contre la supposition.

Puisque ω et N' sont premiers entre eux, on pourra trouver deux entiers f et g tels qu'on ait $f\omega - gN' = 1$; multipliant donc par f l'équation $\frac{\omega x'^2 + a'}{N'} = e$, et mettant $gN' + 1$ à la place de $f\omega$, cette équation deviendra $\frac{x'^2 + fa'}{N'} = e$; ainsi la question est ramenée au cas précédent où N et a sont premiers entre eux.

(189) Si, outre les facteurs impairs α^λ, ϵ^μ, etc. que nous avons considérés dans les deux cas précédens, N contient le facteur 2^m, il faudra combiner les valeurs trouvées pour chaque facteur impair avec celle qui résulte de l'équation $\frac{x^2+a}{2^m} = e$, dont nous allons nous occuper.

Lorsque a est divisible par 4 ou par une puissance plus élevée de 2, telle que 2^{2i} ou 2^{2i+1}, il faudra faire $x = 2^i x'$, et la question sera ramenée immédiatement au cas où a est impair ou double d'un impair.

Si a est double d'un impair, il est visible que l'équation $x^2+a = 2^m y$

n'est résoluble que dans le seul cas où $m=1$, ainsi on peut faire abstraction de ce cas.

Soit donc a impair et $m>1$, il faudra que x soit impair, et comme alors x^2 est de la forme $8n+1$, on aura suivant les différentes formes de $a=\pm c$, les formes correspondantes de $x^2\pm c$ comme il suit :

$$\begin{array}{lll} c=8n+1, & x^2+c=8n+2, & x^2-c=8n \\ c=8n+3, & x^2+c=8n+4, & x^2-c=8n+6 \\ c=8n+5, & x^2+c=8n+6, & x^2-c=8n+4 \\ c=8n+7, & x^2+c=8n \quad , & x^2-c=8n+2. \end{array}$$

Écartant donc les cas qui ne permettent pas que $x^2\pm c$ soit divisible par une puissance de 2 supérieure à la première, les cas qui restent sont les quatre suivans :

$$\begin{array}{l} c=8n+1\ldots\ldots x^2-c=8n \\ c=8n+3\ldots\ldots x^2+c=8n+4 \\ c=8n+5\ldots\ldots x^2-c=8n+4 \\ c=8n+7\ldots\ldots x^2+c=8n. \end{array}$$

Le second et le troisième ne sont résolubles que pour la seule valeur $m=2$, et alors la solution est simplement $x=1$.

Les deux autres cas où l'on a $a=-1\pm8\alpha$ sont résolubles pour des valeurs quelconques de l'exposant m, et on peut aisément parvenir à la solution par des substitutions successives. Par exemple, soit proposée l'équation relative au quatrième cas

$$\frac{x^2+15}{2^{10}}=y.$$

En faisant $x=1$, on a $x^2+15=2^4$; soit donc $x=1+2^3x'$, la substitution donnera $1+x'+2^2x'^2=2^6y$. Celle-ci fait voir que $1+x'$ doit être divisible par 4. Faisant donc $x'=-1+4x''$, on aura

$$\frac{1-7x''}{16}=e,$$

d'où $x''=7$, $x'=27$ et $x=217$.

Aussitôt qu'on connaît une solution particulière $x=\theta$, on en déduit la solution générale $x=2^{m-1}x'\pm\theta$, laquelle satisfait à l'équation proposée $x^2+a=2^my$, puisqu'on a $m>1$. Cette valeur devra ensuite être combinée avec celles qui expriment que x^2+a est divisible par les différens facteurs impairs de N.

Il faut maintenant examiner combien l'équation $\frac{x^2+a}{N}=e$ pourra avoir de solutions, mais nous nous bornerons aux cas où N est impair ou double d'un impair.

(190) « Si N est impair et premier à a, le nombre de solutions de » l'équation $\frac{x^2+a}{N}=e$, sera 2^{i-1}, i étant le nombre des facteurs pre» miers différens qui divisent N. »

Soit d'abord $N=\alpha^\lambda$, α étant un nombre premier, je dis qu'il n'y aura qu'une manière de satisfaire à l'équation $\frac{x^2+a}{N}=e$. Car s'il y avait deux solutions désignées par x et x', il faudrait que $x^2-x'^2$ fût divisible par α^λ; et comme aucun des facteurs $x+x'$, $x-x'$ n'est divisible par α^λ, puisque x et x' sont supposés inégaux et plus petits que $\frac{1}{2}\alpha^\lambda$, il faudra que ces facteurs $x+x'$, $x-x'$ soient tous deux divisibles par α, donc leur somme $2x$ serait également divisible par α; mais si x était divisible par α, il faudrait que a le fût aussi, d'après l'équation $\frac{x^2+a}{\alpha^\lambda}=e$. Donc puisque a et N sont premiers entre eux, l'équation $\frac{x^2+a}{\alpha^\lambda}=e$ ne pourra avoir qu'une solution moindre que $\frac{1}{2}\alpha^\lambda$.

Soit en second lieu $N=\alpha^\lambda\beta^\mu$, et soient A et B les valeurs de x qui satisfont aux équations $\frac{x^2+a}{\alpha^\lambda}=e$, $\frac{x^2+a}{\beta^\mu}=e$; si on combine ensemble (nº 14) les deux valeurs $x=A+\alpha^\lambda y$, $y=\pm B+\beta^\mu z$, il est clair qu'on aura, à cause du signe $\pm$, deux valeurs de x de la forme $x=K+\alpha^\lambda\beta^\mu x'=K+Nx'$, chacune desquelles peut être rendue moindre que $\frac{1}{2}N$ en prenant pour x' la valeur convenable. Donc dans le cas des deux facteurs inégaux α, β, l'équation proposée aura deux solutions.

S'il y a un troisième facteur γ^ν, il faudra combiner la valeur trouvée $x=K+\alpha^\lambda\beta^\mu x'$, avec une troisième formule $x=\pm C+\gamma^\nu z$, et il est évident que l'on aura quatre solutions de la forme $K'+\alpha\,\beta^\mu\gamma\,x''$, ou $K'+Nx''$, lesquelles pourront être rendues moindres que $\frac{1}{2}N$.

En général, chaque nouveau facteur double le nombre des solutions obtenues par les facteurs précédens. Donc on aura en tout 2^{i-1} solutions, i étant le nombre des facteurs α^λ, β^μ, γ^ν, etc. dont N est composé.

Remarque. Si N est double d'un impair, l'équation $\frac{x^2+a}{N}=e$ aura également 2^{i-1} solutions. Car si θ est une valeur de x qui rend x^2+a divisible par $\frac{1}{2}N$, cette valeur θ, ou au moins $\frac{1}{2}N-\theta$, rendra x^2+a divisible par N.

(191) « Soit N impair ou double d'un impair; si les deux nombres » N et a ont un commun diviseur ω, lequel ne soit divisible par aucun » quarré, je dis que l'équation $\frac{x^2+a}{N}=e$ aura toujours 2^{i-1} solutions, » i étant le nombre de facteurs premiers impairs et inégaux qui divisent » N sans diviser a. »

En effet, soit $N=\omega N'$, $a=\omega a'$, $x=\omega x'$, l'équation proposée deviendra $\frac{\omega x'^2+a'}{N'}=e$, et parce que ω et N' n'ont pas de commun diviseur, on peut faire $f\omega-gN'=1$, ce qui donnera l'équation réduite $\frac{x'^2+fa'}{N'}=e$. Or celle-ci, où N' et fa' sont premiers entre eux, admet autant de solutions qu'il y a d'unités dans 2^{i-1}, i étant le nombre de facteurs premiers impairs et inégaux qui divisent N'; et si l'on fait en général $x'=\theta+N'x''$, on aura $x=\omega\theta+\omega N'x''=\omega\theta+Nx''$. Donc il y aura autant de valeurs de x moindres que $\frac{1}{2}N$ qu'il y a de valeurs de x' moindres que $\frac{1}{2}N'$; donc le nombre de ces valeurs est égal à 2^{i-1}.

(192) « Si le nombre N, impair ou double d'un impair, a un com- » mun diviseur quelconque avec a, et que ce diviseur soit représenté » par $\omega\psi^2$, ensorte qu'on ait $N=\psi^2\omega N'$, ω n'étant divisible par aucun » quarré, je dis que l'équation $\frac{x^2+a}{N}=e$ aura autant de solutions qu'il » y a d'unités dans $\psi.2^{i-1}$, i étant le nombre de facteurs premiers » impairs et inégaux qui divisent N'. »

Car dans ce cas, on a $a=\psi^2\omega a'$, $x=\psi\omega x'$, et l'équation à résoudre devient $\frac{\omega x'^2+a'}{N'}=e$, laquelle, comme on a vu dans le n° précédent, donne 2^{i-1} valeurs de x' moindres que $\frac{1}{2}N'$. Soit en général $x'=\theta+N'x''$, on aura donc $x=\psi\omega\theta+\psi\omega N'x''$; or comme il suffit que les valeurs de x soient moindres ou non plus grandes que $\frac{1}{2}N=\frac{1}{2}\psi^2\omega N'$, il est clair qu'on peut donner à x'' les valeurs successives 0, ±1, ±2, etc. jusqu'à $\pm\frac{1}{2}(\psi-1)$. Le nombre de ces valeurs est évidemment ψ; donc chaque valeur de x' moindre que $\frac{1}{2}N'$, donnera ψ valeurs de x moindres que $\frac{1}{2}N$; donc le nombre de toutes les valeurs de x sera $\psi.2^{i-1}$.

Remarque. Cette formule est vraie, même lorsque $i=0$, c'est-à-dire lorsque le nombre N ou au moins sa moitié est diviseur de a; alors elle se réduit à $\frac{1}{2}\psi$, mais il faudra compter comme entier la fraction contenue dans $\frac{1}{2}\psi$, de sorte que si $\psi=2h+1$, on prendra $h+1$ pour $\frac{1}{2}\psi$.

§ IX. *Résolution des équations symboliques* $\left(\frac{x}{c}\right)=1$, $\left(\frac{x}{c}\right)=-1$, c *étant un nombre premier.*

(193) Soit c un nombre premier quelconque, et soit proposé de trouver toutes les valeurs de x qui satisfont à l'équation $\left(\frac{x}{c}\right)=1$, ou $\frac{x^{\frac{c-1}{2}}-1}{c}=e$. Il est aisé de voir qu'on peut faire $x=y^2$, y étant un nombre quelconque non-divisible par c; les différentes valeurs de x seront donc 1, 4, 9, 16.... jusqu'à $\left(\frac{c-1}{2}\right)^2$ inclusivement. Ces valeurs peuvent être abaissées toutes au-dessous de c, en retranchant les multiples de c qui y sont compris, et leur nombre est, comme on voit, $\frac{c-1}{2}$; il ne peut être plus grand, parce que l'exposant de x n'est que $\frac{c-1}{2}$; il n'est pas moindre non plus, car si deux quarrés m^2, n^2, chacun moindre que $\left(\frac{c-1}{2}\right)^2$, laissaient le même reste ou la même valeur de x, il faudrait que m^2-n^2 fût divisible par c, ce qui ne peut être, parce que $m-n$ et $m+n$ sont tous les deux moindres que c. Nous connaissons donc les $\frac{c-1}{2}$ solutions de l'équation $\left(\frac{x}{c}\right)=1$, ces solutions étant comprises entre 0 et c; mais comme il s'agit seulement des solutions en nombres impairs, parmi les valeurs de x on conservera les nombres impairs, et on ajoutera c aux nombres pairs, ce qui fera encore $\frac{c-1}{2}$ solutions impaires comprises depuis 1 jusqu'à $2c-1$.

Pour parvenir immédiatement à ces solutions, on formera, par le moyen des différences, la suite des quarrés impairs, comme on le voit ici :

Différ.	8	16	24	32	40	48	56	
Quar.	1,	9,	25,	49,	81,	121,	169,	225, etc.

On retranchera, tant dans les différences que dans les quarrés, les multiples de $2c$ à mesure qu'ils se présenteront, et la suite des quarrés, ou plutôt de leurs résidus, continuée jusqu'à $\frac{c-1}{2}$ termes, contiendra toutes les solutions de l'équation $\left(\frac{x}{c}\right)=1$, impaires, positives et moindres que $2c$. Ensuite ces solutions pourront être augmentées d'un multiple quelconque de $2c$, ce qui donnera $x=2cz+b$, b ayant $\frac{c-1}{2}$ valeurs différentes.

Connaissant ainsi toutes les solutions de l'équation $\left(\frac{x}{c}\right)=1$, on aura par voie d'exclusion toutes celles de l'équation $\left(\frac{x}{c}\right)=-1$. Car les nombres moindres que $2c$, qui ne sont pas compris dans les solutions de l'équation $\left(\frac{x}{c}\right)=1$, satisferont nécessairement à l'équation $\left(\frac{x}{c}\right)=-1$; et le nombre de ces derniers sera encore $\frac{c-1}{2}$; car le nombre des termes de la progression 1, 3, 5, 7.... $2c-1$ étant c, si on exclut le terme c qui ne satisfait ni à l'une ni à l'autre de ces équations, il restera $c-1$ termes dont la moitié satisfait à l'équation $\left(\frac{x}{c}\right)=1$, et l'autre moitié à l'équation $\left(\frac{x}{c}\right)=-1$. Il est inutile d'ajouter que les solutions de cette dernière équation peuvent être aussi augmentées d'un multiple quelconque de $2c$.

(194) *Exemple I.* Soit $c=41$, on formera, au moyen des différences, la suite des quarrés impairs, et on retranchera, tant des différences que des quarrés, les multiples de 82 à mesure qu'ils se présentent. Voici l'opération :

Differ. 8 16 24 32 40 48 56 64 72 80
Quar. 1, 9, 25, 49, 81, 121 = 39, 87 = 5, 61, 125 = 43, 115 = 33,

Differ. 88 = 6 14 22 30 38 46 54 62
Quar. 113 = 31, 37, 51, 73, 103 = 21, 59, 105 = 23, 77,

Differ. 70 78 86 = 4
Quar. 139 = 57, 127 = 45, 123 = 41 = c.

Les vingt premiers termes rangés par ordre de grandeur, donneront la formule suivante, qui renferme toutes les solutions de l'équation

$\left(\dfrac{x}{41}\right) = 1$:

$$x = 82z + \left\{ \begin{array}{l} 1, \quad 5, \quad 9, \quad 21, \quad 23, \quad 25, \quad 31, \quad 33, \quad 37, \quad 39, \\ 81, \quad 77, \quad 73, \quad 61, \quad 59, \quad 57, \quad 51, \quad 49, \quad 45, \quad 43. \end{array} \right.$$

On remarquera que les vingt valeurs numériques qui suivent $82z$, et qui sont proprement les solutions de l'équation proposée, sont telles que chaque valeur b est accompagnée de son complément $2c - b$, les deux ensemble faisant constamment $2c$. C'est ce qui aura lieu généralement toutes les fois que le nombre c sera de la forme $4m + 1$; en effet si $b^{2m} - 1$ est divisible par c, il est clair que $(2c - b)^{2m} - 1$ est également divisible par c. Donc alors la solution ou racine b est toujours accompagnée de la racine $2c - b$. Il n'en serait pas de même si c était de la forme $4m + 3$, et on voit, au contraire, que si b satisfait à l'équation $\left(\dfrac{x}{c}\right) = 1$, son complément $2c - b$ satisfera à l'équation $\left(\dfrac{x}{c}\right) = -1$.

(195) *Exemple II.* Soit $c = 59$, $2c = 118$, on procédera ainsi :

Différ. 8 16 24 32 40   48 56 64   72   80 88   96
Quar. 1,   9, 25, 49, 81, 121=3, 51, 107, 171=53, 125=7, 87, 175=57.

Différ.   104   112   120=2   10 18 26 34 42   50
Quar. 153=35, 139=21, 133=15, 17, 27, 45, 71, 105, 147=29.

Différ. 58   66   74   82   90 98   106   114
Quar. 79, 137=19, 85, 159=41, 123=5, 95, 193=75, 181=65.

Rassemblant par ordre ces 29 résultats, on aura la formule suivante, qui contient toutes les solutions de l'équation $\left(\dfrac{x}{59}\right) = 1$:

$$x = 118z + 1, \ 3, \ 5, \ 7, \ 9; \ 15, \ 17, \ 19, \ 21, \ 25; \ 27, \ 29, \ 35, \ 41, \ 45;$$
$$49, \ 51, \ 53, \ 57, \ 63; \ 71, \ 75, \ 79, \ 81, \ 85; \ 87, \ 95, \ 105, \ 107.$$

Par conséquent les solutions de l'équation $\left(\dfrac{x}{59}\right) = -1$, seront :

$$x = 118z + 11, \ 13, \ 23, \ 31, \ 33; \ 37, \ 39, \ 43, \ 47, \ 55; \ 61, \ 65, \ 67, \ 69, \ 73;$$
$$77, \ 83, \ 89, \ 91, \ 93; \ 97, \ 99, \ 101, \ 103, \ 109; \ 111, \ 113, \ 115, \ 117.$$

§ X. *Recherche des formes linéaires qui conviennent aux diviseurs de la formule* $t^2 + cu^2$.

NOUS examinerons d'abord le cas où c est un nombre premier, ce qui fournira deux théorèmes principaux.

(196) THÉORÈME. « Soit c un nombre premier $4n+1$, et A un divi- » seur impair quelconque de la formule x^2+c ou t^2+cu^2, je dis qu'on » aura $\left(\frac{A}{c}\right)=1$ si A est de la forme $4n+1$, et $\left(\frac{A}{c}\right)=-1$ si A » est de la forme $4n+3$. »

Car soit α un nombre premier $4n+1$, et β un nombre premier $4n+3$, tous deux diviseurs de x^2+c, on aura, suivant le n° 134, $\left(\frac{-c}{\alpha}\right)=1$ et $\left(\frac{-c}{\beta}\right)=1$, ou $\left(\frac{c}{\alpha}\right)=1$ et $\left(\frac{c}{\beta}\right)=-1$. De là on conclut, par la loi de réciprocité, $\left(\frac{\alpha}{c}\right)=1$ et $\left(\frac{\beta}{c}\right)=-1$. Mais le nombre A, s'il est de la forme $4n+1$, est le produit d'un nombre quelconque de facteurs α par un nombre pair de facteurs β, donc dans ce cas $\left(\frac{A}{c}\right)=1$; et si le nombre A est de la forme $4n+3$, il résulte du produit d'un nombre quelconque de facteurs α par un nombre impair de facteurs β, donc dans ce second cas on a $\left(\frac{A}{c}\right)=-1$.

Corollaire. Donc si on désigne par b l'un des $\frac{c-1}{2}$ nombres impairs moindres que $2c$ qui satisfont à l'équation $\left(\frac{x}{c}\right)=1$, on aura $A=2cz+b$. Mais parmi les nombres b, on peut conserver ceux qui sont de la forme $4n+1$, et ajouter $2c$ à ceux qui sont de la forme $4n+3$; on aura par ce moyen $\frac{c-1}{2}$ nombres de la forme $4n+1$, moindres que $4c$. Soit a un de ces nombres, on aura $A=4cz+a$, ce qui donnera $\frac{c-1}{2}$ formes linéaires des diviseurs $4n+1$ de la formule t^2+cu^2.

Pareillement, si on réduit à la forme $4n+3$ toutes les solutions de l'équation $\left(\frac{x}{c}\right)=-1$, ce qui se fera, en conservant les nombres $4n+3$, et ajoutant $2c$ à ceux qui sont de la forme $4n+1$, on aura $\frac{c-1}{2}$ nombres de la forme $4n+3$, et moindres que $4c$; soit a l'un quelconque de ces nombres, et l'expression $4cz+a$ sera la forme générale des diviseurs $4n+3$ de la formule t^2+cu^2.

Ainsi, par exemple, les diviseurs $4n+1$ de la formule t^2+41u^2 seront compris dans la formule

$$A=164z+1,\ 5,\ 9,\ 21,\ 25;\ 33,\ 37,\ 45,\ 49,\ 57;\ 61,\ 73,\ 77,\ 81,\ 105;\ 113,\ 121,\ 125,\ 133,\ 141.$$

Et les diviseurs $4n+3$ de la même formule seront compris dans la formule

$$A=164z+3,\ 7,\ 11,\ 15,\ 19;\ 27,\ 35,\ 47,\ 55,\ 63;\ 67,\ 71,\ 75,\ 79,\ 95;\ 99,\ 111,\ 135,\ 147,\ 151.$$

On conclura de là, par voie d'exclusion, les diverses formes, soit $4n+1$, soit $4n+3$, qui ne divisent point t^2+41u^2. En général il est aisé de voir qu'il y aura toujours autant de formes pour les non-diviseurs que pour les diviseurs, ce nombre étant égal à $\frac{c-1}{2}$, soit dans la forme $4n+1$, soit dans la forme $4n+3$.

Remarque. Tout nombre premier contenu dans les formes linéaires des diviseurs de t^2+cu^2 est nécessairement diviseur de t^2+cu^2. Car soit A ce nombre premier, s'il est de la forme $4n+1$, on aura $\left(\frac{A}{c}\right)=1$, donc $\left(\frac{c}{A}\right)=1$, donc A est diviseur de t^2+cu^2.

Si A est de la forme $4n+3$, on aura $\left(\frac{A}{c}\right)=-1$, donc $\left(\frac{c}{A}\right)=-1$, donc A est diviseur de t^2+cu^2.

Cette remarque est le fondement d'un grand nombre de propriétés des nombres premiers; car puisqu'étant donné c on peut déterminer *a priori* toutes les formes linéaires $4cz+b$ dont sont susceptibles les diviseurs de la formule t^2+cu^2, et que d'un autre côté on peut aussi déterminer toutes les formes quadratiques $py^2+2qyz+rz^2$ qui conviennent à ces mêmes diviseurs, il s'ensuit que tout nombre premier renfermé dans l'une des formes linéaires $4cz+b$, doit être de l'une des formes quadratiques $py^2+2qyz+rz^2$. Proposition très-féconde, et dont le développement pour les différentes valeurs du nombre premier c, fournit une multitude de théorèmes intéressans sur les nombres premiers.

Lorsque A est un nombre composé, il ne suffit pas qu'il soit compris dans les formes $4cz+b$ qui conviennent aux diviseurs de t^2+cu^2, et malgré cette condition, il pourrait bien n'être pas diviseur de cette formule. Par exemple, lorsque $c=41$, la forme $164z+57$ contient le nombre $221=13.17$, lequel n'est point diviseur de t^2+41u^2, car t^2+41u^2 n'est divisible ni par 13 ni par 17.

(197) Théorème. « Soit c un nombre premier $4n+3$, et A un divi- » seur impair quelconque de la formule t^2+cu^2, je dis qu'on aura tou- » jours $\left(\frac{A}{c}\right)=1$. »

Car soit α un nombre premier $4n+1$, et $\mathfrak{C}$ un nombre premier $4n+3$, tous deux diviseurs de t^2+cu^2, on aura $\left(\frac{-c}{\alpha}\right)=1$, $\left(\frac{-c}{\mathfrak{C}}\right)=1$, ou $\left(\frac{c}{\alpha}\right)=1$, $\left(\frac{c}{\mathfrak{C}}\right)=-1$; donc réciproquement $\left(\frac{\alpha}{c}\right)=1$, $\left(\frac{\mathfrak{C}}{c}\right)=1$. Donc tout diviseur A composé du produit de plusieurs nombres premiers α et $\mathfrak{C}$, donnera $\left(\frac{A}{c}\right)=1$.

Corollaire. Tout diviseur impair de la formule t^2+cu^2, peut être représenté par $2cz+a$, a étant l'un des $\frac{c-1}{2}$ nombres impairs et moindres que $2c$ qui satisfont à l'équation $\left(\frac{x}{c}\right)=1$.

Par exemple, si $c=59$, tout diviseur impair de la formule t^2+59u^2 pourra être représenté par la formule

$$A=118z+1,\ 3,\ 5,\ 7,\ 9;\ 15,\ 17,\ 19,\ 21,\ 25;\ 27,\ 29,\ 35,\ 41,\ 45;$$
$$49,\ 51,\ 53,\ 57,\ 63;\ 71,\ 75,\ 79,\ 81,\ 85;\ 87,\ 95,\ 105,\ 107.$$

On démontrera aussi, comme dans le cas précédent, que tout nombre premier compris dans la forme linéaire $2cz+a$ est nécessairement diviseur de t^2+cu^2.

Remarque. On trouverait de même, à l'égard des diviseurs de la formule t^2-cu^2, les théorèmes suivans :

1° Soit c un nombre premier $4n+1$ et A un diviseur impair quelconque de la formule t^2-cu^2, on aura $\left(\frac{A}{c}\right)=1$; donc A sera toujours de la forme $2cz+a$, a étant l'une des $\frac{c-1}{2}$ solutions de l'équation

$\left(\frac{x}{c}\right)=1$, et réciproquement tout nombre premier compris dans les formes $2cz+a$ sera diviseur de la formule t^2-cu^2.

2°. Soit c un nombre premier $4n+3$ et A un diviseur impair quelconque de la formule t^2-cu^2; si A est de la forme $4n+1$, on aura $\left(\frac{A}{c}\right)=1$, et si A est de la forme $4n+3$, on aura $\left(\frac{A}{c}\right)=-1$; de là on tirera aisément les formes linéaires qui conviennent au diviseur A. Réciproquement tout nombre premier contenu dans ces formes sera diviseur de la formule t^2-cu^2.

(198) Considérons maintenant les diviseurs de la formule t^2+2cu^2, c étant un nombre premier.

Soit d'abord $c=4n+1$, et soient a, a', a'', a''', des nombres premiers respectivement des formes $8m+1$, $8m+3$, $8m+5$, $8m+7$, tous diviseurs de t^2+2cu^2, on aura dans ces différens cas (n° 134) :

$$\left(\frac{2c}{a}\right)=1,\quad \left(\frac{2c}{a'}\right)=-1,\quad \left(\frac{2c}{a''}\right)=1,\quad \left(\frac{2c}{a'''}\right)=-1.$$

Mais on a en même temps (n° 148)

$$\left(\frac{2}{a}\right)=1,\quad \left(\frac{2}{a'}\right)=-1,\quad \left(\frac{2}{a''}\right)=-1,\quad \left(\frac{2}{a'''}\right)=1;$$

donc $\left(\frac{c}{a}\right)=1$, $\left(\frac{c}{a'}\right)=1$, $\left(\frac{c}{a''}\right)=-1$, $\left(\frac{c}{a'''}\right)=-1$, donc réciproquement $\left(\frac{a}{c}\right)=1$, $\left(\frac{a'}{c}\right)=1$, $\left(\frac{a''}{c}\right)=-1$, $\left(\frac{a'''}{c}\right)=-1$.

Soit maintenant A un nombre quelconque de l'une des deux formes $8n+1$, $8n+3$, et soit B un nombre de l'une des deux autres formes $8n+5$, $8n+7$; le nombre A résultera nécessairement du produit d'un nombre quelconque de facteurs a, a' par un nombre pair de facteurs a'', a''', et ainsi on aura toujours $\left(\frac{A}{c}\right)=1$; de même le nombre B résultera du produit d'un nombre quelconque de facteurs a, a', par un nombre impair de facteurs a'', a''', et ainsi on aura $\left(\frac{B}{c}\right)=-1$.

Soit en second lieu $c=4n+3$, et soient toujours a, a', etc. des nombres premiers des formes $8n+1$, $8n+3$, etc. lesquels divisent la formule t^2+2cu^2, on aura, comme ci-dessus,

$$\left(\frac{c}{a}\right)=1,\quad \left(\frac{c}{a'}\right)=1,\quad \left(\frac{c}{a''}\right)=-1,\quad \left(\frac{c}{a'''}\right)=-1;$$

donc réciproquement $\left(\frac{a}{c}\right)=1$, $\left(\frac{a'}{c}\right)=-1$, $\left(\frac{a''}{c}\right)=-1$, $\left(\frac{a'''}{c}\right)=1$.

Soient A et B deux nombres composés, le premier $8n+1$ ou $8n+7$, le second $8n+3$ ou $8n+5$; il est aisé de voir que le nombre A résulte du produit d'un nombre quelconque de facteurs a, a''', par un nombre pair de facteurs a', a'', et ainsi on aura toujours $\left(\frac{A}{c}\right)=1$. A l'égard du nombre B, il peut être censé formé du produit d'un nombre A par l'un des facteurs a', a''; donc on aura $\left(\frac{B}{c}\right)=-1$.

Nous pouvons donc établir ces deux théorèmes :

I. « A étant un diviseur quelconque $8n+1$ ou $8n+3$, et B un di-
» viseur $8n+5$ ou $8n+7$ de la formule t^2+2cu^2, dans laquelle c est
» un nombre premier $4n+1$, on aura toujours $\left(\frac{A}{c}\right)=1$ et
» $\left(\frac{B}{c}\right)=-1$. »

II. « A étant un diviseur $8n+1$ ou $8n+7$, et B un diviseur $8n+3$
» ou $8n+5$ de la formule t^2+2cu^2, dans laquelle c est un nombre
» premier $4n+3$, on aura toujours $\left(\frac{A}{c}\right)=1$ et $\left(\frac{B}{c}\right)=-1$. »

(199) De là on voit qu'on peut déterminer *a priori* toutes les formes linéaires $8cx+b$ qui conviennent, soit aux diviseurs A, soit aux diviseurs B de la formule t^2+2cu^2.

Par exemple, soit $c=29$, les solutions de l'équation $\left(\frac{A}{c}\right)=1$ étant

$A=58z+1$, 5, 7, 9, 13; 23, 25, 33, 35, 45; 49, 51, 53, 57,

si on concilie ces solutions avec les formes $8n+1$ et $8n+3$, on aura toutes les formes des diviseurs $8n+1$, $8n+3$ de la formule t^2+58u^2, lesquelles sont:

$A=232z+1$, 9, 25, 33, 35; 49, 51, 57, 59, 65; 67, 81, 83, 91, 107;
115, 121, 123, 129, 139; 161, 169, 179, 187, 209; 219, 225, 227.

On trouvera de même les formes des diviseurs $8n+5$, $8n+7$, de la même formule, lesquelles sont :

$B=232z+15$, 21, 31, 37, 39; 47, 55, 61, 69, 77; 79, 85, 95, 101, 119;
127, 133, 135, 143, 157; 159, 189, 191, 205, 213; 215, 221, 229.

Soit encore $c=11$, l'équation $\left(\frac{x}{11}\right)=1$ ayant pour solutions $x=22z+1$, 3, 5, 9, 15, si on ramène chaque solution aux formes $8n+1$ et $8n+7$, on aura toutes les formes des diviseurs $8n+1$ et $8n+7$ de la formule t^2+22u^2, lesquelles seront :

$$A=88z+1,\ 9,\ 15,\ 23,\ 25;\ 31,\ 47,\ 49,\ 71,\ 81.$$

De même les solutions de l'équation $\left(\frac{x}{11}\right)=-1$ étant $x=22z+7$, 13, 17, 19, 21, si on les réduit aux formes $8n+3$, $8n+5$, on aura toutes les formes des diviseurs $8n+3$, $8n+5$ de la formule t^2+22u^2, lesquelles seront :

$$B=88z+13,\ 19,\ 21,\ 29,\ 35;\ 43,\ 51,\ 61,\ 83,\ 85.$$

(200) Ayant déterminé les diverses formes linéaires $8cx+b$ qui conviennent aux diviseurs de la formule t^2+2cu^2, on peut démontrer que tout nombre premier compris dans ces formes est nécessairement diviseur de t^2+2cu^2 ; car si, par exemple, A est de la forme $8n+3$, et c de la forme $4n+1$, on aura (n° 198) $\left(\frac{A}{c}\right)=1$; de là, on déduit $\left(\frac{c}{A}\right)=1$; d'ailleurs on a, par la forme du nombre A, $\left(\frac{2}{A}\right)=-1$, donc $\left(\frac{-2c}{A}\right)=1$, donc A est diviseur de t^2+2cu^2. Les autres cas se démontreront de la même manière.

Remarque. Il est essentiel d'observer que, quel que soit le nombre c, premier ou non, positif ou négatif, les diviseurs linéaires de la formule t^2c+cu^2 seront les mêmes, soit que ces diviseurs soient supposés des nombres premiers, soit qu'ils soient des nombres composés quelconques.

En effet, si on considère seulement parmi les diviseurs de la formule t^2+cu^2, ceux qui sont premiers à c (et il est inutile d'en considérer d'autres, parce qu'on sait bien que tout diviseur de c divisera la formule t^2+cu^2), et qu'on représente par $2cz+b$ l'un des diviseurs linéaires dont il s'agit, b sera premier par rapport à c, de sorte que la formule $2cz+b$ contiendra nécessairement des nombres premiers, et en contiendra même une infinité (Voyez ci-après n° 405). Donc la forme $2cz+b$ sera comprise parmi toutes les formes possibles des nombres premiers qui divisent la formule t^2+cu^2; donc il suffit de chercher toutes les formes linéaires des diviseurs premiers, et celles-ci comprendront absolument toutes les formes possibles, tant des diviseurs simples que des diviseurs composés.

Cette remarque abrégera singulièrement les calculs nécessaires pour déterminer *a priori* les formes linéaires des diviseurs de la formule t^2+cu^2, c étant un nombre composé. Nous allons appliquer cette méthode à quelques cas généraux ; ensuite nous indiquerons une autre méthode moins directe, mais beaucoup plus expéditive pour remplir le même objet.

(201) PROBLÈME. « Soit $c=\alpha\beta$, α et β étant des nombres premiers » quelconques, 2 excepté, on demande quelle doit être la forme du » nombre premier A, pour que A divise la formule $t^2+\alpha\beta u^2$. »

Il faut en général qu'on ait $\left(\frac{-\alpha\beta}{A}\right)=1$; mais pour satisfaire à cette équation, nous distinguerons deux cas, selon que A est de la forme $4n+1$, ou de la forme $4n+3$.

1°. Si A est un nombre premier $4n+1$, l'équation à résoudre sera $\left(\frac{\alpha}{A}\right).\left(\frac{\beta}{A}\right)=1$, et on n'y peut satisfaire que de deux manières, l'une en supposant $\left(\frac{\alpha}{A}\right)=1$, $\left(\frac{\beta}{A}\right)=1$, l'autre en supposant $\left(\frac{\alpha}{A}\right)=-1$, $\left(\frac{\beta}{A}\right)=-1$.

Dans le premier cas, on aura, par la loi de réciprocité, $\left(\frac{A}{\alpha}\right)=1$, $\left(\frac{A}{\beta}\right)=1$. La première équation étant résolue, comme il a été expliqué ci-dessus, et les solutions étant toutes réduites à la forme $4n+1$, on aura $\frac{\alpha-1}{2}$ valeurs de A de la forme $4\alpha z+\alpha'$; la seconde équation donnera pareillement $\frac{\beta-1}{2}$ valeurs de A de la forme $4\beta z+\beta'$. Donc si on fait accorder chacune des formules $4\alpha z+\alpha'$ avec chacune des formules $4\beta z+\beta'$, on aura en tout $\frac{\alpha-1}{2}.\frac{\beta-1}{2}$ formules de cette sorte....... $A=4\alpha\beta z+\gamma$.

Dans le second cas, on aura semblablement les équations $\left(\frac{A}{\alpha}\right)=-1$, $\left(\frac{A}{\beta}\right)=-1$, lesquelles étant résolues séparément, puis combinées entre elles, fourniront de même $\frac{\alpha-1}{2}.\frac{\beta-1}{2}$ formules de la forme....... $A=4\alpha\beta z+\gamma$.

2°. Si A est un nombre premier $4n+3$, la condition à remplir sera $\left(\frac{\alpha\beta}{A}\right)=-1$, ou $\left(\frac{\alpha}{A}\right).\left(\frac{\beta}{A}\right)=-1$. On n'y peut satisfaire que de deux manières, soit en supposant $\left(\frac{\alpha}{A}\right)=1$, $\left(\frac{\beta}{A}\right)=-1$, soit en supposant $\left(\frac{\alpha}{A}\right)=-1$, $\left(\frac{\beta}{A}\right)=1$.

La seconde manière donne, d'après la loi de réciprocité (n° 164) $\left(\frac{A}{\alpha}\right)=(-1)^{\frac{\alpha+1}{2}}$, $\left(\frac{A}{\beta}\right)=(-1)^{\frac{\beta-1}{2}}$; et comme ces équations rentrent toujours dans l'une ou l'autre des deux équations $\left(\frac{x}{c}\right)=+1$, $\left(\frac{x}{c}\right)=-1$, c étant un nombre premier, il sera facile d'avoir la valeur de A qui satisfait à chacune de ces équations. Ensuite la combinaison des valeurs donnera un nombre $\frac{\alpha-1}{2}\cdot\frac{\beta-1}{2}$ de solutions toutes de la forme.... $4\alpha\beta z+a$.

La première manière de satisfaire à la question, donnera....... $\left(\frac{A}{\alpha}\right)=(-1)^{\frac{\alpha-1}{2}}$, $\left(\frac{A}{\beta}\right)=(-1)^{\frac{\beta+1}{2}}$, et on en tirera des conséquences analogues. Il y aura donc en tout quatre formules générales $4\alpha\beta z+a$, contenant chacune pour a un nombre de valeurs $\frac{\alpha-1}{2}\cdot\frac{\beta-1}{2}$.

(202) Si on suppose $c=\alpha\beta\gamma$, α, β, γ étant trois nombres premiers inégaux, 2 excepté, on s'y prendra d'une manière semblable pour trouver la forme des différens nombres premiers qui peuvent diviser la formule t^2+cu^2.

Soit A l'un de ces nombres, il faudra en général qu'on ait $\left(\frac{-\alpha\beta\gamma}{A}\right)=1$. Supposons d'abord A de la forme $4n+1$, cette équation deviendra $\left(\frac{\alpha}{A}\right)\cdot\left(\frac{\beta}{A}\right)\cdot\left(\frac{\gamma}{A}\right)=1$, et on ne pourra y satisfaire que de ces quatre manières :

1°. $\left(\frac{\alpha}{A}\right)=1$, $\left(\frac{\beta}{A}\right)=1$, $\left(\frac{\gamma}{A}\right)=1$

2°. $\left(\frac{\alpha}{A}\right)=1$, $\left(\frac{\beta}{A}\right)=-1$, $\left(\frac{\gamma}{A}\right)=-1$

3°. $\left(\frac{\alpha}{A}\right)=-1$, $\left(\frac{\beta}{A}\right)=1$, $\left(\frac{\gamma}{A}\right)=-1$

4°. $\left(\frac{\alpha}{A}\right)=-1$, $\left(\frac{\beta}{A}\right)=-1$, $\left(\frac{\gamma}{A}\right)=1$.

Dans le premier cas, on aura, par la loi de réciprocité $\left(\frac{A}{\alpha}\right)=1$, $\left(\frac{A}{\beta}\right)=1$, $\left(\frac{A}{\gamma}\right)=1$; or les valeurs qui satisfont à ces équations sont de la forme $A = 4\alpha z + \alpha'$, $A = 4\beta z + \beta'$, $A = 4\gamma z + \gamma'$, α' ayant $\frac{\alpha - 1}{2}$ valeurs moindres que 4α, β' ayant $\frac{\beta - 1}{2}$ valeurs moindres que 4β, et γ' ayant $\frac{\gamma - 1}{2}$ valeurs moindres que 4γ. Donc si on fait accorder les trois valeurs $4\alpha z + \alpha'$, $4\beta z + \beta'$, $4\gamma z + \gamma'$, suivant toutes les combinaisons possibles, on aura une nouvelle formule $A = 4\alpha\beta\gamma z + a$, dans laquelle a aura un nombre de valeurs $\frac{\alpha - 1}{2} \cdot \frac{\beta - 1}{2} \cdot \frac{\gamma - 1}{2}$.

Il y aura une formule semblable pour chacun des quatre cas qui sont à considérer lorsque A est de la forme $4n + 1$. Il y en aura quatre pareilles pour représenter les valeurs de A lorsque A est de la forme $4n + 3$. Donc on aura en tout huit formules, chacune renfermant $\frac{\alpha - 1}{2} \cdot \frac{\beta - 1}{2} \cdot \frac{\gamma - 1}{2}$ formes différentes.

Il n'est pas difficile de voir que si c contenait un quatrième facteur δ, le nombre des formules deviendrait double, et le nombre des formes contenues dans chacune serait $\frac{\alpha - 1}{2} \cdot \frac{\beta - 1}{2} \cdot \frac{\gamma - 1}{2} \cdot \frac{\delta - 1}{2}$. On peut donc établir cette conclusion générale.

« Si on désigne par m le nombre des facteurs premiers α, β, γ, etc.
» qui composent le nombre c, les diviseurs impairs de la formule $t^2 + cu^2$
» seront représentés par 2^m formules $A = 4cz + a$, dans chacune des-
» quelles a aura un nombre de valeurs $\frac{\alpha - 1}{2} \cdot \frac{\beta - 1}{2} \cdot \frac{\gamma - 1}{2} \cdot \frac{\delta - 1}{2}$, etc.,
» de sorte que le nombre de toutes les formes linéaires contenues dans
» ces formules sera $(\alpha - 1)(\beta - 1)(\gamma - 1)$, etc. »

Il pourra arriver que les formes $4n + 1$, $4n + 3$, soient confondues dans une même formule, laquelle serait $2cz + a$, au lieu de $4cz + a$ que nous venons de trouver ; mais alors il y aurait deux fois moins de formules, ce qui reviendrait au même.

(203). Si on a $c = 2d$, d étant un nombre impair résultant du produit des m nombres premiers α, β, γ, etc., il faudra considérer, à l'égard du diviseur A, les quatre formes $8n + 1$, $8n + 3$, $8n + 5$, $8n + 7$, chacune desquelles donne une valeur déterminée pour $\left(\frac{2}{A}\right)$, de sorte qu'il ne faudra plus que satisfaire à l'une ou l'autre des équations $\left(\frac{d}{A}\right) = 1$, $\left(\frac{d}{A}\right) = -1$, selon les cas.

Cette équation, traitée toujours de la même manière, donnera 2^{m-1} valeurs de A, chacune de la forme $8dz + a$, dans laquelle a aura un nombre de valeurs $\frac{\alpha-1}{2} \cdot \frac{\beta-1}{2} \cdot \frac{\gamma-1}{2}$. etc. La même chose ayant lieu pour chacune des quatre formes $8n+1$, $8n+3$, etc., on aura donc en tout 2^{m+1} formules $A = 8dz + a$, ou $A = 4cz + a$, dans chacune desquelles a aura un nombre de valeurs $\frac{\alpha-1}{2} \cdot \frac{\beta-1}{2} \cdot \frac{\gamma-1}{2}$. etc., et le nombre total des formes linéaires sera par conséquent $2(\alpha-1)(\beta-1)(\gamma-1)$.etc.

Si le nombre c contenait un facteur quarré, on pourrait le diviser par ce facteur, car la formule $t^2 + c\theta^2u^2$ n'est pas plus générale que $t^2 + cu^2$, et n'admet pas d'autres diviseurs premiers à c. Ainsi on peut toujours supposer que c est le produit de plusieurs nombres premiers inégaux, sans en excepter 2; de sorte que les deux cas généraux que nous venons d'examiner renferment absolument tous les cas possibles. Enfin, quoique nous n'ayons considéré jusqu'à présent que le cas de c positif, la formule $t^2 - cu^2$ se traiterait de la même manière; et on aurait les mêmes résultats quant au nombre des formes $4cz + a$, qui conviennent aux diviseurs de cette formule. Mais dans tous les cas, on peut trouver ces différentes formes linéaires, par un procédé plus simple, et qui conduit à de nouvelles propriétés.

(204) On a déjà vu (n° 138) que les différens diviseurs d'une formule telle que $t^2 \pm cu^2$ peuvent toujours se réduire à la forme

$$A = py^2 + 2qyz \pm rz^2,$$

dans laquelle on a $pr \mp q^2 = c$, et où l'on peut supposer $2q$ non plus grand que p et r. Au moyen de ces conditions, il est facile de déterminer *a priori* toutes les formes des diviseurs qui répondent à un nombre donné c. Les formes $py^2 + 2qyz \pm rz^2$, contenant des indéterminées au second degré, sont ce que nous avons appelé des formes quadratiques, pour les distinguer des formes linéaires $4cx + a$, dont nous nous sommes occupés dans ce paragraphe et dans le précédent.

Supposons donc qu'étant donné le nombre c on a déterminé d'abord toutes les formes quadratiques qui conviennent aux diviseurs de la formule proposée $t^2 \pm cu^2$, il ne restera plus qu'à développer ces formes quadratiques en formes linéaires; on aura ainsi toutes les formes linéaires qui conviennent aux diviseurs de cette formule, on aura de plus l'avantage de connaître la correspondance qu'il y a entre les formes quadratiques et les formes linéaires.

Tout se réduit par conséquent à voir ce que devient la formule $py^2 + 2qyz \pm rz^2$, lorsqu'on y substitue, au lieu de y et z, des nombres quelconques déterminés, et qu'on met les résultats sous la forme $4cx + a$; où l'on peut négliger les multiples de $4c$, et ne conserver que le résultat positif et moindre que $4c$.

Or il n'est pas nécessaire, dans cette substitution, de faire y ni z plus grands que $2c$; car si à la place de y et z on substitue $2c + y$ et $2c + z$, la formule $py^2 + 2qyz \pm rz^2$ deviendra

$$p(2c + y)^2 + 2q(2c + y)(2c + z) \pm r(2c + z)^2,$$

quantité qui se réduit à $py^2 + 2qyz \pm rz^2 + 4cM$, $4cM$ étant un multiple de $4c$; de sorte que ces valeurs $2c + y$, $2c + z$ donneront la même forme linéaire $4cx + a$ qu'avaient donnée y et z.

Il faut éviter également de donner à y et z des valeurs qui rendraient $py^2 + 2qyz \pm rz^2$ pair, car nous ne considérons ici que les diviseurs impairs, et de plus, les diviseurs premiers à c.

Pour remplir plus surement cette condition, il sera bon de préparer le diviseur quadratique $py^2 + 2qyz \pm rz^2$, de manière que r soit pair, car alors p étant impair, on donnera à y des valeurs impaires quelconques, et à z des valeurs paires ou impaires à volonté. Si r n'est pas déjà pair dans le diviseur, il suffira de mettre $y \pm z$ à la place de y, et la transformée aura son dernier terme pair. Nous aurons occasion aussi, dans certains cas, de donner aux diviseurs quadratiques la forme $py^2 + qyz + rz^2$, dans laquelle les trois coefficiens sont impairs. Alors il faudra supposer successivement $z = 2u$, $y = 2u$, $z + y = 2u$, ce qui donnera trois formules ayant la condition requise; mais on verra que le développement d'une de ces formules suffit.

(205) Considérons donc la formule $A = py^2 + 2qyz \pm 2mz^2$, où l'on a $2mp \mp q^2 = c$, et dans laquelle y doit être impair, ainsi que p. Si on suppose q et c premiers entre eux, p et c seront aussi premiers entre eux. Cela posé, si l'on fait $y = 1$, je dis que la formule $p + 2q\psi \pm 2m\psi^2$, où il ne reste plus que ψ d'indéterminé, contiendra toutes les formes linéaires $4cx + a$, qui sont comprises dans la formule proposée..... $py^2 + 2qyz \pm 2mz^2$.

Il faut prouver pour cela que, quelles que soient y et z, on pourra toujours trouver une indéterminée ψ telle que

$$\frac{p + 2q\psi \pm 2m\psi^2 - py^2 - 2qyz \mp 2mz^2}{4c}$$

soit un entier. En effet, puisque p et $4c$ sont premiers entre eux, la quantité précédente sera un entier, si son produit par p en est un, c'est-à-dire si l'on a

$$\frac{(p+q\psi)^2 - (py+qz)^2 \pm c(\psi^2 - z^2)}{4c} = e.$$

Soit d'abord $\psi = z + 2\lambda$, et il suffira de satisfaire à la condition

$$\frac{(p + qz + 2q\lambda)^2 - (py + qz)^2}{4c} = e.$$

C'est ce qu'on peut obtenir, en prenant une nouvelle indéterminée θ, telle que

$$p + qz + 2q\lambda = py + qz + 2c\theta;$$

or cette équation sera toujours résoluble, puisqu'elle peut être mise sous la forme

$$q\lambda - c\theta = p\left(\frac{y-1}{2}\right),$$

où c et q sont premiers entre eux, et où d'ailleurs le second membre est un entier.

Donc pour déterminer toutes les formes linéaires de la formule $A = py^2 + 2qyz \pm 2mz^2$, il suffira de déterminer celles de la formule plus simple

$$A = p + 2q\psi \pm 2m\psi^2;$$

ce qui se fera, en donnant à ψ les valeurs successives 0, 1, 2, 3, etc. jusqu'à $2c - 1$, ou seulement jusqu'à $c - 1$ si $q = 0$. Les valeurs de A se calculent aisément par le moyen de leurs différences, et en omettant les multiples de $4c$ à mesure qu'ils se présentent. Ensuite on rejettera parmi tous les résultats ceux qui sont identiques avec d'autres, et ceux qui ont un commun diviseur avec c.

(206) Si q et c ne sont pas premiers entre eux, il sera toujours facile de transformer la formule $py^2 + 2qyz \pm 2mz^2$ en une autre semblable, dans laquelle q soit premier à c; de sorte qu'on doit regarder comme absolument général le procédé qu'on vient d'indiquer. Cependant nous dirons encore deux mots du cas particulier où la formule proposée est $y^2 \pm cz^2$ ou $ay^2 \pm bz^2$.

Si l'on a $A = y^2 \pm cz^2$, il faudra distinguer deux cas, selon que c est pair ou impair.

1°. Si c est impair, on supposera d'abord y impair et z pair, ce qui, en rejetant les multiples de $4c$, réduit la valeur de A au seul terme y^2, d'où résulte $A = 1, 9, 25$, etc.; on supposera ensuite y pair et z impair, ce qui donnera $A = 4u^2 \pm c$, et ainsi on formera la suite $4 \pm c$, $16 \pm c$, $36 \pm c$, etc., ayant toujours soin de rejeter les multiples de $4c$. Les résultats provenus de ces deux suppositions, composeront toutes les formes linéaires de A.

Si c est pair, il faudra nécessairement que y soit impair, mais z sera à volonté; si z est pair, on aura simplement $A = y^2 = 1, 9, 25$, etc.; si z est impair, on aura $A = y^2 \pm c$; de sorte qu'il faudra former la suite $1 \pm c$, $9 \pm c$, $25 \pm c$, etc. Les deux systèmes réunis donneront toutes les formes du diviseur A.

Si le nombre $c = ab$, parmi les diviseurs de $t^2 \pm cu^2$, on rencontrera nécessairement $ay^2 \pm bz^2$. Pour avoir les formes linéaires de ce diviseur, on donnera à y les valeurs successives 1, 2, 3... jusqu'à $b - 1$, et on donnera à z les valeurs 1, 2, 3.... jusqu'à $a - 1$. Il est inutile d'aller plus loin, parce que si à la place de y on met $b + y$ et $b - y$, les deux résultats diffèrent d'un multiple de $4ab$ ou de $4c$, et par conséquent ne sont pas censés différens. Il en est de même, si on met $a + z$ et $a - z$ à la place de z. Il faudra donc combiner chacune des valeurs de ay^2 avec chacune des valeurs de $\pm bz^2$, et la seule condition que la somme soit un nombre impair, exclura beaucoup de combinaisons; il faudra ensuite supprimer les résultats qui sont identiques avec d'autres, ou qui ont un commun diviseur avec c.

A ces préceptes généraux nous n'ajouterons plus qu'une observation, c'est que dans le cas de $c = 4n + 3$, les diviseurs linéaires de la formule $t^2 + cu^2$ doivent être représentés simplement par $2cx + a$, au lieu de l'être par $4cx + a$, parce qu'alors une même forme quadratique contient les diviseurs $4n + 1$ et les diviseurs $4n + 3$. Le calcul d'ailleurs est toujours le même, avec cette seule différence, qu'au lieu de supprimer les multiples de $4c$, on supprime ceux de $2c$, ce qui rend l'opération encore plus prompte.

EXEMPLE I.

(207) Soit proposé de trouver tous les diviseurs tant quadratiques que linéaires de la formule $t^2 + 41u^2$.

On cherchera d'abord les diviseurs quadratiques, au moyen de la formule $pr-q^2=41$, où l'on doit supposer $q<\sqrt{\frac{41}{3}}<4$, et $2q<p$ et r. Voici le calcul:

1°. Soit $q=0$, on aura $pr=41$, donc $p=1$, $r=41$.

2°. Soit $q=1$, on aura $pr=42$, donc $\begin{cases} p=3, & r=14 \\ p=7, & r=6 \\ p=21, & r=2. \end{cases}$

3°. Soit $q=2$, on aura $pr=45=5.9$, donc $p=5$, $r=9$.

4°. Soit $q=3$, on aura $pr=50$; mais 50 ne se décompose pas en deux facteurs plus grands que 6, ou dont le moindre soit égal à 6. Donc l'opération est terminée, et il n'y a que cinq formes possibles pour les diviseurs quadratiques de la formule proposée. De ces cinq formes, trois sont relatives aux diviseurs $4n+1$, savoir :

$$y^2+41z^2$$
$$21y^2+2yz+2z^2$$
$$5y^2+4yz+9z^2.$$

Les deux autres se rapportent aux diviseurs $4n+3$, et sont :

$$3y^2+2yz+14z^2$$
$$7y^2+2yz+6z^2.$$

Cherchons maintenant les formes linéaires qui répondent à ces formes quadratiques.

Prenons parmi les diviseurs $4n+1$ la forme $A=5y^2+4yz+9z^2$, et comme le coefficient du dernier terme est impair, mettons $y-z$ à la place de y, puis changeons le signe de z, nous aurons $A=5y^2+6yz+10z^2$. Après cette préparation, on peut considérer simplement la formule $A=5+6\psi+10\psi^2$. Voici les résultats que donne cette formule, en faisant successivement $\psi=0, 1, 2, 3\ldots$, et rejetant à mesure les multiples de $4c=164$.

Diff.	16	36	56	76	96	116	136	156	176=12
A=	5,	21,	57,	113,	189=25,	121,	237=73,	209=45,	201=37,

Diff.	32	52	72	92	
A=	49,	81,	133,	205=41,	133.

Arrivé au résultat $41=c$, on voit que les précédens 133, 81, etc. doivent revenir dans l'ordre inverse, de sorte qu'on parviendra ainsi au terme 5; mais il reste à savoir si, passé le terme 5, il n'y aurait pas de nouveaux termes non compris dans ceux qu'on a déjà trouvés. Pour cela, il faut prolonger la suite en arrière, comme on le voit ici :

Diff.	-16	4	24	44	64	84	104	124	144	$164=0$
A=	21,	5,	9,	33,	77,	141,	$225=61$,	$165=1$,	125,	$269=105$.

Ici, à cause de la différence 0, nous n'irons pas plus loin, parce que nous sommes sûrs maintenant que les termes précédens reviendront, et qu'on n'aura aucun nouveau terme. Donc en rassemblant les résultats trouvés, et excluant $41=c$, on aura les 20 formes suivantes qui répondent au diviseur proposé $5y^2+4yz+9z^2$, ou $5y^2+6yz+10z^2$; ces formes sont :

$$A=164x+1,\ 5,\ 9,\ 21,\ 25;\ 33,\ 37,\ 45,\ 49,\ 57;$$
$$61,\ 73,\ 77,\ 81,\ 105;\ 113,\ 121,\ 125,\ 133,\ 141.$$

Prenons maintenant la formule quadratique $A=y^2+41z^2$; en supposant d'abord z pair, il suffira de développer la valeur y^2 d'où résulteront les mêmes 20 formes qu'on vient de trouver. Soit ensuite y pair et z impair, on aura à développer la valeur $A=4u^2+41$, de laquelle résulteront toujours les mêmes formes. Enfin la troisième forme quadratique $A=21y^2+2yz+2z^2$ des diviseurs $4n+1$ donne encore les mêmes formes, et en effet les formes trouvées comprennent toutes celles qui ont été déterminées *a priori* pour les diviseurs $4n+1$ de la formule t^2+cu^2; le développement des différentes formules ne pouvait donc fournir d'autres formes que les 20 déjà trouvées n° 196; mais on voit que chaque formule particulière les fournit toutes, et c'est une propriété que nous allons démontrer en général.

(208) « Si c est un nombre premier $4n+1$, les différens diviseurs » quadratiques $4n+1$ de la formule t^2+cu^2, fourniront tous les mêmes » formes linéaires $4cz+a$, a ayant $\frac{c-1}{2}$ valeurs positives moindres » que $4c$, et ces valeurs ne seront autre chose que les solutions de » l'équation $\left(\frac{x}{c}\right)=1$ réduites à la forme $4n+1$. Pareillement tous les » diviseurs quadratiques $4n+3$ de la même formule fourniront les mêmes » formes linéaires $4cz+a$, a ayant $\frac{c-1}{2}$ valeurs qui sont les solutions » de l'équation $\left(\frac{x}{c}\right)=-1$, réduites à la forme $4n+3$. »

En effet soit $py^2+2qyz+2mz^2=A$ un diviseur $4n+1$ de la formule t^2+cu^2, p étant par conséquent de la forme $4n+1$; il faut prouver que les formes linéaires tirées de cette formule coïncideront avec celles qui seraient tirées du diviseur y^2+cz^2 qui appartient pareillement à la forme $4n+1$. Changeons les indéterminées y et z de cette dernière formule en φ et ψ, pour ne pas les confondre avec les autres; la question sera de faire voir que, quels que soient y et z, on peut toujours déterminer φ et ψ de manière que la quantité

$$\frac{\varphi^2+c\psi^2-(py^2+2qyz+2mz^2)}{4c}$$

soit un entier; et puisque p et $4c$ sont premiers entre eux, cette quantité sera un entier, si son produit par p en est un, ou si l'on a

$$\frac{p\varphi^2-(py+qz)^2+c(p\psi^2-z^2)}{4c}=e.$$

Or p est de la forme $4n+1$, donc pourvu qu'on prenne $\psi=z$, ou seulement $\psi-z$ pair, $p\psi^2-z^2$ sera divisible par 4, et ainsi il ne restera plus qu'à satisfaire à l'équation

$$\frac{p\psi^2\quad(py+qz)^2}{4c}=e.$$

Mais (n° 196) le nombre p, comme diviseur $4n+1$ de t^2+cu^2, est tel que $\left(\frac{p}{c}\right)=1$; donc c est diviseur de x^2-p, et par conséquent on peut trouver un nombre α tel que α^2-p soit divisible par c. Si on prend de plus α impair, $\frac{\alpha^2-p}{4c}$ sera un entier; donc l'équation à laquelle on veut satisfaire deviendra

$$\frac{\alpha^2\varphi^2-(py+qz)^2}{4c}=e.$$

Cette équation est toujours résoluble, puisque α et $2c$ étant premiers entre eux, on peut toujours trouver deux indéterminées φ et θ telles que

$$\alpha\varphi-(py+qz)=2c\theta.$$

Donc il n'est aucune forme linéaire contenue dans le diviseur quadratique $py^2+2qyz+2mz^2$ qui ne soit pareillement contenue dans le diviseur y^2+cz^2, et la proposition réciproque se prouverait par un raisonnement semblable. Or la forme y^2+cz^2 renferme toutes les formes linéaires possibles, puisqu'en faisant z pair, elle se réduit à y^2 qui les renferme toutes (nº 193); donc toutes ces formes sont pareillement contenues dans le diviseur quadratique $py^2+2qyz+2mz^2$.

On démontrera la même chose de deux diviseurs quadratiques $4n+3$, représentés par $py^2+2qyz+2mz^2$ et $p'y'^2+2q'y'z'+2m'z'^2$. D'où il suit que dans le cas où c est un nombre premier $4n+1$, tous les diviseurs quadratiques $4n+1$, donnent les mêmes formes linéaires, et il suffit par conséquent de développer le premier diviseur quadratique y^2+cz^2, ou simplement y^2; dans ce même cas, tous les diviseurs quadratiques $4n+3$ fournissent pareillement les mêmes formes linéaires, de sorte qu'il suffit de développer l'un de ces diviseurs.

(209) « Soit maintenant c un nombre premier $4n+3$, je dis que tout » diviseur quadratique $py^2+2qyz+rz^2$ de la formule t^2+cu^2, contien- » dra les mêmes formes linéaires que donne le diviseur y^2+cz^2, ces » formes linéaires étant représentées par la formule $2cx+a$. »

Il suffit, pour cela, de prouver que, quels que soient y et z, on peut toujours déterminer φ et ψ de manière que la quantité

$$\frac{\varphi^2+c\psi^2-(py^2+2qyz+rz^2)}{2c}$$

soit un entier. Or comme p et $2c$ sont premiers entre eux, si on multiplie cette quantité par p, on aura l'équation à résoudre

$$\frac{p\varphi^2-(py+qz)^2+c\,(p\psi^2-z^2)}{2c}=e;$$

et d'abord en prenant $\psi-z$ pair, $p\psi^2-z^2$ sera toujours divisible par 2; ainsi il suffira de satisfaire à l'équation

$$\frac{p\varphi^2-(py+qz)^2}{2c}=e.$$

Mais p étant un diviseur de t^2+cu^2, on a (nº 197) $\left(\frac{p}{c}\right)=1$; donc c est diviseur de t^2-p; ainsi on peut supposer $\frac{\alpha^2-p}{2c}=e$, et l'équation à résoudre deviendra

$$\frac{\alpha^2\varphi^2-(py+qz)^2}{2c}=e.$$

Or on satisfait à cette équation, en cherchant les indéterminées φ et θ telles que

$$\alpha\varphi-(py+qz)=2c\theta;$$

équation toujours résoluble, puisque α et $2c$ sont premiers entre eux. Donc les formes linéaires contenues dans le diviseur quadratique $py^2+2qyz+rz^2$, sont également contenues dans le diviseur y^2+cz^2; et comme la propriété réciproque se démontrerait de la même manière, il suit de toutes deux qu'un diviseur quadratique quelconque.... $py^2+2qyz+rz^2$ renferme absolument toutes les formes linéaires qui conviennent aux diviseurs de la formule t^2+cu^2. Donc lorsque c est un nombre premier $4n+3$, les mêmes formes linéaires sont affectées à la totalité des diviseurs quadratiques et à chacun d'eux en particulier.

On verra qu'il n'en est pas de même, lorsque c est un nombre composé : alors les formes linéaires sont distinguées en plusieurs groupes qui répondent à différens systèmes de diviseurs quadratiques. L'existence de ces groupes est d'ailleurs une suite de ce qui a été démontré *a priori* sur la forme linéaire des diviseurs.

EXEMPLE II.

(210) On demande les diviseurs linéaires de la formule t^2-39u^2 avec les diviseurs quadratiques correspondans.

Pour cela, on commencera par chercher tous les diviseurs quadratiques, d'après la formule $pr+q^2=39$, où l'on peut donner à q toutes les valeurs moindres que $\sqrt{\frac{39}{5}}$ ou <3; ces diviseurs sont :

$$\begin{array}{ll} y^2-39z^2 & 39y^2-z^2 \\ 3y^2-13z^2 & 13y^2-3z^2 \\ 19y^2+2yz-2z^2 & 2y^2-2yz-19z^2 \\ 5y^2+4yz-7z^2 & 7y^2-4yz-5z^2. \end{array}$$

Mais en suivant la méthode pour réduire ces diviseurs au moindre nombre possible, on trouve qu'il ne reste que les quatre suivans :

$$\begin{array}{ll} y^2-39z^2 & 39y^2-z^2 \\ 19y^2+2yz-2z^2 & 2y^2-2yz-19z^2. \end{array}$$

Il s'agit donc d'avoir les formes linéaires qui répondent à ces formes quadratiques.

1°. Le diviseur y^2-39z^2, en supposant z pair et négligeant toujours les multiples de $4.39=156$, se réduit au seul terme y^2, dont voici les valeurs successives :

Differ.	8,	16,	24,	32,	40,	48,	56,	64,	72,	80,	88,	96.
y^2	1,	9,	25,	49,	81,	121,	13,	69,	133,	49,	129,	61.

Différ. 104, 112, 120, 128, 136, 144, 152, 4, 12,
y^2 1, 105, 61, 25, 153, 133, 121, 117, 121, etc.

Supprimant dans cette suite les termes divisibles par 3 et par 13, il ne restera que six termes différens, 1, 25, 49, 61, 121, 133; de sorte que le diviseur quadratique $y^2 - 39z^2$ comprend les formes linéaires

$$156x + 1, 25, 49, 61, 121, 133.$$

Il suffit de changer les signes des nombres déterminés, ou d'en prendre le complément à 156, et on aura les formes linéaires qui répondent au diviseur $39y^2 - z^2$; ces formes seront donc

$$156x + 23, 35, 95, 107, 131, 155.$$

Venons à l'une des deux autres formes $19y^2 + 2yz - 2z^2$, il suffira de développer la formule $19 + 2\psi - 2\psi^2$, d'où l'on déduira les résultats suivans :

Différ. 0 −4 −8 −12 −16 −20 −24 −28 −32 −36
Suite. 19, 19, 15, 7, −5=151, 135, 115, 91, 63, 31,

Différ. −40 −44 −48 −52 −56 −60 −64 −68
Suite. −5=151, 111, 67, 19, −33=123, 67, 7, −57=99.

Différ. −72 −76 −80
Suite. 31, −41=115, 39, −41, etc.

Écartant les termes répétés et ceux qui sont divisibles par 3 ou par 13, il ne restera encore que six nombres, d'où l'on conclura que la forme quadratique $19y^2 + 2yz - 2z^2$ comprend les six formes linéaires

$$156x + 7, 19, 31, 67, 115, 151.$$

Le complément de celles-ci donnera les formes linéaires qui répondent à l'autre forme quadratique $2y^2 - 2yz - 19z^2$, et qui seront

$$156x + 5, 41, 89, 125, 137, 149.$$

Nous avons donc dans cet exemple quatre groupes de diviseurs linéaires, chacun composé de six formes, et chacun répondant à un diviseur quadratique de la même formule. C'est ce qui s'accorde avec la théorie générale donnée ci-dessus, en vertu de laquelle, si le nombre c est le produit de deux nombres premiers α, β, le système entier des diviseurs linéaires doit se décomposer en 2^2 groupes, chacun composé de $\frac{\alpha-1}{2}\cdot\frac{6-1}{2}$ termes ; en effet, dans ce cas, $\alpha=3$, $6=13$, et $\frac{3-1}{2}\cdot\frac{13-1}{2}=6$: aussi chaque groupe est-il composé de six termes.

Exemple III.

(211) La formule t^2+105u^2 ayant pour l'un de ses diviseurs $5y^2+21z^2$, on demande les formes linéaires qui répondent à ce diviseur quadratique.

Prenons d'abord y impair et z pair, le terme $5y^2$ développé seul, en négligeant les multiples de $4c$ ou de 420, donne une suite qui se réduit aux sept termes 5, 45, 125, 185, 245, 285, 405 ; l'autre terme $21z^2$, où z doit être pair, ne donne que les deux termes 84, 336. Il faut donc aux sept termes précédens, ajouter 84 ou 336, ce qui donnera les quatorze termes

89, 129, 209, 269, 329, 369, 69,
341, 381, 41, 101, 161, 201, 321,

desquels retranchant ceux qui ont un commun diviseur avec 105, il ne restera que les six termes 41, 89, 101, 209, 269, 341.

On trouverait absolument les six mêmes termes, si dans le diviseur $5y^2+21z^2$, on supposait z impair et y pair, ainsi il n'y a que six formes linéaires qui répondent au diviseur $5y^2+21z^2$, savoir ;

$$420x+41,\ 89,\ 101,\ 209,\ 269,\ 341.$$

Exemple IV.

(212) La même formule t^2+105u^2 a pour diviseur quadratique $13y^2+10yz+10z^2$; mais comme dans ce diviseur $q=5$, et que 5 est diviseur de 105, on ne peut donner au diviseur quadratique la forme $13+10\psi+10\psi^2$, parce que le résultat en serait incomplet. Il faut donc, par une substitution (n° 206), faire ensorte que le terme moyen de la formule n'ait plus de commun facteur avec 105 ; or on trouve bientôt qu'en mettant $y+2z$ au lieu de y, on a la transformée.... $13y^2+62yz+82z^2$, laquelle a la condition requise. Il reste donc maintenant à développer la formule $13+62\psi+82\psi^2$; en voici le calcul :

Differ.	144	308	52	216	380	124	288	32	196	360
Suite.	13,	157,	45,	97,	313,	273,	397,	265,	297,	73;

et il est inutile de le prolonger plus loin, parce qu'il fournit six termes distincts ; ainsi les formes linéaires qui répondent au diviseur quadratique $13y^2 + 10yz + 10z^2$ sont :

$$420x + 13, 73, 97, 157, 313, 397.$$

Voici, au reste, le système entier des diviseurs quadratiques de $t^2 + 105u^2$ avec les formes linéaires correspondantes.

Diviseurs quadratiques.	*Diviseurs linéaires correspondans.*
$y^2 + 105z^2$	$420x +$ 1, 109, 121, 169, 289, 361
$53y^2 + 2yz + 2z^2$	$420x +$ 53, 113, 137, 197, 233, 317
$5y^2 + 21z^2$	$420x +$ 41, 89, 101, 209, 269, 341
$13y^2 + 10yz + 10z^2$	$420x +$ 13, 73, 97, 157, 313, 397
$3y^2 + 35z^2$	$420x +$ 47, 83, 143, 167, 227, 383
$19y^2 + 6yz + 6z^2$	$420x +$ 19, 31, 139, 199, 271, 391
$7y^2 + 15z^2$	$420x +$ 43, 67, 127, 163, 247, 403
$11y^2 + 14yz + 14z^2$	$420x +$ 11, 71, 179, 191, 239, 359.

Il y a donc en tout huit groupes de diviseurs linéaires composés chacun de six termes. Et en effet, suivant la théorie donnée ci-dessus (n° 202), le nombre 105 étant 3.5.7, il doit y avoir 2^3 groupes composés chacun du nombre de termes $\frac{3-1}{2} \cdot \frac{5-1}{2} \cdot \frac{7-1}{2} = 6$. Nous voyons de plus, dans ce développement, que chaque groupe répond à un diviseur quadratique, et ne répond qu'à un seul.

§ XI. *Explication des Tables III, IV, V, VI, et VII.*

TABLE III.

(213) La Table III contient tous les diviseurs quadratiques de la formule $t^2 - cu^2$, et les diviseurs linéaires correspondans ; elle est calculée pour tous les nombres depuis $c = 2$ jusqu'à $c = 79$, excepté les nombres quarrés ou divisibles par un quarré. On a exclu ceux-ci, parce que les diviseurs de la formule $t^2 - c\theta^2 u^2$, en les supposant premiers à $c\theta^2$, sont les mêmes que ceux de la formule $t^2 - cu^2$.

Les diviseurs quadratiques représentés généralement par la formule $py^2 + 2qyz - rz^2$, où l'on a $pr + q^2 = c$, sont réduits au moindre nombre possible par la méthode du § XIII.

Tout diviseur quadratique $py^2 + 2qyz - rz^2$ doit être accompagné de son inverse $ry^2 + 2qyz - pz^2$. Mais ces deux formes sont quelquefois identiques l'une avec l'autre, et cela arrive lorsqu'on peut satisfaire à l'équation $m^2 - cn^2 = -1$ (voy. n° 93). Dans ce cas, on n'a mis dans la table que l'une des deux formes qui doivent être identiques.

A côté de chaque diviseur quadratique, on a mis les diviseurs linéaires qui en résultent, calculés suivant la méthode du § précédent. Ces diviseurs sont toujours supposés premiers au nombre c, et on ne considère que les diviseurs impairs, quoique les formules $py^2 + 2qyz - rz^2$ renferment aussi des nombres pairs.

On observe constamment dans cette Table, que les diviseurs linéaires se partagent en plusieurs groupes dont le nombre, ainsi que la quantité de termes contenus dans chacun, sont conformes à la loi générale (n° 203). Cependant il arrive quelquefois que deux de ces groupes sont réunis pour répondre à une même forme quadratique. Ainsi, lorsque $c = 66 = 2.3.11$, la proposition générale dit qu'il y a 2^3 ou 8 groupes composés chacun de $\frac{3-1}{2} \cdot \frac{11-1}{2}$ ou 5 termes ; mais on ne trouve dans la Table que quatre groupes composés de 10 termes, ce qui a lieu par la réunion de deux groupes en un seul. D'ailleurs le nombre total des formes linéaires est toujours 40, comme il doit être suivant la théorie.

TABLE IV.

(214) La Table IV contient les diviseurs tant quadratiques que linéaires de la formule $t^2 + au^2$, pour tout nombre a de forme $4n+1$, non quarré ni divisible par un quarré, depuis 1 jusqu'à 105.

La première formule $t^2 + u^2$ qui n'a qu'un seul diviseur quadratique $y^2 + z^2$, n'a aussi que le seul diviseur linéaire $4x + 1$. Toutes les autres formules $t^2 + 5u^2$, $t^2 + 13u^2$, etc. admettent à-la-fois des diviseurs $4n+1$ et des diviseurs $4n+3$; il est même à remarquer 1°. que les diviseurs quadratiques qui contiennent les nombres $4n+1$ sont toujours distincts de ceux qui contiennent les nombres $4n+3$; 2°. qu'il y a toujours autant de formes linéaires pour les diviseurs $4n+1$ qu'il y en a pour les diviseurs $4n+3$. Il n'en est pas toujours de même des formes quadratiques. On voit, par exemple, que la formule $t^2 + 41u^2$, a trois diviseurs quadratiques $4n+1$, et seulement deux $4n+3$. De même la formule $t^2 + 65u^2$ en a quatre de la première espèce, et deux seulement de la seconde.

(215) On a apporté dans cette Table une légère modification à la forme générale des diviseurs quadratiques $py^2 + 2qyz + rz^2$; elle consiste en ce qu'on a supposé constamment q impair. Par ce moyen, $q^2 + a$ ou pr étant un nombre pair, on peut mettre $2m$ à la place de r, et la forme des diviseurs quadratiques devient $py^2 + 2qyz + 2mz^2$, dans laquelle les nombres p et m seront toujours impairs.

Cette forme a l'avantage d'en fournir immédiatement une autre... $2py^2 + 2qyz + mz^2$; et ces deux formes, à cause de la liaison qu'elles ont entre elles, s'appelleront désormais *formes conjuguées*, ou *diviseurs conjugués*.

Nous avons dit que les nombres p et m sont toujours impairs; en effet, q^2 étant de la forme $8n+1$, et a de la forme $4n+1$, il est clair que $q^2 + a$ ou $2pm$ sera de la forme $4n+2$, donc pm sera nécessairement impair. Mais il faut distinguer deux cas selon que a est de la forme $8n+1$ ou $8n+5$.

1°. Si a est de la forme $8n+1$, alors $q^2 + a$ sera de la forme $8n+2$ et pm de la forme $4n+1$, ce qui ne peut avoir lieu, à moins que les nombres p et m ne soient tous deux de la forme $4n+1$, ou tous deux de la forme $4n+3$; donc alors les formes conjuguées $py^2 + 2qyz + 2mz^2$,

$2py^2 + 2qyz + mz^2$ appartiennent toutes deux aux diviseurs $4n+1$, ou toutes deux aux diviseurs $4n+3$.

2°. Si a est de la forme $8n+5$, pm sera de la forme $4n+3$, de sorte que les deux nombres p et m seront, l'un de forme $4n+1$, l'autre de forme $4n+3$. Donc alors les deux formes conjuguées appartiennent, l'une aux diviseurs $4n+1$, l'autre aux diviseurs $4n+3$. De là on voit que « a étant un nombre quelconque $8n+5$, la formule t^2+au^2 aura » toujours autant de diviseurs quadratiques $4n+1$ que de diviseurs » quadratiques $4n+3$. »

(216) Les diviseurs quadratiques de la formule t^2+au^2 étant trouvés par la méthode générale, il sera toujours facile de les réduire à la forme $py^2+2qyz+2mz^2$, où q est impair; car il n'y aura à transformer que ceux où q serait pair, et dans ceux-ci il suffira de mettre $y-z$ à la place de y.

On peut aussi trouver directement tous les diviseurs quadratiques d'une formule donnée t^2+au^2, réduits à la forme $py^2+2qyz+2mz^2$. Pour cela, il faut observer qu'en laissant q impair, on peut toujours faire ensorte que q n'excède ni p ni m. Car en substituant $y-2\alpha z$ à la place de y, si on a $q>p$, ou $z-\alpha y$ à la place de z, si on a $q>m$, on déterminera aisément le nombre α de manière qu'on ait dans la transformée $q<p$, ou $q<m$. Donc par une ou plusieurs substitutions de cette sorte, toute formule $py^2+2qyz+2mz^2$, dans laquelle $2pm-q^2=a$ pourra être ramenée à une formule semblable, où q n'excédera ni p ni m, de sorte qu'on aura $2pm-q^2>q^2$, et par conséquent $q<\sqrt{a}$.

Donc pour avoir toutes les formes quadratiques $py^2+2qyz+2mz^2$ qui conviennent aux diviseurs de la formule t^2+au^2, il faut donner à q les valeurs impaires successives 1, 3, 5... jusqu'à $\sqrt{a}$. Chaque valeur de q en donnera une pour $pm=\frac{q^2+a}{2}$; et si cette valeur peut se décomposer en deux facteurs p et m non moindres que q, il en résultera les deux diviseurs conjugués $py^2+2qyz+2mz^2$, $2py^2+2qyz+mz^2$.

Cette méthode donnera, comme la méthode générale, toutes les formes possibles des diviseurs quadratiques; elle est plus expéditive, en ce qu'on n'a à essayer que les valeurs de q impaires, et plus petites que $\sqrt{a}$, tandis que par la méthode générale on doit essayer toutes les valeurs de q paires ou impaires jusqu'à $\sqrt{\frac{1}{3}a}$; or on a $\frac{1}{2}\sqrt{a}<\sqrt{\frac{1}{3}a}$.

Suivant cette nouvelle méthode, le diviseur quadratique y^2+az^2

est représenté par la formule $y^2 + 2yz + (a+1)z^2$, et son conjugué est $2y^2 + 2yz + \left(\frac{a+1}{2}\right)z^2$. On a laissé dans la Table, pour plus d'uniformité, la forme $y^2 + 2yz + (a+1)z^2$, excepté dans la première case où l'on n'a pas voulu altérer la simplicité du diviseur $y^2 + z^2$ en mettant à sa place $y^2 + 2yz + 2z^2$.

Dans tous les cas, les formes linéaires ont été conclues des formes quadratiques par les méthodes du § précédent, et le nombre des groupes, ainsi que des termes contenus dans chacun, est toujours conforme à la loi générale.

TABLE V.

(217) La Table V contient les diviseurs tant quadratiques que linéaires de la formule $t^2 + au^2$, a étant un nombre $4n + 3$ non quarré, ni divisible par un quarré.

Les diviseurs quadratiques sont restés sous leur forme ordinaire, lorsque $a = 8n + 7$, mais ils ont subi une modification, lorsque $a = 8n + 3$. C'est ce que nous allons expliquer.

Si a est de la forme $8n + 3$, et qu'on désigne par P un diviseur quelconque impair de la formule $t^2 + au^2$, on pourra toujours supposer t et u impairs, et alors $t^2 + au^2$ étant de la forme $8n + 4$, le quotient de $t^2 + au^2$ divisé par P sera nécessairement de la même forme $8n + 4$, ou $4p$, p étant un nombre impair : on aura donc

$$t^2 + au^2 = 4Pp.$$

Dans cette équation, les nombres u et $2p$ sont premiers entre eux ; car s'ils avaient un commun diviseur, t et u en auraient un aussi, ce qui est contre la supposition; donc on peut faire $u = z$ et $t = 2py + qz$, ce qui donnera

$$P = py^2 + qyz + \frac{q^2 + a}{4p} z^2.$$

Or cette équation ne peut subsister, à moins que $\frac{q^2 + a}{4p}$ ne soit un entier ; soit donc $q^2 + a = 4pr$, et on aura

$$P = py^2 + qyz + rz^2.$$

Dans cette formule, il est aisé de voir que les trois coefficiens p, q, r sont impairs ; car d'abord puisque t est impair, et qu'on a $t = 2py + qz$, il est clair que q est impair ; ensuite q^2 étant de la forme $8n + 1$ et a

de la forme $8n+3$, q^2+a est de la forme $8n+4$; donc $\frac{q^2+a}{4}$ ou pr est impair; donc p et r sont impairs.

De là on voit que tout diviseur impair de la formule t^2+au^2 peut toujours être réduit à la forme $py^2+qyz+rz^2$ où l'on a p, q, r impairs et $4pr-q^2=a$. Je dis de plus, que dans cette formule on pourra supposer le coefficient moyen q plus petit, ou non plus grand que chacun des extrêmes p et r; en effet si on avait, par exemple, $q>p$, on mettrait $y-\alpha z$ à la place de y, et le coefficient moyen devenant $q-2\alpha p$, on pourrait, au moyen de l'indéterminée α, rendre ce coefficient plus petit ou au moins non plus grand que p.

Puis donc que p et r sont plus grands ou non moindres que q, il est clair que $4pr-q^2$ sera $>3q^2$, et qu'ainsi on aura $q<\sqrt{\frac{a}{3}}$. Donc pour avoir toutes les formes quadratiques qni conviennent aux diviseurs impairs de la formule t^2+au^2, il faudra donner à q les valeurs impaires successives 1, 3, 5 jusqu'à $\sqrt{\frac{a}{3}}$: chaque valeur de q en donnera une pour $pr=\frac{q^2+a}{4}$, et si cette valeur peut se décomposer en deux facteurs non moindres que q, il en résultera une des formes quadratiques demandées.

(218). Soit, par exemple, $a=91$, si l'on fait $q=1$, on a.... $\frac{q^2+a}{4}=23=1.23$, d'où résulte le diviseur $y^2+yz+23z^2$.

Si l'on fait $q=3$, on a $\frac{q^2+a}{4}=25=5.5$, d'où résulte un second diviseur $5y^2+3yz+5z^2$.

La limite de q étant $\sqrt{\frac{91}{3}}$, on peut faire encore $q=5$, ce qui donnera $\frac{q^2+a}{4}=29$. Mais ce nombre étant premier, il n'en résulte aucun nouveau diviseur. Donc les deux formules trouvées sont les seuls diviseurs quadratiques de t^2+91u^2.

Soit encore $a=163$, la limite de q étant $\sqrt{\frac{163}{3}}<9$, on pourra faire successivement $q=1, 3, 5, 7$, d'où résultera $pr=41, 43, 47, 53$; mais ces nombres étant premiers, il s'ensuit que la formule t^2+163u^2 ne peut avoir que le seul diviseur quadratique $y^2+yz+41z^2$.

(219) La formule $py^2+qyz+rz^2$, dont les coefficiens sont impairs,

représente en général trois diviseurs quadratiques de forme ordinaire où le coefficient moyen est pair; car dans l'application de cette formule, il faudra prendre les nombres y et z tous deux impairs, ou l'un pair, l'autre impair; on ne pourra donc faire que les trois suppositions $z=2u$, $y=2u$, $y=2u-z$, lesquelles donneront les trois formes

$$py^2+2qyu+4ru^2$$
$$4pu^2+2qzu+rz^2$$
$$4pu^2+(2q-4p)uz+(p-q+r)z^2.$$

Ces trois formes se réduisent à deux, lorsque deux des nombres p, q, r sont égaux. Elles se réduisent à une seule, si les trois nombres p, q, r sont égaux entre eux; mais ce cas n'a lieu que lorsqu'ils sont égaux à l'unité, ou lorsque la formule proposée est t^2+3u^2, et alors le diviseur y^2+yz+z^2 se réduit à la seule forme y^2+3z^2, comme nous l'avons déjà trouvé (n° 141). Dans tout autre cas, les trois formules qu'on vient de développer seront essentiellement différentes les unes des autres. Il suit de là qu'on diminue beaucoup le nombre des diviseurs quadratiques en les représentant par la formule à coefficiens impairs $py^2+qyz+rz^2$; il est d'ailleurs facile, ainsi qu'on vient de le voir, de développer ces diviseurs à coefficiens impairs en diviseurs quadratiques de forme ordinaire, ce qui en donnera un nombre à peu près triple.

(220) Il est utile d'observer que les diviseurs quadratiques compris dans la Table V, tant pour les cas de $a=8n+3$, que pour celui de $a=8n+7$, peuvent toujours être ramenés à la forme $py^2+4\varphi yz+\pi z^2$, laquelle ne diffère de la forme générale $py^2+2qyz+rz^2$, qu'en ce que q est pair. En effet, si on a trouvé d'abord, par la méthode générale, tous les diviseurs quadratiques $py^2+2qyz+rz^2$ de la formule t^2+au^2, il ne restera à transformer que ceux dans lesquels q serait impair; et comme alors l'un des nombres p et r doit être pair et l'autre impair, si on prend p pour celui-ci, il suffira de mettre $y-z$ à la place de y, et le coefficient moyen $2q$ deviendra $2q-2p$, c'est-à-dire sera de la forme requise 4φ.

Maintenant, puisque tous les diviseurs quadratiques sont réduits à la forme $py^2+4\varphi yz+\pi z^2$, et qu'on a $p\pi=4\varphi^2+a$, il s'ensuit que $p\pi$ est de la forme $4n+3$, et qu'ainsi les deux coefficiens p et π sont, l'un de la forme $4n+1$, l'autre de la forme $4n+3$. On voit par là que chaque forme quadratique $py^2+4\varphi yz+\pi z^2$ contient à-la-fois des diviseurs $4n+1$ et des diviseurs $4n+3$; mais il est facile de séparer ces deux formes l'une de l'autre, comme cela a lieu dans les Tables III et IV. En effet, si p est de la forme $4n+1$, et qu'on fasse $z=2u$, il est clair que la formule $py^2+8\varphi yu+4\pi u^2$ ne représentera que des diviseurs $4n+1$; au contraire, si l'on fait $y=2u$, la formule..... $4pu^2+8\varphi zu+\pi z^2$ ne représentera que des diviseurs $4n+3$.

(221) Quant aux formes linéaires qui répondent aux diviseurs quadratiques, elles peuvent de même se partager en deux sortes, les unes $4n+1$, les autres $4n+3$; c'est ce qu'il suffira de développer dans un exemple.

On voit dans la Table, que la formule t^2+11u^2 n'a que le seul diviseur quadratique à coefficiens impairs $y^2+yz+3z^2$. Ce diviseur en renferme deux autres de forme ordinaire, savoir :

$$y^2+11z^2$$
$$3y^2+2yz+4z^2.$$

De ces deux diviseurs qu'on aurait trouvés immédiatement par la méthode générale, l'un a le coefficient moyen zéro, et partant de la forme 4φ; pour réduire l'autre à la même forme, il faut mettre $y-z$ à la place de z, ce qui donnera pour transformée $3y^2+4yz+5z^2$. De là résultent deux diviseurs quadratiques $4n+1$, savoir :

$$y^2+44z^2$$
$$5y^2+8yz+12z^2,$$

et deux diviseurs quadratiques $4n+3$, savoir :

$$11y^2+4z^2$$
$$3y^2+8yz+20z^2$$

Quant aux formes linéaires correspondantes, on les déduira facilement de celles qui sont données dans la Table, savoir, $22x+1, 3, 5, 9, 15$. Ainsi, pour avoir les formes $4n+1$, on conservera les nombres déterminés 1, 5, 9 qui sont de cette forme, et aux deux autres 3, 15 on ajoutera 22, ce qui fera en tout les cinq formes $44x+1, 5, 9, 25, 37$: on trouvera semblablement les formes $4n+3$ qui seront $44x+3, 15, 23, 27, 31$. Donc si l'on veut séparer dans la Table les formes $4n+1$ des formes $4n+3$, il faudra substituer l'article suivant à celui qu'on voit dans la Table concernant les diviseurs de t^2+11u^2.

Diviseurs quadratiques.	*Diviseurs linéaires.*
$y^2 + 44z^2$ $5y^2 + 8yz + 12z^2$	$44x + 1, 5, 9, 25, 37$
$11y^2 + 4z^2$ $3y^2 + 8yz + 20z^2$	$44x + 3, 15, 23, 27, 31.$

Il n'est pas nécessaire de faire observer que l'article tel qu'il est inséré dans la Table, est beaucoup plus court sans être moins général.

(222) Enfin, pour ne rien omettre de ce qui peut abréger la recherche des diviseurs quadratiques, nous ajouterons encore deux mots sur le cas de $a = 8n + 7$. Si donc on a $a = 8n + 7$, et qu'on suppose q impair dans le diviseur quadratique $py^2 + 2qyz + rz^2$, ce diviseur prendra la forme $py^2 + 2qyz + 8mz^2$, où l'on aura $pm = \frac{q^2 + a}{8}$. Dans cette forme, on peut supposer q plus petit que $4m$, et non plus grand que p; par conséquent q sera moindre que $\sqrt{a}$. On essaiera donc pour q tous les nombres impairs 1, 3, 5... jusqu'à $\sqrt{a}$; on calculera pour chaque valeur de q celle de $pm = \frac{q^2 + a}{8}$, et on verra si cette valeur peut se décomposer en deux facteurs, l'un p impair et non moindre que q, l'autre m pair ou impair, mais $> \frac{q}{4}$. Autant de fois cette condition pourra être remplie, autant on aura de diviseurs quadratiques de la formule $t^2 + au^2$; diviseurs qui pourront ensuite être réduits soit à la forme ordinaire où $2q$ est $< p$ et r, soit même à la forme dont nous avons fait mention où q est pair. Cette méthode est très-prompte, puisqu'elle n'opère que sur des nombres pm toujours moindres que $\frac{a}{4}$, tandis que dans la méthode générale pr peut aller jusqu'à $\frac{4a}{3}$.

TABLE VI.

(223) La Table VI contient les diviseurs tant quadratiques que linéaires de la formule $t^2 + 2au^2$, a étant un nombre de la forme $4n + 1$, qui n'est ni quarré, ni divisible par un quarré.

Les diviseurs quadratiques sont réduits à la forme $py^2 + 4\varphi yz + 2mz^2$, où l'on a $pm = 2\varphi^2 + a$. Or il est aisé de voir que sans changer cette forme, on peut supposer 2φ moindre ou non plus grand que p et m, ce qui donnera $pm > 4\varphi^2$ et $\varphi < \sqrt{\frac{1}{2}a}$; donc si d'après ces conditions on satisfait de toutes les manières possibles à l'équation $pm = 2\varphi^2 + a$, on en déduira immédiatement tous les diviseurs quadratiques de la formule $t^2 + 2au^2$, réduits à la forme $py^2 + 4\varphi yz + 2mz^2$. Ce procédé est beaucoup plus court que la méthode générale, puisque $\sqrt{\frac{1}{2}a}$ est plus petit que $\sqrt{\frac{8}{3}a}$.

Chaque forme $py^2 + 4\varphi yz + 2mz^2$ et sa conjuguée $2py^2 + 4\varphi yz + mz^2$ résultent à-la-fois d'une même valeur de pm qui satisfait aux conditions requises.

Si le nombre p est de la forme $8n + 1$ ou $8n + 3$, le diviseur quadratique $py^2 + 4\varphi yz + 2mz^2$ ne comprendra que des nombres de ces mêmes formes $8n + 1$ et $8n + 3$; car comme y est toujours impair, si z est pair, le diviseur dont il s'agit sera toujours de la forme $p + 8k$, c'est-à-dire de la même forme que p. Si z est impair, le diviseur quadratique deviendra, en omettant les multiples de 8, $p + 4\varphi + 2m$. Soit d'abord $p = 8n + 1$, à cause de $pm = 2\varphi^2 + a$, on aura (toujours en omettant les multiples de 8) $m = 2\varphi^2 + a$, et par conséquent..... $p + 4\varphi + 2m = 1 + 4\varphi + 4\varphi^2 + 2a = 1 + 2a = 3$; donc le diviseur quadratique deviendra de la forme $8n + 3$. Soit en second lieu $p = 8n + 3$, on aura $3m = 2\varphi^2 + a$, $6m = 4\varphi^2 + 2a$, et $p + 4\varphi + 2m = 3 + 4\varphi - 4\varphi^2 - 2a = 3 - 2a = 1$; donc le diviseur est de la forme $8n + 1$.

On démontrera de même que si p est de l'une des formes $8n + 5$, $8n + 7$, le diviseur quadratique $py^2 + 4\varphi yz + 2mz^2$ ne contiendra que des nombres de ces mêmes formes $8n + 5$, $8n + 7$.

Donc tous les diviseurs quadratiques de la formule $t^2 + 2au^2$, a étant de la forme $4n + 1$, se divisent en deux espèces, l'une contenant tous les diviseurs $8n + 1$, $8n + 3$, l'autre contenant tous les diviseurs $8n + 5$, $8n + 7$.

(224) Chaque diviseur quadratique, tel qu'il est inséré dans la Table, contient deux formes à-la-fois; mais elles peuvent être facilement séparées, ainsi qu'il résulte de la démonstration précédente.

Soit la formule proposée $t^2 + 42u^2$, et considérons d'abord le diviseur quadratique $y^2 + 42z^2$, auquel répondent les formes linéaires $168x + 1$, 25, 43, 67, 121, 163. Ce diviseur quadratique appartient, comme on voit, aux formes $8n + 1$, $8n + 3$; pour les séparer l'une de l'autre, j'observe que si z est pair, ou si à la place de z on met $2z$, le diviseur deviendra $y^2 + 168z^2$, et ne contiendra plus que les formes $8n + 1$.

Si au contraire on suppose y et z impairs à-la-fois; ou si, pour exprimer cette condition, on met $2y+z$ à la place de y, le diviseur deviendra $4y^2+4yz+43z^2$, et ne contiendra plus que des formes $8n+3$. Traitant donc semblablement les trois diviseurs quadratiques de la formule proposée t^2+42u^2, on aura les résultats suivans :

Diviseurs $8n+1$.

Quadratiques.	*Linéaires.*
y^2+168z^2	$168x+1,\ 25,\ 121$
$17y^2+12yz+12z^2$	$168x+17,\ 41,\ 89$

Diviseurs $8n+3$.

$43y^2+4yz+4z^2$	$168x+43,\ 67,\ 163$
$3y^2+56z^2$	$168x+59,\ 83,\ 131$

Diviseurs $8n+5$.

$21y^2+8z^2$	$168x+29,\ 53,\ 149$
$13y^2+24yz+24z^2$	$168x+13,\ 61,\ 157$

Diviseurs $8n+7$.

$7y^2+24z^2$	$168x+31,\ 55,\ 103$
$23y^2+8yz+8z^2$	$168x+23,\ 71,\ 95$

Les diviseurs linéaires sont, comme on voit, divisés en huit groupes de trois termes chacun, ce qui est conforme à la loi générale (n° 203).

TABLE VII.

(225) La Table VII contient les diviseurs linéaires et quadratiques de la formule t^2+2au^2, dans laquelle a est un nombre de la forme $4n+3$, non divisible par un quarré.

Les diviseurs quadratiques sont réduits, comme dans la Table précédente, à la forme $py^2+4\varphi yz+2mz^2$, dans laquelle on a $mp=2\varphi^2+a$; de sorte que la détermination de ces formes se fait toujours de la même manière.

Si le coefficient p est de la forme $8n+3$ ou $8n+5$, le diviseur quadratique $py^2+4\varphi yz+2mz^2$ ne comprendra que des nombres $8n+3$

et $8n+5$; si le coefficient p est de la forme $8n+1$, ou $8n+7$, le diviseur ne comprendra que des nombres de ces mêmes formes $8n+1$ et $8n+7$. C'est ce que l'on démontrera comme nous l'avons fait dans l'explication de la Table précédente.

Il s'ensuit par conséquent que tous les diviseurs quadratiques de la formule t^2+2au^2, a étant un nombre de la forme $4n+3$, se divisent en deux espèces ; l'une contenant tous les nombres $8n+3$, $8n+5$; l'autre contenant tous les nombres $8n+1$, $8n+7$. Et indépendamment de ces nombres impairs, il est clair que chaque diviseur quadratique $py^2+4\varphi yz+2mz^2$ contient aussi des nombres pairs, puisqu'on peut prendre y pair et z impair, pourvu qu'ils soient premiers entre eux.

On pourra de même séparer les diviseurs tant quadratiques que linéaires, en quatre espèces qui répondent aux quatre formes $8n+1$, $8n+3$, $8n+5$, $8n+7$.

Remarque générale.

Dans ces diverses Tables, il est à remarquer que chaque groupe de diviseurs linéaires répond toujours à un même nombre de diviseurs quadratiques, si toutefois on ne compte que pour $\frac{1}{2}$ chaque diviseur quadratique qui est de l'une des formes py^2+rz^2, $py^2+2qyz+2qz^2$, $py^2+2qyz+pz^2$. La raison de cette exception est que ces sortes de diviseurs donnent le même nombre dans deux suppositions différentes sur les valeurs des indéterminées y et z; de sorte qu'ils ne contiennent réellement que la moitié du nombre des diviseurs compris dans les autres formes.

§ XII. *Suite de Théorèmes contenus dans les Tables précitées.*

(226) THÉORÈME GÉNÉRAL. « SOIT $4cx + a$ l'une des formes linéaires » qui conviennent aux diviseurs de $t^2 \pm cu^2$, je dis que tout nombre » premier compris dans la forme $4cx + a$ sera nécessairement diviseur » de la formule $t^2 \pm cu^2$, et sera par conséquent de l'une des formes » quadratiques $py^2 + 2qyz \pm rz^2$ qui répondent à la forme linéaire » $4cx + a$. »

Ainsi en prenant dans la Table VII l'exemple de la formule $t^2 + 30u^2$, et choisissant dans cet exemple les formes linéaires qui répondent au diviseur quadratique $15y^2 + 2z^2$, on peut affirmer que tout nombre premier de l'une des formes $120x + 17, 23, 47, 113$ est diviseur de $t^2 + 30u^2$, et conséquemment doit être de la forme $15y^2 + 2z^2$.

Par un autre exemple pris dans la même Table, on peut affirmer que tout nombre premier de l'une des formes $56x + 3, 5, 13, 19, 27, 45$ est diviseur de $t^2 + 14u^2$, et par conséquent doit être de la forme $3y^2 + 4yz + 6z^2$.

La démonstration de ce théorème a été donnée ci-dessus, lorsque c est un nombre premier ou double d'un nombre premier ; elle peut être aussi établie sans difficulté pour toute valeur de c, si le nombre premier A de la forme $4cx + a$, est en même temps de la forme $4n + 3$, car alors il est nécessaire que le nombre A divise la formule $t^2 + cu^2$, ou la formule $t^2 - cu^2$ (n° 171). Or si on cherche les formes linéaires des diviseurs de $t^2 - cu^2$, ces formes seront trouvées différentes de celles des diviseurs de $t^2 + cu^2$; donc le nombre A, s'il est de l'une de ces dernières formes, ne peut diviser $t^2 - cu^2$; donc il divisera nécessairement $t^2 + cu^2$, et sera par conséquent de l'une des formes quadratiques qui répondent à ces formes linéaires.

Le même raisonnement n'aurait plus lieu si A était de la forme $4n + 1$; il est même incomplet dans le cas de $A = 4n + 3$, parce qu'il suppose le développement effectif des diviseurs linéaires tant de la formule $t^2 + cu^2$ que de la formule $t^2 - cu^2$; c'est pourquoi il convient de suivre une autre route pour parvenir à la démonstration générale de la proposition.

(227) Observons d'abord que la forme linéaire $4cx + a$, à laquelle se rapporte le nombre premier A, peut toujours être censée l'une de celles qui répondent à un diviseur quadratique. Soit ce diviseur..... $py^2 + 2qyz \pm rz^2$, et on pourra supposer $py^2 + 2qyz \pm rz^2 = 4cx + a$; ou, ce qui est la même chose,

$$py^2 + 2qyz \pm rz^2 = 4cx + A.$$

Cette équation multipliée par p, donnera

$$(py + qz)^2 \pm cz^2 = 4pcx + Ap,$$

d'où l'on voit que $\frac{(py + qz)^2 - Ap}{c}$ est un entier; donc, à plus forte raison, si θ est un nombre premier qui divise c, l'équation $\frac{x^2 - pA}{\theta} = e$ sera résoluble, et par conséquent on aura $\left(\frac{pA}{\theta}\right) = 1$, ou $\left(\frac{p}{\theta}\right) \cdot \left(\frac{A}{\theta}\right) = 1$; mais en général on a $\left(\frac{p}{\theta}\right) = +1$ ou -1, donc $\left(\frac{p}{\theta}\right) \cdot \left(\frac{p}{\theta}\right) = 1$, et par conséquent $\left(\frac{A}{\theta}\right) = \left(\frac{p}{\theta}\right)$.

Nous pourrions considérer le cas particulier de $p = 1$, et celui de $p =$ à un quarré, dans lesquels on conclut aisément que A doit être un diviseur de la formule proposée $t^2 \pm cu^2$ (1); mais il vaut mieux suivre la démonstration dans toute sa généralité.

(228) Nous avons vu ci-dessus que les diviseurs $4n + 1$ et $4n + 3$ sont distingués par des formes quadratiques particulières, et même lorsque la formule proposée est $t^2 + 2au^2$, les diviseurs se subdivisent en quatre formes $8n + 1$, $8n + 3$, $8n + 5$, $8n + 7$, et ceux-ci sont contenus chacun dans des formes quadratiques distinctes. On pourra donc supposer que le diviseur quadratique $py^2 + 2qyz \pm 2mz^2$ qui répond à la forme linéaire $4cx + a$ ou $4cx + A$, ne contient que des nombres de la même espèce que A, c'est-à-dire tels que la différence de ces nombres avec A est divisible par 4 et même par 8, si la formule est $t^2 + 2au^2$, ou si l'on a $2pm - q^2 = 2a$. Par conséquent p qui est l'un de ces nombres, sera tel que $\frac{p - A}{4}$ est un entier, ou même que $\frac{p - A}{8}$ en est un, si $c = 2a$.

---

(1) Le double signe indique seulement que la formule proposée peut être $t^2 + cu^2$ ou $t^2 - cu^2$; mais d'ailleurs il ne laisse aucune indétermination.

Nous supposerons de plus, que le coefficient p est un nombre premier; s'il ne l'était pas, on chercherait un nombre premier compris dans la formule $py^2 + 2qyz \pm 2mz^2$. Soit ce nombre $p' = p\mu^2 + 2q\mu\nu \pm 2m\nu^2$, si l'on détermine μ° et ν° d'après l'équation $\mu\nu^\circ - \mu^\circ\nu = 1$, et qu'on fasse $y = \mu y' + \mu^\circ z'$, $z = \nu y' + \nu^\circ z'$, on aura pour transformée le diviseur quadratique $p'y'y' + 2q'y'z' \pm 2m'z'z'$, dans lequel le coefficient du premier terme est un nombre premier. Ainsi, en regardant cette préparation comme déjà faite, il est permis de supposer p un nombre premier.

Reprenons maintenant l'équation déjà trouvée $\left(\frac{A}{\theta}\right) = \left(\frac{p}{\theta}\right)$, où θ désigne un diviseur premier quelconque de c; soient α, α', α'', etc. les diviseurs premiers $4n+1$, et 6, $6'$, $6''$... les diviseurs premiers $4n+3$, nous aurons, en mettant ces nombres au lieu de θ,

$$\left(\frac{A}{\alpha}\right) = \left(\frac{p}{\alpha}\right), \quad \left(\frac{A}{\alpha'}\right) = \left(\frac{p}{\alpha'}\right), \quad \left(\frac{A}{\alpha''}\right) = \left(\frac{p}{\alpha''}\right), \text{ etc.}$$

$$\left(\frac{A}{6}\right) = \left(\frac{p}{6}\right), \quad \left(\frac{A}{6'}\right) = \left(\frac{p}{6'}\right), \quad \left(\frac{A}{6''}\right) = \left(\frac{p}{6''}\right), \text{ etc.}$$

De là on déduit par la loi de réciprocité, et parce que A et p sont tous deux de la forme $4n+1$, ou tous deux de la forme $4n+3$,

$$\left(\frac{\alpha}{A}\right) = \left(\frac{\alpha}{p}\right), \quad \left(\frac{\alpha'}{A}\right) = \left(\frac{\alpha'}{p}\right), \quad \left(\frac{\alpha''}{A}\right) = \left(\frac{\alpha''}{p}\right), \text{ etc.}$$

$$\left(\frac{6}{A}\right) = \left(\frac{6}{p}\right), \quad \left(\frac{6'}{A}\right) = \left(\frac{6'}{p}\right), \quad \left(\frac{6''}{A}\right) = \left(\frac{6''}{p}\right), \text{ etc.}$$

Donc 1°. si c est impair, il sera égal au produit de tous les nombres premiers α, α', α''.... 6, $6'$, $6''$,... et on aura

$$\left(\frac{c}{A}\right) = \left(\frac{\alpha}{A}\right)\cdot\left(\frac{\alpha'}{A}\right)\cdot\left(\frac{\alpha''}{A}\right)\ldots\left(\frac{6}{A}\right)\cdot\left(\frac{6'}{A}\right)\cdot\left(\frac{6''}{A}\right)\ldots.$$

$$\left(\frac{c}{p}\right) = \left(\frac{\alpha}{p}\right)\cdot\left(\frac{\alpha'}{p}\right)\cdot\left(\frac{\alpha''}{p}\right)\ldots\left(\frac{6}{p}\right)\cdot\left(\frac{6'}{p}\right)\cdot\left(\frac{6''}{p}\right)\ldots.$$

Et puisque les facteurs de ces expressions sont égaux chacun à chacun, on aura $\left(\frac{c}{A}\right) = \left(\frac{c}{p}\right)$.

2°. Si c est pair, outre les facteurs précédens, c contiendra le facteur 2; mais puisque p et A sont de même forme par rapport aux multiples de 8, on a $\left(\frac{2}{A}\right) = \left(\frac{2}{p}\right)$, donc on aura encore $\left(\frac{c}{A}\right) = \left(\frac{c}{p}\right)$.

Mais p étant diviseur de $q^2 \pm c$, on a $\left(\frac{\mp c}{p}\right) = 1$; donc on a aussi

$\left(\frac{\mp c}{A}\right) = 1$; donc le nombre premier A est toujours diviseur de la formule proposée $t^2 \pm cu^2$. Donc il doit être de l'une des formes quadratiques qui répondent à la forme linéaire $4cx + a$.

(229) La proposition que nous venons de démontrer, est sans contredit l'une des plus générales et des plus importantes de la théorie des nombres; la démonstration que nous en avons donnée suppose seulement qu'il existe un nombre premier compris dans le diviseur quadratique.... $py^2 + 2qyz + rz^2$. Or cette supposition n'a rien que de très-admissible, et elle se vérifie aisément à l'égard de toutes les formes quadratiques renfermées dans nos Tables; il n'y a même aucun doute que la formule... $py^2 + 2qyz + rz^2$ ne contienne une infinité de nombres premiers, excepté seulement dans le cas où les trois nombres p, q, r auraient un commun diviseur θ; mais ils ne peuvent en avoir, puisque c ou $pr - q^2$ est supposé n'avoir aucun facteur quarré.

On pourrait néanmoins rendre la démonstration tout-à-fait indépendante de la supposition que p est un nombre premier; il faudrait pour cela examiner différens cas, selon le nombre des facteurs dont c est composé.

On a déjà examiné les cas où c est un nombre premier ou le double d'un tel nombre : supposons donc maintenant $c = \alpha\mathcal{C}$, α et $\mathcal{C}$ étant deux nombres premiers impairs à volonté; soit en même temps $py^2 + 2qyz + mz^2$ la forme quadratique qui répond à la forme linéaire $4cx + a$ ou $4cx + A$, de sorte que p et A seront tous deux de l'espèce $4n + 1$, ou tous deux de l'espèce $4n + 3$. On aura donc par hypothèse

$$py^2 + 2qyz + 2mz^2 = 4cx + A,$$

et en multipliant par p,

$$(py + qz)^2 + cz^2 = 4cpx + Ap.$$

(On ne considère ici que le cas de c positif, celui de c négatif pouvant être traité d'une manière semblable.)

Maintenant puisque $c = \alpha\mathcal{C}$, on aura successivement, par rapport à α et $\mathcal{C}$, les équations $\left(\frac{Ap}{\alpha}\right) = 1$, $\left(\frac{Ap}{\mathcal{C}}\right) = 1$, lesquelles donnent

$$\left(\frac{A}{\alpha}\right) = \left(\frac{p}{\alpha}\right), \quad \left(\frac{A}{\mathcal{C}}\right) = \left(\frac{p}{\mathcal{C}}\right).$$

Soit $p = \pi\pi'\pi''\pi'''$, etc., π, π'', π^{IV}, etc. étant des nombres premiers

$4n+1$, et π', π'', etc., des nombres premiers $4n+3$; si p était divisible par des quarrés, on les omettrait entièrement, pour ne conserver que les facteurs inégaux. On aura donc

$$\left(\frac{A}{\alpha}\right)=\left(\frac{\pi}{\alpha}\right).\left(\frac{\pi'}{\alpha}\right).\left(\frac{\pi''}{\alpha}\right).\text{ etc.}$$

$$\left(\frac{A}{6}\right)=\left(\frac{\pi}{6}\right).\left(\frac{\pi'}{6}\right).\left(\frac{\pi''}{6}\right).\text{ etc.}$$

Mais l'équation $2pm-q^2=c=\alpha 6$, donne

$$\left(\frac{-\alpha 6}{\pi}\right)=1,\quad \left(\frac{-\alpha 6}{\pi'}\right)=1,\quad \left(\frac{-\alpha 6}{\pi''}\right)=1,\text{ etc.}$$

et ainsi, par rapport à tout facteur de p. On aura donc

$$\left(\frac{\alpha}{\pi}\right)=\left(\frac{6}{\pi}\right),\quad \left(\frac{\alpha}{\pi''}\right)=\left(\frac{6}{\pi''}\right),\quad \left(\frac{\alpha}{\pi^{\text{IV}}}\right)=\left(\frac{6}{\pi^{\text{IV}}}\right),\text{ etc.}$$

$$\left(\frac{\alpha}{\pi'}\right)=-\left(\frac{6}{\pi'}\right),\quad \left(\frac{\alpha}{\pi'''}\right)=-\left(\frac{6}{\pi'''}\right),\text{ etc.}$$

De là on déduit par la loi de réciprocité (n° 164)

$$\left(\frac{\pi}{\alpha}\right)=\left(\frac{\pi}{6}\right),\quad \left(\frac{\pi''}{\alpha}\right)=\left(\frac{\pi''}{6}\right),\quad \left(\frac{\pi^{\text{IV}}}{\alpha}\right)=\left(\frac{\pi^{\text{IV}}}{6}\right),\text{ etc.}$$

$$\left(\frac{\pi'}{\alpha}\right)=(-1)^{\frac{\alpha+\beta}{2}}\left(\frac{\pi'}{6}\right),\quad \left(\frac{\pi'''}{\alpha}\right)=(-1)^{\frac{\alpha+\beta}{2}}\left(\frac{\pi'''}{6}\right),\text{ etc.}$$

Ces dernières seulement ont besoin de quelqu'explication : or la loi générale donne $\left(\frac{\pi'}{\alpha}\right)=(-1)^{\frac{\pi'-1}{2}.\frac{\alpha-1}{2}}.\left(\frac{\alpha}{\pi'}\right)$; et parce que $\frac{\pi'-1}{2}$ est impair, cette équation devient $\left(\frac{\pi'}{\alpha}\right)=(-1)^{\frac{\alpha+1}{2}}\left(\frac{\alpha}{\pi'}\right)$: on aura de même $\left(\frac{\pi'}{6}\right)=(-1)^{\frac{\beta-1}{2}}\left(\frac{6}{\pi'}\right)$; donc puisque $\left(\frac{\alpha}{\pi'}\right)=-\left(\frac{6}{\pi'}\right)$, il en résulte $\left(\frac{\pi'}{\alpha}\right)=(-1)^{\frac{\alpha+\beta}{2}}\left(\frac{\pi'}{6}\right)$, et ainsi des autres relatives à π''', π^{v}, etc.

Multipliant entre elles les deux suites d'équations qui précèdent, on aura $\left(\frac{p}{\alpha}\right)=(-1)^{\frac{\alpha+\beta}{2}.k}\left(\frac{p}{6}\right)$, k étant le nombre des facteurs π', π'', etc. de la forme $4n+3$.

Soit d'abord A, et par conséquent p de la forme $4n+1$, il faudra que le nombre k soit pair, et ainsi on aura $\left(\frac{p}{\alpha}\right)=\left(\frac{p}{6}\right)$; donc aussi

$\left(\frac{A}{\alpha}\right)=\left(\frac{A}{6}\right)$; il s'ensuit réciproquement $\left(\frac{\alpha}{A}\right)=\left(\frac{6}{A}\right)$, ou $\left(\frac{\alpha 6}{A}\right)=+1$; donc A est diviseur $t^2+\alpha 6 u^2$.

Soient en second lieu A et p de la forme $4n+3$, le nombre k sera impair, et on aura $\left(\frac{p}{\alpha}\right)=(-1)^{\frac{\alpha+\beta}{2}}\left(\frac{p}{6}\right)$; donc $\left(\frac{A}{\alpha}\right)=(-1)^{\frac{\alpha+\beta}{2}}\left(\frac{A}{6}\right)$. De là on déduit par la loi de réciprocité

$$(-1)^{\frac{\alpha-1}{2}}\left(\frac{\alpha}{A}\right)=(-1)^{\frac{\alpha+\beta}{2}+\frac{\beta-1}{2}}\left(\frac{6}{A}\right);$$

ce qui se réduit à $\left(\frac{\alpha}{A}\right)=(-1)^{6}\left(\frac{6}{A}\right)$, ou $\left(\frac{\alpha}{A}\right)=-\left(\frac{6}{A}\right)$. Donc $\left(\frac{-\alpha 6}{A}\right)=1$; donc A est encore diviseur de $t^2+\alpha 6 u^2$.

La conclusion que A est diviseur de t^2+cu^2 a donc lieu, quel que soit le coëfficient p, et il n'y a pas de doute qu'elle ne se vérifiât également, si c était le produit de plus de deux nombres premiers.

(230) On voit maintenant que chaque article de nos Tables fournit plusieurs théorèmes qui donnent des rapports entre les formes linéaires des nombres premiers et leurs formes quadratiques. Voici les plus mémorables de ces théorèmes, ou ceux qui s'appliquent aux formules les plus simples.

D'après la Table III.

1. Tout nombre premier $8x+1$ ou $8x+7$ est de la forme y^2-2z^2.
2. Tout nombre premier $12x+1$ est de la forme y^2-3z^2, et tout nombre premier $12x+11$ est de la forme $3y^2-z^2$.
3. Tout nombre premier de l'une des formes $20x+1$, $20x+9$, $20x+11$, $20x+19$, est de la forme y^2-5z^2.
4. Tout nombre premier $24x+1$ ou $24x+19$ est de la forme y^2-6z^2, et tout nombre premier $24x+5$ ou $24x+23$ est de la forme $6y^2-z^2$.
5. Tout nombre premier $28x+1$, 9, 25 est de la forme y^2-7z^2, et tout nombre premier $28x+3$, $28x+19$, $28x+27$ est de la forme $7y^2-z^2$.
6. Tout nombre premier $40x+1$, 9, 31, 39 est de la forme y^2-10z^2, et tout nombre premier $40x+3$, 13, 27, 37 est de la forme $2y^2-5z^2$.
7. etc.

D'après la Table IV.

1. Tout nombre premier $4x+1$ est de la forme y^2+z^2.
2. Tout nombre premier $20x+1$ ou $20x+9$ est de la forme y^2+5z^2, et tout nombre premier $20x+3$ ou $20x+7$, est de la forme $2y^2+2yz+3z^2$.
3. Tout nombre premier $52x+1$, 9, 17, 25, 29, 49 est de la forme y^2+13z^2, et tout nombre premier $52x+7$, 11, 15, 19, 31, 47, est de la forme $2y^2+2yz+7z^2$.
4. etc.

D'après la Table V.

1. Tout nombre premier $6x+1$ est de la forme y^2+yz+z^2, ou, ce qui revient au même, de la forme y^2+3z^2.
2. Tout nombre premier $14x+1$, 9, 11 est de la forme y^2+7z^2.
3. Tout nombre premier $22x+1$, 3, 5, 9, 15, est de la forme $y^2+yz+3z^2$.
4. Tout nombre premier $30x+1$ ou $30x+19$ est de la forme y^2+15z^2, et tout nombre premier $30x+17$ ou $30x+23$ est de la forme $3y^2+5z^2$.
5. etc.

D'après la Table VI.

1. Tout nombre premier $8x+1$ ou $8x+3$ est de la forme y^2+2z^2.
2. Tout nombre premier $40x+1$, 9, 11, 19 est de la forme y^2+10z^2, et tout nombre premier $40x+7$, 13, 23, 37 est de la forme $2y^2+5z^2$.
3. Tout nombre premier $104x+1$, 3, 9, 17, 25, 27, 35, 43, 49, 51, 75, 81, est de l'une des formes y^2+26z^2, $3y^2+2yz+9z^2$; et tout nombre premier $104x+5$, 7, 15, 21, 31, 37, 45, 47, 63, 71, 85, 93, est de l'une des formes $2y^2+13z^2$, $6y^2+4yz+5z^2$.
4. etc.

D'après la Table VII.

1. Tout nombre premier $24x+5$ ou $24x+11$ est de la forme $2y^2+3z^2$, et tout nombre premier $24x+1$ ou $24x+7$ est de la forme y^2+6z^2.

2. Tout nombre premier $56x+3$, 5, 13, 19, 27, 45 est de la forme $3y^2+2yz+5z^2$, et tout nombre premier $56x+1$, 9, 15, 23, 25, 39 est de l'une des formes y^2+14z^2, $2y^2+7z^2$.

3. Tout nombre premier $88x+13$, 19, 21, 29, 35, 43, 51, 61, 83, 85 est de la forme $2y^2+11z^2$, et tout nombre premier $88x+1$, 9, 15, 23, 25, 31, 47, 49, 71, 81 est de la forme y^2+22z^2.

4. Tout nombre premier $120x+11$, 29, 59, 101 est de la forme $5y^2+6z^2$.

   Tout nombre premier $120x+13$, 37, 43, 67 est de la forme $10y^2+3z^2$

   Tout nombre premier $120x+1$, 31, 49, 79 est de la forme y^2+30z^2.

   Tout nombre premier $120x+17$, 23, 47, 113 est de la forme $2y^2+15z^2$.

5. etc., etc.

Lagrange est le premier qui ait ouvert la voie pour la recherche de ces sortes de théorèmes. (Voyez Mémoires de Berlin, 1775.) Mais les méthodes dont ce grand Géomètre s'est servi, ne sont applicables que dans très-peu de cas aux nombres premiers $4n+1$; et la difficulté à cet égard ne pouvait être résolue complétement qu'à l'aide de la loi de réciprocité que j'ai donnée pour la première fois dans les Mémoires de l'Académie des Sciences de Paris, année 1785.

§ XIII. *Autres Théorèmes concernant les formes quadratiques des nombres.*

(231) Soit P un nombre quelconque diviseur de la formule $t^2 \pm cu^2$, et comme tel, renfermé dans le diviseur quadratique $py^2 + 2qyz \pm rz^2$, on pourra supposer $P = p\alpha^2 + 2q\alpha\mathcal{C} \pm r\mathcal{C}^2$. Si ensuite on détermine α° et $\mathcal{C}^\circ$ d'après l'équation $\alpha\mathcal{C}^\circ - \alpha^\circ\mathcal{C} = 1$, et qu'on mette $\alpha y + \alpha^\circ z$ et $\mathcal{C}y + \mathcal{C}^\circ z$ à la place de y et z, le diviseur quadratique $py^2 + 2qyz \pm rz^2$ deviendra de la forme $Py^2 + 2Qyz + Rz^2$.

Soit P' un autre diviseur contenu dans la même formule $py^2 + 2qyz \pm rz^2$, ou dans son équivalente $Py^2 + 2Qyz \pm Rz^2$, on pourra faire.... $P' = P\mu^2 + 2Q\mu\nu + R\nu^2$, ce qui donnera $PP' = (P\mu + Q\nu)^2 \pm c\nu^2$. Donc « si P et P' sont deux diviseurs de la formule $t^2 \pm cu^2$, tous deux compris dans une même formule quadratique $py^2 + 2qyz \pm rz^2$, leur produit PP' sera toujours de la forme $t^2 \pm cu^2$. »

« Réciproquement si les deux nombres P et P' sont tels qu'on ait » $PP' = t^2 \pm cu^2$, t et u étant premiers entre eux, je dis que ces deux » nombres appartiendront à un même diviseur quadratique. »

En effet, puisque t et u sont premiers entre eux, il faut que u et P le soient aussi ; on pourra donc faire $t = Py + Qu$, y et Q étant des indéterminées, ce qui donnera $P' = Py^2 + 2Qyu + \frac{Q^2 \pm c}{P}u^2$. Dans cette expression, u et P n'ayant pas de commun diviseur, on voit que $Q^2 \pm c$ doit être divisible par P; ainsi faisant $Q^2 \pm c = PR$, on aura.... $P' = Py^2 + 2Qyu + Ru^2$. Le second membre, en regardant y et u comme des indéterminées, représente l'un des diviseurs quadratiques de la formule $t^2 \pm cu^2$, et il est évident que ce diviseur contient à-la-fois P et P'. Donc « si les deux nombres P et P', etc. »

(232) « Tout nombre premier A qui divise la formule $t^2 \pm cu^2$, ne peut » appartenir qu'à un seul diviseur quadratique de cette formule. »

Car si le nombre premier A appartenait à deux diviseurs quadratiques différens, on pourrait transformer ceux-ci en deux autres, dans lesquels

A serait coefficient du premier terme (n° 231). Soient ces deux diviseurs

$$Ay^2 + 2Byz + Cz^2$$
$$Ay^2 + 2B'yz + C'z^2,$$

on pourra supposer en même temps $A > 2B$ et $2B'$; car si on avait $2B > A$, il faudrait substituer $y - mz$ à la place de y, et déterminer m de manière que le coefficient de yz ne fût pas plus grand que A. Cela posé, on aurait toujours $B^2 - AC = B'^2 - AC' = \pm c$; donc $\frac{B^2 - B'^2}{A}$ serait un entier, et puisque A est premier, il faudrait que A divisât l'un des facteurs $B + B'$, $B - B'$. Mais B et B' étant l'un et l'autre plus petits que $\frac{1}{2}A$, ou l'un des deux seulement égal à $\frac{1}{2}A$, les nombres $B + B'$, $B - B'$ seront tous plus petits que A; donc ils ne seront ni l'un ni l'autre divisibles par A, à moins qu'on ne suppose $B' = B$. Mais alors les deux diviseurs quadratiques dont il s'agit, seraient identiques; donc le nombre premier A qui divise la formule $t^2 \pm cu^2$, ne peut appartenir qu'à un seul diviseur quadratique de cette formule.

Remarque. Le même raisonnement aurait lieu, si A était le double d'un nombre premier, et en général, si A était une puissance quelconque d'un nombre premier, ou le double de cette puissance; car l'équation $\frac{x^2 \pm c}{A} = e$ n'admet qu'une seule solution, lorsque A est de la forme mentionnée, ou même plus généralement, lorsque $A = \alpha^n \theta$, ou $2\alpha^n \theta$, θ étant un diviseur de c, non-divisible par α, et α un nombre premier (Voyez n° 191). Donc dans tous ces cas, qui sont fort étendus, le nombre A ne pourra être compris que dans un seul diviseur quadratique de la formule $t^2 \pm cu^2$.

(233) « Au contraire, si A est un nombre composé, il pourra y avoir » plusieurs diviseurs quadratiques de la formule $t^2 \pm cu^2$ qui contiennent » le nombre A. »

En effet le diviseur quadratique qui contient A peut se représenter par la formule $Ay^2 + 2Byz + Cz^2$, où l'on a $2B < A$ et $B^2 - AC = \pm c$. Or A étant connu, on peut prendre pour B tout nombre qui satisfait à l'équation $\frac{x^2 \pm c}{A} = e$, pourvu que cette solution soit comprise entre zéro et $\frac{1}{2}A$. D'ailleurs lorsque A a des facteurs premiers inégaux et non communs avec c, on a déjà vu (n° 191) que cette équation admet un nombre 2^{i-1} de solutions, i étant le nombre de ces facteurs (2 excepté). Donc il y aura pareillement un nombre 2^{i-1} de diviseurs quadratiques $Ay^2 + 2Byz + Cz^2$, ou de formes de diviseurs quadratiques, renfermant A. Il pourra arriver cependant que plusieurs de ces diviseurs, réduits à l'expression la plus simple, ne diffèrent point entre eux; de sorte qu'en vertu de la limite assignée, le nombre des diviseurs quadratiques qui contiennent A ne peut excéder 2^{i-1}, mais il pourra être plus petit. Cela est d'autant plus manifeste, que le nombre des diviseurs quadratiques d'une même formule $t^2 \pm cu^2$ est souvent très-petit, et se réduit quelquefois à un ou deux, tandis que si l'on prend un nombre A composé de plusieurs facteurs, la quantité 2^{i-1} qui représente le nombre des valeurs de B peut devenir aussi grande qu'on voudra.

Remarque. Jusqu'ici nous avons considéré les diviseurs des deux formules $t^2 + cu^2$, $t^2 - cu^2$ indistinctement; dans le reste de ce paragraphe, nous ne nous occuperons que de la première formule $t^2 + cu^2$, et de ses diviseurs quadratiques.

(234) « Tout nombre premier A qui est de la forme $y^2 + az^2$, a étant » un nombre positif, ne peut être qu'une seule fois de cette forme; » ensorte qu'on ne pourrait avoir à-la-fois $A = f^2 + ag^2$ et $A = f'^2 + ag'^2$, » g' étant différent de g. »

Supposons, s'il est possible, que ces deux formes aient lieu à-la-fois, et qu'en conséquence on ait $f^2 + ag^2 = f'^2 + ag'^2$, ou $f^2 - f'^2 = a(g'^2 - g^2)$, il faudra que $f + f'$ soit divisible par un facteur de a et $f - f'$ par l'autre facteur. Soit donc $a = mn$, m et n étant deux facteurs indéterminés; et on aura $f + f' = mh$, $f - f' = nk$, ce qui donnera.... $hk = g'^2 - g^2$. Soit φ le plus grand commun diviseur de h et de $g' + g$, on pourra faire $h = \mu\varphi$, $g + g' = \nu\varphi$, et il restera à satisfaire à l'équation $\mu k = (g' - g)\nu$. Or puisque μ et ν sont premiers entre eux, il faudra qu'on ait $k = \nu\psi$, $g' - g = \mu\psi$, ψ étant une nouvelle indéterminée. De là résulte

$$f = \tfrac{1}{2}(mh + nk) = \tfrac{1}{2}(m\mu\varphi + n\nu\psi)$$
$$g = \tfrac{1}{2}(\nu\varphi - \mu\psi).$$

Donc $f^2 + ag^2$ ou $A = \frac{1}{4}(\mu m^2 + \nu n^2)(m\varphi^2 + n\psi^2)$. Et puisque A est un nombre premier, il faudra que l'un des facteurs du second membre, par exemple $m\mu^2 + n\nu^2$, soit égal à 4 ou à 2.

Soit d'abord $m\mu^2 + n\nu^2 = 2$; on ne peut supposer $\mu = 0$ ni $\nu = 0$, parce que l'une ou l'autre supposition rendrait identiques les deux formes $f^2 + ag^2$, $f'^2 + ag'^2$; donc la seule manière de satisfaire à cette équation, est de supposer tous les nombres m, n, μ, ν égaux à l'unité. Mais alors on aurait $a=1$, $f=\frac{1}{2}(\varphi+\psi)$, $g=\frac{1}{2}(\varphi-\psi)$, $f'=\frac{1}{2}(\varphi-\psi)$, $g'=\frac{1}{2}(\varphi+\psi)$, donc f^2+ag^2 et $f'^2+ag'^2$, ne seraient qu'une seule et même forme $\frac{1}{4}(\varphi+\psi)^2+\frac{1}{4}(\varphi-\psi)^2$, contre la supposition.

En second lieu, soit $m\mu^2+n\nu^2=4$; comme on ne peut faire encore $\mu=0$ ni $\nu=0$, il n'y aura que deux manières de satisfaire à cette équation, l'une en faisant $m=n=2$, $\mu=\nu=1$; l'autre en faisant $m=1$, $n=3$, $\mu=\nu=1$. Le premier cas donnerait $A=2\varphi^2+2\psi^2$, et ainsi A ne serait pas un nombre premier.

Dans le second cas, on aura $A=\varphi^2+3\psi^2$, $f=\frac{1}{2}(\varphi+3\psi)$, $g=\frac{1}{2}(\varphi-\psi)$; mais ces dernières valeurs ne peuvent avoir lieu, à moins que φ et ψ ne soient tous deux pairs ou tous deux impairs, et dans les deux hypothèses $\varphi^2+3\psi^2$ ou A serait divisible par 4. Donc, dans aucun cas, le nombre premier A ne pourra être exprimé de deux manières différentes par la même formule y^2+az^2.

Remarque. Si un nombre A peut être exprimé de deux manières par la formule y^2+az^2, ce nombre sera nécessairement un nombre composé, et on pourra même, par l'analyse précédente, en déterminer les deux facteurs. Mais il est à observer que ce théorème ne serait plus vrai si a était un nombre négatif, car l'équation $A=y^2-az^2$ étant supposée avoir une solution, elle en a dès-lors une infinité.

(235) Nous avons déjà eu occasion d'observer que le produit des deux formules semblables x^2+ay^2, p^2+aq^2 donne un produit semblable, lequel est susceptible des deux formes

$$(px-aqy)^2+a(py+qx)^2$$
$$(px+aqy)^2+a(py-qx)^2.$$

C'est ce dont on peut s'assurer par le simple développement de ces quantités. Mais on peut trouver directement la forme de ces produits, en considérant que les deux facteurs x^2+ay^2, p^2+aq^2 équivalent aux quatre suivans :

$$x+y\sqrt{-a},\quad x-y\sqrt{-a},\quad p+q\sqrt{-a},\quad p-q\sqrt{-a}.$$

Or si on multiplie les deux facteurs $x+y\sqrt{-a}$, $p+q\sqrt{-a}$, l'un par l'autre, le produit sera $px-aqy+(py+qx)\sqrt{-a}$; les deux autres facteurs auront de même pour produit $px-aqy-(py+qx)\sqrt{-a}$; et le produit de ces deux produits sera $(px-aqy)^2+a(py+qx)^2$.

Le résultat serait le même, en changeant le signe de q; ainsi une autre forme du produit est $(px+aqy)^2+a(py-qx)^2$. Ces formules ont lieu, quel que soit le signe de a; tout ce qui suit suppose que a est positif.

(236) Si la formule x^2+ay^2 représente un nombre composé N, lequel soit m fois de la forme x^2+ay^2, et que p^2+aq^2 représente un nombre premier A, on voit, par le n° précédent, que le produit AN sera susceptible de $2m$ formes semblables à x^2+ay^2, pourvu toutefois que N ne soit pas divisible par A: on verra tout-à-l'heure pourquoi nous mettons cette restriction.

Si le nombre premier A est de la forme p^2+aq^2, le quarré du nombre A sera une fois de la forme x^2, et une fois de la forme x^2+ay^2; car on a, suivant les formules précédentes,

$$A^2=(p^2+aq^2)^2 \quad \text{et} \quad A^2=(pp-aqq)^2+a(2pq)^2.$$

Donc si le nombre composé N est m fois de la forme x^2+ay^2, et que le nombre premier A soit aussi de la forme p^2+aq^2, le produit NA^2 sera susceptible de $3m$ formes semblables X^2+aY^2, parmi lesquelles il y aura $2m$ formes où X et Y n'auront point de commun diviseur A, et m où ils en auront un. On suppose encore que A n'est point diviseur de N.

Le nombre premier A étant toujours de la forme p^2+aq^2, le cube de A sera deux fois de cette même forme; car A^2 est de la forme $(pp-aqq)^2+a(2pq)^2$; et cette quantité multipliée par p^2+aq^2 fournit les deux formes

$$(p^3-3apq^2)^2+a(3p^2q-aq^3)^2$$
$$(p^3+apq^2)^2+a(p^2q+aq^3)^2.$$

La dernière étant représentée par X^2+aY^2, on voit que X et Y ont pour commun diviseur A, et qu'elle se réduit à $(pA)^2+a(qA)^2$, la même que si on eût multiplié simplement p^2+aq^2 par A^2.

En général, A étant un nombre premier de la forme p^2+aq^2, on peut faire $A^n=P^2+aQ^2$, et on aura, pour déterminer P et Q, l'équation $(p+q\sqrt{-a})^n=P+Q\sqrt{-a}$, dans laquelle, après avoir développé le premier membre, il faut égaler la partie rationnelle à la partie rationnelle, et la partie imaginaire à la partie imaginaire.

On aura aussi $A^n=A^2.A^{n-2}$, de sorte que si on fait $A^{n-2}=P'P'+aQ'Q'$, on aura une nouvelle valeur de A qui sera $(AP')^2+a(AQ')^2$. On en tirera une semblable de $A^4 . A^{n-4}$, etc. Donc autant il y aura d'unités dans $1 + \frac{n}{2}$, autant on aura de formes diverses $X^2 + aY^2$ pour la puissance A^n; mais parmi ces formes, il n'y en aura qu'une seule dans laquelle X et Y seront premiers entre eux; dans toutes les autres X et Y auront successivement pour commun diviseur A, A^2, A^3, etc. Donc la valeur de A^n sera

lorsque $n=2$, une fois A^2 et une fois de la forme $X^2 + aY^2$,
lorsque $n=3$, deux fois de la forme $X^2 + aY^2$,
lorsque $n=4$, une fois A^4 et deux fois de la forme $X^2 + aY^2$,
lorsque $n=5$, trois fois de la forme $X^2 + aY^2$,
ainsi de suite.

Et comme chaque facteur $X^2 + aY^2$ multiplié par un nombre de même forme, produit deux résultats de cette même forme, tandis que X^2 seul n'en donne qu'un, on peut conclure en général que le produit d'une formule $f^2 + ag^2$ par A^n sera susceptible de $n+1$ formes semblables $x^2 + ay^2$, lesquelles seront toutes différentes entre elles, pourvu que A ne divise point $f^2 + ag^2$.

Donc si on a $N = \alpha^n \beta^{n'} \gamma^{n''}$, etc., α, β, γ, etc. étant des nombres premiers, tous de la forme $p^2 + aq^2$, le nombre N sera autant de fois de la forme $x^2 + ay^2$ qu'il y a d'unités dans le produit

$$\tfrac{1}{2}(n+1)(n'+1)(n''+1)(n'''+1) \text{ etc.}$$

Ce nombre coïncide avec la moitié de celui des diviseurs de N, ou avec celui qui indique en combien de manières on peut partager N en deux facteurs.

Dans le cas où $(n+1)(n'+1)$ etc. serait impair, le résultat serait toujours vrai, pourvu que la fraction restante $\frac{1}{2}$ fût comptée pour une unité.

Lorsque $a=1$, ou que la forme dont il s'agit est $x^2 + y^2$, le facteur 2 ni ses puissances n'entrent point en considération, et ne changent pas le nombre des formes du produit. Car en multipliant $x^2 + y^2$ par 2, on n'a qu'un produit de la même forme, qui est $(x+y)^2 + (x-y)^2$.

(237) Pour appliquer la formule générale, considérons les trois nombres 5, 13, 17, qui tous sont de la forme $p^2 + q^2$, on trouvera :

1°. Que le produit 5.13.17 est $\frac{1}{2}.2.2.2$, ou quatre fois de la forme $p^2 + q^2$.

2°. Que le produit $5^2.13$ est $\frac{1}{2}.3.2$, ou trois fois de la même forme.

3°. Que le produit $5^2.13^2.17$ est $\frac{1}{2}.3.3.2$, ou neuf fois de cette forme.

4°. Que le produit $5^4.13^4$ est $\frac{1}{2}.5.5$, ou treize fois la somme de deux quarrés; toutes propositions qu'il est facile de vérifier.

Le problème inverse, qui au premier abord aurait pu paraître fort difficile, se résoudra très-simplement, en faisant attention au résultat trouvé dans la solution directe.

Par exemple, soit proposé de trouver un nombre qui soit trente fois de la forme p^2+2q^2. Les nombres les plus simples de cette forme sont les nombres premiers 3, 17, 19, 41, 43, etc., je les désigne par α, β, γ, et le nombre cherché par $\alpha^n \beta^{n'} \gamma^{n''}$, etc.; il faut donc faire ensorte qu'on ait $30 = \frac{1}{2}(n+1)(n'+1)(n''+1)$, etc. Pour cela, décomposez 60 en facteurs, premiers ou non, tels que 3.4.5; diminuez chaque facteur d'une unité, vous aurez 2, 3, 4 pour les valeurs de n, n', n''. Donc $\alpha^2\beta^3\gamma^4$ sera l'un des nombres cherchés; ainsi $3^4.17^3.19^2$ doit satisfaire à la question.

Fermat a indiqué cette solution, sans en donner de démonstration, dans une de ses Notes sur Diophante, page 128.

Le théorème du n° 234 dont nous venons de donner diverses applications, renferme une propriété essentielle et très-remarquable des nombres premiers, mais il est susceptible d'être rendu beaucoup plus général, ainsi qu'on va le voir dans les propositions suivantes.

(238) « Tout nombre premier A compris dans la formule my^2+nz^2, » où m et n sont positifs (1), ne peut être exprimé de deux manières » différentes par cette formule, ensorte que si l'on a $A=mf^2+ng^2$, » on ne pourra avoir en même temps $A=mf'^2+ng'^2$, g' étant différent de g. »

Si on avait à-la-fois $A=mf^2+ng^2=mf'^2+ng'^2$, il en résulterait $\frac{f^2-f'^2}{n}=\frac{g'^2-g^2}{m}$; équation dont chaque membre doit être un nombre entier, parce que m et n n'ont point de commun diviseur. Soit donc

---

(1) Les nombres m et n doivent être premiers entre eux, puisque mf^2+ng^2 est égal à un nombre premier; mais on peut supposer de plus que m et n n'ont aucun facteur quarré: car si on avait $m=m'\alpha^2$, il est clair que la formule my^2+nz^2 serait comprise dans $m'y^2+nz^2$.

$n = \alpha\beta$, $m = \gamma\delta$, on pourra faire en général

$$f - f' = \alpha MN \qquad g' + g = \gamma MP$$
$$f - f' = \beta PQ \qquad g' + g = \delta NQ;$$

ce qui donnera $2f = \alpha MN + \beta PQ$, $2g = \gamma MP - \delta NQ$; donc... $4mf^2 + 4ng^2$ ou $4A = (\alpha\gamma M^2 + \beta\delta Q^2).(\alpha\delta N^2 + \beta\gamma P^2)$.

Maintenant, puisque A est un nombre premier, cette équation ne peut subsister, à moins qu'un des facteurs du second membre ne soit égal à 4 ou à 2.

Soit 1°. $\alpha\gamma M^2 + \beta\delta Q^2 = 2$: j'observe qu'aucun des nombres M, N, P, Q ne peut être supposé égal à zéro, parce que cette supposition rendrait identiques les deux formes $mf^2 + ng^2$, $mf'^2 + ng'^2$; on ne pourra donc satisfaire à l'équation précédente qu'en faisant $\alpha\beta\gamma\delta = 1$; $M = Q = 1$. Mais alors le nombre A serait de la forme $y^2 + z^2$, et par conséquent il ne pourrait être qu'une fois de cette forme (n° 234).

Soit 2°. $\alpha\gamma M^2 + \beta\delta Q^2 = 4$, cette équation ne pourra avoir lieu qu'en faisant $\alpha\beta\gamma\delta = 3$, $M = Q = 1$, alors le nombre A serait de la forme $y^2 + 3z^2$, ce qui rentre dans le cas déjà examiné n° 234.

Donc dans tous les cas le nombre premier A ne pourra être exprimé que d'une manière par la formule $my^2 + nz^2$.

(239) « Le double d'un nombre premier A ne peut être exprimé non » plus de deux manières différentes par la même formule $my^2 + nz^2$, » ensorte que si l'on a $2A = mf^2 + ng^2$, on ne pourra avoir en même » temps $2A = mf'^2 + ng'^2$, g' étant différent de g. »

Car toutes choses restant comme dans la proposition précédente, on sera conduit de même à l'équation

$$8A = (\alpha\gamma M^2 + \beta\delta Q^2)(\alpha\delta N^2 + \beta\gamma P^2).$$

Or pour que cette équation subsiste, il faut que l'un des facteurs du second membre soit égal à 2, ou à 4, ou à 8, sans cependant qu'aucun des nombres M, N, P, Q soit zéro.

Soit 1°. $\alpha\gamma M^2 + \beta\delta Q^2 = 2$; cette équation ne pourra avoir lieu qu'autant qu'on aura $\alpha\beta\gamma\delta = 1$, $M = Q = 1$. Mais alors $2A$ serait de la forme $y^2 + z^2$, et si on avait $2A = f^2 + g^2 = f'^2 + g'^2$, il en résulterait

$$A = \left(\frac{f+g}{2}\right)^2 + \left(\frac{f-g}{2}\right)^2 = \left(\frac{f'+g'}{2}\right)^2 + \left(\frac{f'-g'}{2}\right)^2.$$

Donc le nombre premier A serait deux fois de la forme y^2+z^2, ce qui est impossible (n° 234).

Soit 2°. $\alpha\gamma M^2+6\delta Q^2=4$; la seule manière de satisfaire à cette équation (sans supposer M ou Q égal à zéro, ni $\alpha 6\gamma\delta$ divisible par un quarré), est de faire $\alpha 6\gamma\delta=3$, $M=1$, $Q=1$; mais alors on aurait $2A=f^2+3g^2$ équation impossible, parce que le premier membre est de la forme $4n+2$, tandis que le second sera toujours, ou impair, ou multiple de 4.

Soit 3°. $\alpha\gamma M^2+6\delta Q^2=8$, il est aisé de voir d'abord que $\alpha 6\gamma\delta$ ou mn ne peut, dans ce cas, être un nombre pair; car, par exemple, si l'on fait $\alpha\gamma=2$, $6\delta=3$, on aura l'équation $2M^2+3N^2=8$, à laquelle on ne peut satisfaire qu'en faisant $N=0$. Les autres valeurs paires de mn ne pourraient être que 2 ou 10; mais on reconnaîtra de même qu'elles sont inadmissibles.

Il reste donc à examiner les valeurs impaires de mn ou de $\alpha 6\gamma\delta$, au moins celles qui ne donnent pas plus de 8 pour la somme des deux facteurs $\alpha\gamma+6\delta$; car la quantité $\alpha\gamma M^2+6\delta Q^2$ est au moins égale à cette somme, puisqu'on ne peut faire ni M ni Q égal à zéro.

Le cas de $mn=1$ ayant été déjà examiné, soit $mn=3$, on aura $M^2+3Q^2=8$, équation dont l'impossibilité est manifeste.

Soit $mn=5$, on aura $M^2+5Q^2=8$, équation pareillement impossible.

Soit $mn=7$, on aura $M^2+7Q^2=8$, équation possible; mais alors on aurait $2A=f^2+7g^2$, équation impossible, parce que le second membre est ou impair, ou multiple de 8.

On ne peut faire $mn=9$ à cause du facteur quarré, ni $mn=11$, ou $mn=13$, parce que $1+11$ ou $1+13$ surpassent 8.

Soit enfin $mn=15$, $\alpha\gamma=3$, $6\delta=5$, l'équation $3M^2+5Q^2=8$ sera possible; mais alors on aurait $2A=f^2+15g^2$ ou $2A=3f^2+5g^2$, équations toutes deux impossibles, parce que le second membre est ou impair, ou multiple de 8.

Donc, dans aucun cas, le double d'un nombre premier ne peut être compris de deux manières dans la formule my^2+nz^2.

(240) « Tout nombre P premier, ou double d'un premier, qui est » compris dans la formule quadratique $py^2+2qyz+2\pi z^2$, ne peut » être exprimé que d'une manière par cette formule; ensorte que si » on a $P=pf^2+2qfg+2\pi g^2$, on ne pourra avoir en même temps » $P=pf'^2+2qf'g'+2\pi g'^2$. » (On suppose toujours p impair et $2p\pi-q^2$ égal à un nombre positif c.)

J'observe d'abord que le cas où P est double d'un nombre premier se ramène aisément à celui où P est un nombre premier; car si on a

$$2A = pf^2 + 2qfg + 2\pi g^2$$
$$2A = pf'^2 + 2qf'g' + 2\pi g'^2,$$

il faudra que f et f' soient pairs. Ainsi faisant $f = 2h$, $f' = 2h'$, on aura

$$A = 2ph^2 + 2qhg + \pi g^2$$
$$A = 2ph'^2 + 2qh'g' + \pi g'^2.$$

Donc s'il est impossible qu'un nombre premier A soit compris de deux manières dans une même formule quadratique, il sera pareillement impossible que son double $2A$ soit exprimé de deux manières par la formule quadratique qui contient $2A$. Réciproquement si la proposition était démontrée par le cas de $P = 2A$, elle le serait pour celui de $P = A$; c'est pourquoi il suffira de considérer l'un de ces cas.

Soit donc A un nombre premier compris dans la formule..... $py^2 + 2qyz + 2\pi z^2$ qu'on pourra considérer comme l'un des diviseurs quadratiques de la formule $t^2 + cu^2$. Si l'on fait $A = pf^2 + 2qfg + 2\pi g^2$, et qu'après avoir déterminé f° et g° par l'équation $fg^\circ - f^\circ g = 1$, on substitue $fy + f^\circ z$ et $gy + g^\circ z$ à la place de y et z dans la formule $py^2 + 2qyz + 2\pi z^2$, cette formule deviendra de la forme $Ay^2 + 2Byz + Cz^2$, où l'on aura $AC - B^2 = c$.

Donc si le nombre A est compris de deux manières différentes dans la formule proposée $py^2 + 2qyz + 2\pi z^2$, il faudra qu'on puisse satisfaire à l'équation $A = Ay^2 + 2Byz + Cz^2$, sans supposer $z = 0$. Cette équation étant multipliée par A donne $A^2 = (Ay + Bz)^2 + cz^2$, ou $A^2 - (Ay + Bz)^2 = cz^2$. Soit $c = mn$, m et n étant deux facteurs indéterminés, on pourra faire

$$A + Ay + Bz = mM$$
$$A - Ay - Bz = nN,$$

et l'équation à résoudre deviendra $MN = z^2$. Or on satisfait généralement à cette équation, en prenant $M = \lambda\mu^2$, $N = \lambda\nu^2$, $z = \lambda\mu\nu$, μ et ν étant premiers entre eux; on aura donc

$$A + Ay + B\lambda\mu\nu = m\lambda\mu^2$$
$$A - Ay - B\lambda\mu\nu = n\lambda\nu^2,$$

d'où l'on tire $2A = \lambda(m\mu^2 + n\nu^2)$.

Ce résultat, qui a lieu quel que soit A, prouve que si un nombre quelconque A est compris de deux manières différentes dans une même formule quadratique $py^2+2qyz+2\pi z^2$, son double $2A$ sera le produit de deux facteurs λ, ω, l'un ω de la forme my^2+nz^2 (où $mn=c$), l'autre λ moindre que $\frac{A}{\sqrt{c}}$.

Maintenant si A est un nombre premier, comme on peut faire abstraction du cas de $c=1$, on ne pourra faire ni $\lambda=A$, ni $\lambda=2A$; donc puisque λ est diviseur de $2A$, il faudra que λ soit 1 ou 2; ainsi on aura soit $A=m\mu^2+n\nu^2$, soit $2A=m\mu^2+n\nu^2$.

1°. Si on a $A=m\mu^2+n\nu^2$, le nombre premier A sera compris dans la formule my^2+nz^2, qui est l'un des diviseurs quadratiques de la formule t^2+cu^2. Mais comme un même nombre premier ne saurait appartenir à deux différens diviseurs quadratiques d'une même formule t^2+cu^2, il s'ensuit que la formule my^2+nz^2 doit coïncider avec la formule donnée $py^2+2qyz+2\pi z^2$. Or on a prouvé (n° 238) que le nombre premier A ne peut être qu'une fois de la forme my^2+nz^2, donc il ne peut être qu'une fois (1) de la forme équivalente $py^2+2qyz+2\pi z^2$.

2°. Si on a $2A=my^2+nz^2$, le nombre $2A$ appartiendra au diviseur quadratique my^2+nz^2. Mais de ce que le nombre A est compris dans le diviseur $py^2+2qyz+2\pi z^2$, il s'ensuit que $2A$ est compris dans le diviseur conjugué $2py^2+2qyz+\pi z^2$. Donc comme $2A$ ne peut appartenir à deux diviseurs quadratiques différens, il faut que la formule $2py^2+2qyz+\pi z^2$ soit identique avec my^2+nz^2. Mais s'il y avait deux solutions de l'équation $A=py^2+2qyz+2\pi z^2$, il y en aurait deux de l'équation $2A=2py^2+2qyz+\pi z^2$, et partant deux de son identique $2A=my^2+nz^2$, ce qui est impossible (n° 239).

Donc le nombre premier A ne peut être exprimé de deux manières différentes par la même formule $py^2+2qyz+2\pi z^2$; « donc tout » nombre P, etc. »

(241) *Remarque.* La proposition précédente et même les propositions des art. 238 et 239, sont sujettes à exception dans trois cas, savoir:

1°. Si le diviseur quadratique est de la forme $py^2+2pyz+2\pi z^2$, ou simplement py^2+rz^2, ce qui suppose $q=0$.

---

(1) Cette conclusion est sujette à une exception dont il sera fait mention dans la Remarque suivante.

2°. S'il est de la forme $py^2+2qyz+2qz^2$, qui suppose $r=2q$.

3°. S'il est de la forme $py^2+2qyz+pz^2$, qui suppose $r=p$.

Car il est visible que dans ces différens cas, chaque manière de représenter un nombre donné P par l'un de ces diviseurs, en fournit immédiatement une seconde.

Ainsi 1°. si l'on satisfait à l'équation $P=py^2+rz^2$, en faisant $y=m$, $z=n$, on y satisfait aussi en faisant $y=m$, $z=-n$, ce qui, rigoureusement parlant, est une solution différente.

2°. Si l'on satisfait à l'équation $P=py^2+2qyz+2qz^2$ en faisant $y=m$, $z=n$, on y satisfait aussi en faisant $y=m$, $z=-m-n$.

3°. Si l'on satisfait à l'équation $P=py^2+2qyz+pz^2$ en faisant $y=m$, $z=n$, on y satisfait aussi en faisant $y=n$, $z=m$.

Nous appellerons, pour abréger, *diviseurs quadratiques bifides*, ou simplement *diviseurs bifides*, ceux qui tombent dans l'un de ces trois cas; mais nous conviendrons en même temps de ne regarder que comme une solution les deux qui vont ainsi ensemble et qui se déduisent l'une de l'autre de la même manière. Alors les propositions précédentes seront absolument générales et il n'y aura lieu à aucune exception.

(242) « Tout nombre premier A compris dans la formule quadra-
» tique $py^2+qyz+rz^2$ dont les coefficiens sont impairs, n'y peut être
» compris que d'une seule manière, excepté dans le cas évident où
» deux des nombres p, q, r sont égaux. » (On suppose toujours $4pr-q^2$ égal à un nombre positif c.)

On a déjà vu, n° 219, que la formule $py^2+qyz+rz^2$ renferme les trois suivantes :

$$py^2+2qyz+4rz^2$$
$$4py^2+2qyz+rz^2$$
$$(p-q+r)y^2+(4p-2q)yz+4pz^2,$$

donc il faudra que le nombre premier A appartienne à l'une de ces formules. Mais celles-ci étant réduites à la forme ordinaire, où deux coefficiens sont pairs, il suit du théorème précédent, que le nombre A ne pourra être compris que d'une seule manière dans la formule à laquelle il appartient; donc il ne pourra être exprimé que d'une manière par la formule proposée $py^2+qyz+rz^2$, excepté les cas des diviseurs bifides, dont nous faisons abstraction.

Nota. Les théorèmes précédens concernant les nombres $P=A$, $P=2A$, premiers ou doubles de premiers, s'appliquent également aux nombres de la forme $P = A^k$, $P = 2A^k$, k étant un exposant quelconque; car dans ces formes, comme dans celles où $k = 1$, le nombre P ne pourra appartenir qu'à un seul diviseur quadratique de la formule $t^2 + cu^2$ (Voyez n° 232).

(243) « Soit P un nombre composé, impair ou double d'un impair; » si l'on suppose que P soit diviseur de la formule $t^2 + cu^2$, et qu'en » conséquence P soit compris dans un ou plusieurs diviseurs quadra- » tiques de cette formule, je dis que P sera toujours exprimé par ces » diviseurs quadratiques de 2^{i-1} manières différentes, i étant le nombre » des facteurs premiers inégaux qui divisent P sans diviser c. »

En effet, puisque P est diviseur de la formule $t^2 + cu^2$, il le sera de la formule $x^2 + c$, et l'équation $\frac{x^2 + c}{P} = e$ aura autant de solutions qu'il y a d'unités dans 2^{i-1} (voyez n° 191). Soient Q, Q', Q'', etc., ces différentes valeurs de x moindres que $\frac{1}{2}P$, et soient en même temps R, R', R'', etc. les valeurs correspondantes de la quantité $\frac{x^2 + c}{P}$, on pourra avec ces nombres composer les formules

$$Py^2 + 2Qyz + Rz^2$$
$$Py^2 + 2Q'yz + R'z^2$$
$$Py^2 + 2Q''yz + R''z^2$$
etc.

dans lesquelles P est constamment le même, et qui seront toutes des diviseurs quadratiques de la formule $t^2 + cu^2$.

Soit $py^2 + 2qyz + rz^2$ un des diviseurs de la même formule, réduit à la forme la plus simple, et dans lequel le nombre P soit contenu, on pourra donc supposer $P = pf^2 + 2qfg + rg^2$. Si ensuite on détermine f° et g° d'après l'équation $fg^\circ - f^\circ g = 1$, et qu'on mette $fy + f^\circ z$ au lieu de y, et $gy + g^\circ z$ au lieu de z, la formule $py^2 + 2qyz + rz^2$ deviendra par cette substitution $Py^2 + 2Myz + Nz^2$, et on aura

$$M = pff^\circ + q(fg^\circ + f^\circ g) + rgg^\circ$$
$$N = pf^{\circ 2} + 2qf^\circ g^\circ + rg^{\circ 2}.$$

D'ailleurs on pourra toujours prendre f° et g° de manière que M soit moindre ou non plus grand que $\frac{1}{2}P$. De là on voit que pour que M puisse être successivement égal à chacun des nombres Q, Q', Q'', etc. (comme cela est nécessaire, puisque chaque diviseur quadratique

$Py^2+2Qyz+Rz^2$, après avoir été réduit à la forme la plus simple, doit coïncider avec l'un des diviseurs représentés par $py^2+2qyz+rz^2$) il faut que les valeurs de f et g puissent être variées en autant de manières qu'il y a de nombres Q, Q', Q'', etc., c'est-à-dire en un nombre de manières 2^{i-1}, i étant le nombre des facteurs premiers, inégaux et impairs, qui divisent P sans diviser c.

Donc le nombre P sera compris de 2^{i-1} manières différentes dans les diviseurs quadratiques de la formule t^2+cu^2.

(244) Si le diviseur quadratique $py^2+2qyz+rz^2$, est le seul affecté à un même groupe de diviseurs linéaires, il faudra que les 2^{i-1} formes dont il vient d'être question soient comprises dans ce seul diviseur, et ainsi il y aura dans ce cas 2^{i-1} manières de satisfaire à l'équation $P=py^2+2qyz+rz^2$. Résultat remarquable, et qui mérite d'être confirmé par un exemple.

La formule t^2+69u^2 a pour diviseurs, d'après la Table IV, les nombres premiers 5, 7, 13, 17, 19, etc.; donc le produit 5.7.17, par exemple, ou 595, est un diviseur de la même formule. Ce diviseur étant de la forme $276x+43$, la même Table fait voir qu'il doit être compris dans le diviseur quadratique $7y^2+2yz+10z^2$; et parce que ce diviseur est seul de son espèce, et qu'en même temps le nombre compris 595 est composé de trois facteurs impairs, inégaux; il faudra, d'après le corollaire précédent, que 595 soit compris de 2^{3-1} ou 4 manières dans la formule $7y^2+2yz+10z^2$. En effet, si on met l'équation $595=7y^2+2yz+10z^2$ sous cette forme $(7y+z)^2=4165-69z^2$, et qu'on donne à z les valeurs successives 0, 1, 2, 3, etc., on trouvera les solutions suivantes:

$$\begin{array}{ll} z=1 & y=9 \\ 6 & 5 \\ 7\cdots\cdots & \left\{\begin{array}{l} 3 \\ -5. \end{array}\right. \end{array}$$

Donc il y a trois valeurs de z dont une répond à deux valeurs de y, et ainsi il y a quatre solutions de l'équation proposée, conformément au théorème.

Remarque I. Les mêmes exceptions qui ont été observées n° 241, lorsque P est premier ou double d'un nombre premier, ont également lieu lorsque P est un nombre composé; mais elles se rapportent toutes aux diviseurs bifides, et on peut en faire abstraction.

Remarque II. Si un nombre impair P est diviseur de la formule t^2+cu^2, où c est de forme $8n+3$, et qu'en conséquence P soit compris dans le diviseur quadratique $py^2+qyz+rz^2$ dont les coefficiens sont impairs; on prouvera, comme ci-dessus, que le nombre P sera compris, de 2^{i-1} manières différentes, dans les diviseurs quadratiques de la formule t^2+cu^2, i étant le nombre des facteurs premiers inégaux qui divisent P sans diviser c.

Et il n'y aura point exception, quand même on aurait $r=q$, pourvu qu'on regarde la solution $y=m$, $z=n$, de l'équation $P=py^2+qyz+qz^2$ comme ne différant point de la solution $y=m$, $z=-m-n$.

(245) « Si c est premier ou double d'un premier, tout nombre N » compris dans un diviseur quadratique de la formule t^2+cu^2, n'y » pourra être compris que d'une manière, tant qu'on n'aura pas » $N>\frac{3}{2}\alpha$. »

Pour le démontrer, nous allons chercher quelles sont les conditions pour que le nombre N soit contenu deux fois dans le diviseur quadratique $py^2+2qyz+rz^2$. Alors en faisant $py+qz=x$, on aurait les deux solutions

$$pN=x^2+cz^2=x'^2+cz'^2.$$

Soit 1°. $z'=z$, on ne supposera pas en même temps $x'=x$, parce qu'alors on aurait $y'=y$, et les deux solutions n'en feraient qu'une; mais on peut supposer $x'=-x$, ce qui donnera $p(y+y')+2qz=0$.

Puisque le nombre $c=pr-q^2$ est premier ou double d'un premier, les nombres p et $2q$ seront premiers entre eux, ou n'auront que 2 pour commun diviseur.

Dans le premier cas, on ne peut satisfaire à l'équation $p(y+y')+2qz=0$ qu'en faisant $y+y'=2mq$, $z=-mp$. On a donc alors $N=py^2-2qmpy+rm^2p^2=p[(y-mq)^2+cm^2]$; donc $N>pcm^2$, ou en général $N>pc$. Les cas de $p=1$ et $p=3$ ne donnant qu'une même solution, on aura au moins $p=5$; ainsi pour que N soit contenu deux fois dans le même diviseur quadratique, il faut qu'on ait $N>5c$.

Dans le second cas, p étant pair, si l'on fait $p=2\pi$, on aura l'équation $\pi(y+y')+qz=0$, à laquelle on satisfait en faisant $z=-\pi m$, $y+y'=qm$; d'où résulte $N=2\pi y^2-2q\pi ym+r\pi^2m^2=\frac{\pi}{2}[(2y-qm)^2+cm^2]$.

Donc $N>\frac{\pi}{2}cm^2$, ou en général $N>\frac{pc}{4}$. On ne peut supposer $p=2$, ni $p=4$, parce qu'il n'en résulte pas proprement deux solutions, ainsi la moindre valeur que puisse avoir p est 6, ce qui donnera $N>\frac{3}{2}c$.

Soit 2°. $z'>z$, alors ayant $x^2-x'^2=c(z'^2-z^2)$, l'un des facteurs $x+x'$, $x-x'$ du premier membre devra être divisible par c; et comme le signe de x' est à volonté, on pourra faire $x+x'=cu$. De là résulte $x-x'=\frac{z'^2-z^2}{u}$, $x=\frac{1}{2}cu+\frac{z'^2-z^2}{2u}$, et $Np=\frac{1}{4}c^2u^2+\frac{c}{2}(z'^2+z^2)+\left(\frac{z'^2-z^2}{2u}\right)^2$; donc on aura $Np>\frac{1}{4}c^2u^2$, ou en général $Np>\frac{1}{4}c^2$; et parce qu'on a $p<\sqrt{\frac{4}{3}c}$, il s'ensuit $N>\frac{1}{4}c\sqrt{\frac{3}{4}c}$.

Cette limite est égale à $\frac{3}{2}c$, lorsque $c=48$, et elle est plus grande lorsque c surpasse 48. D'ailleurs en examinant successivement tous les cas où l'on a $c<48$, on ne rencontre aucune exception à la proposition que nous avons énoncée. Donc on peut dire en général que si on a $N<\frac{3}{2}c$, le nombre N ne pourra être contenu qu'une fois dans un même diviseur quadratique de la formule t^2+cu^2, c étant premier ou double d'un premier.

§ XIV. *Sur les moyens de trouver un nombre premier plus grand qu'un nombre donné.*

(246) Soit M un nombre contenu deux ou plusieurs fois dans la formule $py^2+2qyz+rz^2$, ensorte qu'on ait

$$M=p\alpha^2+2q\alpha\beta+r\beta^2=p\gamma^2+2q\gamma\delta+r\delta^2;$$

multipliant tout par p, et faisant à l'ordinaire $pr-q^2=c$, on aura

$$(p\alpha+q\beta)^2+c\beta^2=(p\gamma+q\delta)^2+c\delta^2.$$

Supposons que c ou $\frac{1}{2}c$ soit un nombre premier, ou qu'au moins si l'un ou l'autre est le produit de deux facteurs, l'un de ces facteurs soit commun avec p et q; alors l'équation précédente ne peut avoir lieu, à moins que $p\alpha+q\beta\pm(p\gamma+q\delta)$ ne soit divisible par c. Soit donc $p\gamma+q\delta=\pm(p\alpha+q\beta-cx)$, on aura, après avoir substitué et divisé par c, l'équation

$$\beta^2+2(p\alpha+q\beta)x-cx^2=\delta^2. \qquad \text{(a)}$$

Toutes les fois que cette équation sera possible, c'est-à-dire, toutes les fois qu'on pourra trouver une valeur de x autre que zéro, par laquelle le premier membre devienne un quarré parfait, il s'ensuivra que le nombre M ou sa moitié n'est pas un nombre premier.

(247) Si l'équation (a) n'est possible qu'en faisant $x=0$, il ne faudra pas encore en conclure que le nombre M ou sa moitié est un nombre premier. Cependant si dans ce même cas le diviseur quadratique $py^2+2qyz+rz^2$ relatif à la formule t^2+cu^2, est seul de son espèce, ensorte qu'un nombre qui y est contenu ne puisse appartenir à aucun autre diviseur quadratique de la même formule t^2+cu^2; ou en d'autres termes, si le diviseur quadratique $py^2+2qyz+rz^2$ est seul affecté à un même groupe de diviseurs linéaires, comme on en voit des exemples multipliés dans les Tables IV, V, VI, et VII, je dis qu'on pourra conclure que le nombre M ou sa moitié est un nombre premier, sauf une exception dont il sera fait mention.

En effet, 1°. si le nombre M, compris dans la formule $py^2+2qyz+rz^2$, est divisible par deux nombres premiers différens non-diviseurs de c, on a déjà vu (n° 244) que M sera compris de deux manières différentes dans la formule $py^2+2qyz+rz^2$, puisque celle-ci est seule de son espèce. Donc alors l'équation (a) aurait au moins deux solutions.

2°. Si le nombre M est égal à une puissance paire du nombre premier α, ou si l'on a $M=\alpha^{2n}$, alors le nombre M appartiendra au diviseur quadratique y^2+cz^2; car si dans ce diviseur on fait $y=\alpha^n$ et $z=$ à un nombre pair, on obtiendra la même forme linéaire $4cx+a$ qui convient au nombre M. Mais on suppose que les formes linéaires dans lesquelles M est compris ne répondent qu'à un seul diviseur quadratique $py^2+2qyz+rz^2$; donc ce diviseur, dans lequel M est contenu, n'est autre que y^2+cz^2, ou son équivalent $y^2+2yz+(c+1)z^2$. J'observe maintenant que le nombre M qui sera exprimé par f^2+cg^2, f et g étant premiers entre eux, pourra l'être aussi par la simple formule γ^2, en faisant $y=\gamma=\alpha^n$, $z=0$; et quoique cette dernière expression ne soit pas régulière, puisqu'on doit toujours supposer y et z premiers entre eux, cependant il n'en est pas moins vrai qu'on pourra faire $f^2+cg^2=\gamma^2$, et qu'ainsi l'équation (a), outre la solution $x=0$, en aura une autre qui donne $\delta=0$.

3°. Si le nombre $M=\alpha^{2m+1}$, α étant un nombre premier, alors il est aisé de voir que α et M appartiendront au même diviseur quadratique. Car soit $\alpha y^2+2\epsilon yz+\gamma z^2$ le diviseur quadratique qui contient α, si l'on fait $y=\alpha^m$ et z égal à un multiple de $2c$, alors ce diviseur devient de la même forme linéaire $4cx+a$ dont est α^{2m+1} ou M. Mais il n'y a par supposition qu'un seul diviseur quadratique qui réponde au groupe de formes linéaires dans lequel M est compris, donc ce diviseur $py^2+2qyz+rz^2$ sera identique avec le diviseur $\alpha y^2+2\epsilon yz+\gamma z^2$. Or celui-ci offrira toujours deux manières de représenter M, l'une où y et z seraient premiers entre eux, l'autre où l'on ferait $y=\alpha^m$, $z=0$. Donc, en vertu de ces deux expressions, l'équation (a) aurait encore deux solutions.

4°. Si on a $M=\alpha^{2m}$, on prouvera, d'une manière semblable, que le nombre M appartiendra au diviseur quadratique $2y^2+2yz+\left(\frac{c+1}{2}\right)z^2$, si c est impair, ou au diviseur $2y^2+\frac{c}{2}z^2$, si c est pair. Dans les deux cas, le nombre M pourra toujours être exprimé de deux manières par ce diviseur, ainsi l'équation (a) aura deux solutions.

5°. Si le nombre $M = 2\alpha^{2m+1}$, on prouvera encore de la même manière, que le nombre M appartiendra au même diviseur quadratique que 2α, et qu'ainsi ce diviseur pourra être représenté par $2\alpha y^2 + 2\beta yz + \gamma z^2$. Il y aura donc au moins deux manières de satisfaire à l'équation $M = py^2 + 2qyz + rz^2$, et par conséquent au moins deux solutions de l'équation (a).

(248) Il paraît, par l'examen de tous ces cas, que si le premier membre de l'équation (a) ne peut devenir un quarré que lorsque $x=0$, on peut en conclure que le nombre M ou $\frac{1}{2}M$ est un nombre premier. Il faut néanmoins excepter le cas où M aurait un facteur premier α non commun avec c, et plusieurs autres β, γ, etc. communs avec c, car alors l'équation $\frac{x^2+c}{M} = e$ ne serait susceptible que d'une solution, et le nombre M ne pourrait être représenté que d'une manière par la formule $py^2 + 2qyz + rz^2$. Mais si d'une part le diviseur quadratique $py^2 + 2qyz + rz^2$ qui contient M, est seul de son espèce; si d'autre part M n'a aucun diviseur commun avec c, et que la quantité... $\beta^2 + 2(p\alpha + q\beta)x - cx^2$, formée d'après la valeur $M = p\alpha^2 + 2q\alpha\beta + r\beta^2$, ne puisse être égale à un quarré que dans le seul cas de $x=0$, on pourra conclure avec certitude de ces conditions réunies, que le nombre M ou sa moitié, s'il est pair, est un nombre premier.

(249) Cela posé, si on prend pour α et β des nombres quelconques premiers entre eux, on pourra regarder comme autant de théorèmes les résultats suivans choisis entre plusieurs autres semblables qui sont contenus dans nos Tables. Ils indiquent diverses formules générales dans lesquelles tout nombre compris sera premier ou double d'un premier, si la formule conditionnelle ne peut être un quarré que lorsque $x=0$, et si en même temps M et c sont premiers entre eux, ainsi que α et β

Formule conditionnelle.	*Formule de nombres premiers.*
$\beta^2+2(\alpha+\beta)x-13x^2$	$\alpha^2+2\alpha\beta+14\beta^2$
$\beta^2+2(\alpha+\beta)x-37x^2$	$\alpha^2+2\alpha\beta+38\beta^2$
$\beta^2+6(\alpha+\beta)x-57x^2$	$3\alpha^2+6\alpha\beta+22\beta^2$
$\beta^2+6(\alpha+\beta)x-93x^2$	$3\alpha^2+6\alpha\beta+34\beta^2$
$\beta^2+6(5\alpha+\beta)x-141x^2$	$15\alpha^2+6\alpha\beta+10\beta^2$
$\beta^2+2(11\alpha+7\beta)x-193x^2$	$11\alpha^2+14\alpha\beta+22\beta^2$
$\beta^2+2(2\alpha+\beta)x-11x^2$	$\alpha^2+\alpha\beta+3\beta^2$
$\beta^2+2(2\alpha+\beta)x-19x^2$	$\alpha^2+\alpha\beta+5\beta^2$
$\beta^2+2(2\alpha+\beta)x-43x^2$	$\alpha^2+\alpha\beta+11\beta^2$
$\beta^2+2(2\alpha+\beta)x-67x^2$	$\alpha^2+\alpha\beta+17\beta^2$
$\beta^2+6(2\alpha+\beta)x-123x^2$	$3\alpha^2+3\alpha\beta+11\beta^2$
$\beta^2+2(2\alpha+\beta)x-163x^2$	$\alpha^2+\alpha\beta+41\beta^2$
$\beta^2+10(2\alpha+\beta)x-235x^2$	$5\alpha^2+5\alpha\beta+13\beta^2$
$\beta^2+2\alpha x-10x^2$	$\alpha^2+10\beta^2$
$\beta^2+2\alpha x-22x^2$	$\alpha^2+22\beta^2$
$\beta^2+2\alpha x-58x^2$	$\alpha^2+58\beta^2$
$\beta^2+10\alpha x-70x^2$	$5\alpha^2+14\beta^2$
$\beta^2+6\alpha x-102x^2$	$5\alpha^2+34\beta^2$
$\beta^2+10\alpha x-190x^2$	$5\alpha^2+38\beta^2$

(250) Pour s'assurer si la quantité $\beta^2+2(p\alpha+q\beta)x-cxx$ ne peut être un quarré que lorsque $x=0$, il faudra essayer pour x toutes les valeurs en nombres entiers comprises entre les deux racines de l'équation $\beta^2+2(p\alpha+q\beta)x-cxx=0$. Le nombre des essais est donc en général $\frac{2}{c}\sqrt{pM}$, M étant le nombre $p\alpha^2+2q\alpha\beta+r\beta^2$ dont on veut déterminer la nature. La formule la plus avantageuse, ou celle qui exige le moins d'essais, est donc celle où, toutes choses d'ailleurs égales, p sera le plus petit, et c le plus grand.

Par exemple, si on considère la formule $\alpha^2+\alpha\beta+41\beta^2$, ou plutôt $2\alpha^2+2\alpha\beta+82\beta^2$, afin de l'assimiler à la formule générale $py^2+2qyz^2+rz^2$, le nombre des essais pour s'assurer si le nombre $N=\alpha^2+\alpha\beta+41\beta^2$ est un nombre premier, sera $\frac{4\sqrt{N}}{163}$, ou à peu près $\frac{1}{41}\sqrt{N}$.

La formule $5\alpha^2+38\beta^2$, qui répond au nombre $c=190$, est encore plus avantageuse, au moins en prenant α impair; car si l'on fait $N=5\alpha^2+38\beta^2$, le nombre des essais sera $\frac{2\sqrt{5N}}{190}$ ou $\frac{2}{85}\sqrt{N}<\frac{4}{163}\sqrt{N}$. Si l'on suppose de plus dans cette seconde formule, que le nombre β soit impair, ainsi que α, la quantité $\beta^2+10\alpha x-190x^2$ ne pourra être de la forme $8n+1$, ni par conséquent devenir un quarré, à moins qu'on ne suppose x de la forme $4k$ ou $4k-\alpha$, et ainsi les formes $4k+2$, $4k-a$ étant exclues, le nombre des essais se réduit à $\frac{1}{85}\sqrt{N}$.

(251) Enfin on peut observer que plus α sera petit, plus la limite de x sera petite. D'après toutes ces considérations, voici la manière qui paraît la plus simple de trouver un nombre premier plus grand qu'une limite donnée L.

Ayant fait $\alpha=1$, prenez pour β un nombre impair $>\sqrt{\frac{L}{38}}$ et non-divisible par 5, vous aurez le nombre impair $N=5+38\beta^2$ plus grand que la limite donnée L; ce nombre n'a point de diviseur commun avec 190; donc pour savoir si N est un nombre premier, il restera à examiner s'il y a une valeur de x autre que zéro qui puisse rendre la quantité $\beta^2+10x-190x^2$ égale à un quarré. Les valeurs de x à essayer seront tous les nombres de forme $4k$ ou $4k+3$, tant positifs que négatifs, moindres que $\frac{\beta}{\sqrt{190}}$: si aucun de ces nombres ne rend la quantité dont il s'agit égale à un quarré, on en conclura que le nombre $5+38\beta^2$ est un nombre premier.

Soit proposé, par exemple, de trouver par cette méthode un nombre premier plus grand que 1000000; on prendra β impair et $>\sqrt{\frac{1000000}{38}}$. Soit $\beta=163$, il faudra voir si on peut satisfaire à l'équation

$$26569+10x-190x^2=y^2.$$

Les valeurs de x à essayer seront seulement -1, 3, ±4, -5, 7, ±8, -9, 11; et comme aucune d'elles ne rend le premier membre égal à un quarré, il s'ensuit que le nombre $5+38\beta^2=1009627$ est un nombre premier.

(252) Dans des exemples plus compliqués, on parviendrait facilement à diminuer encore le nombre des tentatives, en observant quels sont les restes des quarrés divisés par 3, par 7, ou par quelqu'autre

nombre premier, et excluant les valeurs de x qui ne peuvent donner ces restes. Ainsi, en prenant $\beta = 3h$, on trouverait que x ne peut avoir aucune des quatre formes $9k+3$, $9k+4$, $9k+6$, $9k+7$, ce qui réduit le nombre des essais aux $\frac{5}{9}$ du nombre total. Si l'on avait $\beta = 22h \pm 1$, les formes exclues seraient $x = 11k+1$, 6, 8, 9, 10, et le nombre des essais serait réduit aux $\frac{6}{11}$. Donc par la combinaison de deux semblables suppositions, c'est-à-dire en prenant $\beta = 66m \pm 21$, le nombre des valeurs de x à essayer se réduirait à $\frac{5}{9}\cdot\frac{6}{11}$ ou $\frac{10}{33}$ du nombre total, qui est environ $\frac{1}{85}\sqrt{L}$, et deviendrait seulement $\frac{1}{280}\sqrt{L}$.

Soit, par exemple, $\beta = 681$; pour savoir si le nombre $5 + 38\beta^2 = 17\,622\,923$ est un nombre premier, il faut voir si on peut satisfaire à l'équation $463761 + 10x - 190x^2 = y^2$; et d'après ce que nous venons de trouver, les valeurs de x à essayer se réduisent aux suivantes:

11, 27, 35, 36, 44, 47, —4, —8, —9, —17, —28, —37, —40, —44.

Or la valeur 35 donne $y = 481$, donc le nombre dont il est question n'est pas un nombre premier.

Soit encore $\beta = 747$, on aura la quantité $558009 + 10x - 190x^2$, dans laquelle il faudra substituer pour x chacun des nombres suivans:

11, 27, 35, 36, 44, 47, —4, —8, —9, —17, —28, —37, —40, —44, —52, —53.

Et comme on trouve qu'aucun de ces nombres ne rend la quantité dont il s'agit égale à un quarré, il s'ensuit que le nombre $5 + 38\beta^2 = 21\,204\,347$ est un nombre premier.

(253) On peut, d'après ces principes, expliquer d'une manière satisfaisante, pourquoi certaines formules renferment une suite de nombres premiers assez étendue. (Voyez Introd. n° XX.)

Par exemple, on trouve dans la Table (n° 249) que la formule $a^2 + a + 41$ doit être égale à un nombre premier, toutes les fois que la quantité $1 + (4a+2)x - 163x^2$ ne pourra devenir un quarré qu'en faisant $x = 0$. Or on voit au premier coup-d'œil, que cette quantité ne pourra être un quarré, ni même un nombre positif, tant que $4a+2$ sera < 163, ou $a < 40$. Donc si on fait successivement $a = 0, 1, 2, 3 \ldots$ jusqu'à 39, toutes les valeurs qui en résulteront pour $a^2 + a + 41$, doivent être des nombres premiers.

On trouve également, dans la Table du n° 249, que la formule $a^2 + 58$ désigne un nombre premier ou son double, toutes les fois que $1 + 2ax - 58x^2$ ne pourra être un quarré (excepté en faisant $x = 0$).

Or il est manifeste que cette quantité ne peut être un quarré tant que α sera au-dessous de 29. On voit donc *a priori* que les 29 premiers nombres contenus dans la formule α^2+58 doivent être premiers ou doubles de premiers.

Il en est de même des 19 premiers nombres contenus dans la formule $5z^2+38$, parce que la quantité $1+10\alpha x-190x^2$ ne peut devenir un quarré tant que α est au-dessous de 19.

Remarque. Le problème de déterminer un nombre premier plus grand qu'un nombre donné, n'est pas résolu complètement dans ce paragraphe. On a indiqué seulement diverses formules, dans lesquelles prenant au hasard un nombre plus grand que la limite assignée, il y a déjà une probabilité assez grande que ce nombre sera premier. Mais pour s'en assurer entièrement, il faut faire des essais qui sont d'autant plus longs, que le nombre dont il s'agit doit être plus considérable ; et si cette grandeur passe certaines limites, il pourra être plus avantageux de suivre les méthodes indiquées dans le paragraphe suivant.

§ XV. *Usage des Théorèmes précédens pour reconnaître si un nombre donné est premier ou s'il ne l'est pas.*

(254) Les Tables de nombres premiers qu'on a construites jusqu'à présent n'étant pas fort étendues, il serait à desirer, pour la perfection de la théorie des nombres, qu'on trouvât une méthode praticable au moyen de laquelle on pût décider assez promptement si un nombre donné qui excède les limites des Tables est premier ou s'il ne l'est pas. En attendant que cette méthode soit trouvée, nous allons faire voir quels secours on peut tirer des théorèmes exposés jusqu'à présent, pour la solution de ce problème particulier.

On a déjà vu que si le nombre proposé A est de la forme $a^n \pm 1$, ou s'il est seulement diviseur de cette formule, tout nombre premier qui divise A doit être de la forme $nx+1$ ou $2nx+1$ lorsque n est impair; car s'il n'était pas de cette forme, il diviserait le nombre plus petit $a^\nu \pm 1$, ν étant un diviseur impair de n. Ayant donc examiné tous les nombres $a^\nu \pm 1$, qui remplissent cette condition, si aucun de leurs facteurs premiers ne divise A, on sera assuré que les diviseurs de A ne peuvent être que de la forme mentionnée $nx+1$ ou $2nx+1$; et si n est impair, il faudra non-seulement que les diviseurs de A soient de la forme $2nx+1$, mais qu'ils soient aussi de l'une des formes linéaires qui conviennent aux diviseurs de $t^2 \pm au^2$. Ces formes étant connues par nos Tables (au moins lorsque a ne passe pas leurs limites), on pourra, par la combinaison de ces deux conditions, réduire beaucoup la multitude des nombres premiers moindres que $\sqrt{A}$ par lesquels il faut essayer de diviser A. Nous avons déjà donné des exemples de cette méthode dans le § V; nous ajouterons encore les deux suivans.

(255) Considérons 1°. le nombre $2^{25}-1=(2^5-1).1082401$, et proposons-nous de trouver tous les diviseurs du facteur $1082401=A$; comme ce nombre n'est pas divisible par $2^5-1=31$, il ne peut avoir pour diviseur que des nombres de la forme $50x+1$. De plus, le nombre

A étant diviseur de la formule $2^{26}-2$ qui est de la forme t^2-2u^2, il faudra que les diviseurs de A soient de la forme $8n+1$, ou de la forme $8n+7$. Mais la forme $50x+1$ renferme les quatre

$$200x+1,\quad 51,\quad 101,\quad 151;$$

excluant donc la seconde et la troisième qui ne s'accordent pas avec les formes $8n+1$ et $8n+7$, il ne restera pour les diviseurs de A que les deux formes

$$200x+1,\qquad 200x+151.$$

Les nombres moindres que $\sqrt{A}$ compris dans ces formes sont:

$$151,\ 201,\ 351,\ 401,\ 551,\ 601,\ 751,\ 801,\ 951,\ 1001;$$

d'où excluant ceux qui ne sont pas premiers, il reste les quatre seuls nombres 151, 401, 601, 751, par lesquels il faut essayer de diviser A.

La division ne réussit ni par 151, ni par 401, mais elle réussit par 601, et on a pour quotient 1801; donc le nombre A n'est pas un nombre premier. Et quant au quotient 1801, il est nécessairement premier, car s'il ne l'était pas, il admettrait la division par un nombre moindre que $\sqrt{1801}$, ce qui n'est pas possible, puisque le moindre nombre premier qui divise A est 601. Donc on a simplement $A=601.1801$.

Considérons 2°. le nombre $2^{27}-1=(2^9-1).262657$, et soit proposé de trouver les diviseurs du nombre $A=262657$; il est facile de s'assurer que ce nombre n'est divisible par aucun de ceux qui divisent 2^3-1 ou 2^9-1; donc ses diviseurs, s'il en a, sont de la forme $54x+1$. D'ailleurs A étant lui-même diviseur de $2^{28}-2$, les diviseurs de A sont aussi de la forme t^2-2u^2, et par conséquent de l'une des formes $8n+1$ et $8n+7$. Si on combine donc ces deux formes avec la forme $54x+1$, on aura les deux formes $216x+1$, $216x+55$, lesquelles ne comprennent, au-dessous de $\sqrt{A}=512$, que les cinq nombres 55, 217, 271, 433, 487. Retranchant de ceux-ci les nombres composés, il ne reste à essayer que les trois nombres premiers 271, 433, 487; et comme aucun de ces trois nombres ne divise 262657, on en conclura avec certitude que 262657 est un nombre premier.

(256) En général, étant proposé un nombre quelconque A, on tâchera de ramener ce nombre ou un de ses multiples, à la forme t^2+au^2, a étant un nombre le moins grand possible, et qui ne passe pas les limites des Tables. Pour cela, il faut extraire la racine quarrée tant de

A que de quelques-uns de ses multiples $2A$, $3A$, $4A$, etc., et on fera ensorte que le reste, positif ou négatif, soit de la forme au^2, u^2 étant le plus grand quarré par lequel ce reste est divisible.

Dès qu'on aura mis A, ou en général kA sous la forme $t^2 \pm au^2$, on sera sûr que les diviseurs de A sont compris parmi les formes linéaires des diviseurs de la formule $t^2 \pm au^2$; et comme ces formes linéaires excluent la moitié des nombres premiers, autant on aura trouvé de formes différentes $t^2 \pm au^2$ pour A ou kA, autant de fois on aura réduit à moitié le nombre de diviseurs à essayer pour le nombre A. Si donc il y a m nombres premiers compris depuis 1 jusqu'à $\sqrt{A}$, et que i soit le nombre des formes $t^2 \pm au^2$ dont il s'agit, on n'aura plus à essayer que $(\frac{1}{2})^i.m$ nombres premiers, pour s'assurer si A est premier, ou s'il ne l'est pas.

Si A était un diviseur de la formule $a^n \pm 1$, ou $a^n \pm b^n$, a et b étant premiers entre eux, on aurait de plus les conditions dont nous avons déjà parlé, qu'on combinerait avec celles qui résultent de la forme $t^2 \pm au^2$.

(257) Enfin on peut encore indiquer un moyen qui le plus souvent aura du succès. Il consiste à convertir en fraction continue $\sqrt{A}$ ou $\sqrt{2A}$, $\sqrt{3A}$, etc. Car si en général $\frac{\sqrt{kA}+I}{D}$ est un quotient-complet provenant du développement de $\sqrt{kA}$, et que $\frac{p}{q}$ soit la fraction convergente qui répond à ce quotient, on aura (n° 30) $\pm D = p^2 - kAq^2$, ou $kAq^2 = p^2 \mp D$. Donc les diviseurs de A sont diviseurs de $p^2 \mp D$, ou en général de $t^2 \mp Du^2$, savoir de $t^2 + Du^2$ lorsque le quotient-complet est de rang pair, et de $t^2 - Du^2$ lorsqu'il est de rang impair.

Dans cette opération, le nombre D n'excède jamais $2\sqrt{kA}$, et le plus souvent il est beaucoup plus petit; ainsi on pourra connaître, par ce moyen, des formules assez simples $t^2 \pm Du^2$ dont les facteurs de A doivent être diviseurs. Et s'il arrivait qu'on trouvât deux formules $t^2 + Du^2$, $t^2 - Du^2$ contenant la même valeur de D, il s'ensuivrait que A qui divise l'une et l'autre, divise $t^2 + t'^2$, et par conséquent, que ses propres diviseurs doivent être aussi de la forme $y^2 + z^2$, et de la forme linéaire $4x + 1$, ce qui abrégerait les calculs.

(258) Appliquons ces principes au nombre $333667 = A$. On trouvera d'abord, par l'extraction de la racine, $A = 577^2 + 82.3^2$; donc A est de la forme $t^2 + 82u^2$, et ses diviseurs doivent être du nombre de ceux

qui conviennent à cette formule. Pour trouver d'autres formes, j'essaie de décomposer des multiples de A, je trouve, par exemple, ... $3A = 1001001 = (1001)^2 - 10(10)^2$, quantité de la forme $t^2 - 10u^2$; donc les diviseurs de A doivent être de l'une des formes qui conviennent aux diviseurs de $t^2 - 10u^2$. Ces deux formes réduiraient déjà au quart seulement les nombres premiers qui sont à essayer pour diviseurs de A, et qui doivent être moindres que $\sqrt{A}$ ou 577. Mais comme l'opération serait encore longue, nous chercherons de nouvelles formes par le développement de $\sqrt{A}$ en fraction continue. Ce développement donne les quotiens-complets qui suivent :

$$\frac{\sqrt{A}+0}{1},\quad \frac{\sqrt{A}+577}{738},\quad \frac{\sqrt{A}+161}{417},\quad \frac{\sqrt{A}+256}{643},\quad \frac{\sqrt{A}+387}{286},$$

$$\frac{\sqrt{A}+471}{391},\quad \frac{\sqrt{A}+311}{606},\quad \frac{\sqrt{A}+295}{407},\quad \frac{\sqrt{A}+519}{158},\quad \frac{\sqrt{A}+429}{947},$$

$$\frac{\sqrt{A}+518}{69},\quad \frac{\sqrt{A}+517}{962},\quad \frac{\sqrt{A}+445}{141},\quad \frac{\sqrt{A}+542}{288},\ \text{etc.}$$

De là on voit que les diviseurs de A doivent diviser les formules

$$t^2 + 738u^2 \text{ ou } t^2 + 82u^2,\quad t^2 - 417u^2,\quad t^2 + 643u^2,\ \text{etc.}$$

Les plus simples sont $t^2 + 82u^2$, $t^2 - 69u^2$, et $t^2 + 2u^2$, car c'est à cette dernière que se réduit la formule $t^2 + 288u^2$ donnée immédiatement par le terme $D = 288$.

Si à ces formes on ajoute celle qui a été déjà trouvée $t^2 - 10u^2$, on sera en état de diminuer beaucoup le nombre des essais qui restent à faire. Et d'abord les diviseurs de $t^2 + 2u^2$ étant de la forme $8n + 1$ ou $8n + 3$; et ceux de $t^2 - 10u^2$ étant $40x + 1, 3, 9, 13, 27, 31, 37, 39$; si on rejette parmi ceux-ci les formes qui ne sont pas $8n + 1$ ou $8n + 3$, il ne restera que les formes $40x + 1, 3, 9, 27$.

Maintenant si on développe tous les nombres premiers compris dans ces formes jusqu'à 577 qui est $\sqrt{A}$, on trouvera

$$\dot{1},\ \dot{3},\ \dot{4}1,\ \dot{4}3,\ \dot{6}7,\ 83,\ 89,\ 107,\ 163,\ 227,\ 2\dot{4}1,\ 281,\ 2\dot{8}3,$$

$$\dot{3}47,\ 401,\ 409,\ 4\dot{4}3,\ \dot{4}49,\ 4\dot{6}7,\ \dot{4}81,\ 521,\ 5\dot{2}3,\ 547,\ 563,\ 569;$$

d'où éliminant ceux qui ne peuvent être diviseurs de $t^2 - 69u^2$, ce qu'on reconnaîtra facilement (Table III) par les formes $276x + a$ qui conviennent à ces diviseurs, il restera

1, 83, 89, 107, 163, 227, 281, 401, 409, 467, 521, 547, 563, 569.

Enfin rejetant de même parmi ces derniers ceux qui ne peuvent être diviseurs de la formule $t^2 + 82u^2$, ou qui ne sont pas de la forme $328x + a$ qui convient à ces diviseurs (Table VI), il ne restera à essayer que les sept nombres premiers :

83, 107, 163, 401, 409, 467, 569.

Or aucun de ces nombres ne divise 333667, ainsi on est assuré que 333667 est un nombre premier.

On aurait diminué de beaucoup le nombre des tentatives, si on eût observé que $3A$ étant $1001001 = 10^6 + 10^3 + 1 = \frac{10^9 - 1}{10^3 - 1}$, les diviseurs de A doivent diviser $10^9 - 1$, et par conséquent doivent avoir la forme $18x + 1$. Mais nous avons voulu faire voir comment on doit procéder lorsqu'on n'a aucune donnée sur la nature du nombre qu'on examine.

(259) Proposons-nous encore le nombre $10\,091\,401 = A$: il faudrait, suivant le principe général, essayer la division par tous les nombres premiers moindres que $\sqrt{A}$, c'est-à-dire moindres que 3176. Mais pour diminuer le nombre de ces tentatives, nous chercherons tout d'un coup, par le développement de $\sqrt{A}$ en fraction continue, les diverses formules $t^2 \pm Du^2$ dont A doit être diviseur. Soit $\frac{\sqrt{A} + I}{D}$ l'expression générale du quotient-complet, on trouvera que les valeurs de D fournies par cette opération sont successivement:

$D = 1$, $4425 = 177.5^2$, $1928 = 482.2^2$, 1709, 2189, $3033 = 337.3^2$, $2872 = 718.2^2$, $2511 = 31.9^2$, 3755, $384 = 6.8^2$, 5585, 437, $3648 = 57.8^2$, 2619, 2495, 183, 2019, $720 = 5.12^2$, 2963, $152 = 38.2^2$, $2061 = 229.3^2$, 365, $480 = 30.4^2$, 1119, 3415, $2712 = 678.2^2$, $2525 = 101.5^2$, $3789 = 421.3^2$, $184 = 46.2^2$, etc.

De là on déduit déjà plusieurs formules assez simples, desquelles A doit être diviseur. Ces formules sont :

$t^2 + 31u^2$, $t^2 + 6u^2$, $t^2 - 57u^2$, $t^2 + 5u^2$, $t^2 + 38u^2$, $t^2 - 30u^2$, $t^2 - 46u^2$.

Mais il est à observer que la formule $t^2 - 30u^2$ n'apprend rien de plus que les deux précédentes $t^2 + 6u^2$, $t^2 + 5u^2$; car si un nombre premier est diviseur de $t^2 + 6u^2$ et de $t^2 + 5u^2$, il sera diviseur de $t^2 - 30u^2$; de même la formule $t^2 + 38u^2$ est censée comprise dans les deux précédentes $t^2 + 6u^2$, $t^2 - 57u^2$. Il ne reste par conséquent des sept formules précédentes, que cinq qui soient distinctes les unes des autres, et qui pouvant chacune réduire le nombre des essais à moitié, pourront par leur combinaison réduire ce nombre à sa trente-deuxième partie. Par ce moyen, le nombre des essais, ou celui des nombres premiers moindres que $\sqrt{A}$, qui aurait été environ 454, se réduit à 14, et l'opération devient praticable. On aurait pu encore prolonger davantage le calcul des valeurs de D, et il en serait résulté les nouvelles formules $t^2 - 55u^2$, $t^2 - 97u^2$, $t^2 + 3u^2$, dont A doit être diviseur. Avec tous ces secours, voici comment on trouvera toutes les formes linéaires qui conviennent aux diviseurs de A.

1°. Les diviseurs de $t^2 + 3u^2$ sont en général de la forme $6x + 1$, laquelle contient les quatre formes $24x + 1, 7, 13, 19$.

2°. De ces quatre formes, il n'y en a que deux qui peuvent diviser $t^2 + 6u^2$, ce sont $24x + 1$, $24x + 7$.

3°. Ces dernières, considérées par rapport aux multiples de 5, contiennent les huit formes $120x + 1, 7, 31, 49, 73, 79, 97, 103$, parmi lesquelles écartant celles qui ne peuvent diviser $t^2 + 5u^2$, il restera les quatre formes

$$120x + 1, 7, 49, 103.$$

Les nombres premiers contenus dans ces formes diviseront donc à-la-fois les trois formules $t^2 + 3u^2$, $t^2 + 6u^2$, $t^2 + 5u^2$.

4°. Si les quatre formes précédentes sont développées par rapport aux multiples de 11; c'est-à-dire, si au lieu de x, on met successivement $11x$, $11x+1$, $11x + 2$, etc., et qu'on rejette les multiples de 11, il en résulte les quarante formes suivantes :

$$\begin{array}{l} 1320x + 1,\ 7,\ 49,\ 103,\ 127,\ 169,\ 223,\ 241,\ 247,\ 289,\ 343, \\ \quad 361,\ 367,\ 409,\ 463,\ 481,\ 487,\ 529,\ 601,\ 607,\ 703,\ 721, \\ \quad 727,\ 769,\ 823,\ 841,\ 889,\ 943,\ 961,\ 967,\ 1009,\ 1063, \\ \quad 1081,\ 1087,\ 1129,\ 1183,\ 1201,\ 1207,\ 1249,\ 1303. \end{array}$$

Parmi ces formes, il ne faut conserver que celles qui peuvent diviser $t^2 - 55u^2$; pour cet effet, on prendra dans la Table III les formes $220x + a$ qui divisent $t^2 - 55u^2$; et la comparaison faite, on trouvera qu'il ne reste que les vingt formes :

$$1320x + 1,\ 49,\ 103,\ 169,\ 223;\ 247,\ 289,\ 361,\ 367,\ 463;\ 487, 529, 727, 823, 841; 889, 961, 1081, 1087, 1303.$$

Maintenant si l'on prend les nombres moindres que 3176 compris dans cette formule, et qu'on en exclue les nombres composés, ils se réduiront aux suivans :

103, 223, 367, 487, 727, 823, 1087, 1321, 1423, 1489, 1543, 1609, 1783, 2143, 2161, 2281, 2689, 3001, 3169.

Excluant encore de ceux-ci les nombres qui ne peuvent diviser t^2+31u^2, il restera les onze suivans :

103, 727, 1087, 1321, 1423, 1489, 1609, 1783, 2143, 2281, 3169.

Enfin si on exclut de même ceux qui ne peuvent diviser t^2+38u^2, on n'aura plus que les six nombres

727, 1087, 1423, 1489, 1783, 2281;

et la condition qu'ils soient diviseurs de t^2-46u^2, les réduira de nouveau aux trois nombres

727, 1423, 2281.

Il est inutile d'aller plus loin dans la réduction de ces nombres, et on aurait même pu se dispenser d'aller aussi loin; or on trouve qu'aucun de ces nombres ne divise 10 091 401, on pourra donc conclure avec certitude que 10 091 401 est un nombre premier.

Euler est parvenu au même résultat, en s'assurant que 10 091 401 ne peut se décomposer que d'une seule manière en deux quarrés, ce qui est un caractère essentiel des nombres premiers $4n+1$. (Voyez le Tom. IX des *Novi Comm. Petrop.* Voyez aussi les Mémoires de Berlin, année 1771.)

TROISIÈME PARTIE.

THÉORIE DES NOMBRES CONSIDÉRÉS COMME DÉCOMPOSABLES EN TROIS QUARRÉS.

§ I. *Définition de la forme trinaire; Nombres et diviseurs quadratiques auxquels cette forme peut ou ne peut pas convenir.*

(260) Les nombres susceptibles d'être décomposés en trois quarrés, forment diverses classes très-étendues qui jouissent d'un grand nombre de belles propriétés, et sous ce point de vue, ils méritent de fixer l'attention des analystes. Nous appellerons, pour abréger, *forme trinaire* d'un nombre, toute manière d'exprimer ce nombre par la somme de trois quarrés; ainsi 59 pouvant se représenter par $25+25+9$, et par $49+9+1$, chacune de ces expressions sera une forme ou valeur trinaire de 59.

Une forme trinaire est composée en général de trois quarrés, mais elle peut ne l'être que de deux ou même que d'un seul, parce que dans ces cas, zéro sera regardé comme quarré complétif. Ainsi 26 a deux formes également trinaires $25+1$ et $16+9+1$.

(261) Lorsqu'un nombre est divisible par un quarré, les formes trinaires particulières à ce nombre sont celles dont les trois termes ne sont pas divisibles par un même quarré : celles dont les trois termes auraient un même diviseur, sont en quelque sorte étrangères à ce nombre, et doivent être regardées comme des *formes trinaires impropres*. Ainsi 189 a trois formes trinaires propres, savoir

$$13^2+4^2+2^2$$
$$10^2+8^2+5^2$$
$$11^2+8^2+2^2,$$

et une forme trinaire impropre, savoir $12^2+6^2+3^2$; car les trois termes de celle-ci étant divisibles par 3^2, cette valeur n'est autre chose qu'une forme trinaire de 21, savoir $4^2+2^2+1^2$, dont on a multiplié tous les termes par 3^2.

Les formes trinaires impropres d'un nombre α^2c se déduisent des formes trinaires propres du nombre c, en multipliant les termes de celles-ci par α^2; et s'il y a plusieurs quarrés différens qui divisent un nombre proposé, il y aura également plusieurs manières de trouver des formes trinaires impropres. C'est pourquoi, dans tout ce qui suit, nous ne considérerons jamais que les formes trinaires propres des nombres; nous les appellerons simplement *formes trinaires*, et nous ferons abstraction des formes trinaires impropres.

(262) Une forme trinaire propre peut être composée de deux quarrés seulement, pourvu qu'ils n'aient pas de commun diviseur, car en y ajoutant le quarré complétif 0^2, les trois termes ne sont pas divisibles par un même nombre. Ainsi $25+16$ est une forme trinaire de 41, aussi bien que $36+4+1$.

Mais un quarré tout seul, excepté 1, ne peut être une forme trinaire, puisque $m^2+0^2+0^2$ a ses trois termes divisibles par m^2.

(263) « Aucun nombre $8n+7$ ne peut être de forme trinaire. »

Car tout quarré pair étant de la forme $4m$, et tout quarré impair de la forme $8m+1$, la somme de trois quarrés, si elle est impaire, ne peut être que de l'une des formes

$$4m+4m'+8m''+1=4k+1$$
$$8m+1+8m'+1+8m''+1=8k+3,$$

lesquelles ne renferment pas $8n+7$.

« Pareillement aucun nombre de la forme $4n$, ne peut avoir une forme » trinaire propre. »

Car comme les trois quarrés ne peuvent être pairs, puisqu'on exclut le cas où ils auraient un diviseur commun, la somme qui en résulte ne peut être que de la forme

$$4n+8n'+1+8n''+1=4k+2,$$

laquelle n'est point divisible par 4.

(264). Ayant ainsi exclu les formes $8n+7$ et $4n$, il reste les trois formes générales $4n+1$, $4n+2$ et $8n+3$, dans lesquelles doivent être compris tous les nombres susceptibles de la forme trinaire. Or la théorie que nous allons exposer, prouve que tout nombre compris dans ces formes est effectivement décomposable d'une ou de plusieurs manières, en trois quarrés, non divisibles par un même facteur.

(265) Pareillement, si le nombre c appartient à l'une des formes $4n+1$, $4n+2$, $8n+3$, la formule t^2+cu^2 aura toujours au moins un diviseur quadratique (ou le double d'un tel diviseur dans le cas de $c=8n+3$), tel qu'on pourra le décomposer indéfiniment en trois quarrés, sans attribuer aucune valeur particulière aux indéterminées y et z qu'il renferme. C'est ainsi que le diviseur quadratique......... $9y^2+8yz+9z^2$ appartenant à la formule t^2+65u^2, se décompose en ces trois quarrés $(2y-z)^2+(2y+2z)^2+(y+2z)^2$.

Cette décomposition fournissant un caractère particulier de ce genre de diviseurs; nous appellerons *diviseurs quadratiques trinaires*, ou simplement *diviseurs trinaires* ceux qui en sont susceptibles. Mais ils doivent en outre satisfaire à une condition que nous indiquerons ci-après, sans quoi la forme trinaire serait impropre et du nombre de celles dont nous faisons abstraction.

(266) Observons qu'il est certaines classes de diviseurs quadratiques qui ne peuvent jamais être de forme trinaire.

1°. Lorsque c est de la forme $4n+1$, les diviseurs quadratiques de t^2+cu^2 sont de deux sortes; les uns renferment les diviseurs $4n+1$, les autres renferment les diviseurs $4n+3$. Ceux-ci renferment à-la-fois les nombres $8n+3$ et $8n+7$; et comme aucun nombre $8n+7$ ne peut être de forme trinaire, il s'ensuit qu'aucun diviseur quadratique $4n+3$ ne peut non plus être de forme trinaire.

2°. Lorsque c est de la forme $8n+7$, il n'y a absolument aucun diviseur quadratique de la formule t^2+cu^2 qui soit de forme trinaire. La raison en est que chaque diviseur quadratique contient à-la-fois les nombres $4n+1$ et $4n+3$; il contient donc aussi les nombres $8n+7$, dont aucun n'est de forme trinaire.

3°. Lorsque c est de la forme $8n+3$, il ne peut par la même raison y avoir aucun diviseur quadratique impair qui soit de la forme trinaire; cependant il peut arriver, et il arrivera réellement dans tous les cas, que l'un au moins des diviseurs quadratiques impairs aura son double de forme trinaire. Par exemple, $y^2+yz+5z^2$ représente tout diviseur impair de la formule t^2+19u^2; ce diviseur quadratique n'est point de forme trinaire, mais son double $2y^2+2yz+10z^2$ est de cette forme, puisqu'il se résout en ces trois quarrés $y^2+(3z)^2+(y+z)^2$.

§ II. *Correspondance entre les formes trinaires du nombre* c *et les diviseurs trinaires de la formule* $t^2 + cu^2$.

(267) « Si un diviseur quadratique de la formule t^2+cu^2 est décompo-
» sable en trois quarrés tels que $(my+nz)^2+(m'y+n'z)^2+(m''y+n''z)^2$, je
» dis que de cette forme trinaire du diviseur résulte une forme trinaire
» correspondante du nombre c, laquelle est $c=(mn'-m'n)^2+(m'n''-m''n')^2$
» $+(m''n-mn'')^2$.

Car en représentant le diviseur quadratique dont il s'agit par la formule ordinaire $py^2+2qyz+rz^2$, on aura

$$p = m^2 + m'^2 + m''^2,$$
$$q = mn + m'n' + m''n'',$$
$$r = n^2 + n'^2 + n''^2.$$

Or ces valeurs étant susbstituées dans l'équation $c = pr - q^2$, on en tire

$$c = (mn' - m'n)^2 + (m'n'' - m''n')^2 + (m''n - mn'')^2.$$

Donc il y a toujours une forme trinaire déterminée de c qui répond à une forme trinaire déterminée du diviseur quadratique..........
$py^2+2qyz+rz^2$.

(268). *Remarque I.* Lorsque c est de la forme $8k+3$, au lieu du diviseur quadratique à coefficiens impairs, lequel ne peut jamais être de forme trinaire, on considérera son double $2py^2+2qyz+2rz^2$, où l'on a $4pr-q^2=c$. Si donc ce double est décomposable en trois quarrés, il y aura toujours une valeur correspondante de c exprimée aussi par la somme de trois quarrés déterminés; c'est-à-dire, en d'autres termes, que chaque forme trinaire d'un diviseur quadratique $4n+2$ en fournit une correspondante du nombre c. Et celle-ci est toujours composée de trois quarrés impairs, car il n'y a aucune autre supposition qui puisse donner une somme $8k+3$.

Remarque II. La décomposition d'un diviseur quadratique ou de son double en trois quarrés, ne saurait avoir lieu lorsque $c = 8k + 7$; car si cette décomposition était possible, il résulterait du théorème précédent que c est la somme de trois quarrés, ce qui est impossible à l'égard de tout nombre $8k + 7$.

Remarque III. Les trois quarrés trouvés en général pour la valeur de c, se réduisent à deux ou même à un seul, dans des cas qu'il faut examiner.

1°. Si l'on a $(m''n' - m'n'')^2 = 0$, ou $\frac{m''}{n''} = \frac{m'}{n'}$, il faudra que le quarré $(m''y + n''z)^2$ ait un rapport constant avec le quarré $(m'y + n'z)^2$, et alors le diviseur quadratique proposé Δ aura la forme

$$\Delta = (my + nz)^2 + \alpha^2 (m'y + n'z)^2 + \beta^2 (m'y + n'z)^2;$$

d'où l'on déduit la valeur trinaire correspondante

$$c = \alpha^2 (m'n - mn')^2 + \beta^2 (m'n - mn')^2,$$

laquelle n'est composée que de deux quarrés. De plus, ces deux quarrés sont affectés d'un commun diviseur, et la forme trinaire de c sera impropre, à moins qu'on n'ait $mn' - m'n = \pm 1$. Mais alors si l'on fait $my + nz = y'$ et $m'y + n'z = z'$, on ne nuit point à la généralité des valeurs de y et z (n° 43), et le diviseur Δ devient $y'^2 + (\alpha^2 + \beta^2) z'^2$, ou $y'^2 + cz'^2$. Donc lorsque c n'a point de facteur quarré, et lorsqu'on n'a point $c = \alpha^2 + \beta^2$, le cas que nous venons de considérer ne saurait avoir lieu, et il faudra que tout diviseur trinaire de la formule $t^2 + cu^2$ donne une valeur trinaire de c composée de trois quarrés dont aucun ne sera zéro.

2°. Si les trois quarrés qui composent la valeur de c déduite du diviseur Δ, se réduisent à un seul, c'est-à-dire si l'on a $m''n' - m'n'' = 0$ et $m''n - mn'' = 0$, il en résulte $m'' = 0$ et $n'' = 0$. Donc alors le diviseur quadratique dont il s'agit serait simplement $(my + nz)^2 + (m'y + n'z)^2$, et la valeur de c correspondante $c = (mn' - m'n)^2$, laquelle ne sera du nombre des formes trinaires propres que dans le seul cas de $c = 1$.

(269) On ne regardera désormais comme *forme trinaire d'un diviseur quadratique* que celle d'où l'on déduit une forme trinaire propre du nombre c; de sorte que si les trois nombres $mn' - m'n$, $m'n'' - m''n'$, $m''n - mn''$, étaient divisibles par un même facteur, l'expression

$$\Delta = (my + nz)^2 + (m'y + n'z)^2 + (m''y + n''z)^2$$

serait une forme trinaire impropre, laquelle doit être exclue comme ne participant point aux propriétés que nous avons à démontrer sur les diviseurs trinaires. Cette condition imposée aux diviseurs trinaires, est celle que nous avons annoncée n° 265.

Ainsi quoique le diviseur $5y^2 + 2yz + 38z^2$ de la formule $t^2 + 189u^2$ soit susceptible de ces quatre formes trinaires

$$(2y + 3z)^2 + (y - 5z)^2 + 4z^2,$$
$$(2y + 2z)^2 + (y - 3z)^2 + 25z^2,$$
$$(2y + z)^2 + (y - z)^2 + 36z^2,$$
$$(2y - 2z)^2 + (y + 5z)^2 + 9z^2;$$

cependant comme les deux dernières répondent à la forme trinaire impropre $c = 12^2 + 6^2 + 3^2$, on ne regardera comme formes trinaires de Δ que les deux premières qui répondent à des formes trinaires propres de c, savoir

$$c = 13^2 + 4^2 + 2^2,$$
$$c = 10^2 + 8^2 + 5^2.$$

De même, le diviseur $13y^2 + 8yz + 13z^2$ de la formule $t^2 + 153u^2$ ne pouvant se décomposer en trois quarrés que de cette manière

$$(2y + 2z)^2 + 9y^2 + 9z^2,$$

laquelle répond à une valeur trinaire impropre de c, savoir

$$c = 9^2 + 6^2 + 6^2,$$

ce diviseur ne doit point être compté parmi les diviseurs trinaires de la formule $t^2 + 153u^2$.

(270) Puisque par le moyen d'un diviseur trinaire de la formule $t^2 + cu^2$, on peut trouver une valeur trinaire correspondante de c; réciproquement, étant donnée une valeur trinaire de c, il est possible de trouver un diviseur trinaire qui corresponde à cette valeur. Nous allons nous occuper de cette question qui exige une discussion assez étendue.

Soit la forme trinaire donnée $c = F^2 + G^2 + H^2$; les trois nombres F, G, H, n'ayant pas de commun diviseur, peuvent cependant en avoir, pris deux à deux. Appelons λ le commun diviseur de G et H, μ celui de H et F, ν celui de F et G; alors on pourra donner à c la forme suivante :

$$c = f^2\mu^2\nu^2 + g^2\nu^2\lambda^2 + h^2\lambda^2\mu^2;$$

et on devra supposer de plus qu'il n'y a point de commun diviseur entre $f\mu$ et $g\lambda$, non plus qu'entre $g\nu$ et $h\mu$, ni entre $h\lambda$ et $f\nu$.

Soit Δ le diviseur trinaire correspondant à cette valeur de c, et supposons qu'on ait

$$\Delta = (my + nz)^2 + (m'y + n'z)^2 + (m''y + n''z)^2,$$

il faudra que la valeur donnée de c soit identique avec celle qu'on déduit de ce diviseur, laquelle est

$$c = (mn' - m'n)^2 + (m'n'' - m''n')^2 + (m''n - mn'')^2.$$

Comme les coefficiens m, n, m', etc. sont encore indéterminés, la comparaison des deux valeurs peut se faire dans l'ordre qu'on voudra; d'ailleurs les signes de f, g, h, peuvent être changés arbitrairement, ainsi on pourra faire

$$mn' - m'n = h\lambda\mu$$
$$m'n'' - m''n' = f\mu\nu$$
$$m''n - mn'' = g\nu\lambda.$$

De ces trois équations on déduit les deux suivantes, qui sont linéaires,

$$f\mu\nu . m + g\nu\lambda . m' + h\lambda\mu . m'' = 0$$
$$f\mu\nu . n + g\nu\lambda . n' + h\lambda\mu . n'' = 0,$$

ou, ce qui revient au même,

$$f.\frac{m}{\lambda} + g.\frac{m'}{\mu} + h.\frac{m''}{\nu} = 0$$
$$f.\frac{n}{\lambda} + g.\frac{n'}{\mu} + h.\frac{n''}{\nu} = 0.$$

Mais suivant l'observation qu'on a déjà faite, il n'y a point de commun diviseur entre f et λ, non plus qu'entre g et μ, ni entre h et ν. Donc les six quantités $\frac{m}{\lambda}$, $\frac{m'}{\mu}$, $\frac{m''}{\nu}$, $\frac{n}{\lambda}$, $\frac{n'}{\mu}$, $\frac{n''}{\nu}$, sont des entiers, et en appelant ces entiers a, a', a'', b, b', b'', respectivement, on aura les trois équations

$$ab' - a'b = h$$
$$fa + ga' + ha'' = 0 \qquad \text{(a)}$$
$$fb + gb' + hb'' = 0,$$

et le diviseur Δ deviendra

$$\Delta = \lambda^2 (ay + bz)^2 + \mu^2 (a'y + b'z)^2 + \nu^2 (a''y + b''z)^2;$$

d'où l'on voit que les trois quarrés composant Δ sont divisibles respectivement par les quarrés λ^2, μ^2, ν^2, qui divisent deux à deux les termes de la valeur trinaire donnée $c = f^2\mu^2\nu^2 + g^2\nu^2\lambda^2 + h^2\lambda^2\mu^2$.

(271) Maintenant, sans entrer dans aucun détail sur la résolution des équations (a), on voit que si l'on fait $ay + bz = x$, $a'y + b'z = x'$, $a''y + b''z = x''$, on aura

$$\Delta = \lambda^2 x^2 + \mu^2 x'^2 + \nu^2 x''^2, \qquad (a')$$

et les trois indéterminées x, x', x'', devront satisfaire à l'équation

$$0 = fx + gx' + hx''. \qquad (a'')$$

Au moyen de cette dernière équation, on pourra toujours réduire les trois indéterminées x, x', x'', à deux seulement y et z, et alors le diviseur $\lambda^2x^2 + \mu^2x'^2 + \nu^2x''^2$, prendra la forme ordinaire $py^2 + 2qyz + rz^2$, où l'on aura $pr - q^2 = c$. Ce diviseur sera celui auquel répond la valeur trinaire donnée de c.

Par exemple, si l'on cherche le diviseur trinaire de $t^2 + 1045u^2$, qui répond à la valeur trinaire $1045 = 30^2 + 9^2 + 8^2$, on comparera terme à terme cette valeur avec la formule $f^2\mu^2\nu^2 + g^2\nu^2\lambda^2 + h^2\lambda^2\mu^2$, ce qui donnera d'abord les diviseurs communs $\lambda = 1$, $\mu = 2$, $\nu = 3$, ensuite $f = 5$, $g = 3$, $h = 4$. On aura donc $\Delta = x^2 + 4x'^2 + 9x''^2$, et $5x + 3x' + 4x'' = 0$; cette dernière équation est satisfaite en prenant $x' = x - 4z$ et $x'' = 3z - 2x$, alors le diviseur Δ devient $x^2 + (2x - 8z)^2 + (9z - 6x)^2 = 41x^2 - 140zx + 145z^2$; puis faisant $x = y + 2z$, on a son expression la plus simple $\Delta = 41y^2 + 24yz + 29z^2 = (y + 2z)^2 + (2y - 4z)^2 + (6y + 3z)^2$, et la valeur correspondante de c est... $c = 8^2 + 9^2 + 30^2$.

(272) La forme des équations (a'), (a''), fait voir qu'on peut permuter entre elles deux des quantités f, g, h, pourvu qu'on fasse une semblable permutation dans deux des quantités λ, μ, ν; et le diviseur quadratique Δ restera toujours le même. Il ne pourra donc y avoir qu'un seul diviseur quadratique de la formule $t^2 + cu^2$ qui réponde à la valeur trinaire donnée de c. Mais comme cette propriété est fort remarquable, il ne sera pas inutile de s'en assurer par une autre considération.

De quelque manière qu'on satisfasse à l'équation $0 = fx + gx' + hx''$, en réduisant les trois variables x, x', x'', à deux autres y et z, il faut que le diviseur transformé $\Delta = py^2 + 2qyz + rz^2$ contienne les mêmes nombres qui sont contenus dans le diviseur non transformé.... $\Delta = \lambda^2 x^2 + \mu^2 x'^2 + \nu^2 x''^2$, en ayant égard à la condition $fx + gx' + hx'' = 0$. Soient donc k et k' les deux plus petits nombres contenus dans le diviseur $\lambda^2 x^2 + \mu^2 x'^2 + \nu^2 x''^2$, il faudra que ces deux mêmes nombres se retrouvent dans le diviseur transformé $py^2 + 2qyz + rz^2$; or si ce diviseur est réduit à la forme la plus simple, comme on peut le supposer, p et r seront les deux plus petits nombres contenus (n° 56); donc il faut que p et r soient égaux à k et k', de sorte que le diviseur réduit sera $ky^2 + 2qyz + k'z^2$. D'ailleurs il faut toujours qu'on ait $kk' - q^2 = c$; donc q est déterminé; donc il ne peut y avoir qu'un diviseur quadratique qui résulte de la transformation de $\lambda^2 x^2 + \mu^2 x'^2 + \nu^2 x''^2$, en ayant égard à la condition $fx + gx' + hx'' = 0$.

Remarquons en même temps que si l'on fait $x'' = 0$, l'équation $fx + gx' = 0$ donnera $x' = f$, $x = -g$ et $\Delta = \lambda^2 g^2 + \mu^2 f^2$. De même la supposition de $x' = 0$ donnera $\Delta = \lambda^2 h^2 + \nu^2 f^2$, et celle de $x = 0$ donnera $\Delta = \mu^2 h^2 + \nu^2 g^2$; ces trois nombres devront donc être contenus dans le diviseur transformé $\Delta = py^2 + 2qyz + rz^2$.

(273) Une même valeur trinaire du nombre c ne peut répondre qu'à un seul diviseur quadratique, ainsi qu'on vient de le démontrer; mais il est possible qu'elle réponde à deux formes trinaires de ce diviseur. Par exemple, le diviseur $5y^2 + 4yz + 5z^2$, qui appartient à la formule $t^2 + 21u^2$, peut se mettre sous les deux formes trinaires

$$(2y + z)^2 + y^2 + 4z^2$$
$$(y + 2z)^2 + z^2 + 4y^2,$$

et ces deux formes répondent à une même valeur trinaire de c, savoir, $c = 16 + 4 + 1$. Il est donc nécessaire de chercher *a priori* quels sont les cas où différentes formes trinaires d'un diviseur quadratique donneront la même valeur trinaire de c.

Puisque deux quelconques des trois nombres f, g, h sont premiers entre eux, on pourra toujours en trouver deux autres ζ et θ qui satisfassent à l'équation

$$f = g\zeta + h\theta;$$

substituant cette valeur dans l'équation $0 = fx + gx' + hx''$ on aura

$$g(x' + \zeta x) + h(x'' + \theta x) = 0;$$

d'où l'on voit qu'en faisant $x'+\zeta x=-hu$, on aura $x''+\theta x=gu$. Alors le diviseur Δ devient

$$\Delta=\lambda^2x^2+\mu^2(hu+\zeta x)^2+\nu^2(gu-\theta x)^2,$$

et il se réduit à la forme ordinaire $Au^2+2Bux+Cx^2$, en prenant

$$A=\mu^2h^2+\nu^2g^2$$
$$B=\mu^2\zeta h-\nu^2\theta g$$
$$C=\lambda^2+\mu^2\zeta^2+\nu^2\theta^2.$$

(274) Soit maintenant $py^2+2qyz+rz^2$ l'expression la plus simple de ce même diviseur, et soit l'une des formes trinaires qui correspondent à la valeur donnée de c:

$$\Delta=\lambda^2(ay+bz)^2+\mu^2(a'y+b'z)^2+\nu^2(a''y+b''z)^2;$$

on devra avoir

$$p=\lambda^2a^2+\mu^2a'^2+\nu^2a''^2$$
$$q=\lambda^2ab+\mu^2a'b'+\nu^2a''b''$$
$$r=\lambda^2b^2+\mu^2b'^2+\nu^2b''^2,$$

et pour que la forme trinaire supposée corresponde à la valeur donnée de c, il faudra de plus satisfaire aux équations

$$ab'-a'b=h$$
$$fa+ga'+ha''=0$$
$$fb+gb'+hb''=0.$$

Soit comme ci-dessus $f=g\zeta+h\theta$, les deux dernières équations se résoudront, en introduisant deux indéterminées α, β, de cette manière:

$$a'=-\zeta a+h\alpha,\qquad b'=-\zeta b+h\beta$$
$$a''=-\theta a-g\alpha,\qquad b''=-\theta b-g\beta,$$

et l'équation $ab'-a'b=h$ deviendra

$$a\beta-\alpha b=1.$$

Maintenant si on substitue les valeurs de a', a'', etc. dans les expressions des coefficiens p, q, r, on aura

$$p=A\alpha^2-2Ba\alpha+Ca^2$$
$$q=A\alpha\beta-B(a\beta+\alpha b)+Cab$$
$$r=A\beta^2-2Bb\beta+Cb^2.$$

Mais comme on a déjà exprimé la condition $pr - q^2 = c$, on peut faire abstraction de la seconde équation et ne considérer que les deux autres

$$p = A\alpha^2 - 2Ba\alpha + Ca^2$$
$$r = A\beta^2 - 2Bb\beta + Cb^2.$$

Ces valeurs coïncident avec celles qu'on obtiendrait en réduisant à la forme la plus simple le diviseur $\Delta = Au^2 + 2Bux + Cx^2$; car en faisant

$$u = -\alpha y - \beta z$$
$$x = \quad ay + bz,$$

ce diviseur se réduira à la forme $py^2 + 2qyz + rz^2$, et les valeurs supposées de u et x sont telles qu'elles doivent être pour la transformation, puisqu'on a $a\beta - \alpha b = 1$.

(275) Il est clair maintenant que s'il y a différentes valeurs de a, b, a', b', etc., à raison des différentes formes trinaires de Δ qui répondent à une même valeur trinaire de c, il faudra que l'une au moins des deux équations

$$p = A\alpha^2 - 2B\alpha a + Ca^2$$
$$r = A\beta^2 - 2B\beta b + Cb^2,$$

soit susceptible de deux solutions. Mais comme la quantité.... $Ay'^2 - 2By'z' + Cz'^2$ est en général équivalente à $py^2 - 2qyz + rz^2$, il faudra donc aussi que l'une au moins des deux équations

$$p = py^2 - 2qyz + rz^2$$
$$r = py^2 - 2qyz + rz^2$$

soit susceptible de deux solutions. Or le second membre étant réduit à l'expression la plus simple, p et r sont les moindres nombres que la formule $py^2 - 2qyz + rz^2$ contient, et il n'y a que très-peu de cas où l'un de ces nombres soit contenu de deux manières dans cette formule. Ces cas sont ceux des diviseurs quadratiques bifides, et il n'y en a que trois, savoir, 1°. lorsqu'on a $p = r$; 2°. lorsqu'on a $2q = p$ ou $= r$; 3°. lorsqu'on a $q = 0$.

(276) Au reste, on peut voir immédiatement dans ces différens cas qu'il y a ou qu'il peut y avoir deux formes trinaires du diviseur Δ correspondantes à une même valeur trinaire de c.

En effet, 1°. si l'on a $p=r$, les deux indéterminées y et z pourront être échangées entre elles, et le diviseur Δ aura à-la-fois les deux formes trinaires

$$\Delta=(my+nz)^2+(m'y+n'z)^2+(m''y+n''z)^2$$
$$\Delta=(ny+mz)^2+(n'y+m'z)^2+(n''y+m''z)^2.$$

Ces deux formes seront différentes l'une de l'autre, à moins qu'on n'ait

$$\Delta=(my+nz)^2+(ny+mz)^2+(m'y\pm m'z)^2;$$

car alors la permutation faite entre y et z ne change rien aux trois quarrés composant Δ. Dans cette hypothèse, la valeur de c serait

$$c=(m^2-n^2)^2+(m'n\mp m'm)^2+(m'm\mp m'n)^2;$$

et comme ces trois termes sont divisibles par $(n\mp m)^2$, il faut faire $n\mp m=\pm 1$, ce qui donnera

$$c=(n\pm m)^2+m'^2+m'^2.$$

Soit en même temps $y\pm z=y'$, et la valeur de Δ deviendra

$$(my'+z)^2+(ny'\mp z)^2+m'^2y'^2=2z^2\mp 2zy'^2+\frac{c+1}{2}y'^2.$$

Or cette forme ne peut s'accorder avec la forme supposée $py^2+2qyz+pz^2$, qu'en supposant $p=2=\frac{1}{2}(c+1)$, ou $c=3$; cas dont on peut faire abstraction, puisqu'alors le diviseur $2y^2+2yz+2z^2$ n'est susceptible que de la seule forme trinaire $y^2+(y+z)^2+z^2$.

2°. Si l'on a $r=2q$ ou $\Delta=py^2+2qyz+2qz^2$, la simple substitution de $y'-z$ à la place de y, donne

$$\Delta=py'^2-2(p-q)y'z+pz^2,$$

ce qui rentre dans le cas précédent; on obtiendra donc alors deux formes trinaires différentes, excepté lorsqu'on a $p=2$ ou $2q=2$. Lorsque $p=2$, comme $2q$ ne peut être plus grand que 2, on a aussi nécessairement $2q=2$, et on retombe sur le cas de $c=3$. Lorsque $2q=2$, le diviseur $\Delta=py^2+2yz+2z^2$ ne peut se partager en trois quarrés que de cette manière

$$\Delta=(\overline{a+1}\,.\,y+z)^2+(ay-z)^2+b^2y^2$$

laquelle ne change pas en mettant $-y-z$ à la place de z. Ainsi il n'y a alors qu'une forme trinaire de Δ qui réponde à la valeur trinaire donnée de c.

3°. Enfin lorsqu'on a $q=0$, ou $\Delta=py^2+rz^2$, il est clair qu'on peut changer à volonté le signe de l'une des indéterminées; de sorte qu'on aura à-la-fois les deux formes :

$$\Delta=(my+nz)^2+(m'y+n'z)^2+(m''y+n''z)^2$$
$$\Delta=(my-nz)^2+(m'y-n'z)^2+(m''y-n''z)^2,$$

lesquelles répondront à une même valeur trinaire de c.

Les deux formes de Δ seront différentes entre elles, à moins qu'on n'ait

$$\Delta=(my+nz)^2+(my-nz)^2+(m'z)^2.$$

Alors la valeur correspondante de c serait

$$c=(2mn)^2+(m'n)^2+(m'm)^2,$$

et pour qu'elle n'ait pas de facteur commun à tous ses termes, il faudra faire $m=1$, ce qui donnera $\Delta=2y^2+rz^2$. Donc le seul cas de $p=2$ ou $r=2$ excepté, il y aura toujours deux formes trinaires du diviseur Δ qui correspondront à une même valeur trinaire donnée de c.

(277) Il résulte de cette analyse, qu'étant donnée la forme trinaire $c=f^2\mu^2\nu^2+g^2\nu^2\lambda^2+h^2\lambda^2\mu^2$, si l'on veut trouver le diviseur trinaire correspondant de la formule t^2+cu^2,

1°. Ce diviseur sera donné par la formule $\Delta=\lambda^2x^2+\mu^2x'^2+\nu^2x''^2$, où les indéterminées x, x', x'', doivent être réduites à deux, d'après l'équation $fx+gx'+hx''=0$.

2°. De quelque manière qu'on fasse cette réduction, en substituant deux variables quelconques y et z, au lieu des trois x, x', x'', le résultat, ramené à l'expression la plus simple, offrira toujours le même diviseur quadratique $py^2+2qyz+rz^2$.

3°. Si ce diviseur réduit est du nombre des diviseurs bifides, c'est-à-dire, s'il tombe dans l'un des trois cas $p=r$, $2q=p$ ou r, $q=0$, et si en même temps le plus petit des deux nombres p et r, n'est ni 1 ni 2, le diviseur quadratique Δ aura toujours deux formes trinaires correspondantes à la valeur donnée de c, et il n'en pourra avoir plus de deux.

4°. Si le diviseur quadratique Δ n'est pas bifide, ou si, étant bifide, son plus petit coefficient est 1 ou 2, il n'y aura jamais qu'une forme trinaire du diviseur Δ qui répondra à une valeur trinaire donnée de c.

§ III. *Théorèmes concernant les diviseurs quadratiques trinaires.*

(278) THÉORÈME I. « SI c est premier ou double d'un premier, deux » formes trinaires différentes de c ne pourront répondre à un même » diviseur trinaire de la formule t^2+cu^2. »

Car soit l'une des formes données $c=F^2+(K^2+L^2)\theta^2$, et l'autre $c=F'^2+(K'^2+L'^2)\theta'^2$, K et L étant premiers entre eux, ainsi que K' et L' ; si le même diviseur quadratique Δ répondait à-la-fois aux deux formes trinaires données de c, il faudrait que les deux nombres K^2+L^2 et $K'^2+L'^2$ appartinssent à ce diviseur (n° 272). Ainsi faisant $K^2+L^2=\pi$, $K'^2+L'^2=\pi'$, on devrait avoir (n° 231)

$$\pi\pi'=y^2+cz^2.$$

Multipliant cette équation par $\theta^2\theta'^2$, et substituant les valeurs $\pi\theta^2=c-F^2$, $\pi'\theta'^2=c-F'^2$, on aura

$$(c-F^2)(c-F'^2)=(y^2+cz^2)\theta^2\theta'^2,$$

ou bien

$$c^2-c(F^2+F'^2)+F^2F'^2=y^2\theta^2\theta'^2+cz^2\theta^2\theta'^2;$$

d'où l'on voit que $F^2F'^2-y^2\theta^2\theta'^2$ doit être divisible par c.

Soit 1°. c un nombre premier, il faudra que l'un des facteurs... $FF'-y\theta\theta'$, $FF'+y\theta\theta'$, soit divisible par c; et comme le signe de y est à volonté, on pourra faire $FF'-y\theta\theta'=cu$ ou $y\theta\theta'=FF'-cu$.

Soit 2°. c double d'un premier, il faudra toujours que l'un de ces facteurs soit divisible par $\frac{1}{2}c$; mais leur différence $2y\theta\theta'$ étant un nombre pair, si leur produit est divisible par un nombre $2c$, il faudra qu'ils soient tous deux pairs. Donc $FF'-y\theta\theta'$ sera encore divisible par c, et on pourra faire de même $y\theta\theta'=FF'-cu$.

Substituant cette valeur dans l'équation précédente, et divisant tout par c, on aura $c-F^2-F'^2=z^2\theta^2\theta'^2+cu^2-2uFF'$, ou

$$c-F^2=(F'-Fu)^2+(c-F^2)u^2+z^2\theta^2\theta'^2.$$

La quantité $c-F^2$ étant positive, cette équation ne peut subsister à moins qu'on n'ait $u=0$, ce qui donne $y\theta\theta'=FF'$ et

$$c=F^2+F'^2+z^2\theta^2\theta'^2.$$

Maintenant il faut considérer les trois cas qui peuvent avoir lieu selon les diverses formes de c.

(279) Soit 1°. c de la forme $4n+1$, alors des trois quarrés qui composent la valeur trinaire de c, il y en aura nécessairement deux pairs et un impair. Prenons pour F^2 et F'^2 les quarrés impairs qui se trouvent dans les deux valeurs trinaires de c; alors l'équation $c=F^2+F'^2+z^2\theta^2\theta'^2$ serait impossible, puisque dans cette valeur trinaire il y a deux quarrés impairs. Donc les deux valeurs trinaires données de c ne peuvent répondre à un même diviseur quadratique de la formule t^2+cu^2.

2°. Soit c de la forme $4n+2$, alors des trois quarrés composant chaque forme trinaire de c, il y en aura nécessairement deux impairs et un pair. Soient F^2 et F'^2 les deux pairs pris dans les deux valeurs trinaires de c, alors l'équation $c=F^2+F'^2+z^2\theta^2\theta'^2$ sera encore impossible. Donc la proposition générale a encore lieu pour le cas où c est de la forme $4n+2$.

3°. Enfin soit c de la forme $8n+3$, les trois quarrés composant chaque forme trinaire de c seront impairs, et à cet égard l'équation $c=F^2+F'^2+z^2\theta'\theta'^2$ ne semble plus offrir aucun signe d'impossibilité. C'est pourquoi il faut recourir à une sous-division de ce troisième cas.

La forme $8n+3$, à laquelle se rapporte c, se subdivise en trois autres $24k+3$, $24k+11$, $24k+19$. La première $24k+3$ étant divisible par 3, n'a pas lieu lorsque c est un nombre premier, et parce qu'on fait abstraction du cas où $c=3$; ainsi il suffira de considérer les deux autres formes de c.

Et d'abord observons que tout nombre impair considéré par rapport aux multiples de 12, est de l'une des formes $12n+1$, $12n+3$, $12n+5$, $12n+7$, $12n+9$, $12n+11$. Le quarré de tout nombre impair est donc de l'une des formes $24n+1$ et $24n+9$ (ou plutôt $72n+9$), celle-ci ayant lieu lorsque le nombre est divisible par 3, et l'autre lorsqu'il n'est pas divisible.

Cela posé, 1°. si c est de la forme $24k+11$, des trois quarrés qui composent c, deux seront nécessairement de la forme $24n+1$ et un de la forme $24n+9$, aucune autre combinaison ne pouvant donner $24k+11$ pour somme des trois quarrés. Prenons dans les deux formes trinaires données pour F^2 et F'^2 les quarrés de la forme $24n+9$, alors l'équation $c=F^2+F'^2+z^2\theta^2\theta'^2$ sera impossible, puisque des trois quarrés du second membre deux sont de la forme $24n+9$.

2°. Soit c de la forme $24k+19$, alors des trois quarrés qui composent chaque forme trinaire de c, deux seront de la forme $24n+9$; et un de la forme $24n+1$. Si donc on prend pour F^2 et F'^2 les quarrés qui dans les deux valeurs trinaires données de c sont de la forme $24n+1$, il faudrait qu'on eût $c=F^2+F'^2+z^2\theta^2\theta'^2$, équation impossible.

Donc la proposition énoncée a lieu dans tous les cas.

(280) *Remarque*. Il est facile de démontrer que la même proposition aurait lieu si c ou $\frac{1}{2}c$ était une puissance quelconque d'un nombre premier α.

En effet, soit $c=\alpha^m$ ou $c=2\alpha^m$, puisque le produit des deux facteurs $FF'+y\theta\theta'$, $FF'-y\theta\theta'$ est divisible par α^m, il faudra qu'en faisant.... $m=\mu+\nu$, on ait

$$FF'+y\theta\theta'=\alpha^\nu t,$$
$$FF'-y\theta\theta'=\alpha^\mu u,$$

ce qui donnera $2FF'=\alpha^\nu t+\alpha^\mu u$. Donc si l'un des deux nombres μ et ν n'est pas zéro, il faudra que l'un au moins des deux nombres F et F' soit divisible par α.

Mais comme chaque forme trinaire donnée de c est une forme trinaire propre dont tous les termes ne sont pas divisibles par un même nombre, il est clair qu'il doit y avoir dans chaque forme au moins un terme non-divisible par α. Supposons que F^2 et F'^2 soient ces termes pris dans l'une et l'autre formes, alors FF' n'étant pas divisible par α, il faudra que l'un des exposans μ et ν soit zéro. Faisons $\nu=0$, ou $\mu=m$, alors on aura $FF'-y\theta\theta'=\alpha^m u$; le second membre $=cu$ si c est impair, et si c est pair, le premier membre devant être pair, on pourra faire encore $FF'-y\theta\theta'=cu$. Le reste de la démonstration sera le même que ci-dessus; d'où l'on voit que la proposition générale a lieu lorsque c ou $\frac{1}{2}c$ est une puissance d'un nombre premier. Il faut en excepter seulement le cas de $c=3^{2m+1}$, qui exigerait une démonstration particulière, parce qu'il est compris dans la forme $24k+3$, dont nous avons fait abstraction.

(281) THÉORÈME II. « Si le nombre c est premier ou double d'un

» premier, la formule t^2+cu^2 aura autant de diviseurs quadratiques » trinaires qu'il y a de formes trinaires du nombre c. »

Car chaque diviseur trinaire de la formule t^2+cu^2 répond à une forme trinaire de c qui s'en déduit immédiatement, et réciproquement chaque forme trinaire du nombre c conduit à un diviseur trinaire correspondant de la formule t^2+cu^2. S'il n'y avait donc pas un égal nombre des uns et des autres, il faudrait ou que deux formes trinaires de c répondissent au même diviseur quadratique de la formule t^2+cu^2, ou que deux diviseurs quadratiques différens répondissent à la même forme trinaire de c. La seconde hypothèse n'a lieu pour aucune valeur de c (n° 272), et la première n'a pas lieu, en vertu du théorème précédent, puisque c est premier ou double d'un premier. Donc, etc.

(282) Théorème III. « Si le nombre c est premier ou double d'un » premier, chaque diviseur trinaire de la formule t^2+cu^2 ne pourra se » décomposer que d'une seule manière en trois quarrés, c'est-à-dire ne » pourra avoir qu'une seule forme trinaire. »

Car si un même diviseur quadratique de la formule t^2+cu^2 avait plusieurs formes trinaires, il faudrait, d'après le théorème précédent, que ces diverses formes répondissent à une même valeur trinaire de c. Mais on a prouvé (n° 275) qu'une valeur trinaire donnée de c ne peut répondre à deux formes trinaires différentes d'un même diviseur quadratique, que lorsque celui-ci est de l'une des formes py^2+rz^2, $py^2+2qyz+2qz^2$, $py^2+2qyz+pz^2$, et qu'en même temps les coefficiens extrêmes sont l'un et l'autre plus grands que 2. Or dans tous ces cas, il est facile de voir que le nombre c, représenté successivement par pr, $2pq-q^2$, p^2-q^2, ne peut être ni premier, ni double d'un premier. Donc, etc.

Remarque. Cette proposition aurait également lieu si c ou $\frac{1}{2}c$ était une puissance d'un nombre premier; elle contient ainsi une propriété qui convient exclusivement aux puissances des nombres premiers ou à leurs doubles, et qui peut servir à distinguer ces nombres de tous les autres.

(283) Théorème IV. « Si le nombre N est compris dans un divi- » seur trinaire de la formule t^2+cu^2, réciproquement le nombre c » sera compris dans un diviseur trinaire de la formule t^2+Nu^2; de » plus, les valeurs trinaires correspondantes de N et de c seront les » mêmes, soit qu'on considère N comme diviseur de t^2+cu^2, ou c » comme diviseur de t^2+Nu^2. »

En faisant comme ci-dessus $c=f^2\mu^2\nu^2+g^2\nu^2\lambda^2+h^2\lambda^2\mu^2$, le diviseur trinaire correspondant sera $\Delta=\lambda^2x^2+\mu^2x'^2+\nu^2x''^2$, pourvu qu'on satisfasse à la condition $0=fx+gx'+hx''$. Soit N un nombre quelconque compris dans le diviseur Δ, ensorte qu'on ait simultanément

$$\left.\begin{array}{l} N=\lambda^2m^2+\mu^2m'^2+\nu^2m''^2 \\ 0=fm+gm'+hm'' \end{array}\right\}$$

Si d'après cette valeur trinaire de N on cherche le diviseur trinaire correspondant de la formule t^2+Nu^2, il faudra considérer les diviseurs communs qu'il peut y avoir entre les quantités m, m', m'', prises deux à deux. Soit α le diviseur commun de m' et m'', β celui de m'' et m, γ celui de m et m', on pourra donc faire

$$\left.\begin{array}{l} N=\lambda^2\beta^2\gamma^2n^2+\mu^2\alpha^2\gamma^2n'^2+\nu^2\alpha^2\beta^2n''^2 \\ 0=f\beta\gamma n+g\alpha\gamma n'+h\alpha\beta n'' \end{array}\right\}$$

La seconde de ces équations étant mise sous la forme :

$$\frac{f}{\alpha}n+\frac{g}{\beta}n'+\frac{h}{\gamma}n''=0,$$

on voit que $\frac{f}{\alpha}$, $\frac{g}{\beta}$, $\frac{h}{\gamma}$, doivent être des entiers; car si n et α avaient un commun diviseur, les trois nombres m, m', m'' en auraient un, ce qui est un cas toujours exclus. On prouvera pareillement que n' et β n'ont pas de commun diviseur, non plus que n'' et γ. Soit donc $f=\alpha f'$, $g=\beta g'$, $h=\gamma h'$, l'équation précédente deviendra

$$f'n+g'n'+h'n''=0.$$

Appelons Γ le diviseur trinaire de t^2+Nu^2, correspondant à la valeur $N=\lambda^2\beta^2\gamma^2n^2+\mu^2\alpha^2\gamma^2n'^2+\nu^2\lambda^2\beta^2n''^2$, nous aurons les deux équations simultanées :

$$\left.\begin{array}{l} \Gamma=\alpha^2x^2+\beta^2x'^2+\gamma^2x''^2 \\ 0=\lambda nx+\mu n'x'+\nu n''x'' \end{array}\right\}$$

Mais en substituant les valeurs de f, g, h, dans l'expression de c, on a

$$c=\alpha^2\mu^2\nu^2f'^2+\beta^2\nu^2\lambda^2g'^2+\gamma^2\lambda^2\mu^2h'^2;$$

valeur qui sera comprise dans Γ, si on fait $x=\mu\nu f'$, $x'=\nu\lambda g'$, $x''=\lambda\mu h'$, et si en même temps la condition $0=\lambda nx+\mu n'x'+\nu n''x''$ est satisfaite ; or celle-ci se réduit à

$$0=f'n+g'n'+h'n''.$$

Elle a donc lieu en effet, et la proposition est vérifiée dans toute sa généralité.

(284) *Exemple.* La formule t^2+65u^2 a pour diviseur trinaire... $9y^2+8yz+9z^2=(2y-z)^2+(2y+2z)^2+(y+2z)^2$, et la valeur correspondante de c est $c=6^2+2^2+5^2$. Soit $y=5$, $z=-2$, on aura le nombre compris $N=181=12^2+6^2+1^2$; si d'après cette valeur on cherche le diviseur trinaire correspondant de t^2+181u^2, on trouvera que ce diviseur est $5y^2+4yz+37z^2=y^2+(6z)^2+(2y+z)^2$; or cette formule comprend 65, en faisant $y=2$ et $z=1$, et on a la forme trinaire $65=2^2+6^2+5^2$, tandis que la valeur trinaire de N qui résulte du même diviseur est $181=12^2+6^2+1^2$. De là on voit que 65 et 181 se reproduisent sous les mêmes formes trinaires, soit qu'on considère 65 comme diviseur de t^2+181u^2, ou 181 comme diviseur de t^2+65u^2, ce qui est conforme au théorème.

(285) Théorème V. « Si le diviseur quadratique $\Delta=py^2+2qyz+rz^2$, » appartenant à la formule t^2+cu^2, est susceptible de plusieurs formes » trinaires, et que dans ces diverses formes on substitue pour y et z » les valeurs déterminées $y=f$, $z=g$, je dis que les formes trinaires » qui en résulteront pour le nombre $N=pf^2+2qfg+rg^2$, seront toutes » différentes entre elles, au moins tant que N surpassera $\frac{2}{3}c$. »

En effet, si on cherche par une analyse directe quels sont les cas où deux formes trinaires du diviseur Δ donnent pour le nombre déterminé N une même valeur trinaire, on trouvera que N ne peut surpasser $\frac{2}{3}c$. C'est ce que nous allons développer.

Supposons que le diviseur $\Delta=py^2+2qyz+rz^2$ soit susceptible des deux formes trinaires:

$$\Delta=(my+nz)^2+(m'y+n'z)^2+(m''y+n''z)^2$$
$$\Delta=(\mu y+\nu z)^2+(\mu' y+\nu' z)^2+(\mu'' y+\nu'' z)^2,$$

ensorte qu'on ait simultanément:

$$p=m^2+m'^2+m''^2=\mu^2+\mu'^2+\mu''^2$$
$$q=mn+m'n'+m''n''=\mu\nu+\mu'\nu'+\mu''\nu''$$
$$r=n^2+n'^2+n''^2=\nu^2+\nu'^2+\nu''^2.$$

Si les valeurs particulières $y=f$, $z=g$, qui rendent le diviseur Δ égal à N, sont telles que les deux formes trinaires de Δ se réduisent à une seule de N, il faudra qu'on ait

$$\begin{aligned} mf + ng &= \mu f + \nu g \\ m'f + n'g &= \mu' f + \nu' g \\ m''f + n''g &= \mu'' f + \nu'' g. \end{aligned}$$

Car les deux formes trinaires qui doivent coïncider, peuvent être disposées de manière que les termes égaux soient de même rang et de même signe.

D'ailleurs puisque f et g sont premiers entre eux, on satisfera généralement aux trois équations précédentes, en prenant trois indéterminées a, a', a'', et faisant

$$\begin{aligned} \mu &= m - ag, & \mu' &= m' - a'g, & \mu'' &= m'' - a''g \\ \nu &= n + af, & \nu' &= n' + a'f, & \nu'' &= n'' + a''f; \end{aligned}$$

substituant ces valeurs dans celles de p, q, r, on aura les trois équations :

$$\left.\begin{aligned} \tfrac{1}{2}g(a^2 + a'^2 + a''^2) - ma - m'a' - m''a'' &= 0 \\ \tfrac{1}{2}f(a^2 + a'^2 + a''^2) + na + n'a' + n''a'' &= 0 \end{aligned}\right\} \quad (A)$$

$$\left.\begin{aligned} fg\,(a^2 + a'^2 + a''^2) + g\,(na + n'a' + n''a'') \\ - f\,(ma + m'a' + m''a'') \end{aligned}\right\} = 0,$$

où l'on voit que la troisième est une suite des deux autres, et qu'ainsi il suffit d'avoir égard à celles-ci.

De quelque manière qu'on satisfasse aux équations (A), les valeurs de f et de g détermineront un nombre $N = pf^2 + 2qfg + rg^2$, tel qu'en y appliquant les deux formes trinaires de Δ, elles se réduiront à une seule valeur trinaire de N. Cherchons donc la plus grande valeur de N qui donne lieu à cette coïncidence.

Et d'abord observons que comme f et g ne peuvent être tous deux pairs, il résulte des équations (A) que le nombre $a^2 + a'^2 + a''^2$ doit être pair. Soit donc

$$a^2 + a'^2 + a''^2 = 2k,$$

on aura

$$f = -\left(\frac{na + n'a' + n''a''}{k}\right), \qquad g = \frac{ma + m'a' + m''a''}{k},$$

d'où l'on tire

$$\begin{aligned} k\,(mf + ng) &= (m'n - mn')a' - (mn'' - m''n)a'' \\ k\,(m'f + n'g) &= (m''n' - m'n'')a'' - (m'n - mn')a \\ k\,(m''f + n''g) &= (mn'' - m''n)a - (m''n' - m'n'')a'. \end{aligned}$$

La forme trinaire de c qui répond au diviseur trinaire $(my+nz)^2 + (m'y+n'z)^2 + (m''y+n''z)^2$, étant $c=(mn'-m'n)^2+(m'n''-m''n')^2 + (m''n-mn'')^2$, faisons pour abréger,

$$mn'-m'n=\alpha, \quad m'n''-m''n'=\mathcal{C}, \quad m''n-mn''=\gamma,$$

afin qu'on ait $c=\alpha^2+\mathcal{C}^2+\gamma^2$, les équations précédentes donneront

$$\begin{aligned} k(mf+ng) &= \gamma a' - \mathcal{C}a'' \\ k(m'f+n'g) &= \alpha a'' - \gamma a \\ k(m''f+n''g) &= \mathcal{C}a - \alpha a'. \end{aligned}$$

Quarrant ces équations et les ajoutant, on aura

$$k^2N=(\gamma a'-\mathcal{C}a'')^2+(\alpha a''-\gamma a)^2+(\mathcal{C}a-\alpha a')^2.$$

Mais puisqu'on a $c=\alpha^2+\mathcal{C}^2+\gamma^2$ et $2k=a^2+a'^2+a''^2$, il est facile de voir que le second membre se réduit à $2ck-(\alpha a+\mathcal{C}a'+\gamma a'')^2$, de sorte qu'on aura

$$k^2N=2ck-(\alpha a+\mathcal{C}a'+\gamma a'')^2.$$

Ce résultat prouve que la limite de N est $\frac{2c}{k}$, et que N ne peut atteindre cette limite que lorsqu'on a $\alpha a+\mathcal{C}a'+\gamma a''=0$.

(286) La limite de N sera d'autant plus grande que k sera plus petit; voyons donc quelle peut être la plus petite valeur de k.

Les valeurs que doivent avoir a, a', a'', pour que $a^2+a'^2+a''^2$ soit le plus petit possible et cependant pair, sont 0, 1, 1; mais alors on aurait $f=-n'-n''$, $g=m'+m''$, et la forme $(\mu y+\nu z)^2+(\mu' y+\nu' z)^2 + (\mu'' y+\nu'' z)^2$, ne différerait que par l'ordre des termes, de la forme $(my+nz)^2+(m'y+n'z)^2+(m''y+n''z)^2$, ce qui est contre la supposition.

On ne peut faire non plus $a=0$, $a'=0$, $a''=2$, parce qu'alors les deux formes trinaires de Δ se réduiraient encore à une même forme. La moindre valeur de k a donc lieu lorsqu'on fait $a=1$, $a'=1$, $a''=2$; alors on a $k=3$, et la limite cherchée est $N<\frac{2}{3}c$, conformément à l'énoncé du théorème.

(287) Pour que N atteigne cette limite, il faudra qu'on ait.... $\alpha+\mathcal{C}+2\gamma=0$, ou $\alpha=-\mathcal{C}-2\gamma$; de là $c=\alpha^2+\mathcal{C}^2+\gamma^2=2(\mathcal{C}+\gamma)^2+3\gamma^2$, et comme on a $N=\frac{2}{3}c$, il faudra que c soit divisible par 3. Faisant donc

$\beta+\gamma=3\delta$, on aura $c=3\gamma^2+18\delta^2$, et γ devra être impair, sans quoi N serait divisible par 4, ce qui n'a pas lieu dans les nombres susceptibles de formes trinaires.

Ces résultats sont faciles à vérifier; car d'après la valeur trouvée de c, l'un des diviseurs quadratiques de t^2+cu^2, est

$$\Delta=(2\gamma^2+12\delta^2)y^2+(2\gamma^2+12\delta^2)yz+\left(\frac{\gamma^2+3}{2}+3\delta^2\right)z^2,$$

lequel se décompose en trois quarrés, de ces deux manières:

$$(\overline{\gamma+2\delta}.y+\overline{\tfrac{1}{2}\gamma+\tfrac{1}{2}+\delta}.z)^2+(\overline{\gamma-2\delta}y+\overline{\tfrac{1}{2}\gamma-\tfrac{1}{2}-\delta}.z)^2+(2\delta y+\overline{\delta-1}.z)^2$$
$$(\overline{\gamma+2\delta}.y+\overline{\tfrac{1}{2}\gamma-\tfrac{1}{2}+\delta}.z)^2+(\overline{\gamma-2\delta}y+\overline{\tfrac{1}{2}\gamma+\tfrac{1}{2}-\delta}.z)^2+(2\delta y+\overline{\delta+1}.z)^2$$

et ces deux formes se réduisent à une seule lorsqu'on fait $y=1$, $z=0$, ce qui donne $N=2\gamma^2+12\delta^2=\frac{2}{3}c$.

(288) Théorème VI. « Si le nombre N est compris de m manières » différentes dans un ou plusieurs diviseurs quadratiques de la formule » t^2+cu^2; si en outre chacun de ces diviseurs est décomposable en n » formes trinaires, et qu'en conséquence le nombre N reçoive, comme » diviseur de la formule t^2+cu^2, mn valeurs trinaires; je dis que toutes » ces valeurs trinaires seront différentes les unes des autres, excepté » le cas de $N<\frac{2}{3}c$, et celui où on pourrait satisfaire à l'équation » $c^2=y^2+Nz^2$, sans supposer $z=0$. »

En effet, l'une des formes trinaires de N peut toujours être représentée par la formule $N=\lambda^2A^2+\mu^2B^2+\nu^2C^2$, en supposant que la valeur correspondante de c soit $f^2\mu^2\nu^2+g^2\nu^2\lambda^2+h^2\lambda^2\mu^2$, et qu'on ait entre les nombres A, B, C la relation $fA+gB+hC=0$.

Une seconde forme trinaire de N pourra de même être représentée par la formule $N=\lambda'^2A'^2+\mu'^2B'^2+\nu'^2C'^2$, en supposant semblablement $c=f'^2\mu'^2\nu'^2+g'^2\nu'^2\lambda'^2+h'^2\lambda'^2\mu'^2$ et $f'A'+g'B'+h'C'=0$.

Maintenant si l'on veut que ces deux valeurs trinaires de N soient identiques, il faudra faire $\lambda A=\lambda'A'$, $\mu B=\mu'B'$, $\nu C=\nu'C'$. Tirant de ces équations les valeurs de A', B', C', et les substituant dans l'équation $f'A'+g'B'+h'C'=0$, on aura

$$f'\mu'\nu'.\lambda A+g'\nu'\lambda'.\mu B+h'\lambda'\mu'.\nu C=0.$$

Celle-ci étant combinée avec l'équation $fA+gB+hC=0$, il en

résulte

$$\frac{\mu B}{\lambda A}=\frac{f'\mu'\nu'.h\lambda\mu-h'\lambda'\mu'.f\mu\nu}{h'\lambda'\mu'.g\nu\lambda-g'\nu'\lambda'.h\lambda\mu}$$

$$\frac{\nu C}{\lambda A}=\frac{g'\nu'\lambda'.f\mu\nu-f'\mu'\nu'.g\nu\lambda}{h'\lambda'\mu'.g\nu\lambda-g'\nu'\lambda'.h\lambda\mu}.$$

Soient, pour abréger, $f\mu\nu=\alpha$, $g\nu\lambda=\beta$, $h\lambda\mu=\gamma$; $f'\mu'\nu'=\alpha'$, $g'\nu'\lambda'=\beta'$, $h'\lambda'\mu'=\gamma'$, ensorte que les valeurs trinaires de c qui répondent aux valeurs identiques de N, soient $c=\alpha^2+\beta^2+\gamma^2$, $c=\alpha'^2+\beta'^2+\gamma'^2$, on aura

$$\frac{\mu B}{\lambda A}=\frac{\alpha'\gamma-\alpha\gamma'}{\gamma'\beta-\gamma\beta'},\qquad \frac{\nu C}{\lambda A}=\frac{\beta'\alpha-\beta\alpha'}{\gamma'\beta-\gamma\beta'}.$$

Mais les trois nombres λA, μB, νC ne peuvent être divisibles par un même facteur; si donc on appelle φ le plus grand diviseur commun des trois quantités $\alpha'\gamma-\alpha\gamma'$, $\beta'\alpha-\beta\alpha'$, $\gamma'\beta-\gamma\beta'$, on aura

$$\varphi\lambda A=\gamma'\beta-\gamma\beta'$$
$$\varphi\mu B=\alpha'\gamma-\alpha\gamma'$$
$$\varphi\nu C=\beta'\alpha-\beta\alpha';$$

d'où l'on déduit $\varphi^2(\lambda^2A^2+\mu^2B^2+\nu^2C^2)$ ou $\varphi^2N=(\gamma'\beta-\gamma\beta')^2+(\alpha'\gamma-\alpha\gamma')^2+(\beta'\alpha-\beta\alpha')^2$. Or par une réduction qui se présente fréquemment dans ce genre d'analyse, on sait que le second membre de cette équation est la même chose que

$$(\alpha^2+\beta^2+\gamma^2)(\alpha'^2+\beta'^2+\gamma'^2)-(\alpha\alpha'+\beta\beta'+\gamma\gamma')^2;$$

de sorte que si on fait pour abréger $\alpha\alpha'+\beta\beta'+\gamma\gamma'=\theta$, on aura $\varphi^2N=c^2-\theta^2$ ou $c^2=\theta^2+N\varphi^2$. Donc deux formes trinaires de N ne sauraient être identiques, à moins que le nombre N ne soit plus petit que c^2 et tel qu'on puisse satisfaire à l'équation $c^2=y^2+Nz^2$.

Ce résultat ne souffre d'exception que lorsque $\varphi=0$; alors on a $\frac{\gamma'}{\gamma}=\frac{\beta'}{\beta}=\frac{\alpha'}{\alpha}$; de sorte que la forme $\alpha'^2+\beta'^2+\gamma'^2$ coïncide entièrement avec la forme $\alpha^2+\beta^2+\gamma^2$. Mais alors les deux valeurs trinaires de N, que l'on compare, sont tirées d'un même diviseur quadratique, puisqu'elles répondent à des valeurs trinaires identiques de c; donc ces deux valeurs doivent être différentes entre elles (285), à moins qu'on n'ait $N<\frac{2}{3}c$. Ainsi en ajoutant ce cas d'exception à celui qu'on a déjà trouvé, il en résulte la proposition générale telle que nous l'avons énoncée.

(289) Pour donner une application de ce théorème, considérons la formule t^2+21u^2, et son diviseur quadratique $\Delta=5y^2+4yz+5z^2$, lequel est susceptible de ces deux formes trinaires:

$$\Delta=\left\{\begin{array}{l}(2y+z)^2+y^2+4z^2\\ (y+2z)^2+z^2+4y^2.\end{array}\right.$$

Dans ce diviseur est compris le nombre $17765=5.11.17.19$, qui, étant de la forme $84x+41$, ne peut (d'après la Table IV) appartenir à aucun autre diviseur quadratique de la formule t^2+21u^2. D'ailleurs ce nombre, à cause des quatre facteurs dont il est composé, doit être contenu 2^3 ou 8 fois, dans le diviseur $5y^2+4yz+5z^2$; en effet, si on résout l'équation $17765=5y^2+4yz+5z^2$, on trouve les huit solutions suivantes :

$$\begin{array}{l}y=52,\ -64,\ 31,\ -63,\ -1,\ -47,\ -24,\ -28\\ z=15,\quad 15,\ 40,\quad 40,\ 60,\quad 60,\quad 65,\quad 65.\end{array}$$

On en trouverait même huit autres, mais qui ne produiraient aucun nouveau résultat, parce que le diviseur quadratique $5y^2+4yz+5z^2$ est du nombre des bifides. Cela posé, les huit solutions trouvées donneront chacune deux formes trinaires de 17765, lesquelles seront différentes entre elles, puisqu'il est visible que l'équation $c^2=y^2+Nz^2$ ne saurait avoir lieu; donc le nombre 17765, considéré comme diviseur de t^2+21u^2, doit avoir seize formes trinaires différentes; et en effet on trouve que ces seize formes sont :

$119^2+60^2+2^2$	$119^2+52^2+30^2$	$102^2+65^2+56^2$	$86^2+63^2+80^2$
$58^2+120^2+1^2$	$82^2+104^2+15^2$	$9^2+130^2+28^2$	$17^2+126^2+40^2$
$113^2+64^2+30^2$	$106^2+65^2+48^2$	$111^2+40^2+62^2$	$73^2+60^2+94^2$
$34^2+128^2+15^2$	$17^2+130^2+24^2$	$102^2+80^2+31^2$	$34^2+120^2+47^2$

(290) *Remarque.* Si N est pair et $>\frac{1}{4}c^2$, l'équation $c^2=y^2+Nz^2$ ne pourra avoir lieu, et la proposition générale ne sera sujette à aucune exception. Car la condition $N>\frac{2}{3}c$ est satisfaite d'elle-même, ensuite l'équation $c^2=y^2+Nz^2$ exige qu'on ait $z=1$ et $c^2-y^2=N$; mais N étant pair, le premier membre devra être pair, et alors il serait divisible par 4, tandis que N n'est divisible que par 2.

Dans la même supposition de $N>\frac{1}{4}c^2$, l'équation $N=c^2-\theta^2$ ne pourra encore avoir lieu si N est de la forme $4n+1$ et c pair.

(291) Théorème VII. « Soit $py^2+2qyz+rz^2$ un diviseur quadratique de la formule t^2+cu^2, et soient p et c premiers entre eux; si le » nombre c est diviseur de t^2+pu^2, je dis que c sera diviseur de » t^2+Nu^2, N étant un nombre quelconque renfermé dans la formule » $py^2+2qyz+rz^2$. »

En effet, soit $N=p\alpha^2+2q\alpha\beta+r\beta^2$, on aura $pN=(p\alpha+q\beta)^2+c\beta^2$. Mais par hypothèse c est diviseur de t^2+pu^2; donc il existe un entier k tel que $\frac{k^2+p}{c}$ est un entier; donc $\frac{Nk^2+Np}{c}$ sera aussi un entier. Mettant au lieu de pN sa valeur, on aura $\frac{(p\alpha+q\beta)^2+Nk^2}{c}=e$; or c et k sont premiers entre eux, car s'ils avaient un commun diviseur θ, l'expression $\frac{k^2+p}{c}$ étant un entier, il faudrait que p et c eussent le même commun diviseur θ, ce qui est contre la supposition. Donc on peut faire $p\alpha+q\beta=kx+cu$, et on aura $\frac{x^2+N}{c}=e$. Donc c est diviseur de x^2+N, ou en général de la formule t^2+Nu^2.

(292) *Remarque.* La même proposition aura lieu en supposant seulement que le diviseur quadratique $py^2+2qyz+rz^2$ renferme un nombre p' premier à c, et tel que c soit diviseur de t^2+pu^2. Car on pourra toujours, par une transformation, faire ensorte que ce nombre p' tienne la place du premier coefficient p (n° 231).

Donc si le diviseur quadratique $py^2+2qyz+rz^2$ contient un seul nombre p' premier à c, et tel que c soit diviseur de $t^2+p'u^2$, tout nombre N compris dans ce même diviseur quadratique jouira de la même propriété, de sorte que c sera toujours diviseur de la formule t^2+Nu^2.

(293) Théorème VIII. « Au contraire si un seul nombre p' renfermé » dans le diviseur quadratique $py^2+2qyz+rz^2$, est tel que c ne divise » pas $t^2+p'u^2$, je dis que tout nombre N renfermé dans le même diviseur quadratique, est tel aussi que c ne peut diviser t^2+Nu^2, au » moins en supposant N et c premiers entre eux. »

Car puisque c et N sont premiers entre eux, si c divisait t^2+Nu^2, il faudrait, suivant le théorème précédent, que c divisât aussi $t^2+p'u^2$, ce qui est contre la supposition.

(294) Nous appellerons, pour abréger, *diviseur réciproque* tout diviseur quadratique de la formule t^2+cu^2, dont la propriété est telle que N étant un nombre quelconque compris dans ce diviseur, réciproquement c soit diviseur de t^2+Nu^2.

Nous appellerons par opposition *diviseur non-réciproque* tout diviseur quadratique qui ne jouit pas de cette propriété, ou qui n'en jouit que par rapport à quelques nombres particuliers N qui ont un commun diviseur avec c.

Les conditions pour qu'un diviseur quadratique soit réciproque ou ne le soit pas, sont tellement précisées par les deux théorèmes précédens, qu'on pourra toujours décider promptement, et presqu'à la seule inspection, si un diviseur quadratique donné est réciproque ou non.

(295) Prenons pour exemple la formule t^2+69u^2, dont un diviseur quadratique est $5y^2+2yz+14z^2$. Pour savoir si ce diviseur est réciproque, j'observe que le coefficient 5 est premier à 69; je cherche donc si 69 est diviseur de t^2+5u^2. Or il est manifeste que 69 divise 8^2+5; donc le diviseur quadratique dont il s'agit est un diviseur réciproque; c'est-à-dire que si N est un nombre quelconque compris dans la formule $5y^2+2yz+14z^2$, on peut être assuré que 69 sera diviseur de t^2+Nu^2.

La même formule t^2+69u^2 ayant un aûtre diviseur quadratique $6y^2+6yz+13z^2$; pour savoir si celui-ci est réciproque, je prends le nombre compris 13 premier à 69, et je cherche si 69 est diviseur de t^2+13u^2. Or on voit immédiatement que 3, facteur de 69, n'est point diviseur de t^2+13u^2; donc 69 ne peut l'être, donc le diviseur quadratique $6y^2+6yz+13z^2$ est un diviseur non-réciproque.

Considérons encore la formule t^2+45u^2 et son diviseur quadratique y^2+45z^2. Pour determiner la nature de ce diviseur, je prends le coefficient 1 du premier terme, et je cherche si 45 est diviseur de t^2+u^2. Mais on voit tout de suite que 3 ne divise pas t^2+u^2 (car on suppose toujours t et u premiers entre eux); donc 45 ne peut le diviser. Donc le diviseur quadratique dont il s'agit est un diviseur non-réciproque.

(296) On fera voir ci-après que les diviseurs quadratiques réciproques ne contiennent que les nombres susceptibles de prendre la forme trinaire, c'est-à-dire les nombres de l'une des formes $8n+1$, $8n+2$, $8n+3$, $8n+5$, $8n+6$. Or si l'on a égard à l'équation $pr-q^2=c$,

on trouve aisément (comme au n° 223) que pour chacune des cinq formes principales de c, les diviseurs quadratiques de t^2+cu^2 se divisent en deux espèces, déterminées par rapport aux multiples de 4 et 8, comme on le voit dans le Tableau suivant.

Nombre c.	Diviseurs de 1ere espèce.	Diviseurs de 2e espèce.
$8n+1$	$4n+1$, $8n+2$	$4n+3$, $8n+6$
$8n+5$	$4n+1$, $8n+6$	$4n+3$, $8n+2$
$8n+3$	$4n+2$	
$8n+2$	$8n+1$, $8n+3$ c, $c+4$	$8n+5$, $8n+7$ $c-4$, $c+8$
$8n+6$	$8n+3$, $8n+5$ $c-4$, $c+8$	$8n+1$, $8n+7$ c, $c+4$

Lorsque le nombre c est de la forme $8n+3$, on voit qu'il n'y a qu'une seule espèce de diviseurs quadratiques, savoir, les diviseurs $4n+2$. Si le nombre c se rapporte aux formes $8n+2$, $8n+6$, on pourra préciser davantage les diviseurs pairs correspondans; pour cela, il faudra subdiviser chacune de ces formes en deux autres, et alors au lieu des deux derniers articles du Tableau, on aura les quatre suivans.

$16n+2$	$8n+1$, $8n+3$ $16n+2$, $16n+6$	$8n+5$, $8n+7$ $16n+10$, $16n+14$
$16n+10$	$8n+1$, $8n+3$ $16n+10$, $16n+14$	$8n+5$, $8n+7$ $16n+2$, $16n+6$
$16n+6$	$8n+3$, $8n+5$ $16n+2$, $16n+14$	$8n+1$, $8n+7$ $16n+6$, $16n+10$
$16n+14$	$8n+3$, $8n+5$ $16n+6$, $16n+10$	$8n+1$, $8n+7$ $16n+2$, $16n+14$

A l'aide de ce Tableau, on reconnaît tout d'un coup si un nombre donné, diviseur de t^2+cu^2, appartient à la première ou à la seconde espèce; il suffit de considérer le reste que donne ce nombre divisé par 4, par 8 ou par 16.

En général, comme les diviseurs quadratiques de seconde espèce contiennent toujours des nombres de la forme $8n+7$, ces diviseurs ne peuvent jamais être trinaires. Ainsi les diviseurs réciproques doivent toujours se trouver parmi ceux de la première espèce.

(297) Théorème IX. « Si le nombre c est premier ou double d'un » premier, tout diviseur quadratique de première espèce de la formule » t^2+cu^2, sera un diviseur réciproque. »

En effet, 1°. si c est un nombre premier de la forme $4n+1$ qui comprend les deux $8n+1$, $8n+5$, il a été déjà démontré (n° 196), que N étant un diviseur quelconque $4n+1$ de la formule t^2+cu^2, on a $\left(\frac{N}{c}\right)=1$; de sorte que c doit être diviseur de t^2+Nu^2. Donc le diviseur quadratique qui renferme N est un diviseur réciproque. Donc tout diviseur quadratique de première espèce de la formule t^2+cu^2 est un diviseur réciproque.

2°. Si c est un nombre premier $8n+3$, et P un diviseur quelconque impair de la formule t^2+cu^2, on aura (n° 197) $\left(\frac{P}{c}\right)=1$; mais par la nature du nombre c, on a (n° 148) $\left(\frac{2}{c}\right)=-1$; donc $\left(\frac{2P}{c}\right)=-1$. Donc c est diviseur de t^2+2Pu^2 ou de t^2+Nu^2, N étant un diviseur quelconque $4n+2$ de la formule t^2+cu^2. Donc tout diviseur quadratique $4n+2$ de cette formule, est un diviseur réciproque.

3°. Si le nombre $c=2a$, a étant un nombre premier $4n+1$, il résulte du n° 198 qu'on a $\left(\frac{N}{a}\right)=1$, N étant un diviseur quelconque $8n+1$ ou $8n+3$ de la formule t^2+cu^2 ou t^2+2au^2. Donc le diviseur quadratique qui renferme N, c'est-à-dire, tout diviseur quadratique de première espèce de la formule t^2+cu^2, est un diviseur réciproque.

4°. Enfin si le nombre $c=2a$, a étant un nombre premier $4n+3$, on a prouvé n° 198, que N étant un diviseur quelconque $8n+3$ ou $8n+5$ de la formule t^2+2au^2, on a $\left(\frac{N}{a}\right)=-1$. Donc a est diviseur de la formule t^2+Nu^2; donc $2a$ ou c l'est aussi. Donc le diviseur quadratique qui renferme N est un diviseur réciproque.

(298) Théorème X. « Si le nombre c ou sa moitié est un nombre

» composé, parmi les diviseurs quadratiques de première espèce de la » formule t^2+cu^2, il y en aura toujours au moins un réciproque. »

Cette proposition et la précédente supposent que le nombre c est de l'une des trois formes $4n+1$, $8n+3$, $4n+2$; mais nous nous contenterons de démontrer celle-ci pour les nombres de la forme $4n+1$, attendu que le raisonnement est le même à l'égard des autres formes.

Soit donc c un nombre composé $4n+1$; si l'on peut prouver qu'il existe un nombre premier N, également de forme $4n+1$, tel que c soit diviseur de t^2+Nu^2; il s'ensuivra (n° 196) que $\left(\frac{c}{N}\right)=1$, ou que N est diviseur de la formule t^2+cu^2, et qu'ainsi le diviseur quadratique de cette formule, qui contient N, est un diviseur réciproque.

Pour cet effet, décomposons c en ses facteurs premiers égaux ou inégaux : soient α, α', α'', etc. les facteurs $4n+1$, et β, β', β''... les facteurs $4n+3$, ceux-ci étant en nombre pair, puisque c est de forme $4n+1$. On aura donc $c=\alpha\alpha'\alpha''\ldots\ \beta\beta'\beta''\beta'''\ldots$; et pour que c divise la formule t^2+Nu^2, il faut qu'on ait successivement :

$$\left(\frac{N}{\alpha}\right)=1,\qquad \left(\frac{N}{\alpha'}\right)=1,\qquad \left(\frac{N}{\alpha''}\right)=1\ldots\ldots.$$
$$\left(\frac{N}{\beta}\right)=-1,\qquad \left(\frac{N}{\beta'}\right)=-1,\qquad \left(\frac{N}{\beta''}\right)=-1\ldots..$$

Or chacune de ces conditions rapportée à un dénominateur différent, fournit en général plusieurs valeurs linéaires de N (n° 193), et ces valeurs étant combinées entre elles pour satisfaire à toutes les équations, puis réduites à la forme $4n+1$, donneront un grand nombre de formules dont chacune contient une infinité de nombres premiers. On pourra donc trouver tant de nombres premiers qu'on voudra pour valeurs de N: or un seul de ces nombres suffit pour déterminer un diviseur quadratique de la formule t^2+cu^2, lequel sera réciproque, puisque c divisant t^2+Nu^2, il s'ensuit que N divise t^2+cu^2.

(299) *Remarque*. Les diviseurs réciproques de la formule t^2+cu^2 formeront l'un des groupes dans lesquels se partage le système entier des diviseurs quadratiques de cette formule. Soit i le nombre des facteurs premiers inégaux α, α', α''... β, β', β'', etc.; alors $2i$ sera le nombre total des groupes, et l'un d'eux, celui qui satisfait aux conditions $\left(\frac{N}{\alpha}\right)=1$, $\left(\frac{N}{\alpha'}\right)=1$, $\left(\frac{N}{\beta}\right)=-1$, etc., et qui d'ailleurs est de la première espèce, sera le groupe des diviseurs réciproques.

On trouvera de semblables résultats lorsque c est de la forme $8n+3$ et lorsqu'il est de la forme $4n+2$.

(300) Théorème XI. « Tout diviseur quadratique trinaire est un di-» viseur réciproque. »

Car soit Δ un diviseur quadratique trinaire de la formule t^2+cu^2 et N un nombre quelconque contenu dans Δ; on a vu que c est diviseur de t^2+Nu^2 (n° 283). Donc Δ est un diviseur réciproque (n° 294).

(301) La proposition inverse de la précédente est encore vraie, c'est-à-dire que *tout diviseur réciproque est trinaire;* en effet, la Table VIII contient les diviseurs trinaires de la formule t^2+cu^2, pour toutes les valeurs de c depuis $c=1$ jusqu'à $c=214$, et on peut s'assurer qu'il n'y a aucun diviseur réciproque de la formule t^2+cu^2 qui n'y soit compris.

Cette proposition peut donc être censée établie par la vérification immédiate jusqu'à une limite donnée L, et il s'agit de faire voir que lorsque c passera cette limite, la proposition sera encore vraie.

C'est par une telle réciprocité que chaque formule t^2+cu^2 est liée avec les inférieures où c est plus petit, de manière que les propriétés connues des unes servent à démontrer les propriétés des autres.

Voici donc la proposition générale que nous devons établir.

(302) Théorème XII. « Tout diviseur réciproque de la formule » t^2+Nu^2 est un diviseur trinaire, et ce diviseur a autant de formes » trinaires qu'il y a d'unités dans 2^{i-1}, i étant le nombre des facteurs » premiers, impairs et inégaux qui divisent N. »

Ce théorème doit être regardé comme l'un des plus remarquables de la théorie des nombres; c'est pourquoi nous en donnerons deux démonstrations, la première fondée sur la possibilité de trouver dans le diviseur réciproque donné, et entre des limites données, un nombre compris qui soit premier ou double d'un premier, l'autre indépendante de cette supposition.

Première démonstration.

(303) Supposons d'abord que N ou $\frac{1}{2}N$ soit un nombre premier; alors tout diviseur de première espèce de la formule t^2+Nu^2 est un

diviseur réciproque (n° 297). Soit ce diviseur $\Gamma = cy^2 + 2byz + az^2$; je dis que Γ est en même temps un diviseur trinaire.

En effet, par la propriété de ce diviseur, le nombre N est compris dans un diviseur quadratique de la formule $t^2 + cu^2$, lequel est réciproque et par conséquent trinaire, puisque c est plus petit que la limite L, jusqu'à laquelle la Table est vérifiée. D'ailleurs le nombre N étant premier ou double de premier, il ne peut être compris que dans un seul des diviseurs quadratiques de $t^2 + cu^2$, et d'une manière seulement. Soit donc $\Delta = py^2 + 2qyz + rz^2$ le diviseur trinaire de $t^2 + cu^2$, dans lequel N est compris; si l'on désigne par k le nombre des facteurs premiers, impairs et inégaux qui divisent c, Δ aura 2^{k-1} formes trinaires, lesquelles seront différentes entre elles, puisque N est $> c$, et à plus forte raison $> \frac{2}{3} c$ (n° 285).

Cela posé, les 2^{k-1} formes trinaires de N détermineront autant de diviseurs quadratiques trinaires de la formule $t^2 + Nu^2$, dans chacun desquels c sera compris. Ces diviseurs trinaires seront tous différens entre eux, puisqu'ils correspondent à des valeurs trinaires de N différentes entre elles (n° 281); et comme c ne peut être contenu plus de 2^{k-1} fois parmi les diviseurs quadratiques de la formule $t^2 + Nu^2$ (n° 243), il s'ensuit que le diviseur proposé Γ sera l'un des 2^{k-1} diviseurs trinaires qui comprennent c. Donc Γ est un diviseur trinaire, et de plus ce diviseur n'a qu'une forme trinaire, ce qui s'accorde avec la proposition générale, puisqu'ayant dans ce cas $i = 1$, il s'ensuit $2^{i-1} = 1$.

(304) Au moyen de ce premier cas, on voit que la Table ayant été vérifiée jusqu'à la limite L, les propriétés énoncées dans le théorème général auront lieu jusqu'à la limite $\frac{3}{4} L^2$, pour tous les nombres N premiers ou doubles de premiers qui entrent dans la formule $t^2 + Nu^2$. En effet $cy^2 + 2byz + az^2$ étant un diviseur réciproque de la formule $t^2 + Nu^2$, on pourra toujours supposer $c < 2\sqrt{\frac{1}{3} N}$; ainsi c sera $< L$, si N est $< \frac{3}{4} L^2$.

(305) Soit maintenant N un nombre quelconque immédiatement au-dessus de la limite L, et soit $\Gamma = cy^2 + 2byz + az^2$ un diviseur réciproque donné de la formule $t^2 + Nu^2$; je dis que ce diviseur aura 2^{i-1} formes trinaires, i étant le nombre des facteurs premiers, impairs et inégaux qui divisent N.

En effet, soit p un nombre premier ou double de premier, contenu dans le diviseur Γ et compris entre les limites $\frac{2}{3} N$ et $\frac{3}{4} L^2$, limites très-éloignées l'une de l'autre, puisque la Table étant continuée seulement jusqu'à 214, on a $\frac{2}{3}L = 143$ et $\frac{3}{4}L^2 = 34347$. Alors le nombre N sera diviseur de $t^2 + pu^2$, et comme tel contenu dans un ou plusieurs diviseurs réciproques de $t^2 + pu^2$, lesquels seront censés connus et assujétis à la loi générale, puisque p est premier ou double de premier et moindre que $\frac{3}{4}L^2$. De plus, puisque le nombre N est $< \frac{3}{2}p$, il ne pourra être contenu qu'une fois dans chacun des diviseurs quadratiques de la formule $t^2 + pu^2$; et comme à raison du nombre de ses facteurs, il doit être contenu 2^{i-1} fois dans tous ces diviseurs, il devra y avoir un pareil nombre 2^{i-1} de diviseurs quadratiques de la formule $t^2 + pu^2$, contenant chacun une fois le nombre N.

Ces diviseurs quadratiques étant différens entre eux, répondront chacun à une forme trinaire différente de p; donc il y aura 2^{i-1} valeurs trinaires de p, différentes entre elles, dont chacune répondra à une forme trinaire de N. Et quand même parmi ces dernières il y en aurait d'égales entre elles (ce qui supposerait $p^2 = y^2 + Nz^2$); comme ces formes trinaires égales de N répondent à des formes trinaires inégales de p, le système d'une forme trinaire de p et de la forme trinaire correspondante de N sera toujours différent de tout autre système semblable.

Ces mêmes systèmes, dont le nombre est 2^{i-1}, doivent se reproduire (n° 283), lorsque p à son tour est considéré comme diviseur de $t^2 + Nu^2$: or p étant premier ou double de premier, ne peut appartenir qu'à un seul diviseur quadratique qui est le diviseur réciproque proposé Γ, et il ne peut y être contenu que d'une manière; donc puisque p dans ce diviseur doit recevoir 2^{i-1} formes trinaires différentes, il s'ensuit que le diviseur Γ est décomposable en 2^{i-1} formes trinaires, conformément à la proposition qu'il s'agissait de démontrer.

(306) *Remarque.* Le diviseur réciproque Γ appartenant à la formule $t^2 + Nu^2$, où N est divisible par i nombres premiers, impairs et inégaux, ne peut avoir plus de 2^{i-1} formes trinaires. Car soit, s'il est possible, le nombre de ses formes trinaires $= k > 2^{i-1}$, et soit P un nombre premier plus grand que N^2 contenu dans le diviseur Γ; le nombre P, comme diviseur de $t^2 + Nu^2$, aura k formes trinaires, lesquelles répondront à un pareil nombre de formes trinaires de N. Les k valeurs trinaires de P seront inégales entre elles, puisqu'ayant $P > N^2$ on ne peut satisfaire à l'équation $N^2 = y^2 + Pz^2$. Cela posé, les k valeurs trinaires de P différentes entre elles, déterminent un pareil nombre k de diviseurs trinaires de la formule $t^2 + Pu^2$, dans chacun desquels N doit être com-

pris. Donc N sera contenu k fois dans les diviseurs trinaires de t^2+Pu^2; mais à raison de ses i facteurs inégaux, il ne peut être contenu que 2^{i-1} fois dans les diviseurs quadratiques de t^2+Pu^2; donc k ne peut être plus grand que 2^{i-1}.

Ainsi le nombre 2^{i-1}, énoncé dans le théorème général, est le juste nombre des formes trinaires dont le diviseur Γ est susceptible et qu'il a effectivement. Cependant lorsque N a un facteur quarré, il pourra y avoir d'autres formes trinaires du diviseur Γ; mais ces formes ne seraient qu'impropres, c'est-à-dire qu'elles répondraient à des valeurs trinaires de c dont tous les termes seraient divisibles par un même quarré, et nous avons déjà prévenu (n° 269) que ces formes doivent être rejetées.

Seconde démonstration.

(307) Pour mieux faire saisir la méthode sur laquelle cette seconde démonstration est fondée, nous l'appliquerons d'abord à quelques formules particulières, en faisant successivement $c=1, 2, 3, 5$, etc., et déterminant les valeurs correspondantes de b par la condition $b<\frac{1}{2}c$ ou $b=\frac{1}{2}c$. Laissant ensuite a indéterminé, chaque formule $cy^2+2byz+az^2$ en comprendra une infinité d'autres dans lesquelles la proposition générale sera vérifiée.

Soit d'abord $c=1$, on devra avoir $b=0$, $N=a$, et le diviseur réciproque proposé sera $\Gamma=y^2+az^2$. Le nombre 1 étant contenu dans ce diviseur, il faudra que N divise la formule t^2+1u^2 ou t^2+u^2; d'où il suit que N ou $\frac{1}{2}N$ ne pourra avoir pour facteurs premiers que des nombres de la forme $4n+1$. Et comme le nombre de ces facteurs impairs et inégaux est i, on pourra satisfaire de 2^{i-1} manières différentes à l'équation $N=y^2+z^2$.

Soit une de ces solutions $N=f^2+g^2$, alors il est visible que Γ pourra être mis sous la forme trinaire

$$\Gamma=y^2+f^2z^2+g^2z^2,$$

à laquelle répond la valeur trinaire

$$N=f^2+g^2.$$

Chaque décomposition de N en deux quarrés premiers entre eux, fournissant un résultat semblable, il est clair que le diviseur réciproque Γ recevra 2^{i-1} formes trinaires, auxquelles répondront autant de valeurs trinaires de N, ce qui est conforme au théorème général.

(308) Soit $c=2$, $\Gamma=2y^2+2byz+az^2$, $N=2a-b^2$, la valeur de b ne pourra être que 0 ou 1.

Dans les deux cas, N devant être diviseur de t^2+2u^2, il est clair que les facteurs premiers de N seront de la même forme, et qu'ainsi on pourra satisfaire de 2^{i-1} manières différentes à l'équation $N=y^2+2z^2$.

Représentons une de ces solutions par $N=f^2+2g^2$, nous aurons $a=\frac{b^2+f^2+2g^2}{2}=g^2+\left(\frac{b+f}{2}\right)^2+\left(\frac{b-f}{2}\right)^2$. De là on voit que le diviseur Γ peut être mis sous la forme trinaire

$$\Gamma=\left(y+\frac{b+f}{2}z\right)^2+\left(y+\frac{b-f}{2}z\right)^2+g^2z^2,$$

à laquelle répond la valeur trinaire $N=f^2+g^2+g^2$.

Puis donc que N est 2^{i-1} fois de la forme f^2+2g^2, il s'ensuit que Γ aura 2^{i-1} formes trinaires, conformément à la proposition générale.

(309) Soit $c=3$, $\Gamma=3y^2+2byz+az^2$, $N=3a-b^2$; la valeur de b ne pourra être encore que 0 ou 1.

Puisque Γ est un diviseur réciproque et que 3 est compris dans ce diviseur, il faudra que N soit diviseur de la formule t^2+3u^2, et comme tel compris dans le diviseur réciproque de cette formule, qui est... $2y^2+2yz+2z^2$. Donc il devra y avoir 2^{i-1} solutions de l'équation... $N=2y^2+2yz+2z^2$, si N n'est point divisible par 3, et 2^{i-2} seulement s'il est divisible.

Soit 1°. $b=0$ et $N=3a$; représentons l'une des 2^{i-2} valeurs de N par $N=2f^2+2fg+2g^2$, nous aurons

$$a=\frac{2f^2+2fg+2g^2}{3}=\frac{(2f+g)^2+3g^2}{2.3}.$$

Par cette valeur, on voit que $2f+g$ doit être divisible par 3; soit donc $2f+g=3h$, et on aura

$$a=\frac{3h^2+g^2}{2}=h^2+\left(\frac{g+h}{2}\right)^2+\left(\frac{g-h}{2}\right)^2;$$

de là résulte cette forme trinaire de Γ:

$$\Gamma=\left(y+\frac{g+h}{2}z\right)^2+\left(y+\frac{h-g}{2}z\right)^2+(y-hz)^2.$$

Et comme le diviseur $\Gamma=3y^2+az^2$ est bifide, on aura une seconde forme trinaire de Γ, en changeant simplement le signe de z, ce qui donnera

$$\Gamma = \left(y - \frac{g+h}{2}z\right)^2 + \left(y + \frac{g-h}{2}z\right)^2 + (y+hz)^2,$$

et la valeur trinaire de N qui répond à ces deux formes est...... $N = f^2 + (f+g)^2 + g^2$.

Maintenant puisqu'il y a 2^{i-2} valeurs semblables de N, et que chacune produit deux formes trinaires de Γ, il est clair que le nombre total des formes trinaires de Γ sera 2^{i-1}, lesquelles correspondront à autant de formes trinaires de N égales deux à deux.

Soit 2°. $b=1$, $N=3a-1$; alors N aura 2^{i-1} valeurs de la forme $N = 2f^2 + 2fg + 2g^2$, chacune desquelles donnera

$$a = \frac{b^2 + 2f^2 + 2fg + 2g^2}{3} = \frac{2b^2 + (2f+g)^2 + 3g^2}{2.3}.$$

Cette valeur fait voir que $2b^2 + (2f+g)^2$ doit être divisible par 3, et alors le quotient ne pourra être que de la forme $m^2 + 2n^2$, de sorte qu'on pourra faire

$$(2f+g)^2 + 2b^2 = 3(m^2 + 2n^2),$$

ce qui donnera $2f+g = m+2n$, $b = m-n$; d'où

$$a = \frac{m^2 + 2n^2 + g^2}{2} = \left(\frac{m+g}{2}\right)^2 + \left(\frac{m-g}{2}\right)^2 + n^2.$$

Comme on a d'ailleurs $b = 1 = m-n$, la décomposition du diviseur $\Gamma = 3y^2 + 2yz + az^2$ est indiquée assez clairement de cette manière :

$$\Gamma = \left(y + \frac{m+g}{2}z\right)^2 + \left(y + \frac{m-g}{2}z\right)^2 + (y-nz)^2,$$

et la valeur trinaire correspondante de N est

$$N = g^2 + \left(\frac{m+g}{2} + n\right)^2 + \left(\frac{m-g}{2} + n\right)^2,$$

ce qui revient à la valeur $N = g^2 + (f+g)^2 + f^2$.

Donc, comme on a 2^{i-1} valeurs semblables de N, il y a aussi 2^{i-1} formes trinaires du diviseur Γ, conformément à la proposition générale.

(310) Soit $c=5$ et le diviseur proposé $\Gamma = 5y^2 + 2byz + az^2$, on aura $N = 5a - b^2$, et b ne pourra avoir que l'une des valeurs 0, 1, 2.

Quelle que soit cette valeur, comme le diviseur Γ est supposé réciproque et que 5 y est contenu, il faudra que N soit diviseur de t^2+5u^2, et comme tel compris dans les diviseurs réciproques de cette formule. Mais il y a deux cas à considérer, selon que N est ou n'est pas divisible par 5.

Soit 1°. $b=0$ et $N=5a$; comme la formule t^2+5u^2 n'a que le seul diviseur réciproque y^2+5z^2, il faudra que N soit 2^{i-2} fois de la forme y^2+5z^2. Désignons une de ces valeurs par $N=f^2+5g^2$, on aura $a=\frac{f^2+5g^2}{5}$; donc il faut que f soit divisible par 5. Faisant $f=5h$, on aura $a=g^2+5h^2=g^2+h^2+4h^2$; cette forme trinaire indique celle du diviseur $\Gamma=5y^2+az^2$, laquelle est

$$\Gamma=(2y+hz)^2+(y-2hz)^2+g^2z^2.$$

Si l'on observe, de plus, que le diviseur $5y^2+az^2$ est bifide, on aura, en changeant le signe de z, cette seconde forme trinaire:

$$\Gamma=(2y-hz)^2+(y+2hz)^2+g^2z^2,$$

et les deux répondront à la même valeur trinaire $N=25h^2+4g^2+g^2$.

Le nombre des solutions de l'équation $N=y^2+5z^2$ étant 2^{i-2}, et chacune fournissant deux formes trinaires de Γ, il est clair qu'on aura en tout 2^{i-1} formes trinaires de Γ, conformément à la proposition générale.

Soit 2°. $b=1$ ou 2, et $N=5a-b^2$; alors N, comme diviseur de t^2+5u^2, sera contenu 2^{i-1} fois dans le diviseur quadratique y^2+5z^2. Soit une de ces solutions $N=f^2+5g^2$, on aura

$$a=\frac{b^2+f^2+5g^2}{5};$$

d'où l'on voit que b^2+f^2 doit être divisible par 5. Faisant donc... $b^2+f^2=5(m^2+n^2)$, on en déduira $b=m-2n$, $f=2m+n$, et

$$a=m^2+n^2+g^2.$$

Cette valeur de a et celle de b indiquent assez clairement la forme trinaire du diviseur Γ, savoir :

$$\Gamma=(y+mz)^2+(2y-nz)^2+g^2z^2,$$

et la valeur correspondante de N est $N=(2m+n)^2+g^2+4g^2$, ce qui revient à la forme donnée $f^2+g^2+4g^2$.

Puis donc qu'il y a 2^{i-1} de ces valeurs de N, il y aura aussi 2^{i-1} formes trinaires du diviseur Γ.

(311) Considérons maintenant le diviseur réciproque $\Gamma = cy^2 + 2byz + az^2$ dans toute sa généralité, et supposons seulement que le coefficient c est premier à N et plus petit que N, condition qu'il est toujours facile de remplir (1).

Cela posé, puisque Γ est un diviseur réciproque, il faudra que N soit diviseur de la formule $t^2 + cu^2$, et comme tel compris dans les diviseurs réciproques de cette formule. De plus, comme on a désigné par i le nombre des facteurs premiers, impairs et inégaux de N, il faudra que N soit contenu 2^{i-1} fois dans les diviseurs réciproques de la formule $t^2 + cu^2$, lesquels forment un des groupes dans lesquels se partagent les diviseurs de cette formule.

Soit donc $py^2 + 2qyz + rz^2$ l'un des diviseurs réciproques de la formule $t^2 + cu^2$, dans lesquels N est compris, on pourra supposer

$$N = pf^2 + 2qfg + rg^2 = ac - b^2,$$

ce qui donnera

$$a = \frac{b^2 + N}{c} = \frac{(pf + qg)^2 + cg^2 + pb^2}{cp}.$$

On voit par cette expression que $(pf + qg)^2 + pb^2$ doit être divisible par c; pour effectuer la division, supposons qu'on a cherché tous les diviseurs quadratiques de $t^2 + pu^2$ qui contiennent c; l'un quelconque de ces diviseurs sera de la forme $cy^2 + 2b'yz + a'z^2$, et les valeurs de b' seront tous les nombres non plus grands que $\frac{1}{2}c$ qui satisfont à l'équation $ca' - b'^2 = p$, ou qui rendent $b'^2 + p$ divisible par c.

Soit donc $(pf + qg)^2 + pb^2 = cN'$, et on devra avoir

$$N' = c\gamma^2 + 2b'\gamma\delta + a'\delta^2;$$

d'où $cN' = (c\gamma + b'\delta)^2 + p\delta^2$. Ces deux valeurs de cN' devant être identiques, on fera $\delta = b$ et $c\gamma + b'\delta = \pm(pf + qg)$, ce qui donnera

$$\gamma = \frac{\pm(pf + qg) - b'b}{c}.$$

Il faudra donc chercher parmi les diverses valeurs de b', celle qui donne γ égale à un entier, et on doit nécessairement en trouver une, puisque le diviseur proposé Γ est réciproque, et que c'est la seule supposition sur laquelle cette analyse est fondée. Il ne pourra y avoir

(1) Voyez ci-après le § X, IVe partie. Cette condition, au reste, n'est pas rigoureusement nécessaire pour le succès de la démonstration, puisque dans les exemples précédens, on a vu des cas où les nombres c et N ont un commun diviseur (n°s 309 et 310).

qu'une des valeurs de b' qui rende γ entier ; car s'il y en avait deux b', β', il faudrait que $\frac{b'b \pm \beta' b}{c}$ fût un entier, ou que $\frac{b' \pm \beta'}{c}$ en fût un, parce que c et b sont premiers entre eux. Or b' et β' sont tous deux plus petits que $\frac{1}{2}c$, ou si l'un des deux est égal à $\frac{1}{2}c$, il faut que l'autre soit plus petit que $\frac{1}{2}c$, puisqu'ils sont inégaux ; donc la somme $b' + \beta'$ est plus petite que c, et ne saurait être divisible par c. Il faut observer aussi que les nombres γ et δ, ou γ et b seront tels que le calcul les donne, et pourront avoir accidentellement un commun diviseur ; car ici on ne cherche autre chose que la forme du nombre déterminé N' : or γ étant trouvé, on a $N' = c\gamma^2 + 2b'\gamma\delta + a'\delta^2$; mais comme le diviseur quadratique $cy^2 + 2b'yz + a'z^2$ de la formule $t^2 + pu^2$, peut se réduire à la forme $p'y^2 + 2q'yz + r'z^2$, où l'on aura $p' < 2\sqrt{\frac{1}{3}p}$, la valeur de N' prendra la forme

$$N' = p'f'^2 + 2q'f'g' + r'g'^2,$$

dans laquelle f' et g' pourront, suivant les différens cas, avoir ou n'avoir pas de commun diviseur.

Cela posé, la valeur de a deviendra

$$a = \frac{g^2 + N'}{p} = \frac{(p'f' + q'g')^2 + pg'^2 + p'g^2}{pp'},$$

et dans cette nouvelle expression, on voit que $(p'f' + q'g')^2 + p'g^2$ doit être divisible par p ; ainsi, en faisant

$$(p'f' + q'g')^2 + p'g^2 = pN'',$$

on trouvera par des opérations semblables aux précédentes,

$$N'' = p''f''^2 + 2q''f''g'' + r''g''^2,$$

expression où l'on peut supposer $p'' < 2\sqrt{\frac{1}{3}p'}$; on aura donc cette troisième valeur de a :

$$a = \frac{g'^2 + N''}{p'} = \frac{(p''f'' + q''g'')^2 + p'g''^2 + p''g'^2}{p'p''}.$$

Ces diverses opérations devront être continuées jusqu'à ce que les deux derniers termes de la suite décroissante p, p', p'', etc., soient 1 et 1, ou 2 et 1. S'ils sont tous deux égaux à l'unité, la dernière valeur de a sera de la forme $\lambda^2 + \mu^2 + \nu^2$; si le dernier terme est 1 et l'avant-dernier 2, alors a sera de la forme $\frac{\lambda^2+\mu^2+2\nu^2}{2}$, laquelle se change encore en une somme de trois quarrés, savoir $\nu^2+\left(\frac{\lambda+\mu}{2}\right)^2+\left(\frac{\lambda-\mu}{2}\right)^2$.

En général donc le nombre a sera toujours réduit à une forme trinaire telle que $\lambda^2+\mu^2+\nu^2$; en même temps on trouvera, par la suite des opérations, que b peut être mis sous la forme

$$b=\lambda l+\mu m+\nu n;$$

d'où l'on conclura que le diviseur proposé Γ se décompose en trois quarrés, de cette manière :

$$\Gamma=(ly+\lambda z)^2+(my+\mu z)^2+(ny+\nu z)^2.$$

Mais on peut parvenir à ce résultat d'une manière encore plus immédiate et sans le secours de la valeur précédente de b.

(312) En effet, les opérations nécessaires pour parvenir à la valeur trinaire de a, peuvent s'exécuter en laissant a et b indéterminés, puisque les nombres p, p', etc. sur lesquels ces opérations sont établies, se déduisent du seul nombre connu c; de sorte qu'ils restent toujours les mêmes, ou n'éprouvent de changement que par le choix qu'il peut y avoir dans les valeurs de p', s'il y a plusieurs diviseurs quadratiques de t^2+pu^2 qui contiennent c, ou dans les valeurs de p'', s'il y a plusieurs diviseurs quadratiques de $t^2+p'u^2$ qui contiennent p, et ainsi de suite. Dans tous les cas, la suite p, p', p'', etc., sera toujours telle, qu'on aura $p'<\sqrt{\frac{4}{3}p}$, $p''<\sqrt{\frac{4}{3}p'}$, etc., de sorte que cette suite décroîtra très-promptement jusqu'à son dernier terme 1. On peut donc arriver ainsi à des résultats généraux qui s'appliquent à une infinité de valeurs de N, ainsi qu'on en a vu des exemples, lorsque $c=1, 2, 3, 5$.

Si on laisse le nombre N déterminé, on pourra néanmoins introduire dans le diviseur proposé une indétermination qui facilitera beaucoup sa décomposition en trois quarrés. Pour cet effet, il suffira de mettre $y+kz$ au lieu de y, et le diviseur Γ deviendra

$$\Gamma=cy^2+2(b+ck)yz+(a+2bk+ck^2)z^2.$$

La méthode précédente étant appliquée à ce diviseur, les nombres p, p', p'', etc. seront les mêmes sans aucun changement, que lorsqu'on a $k=0$. On obtiendra donc encore la valeur du dernier coefficient $a+2bk+ck^2$ exprimée par trois quarrés, et ces quarrés, où k reste indéterminé, ne pourront être que de la forme

$$(l+\lambda k)^2+(m+\mu k)^2+(n+\nu k)^2,$$

d'où l'on conclura immédiatement la forme trinaire de Γ,

$$\Gamma=(ly+\lambda z)^2+(my+\mu z)^2+(ny+\nu z)^2.$$

Tel est le moyen d'éviter tout tâtonnement dans la détermination de la forme trinaire de Γ, et en même temps d'y parvenir de la manière la plus simple et la plus directe. Et puisque le nombre N est contenu de 2^{i-1} manières différentes dans les diviseurs quadratiques de la formule t^2+cu^2, chacune de ces expressions donnera une forme trinaire du diviseur Γ; donc ce diviseur aura 2^{i-1} formes trinaires, conformément à la proposition générale.

Par cette analyse, la limite de la Table VIII, qui est d'abord à volonté, peut être reculée indéfiniment, et le théorème énoncé aura lieu dans toute son étendue.

Exemple.

(313) Soit proposé le diviseur réciproque $\Gamma=189y^2+30yz+50z^2$, qui appartient à la formule t^2+Nu^2, où l'on a $N=9225=3^2.5^2.41$; il s'agit de faire voir que ce diviseur peut se décomposer de 2^{3-1} ou 4 manières en trois quarrés.

Les coefficiens extrêmes 50 et 189 ayant l'un et l'autre un diviseur commun avec N, il conviendra, pour se conformer à la méthode générale, de chercher dans Γ un nombre premier à N. Ce nombre se présente immédiatement en faisant $y=1$, $z=-1$, et on a le résultat $189-30+50=209=11.19$, nombre qui n'a point de diviseur commun avec N. Il faut donc préalablement faire ensorte que 209 soit le premier coefficient de Γ; pour cela, il suffit de mettre $z-y$ à la place de z, et de changer ensuite le signe de z, ce qui donnera

$$\Gamma=209y^2+70yz+50z^2.$$

Mettant enfin $y+kz$ à la place de y, afin d'introduire une indétermination dans le dernier coefficient, on aura

$$\Gamma=209y^2+2(35+209k)yz+(50+70k+209k^2)z^2.$$

Ainsi nous ferons

$$c=209,\quad b=35+209k,\quad a=50+70k+209k^2.$$

Le nombre N ayant trois facteurs premiers inégaux, doit être contenu 2^{3-1} ou 4 fois dans les diviseurs réciproques de $t^2 + 209u^2$. Or cette formule a trois diviseurs réciproques, savoir

$$\begin{array}{l} 2y^2 + 2yz + 105z^2 \\ 10y^2 + 2yz + 21z^2 \\ 13y^2 + 10yz + 18z^2, \end{array}$$

et on trouve en effet que 9225 est contenu une fois dans le second de ces diviseurs, et trois fois dans le troisième, comme il suit :

$$N = 10f^2 + 2fg + 21g^2 \begin{cases} f = 29 \\ g = 5 \end{cases}$$

$$N = 13f^2 + 10fg + 18g^2 \begin{cases} f = 27, \quad 27, \quad 19 \\ g = -1, -14, -22 \end{cases}$$

Considérons d'abord la troisième forme qui doit fournir trois valeurs trinaires de Γ. On aura, d'après cette forme,

$$a = \frac{b^2 + N}{c} = \frac{13b^2 + (13f + 5g)^2 + 209g^2}{209 . 13},$$

et la première opération est de trouver le quotient de $(13f + 5g)^2 + 13b^2$ divisé par 209. Or 209, à raison de ses facteurs 11 et 19, doit être contenu deux fois dans les diviseurs quadratiques de $t^2 + 13u^2$; et en effet, si on représente le diviseur quadratique qui contient 209, par

$$209y^2 + 2b'yz + a'z^2,$$

la condition $209a' - b'^2 = 13$ sera remplie de deux manières, l'une en faisant $b' = 14$, $a' = 1$, l'autre en faisant $b' = 52$, $a' = 13$. On pourra donc poser

$$\frac{(13f + 5g)^2 + 13b^2}{209} = 209y^2 + 2b'yz + a'z^2,$$

ce qui donnera $(13f + 5g)^2 + 13b^2 = (209y + b'z)^2 + 13z^2$; donc on aura $z = b$, et $209y + b'z = \pm(13f + 5g)$; d'où

$$y = \frac{\pm(13f + 5g) - b'b}{209}.$$

Prenons pour f et g la solution $f = 19$, $g = -22$, nous aurons $13f + 5g = 137$, et

$$y = \frac{\pm 137 - b'(35 + 209k)}{209}.$$

Dans cette expression, il faut choisir le signe de 137, et la valeur de b', de sorte que y soit un entier ; c'est ce qu'on obtient en prenant le signe inférieur et faisant $b' = 14$, on a ainsi

$$y = -3 - 14k.$$

Le quotient cherché devient $209y^2 + 28yz + z^2$, et sa forme la plus simple est $(z + 14y)^2 + 13y^2$. En représentant celle-ci par $f'^2 + 13g'^2$, on aura donc

$$f' = -7 + 13k,$$
$$g' = -3 - 14k,$$

et la valeur de a deviendra

$$a = \frac{g^2 + f'^2 + 13g'^2}{13}.$$

Il reste à diviser $g^2 + f'^2$ par 13; pour cela, il faut considérer 13 comme diviseur de la formule $t^2 + u^2$; or cette formule n'a qu'un diviseur quadratique $y^2 + z^2$, et celui-ci étant préparé de manière que 13 soit son premier coefficient, il devient

$$13y^2 + 10yz + 2z^2.$$

Soit donc

$$g^2 + f'^2 = 13(13y^2 + 10yz + 2z^2) = (13y + 5z)^2 + z^2;$$

on pourra faire $z = g$, et $13y + 5z = \pm f'$, ou $z = f'$ et $13y + 5z = \pm g$. Or il résulte également de ces deux solutions, que la quantité $\frac{g^2 + f'^2}{13}$ $= 13y^2 + 10yz + 2z^2 = (z + 2y)^2 + (z + 3y)^2$, se réduit à $(4 + 2k)^2 + (5 - 3k)^2$; donc on aura

$$a = (14k + 3)^2 + (2k + 4)^2 + (3k - 5)^2;$$

et puisque telle est la valeur de $50 + 70k + 209k^2$, il s'ensuit que le diviseur $\Gamma = 209y^2 + 70yz + 50z^2$ aura la forme trinaire

$$(14y + 3z)^2 + (2y + 4z)^2 + (3y - 5z)^2.$$

Mettant $z - y$ à la place de z, et changeant le signe de z, le diviseur Γ reprendra la première forme proposée $189y^2 + 30yz + 50z^2$, et la forme trinaire qu'on vient de trouver deviendra

$$(11y - 3z)^2 + (2y + 4z)^2 + (8y + 5z)^2.$$

Cherchant de même les deux autres formes trinaires qui se déduisent de la forme $N=13f^2+10fg+18g^2$, ainsi que celle qui se déduit de la forme $N=10f^2+2fg+21g^2$, on aura les quatre formes trinaires du diviseur proposé $\Gamma=189y^2+30yz+50z^2$. Ces quatre formes et les valeurs trinaires correspondantes de N sont :

$\Gamma=(11y-3z)^2+(2y+4z)^2+(8y+5z)^2$	$N=79^2+50^2+22^2$
$\Gamma=(10y-4z)^2+(8y+5z)^2+(5y+3z)^2$	$N=82^2+50^2+1^2$
$\Gamma=(13y-z)^2+(2y)^2+(4y+7z)^2$	$N=95^2+14^2+2^2$
$\Gamma=(10y+4z)^2+(8y-5z)^2+(5y+3z)^2$	$N=82^2+49^2+10^2$

Corollaires généraux.

(314) Le résultat de cette théorie, contenu en grande partie dans la Table VIII, offre les propriétés suivantes, qu'on doit regarder maintenant comme démontrées avec toute la généralité nécessaire.

I. Toute formule t^2+cu^2, dans laquelle c n'est ni de la forme $4n$, ni de la forme $8n+7$, contient toujours au moins un diviseur quadratique *réciproque*, c'est-à-dire un diviseur quadratique tel que N étant un nombre quelconque compris dans ce diviseur, le nombre c sera diviseur de la formule t^2+Nu^2.

II. Tout diviseur quadratique réciproque est en même temps *trinaire*, c'est-à-dire qu'il peut se décomposer généralement en trois quarrés, sans attribuer aucune valeur aux indéterminées qui le composent.

III. Dans le cas où c est de la forme $8n+3$, le diviseur réciproque ne contient que des nombres $4n+2$, et il est représenté par la formule $2py^2+2qyz+2rz^2$, où l'on a $4pr-q^2=c$.

IV. Lorsque c ou $\frac{1}{2}c$ est un nombre premier ou en général une puissance d'un nombre premier, chaque diviseur réciproque de la formule t^2+cu^2 ne peut se décomposer en trois quarrés que d'une seule manière, et n'a ainsi qu'une seule forme trinaire.

V. Lorsqu'au contraire c ou $\frac{1}{2}c$ est divisible par i nombres premiers différens, chaque diviseur réciproque de la formule t^2+cu^2 aura 2^{i-1} formes trinaires.

VI. Tout diviseur qui est trinaire, est nécessairement réciproque; et tout diviseur qui est réciproque, est en même temps trinaire. Ces deux propriétés sont inséparables l'une de l'autre et appartiennent exclusivement à l'un des groupes dans lesquels se partagent les diviseurs quadratiques d'une même formule t^2+cu^2 (n°s 202 et 203).

VII. Lorsque c est un nombre premier $4n+1$, ou le double d'un nombre premier quelconque, tout diviseur quadratique $4n+1$ de la formule t^2+cu^2, est un diviseur réciproque.

VIII. Lorsque c est un nombre premier $8n+3$, tout diviseur quadratique $4n+2$ de la formule t^2+cu^2, est un diviseur réciproque.

IX. Chaque forme trinaire d'un diviseur réciproque correspond toujours à une forme trinaire du nombre c; de sorte qu'il y a pour chaque diviseur réciproque autant de formes trinaires du nombre c qu'il y a de formes trinaires de ce diviseur.

X. Les valeurs trinaires du nombre c, déduites d'un même diviseur réciproque, sont égales deux à deux si ce diviseur est *bifide*. (Nous avons appelé ainsi le diviseur $py^2+2qyz+rz^2$, lorsqu'il tombe dans l'un des trois cas $q=0$, $2q=p$ ou r, $p=r$, et qu'en même temps le plus petit des coefficiens p et r est plus grand que 2.)

XI. Dans tout autre cas, les valeurs trinaires de c, déduites d'un même diviseur trinaire ou réciproque, sont inégales entre elles; elles le sont toujours lorsqu'elles sont déduites de deux diviseurs réciproques différens.

XII. Les nombres compris dans tout diviseur trinaire ou réciproque, se rapportent toujours, comme les nombres c, à l'une des formes $4n+1$, $4n+2$, $8n+3$; il ne s'y rencontre aucun nombre des formes $4n$ et $8n+7$.

XIII. Lorsque N est compris dans un diviseur réciproque de la formule t^2+cu^2, et par suite c dans un diviseur réciproque de la formule t^2+Nu^2, les valeurs trinaires correspondantes de N et de c seront les mêmes dans les deux cas.

(315) Théorème XIII. « Tout nombre impair, excepté seulement les » nombres $8n+7$, est la somme de trois quarrés. »

Cette proposition est un corollaire très-simple de la théorie précédente. Car tout nombre impair c qui n'est pas de la forme $8n+7$ sera, soit de la forme $4n+1$, soit de la forme $8n+3$; la formule t^2+cu^2 sera donc comprise parmi celles de la Table VIII, qu'on doit regarder comme indéfinie. Mais il a été démontré par le théorème X, que toute formule de cette Table a au moins un diviseur quadratique réciproque, et par le théorème XII, on a prouvé que ce diviseur est trinaire, et qu'ainsi il y a au moins une valeur trinaire correspondante de c. Donc tout nombre impair de l'une des formes $4n+1$, $8n+3$, est la somme de trois quarrés.

(316) Il résulte en même temps de la théorie précédente que, quand même c aurait des facteurs quarrés, on pourra toujours exprimer c par la somme de trois quarrés qui n'auront pas de diviseur commun. Car nous ne regardons comme formes trinaires que celles qui satisfont à cette condition, et la Table VIII n'en offre pas d'autres.

C'est ainsi qu'on a $81 = 8^2 + 4^2 + 1^2$, $225 = 14^2 + 5^2 + 2^2$, etc.; d'où l'on voit que tout nombre $4n+1$ ou $8n+3$, a au moins une valeur trinaire qui lui est propre et qui est indépendante de celles des nombres inférieurs.

La partie de ce théorème concernant les nombres $8n+3$, prouve que *tout nombre entier est la somme de trois triangulaires*, ce qui est le fameux théorème de Fermat, dont nous avons parlé (n° 155).

(317) Théorème XIV. « Tout nombre double d'un impair est la » somme de trois quarrés. »

C'est encore une conséquence immédiate des théorèmes X et XII appliqués à la Table VIII, et on voit de plus, par cette théorie, que le nombre dont il s'agit, de la forme $4n+2$, peut toujours se décomposer en trois quarrés qui n'auront pas de diviseur commun.

(318) *Corollaire I.* Un nombre quelconque double d'un impair étant désigné par $4a+2$, on pourra toujours satisfaire à l'équation

$$4a+2 = x^2 + y^2 + z^2;$$

or par la forme du premier membre, on voit que des trois quarrés x^2, y^2, z^2, deux doivent être impairs et un pair. C'est pourquoi faisant $x = p+q$, $y = p-q$, $z = 2r$, on aura

$$2a+1 = p^2 + q^2 + 2r^2.$$

Donc tout nombre impair est de la forme $p^2 + q^2 + 2r^2$.

Cette proposition avait été avancée par Fermat, comme particulière aux nombres premiers $8n+7$; mais on voit qu'elle convient généralement à tous les nombres impairs, et on observera toujours que quand même le nombre dont il s'agit serait divisible par un quarré, on pourra supposer que les trois quarrés p^2, q^2, r^2 ne sont pas divisibles par un même nombre.

(319). *Corollaire II.* Un nombre entier quelconque peut toujours être représenté par l'une des formules $(2a+1)2^{2n}$, $(2a+1)2^{2n+1}$. S'il appartient à la première, il sera, suivant ce qu'on vient de démontrer, de la forme $2^{2n}(p^2+q^2+2r^2)$; s'il appartient à la seconde, il sera de la forme $2^{2n}(p^2+q^2+r^2)$; donc *tout nombre entier, ou au moins son double, est la somme de trois quarrés.*

(320) Théorème XV. « Soit N un nombre quelconque de l'une des » formes $4n+1$, $4n+2$, $8n+3$, lesquelles comprennent tous les » nombres impairs et doubles d'un impair, excepté seulement les » nombres $8n+7$; si on désigne par i le nombre des facteurs premiers, » impairs et inégaux qui divisent N, je dis que le nombre des formes » trinaires de N est toujours multiple de 2^{i-2}, de sorte qu'il ne peut » être moindre que 2^{i-2}. »

En effet, soit $m+n$ le nombre des diviseurs réciproques de t^2+Nu^2, sur lesquels il y en ait m de bifides, et n de non-bifides. Chaque diviseur réciproque non-bifide se décompose en 2^{i-1} formes trinaires auxquelles répond un pareil nombre de valeurs trinaires de N, différentes entre elles. Chaque diviseur bifide se décompose de même en 2^{i-1} formes trinaires; mais comme elles répondent deux à deux à des valeurs trinaires égales de N, le nombre de celles-ci est seulement 2^{i-2}. Donc le nombre total des valeurs trinaires de N étant nommé x, on aura

$$x = 2^{i-2}(2n+m).$$

Donc ce nombre ne peut être moindre que 2^{i-2}, et il sera en général un multiple de 2^{i-2}. Si on a $i=1$, comme alors il ne peut y avoir de diviseur bifide, la formule se réduit à $x=n$.

Appliquant ce théorème au nombre $9225=3^2.5^2.41$, et observant que la formule $t^2+9225u^2$ a cinq diviseurs réciproques, dont deux bifides, on aura $m=2$, $n=3$, $i=3$; donc le nombre des formes trinaires de N est $2.(6+2)=16$, ce que l'on peut aisément vérifier.

(321) De là on voit qu'il n'est pas difficile de *trouver un nombre qui ait tant de formes trinaires qu'on voudra.* Si on veut qu'il ait *au moins* un nombre donné de formes trinaires, il suffira de multiplier jusqu'à un certain degré le nombre de ses facteurs premiers inégaux. Ainsi si on veut qu'un nombre ait au moins 32 ou 2^5 formes trinaires, on sera sûr qu'en donnant sept facteurs premiers à ce nombre, pourvu que le produit ne soit pas de la forme

$8n+7$, il satisfera à la question. Tel sera, par exemple, le nombre 3.5.7.11.13.17.19, qui est de la forme $8n+5$.

Mais si on veut que le nombre cherché ait exactement un nombre déterminé de formes trinaires, il faudra quelques essais pour y réussir. Par exemple, si on veut que $x=20$, on pourra faire $i=4$ et $2n+m=5$, et il restera à trouver parmi les nombres les plus simples, composés de quatre facteurs premiers inégaux, dont le produit n'est pas $8n+7$, celui qui aura trois diviseurs réciproques dont un bifide, ou quatre diviseurs réciproques dont trois bifides ; car dans ces deux cas on aurait également $2n+m=5$.

QUATRIÈME PARTIE.

MÉTHODES ET RECHERCHES DIVERSES.

§ I. *Théorèmes sur les puissances des nombres.*

La méthode dont nous allons donner diverses applications, mérite une attention particulière, en ce qu'elle est jusqu'à présent la seule par laquelle on ait pu démontrer certaines propositions négatives sur les puissances des nombres. Le but de cette méthode est de faire voir que si la propriété dont on nie l'existence avait lieu pour de grands nombres, elle aurait lieu également pour des nombres plus petits. Ce premier point étant établi, la proposition est démontrée, car pour que le contraire eût lieu, il faudrait qu'une suite de nombres entiers décroissans pût être prolongée à l'infini, ce qui implique contradiction. Fermat est le premier qui ait indiqué cette méthode dans une de ses notes sur Diophante, où il prouve que l'aire d'un triangle rectangle en nombres entiers (1) ne saurait être égale à un quarré. Euler en a depuis étendu les applications, et l'a exposée avec beaucoup de clarté, dans le Tom. II de ses Élémens d'Algèbre.

(322) Théorème I. « L'aire d'un triangle rectangle en nombres en-» tiers ne saurait être égale à un quarré. »

Puisqu'on a $(a^2+b^2)^2=(a^2-b^2)^2+(2ab)^2$, il est clair que les trois côtés d'un triangle rectangle peuvent être représentés par les nombres a^2+b^2, a^2-b^2, $2ab$; c'est aussi l'expression générale qu'on déduirait de la résolution directe de l'équation $x^2=y^2+z^2$ (n° 17). Ces trois nombres pourraient de plus être multipliés par un facteur commun θ;

(1) Trois nombres tels que le quarré du plus grand équivaut à la somme des quarrés des deux autres, sont ce qu'on appelle un *triangle rectangle*. On peut donner pour exemple les nombres 3, 4, 5, les nombres 5, 12, 13, et une infinité d'autres.

mais nous ferons abstraction de ce facteur, qui est inutile pour notre objet, et par la même raison, nous supposerons a et b premiers entre eux. En effet, si les trois côtés d'un triangle sont divisibles par θ, l'aire sera divisible par θ^2; donc si cette aire est un quarré, elle le sera encore après avoir été divisée par son facteur θ^2.

Cela posé, appelons A l'aire du triangle dont il s'agit, nous aurons $A = ab(a^2 - b^2)$; et comme les facteurs a et b sont premiers entre eux, ils le seront également avec $a^2 - b^2$; donc pour que A soit un quarré, il faut que chacun des facteurs a, b, $a^2 - b^2$, en soit un. Soit donc $a = m^2$, $b = n^2$, il restera à faire ensorte que $a^2 - b^2$ ou $m^4 - n^4$ soit égal à un quarré.

Cette quantité $m^4 - n^4$ est le produit des deux facteurs $m^2 + n^2$, $m^2 - n^2$: or m et n sont premiers entre eux, puisque a et b le sont. De plus, ils doivent être supposés l'un pair et l'autre impair; car s'ils étaient impairs tous deux, a et b le seraient aussi, et ainsi les trois côtés $a^2 + b^2$, $a^2 - b^2$, $2ab$ seraient divisibles par 2, ce qui est contre la supposition. Donc les facteurs $m^2 + n^2$ et $m^2 - n^2$ sont premiers entre eux, et puisque leur produit doit être un quarré, il faudra que chacun d'eux en soit un.

Faisons en conséquence $m^2 + n^2 = p^2$, $m^2 - n^2 = q^2$, nous aurons... $n^2 + q^2 = m^2$, et $2n^2 + q^2 = p^2$. Donc « si l'aire d'un triangle rectangle » est un quarré, on pourra trouver deux quarrés q^2, n^2, tels que cha- » cune des deux quantités $q^2 + n^2$, $q^2 + 2n^2$ soit égale à un quarré (1).

---

(1) Voici le passage de Fermat que nous suivons assez strictement, en ajoutant seulement les développemens nécessaires pour rendre la démonstration plus claire et plus complète :

« Si area trianguli esset quadratus darentur quadrato-quadrati quorum differentia » esset quadratus : Unde sequitur dari duo quadrata quorum et summa et differentia esset » quadratus. Datur itaque numerus compositus ex quadrato et duplo quadrati æqualis » quadrato, eâ conditione ut quadrati eum componentes faciant quadratum. Sed si nu- » merus quadratus componitur ex quadrato et duplo alterius quadrati, ejus latus simi- » liter componitur ex quadrato et duplo quadrati, ut facillimè possumus demonstrare.

» Unde concluditur latus illud esse summam laterum circa rectum trianguli rec- » tanguli et unum ex quadratis illud componentibus efficere basem et duplum qua- » dratum æquari perpendiculo.

» Illud itaque triangulum rectangulum conficietur à duobus quadratis quorum » summa et differentia erunt quadrati. At isti duo quadrati minores probabuntur pri- » mis quadratis suppositis quorum tàm summa quàm differentia faciunt quadratum. » Ergo si dentur duo quadrata quorum summa et differentia faciunt quadratum, dabi-

Puisqu'on a $p^2 = q^2 + 2n^2$, il faut (n° 141) que p soit de la forme... $f^2 + 2g^2$: or on satisfait à l'équation $q^2 + 2n^2 = (f^2 + 2g^2)^2$ en faisant $q + n\sqrt{-2} = (f + g\sqrt{-2})^2$, ce qui donne

$$q = f^2 - 2g^2$$
$$n = 2fg\,;$$

et cette solution est d'ailleurs aussi complète qu'on peut le desirer, comme on peut s'en assurer par les formules du n° 17. Il reste donc à satisfaire à l'équation $q^2 + n^2 = m^2$, dans laquelle substituant les valeurs trouvées pour q et n, on aura $f^4 + 4g^4 = m^2$.

Cette dernière équation, qui doit être possible si l'aire A est un quarré, présente un nouveau triangle rectangle formé avec l'hypothénuse m et les deux côtés f^2, $2g^2$: or l'aire de ce triangle étant f^2g^2, et par conséquent égale à un quarré, il s'ensuit que si l'aire A du triangle rectangle proposé est égale à un quarré, on pourra, par le moyen de ce triangle, en découvrir un beaucoup plus petit, mais non pas nul, dont l'aire sera pareillement égale à un quarré.

(323) Pour juger de la petitesse de ce second triangle rectangle en comparaison du premier, il faut exprimer la valeur de A en f et g : or on trouve

$$A = (m^4 - n^4)m^2n^2 = 4f^2g^2(f^2 - 2g^2)^2(f^2 + 2g^2)^2(f^4 + 4g^4).$$

D'ailleurs $f^2 - 2g^2$ ne peut être moindre que 1, et on a toujours... $(f^2 + 2g^2)^2 > 8f^2g^2$, $f^4 + 4g^4 > 4f^2g^2$; donc l'aire A est plus grande que $128f^6g^6$; donc f^2g^2, qui est l'aire du second triangle, étant nommée A', on aura $A' < \sqrt[3]{\frac{A}{128}}$.

De là on voit que s'il existe un triangle rectangle en nombres entiers, dont l'aire A soit égale à un quarré, il existera en même temps un triangle rectangle dont l'aire A', plus petite que $\sqrt[3]{\frac{A}{128}}$, sera encore égale à un quarré, et cependant ne sera pas nulle, car l'un des nombres f et g ne peut être nul sans rendre $A = 0$.

» tur in integris summa duorum quadratorum ejusdem naturæ priore minor. Eodem » ratiocinio dabitur et minor ista inventa per viam prioris et semper in infinitum mi- » nores invenientur numeri in integris idem præstantes : quod impossibile est, quia » dato numero quovis integro non possunt dari infiniti in integris illo minores. » *Ed. cit. de Dioph. pag.* 339.

Mais par la même raison, du triangle rectangle dont l'aire A' est égale à un quarré, on pourra déduire un troisième triangle dont l'aire A'', plus petite que $\sqrt[3]{\frac{A'}{128}}$, sera égale à un quarré, et ainsi à l'infini. Or il implique contradiction qu'une suite de nombres entiers A, A', A'', etc., quand même ils ne seraient pas quarrés, soit décroissante et prolongée à l'infini. Donc il n'existe aucun triangle rectangle dont l'aire soit égale à un quarré.

Corollaire. La même démonstration prouve que la formule $m^4 - n^4$ ne peut être un quarré, non plus que la formule $f^4 + 4g^4$, excepté seulement dans les cas évidens, l'un de $m = n$, ou $n = 0$; l'autre de f ou $g = 0$.

On peut aussi en conclure que l'équation $x^4 + y^4 = 2p^2$ est impossible, hors le cas de $x = y$; car de cette équation on tirerait... $p^4 - x^4y^4 = \left(\frac{x^4 - y^4}{2}\right)^2$; or on vient de voir que le premier membre ne peut être un quarré.

(324) Théorème II. « La somme de deux biquarrés ne peut être égale » à un quarré, à moins que l'un d'eux ne soit nul. »

Soit, s'il est possible, $a^4 + b^4 = c^2$; il faudra d'abord qu'on ait $a^2 = p^2 - q^2$, $b^2 = 2pq$, $c = p^2 + q^2$. J'observe ensuite que a et b pouvant être supposés premiers entre eux, p et q seront pareillement premiers entre eux, et même ils ne pourront être tous deux impairs; car s'ils l'étaient, a et b seraient tous deux pairs. On ne pourra non plus supposer p pair et q impair, parce qu'alors $p^2 - q^2$ serait de la forme $4k - 1$, laquelle ne peut convenir au quarré a^2. Donc il faudra que p soit impair et q pair, et ainsi, pour satisfaire à l'équation $b^2 = 2pq$, on prendra $p = m^2$, $q = 2n^2$, valeurs qui étant substituées dans l'autre équation $a^2 = p^2 - q^2$, donneront $m^4 - 4n^4 = a^2$.

Cette dernière équation exprimant que le quarré m^4 est égal à la somme de deux autres quarrés $4n^4$, a^2, le seul moyen d'y satisfaire est de prendre $m^2 = f^2 + g^2$, $2n^2 = 2fg$, $a = f^2 - g^2$. Or l'équation $n^2 = fg$, où f et g doivent être premiers entre eux, donne $f = \alpha^2$, $g = \beta^2$, et par ces valeurs, l'équation $m^2 = f^2 + g^2$ devient $\alpha^4 + \beta^4 = m^2$.

D'où l'on voit que s'il existe deux biquarrés a^4, b^4 dont la somme soit égale à un quarré c^2, il existera en même temps deux autres biquarrés beaucoup plus petits α^4, β^4 dont la somme sera pareillement égale à un quarré.

(325) Et pour rendre sensible la petitesse de ceux-ci en comparaison des premiers, on déduira des valeurs précédentes,

$$a = \alpha^4 - \beta^4$$
$$b = 2\alpha\beta\sqrt{(\alpha^4 + \beta^4)};$$

ce qui donne $\alpha^4 + \beta^4 = \sqrt{[\frac{1}{2}a^2 + \frac{1}{2}\sqrt{(a^4 + b^4)}]}$, et par conséquent... $\alpha^4 + \beta^4 < \sqrt[4]{(a^4 + b^4)}$. On remarquera d'ailleurs que α ni β ne peuvent être zéro, parce qu'il s'ensuivrait $b = 0$, cas exclu.

S'il existe donc un quarré c^2 égal à la somme de deux biquarrés, on connaîtra par son moyen un second quarré c'^2, pareillement égal à la somme de deux biquarrés, et dont le côté c' sera $< \sqrt[4]{c}$, sans être nul; mais par la même raison, le quarré c'^2 en fera connaître un troisième c''^2 jouissant de la même propriété, et dont le côté c'' sera $< \sqrt[4]{c'}$, sans être nul; ainsi de suite. Or il implique contradiction qu'une suite de nombres entiers c, c', c'', etc. dont chacun est plus petit que la racine quatrième du précédent, sans être nul, puisse être prolongée à l'infini. Donc il est impossible qu'un quarré se décompose en deux biquarrés.

Corollaire. La même démonstration prouve que la formule $m^4 - 4n^4$ ne peut être égale à un quarré, si ce n'est lorsque $n = 0$.

(326) Théorème III. « La formule $x^4 + 2y^4$ ne peut être égale à un » quarré, si ce n'est lorsque $y = 0$. »

Car si l'on fait $x^4 + 2y^4 = z^2$, il faudra d'abord supposer $z = p^2 + 2q^2$, $x^2 = p^2 - 2q^2$, $y^2 = 2pq$; ensuite l'équation $x^2 = p^2 - 2q^2$ donnera... $x = m^2 - 2n^2$; $p = m^2 + 2n^2$, $q = 2mn$. Ces valeurs étant substituées dans l'équation $y^2 = 2pq$, on aura $y^2 = 4mn(m^2 + 2n^2)$. Pour satisfaire à cette dernière équation, j'observe que les nombres m et n sont premiers entre eux; car s'ils avaient un commun diviseur, p et q en auraient un aussi, et par suite x et y, ce qu'on ne doit pas supposer. Donc si $mn(m^2 + 2n^2)$ est un quarré, il faudra que ses trois facteurs m, n, $m^2 + 2n^2$ soient chacun un quarré. Soit donc $m = f^2$, $n = g^2$, et il restera à faire ensorte que $f^4 + 2g^4$ soit égale à un quarré.

Cette formule est semblable à la proposée, et il est visible qu'elle est exprimée en nombres beaucoup plus petits, car on a $x^4 + 2y^4 > p^4$, et par conséquent p ou $f^4 + 2g^4 < \sqrt[4]{(x^4 + 2y^4)}$; d'ailleurs les nombres f et g ne sont nuls, ni l'un ni l'autre, puisque s'ils l'étaient, ils rendraient y nul, ce qui est un cas dont on fait abstraction. De là il suit que si on a un quarré A^2 qui soit de la forme x^4+2y^4, on pourra en déduire un second quarré A'^2 qui sera de la même forme, et dont le côté A' sera $<\sqrt[4]{A}$: mais par la même raison le quarré A'^2 en fera connaître un troisième A''^2 de même forme, et ainsi de suite. Or il est impossible qu'une suite de nombres entiers A, A', A'', etc. soit décroissante et prolongée à l'infini; donc il est impossible que la formule x^4+2y^4 soit un quarré, à moins qu'on n'ait $y=0$.

Corollaire. Il suit de cette proposition, que la formule x^4-8y^4 ne peut non plus être égale à un quarré; car si on avait $x^4-8y^4=z^2$, il s'ensuivrait que $z^4+2(2xy)^4$ est égale au quarré $(x^4+8y^4)^2$, ce qui ne peut avoir lieu que lorsque $y=0$.

(327) Théorème IV. « Aucun nombre triangulaire, excepté l'unité, » n'est égal à un biquarré. »

Soit, s'il est possible, $\frac{1}{2}x(x+1)=y^4$, ou $x(x+1)=2y^4$; si l'on fait $y=mn$, m et n étant deux indéterminées, cette équation ne pourra se décomposer que de l'une de ces deux manières:

$$\left.\begin{aligned} x &= 2m^4 \\ x+1 &= n^4 \end{aligned}\right\}(1) \qquad \left.\begin{aligned} x+1 &= 2m^4 \\ x &= n^4 \end{aligned}\right\}(2),$$

lesquelles donnent, soit $1=n^4-2m^4$, soit $1=2m^4-n^4$.

La seconde combinaison donnerait $m^8-n^4=(m^4-1)^2$, équation impossible, parce que le premier membre est de la forme p^4-q^4, laquelle ne peut être un quarré, que dans le cas évident de $m=1=x$.

La première combinaison donne $1+2m^4=n^4$, équation également impossible, parce qu'en vertu du théorème précédent, le premier membre ne peut être un quarré. Donc aucun nombre triangulaire, excepté 1, n'est égal à un biquarré.

(328) Théorème V. « La somme ou la différence de deux cubes ne » peut être égale à un cube. »

Soit, s'il est possible, $x^3\pm y^3=z^3$, on pourra supposer à l'ordinaire que les deux nombres x et y sont premiers entre eux, et alors y et z seront également premiers entre eux, ainsi que x et z. Cela posé, des trois nombres x, y, z, il y en aura toujours deux impairs et un pair; soient x et y les deux impairs, qu'on peut toujours placer dans un même membre; si l'on fait $x\pm y=2p$, $x\mp y=2q$, ou bien $x=p+q$,

$\pm y = p - q$, on aura par la substitution $2p(p^2+3q^2) = z^3$; et on observera ultérieurement, que puisque $p+q$ et $p-q$ doivent être impairs, il faut que p et q soient l'un pair, l'autre impair; de sorte que p^2+3q^2 sera toujours impair. Mais $2p(p^2+3q^2)$ devant être un cube, il est clair que $2p$ sera divisible par 8, et ainsi p sera pair et q impair. Maintenant il y a deux cas à distinguer, selon que p est ou n'est pas divisible par 3.

(329) *Premier cas.* Si p n'est pas divisible par 3, les facteurs $2p$, p^2+3q^2 seront premiers entre eux, et si leur produit est un cube, il faudra que chacun d'eux en soit un. Soit donc $p^2+3q^2 = r^3$, alors r sera de la forme m^2+3n^2, et on pourra faire $p+q\sqrt{-3} = (m+n\sqrt{-3})^3$, ce qui donnera

$$p = m^3 - 9mn^2$$
$$q = 3m^2n - 3n^3.$$

Ces valeurs satisfont à l'équation $p^2+3q^2 = r^3$, mais d'ailleurs elles ont toute la généralité nécessaire, ainsi qu'on peut s'en assurer par la résolution directe de cette équation. Il ne reste donc plus qu'à faire ensorte que $2p$ ou $2m(m+3n)(m-3n)$ soit un cube. Or il est aisé de voir que les trois facteurs de cette quantité sont premiers entre eux, et ainsi chacun d'eux doit être un cube; soit en conséquence $m+3n = a^3$, $m-3n = b^3$, $2m = c^3$, on aura $a^3+b^3 = c^3$. De là on voit que si l'équation $x^3 \pm y^3 = z^3$ est possible en nombres entiers, l'équation $a^3+b^3 = c^3$, semblable à la première et exprimée en nombres beaucoup plus petits, sera également possible.

Soit $A = x^3 \pm y^3 = 2p(p^2+3q^2)$, et $A' = a^3+b^3$, on aura par la substitution des valeurs précédentes,

$$A = (a^3+b^3)a^3b^3\left(\frac{a^6+a^3b^3+b^6}{3}\right)^3,$$

et à cause de $a^6+b^6 > 2a^3b^3$, cette formule donnera $A > (a^3+b^3)a^{12}b^{12}$. Mais (excepté dans le cas de $a=b=1$ qui ne peut jamais avoir lieu) on a toujours $a^3b^3 > \frac{a^3+b^3}{2}$; donc $\frac{A}{2}$ est plus grand que $\left(\frac{a^3+b^3}{2}\right)^5$ ou $\left(\frac{A'}{2}\right)^5$; donc $\frac{A'}{2} < \sqrt[5]{\frac{A}{2}}$. Mais par le même raisonnement on déduirait du cube A' un troisième cube A'' tel que $\frac{1}{2}A''$ serait $< \sqrt[5]{\frac{1}{2}A'}$, et ainsi à l'infini : or il est impossible qu'une suite de nombres entiers A, A', A'', etc. soit décroissante et prolongée à l'infini; donc il est impossible que la formule $2p(p^2+3q^2)$ soit un cube, au moins lorsque p n'est pas divisible par 3.

(330) *Second cas.* Si p est divisible par 3, on fera $p=3r$, et la formule $2p(p^2+3q^2)$ deviendra $18r(q^2+3r^2)$. Maintenant comme les facteurs $18r$, q^2+3r^2 sont premiers entre eux, il faudra que chacun d'eux soit un cube. Faisant donc d'abord $q^2+3r^2=(f^2+3g^2)^3$, ou plutôt $q+r\sqrt{-3}=(f+g\sqrt{-3})^3$, ce qui donnera

$$q=f^3-9fg^2$$
$$r=3f^2g-3g^3,$$

il restera à faire ensorte que $18r$ ou $27.2g(f+g)(f-g)$ soit un cube. De là on déduira comme ci-dessus $f+g=a^3$, $f-g=b^3$, $2g=c^3$, et par conséquent $a^3-b^3=c^3$. Or on fera voir de même que le cube c^3 égal à a^3-b^3, est beaucoup plus petit que le cube z^3 égal à $2p(p^2+3q^2)$ (car on aurait $c<\sqrt[9]{\frac{8}{9}z}$) on retombera donc encore sur une suite de nombres entiers qui devrait être décroissante et prolongée à l'infini; d'où l'on conclura que l'équation $x^3\pm y^3=z^3$ est impossible, à moins que l'un des termes ne soit zéro.

(331) Théorème VI. « La somme ou la différence de deux cubes iné» gaux ne peut être double d'un cube. »

Soit, s'il est possible, $x^3\pm y^3=2z^3$, les nombres x et y qu'on peut supposer premiers entre eux seront tous deux impairs; ainsi on pourra faire $x=p+q$, $\pm y=p-q$, ce qui donnera $p(p^2+3q^2)=z^3$, et il faudra distinguer deux cas, selon que p est ou n'est pas divisible par 3.

1°. Si p n'est pas divisible par 3, les deux facteurs p, p^2+3q^2 seront premiers entre eux, ainsi il faudra que chacun d'eux soit un cube. Or en faisant $p^2+3q^2=(m^2+3n^2)^3$, ou plutôt $p+q\sqrt{-3}=(m+n\sqrt{-3})^3$, on aura comme ci-dessus, $p=m^3-9mn^2=m(m+3n)(m-3n)$. Donc puisque ce produit est un cube, et que ses trois facteurs sont premiers entre eux, il faudra faire $m+3n=a^3$, $m-3n=b^3$, $m=c^3$, ce qui donnera $a^3+b^3=2c^3$, équation semblable à la proposée, mais exprimée en nombres beaucoup plus petits.

2°. Si p est divisible par 3, soit $p=3r$, on aura $9r(3r^2+q^2)=z^3$, de sorte que $9r$ doit être un cube aussi bien que $3r^2+q^2$. Celui-ci devient un cube en faisant $q+r\sqrt{-3}=(m+n\sqrt{-3})^3$, ce qui donne

$r = 3m^2n - 3n^3$, partant $9r = 27n(m+n)(m-n)$. Cette quantité devant être un cube, on fera comme ci-dessus $m+n = a^3$, $m-n = b^3$, $n = c^3$, ce qui donnera de nouveau $a^3 - b^3 = 2c^3$, équation encore semblable à la proposée, mais exprimée en nombres beaucoup plus petits.

De là on conclura, comme dans les théorèmes précédens, que l'équation proposée $x^3 \pm y^3 = 2z^3$ est impossible, à moins que x ne soit égal à y.

(332) Théorème VII. « Aucun nombre triangulaire, excepté 1, n'est » égal à un cube. »

Car supposons pour un moment qu'on ait $\frac{1}{2}x(x+1) = y^3$, ou $x(x+1) = 2y^3$; si on fait $y = mn$, m et n étant deux indéterminées, cette équation ne pourra se décomposer que de l'une de ces deux manières :

$$\left.\begin{aligned} 1 + x &= 2m^3 \\ x &= n^3 \end{aligned}\right\} (1) \qquad \left.\begin{aligned} 1 + x &= n^3 \\ x &= 2m^3 \end{aligned}\right\} (2),$$

lesquelles donnent $n^3 \pm 1 = 2m^3$. Mais suivant le théorème précédent, cette équation ne peut avoir lieu, à moins qu'on n'ait $n = 1$, donc, excepté les cas de $x = 0$ et $x = 1$, il ne peut y avoir aucun nombre triangulaire égal à un cube.

Corollaire. L'équation $\frac{1}{2}x(x+1) = y^3$, peut être mise sous la forme $8y^3 + 1 = z^2$; donc celle-ci n'est possible que pour les seuls cas de $y = 0$ et $y = 1$.

Remarque. Nous avons démontré dans ce paragraphe, que l'équation $x^3 \pm y^3 = z^3$ est impossible, ainsi que l'équation $x^4 \pm y^4 = z^2$, et à plus forte raison $x^4 \pm y^4 = z^4$. Fermat a assuré, de plus (Ed. cit. de Dioph. pag. 61), que l'équation $x^n + y^n = z^n$, est généralement impossible, lorsque n surpasse 2; mais cette proposition, passé le cas de $n = 4$, est du nombre de celles qui restent à démontrer, et pour lesquelles les méthodes que nous venons d'exposer paraissent insuffisantes. Au reste, il est aisé de voir que la proposition serait démontrée en général, si elle l'était pour le cas où n est un nombre premier.

§ II. *Théorèmes concernant la résolution en nombres entiers de l'équation* $x^n - b = ay$.

(333) Si l'on satisfait à l'équation proposée en faisant $x = \theta$, on y satisfera plus généralement, en faisant $x = \theta + az$, z étant un nombre indéterminé. Or dans la suite formée d'après le terme général $\theta + az$, il y aura toujours un terme compris entre $-\frac{1}{2}\theta$ et $\frac{1}{2}\theta$; on peut donc regarder ce terme comme une *solution* ou *racine* de l'équation proposée; et la question est de trouver toutes les solutions ou racines de cette sorte dont l'équation proposée est susceptible. Voici différens théorèmes qui remplissent cet objet, dans le cas où a est un nombre premier; nous considérerons ensuite le cas où a est un nombre composé.

(334) Théorème I. « L'équation $x^n - b = \mathcal{M}(a)$ (1), dans laquelle a » est un nombre premier, et b un nombre non-divisible par a, ne sera » possible qu'autant qu'on aura $b^{\frac{a-1}{\omega}} - 1 = \mathcal{M}(a)$, ω étant le commun » diviseur de n et de $a-1$. Si cette condition est remplie, l'équation » proposée aura un nombre ω de solutions qui seront comprises dans » l'équation $x^\omega - b^\pi = \mathcal{M}(a)$, où π est le moindre entier positif qui » satisfait à l'équation $\pi n - \varphi(a-1) = \omega$. »

Si l'équation proposée est résoluble, on aura, en rejetant les multiples de a, $x^n = b$; on a en même temps, par le théorème de Fermat (n° 129), $x^{a-1} = 1$. Les deux nombres n et $a-1$ ayant pour commun diviseur ω, si l'on fait $n = n'\omega$, $a-1 = a'\omega$, il sera facile de trouver deux autres nombres positifs π et φ tels qu'on ait

$$\pi n' - \varphi a' = 1.$$

Maintenant des équations $x^{n'\omega} = b$, $x^{a'\omega} = 1$, on tire ....
$b^\pi = x^{\pi n'\omega} = x^{\varphi a'\omega + \omega} = x^\omega$, donc $x^\omega = b^\pi$, ou

$$x^\omega - b^\pi = \mathcal{M}(a);$$

(1) L'expression abrégée $\mathcal{M}(a)$ désigne un multiple de a.

d'où l'on voit que l'équation proposée ne pourra avoir qu'un nombre ω de solutions (n° 132); et pour qu'elle ait effectivement ces solutions, il faudra que les deux équations $x^{n'\omega}=b$, $x^{d'\omega}=1$ puissent s'accorder entre elles. Or ces dernières donnent $x^{n'd'\omega}=b^{d'}$, $x^{n'd'\omega}=1^{n'}=1$; donc il faudra qu'on ait $b^{d'}=1$, ou

$$b^{d'}-1=\mathcal{M}(a).$$

Cette condition est la seule nécessaire, et toutes les fois qu'elle sera remplie, l'équation proposée aura un nombre ω de solutions contenues dans l'équation $x^{\omega}-b^{\pi}=\mathcal{M}(a)$. Or on s'assure que celle-ci a effectivement un nombre ω de solutions, en observant que $x^{\omega}-b^{\pi}$ est facteur de $x^{d'\omega}-b^{d'\pi}$ qui revient à $x^{a-1}-1+aR$.

Remarquez que si dans l'équation proposée n est plus grand que $a-1$, on peut ôter de cet exposant les multiples de $a-1$, et ne conserver que le reste positif. En effet x^{a-1} divisé par a, laisse le reste 1; donc $x^{(a-1)m+n}$ divisé par a, laissera le même reste que x^n.

(335) Il suit du théorème précédent, que l'équation $x^n-b=\mathcal{M}(a)$ aura toujours une solution, quel que soit b, lorsque n et $a-1$ seront premiers entre eux; soit alors π le plus petit nombre positif qui satisfait à l'équation $\pi n-\varphi(a-1)=1$, cette solution sera $x=b^{\pi}$.

En général, ce théorème a l'avantage d'indiquer tout-à-la-fois si l'équation proposée est résoluble, combien elle a de solutions, et quelle est l'équation la plus simple qui contient toutes ces solutions. Dans l'équation réduite, l'exposant de x sera toujours diviseur de $a-1$; ainsi il ne s'agit plus que de trouver les solutions de l'équation $x^n-b=\mathcal{M}(a)$, dans la supposition que n soit diviseur de $a-1$. Or il est facile de voir que si on connaît une des valeurs de x, on les aura toutes en multipliant la valeur connue par les différentes racines de l'équation..... $x^n-1=\mathcal{M}(a)$; il convient donc avant tout, de s'occuper de la résolution de cette dernière équation.

(336) Théorème II. « Étant proposée l'équation $x^n-1=\mathcal{M}(a)$,
» dans laquelle a est un nombre premier, et n un diviseur de $a-1$,
» ensorte qu'on ait $a-1=d'n$,

» 1°. On aura $x=u^{a'}$, u étant un nombre quelconque non-divisible » par a.

» 2°. Si θ est une valeur de x, θ^m en sera une aussi, quel que soit » l'exposant m.

» 3°. Si le nombre θ est tel que $\theta^{\frac{n}{\nu}}-1$ ne soit pas divisible par a, » ν étant un diviseur premier de n, la formule $x=\theta^m$ contiendra » toutes les solutions de l'équation proposée, lesquelles seront 1, » θ, $\theta^2 \ldots \theta^{n-1}$, ou les restes de ces quantités divisées par a.

» 4°. Non-seulement il y a plusieurs nombres θ qui jouissent de cette » propriété, mais le nombre en est $n\left(1-\frac{1}{\nu}\right)\left(1-\frac{1}{\nu'}\right)\left(1-\frac{1}{\nu''}\right)$, etc., » ν, ν', ν'', etc. étant les différens nombres premiers qui peuvent di- » viser n. »

Car 1°. si l'on fait $x=u^{a'}$, on aura $x^n-1=u^{a'n}-1=u^{a-1}-1$, quantité toujours divisible par a.

2°. Si $x=\theta$, on aura, en rejetant les multiples de a, $\theta^n=1$: faisant donc $x=\theta^m$, on aura pareillement $x^n=\theta^{mn}=1$, quel que soit m.

3°. L'équation proposée devant avoir n solutions, la formule $x=\theta^m$ les donnera toutes, si dans la suite 1, θ, θ^2, $\theta^3 \ldots \theta^{n-1}$, il n'y a pas deux termes égaux (en rejetant toujours les multiples de a.) Or supposons $\theta^\mu=\theta^\lambda$, il en résultera $\theta^\sigma=1$, σ étant $\mu-\lambda$ ou $\lambda-\mu$, et par conséquent moindre que n. Mais comme on a déjà $\theta^n=1$, si on appelle ε le commun diviseur de σ et de n, et qu'on résolve l'équation... $ny-\sigma z=\varepsilon$, on aura $\theta^{ny}=\theta^{\sigma z+\varepsilon}$; le premier membre, à cause de $\theta^n=1$, se réduit à 1; le second, à cause de $\theta^\sigma=1$, se réduit à θ^ε; ainsi on aurait $\theta^\varepsilon=1$. Soit $n=\varepsilon n'$, et $n'=n''\nu$, ν étant un nombre premier; puisqu'on a $\theta^\varepsilon=1$, on aura aussi $\theta^{\varepsilon n''}=1$, ou $\theta^{\frac{n}{\nu}}=1$; équation impossible, puisqu'on a supposé dans l'énoncé du théorème, que la quantité $\theta^{\frac{n}{\nu}}-1$ ne peut être divisible par a; donc la formule $x=\theta^m$ renfermera implicitement toutes les solutions de l'équation proposée.

4°. Soit ν l'un des diviseurs premiers de n; de même qu'il n'y a que n valeurs de x qui satisfont à l'équation $x^n-1=\mathcal{M}(a)$, il n'y a aussi que $\frac{n}{\nu}$ valeurs de θ qui donnent $\theta^{\frac{n}{\nu}}=1$. Donc sur n valeurs que doit avoir θ dans l'équation $\theta^n=1$, il y en a $n-\frac{n}{\nu}$ qui ne donnent pas $\theta^{\frac{n}{\nu}}=1$. Raisonnant de même à l'égard des autres facteurs premiers dont n peut être composé, on conclura qu'il y a un nombre.......... $n\left(1-\frac{1}{\nu}\right)\left(1-\frac{1}{\nu'}\right)\left(1-\frac{1}{\nu''}\right)$, etc. de valeurs de θ, telles qu'aucune des quantités $\theta^{\frac{n}{\nu}}-1$, $\theta^{\frac{n}{\nu'}}-1$, $\theta^{\frac{n}{\nu''}}-1$, etc., n'est divisible par a.

(337) Donc si n est un nombre premier, il suffira d'avoir une valeur de x autre que l'unité, et cette valeur étant nommée θ, la formule $x=\theta^m$ contiendra toutes les valeurs de x.

Si n est une puissance d'un nombre premier ν, pour que la valeur $x=\theta$ qui satisfait à l'équation $x^n=1$, en donne la solution complète, il faudra que $\theta^{\frac{n}{\nu}}$ ne soit pas égale à $+1$, et alors on aura $x=\theta^m$.

Enfin si n est de la forme $\nu^\alpha\nu'^\beta\nu''^\gamma$, etc., comme on peut toujours le supposer, je fais $\nu^\alpha=\mu$, $\nu'^\beta=\mu'$, $\nu''^\gamma=\mu''$, etc., et je résous séparément les équations

$$x^\mu-1=\mathcal{M}(a),\quad x^{\mu'}-1=\mathcal{M}(a),\quad x^{\mu''}-1=\mathcal{M}(a).$$

Soient $x=\lambda^m$, $x=\lambda'^m$, $x=\lambda''^m$, etc. les solutions complètes de ces équations, je dis qu'en prenant $\theta=\lambda\lambda'\lambda''$, etc., la formule $x=\theta^m$ sera la solution complète de l'équation proposée. C'est un moyen qu'on pourra mettre en usage, lorsqu'on n'aura pas rencontré tout d'un coup, par la formule $x=u^{\alpha'}$, le nombre θ propre à donner toutes les solutions.

EXEMPLE I.

(338) On demande les sept valeurs que doit avoir x dans l'équation $x^7-1=\mathcal{M}(379)$?

Puisque $379-1=7.54$, on aura $x=u^{54}$, u étant un nombre quelconque non-divisible par 379. Soit $u=2$, on aura, en rejetant successivement les multiples de 379, $u^6=64$, $u^{12}=-73$, $u^{24}=23$, $u^{48}=150$, $u^{54}=125$. Donc $x=125$, et comme l'exposant 7 est un nombre premier, toutes les valeurs de x seront comprises dans la formule $x=125^m$, laquelle donne les sept nombres suivans 1, 125, 86, 138, -184, 119, 94. La moindre valeur de x étant 86, on voit qu'il aurait été fort long de chercher les valeurs de x par le tâtonnement, en faisant successivement $x = \pm 1, \pm 2, \pm 3$, etc.

Exemple II.

(339) Étant proposée l'équation $x^{63} - 1 = \mathcal{M}(379)$, on peut, d'après le n° 337, résoudre les équations $x^9 - 1 = \mathcal{M}(379)$, $x^7 - 1 = \mathcal{M}(379)$. Celles-ci ayant pour solutions complètes $x = 180^m$, $x = 125^m$, on en conclura celle de la proposée $x = (180.125)^m = 139^m$; et comme le quarré de 139, divisé par 379, laisse le reste -8, on a plus simplement $x = (-8)^m$.

La même équation aurait donné immédiatement, par la première partie du théorème II, $x = u^6$. Soit $u = 2$, on aura $x = 64$; et comme les diviseurs premiers de $n = 63$ sont 3 et 7, il faut voir si 64^{21} et 64^9 ne donneront pas le reste $+1$. Or on trouve que ces puissances ne donnent pas le reste $+1$; donc 64^m eût été encore la solution complète de la même équation.

(340) Théorème III. « Étant proposée l'équation $x^{2n} + 1 = \mathcal{M}(a)$, » dans laquelle a est premier et $4n$ diviseur de $a - 1$, on résoudra l'é- » quation $x^{4n} - 1 = \mathcal{M}(a)$ qui sera toujours possible. Soit $x = \theta^m$ la » solution complète de celle-ci, je dis que la solution complète de la » proposée sera $x = \theta^{2i+1}$, i étant un nombre quelconque. »

Car θ^m étant une valeur quelconque de x dans l'équation $x^{4n} - 1 = \mathcal{M}(a)$, θ^{2m} sera aussi une valeur quelconque de x dans l'équation $x^{2n} - 1 = \mathcal{M}(a)$. Restent donc les puissances impaires de θ pour résoudre l'équation $x^{2n} + 1 = \mathcal{M}(a)$.

Exemple.

(341) Soit proposée l'équation $x^{36} + 1 = \mathcal{M}(433)$, qui est résoluble, parce que $433 - 1$ divisé par 36, donne le nombre pair 12.

Je me servirai pour cela de l'équation $x^{72} - 1 = \mathcal{M}(433)$, qui donne $x = u^6$. Soit $u = 5$, on aura u^6 ou $x = 37$. Cette valeur étant nommée θ, on a $\theta^{36} = -1$, $\theta^{24} = 198$; donc suivant les parties 2eme et 3eme du théorème II, θ^m est la solution complète de l'équation $x^{72} - 1 = \mathcal{M}(433)$, et par conséquent θ^{2i+1} est celle de la proposée $x^{36} + 1 = \mathcal{M}(433)$. Voici les trente-six solutions qui en résultent.

$$x = 37^{2i+1} = \pm 37 \pm 8 \pm 127 \pm 203 \pm 79 \pm 99 \pm 2 \pm 140 \pm 159$$
$$\pm 128 \pm 133 \pm 216 \pm 55 \pm 148 \pm 32 \pm 75 \pm 54 \pm 117.$$

Les mêmes valeurs seraient renfermées plus simplement dans la formule $x = 2^{2i+1}$.

(342) Théorème IV. « Étant proposée l'équation $x^n - b = \mathcal{M}(a)$, dans » laquelle $b^m = \pm 1$, m étant diviseur de $\frac{a-1}{n}$,

» 1°. Si m et n sont premiers entre eux, et qu'on cherche les nombres » positifs π et φ tels que $\pi n - \varphi m = 1$, je dis qu'on aura $x = b^\pi y$, » y étant une racine quelconque de l'équation $y^n - (\pm 1)^\varphi = \mathcal{M}(a)$;

» 2°. Si m et n ont un commun diviseur ω; soit $n = n'\omega$ et $\pi n' - m = 1$, » on aura $x^\omega = b^\pi y$, ou $x^\omega - b^\pi y = \mathcal{M}(a)$, y étant une racine quel- » conque de l'équation $y^{n'} - (\pm 1)^\varphi = \mathcal{M}(a)$. »

Car en faisant dans le second cas $x^\omega = b^\pi y$, on a $x^{n'\omega}$ ou.... $x^n = b^{\pi n'} y^{n'} = b^{1+\varphi m} (\pm 1)^\varphi = b$. Le premier cas est d'ailleurs une suite du second.

Ce théorème offre déjà un grand nombre de cas où l'on peut rappeler immédiatement l'équation $x^n - b = \mathcal{M}(a)$ à la forme $x^n \pm 1 = \mathcal{M}(a)$. Il indique en même temps une infinité d'autres cas où l'équation..... $x^n - b = \mathcal{M}(a)$ se décompose d'elle-même en un nombre n' d'équations de degré inférieur $x^\omega - b^\pi y = \mathcal{M}(a)$.

Exemple I.

(343) Soit l'équation $x^3 + 49 = \mathcal{M}(223)$, qui est résoluble (Th. I), parce qu'on a $(-49)^{74} = 1$. Les nombres 3 et 74 étant premiers entre eux, on aura, suivant le théorème précédent, $x = (-49)^{25} y = -66y$, y étant une racine de l'équation $y^3 - 1 = \mathcal{M}(223)$.

Remarquez que si on eût proposé l'équation $x^3 + 7 = \mathcal{M}(223)$, il eût été facile de voir qu'une de ses racines est $x = 6$. Or il suit de là que dans l'équation $x^3 + 49 = \mathcal{M}(223)$, on a $x = -36$. En effet, les trois racines de cette dernière sont $x = -36$, -66, 102.

En général, si α est une solution de l'équation $x^n - b = \mathcal{M}(a)$, α^k en sera une de l'équation $x^n - b^k = \mathcal{M}(a)$.

EXEMPLE II.

(344) Étant proposée l'équation $x^6+20=\mathcal{M}(61)$, où l'on a $b=-20$, il faut d'abord, pour que cette équation soit possible (n° 334), qu'on ait, en négligeant les multiples de 61, $b^{10}=1$. Or on trouve $b^5=-1$, et par conséquent $b^{10}=1$; donc l'équation est possible. Ensuite, puisque les exposans 6 et 5 sont premiers entre eux, on aura, suivant le théorème, $x=-20y$, et $y^6+1=\mathcal{M}(61)$. Or l'équation $y^{12}-1=\mathcal{M}(61)$ a pour solution complète $y=29^k$; donc $x=-20.29^{2i+1}=30.13^i$. Les nombres qui en résultent sont ± 7, ± 24, ± 30.

EXEMPLE III.

(345) Soit l'équation $x^{10}-5=\mathcal{M}(601)$, on trouve $b^6=-1$; mais comme 10 et 6 ont pour commun diviseur 2, on fera, suivant la seconde partie du théorème, $x^2=b^5y$ et $y^5-1=\mathcal{M}(601)$. Celle-ci donne $y=(-169)^k$; ainsi l'équation proposée peut se décomposer en cinq autres du second degré, qui sont :

$$x^2-120=\mathcal{M}(601),\quad x^2-154=\mathcal{M}(601),\quad x^2+183=\mathcal{M}(601),$$
$$x^2-276=\mathcal{M}(601),\quad x^2-234=\mathcal{M}(601).$$

Mais cette décomposition est peu avantageuse, car il suffit d'avoir une valeur de x qu'on multipliera par les racines de l'équation $y^{10}-1=\mathcal{M}(601)$; on peut donc n'employer qu'une de ces équations, et la troisième, qui est la même que $x^2+28^2=\mathcal{M}(601)$, est celle d'où l'on tirera le plus aisément une valeur de x (n° 185).

(346) THÉORÈME V. « Soit l'équation à résoudre $x^n-b=\mathcal{M}(a)$, dans » laquelle $b^\omega=1$, ω étant diviseur de $\frac{a-1}{n}$; soit $x=\theta^m$ la solution » complète de l'équation $x^{n\omega}-1=\mathcal{M}(a)$; b devant être un des nombres » θ^n, θ^{2n}, $\theta^{3n}\ldots\theta^{(\omega-1)n}$, je suppose $b=\theta^{\mu n}$: cela posé, je dis que la » solution complète de la proposée sera $x=\theta^{m\omega+\mu}$. »

En effet cette valeur de x donne $x^n=b$, quelle que soit m; il suffit donc de faire voir que b se trouvera toujours parmi les nombres θ^n, θ^{2n}, etc. Or puisque θ^m est la solution complète de l'équation.....

$x^{n\omega} - 1 = \mathcal{M}(a)$, on aura θ^{mn} pour celle de l'équation $x^{\omega} - 1 = \mathcal{M}(a)$; et puisque $b^{\omega} = 1$, il est clair que b doit être un des nombres représentés par θ^{mn}.

Cette méthode pour résoudre l'équation $x^n - b = \mathcal{M}(a)$, n'est sujette à aucune exception; mais il peut être plus ou moins long de chercher b dans la suite θ^n, θ^{2n}, etc., et pour qu'elle réussisse complètement, il faut que le nombre ω ne soit pas bien grand. Si l'équation $b^{\omega} = 1$ résultait de l'équation $b^{\frac{1}{2}\omega} = -1$, il ne faudrait chercher b que dans la suite θ^n, θ^{3n}, θ^{5n} etc.

Exemple.

(347) Soit l'équation $x^{10} - 5 = \mathcal{M}(601)$, déjà traitée (345), mais qui n'a pu se décomposer qu'en facteurs du second degré. On aura, en rejetant les multiples de 601, $b = 5$, $b^6 = -1$, $b^{12} = 1$, et ainsi $\omega = 12$. Maintenant la solution complète de l'équation $x^{120} - 1 = \mathcal{M}(601)$, trouvée par le théorème II, est $x = (-140)^m$; et par conséquent celle de l'équation $x^{12} - 1 = \mathcal{M}(601)$ est $x = (-140)^{10\mu}$ ou 120^{μ}; donc b doit être compris dans la formule 120^{μ}, en prenant pour μ un nombre impair : or on trouve qu'il faut pour cela faire $\mu = 5$. Donc la solution complète de l'équation proposée sera $x = (-140)^{5+12m}$ ou $x = 214.(169)^m$. Les valeurs qui en résultent sont ± 214, ± 106, ± 116, ± 229, ± 237.

(348) Ayant trouvé un nombre θ tel que $\theta^n - b$ est divisible par le nombre premier a, il est facile de trouver une valeur de x telle que $x^n - b$ soit divisible par une puissance quelconque a^{α} de ce nombre premier. Pour cela, soit $\theta^n - b = Ma$, si l'on fait 1°. $x = \theta + Aa$, et qu'on détermine A et M' par l'équation $M + n\theta^{n-1}A = aM'$, il est clair que $x^n - b$ sera divisible par a^2.

Si on fait 2°. $\theta' = \theta + Aa$, $x = \theta' + A'a^2$, et qu'on détermine A' et M'' par l'équation $M' + n\theta'^{n-1}A' = a^2M''$, la quantité $x^n - b$ sera divisible par a^4.

Si on fait 3°. $\theta'' = \theta' + A'a^2$, $x = \theta'' + A''a^4$, et qu'on détermine A'' et M''' par l'équation $M'' + n\theta''^{n-1}A'' = a^4M'''$, le binome $x^n - b$ sera divisible par a^8.

On continuera ainsi jusqu'à ce que $x^n - b$ soit divisible par a^{α}; et si

α n'était pas un terme de la suite 2, 4, 8, 16, etc. on voit aisément quel changement il faudrait apporter à la dernière des équations indéterminées. Ainsi si on avait $\alpha=7$, au lieu de la troisième équation $M''+n\theta''^{n-1}A''=a^4M'''$, on prendrait $M''+n\theta''^{n-1}A''=a^3M''$, et la valeur $x=\theta''+A''a^4$ rendrait x^n-b divisible par a^7.

Nota. Si l'exposant n était divisible par a, il pourrait arriver que quelqu'une des équations qui servent à déterminer A, A', A'', etc., fût impossible; mais alors on aurait acquis la preuve que x^n-b ne peut être divisible par a^α.

(349) Maintenant si l'on veut que x^n-B soit divisible par un nombre composé quelconque $A=a^\alpha b^6 c^\gamma$, etc. dont a^α, b^6, c^γ, etc. sont les facteurs premiers, élevés à des puissances quelconques; il faudra, par ce qui précède, déterminer les nombres λ, μ, ν, etc., tels que les quantités

$$\frac{\lambda^n-B}{a^\alpha},\quad \frac{\mu^n-B}{b^6},\quad \frac{\nu^n-B}{c^\gamma},\quad \text{etc.}$$

soient des entiers. Ensuite on combinera ensemble les équations

$$x=\lambda+a^\alpha z=\mu+b^6 z'=\nu+c^\gamma z''=\text{etc.}$$

Et on obtiendra de cette manière toutes les valeurs de x moindres que $\frac{1}{2}A$, qui rendent x^n-B divisible par A, ou qui satisfont en général à l'équation $x^n-B=Ay$.

Si on avait à résoudre l'équation $Cx^n-B=Ay$, on pourra supposer que C et A n'ont point de commun diviseur; (car s'ils en avaient un, on le ferait disparaître par la division). Soit donc $C\mu-A\nu=1$, si l'on fait $y'=\mu y-\nu x^n$, l'équation à résoudre deviendra $x^n-B\mu=Ay'$, et ainsi sera ramenée au cas déjà traité.

§ III. *Résolution de l'équation* $x^2+a=2^m y$.

(350) Nous avons déjà vu (n° 189) qu'en écartant les cas les plus simples dans lesquels m ne surpasse pas 2, cette équation est résoluble pour toute valeur de m, a étant de la forme $-1\pm 8\alpha$. Voici alors comment on peut trouver la solution générale de cette équation.

Considérons d'abord la suite connue

$$(1+z)^{\frac{1}{2}}=1+\frac{1}{2}z-\frac{1.1}{2.4}z^2+\frac{1.1.3}{2.4.6}z^3-\frac{1.1.3.5}{2.4.6.8}z^4+\text{etc.}$$

et observons que ses coefficiens, réduits à leur plus simple expression, sont :

$$1,\ \frac{1}{2},\ \frac{1}{2^3},\ \frac{1}{2^4},\ \frac{5}{2^7},\ \frac{7}{2^8},\ \frac{21}{2^{10}},\ \frac{33}{2^{11}},\ \text{etc.};$$

de sorte que leurs dénominateurs ne sont autre chose que des puissances de 2 dont les exposans croissent suivant une certaine loi. Pour rendre raison de cette propriété, on peut faire

$$(1+z)^{\frac{1}{2}}=1+Az+Bz^2+Cz^3+\text{etc.};$$

puis quarrant les deux membres, on aura pour déterminer les coefficiens A, B, C, etc., les équations :

$$\begin{aligned}2A&=1\\ 2B&=-A^2\\ 2C&=-2AB\\ 2D&=-2AC-B^2\\ &\text{etc.}\end{aligned}$$

D'où l'on voit que chaque coefficient se détermine à l'aide des précédens, sans introduire aucun dénominateur autre que 2. Donc tout coefficient réduit doit être de la forme $\frac{M}{2^i}$, M étant un entier.

(351) Mais pour appercevoir encore mieux la loi de ces coefficiens

et déterminer en même temps l'exposant de la puissance de 2 qui leur sert de dénominateur, prenons l'expression générale du coefficient de z^n, laquelle est

$$N=\frac{1.1.3.5....(2n-3)}{2.4.6.8....\ 2n}.$$

Tous les termes du dénominateur de cette quantité étant pairs, si on multiplie de part et d'autre par 2^n, on aura

$$2^nN=\frac{1.1.3.5....(2n-3)}{1.2.3.4....\ n}.$$

Multipliant encore les deux membres par $2.4.6...(2n-4)$, le produit sera

$$2^nN(2.4.6...2n-4)=\frac{1.2.3....(2n-3)}{1.2.3....\ n}.$$

Il est visible que le second membre se réduit à $n+1.n+2...2n-3$, et le premier à $2^{2n-2}N(1.2.3....n-2)$; donc on a

$$2^{2n-2}N=\frac{n+1.n+2\ ..2n-3}{1.2.3....\ n-2}.$$

Multipliant successivement les deux membres par n et par $2n-2$, on aura

$$2^{2n-2}nN=\frac{n.n+1.n+2...2n-3}{1\ .\ 2\ .\ 3...n-2},$$

$$2^{2n-2}(2n-2)N=\frac{n+1.n+2...2n-2}{1\ .\ 2...n-2}.$$

Or ces deux quantités doivent être des nombres entiers, puisqu'on sait en général, par la formule du binome, que la quantité

$$\frac{c.c+1.c+2...c+m-1}{1\ .\ 2\ .\ 3....\ \ m}$$

est un nombre entier. Donc faisant $2^{2n-2}nN=E$ et $(2n-2)2^{2n-2}N=E'$, on aura

$$N=\frac{2E-E'}{2^{2n-1}};$$

d'où l'on voit que le coefficient N du terme Nz^n ne peut avoir pour dénominateur que la puissance 2^{2n-1} ou une puissance inférieure de 2, lorsque E' sera pair.

Pour déterminer dans tous les cas ce dénominateur, il faut recourir à la première formule,

$$N=\frac{1.1.3.5...(n-3)}{2.4.6.8...\ \ 2n},$$

et on voit que dans la valeur réduite de N le dénominateur ne sera autre chose que la plus grande puissance de 2 qui divise le produit $2.4.6\ldots 2n$, ou, ce qui revient au même, le produit $1.2.3\ldots 2n$. Or on a donné ci-dessus, (Introd. n° XVIII) l'expression générale de cette puissance, laquelle est $2^{2n-\nu}$, ν étant le nombre des termes .... $2^\alpha + 2^\beta + 2^\gamma +$ etc. dont la somme forme le nombre $2n$.

(352) Pour revenir à la résolution de l'équation $x^2 + a = 2^m y$, lorsqu'on fait $a = -1 \mp 8\alpha$, supposons qu'on développe $\sqrt{(1 \pm 8\alpha)}$ en série, de la même manière que $\sqrt{(1+z)}$, ce qui donnera

$$\sqrt{(1 \pm 8\alpha)} = 1 \pm \frac{1}{2}\, 2^3\alpha - \frac{1.1}{2.4}\, 2^6\alpha^2 \pm \frac{1.1.3}{2.4.6}\, 2^9\alpha^3 - \frac{1.1.3.5}{2.4.6.8}\, 2^{12}\alpha^4 \pm \text{etc.}$$

Un terme quelconque de cette suite peut être représenté par $N.2^{3n}\alpha^n$, et comme N est une fraction qui a pour dénominateur 2 élevé à la puissance $2n-1$ au plus, il est clair que tous les termes de cette suite se réduiront à des entiers divisibles par des puissances de 2 de plus en plus élevées.

Imaginons maintenant qu'on ne prolonge cette suite que jusqu'aux termes exclusivement qui sont divisibles par 2^{m-1}, et dans cette hypothèse faisons

$$\theta = 1 \pm \frac{1}{2}.2^3\alpha - \frac{1.1}{2.4}.2^6\alpha^2 \pm \frac{1.1.3}{2.4.6}.2^9\alpha^3 - \frac{1.1.3.5}{2.4.6.8}.2^{12}\alpha^4 \pm \text{etc.}$$

La quantité $\theta^2 + a$ ou $\theta^2 - (1 \pm 8\alpha)$ ne pourra être composée que de termes divisibles par 2^m; donc en faisant $x = \theta$, on satisfera à l'équation $x^2 + a = 2^m y$. Donc la solution générale de cette équation est

$$x = 2^{m-1}x' \pm \theta.$$

Par exemple, pour résoudre l'équation $x^2 + 15 = 2^{10}y$, on fera $\pm\alpha = 2$, c'est-à-dire que prenant le signe inférieur on fera $\alpha = 2$, et prolongeant la suite jusqu'aux termes divisibles par 2^9 exclusivement, on aura

$$\theta = 1 - \frac{1}{2}.2^4 - \frac{1}{2^3}.2^8 - \frac{3}{2^4}.2^{12} = 1 - 2^3 - 2^5 - 3.2^8.$$

Le terme -3.2^8 se réduit, par la même omission, à -2^8 ou $2^9 - 2^8 = 2^8$; donc on a $\theta = 1 - 8 - 32 + 256 = 217$, et en général $x = 512x' \pm 217$.

§ IV. *Méthode pour trouver le diviseur quadratique qui renferme le produit de plusieurs diviseurs quadratiques donnés.*

(353) PROBLÈME I. « ÉTANT donnés deux diviseurs quadratiques Δ, Δ', » d'une même formule t^2+au^2, trouver le diviseur quadratique qui » renferme leur produit $\Delta\Delta'$. »

Nous distinguerons deux cas, selon que les diviseurs proposés sont de la forme ordinaire $py^2+2qyz+rz^2$ ou de la forme $py^2+qyz+rz^2$, dont les coefficiens sont impairs.

Premier cas. Soit $\Delta=py^2+2qyz+rz^2$ et $\Delta'=p'y'^2+2q'y'z'+r'z'^2$, nous supposerons que les coefficiens p et p' sont premiers entre eux, ou que du moins ils ont été rendus tels par une préparation convenable. Cela posé, si l'on fait $py+qz=x$, $p'y'+q'z'=x'$, on aura $p\Delta=x^2+az^2$, $p'\Delta'=x'^2+az'^2$, donc

$$pp'\Delta\Delta'=(xx'\pm azz')^2+a(xz'\mp x'z)^2.$$

Mais puisqu'on veut que le produit $\Delta\Delta'$ soit contenu dans un diviseur quadratique de la formule t^2+au^2; puisque d'ailleurs ce produit, considéré en général, doit contenir le produit particulier pp', on pourra supposer $\Delta\Delta'=pp'Y^2+2\varphi YZ+\psi Z^2$ et $pp'\psi-\varphi^2=a$, ce qui donnera

$$pp'\Delta\Delta'=(pp'Y+\varphi Z)^2+aZ^2.$$

Comparant cette valeur à la précédente, on aura

$$pp'Y+\varphi Z=xx'\pm azz'$$
$$Z=xz'\mp x'z.$$

Mettant au lieu de a sa valeur $pp'\psi-\varphi^2$, la première de ces deux équations donnera

$$pp'Y=(x\pm\varphi z)(x'-\varphi z')\pm pp'\psi zz';$$

et en substituant de nouveau à la place de x et x' leurs valeurs $py+qz$ et $p'y'+q'z'$, on aura, après avoir divisé par pp',

$$Y=\left(y+\frac{q\pm\varphi}{p}z\right)\left(y'+\frac{q'-\varphi}{p'}z\right)\pm\psi zz'.$$

Cette quantité doit être un nombre entier; indépendamment de toutes valeurs de z et de z', il faut donc que $\frac{q\pm\varphi}{p}$ et $\frac{q'-\varphi}{p'}$ soient des entiers. Soit en conséquence

$$\varphi = pn \mp q = p'n' + q'; \qquad \text{(a)}$$

on pourra toujours déterminer n et n' par l'équation $pn \mp q = p'n' + q'$, puisque p et p' sont premiers entre eux; on aura ainsi la valeur de φ, laquelle donnera un nombre entier pour $\psi = \frac{\varphi^2 + a}{pp'}$. Car ayant..... $\varphi = pn \mp q$, et $q^2 + a = pr$, il s'ensuit que $\varphi^2 + a$ est divisible par p; ayant de même $\varphi = p'n' + q'$ et $q'^2 + a = p'r'$, il s'ensuit que $\varphi^2 + a$ est divisible par p'; donc puisque p et p' sont premiers entre eux, il faudra que $\varphi^2 + a$ soit divisible par pp'.

Les nombres n, n', φ, ψ étant déterminés comme on vient de le dire, si l'on fait

$$Y = (y \pm nz)(y' - n'z') \pm \psi zz'$$
$$Z = xz' \mp x'z = (py + qz)z' \mp (p'y' + q'z')z,$$

on aura le produit cherché

$$\Delta\Delta' = pp'Y^2 + 2\varphi YZ + \psi Z^2;$$

de sorte que ce produit sera contenu dans un nouveau diviseur quadratique de la même formule $t^2 + au^2$.

(354) On doit remarquer, à cause de l'ambiguité du signe $\pm$ dans l'équation (a), que le problème considéré en général a deux solutions. Mais il ne peut en avoir plus de deux. En effet, on peut supposer les nombres p et p' premiers l'un et l'autre; et le diviseur quadratique, quel qu'il soit, qui renferme $\Delta\Delta'$, sera toujours de la forme..... $pp'y^2 + 2\varphi yz + \psi z^2$, où l'on a $\varphi^2 + a = pp'\psi$. Mais lorsque les nombres p et p' sont premiers, il n'y a que deux valeurs de φ moindres que $\frac{1}{2}pp'$, qui rendent $\varphi^2 + a$ divisible par pp'. Donc il n'y a au plus que deux diviseurs quadratiques différens qui renferment le produit $\Delta\Delta'$. Je dis *au plus*, parce que dans quelques cas particuliers, les deux diviseurs quadratiques réduits à l'expression la plus simple, pourront coïncider en un seul, lequel contiendrait $\Delta\Delta'$ dans deux combinaisons différentes. Cela doit arriver, ainsi qu'on en verra un exemple, lorsque la formule $t^2 + au^2$ ne contient qu'un seul diviseur quadratique correspondant aux formes linéaires dans lesquelles pp' est compris.

(355) *Second cas.* Si le nombre a est de forme $8n+3$, et qu'en conséquence le diviseur quadratique Δ, qu'on supposera impair, soit de la forme $py^2+qyz+rz^2$, dans laquelle les coefficiens p, q, r sont impairs, et où l'on a $4pr-q^2=a$, on pourra encore faire usage de l'analyse précédente, pour avoir le produit $\Delta\Delta'$. En effet, comme on a $2\Delta=2py^2+2qyz+2rz^2$, $2\Delta'=2p'y'^2+2q'y'z'+2r'z'^2$, il suffira de mettre dans les formules trouvées $2p$ et $2r$ à la place de p et r. On aura donc, pour déterminer n et n', l'équation

$$pn-p'n'=\tfrac{1}{2}(q'\pm q); \qquad \text{(b)}$$

d'où on déduira les valeurs de φ et ψ, savoir $\varphi=2pn\mp q$, $\psi=\frac{\varphi^2+a}{pp'}$. Faisant ensuite $Y=(y\pm nz)(y'-n'z')\pm\psi zz'$, $Z=(2py+qz)z'\mp(2p'y'+q'z')z$, on aura

$$4\Delta\Delta'=4pp'Y^2+2\varphi YZ+\psi Z^2.$$

Or on voit que Z étant toujours pair, on peut mettre $2Z$ à la place de Z, et alors si l'on fait de nouveau

$$Y=(y\pm nz)(y'-n'z')\pm\psi zz'$$
$$Z=pyz'\mp p'y'z+\tfrac{1}{2}(q\mp q')zz',$$

le produit cherché sera

$$\Delta\Delta'=pp'Y^2+\varphi YZ+\psi Z^2.$$

Exemple I.

(356) Soient proposées les deux formules $\Delta=14y^2+10yz+21z^2$, $\Delta'=9y'^2+2y'z'+30z'^2$, lesquelles représentent deux diviseurs quadratiques de la formule t^2+269u^2. Pour avoir le produit $\Delta\Delta'$ exprimé par une formule de même nature, j'observe que les coefficiens 14 et 9 étant premiers entre eux, on peut, sans aucune préparation, appliquer à cet exemple les formules du n° 353. Faisant donc $p=14$, $q=5$, $p'=9$, $q'=1$, on aura l'équation $14n\mp5=9n'+1$, laquelle donne deux résultats différens, selon qu'on prend le signe supérieur ou l'inférieur.

1°. Avec le signe supérieur, on aura $n=3$, $n'=4$, $\varphi=37$, $\psi=13$, de sorte qu'en faisant

$$Y = yy' + 3zy' - 4yz' + zz'$$
$$Z = 14yz' - 9y'z + 4zz',$$

le produit cherché sera

$$\Delta\Delta' = 126Y^2 + 74YZ + 13Z^2.$$

2°. Avec l'autre signe, on trouve $n = 1$, $n' = 2$, $\varphi = 19$, $\psi = 5$; donc en faisant

$$Y = yy' - zy' - 2yz' - 3zz'$$
$$Z = 14yz' + 9zy' + 6zz',$$

le même produit sera de nouveau

$$\Delta\Delta' = 126\,Y^2 + 38\,YZ + 5Z^2.$$

Maintenant, pour réduire ces produits à l'expression la plus simple, il faut faire, dans le premier cas, $Z = U - 2Y$, et dans le second, $Z = U - 4Y$, ce qui donnera finalement ces deux résultats:

$$(1) \begin{cases} U = 2yy' + 6yz' - 3yz' + 6zz' \\ Y = yy' + 3y'z - 4yz' + zz' \\ \Delta\Delta' = 13U^2 + 22UY + 30Y^2. \end{cases}$$

$$(2) \begin{cases} U = 4yy' + 5y'z + 6yz' - 6zz' \\ Y = yy' - y'z - 2yz' - 3zz' \\ \Delta\Delta' = 5U^2 - 2UY + 54Y^2. \end{cases}$$

EXEMPLE II.

(357) Soient proposés les diviseurs $\Delta = y^2 + yz + 41z^2$, ... $\Delta' = y'^2 + y'z' + 41z'^2$, tous deux appartenans à la formule $t^2 + 163u^2$. Pour avoir leur produit exprimé d'une manière semblable, on suivra les formules du n° 355, lesquelles donneront les deux résultats que voici :

$$(1) \begin{cases} Y = yy' + zy' + 41zz' \\ Z = yz' - y'z \\ \Delta\Delta' = Y^2 + YZ + 41Z^2. \end{cases}$$

$$(2) \begin{cases} Y = yy' - 41zz' \\ Z = yz' + y'z + zz' \\ \Delta\Delta' = Y^2 + YZ + 41Z^2. \end{cases}$$

Dans les deux cas, le produit est de même forme que les deux facteurs; et en effet il ne peut être de forme différente, puisque la formule t^2+163u^2 n'est susceptible que d'un seul diviseur quadratique.

(358) Problème II. « Trouver le produit de deux diviseurs quadra- » tiques semblables $\Delta=py^2+2qyz+rz^2$, $\Delta'=py'^2+2qy'z'+rz'^2$. »

On pourrait, par une transformation, réduire ce problème au précédent; mais il est plus simple de procéder à la résolution directe de la manière suivante :

Soit $py+qz=x$, $py'+qz'=x'$, on aura

$$\Delta\Delta'p^2=(x^2+az^2)(x'^2+az'^2)=(xx'\pm azz')^2+a(xz'\mp x'z)^2.$$

Si dans les signes ambigus du second membre on prend le signe inférieur, et qu'on remette les valeurs de x et x' ainsi que celle de a, on aura $xx'+azz'=p^2yy'+pq(yz'+y'z)+przz'$, et $xz'-x'z=p(yz'-y'z)$; d'où l'on tire, après avoir divisé par p^2,

$$\Delta\Delta'=(pyy'+qyz'+qy'z+rzz')^2+a(yz'-y'z)^2.$$

C'est la première valeur du produit $\Delta\Delta'$ laquelle est de la forme y^2+az^2.

Pour avoir une seconde valeur de ce produit, supposons...... $\Delta\Delta'=p^2Y^2+2\varphi YZ+\psi Z^2$, et à l'ordinaire $p^2\psi-\varphi^2=a$; nous aurons $\Delta\Delta'p^2=(p^2Y+\varphi Z)^2+aZ^2$; de sorte qu'en comparant cette valeur à la première, on aura

$$Z=xz'\mp x'z$$
$$p^2Y+\varphi Z=xx'\pm azz',$$

substituant dans la dernière équation la valeur de a, ainsi que celles de x, x', et Z, on en tire

$$Y=\left(y+\frac{q\pm\varphi}{p}z\right)\left(y'+\frac{q-\varphi}{p}z'\right)\pm\psi zz'.$$

Donc pour que Y soit entier, indépendamment de toute valeur particulière de z et z', il faut que $\frac{q\pm\varphi}{p}$ et $\frac{q-\varphi}{p}$ soient des entiers; de là on voit que dans les signes ambigus on doit prendre seulement le signe inférieur; c'est pourquoi faisant $\varphi=q+pn$, on aura

$$Y=(y-nz)(y'-nz')-\psi zz'$$
$$Z=p(yz'+y'z)+2qzz'.$$

Mais il reste à déterminer n de manière que ψ soit un entier: or on a $\psi=\frac{a+\varphi^2}{p^2}=\frac{pr-q^2+(q+pn)^2}{p^2}=\frac{r+2qn}{p}+n^2$. Donc si l'on cherche les plus petites valeurs de m et n qui satisfont à l'équation

$$r=pm-2qn,$$

toutes les conditions seront remplies; on aura $\varphi=q+pn$, $\psi=m+n^2$, et le produit demandé sera dans sa seconde forme,

$$\Delta\Delta'=p^2Y^2+2\varphi YZ+\psi Z^2.$$

(359) L'équation $r=pm-2qn$, dans laquelle m et n sont des indéterminées, sera toujours résoluble tant que p et $2q$ seront premiers entre eux; elle le serait encore, si p et $2q$ ayant un commun diviseur θ, r était aussi divisible par θ. Ce cas cependant importe peu à considérer, ou même doit être entièrement écarté, parce qu'alors la formule $py^2+2qyz+rz^2$ ne pourrait représenter que des nombres divisibles par θ.

Enfin il peut arriver que p et q aient un commun diviseur θ, lequel ne soit pas commun avec r, alors l'équation $r=pm-2qn$ serait impossible. C'est ce qui aura lieu dans les deux cas ci-après.

1°. Si a est divisible par θ et non par θ^2, car alors p divise bien t^2+au^2, mais p^2 ne peut diviser cette formule qu'en supposant que t et u ne sont pas premiers entre eux.

2°. Si θ étant diviseur commun de p et q, les nombres p et a sont divisibles par θ^2; car alors l'équation $pr-q^2=a$ pourrait avoir lieu, sans que r fût divisible par θ. Dans ce cas, une simple transformation du diviseur $py^2+2qyz+rz^2$ préviendrait la difficulté; ou bien, comme ce diviseur est alors de la forme $p'\theta^2y^2+2q'\theta yz+rz^2$, tandis que la formule qu'il divise est $t^2+a'\theta^2u^2$, on peut mettre y à la place de θy, et u à la place de θu, et on aura $p'y^2+2q'yz+rz^2$ pour diviseur de $t^2+a'u^2$. Or dans cette dernière forme, il n'y a plus lieu à difficulté.

(360) Si le nombre a est de forme $8n+3$, et qu'en conséquence les diviseurs quadratiques proposés soient $\Delta=py^2+2qyz+rz^2$, ... $\Delta'=py'^2+qy'z'+rz'^2$, on trouvera par une analyse semblable à la précédente, deux formes du produit $\Delta\Delta'$. La première qui se présente immédiatement est

$$\Delta\Delta'=Y^2+YZ+\tfrac{1}{4}(a+1)Z^2,$$

où l'on aura

$$Y = pyy' + \tfrac{1}{2}(q-1)yz' + \tfrac{1}{2}(q+1)y'z + rzz'$$
$$Z = yz' - y'z.$$

Pour avoir la seconde forme, il faut chercher les moindres valeurs de m et n qui satisfont à l'équation

$$r = pm - qn.$$

Faisant ensuite les constantes $\varphi = q + 2pn$, $\psi = m + n^2$, et les indéterminées

$$Y = (y - nz)(y' - nz') - \psi zz'$$
$$Z = p(yz' + y'z) + qzz';$$

on aura

$$\Delta\Delta' = p^2Y^2 + \varphi YZ + \psi Z^2.$$

(361) Il est manifeste que le problème général qu'on vient de résoudre comprend, comme cas particulier, celui où il s'agit de trouver le quarré d'un diviseur quadratique donné. Mais alors le produit n'est susceptible que d'une seule forme; car ayant $yz' - y'z = 0$, la première valeur de $\Delta\Delta'$ n'est pas de la forme d'un diviseur quadratique.

En général, puisqu'on peut exprimer le produit de deux diviseurs quadratiques donnés, égaux ou inégaux, par une formule de la même espèce, laquelle est aussi un diviseur quadratique, il s'ensuit qu'on pourra toujours trouver un diviseur quadratique égal au produit de plusieurs diviseurs quadratiques donnés.

Et si on s'occupe seulement de la forme des produits, sans s'inquiéter de la valeur des indéterminées qui y sont contenues, le problème devient beaucoup plus simple, puisqu'il suffit d'opérer sur les coefficiens, lesquels n'offrent qu'un nombre de combinaisons limité.

Ayant donc désigné, par exemple, par A, B, C, D, etc., les différens diviseurs quadratiques qui conviennent à une formule donnée $t^2 + au^2$, on cherchera, par les principes précédens, quelles doivent être les formes des différens produits deux à deux AA, AB, AC, BB, etc. Si l'on trouve que le produit AB peut être à-la-fois de la forme C et de la forme D, on écrira $AB = \begin{cases} C \\ D \end{cases}$, et ainsi des autres. Or on conçoit que les produits deux à deux étant trouvés, on en déduira aisément les produits trois à trois, quatre à quatre, etc.; de sorte qu'on connaîtra en général les diverses formes du produit qui résulte de tant de diviseurs quadratiques qu'on voudra.

Dans cette notation, il convient de distinguer BB de B^2; l'expression BB désigne le produit de deux diviseurs quadratiques semblables à B, mais dont les indéterminées sont différentes; l'expression B^2 désigne le quarré du diviseur B, et suppose par conséquent que les deux facteurs B et B sont identiques, tant dans les coefficiens que dans les indéterminées; cette circonstance apporte une modification au résultat, car nous venons de voir que B^2 n'est susceptible que d'une forme, tandis que BB en a toujours deux. Une pareille différence se fera sentir dans les expressions BBB, B^2B, B^3, et autres semblables : il est donc nécessaire de chercher à quelle forme doit répondre une puissance quelconque d'un diviseur quadratique donné. C'est l'objet du problème suivant.

(362) Problème III. « Étant donné un diviseur quadratique Δ de la » formule t^2+au^2, trouver le diviseur quadratique de la même for- » mule, par lequel la puissance Δ^n puisse être exprimée. »

Premier cas. Soit le diviseur donné $\Delta=py^2+2qyz+rz^2$, et supposons, pour éviter toute difficulté, que ce diviseur a été préparé de manière que le coefficient p est un nombre premier non diviseur de a.

On peut d'abord démontrer qu'il n'existe qu'un seul diviseur quadratique dans lequel Δ^n puisse être contenu. En effet, quel que soit le diviseur quadratique qui contient Δ^n, il devra contenir p^n. Or on a déjà prouvé (n° 232) que p étant un nombre premier, la puissance p^n ne peut appartenir qu'à un seul diviseur quadratique. Donc il n'y a aussi qu'un seul diviseur quadratique qui puisse contenir Δ^n.

Cela posé, puisqu'on a $pr=q^2+a$, si l'on fait en général..... $(q+\sqrt{-a})^n=F+G\sqrt{-a}$, $(q-\sqrt{-a})^n=F-G\sqrt{-a}$, on aura $(q^2+a)^n$ ou $p^nr^n=F^2+aG^2$. Or je dis que G et p sont premiers entre eux, car si G était divisible par p, F le serait aussi d'après la dernière équation. Mais on a

$$F=q^n-\frac{n.n-1}{1.2}q^{n-2}a+\frac{n.n-1.n-2.n-3}{1.2.3.4}.q^{n-4}a^2-\text{etc.};$$

et si on néglige les multiples de p, on aura

$$a=-q^2,\text{ et } F=q^n\left(1+\frac{n.n-1}{1.2}+\frac{n.n-1.n-2.n-3}{1.2.3.4}+\text{etc.}\right)=2^{n-1}q^n.$$

Donc q, et par conséquent a, serait divisible par p, ce qui est contre la supposition.

Puis donc que G et p sont premiers entre eux, on pourra faire... $F=\varphi G+p^n H$, φ et H étant des indéterminées, et en substituant cette valeur dans l'équation $p^n r^n = F^2 + aG^2$, on en conclura que φ^2+a est divisible par p^n, et qu'ainsi on peut faire $\varphi^2+a=p^n\psi$.

Ayant déterminé de cette manière les quantités φ et ψ, on aura le diviseur quadratique $p^n Y^2+2\varphi YZ+\psi Z^2$, lequel appartient à la formule t^2+au^2, puisqu'on a $p^n\psi-\varphi^2=a$. Ce diviseur est celui qui contient généralement la puissance Δ^n, puisqu'il contient le nombre p^n; mais il faut voir comment on déterminera Y et Z en fonctions de y et z.

Soit donc $\Delta^n=p^n Y^2+2\varphi YZ+\psi Z^2$, ou $\Delta^n p^n=(p^n Y+\varphi Z)^2+aZ^2$: on a d'ailleurs $\Delta p=(py+qz)^2+az^2$; donc si l'on fait $py+qz=x$, $p^n Y+\varphi Z=X$, on aura $X^2+aZ^2=(x^2+az^2)^n$. Or on satisfait généralement à cette équation, en prenant $X+Z\sqrt{-a}=(x+z\sqrt{-a})^n$, d'où l'on tire

$$X=x^n-\frac{n.n-1}{1.2}x^{n-2}az^2+\frac{n.n-1.n-2.n-3}{1.2.3.4}x^{n-4}a^2z^4-\text{etc.}$$

$$Z=nx^{n-1}z-\frac{n.n-1.n-2}{1.2.3}x^{n-3}az^3+\frac{n.n-1.n-2.n-3.n-4}{1.2.3.4.5}x^{n-5}a^2z^5-\text{etc.}$$

La valeur de Z est déjà exprimée par une fonction entière de x et de z, ou par une de y et de z; quant à Y, on a $Y=\frac{X-\varphi Z}{p^n}$: or $X^2-\varphi^2Z^2=X^2+aZ^2-p^n\psi Z^2=p^n(\Delta^n-\psi Z^2)$, donc il faut que... $X^2-\varphi^2Z^2$ soit divisible par p^n. Mais on voit par l'équation $p^n\psi-\varphi^2=a$ que φ ne peut être divisible par p, puisqu'alors a serait divisible aussi par p, contre la supposition. On ne peut supposer non plus que Z soit divisible indéfiniment par p, car alors X serait aussi divisible par p, ainsi que x^2+az^2; donc en omettant les multiples de p, on aurait $az^2=-x^2$, valeur qui étant substituée dans celle de X, donne

$$X=x^n\left(1+\frac{n.n-1}{1.2}+\frac{n.n-1.n-2.n-3}{1.2.3.4}+\text{etc.}\right)=2^{n-1}x^n;$$

donc il faudrait que p divisât x, et par suite z, ce qui ne peut avoir lieu, puisque y et z sont des indéterminées à volonté.

Puisque la quantité $X^2-\varphi^2Z^2$ est divisible par p^n, et que ses deux facteurs $X+\varphi Z$, $X-\varphi Z$, ne peuvent avoir p pour commun diviseur, il s'ensuit que l'un de ses facteurs est divisible par p^n. Et comme le signe de φ est arbitraire, on pourra supposer que $X-\varphi Z$ représente celui des deux facteurs qui est divisible par p^n. Donc la valeur de Y développée en fonction de x et z, sera un nombre entier, quels que soient y et z. Donc le diviseur quadratique $p^nY^2 + 2\varphi YZ + \psi Z^2$ ainsi déterminé, sera égal à la puissance n du diviseur proposé $py^2 + 2qyz + rz^2$.

(363) *Second cas.* Soit la formule donnée $\Delta = py^2 + qyz + rz^2$, où l'on suppose p, q, r impairs et $4pr - q^2 = a$.

On préparera encore, s'il est nécessaire, cette formule de manière que le coefficient p soit un nombre premier, et on démontrerait d'ailleurs, comme ci-dessus, qu'il n'y a qu'un seul diviseur quadratique qui puisse contenir la puissance demandée Δ^n.

Représentons ce diviseur par la formule $p^nY^2 + \varphi YZ + \psi Z^2$, il faudra qu'on ait $4p^n\psi = \varphi^2 + a$. Or comme on a déjà $4pr = q^2 + a$, si l'on fait $(\frac{1}{2}q + \frac{1}{2}\sqrt{-a})^n = \frac{1}{2}F + \frac{1}{2}G\sqrt{-a}$, les nombres F et G seront toujours entiers (n° 57), parce que a étant de la forme $8n+3$, $-a$ est de la forme $4n+1$: on aura en même temps $(\frac{1}{2}q - \frac{1}{2}\sqrt{-a})^n = \frac{1}{2}F - \frac{1}{2}G\sqrt{-a}$, et par conséquent $\left(\frac{q^2+a}{4}\right)^n$ ou $p^nr^n = \frac{1}{4}(F^2 + aG^2)$. Or on prouverait, comme ci-dessus, que F et G sont premiers entre eux, ou qu'ils ont seulement 2 pour commun diviseur; donc on pourra faire $F = \varphi G + 2p^nH$, c'est-à-dire qu'on pourra toujours déterminer le nombre impair $\varphi < p^n$ tel que $\frac{F - \varphi G}{p^n}$ soit un entier. Cette valeur de F étant substituée dans l'équation $4p^nr^n = F^2 + aG^2$, on en conclura que $\frac{\varphi^2 + a}{p^n}$ doit être un entier; et comme $\varphi^2 + a$ est de la forme $8n+4$, on aura en même temps $\frac{\varphi^2+a}{4p^n}$ égal à un entier. Soit donc $\varphi^2 + a = 4p^n\psi$, et il est clair que par le moyen de φ et ψ, on aura entièrement déterminé le diviseur quadratique qui contient p^n, lequel sera $p^nY^2 + \varphi YZ + \psi Z^2$.

Maintenant, je dis que ce diviseur contient en général Δ^n, ensorte qu'on peut supposer $p^nY^2 + \varphi YZ + \psi Z^2 = \Delta^n = (py^2 + qyz + rz^2)^n$; c'est ce qui sera évident, si de cette équation on peut tirer des valeurs entières de Y et Z, quelles que soient les indéterminées y et z de la formule proposée.

Or de l'équation précédente on tire

$$4\Delta^n p^n = (2p^nY + \varphi Z)^2 + aZ^2 = 4\left(\frac{(2py+qz)^2}{4} + \frac{az^2}{4}\right)^n.$$

Soit pour un moment $2p^nY + \varphi Z = X$, $2py + qz = x$, on aura l'équation $X^2 + aZ^2 = 4(\frac{1}{4}x^2 + \frac{1}{4}az^2)^n$ à laquelle on satisfait généralement en prenant

$$\left(\tfrac{1}{2}x+\tfrac{1}{2}z\sqrt{-a}\right)^n=\tfrac{1}{2}X+\tfrac{1}{2}Z\sqrt{-a};$$

et on sait que les nombres X et Z tirés de celle-ci seront toujours entiers; il reste donc à démontrer que Y est aussi un entier. Or on a $2p^nY=X-\varphi Z$ et $X^2+aZ^2=4\Delta^n p^n$; substituant dans la seconde, au lieu de a, sa valeur $4p^n\psi-\varphi^2$, on aura $X^2-\varphi^2Z^2=4p^n(\Delta^n-\psi Z^2)$. On prouvera d'ailleurs, comme ci-dessus, que les facteurs $X-\varphi Z$, $X+\varphi Z$ n'ont point de commun diviseur autre que 2; donc puisque $X^2-\varphi^2Z^2$ est divisible par p^n, il faut que l'un des facteurs $X-\varphi Z$, $X+\varphi Z$, soit divisible par p^n; et comme on peut prendre à volonté le signe de φ, on pourra représenter par $X-\varphi Z$ celui des deux facteurs qui est divisible par p^n; il le sera en même temps par $2p^n$, parce que φ est impair; donc la quantité $Y=\frac{X-\varphi Z}{2p^n}$ sera toujours un nombre entier, ou plutôt sera une fonction entière des indéterminées y et z. Donc la formule $p^nY^2+\varphi YZ+\psi Z^2$ représentera en général la puissance n de la formule proposée $py^2+qyz+rz^2$.

Remarque. Si l'on veut simplement savoir à quelle forme des diviseurs quadratiques appartient la puissance n d'un diviseur quadratique donné Δ, l'opération se réduit à déterminer les coefficiens φ et ψ, comme on l'a expliqué dans les deux cas; ensuite on ramènera à l'expression la plus simple la formule $p^ny^2+2\varphi yz+\psi z^2$, ou la formule $p^ny^2+\varphi yz+\psi z^2$ (si a est de la forme $8n+3$), qui contient la puissance désignée.

Il est facile maintenant d'évaluer dans les produits des quantités A, B, C, etc. (n° 361) les termes qui contiennent des puissances de ces quantités.

Exemple I.

(364) Soit la formule t^2+41u^2 dont les cinq diviseurs quadratiques sont :

$$A=y^2+2yz+42z^2 \qquad D=3y^2+2yz+14z^2$$
$$B=2y^2+2yz+21z^2 \qquad E=6y^2+2yz+7z^2.$$
$$C=5y^2+6yz+10z^2$$

Si on multiplie entre eux deux diviseurs, tels que C et D (en distinguant par des accens les indéterminées de l'un des deux), on trouvera (n° 353) que le produit CD, réduit à l'expression la plus simple, est à-la-fois de la forme D et de la forme E. On trouvera semblablement les autres résultats suivans qui renferment les formes des produits de deux diviseurs semblables ou dissemblables, dans toutes les combinaisons possibles: on y a joint les quarrés de ces mêmes diviseurs trouvés par les formules du n° 358, ou par celles du n° 362:

$A^2=A$	$AA=A$	$BB=A$	$CC=\begin{cases}A\\B\end{cases}$	$DD=\begin{cases}A\\C\end{cases}$	$EE=\begin{cases}A\\C\end{cases}$
$B^2=A$	$AB=B$	$BC=C$			
$C^2=B$	$AC=C$	$BD=E$	$CD=\begin{cases}D\\E\end{cases}$	$DE=\begin{cases}B\\C\end{cases}$	
$D^2=C$	$AD=D$	$BE=D$			
$E^2=C$	$AE=E$		$CE=\begin{cases}D\\E\end{cases}$		

De là on déduira la forme du produit de tant de diviseurs qu'on voudra, où l'on pourra faire entrer des puissances supérieures à la seconde, en cherchant leur valeur par les formules du n° 362. Par exemple, les produits des trois diviseurs semblables seront:

$$AAA=AA=A \qquad DDD=\begin{cases}AD\\CD\end{cases}=\begin{cases}D\\D\\E\end{cases}$$

$$BBB=AB=B$$

$$CCC=\begin{cases}AC\\BC\end{cases}=\begin{cases}C\\C\end{cases} \qquad EEE=\begin{cases}AE\\CE\end{cases}=\begin{cases}E\\D\\E\end{cases}$$

d'où l'on voit que le produit BBB se réduit à la seule forme B; que le produit CCC se réduit de deux manières différentes à la forme C; que le produit DDD se réduit de deux manières à la forme D, et d'une manière à la forme E, etc. Dans le cas où les trois facteurs seraient égaux, les produits se réduiraient à une seule forme, et on aurait (n° 362)

$$A^3=A,\quad B^3=B,\quad C^3=C,\quad D^3=E,\quad E^3=D.$$

Exemple II.

(365) Considérons encore la formule t^2+89u^2 qui a sept diviseurs quadratiques, savoir:

$$\begin{aligned} A&=y^2+2yz+90z^2 & E&=7y^2+6yz+14z^2\\ B&=2y^2+2yz+45z^2 & F&=3y^2+2yz+30z^2\\ C&=9y^2+2yz+10z^2 & G&=6y^2+2yz+15z^2.\\ D&=18y^2+2yz+5z^2 \end{aligned}$$

Les combinaisons de ces diviseurs multipliés deux à deux, donnent les résultats suivans, auxquels on a joint les quarrés de ces mêmes diviseurs:

$A^2 = A$	$AA = A$	$BB = A$	$CC = \begin{cases} A \\ D \end{cases}$	$DD = \begin{cases} A \\ D \end{cases}$	$EE = \begin{cases} A \\ B \end{cases}$
$B^2 = A$	$AB = B$	$BC = D$	$CD = \begin{cases} E \\ C \end{cases}$	$DE = \begin{cases} F \\ G \end{cases}$	$EF = \begin{cases} C \\ D \end{cases}$
$C^2 = D$	$AC = C$	$BD = C$	$CE = \begin{cases} F \\ G \end{cases}$	$DF = \begin{cases} E \\ G \end{cases}$	$EG = \begin{cases} C \\ D \end{cases}$
$D^2 = D$	$AD = D$	$BE = E$	$CF = \begin{cases} E \\ F \end{cases}$	$DG = \begin{cases} E \\ F \end{cases}$	$FF = \begin{cases} A \\ C \end{cases}$
$E^2 = B$	$AE = E$	$BF = G$	$CG = \begin{cases} E \\ G \end{cases}$		$FG = \begin{cases} B \\ D \end{cases}$
$F^2 = C$	$AF = F$	$BG = F$			$GG = \begin{cases} A \\ C \end{cases}$
$G^2 = C$	$AG = G$				

De là on déduira aisément les formes des produits de tant de diviseurs qu'on voudra, ayant soin de prendre pour les puissances supérieures à la seconde les formes déterminées nº 362. Par exemple, si on veut avoir toutes les formes des produits A^2B, B^2C, C^2D, etc. on trouvera

$A^2A = A$	$B^2A = A$	$C^2A = D$	$D^2A = D$	$E^2A = B$	$F^2A = C$	$G^2A = C$
$A^2B = B$	$B^2B = B$	$C^2B = C$	$D^2B = C$	$E^2B = A$	$F^2B = D$	$G^2B = D$
$A^2C = C$	$B^2C = C$	$C^2C = \begin{cases} B \\ C \end{cases}$	$D^2C = \begin{cases} B \\ C \end{cases}$	$E^2C = D$	$F^2C = \begin{cases} A \\ D \end{cases}$	$G^2C = \begin{cases} A \\ \text{[illegible]} \end{cases}$
$A^2D = D$	$B^2D = D$	$C^2D = \begin{cases} A \\ D \end{cases}$	$D^2D = \begin{cases} A \\ D \end{cases}$	$E^2D = C$	$F^2D = \begin{cases} B \\ C \end{cases}$	$G^2D = \begin{cases} B \\ C \end{cases}$
$A^2E = E$	$B^2E = E$	$C^2E = \begin{cases} F \\ G \end{cases}$	$D^2E = \begin{cases} F \\ G \end{cases}$	$E^2E = E$	$F^2E = \begin{cases} F \\ G \end{cases}$	$G^2E = \begin{cases} F \\ G \end{cases}$
$A^2F = F$	$B^2F = F$	$C^2F = \begin{cases} E \\ G \end{cases}$	$D^2F = \begin{cases} E \\ G \end{cases}$	$E^2F = G$	$F^2F = \begin{cases} E \\ F \end{cases}$	$G^2F = \begin{cases} E \\ F \end{cases}$
$A^2G = G$	$B^2G = G$	$C^2G = \begin{cases} E \\ F \end{cases}$	$D^2G = \begin{cases} E \\ F \end{cases}$	$E^2G = F$	$F^2G = \begin{cases} E \\ G \end{cases}$	$G^2G = \begin{cases} E \\ G \end{cases}$

Au moyen de ces développemens, on peut voir tout d'un coup quelles sont les combinaisons qui peuvent produire une forme déterminée. Ainsi on voit que A résulte également des sept combinaisons A^2A, B^2A, C^2A, D^2D, E^2B, F^2C, G^2C; de sorte que si on avait à résoudre l'équation $t^2 + 89u^2 = x^2x'$, cette équation aurait sept solutions.

De même ayant trouvé $A^3 = A$, $B^3 = B$, $C^3 = C$, $D^3 = A$, $E^3 = E$, $F^3 = E$, $G^3 = E$, on en conclura que l'équation $y^2 + 89z^2 = x^3$ a deux solutions, que l'équation $7y^2 + 6yz + 14z^2 = x^3$ en a trois, que l'équation $18y^2 + 2yz + 5z^2 = x^3$ n'en a aucune, et ainsi des autres.

§ V. *Résolution en nombres entiers de l'équation* .... $Ly^2+Myz+Nz^2=b\Pi$, Π *étant le produit de plusieurs indéterminées ou de leurs puissances.*

(366) Soit $LN-\frac{1}{4}M^2=a$, si M est pair, ou $4LN-M^2=a$, si M est impair; il est aisé de voir que le premier membre de l'équation proposée sera un diviseur quadratique de la formule t^2+au^2, et cette équation elle-même étant multipliée par L ou $4L$, deviendra de la forme $t^2+au^2=c\Pi$, c étant Lb ou $4Lb$. De là il suit que tout facteur de Π doit diviser la formule t^2+au^2, et par conséquent pourra être représenté par un diviseur quadratique de cette formule. C'est de ce principe, et de la théorie exposée dans le § précédent, que nous déduirons la solution générale de l'équation dont il s'agit; mais d'abord il convient de débarrasser le second membre du facteur constant c.

Si dans l'équation $t^2+au^2=c\Pi$, on suppose t et u premiers entre eux, il faudra que u et c le soient aussi, et alors on pourra faire.... $t=nu+cx$, ce qui donnera, après avoir substitué et divisé par c,

$$\left(\frac{n^2+a}{c}\right)u^2+2nux+cx^2=\Pi.$$

Or u et c sont premiers entre eux, donc il faut que n^2+a soit divisible par c, et en faisant $n^2+a=mc$, on aura

$$mu^2+2nux+cx^2=\Pi,$$

équation dont le second membre est dégagé du facteur constant c, et dont le premier est encore un diviseur quadratique de la formule t^2+au^2, puisqu'on a $mc-n^2=a$.

On aura donc autant de ces équations à résoudre, qu'il y aura de valeurs de n, moindres que $\frac{1}{2}c$, telles que n^2+a soit divisible par c.

Soit $fy^2+2gyz+hz^2=\Pi$ l'équation ou l'une des équations qui restent à résoudre. Le premier membre étant un diviseur quadratique de la formule t^2+au^2, il faudra d'abord chercher tous les diviseurs quadratiques de cette formule, que l'on désignera par les lettres A, B, C, D, etc. Ensuite comme Π est supposé le produit de plusieurs indéterminées, on cherchera, par les méthodes précédentes, toutes les formes auxquelles se réduit le produit Π, en supposant que les indéterminées sont représentées par les lettres *A*, *B*, *C*, *D*, etc., suivant toutes les combinaisons possibles, et en observant que différentes indéterminées peuvent être désignées par la même lettre. Cela posé, parmi toutes ces formes on distinguera celles qui donnent pour résultat la lettre correspondante au diviseur quadratique du premier membre $fy^2+2gyz+hz^2$; et il est clair qu'autant on trouvera de ces formes, autant il y aura de solutions de l'équation $fy^2+2gyz+hz^2=\Pi$. Il faudra ensuite, pour obtenir réellement les solutions, faire le développement successif des produits suivant les règles que nous avons données dans le § précédent, et alors les indéterminées y et z s'exprimeront finalement en fonctions des indéterminées analogues qui entrent dans les différens facteurs du produit Π. Tout cela s'éclaircira suffisamment par des exemples.

Exemple I.

(367) Soit proposée l'équation $t^2+41u^2=113x^2$; je développe d'abord tous les diviseurs quadratiques de t^2+41u^2, lesquels, comme on l'a déjà vu (n° 364), sont

$$A=y^2+2yz+42z^2 \qquad D=3y^2+2yz+14z^2$$
$$B=2y^2+2yz+21z^2 \qquad E=6y^2+2yz+7z^2.$$
$$C=5y^2+6yz+10z^2$$

Parmi ces diviseurs, il n'y a que *A*, *B*, *C* qui comprennent les nombres $4n+1$, et dans lesquels on pourra trouver 113. Or si le diviseur *A* contenait 113, il faudrait que 113 fût de la formule t^2+41u^2, ce qui n'a pas lieu, comme on le voit au premier coup-d'œil; pareillement si le diviseur *B* contenait 113, il faudrait que 2×113 ou 226 fût de la forme t^2+41u^2; c'est encore ce qui n'a pas lieu. Comme cependant on peut voir, par le caractère $\left(\frac{41}{113}\right)=1$, que 113 est diviseur de t^2+41u^2, il s'ensuit que 113 est nécessairement compris dans le diviseur quadratique *C*; et en effet on a $5.113=565=14^2+41.3^2$. Puisque $14^2+41.3^2$ est divisible par 113, si l'on fait $14=3n-113m$, il faudra que n^2+41 soit divisible par 113. Or la valeur de n tirée de cette équation est $n=-33$. On connaît donc ainsi, d'une manière directe et presque sans tâtonnement, la valeur de n qui rend n^2+41 divisible par 113. Cette méthode, que nous venons d'exposer avec quelque détail, est un développement de celle du n° 186.

Cela posé, soit $t = 33u + 113t'$, on aura, après avoir substitué et divisé par 113,

$$10u^2 + 66ut' + 113t't' = x^2.$$

Pour réduire le premier membre à une expression plus simple, soit $u = u' - 3t'$, on aura

$$5t't' + 6t'u' + 10u'u' = x^2.$$

Le premier membre étant de la forme C, il faut chercher parmi les valeurs de A^2, B^2, etc. celles qui peuvent être de la forme C; or on trouve (n° 364) que D^2 et E^2 sont de cette forme; donc l'équation proposée est susceptible de deux solutions, selon que l'on supposera $x = D$ ou $x = E$.

Soit 1°. $x = 3y^2 + 2yz + 14z^2$, on trouvera par les formules du n° 362, $x^2 = 5Y^2 + 6YZ + 10Z^2$, les valeurs de Y et Z étant $Y = -y^2 + 4yz + 6z^2$, $Z = y^2 + 2yz - 4z^2$, de sorte qu'on aura en même temps $t' = Y$, $u' = Z$.

Soit 2°. $x = 6y^2 + 2yz + 7z^2$, le résultat de cette seconde valeur pourra se déduire facilement du précédent (en mettant $2y$ à la place de y, et divisant par 2 tant la valeur de x que celles de Y et Z); on aura ainsi $x^2 = 5Y^2 + 6YZ + 10Z^2$, $Y = -2y^2 + 4yz + 3z^2, \ldots$ $Z = 2y^2 + 2yz - 2z^2$, et on fera de nouveau $t' = Y$, $u' = Z$.

Il reste à substituer les valeurs de t' et u' dans celles de t et u; ce qui donnera les deux solutions suivantes de l'équation proposée

$$x = 3y^2 + 2yz + 14z^2,\quad t = 19y^2 + 122yz - 48z^2,\quad u = 4y^2 - 10yz - 22z^2$$
$$x = 6y^2 + 2yz + 7z^2,\quad t = 38y^2 + 122yz - 24z^2,\quad u = 8y^2 - 10yz - 11z^2.$$

EXEMPLE II.

(368) Proposons-nous maintenant l'équation $t^2 + 41u^2 = 113x^3$. L'opération préliminaire pour diviser chaque membre par 113, étant faite comme dans l'exemple précédent, on aura $t = 33u' + 14t'$, $u = u' - 3t'$, et la transformée sera

$$5t't' + 6t'u' + 10u'u' = x^3.$$

Il faudra donc chercher les différentes formes des quantités A^3, B^3, C^3, etc., et voir si la forme C y est comprise. Or on trouve (n° 364) que la forme C ne peut résulter que de C^3; ainsi l'équation proposée n'est susceptible que d'une solution.

Maintenant si on fait $x=C=5y^2+6yz+10z^2$, on trouvera, d'après les formules du n° 362, $\varphi=\pm 47$, $\psi=18$ et $x^3=125Y^2\pm 94YZ+18Z^2$. Quant aux valeurs de Y et Z, elles doivent être déduites des équations $125Y\pm 47Z=x^3-123xz^2$, $Z=3x^2z-41z^3$, où l'on a $x=5y+3z$; or pour que Y soit une fonction entière, on trouve qu'il faut dans les signes ambigus prendre l'inférieur, et alors on a

$$\begin{aligned}Y&=y^3+30y^2z+30yz^2-8z^3\\ Z&=75y^2z+90yz^2-14z^3\\ x^3&=125Y^2-94YZ+18Z^2.\end{aligned}$$

La valeur de x^3 se réduit à l'expression la plus simple $5t't'+6t'u'+10u'u'$ en faisant $Z=3Y-u'$, puis $Y=t'+2u'$, de sorte qu'on aura...... $u'=3Y-Z=3y^3+15y^2z-10z^3$, $t'=2Z-5Y=-5y^3+30yz^2+12z^3$. Donc enfin la solution de l'équation proposée est comprise dans les formules

$$\begin{aligned}x&=5y^2+6yz+10z^2\\ t&=29y^3+495y^2z+420yz^2-162z^3\\ u&=18y^3+15y^2z-90yz^2-46z^3.\end{aligned}$$

Exemple III.

(369) Si on propose en général l'équation $t^2+2u^2=113x^m$, la manière la plus simple de la résoudre, est de faire $x=y^2+2z^2$, $113=9^2+2.4^2$; et on aura $t^2+2u^2=(9^2+2.4^2)(y^2+2z^2)^m$. Or on satisfait généralement à cette équation, en prenant

$$t+u\sqrt{-2}=(9\pm 4\sqrt{-2})(y+z\sqrt{-2})^m.$$

Soit donc $(y+z\sqrt{-2})^m=Y+Z\sqrt{-2}$, on aura $t+u\sqrt{-2}=(9\pm 4\sqrt{-2})(Y+Z\sqrt{-2})$, partant

$$\begin{aligned}t&=9Y\mp 8Z\\ u&=9Z\pm 4Y.\end{aligned}$$

C'est la seule solution dont l'équation proposée est susceptible, parce que x, comme diviseur de t^2+2u^2, ne peut avoir que la seule forme y^2+2z^2.

Exemple IV.

(370) L'équation $t^2+89u^2=x^3$, doit avoir deux solutions, ainsi que nous l'avons déjà remarqué à la fin du n° 365. L'une des solutions où

l'on aura $x=y^2+89z^2$, se trouve immédiatement par l'équation... $t^2+89u^2=(y^2+89z^2)^3$, à laquelle on satisfait en faisant........ $t+u\sqrt{-89}=(y+z\sqrt{-89})^3$; et ainsi on aura $t=y^3-267yz^2$, $u=3y^2z-89z^3$. La seconde solution, fondée sur ce que $D^3=A$, se trouvera comme il suit.

Ayant fait $x=D=5y^2+2yz+18z^2$; si l'on applique à ce cas particulier les formules du n° 362, on aura $p=5$, $q=1$, $r=18$, $\varphi=6$, $\psi=1$, ce qui donnera

$$x^3=125Y^2+12YZ+Z^2$$
$$Y=y^3-3y^2z-12yz^2+2z^3$$
$$Z=75y^2z+30yz^2-86z^3.$$

Or on peut mettre la valeur de x^3 sous la forme $x^3=(Z+6Y)^2+89Y^2$, laquelle étant comparée à l'équation proposée, donnera $t=Z+6Y$, $u=Y$; donc enfin la seconde solution de cette équation sera donnée par les formules

$$x=5y^2+2yz+18z^2$$
$$t=6y^3+57y^2z-42yz^2-74z^3$$
$$u=y^3-3y^2z-12yz^2+2z^3.$$

Exemple V.

(371) On a déjà remarqué (n° 365) que l'équation $t^2+89u^2=x^2x'$ doit avoir sept solutions, attendu que la forme A résulte des sept combinaisons A^2A, B^2A, C^2D, D^2D, E^2B, F^2C, G^2C. Pour développer une de ces solutions, prenons la combinaison C^2D, et faisons en conséquence $x=9y^2+2yz+10z^2$, $x'=5y'^2+2y'z'+18z'^2$, on trouvera d'abord par les formules du n° 358, ou par celles du n° 362,

$$x^2=5T^2+2TV+18V^2$$
$$T=y^2-8yz+2z^2$$
$$V=2y^2+2yz-2z^2.$$

Si ensuite on multiplie la valeur de x^2 par celle de x' on trouvera par la première des deux formules du n° 358,

$$x^2x'=(5Ty'+Tz'+Vy'+18Vz')^2+89(Tz'-Vy')^2.$$

Comparant ce résultat avec l'équation proposée $t^2+89u^2=x^2x'$, on aura

$$t=5Ty'+Tz'+Vy'+18Vz'$$
$$u=Tz'-Vy';$$

d'où l'on voit que les quatre indéterminées t, u, x, x' sont exprimées en fonctions de quatre autres indéterminées indépendantes y, z, y', z', ce qui constituera la première solution. On trouvera par des calculs semblables les six autres solutions dont l'équation proposée est susceptible.

Remarque. Pour peu qu'on y fasse attention, on verra que cette théorie s'étendrait facilement au cas où le premier membre de l'équation proposée serait un diviseur de la formule t^2-au^2. On pourrait aussi résoudre, par les mêmes principes, les cas où les indéterminées du premier membre seraient supposées avoir un diviseur commun; mais nous n'avons pas cru devoir entrer dans tous ces détails, qui n'offrent maintenant aucune difficulté.

§ VI. *Démonstration d'une propriété relative aux diviseurs quadratiques de la formule* t^2+au^2, a *étant un nombre premier* $8n+1$.

(372) On a déjà remarqué, n° 215, que si dans la formule t^2+au^2, a est un nombre de forme $8n+5$, deux diviseurs conjugués de cette formule, tels que $py^2+2qyz+2mz^2$, $2py^2+2qyz+mz^2$, appartiendront toujours l'un à la forme $4n+1$, l'autre à la forme $4n+3$; de sorte qu'alors il y a autant de diviseurs quadratiques $4n+1$ que de diviseurs $4n+3$, et ce résultat a lieu quel que soit le nombre a, pourvu qu'il ne sorte pas de la forme $8n+5$.

Au contraire, lorsque a est de la forme $8n+1$, les deux diviseurs conjugués dont il s'agit sont tous deux de la forme $4n+1$, ou tous deux de la forme $4n+3$, de sorte qu'on ne peut plus rien conclure sur le nombre relatif des uns et des autres, et en effet l'inspection de la Table IV fait voir qu'il y a à cet égard une grande irrégularité. Mais lorsque a est un nombre premier, on remarque dans cette même Table que le nombre des diviseurs quadratiques $4n+1$ surpasse constamment d'une unité le nombre des diviseurs $4n+3$. Ainsi on voit que la formule t^2+41u^2 a trois diviseurs quadratiques $4n+1$, et seulement deux $4n+3$; que la formule t^2+89u^2 a quatre diviseurs quadratiques $4n+1$, et seulement trois $4n+3$, etc.

On s'assurera aisément de cette propriété dans beaucoup d'autres cas particuliers; mais il n'est pas aussi facile de l'établir d'une manière générale et rigoureuse. Voici la série de propositions que cette démonstration semble exiger : elles offriront en même temps divers résultats remarquables qui contribueront à étendre et perfectionner les théories précédentes.

(373) Proposition I. « Soit a un nombre premier $4n+1$, et soit » $py^2+2qyz+2mz^2$ l'un des diviseurs quadratiques $4n+1$ de la formule » t^2+au^2, je dis que l'équation $U^2=py^2+2qyz+2mz^2$ sera toujours » résoluble. »

Car si l'on multiplie cette équation par p, et qu'on fasse $py+qz=x$, on aura $pU^2=x^2+az^2$, équation toujours possible (Voyez nos 27 et 196).

Il est inutile d'observer que si $py^2+2qyz+2mz^2$ était un diviseur $4n+3$, l'équation $U^2=py^2+2qyz+2mz^2$ serait impossible, puisqu'aucun quarré ne peut être de la forme $4n+3$.

(374) Proposition II. « a étant un nombre premier $8n+1$, la formule t^2+au^2 aura toujours un diviseur quadratique de la forme $fy^2+2gyz+2fz^2$. »

Car on peut toujours (n° 147) satisfaire à l'équation $a=2f^2-g^2$, laquelle étant posée, il s'ensuit que $fy^2+2gyz+2fz^2$, ou l'expression la plus simple de cette formule, est un diviseur quadratique de la formule t^2+au^2.

Remarquez que le diviseur $fy^2+2gyz+2fz^2$ ne diffère pas de son conjugué; dans ce cas, par conséquent, les deux diviseurs conjugués se réduisent à un seul qu'on peut appeler *diviseur singulier*.

(375) Proposition III. « a étant un nombre premier $8n+1$, il y a toujours une infinité de valeurs de f et de g qui satisfont à l'équation $2f^2-g^2=a$, néanmoins il n'en peut résulter qu'un seul diviseur quadratique de la formule t^2+au^2. »

Car on trouvera aisément (n° 38) que la série des valeurs de f et g qui satisfont à l'équation $2f^2-g^2=a$, est telle que si f' et g' suivent immédiatement f et g, on a

$$f'=3f+2g, \qquad g'=3g+4f.$$

De ces nouvelles valeurs résulte le diviseur quadratique singulier

$$(3f+2g)y^2+2(3g+4f)yz+2(3f+2g)z^2.$$

Or si dans ce diviseur on fait $y=2z'-y'$, $z=y'-z'$, (ce qui ne restreint pas la généralité des variables y et z), on aura pour transformée $fy'^2+2gy'z'+2fz'^2$; d'où l'on voit qu'en effet le diviseur quadratique $f'y^2+2g'yz+2f'z^2$ n'est pas différent de $fy^2+2gyz+2fz^2$.

Corollaire. De là il suit que a étant un nombre premier $8n+1$, les diviseurs quadratiques de la formule t^2+au^2 seront composés de plusieurs couples de diviseurs conjugués et d'un diviseur singulier. Le nombre total de ces diviseurs sera donc toujours impair, et ainsi il est impossible que le nombre des diviseurs $4n+1$ soit égal au nombre des diviseurs $4n+3$.

(376) PROPOSITION IV. « Le quarré d'un diviseur quadratique » $py^2+2qyz+2\pi z^2$, et celui de son conjugué $2py^2+2qyz+\pi z^2$, sont » compris dans un même diviseur quadratique $p^2y^2+2\varphi yz+\psi z^2$. »

Car suivant la méthode du n° 358, si l'on détermine μ et ν par l'équation $\pi=p\mu-q\nu$, qu'ensuite on fasse $\varphi=q+\nu p$, $\psi=\nu^2+2\mu$, $Y=y^2-2\nu yz-2\mu z^2$, $Z=2z(py+qz)$, on aura

$$(py^2+2qyz+2\pi z^2)^2=p^2Y^2+2\varphi YZ+\psi Z^2.$$

Dans cette équation, qui doit être identique, mettons $2y$ à la place de y, et comme alors Y devient pair ainsi que Z, faisons $Y=2Y'$, $Z=2Z'$, ce qui donnera $Y'=2y^2-2\nu yz-\mu z^2$, $Z'=z(2py+qz)$; nous aurons par la substitution, et après avoir divisé par 4,

$$(2py^2+2qyz+\pi z^2)^2=p^2Y'^2+2\varphi Y'Z'+\psi Z'^2.$$

Donc le même diviseur quadratique $p^2y^2+2\varphi yz+\psi z^2$, qui contient le quarré du diviseur $py^2+2qyz+2\pi z^2$, contient aussi le quarré de son conjugué $2py^2+2qyz+\pi z^2$.

Corollaire. Étant proposée l'équation $U^2=PY^2+2QYZ+RZ^2$, si on en connait une solution comprise dans la formule $U=py^2+2qyz+2\pi z^2$, il y aura toujours une autre solution donnée par la forme conjuguée $U=2py^2+2qyz+\pi z^2$. Ces deux solutions se confondent en une seule, si la valeur de U est égale au diviseur quadratique singulier, c'est-à-dire si l'on a $U=fy^2+2gyz+2fz^2$; mais alors le second membre de l'équation proposée serait de la forme $2Y^2+2YZ+\left(\frac{a+1}{2}\right)Z^2$.

(377) PROPOSITION V. « p étant un nombre premier, ainsi que a, » si l'on a $p^2=M^2+aN^2$, je dis que p ou $2p$ sera nécessairement de » la même forme t^2+au^2, de sorte que p appartiendra soit au diviseur » quadratique $y^2+2yz+(a+1)z^2$, soit à son conjugué......... » $2y^2+2yz+\left(\frac{a+1}{2}\right)z^2$. »

En effet, l'équation supposée $p^2=M^2+aN^2$, donne $p^2-M^2=aN^2$; donc puisque a est un nombre premier, il faut que l'un des facteurs $p+M$, $p-M$ soit divisible par a, et comme le signe de M peut être pris à volonté, on pourra faire $p+M=aP$, $p-M=Q$, ce qui donnera $PQ=N^2$. Or on satisfait généralement à cette dernière équation, en faisant, avec de nouvelles indéterminées, $P=\pi^2R$, $N=\pi\omega R$, $Q=\omega^2R$. On aura donc $2p=aP+Q=R(\omega^2+a\pi^2)$, d'où l'on voit que R ne peut être que 1 ou 2 : si $R=2$, on aura $p=\omega^2+a\pi^2$; si $R=1$, on aura $2p=\omega^2+a\pi^2$. Donc p ou $2p$ est nécessairement de la forme t^2+au^2. Mais si p est de la forme t^2+au^2, il est contenu dans le diviseur quadratique y^2+az^2, qui est le même que...... $y^2+2yz+(a+1)z^2$, et il ne peut par conséquent appartenir qu'à ce seul diviseur. De même si $2p$ est de la forme t^2+au^2, p appartiendra au diviseur quadratique $2y^2+2yz+\left(\frac{a+1}{2}\right)z^2$, et il ne pourra appartenir qu'à ce seul diviseur. Donc si on a $p^2=M^2+aN^2$, il faudra que p appartienne à l'un des diviseurs conjugués $y^2+2yz+(a+1)z^2$, $2y^2+2yz+\left(\frac{a+1}{2}\right)z^2$.

(378) Proposition VI. « p étant un nombre premier quelconque, » et a un nombre premier $8n+1$, si l'on a $p^2=2M^2+2MN+\left(\frac{a+1}{2}\right)N^2$, » c'est-à-dire si $2p^2$ est de la forme P^2+aN^2, je dis que p appartiendra nécessairement au diviseur quadratique singulier $fy^2+2gyz+2fz^2$, » ensorte qu'on aura $p=f\mu^2+2g\mu\nu+2f\nu^2$. »

Car a étant un nombre premier $8n+1$, on peut faire $a=2f^2-g^2$, et cette valeur étant substituée dans l'équation $2p^2=P^2+aN^2$, il en résultera $P^2-2p^2=(g^2-2f^2)N^2$. Les nombres P et p étant premiers entre eux, on voit que N, diviseur de P^2-2p^2, doit être de la forme $\alpha^2-2\beta^2$; donc on aura $P^2-2p^2=(g^2-2f^2)(\alpha^2-2\beta^2)^2$, équation à laquelle on satisfait généralement en faisant $P+p\sqrt{2}=(g+f\sqrt{2})(\alpha+\beta\sqrt{2})^2$; de là résulte $p=f\alpha^2+2g\alpha\beta+2f\beta^2$; donc p est compris dans le diviseur singulier $fy^2+2gyz+2fz^2$.

(379) Proposition VII. « Je dis maintenant que les deux diviseurs » conjugués qui, pris pour U, satisfont à l'équation proposée...... » $U^2=PY^2+2QYZ+RZ^2$, sont les seules solutions dont cette » équation est susceptible. »

Pour démontrer cette proposition, cherchons en général les conditions qui doivent avoir lieu pour que deux valeurs différentes de U, savoir :

$$U=py^2+2qyz+2\pi z^2$$
$$U=p'y^2+2q'yz+2\pi'z^2$$

satisfassent également à l'équation proposée $U^2=PY^2+2QYZ+RZ^2$, où Y et Z sont des indéterminées qui doivent être fonctions des indéterminées y et z.

Nous supposerons que les deux valeurs de U sont préparées de manière que p et p' soient des nombres premiers; cela posé, on trouvera d'abord que les quarrés de ces valeurs sont compris dans deux formules de cette sorte :

$$p^2y^2 + 2\phi yz + \psi z^2$$
$$p'^2y^2 + 2\phi' yz + \psi' z^2,$$

lesquelles doivent se réduire, l'une et l'autre, à la forme donnée... $Py^2 + 2Qyz + Rz^2$. De là on voit que p^2 doit être compris dans la formule $p'^2y^2+2\phi'yz+\psi'z^2$, et réciproquement p'^2 dans la formule $p^2y^2 + 2\phi yz + \psi z^2$. On peut donc faire tout-à-la-fois

$$p^2 = p'^2\alpha'^2 + 2\phi'\alpha'\beta' + \psi'\beta'^2$$
$$p'^2 = p^2\alpha^2 + 2\phi\alpha\beta + \psi\beta^2.$$

Soit $p^2\alpha + \phi\beta = \gamma$, on aura $p^2p'^2 = \gamma^2 + a\beta^2$, ou

$$(pp' + \gamma)(pp' - \gamma) = a\beta^2.$$

Puisque a est un nombre premier, et qu'on peut prendre à volonté le signe de γ, on pourra supposer $pp' + \gamma$ divisible par a, faisant donc $\beta = ABC$, l'équation précédente se partagera en ces deux-ci :

$$pp' + \gamma = aAB^2,$$
$$pp' + \gamma = aAC^2,$$

d'où résulte $pp' = \frac{1}{2}A(C^2 + aB^2)$. Maintenant, pusique p et p' sont premiers, les seules valeurs qu'on peut donner à A sont 1, 2, p ou p', $2p$ ou $2p'$.

On ne peut faire $A = p$, ni $A = 2p$; car alors β étant divisible par p, la quantité p'^2 égale à $p^2\alpha^2 + 2\phi\alpha\beta + \psi\beta^2$ serait aussi divisible par p, ce qui est impossible : par la même raison, on ne peut avoir $A = p'$, ni $A = 2p'$.

Si l'on faisait $A = 2$, on aurait $pp' = C^2 + aB^2$; pp' serait donc de la forme $y^2 + az^2$, et alors les deux nombres p et p' appartiendraient à un même diviseur quadratique de la formule $t^2 + au^2$, ce qui est contre la supposition.

Il reste donc à faire $A = 1$, alors on aura $2pp' = C^2 + aB^2$; donc les nombres p et $2p'$ appartiendront à un même diviseur quadratique de la formule $t^2 + au^2$; mais les nombres p' et $2p'$ appartiennent toujours à deux diviseurs conjugués l'un de l'autre. Donc les nombres p et p', qui sont supposés n'être pas compris dans le même diviseur quadratique, appartiennent nécessairement à deux diviseurs conjugués : *ce qu'il fallait démontrer.*

(380) Proposition VIII. « Le nombre des diviseurs quadratiques » $4n+1$ de la formule t^2+au^2, où a est un nombre premier $8n+1$, » surpasse toujours d'une unité le nombre des diviseurs quadratiques » $4n+3$ de la même formule. »

En effet, soit M le nombre de diviseurs quadratiques $4n+1$, et N le nombre des diviseurs quadratiques $4n+3$; si on désigne par A, B, C, D, etc. la suite des diviseurs quadratiques $4n+1$, les équations $U^2=A$, $U^2=B$, $U^2=C$, etc. admettront chacune deux solutions distinctes, à l'exception de l'équation $U^2=2Y^2+2YZ+\frac{a+1}{2}Z^2$, qui n'en admettra qu'une. Donc le nombre total des solutions sera $2M-1$. Mais ces solutions qui doivent être toutes différentes les unes des autres, comprennent nécessairement tous les diviseurs quadratiques, tant $4n+1$ que $4n+3$, de la formule t^2+au^2. Donc on aura $2M-1=M+N$, ou $M=N+1$: c'est la proposition qu'il s'agissait de démontrer.

§ VII. *Démonstration du Théorème contenant la loi de réciprocité qui existe entre deux nombres premiers quelconques* (n° 164).

(381) Lemme. « Soit p un nombre premier positif (2 excepté), k un » entier quelconque non divisible par p; si on divise par p les produits » successifs k, $2k$, $3k$.... $\frac{p-1}{2}k$, les restes de ces divisions seront » composés en partie de nombres a', a'', a'''... a^λ plus petits que $\frac{1}{2}p$, » en partie de nombres b', b'', b'''... b^μ plus grands que $\frac{1}{2}p$. Cela posé, » μ désignant le nombre de ces derniers restes, je dis qu'on aura « en général $\left(\frac{k}{p}\right) = (-1)^\mu$; savoir $\left(\frac{k}{p}\right) = +1$ si μ est pair, et » $\left(\frac{k}{p}\right) = -1$ si μ est impair. »

Il est clair d'abord que les restes b', b'', b''', etc. sont inégaux entre eux. Car si deux de ces restes, dus aux multiples kA, kA', étaient égaux, il faudrait que la différence $k(A'-A)$ fût divisible par p; c'est ce qui n'a pas lieu, puisque p est un nombre premier qui ne divise ni k, ni $A'-A$; car d'ailleurs A' et A sont inégaux et plus petits que $\frac{1}{2}p$. On prouvera de même que tous les restes a', a'', a''', etc. sont inégaux entre eux.

Il suit de là que tous les nombres $p-b'$, $p-b''$, $p-b'''$, etc. sont inégaux et plus petits que $\frac{1}{2}p$: or je dis qu'aucun d'eux ne peut être égal à l'un des nombres a', a'', a''', etc. En effet, si deux restes tels que a et b sont dus aux multiples kA, kA', on pourra supposer $a = kA - px$, $b = kA' - px'$; si donc on avait $p - b = a$, il en résulterait..... $p(1 + x + x') = k(A + A')$; donc il faudrait que $k(A + A')$ fût divisible par p; or k ne l'est pas non plus que $A + A'$, puisque A et A' sont tous deux plus petits que $\frac{1}{2}p$; donc l'équation précédente est impossible.

Maintenant, puisque la série a', a'', a'''... a^λ, et la série $p-b'$, $p-b''$,

$p-b''$, ... $p-b^{\mu}$, sont l'une et l'autre composées de nombres différens, positifs et plus petits que $\frac{1}{2}p$; puisque d'ailleurs le nombre total $\lambda+\mu$ des termes de ces deux séries est égal à $\frac{1}{2}(p-1)$ nombre des multiples k, $2k$, $3k$... $\frac{p-1}{2}k$, d'où ils tirent leur origine, il s'ensuit que le produit de tous ces nombres ne peut être que $1.2.3\ldots\frac{p-1}{2}$, et qu'ainsi on a l'égalité

$$a'a''a'''\ldots a^{\lambda}(p-b')(p-b'')\ldots(p-b^{\mu})=1.2.3\ldots\tfrac{1}{2}(p-1),$$

dans laquelle, en rejetant les multiples de p, on obtient

$$a'a''a'''\ldots a^{\lambda}.b'b''b'''\ldots b^{\mu}(-1)^{\mu}=1.2.3\ldots\tfrac{1}{2}(p-1).$$

Mais d'un autre côté, en rejetant aussi les multiples de p, on a

$$k.2k.3k\ldots\tfrac{1}{2}(p-1)k=a'a''a'''\ldots a^{\lambda}\,b'b''b'''\ldots b^{\mu},$$

et le premier membre de celle-ci $=1.2.3\ldots\frac{1}{2}(p-1).k^{\frac{1}{2}(p-1)}$.
De la comparaison de ces deux équations il résulte

$$1.2.3\ldots\tfrac{1}{2}(p-1)k^{\frac{1}{2}(p-1)}(-1)^{\mu}=1.2.3\ldots\tfrac{1}{1}(p-1).$$

Donc on a $k^{\frac{1}{2}(p-1)}(-1)^{\mu}=1$, ou $k^{\frac{1}{2}(p-1)}=(-1)^{\mu}$. Mais $k^{\frac{1}{2}(p-1)}$ est, en rejetant les multiples de p, la valeur de l'expression $\left(\frac{k}{p}\right)$; donc enfin on a, conformément à l'énoncé du lemme,

$$\left(\frac{k}{p}\right)=(-1)^{\mu}.$$

(382) Puisque le nombre μ, selon qu'il est pair ou impair, détermine la valeur de l'expression $\left(\frac{k}{p}\right)$, il importe d'avoir une valeur analytique de ce nombre. Pour cela, j'observe que a désignant l'un des nombres a', a''... a^{λ}, et b l'un des nombres b', b''... b^{μ}, on aura, par les suppositions déjà faites, $2a<p$ et $2b>p$.

Représentons à l'ordinaire par $E(x)$ l'entier le plus grand contenu dans une quantité quelconque x, ensorte que $x-E(x)$ soit toujours une fraction positive plus petite que l'unité.

Si on considère les divers multiples, k, $2k$... $\frac{p-1}{2}k$, d'où naissent les restes a', b', etc., et qu'on désigne particulièrement par Ak le multiple qui donne le reste a, et par Bk celui qui donne le reste b, on aura $\frac{Ak}{p} - E\left(\frac{Ak}{p}\right) < \frac{1}{2}$ et $\frac{Bk}{p} - E\left(\frac{Bk}{p}\right) > \frac{1}{2}$; d'où résulte

$$E\left(\frac{2Ak}{p}\right) - 2E\left(\frac{Ak}{p}\right) = 0,$$
$$E\left(\frac{2Bk}{p}\right) - 2E\left(\frac{Bk}{p}\right) = 1.$$

Ajoutant ensemble toutes les équations qui auront lieu semblablement pour toutes les valeurs de A et B, depuis 1 jusqu'à $\frac{1}{2}(p-1)$, il est clair que le second membre sera composé d'autant d'unités qu'il y a de nombres B; et ce nombre d'unités ayant déjà été désigné par μ, on aura donc

$$\left.\begin{array}{l} E\left(\frac{2k}{p}\right) + E\left(\frac{4k}{p}\right) + E\left(\frac{6k}{p}\right) \ldots\ldots + E\left(\frac{(p-1)k}{p}\right) \\ -2E\left(\frac{k}{p}\right) - 2E\left(\frac{2k}{p}\right) - 2E\left(\frac{3k}{p}\right) \ldots\ldots - 2E\left(\frac{\frac{1}{2}(p-1)k}{p}\right) \end{array}\right\} = \mu$$

D'ailleurs, comme on n'a besoin de la valeur de μ que pour savoir si elle est paire ou impaire, on peut dans la formule précédente omettre les termes divisibles par 2, ce qui donnera simplement

$$\mu = E\left(\frac{2k}{p}\right) + E\left(\frac{4k}{p}\right) + E\left(\frac{6k}{p}\right) \ldots\ldots + E\left(\frac{(p-3)k}{p}\right) + E\left(\frac{(p-1)k}{p}\right).$$

(383) Cette expression est susceptible de réduction; d'abord si l'on fait $k = mp + \pi$, π étant positif et $< p$, on aura $\left(\frac{p-1}{p}\right)k = k - m - \frac{\pi}{p}$ $= k - m - 1 + \frac{p-\pi}{p}$; donc $E\left(\frac{(p-1)k}{p}\right) = k - m - 1 = k - 1 - E\left(\frac{k}{p}\right)$; pareillement on aura $E\left(\frac{(p-3)k}{p}\right) = k - 1 - E\left(\frac{3k}{p}\right)$, ainsi des autres. Il faut substituer ces valeurs dans la formule, et pour cela distinguer deux cas, selon que p est de la forme $4n+1$ ou $4n+3$.

Soit 1°. $p = 4n+1$, le nombre des termes $E\left(\frac{2k}{p}\right)$, $E\left(\frac{4k}{p}\right)$, etc. sera $= 2n$. Les n premiers forment la suite

$$E\left(\frac{2k}{p}\right) + E\left(\frac{4k}{p}\right) \ldots\ldots + E\left(\frac{2nk}{p}\right).$$

Les n autres, écrits dans l'ordre inverse, forment la suite

$$E\left(\frac{(p-1)k}{p}\right)+E\left(\frac{(p-3)k}{p}\right)\ldots\ldots+E\left(\frac{(2n+2)k}{p}\right),$$

lesquels, suivant la transformation précédente, deviennent

$$n(k-1)-E\left(\frac{k}{p}\right)-E\left(\frac{3k}{p}\right)-E\left(\frac{5k}{p}\right)\ldots\ldots-E\left(\frac{(2n-1)k}{p}\right).$$

Donc on aura

$$\mu=\tfrac{1}{4}(p-1)(k-1)+E\left(\frac{2k}{p}\right)+E\left(\frac{4k}{p}\right)\ldots\ldots+E\left(\frac{2nk}{p}\right)$$
$$-E\left(\frac{k}{p}\right)-E\left(\frac{3k}{p}\right)\ldots\ldots-E\left(\frac{\overline{2n-1}k}{p}\right).$$

Ajoutant au second membre le nombre pair

$$2E\left(\frac{k}{p}\right)+2E\left(\frac{3k}{p}\right)\ldots\ldots+2E\left(\frac{\overline{2n-1}k}{p}\right),$$

ce qui est permis pour notre objet, on aura plus simplement

$$\mu=\tfrac{1}{4}(p-1)(k-1)+E\left(\frac{k}{p}\right)+E\left(\frac{2k}{p}\right)+E\left(\frac{3k}{p}\right)\ldots+E\left(\frac{2nk}{p}\right).$$

2°. Si l'on a $p=4n+3$, il y aura $2n+1$ termes dans la valeur de μ; les n premiers seront toujours $E\left(\frac{2k}{p}\right)+E\left(\frac{4k}{p}\right)+E\left(\frac{6k}{p}\right)\ldots+E\left(\frac{2nk}{p}\right)$; les $(n+1)$ autres seront

$$E\left(\frac{p-1}{p}k\right)+E\left(\frac{p-3}{p}k\right)\ldots+E\left(\frac{2n+2}{p}k\right);$$

et par la transformation indiquée ils deviennent:

$$(n+1)(k-1)-E\left(\frac{k}{p}\right)-E\left(\frac{3k}{p}\right)-E\left(\frac{5k}{p}\right)\ldots-E\left(\frac{2n+1}{p}k\right),$$

de sorte qu'on aura

$$\mu=\tfrac{1}{4}(p+1)(k-1)+E\left(\frac{2k}{p}\right)+E\left(\frac{4k}{p}\right)\ldots+E\left(\frac{2nk}{p}\right)$$
$$-E\left(\frac{k}{p}\right)-E\left(\frac{3k}{p}\right)\ldots-E\left(\frac{2n-1}{p}k\right)-E\left(\frac{2n+1}{p}k\right),$$

ou plus simplement

$$\mu=\tfrac{1}{4}(p+1)(k-1)+E\left(\frac{k}{p}\right)+E\left(\frac{2k}{p}\right)+E\left(\frac{3k}{p}\right)\ldots+E\left(\frac{2n+1}{p}k\right).$$

(384) Comme $\tfrac{1}{4}(p-1)$ dans le premier cas, et $\tfrac{1}{4}(p+1)$ dans le

second, sont des nombres entiers; lorsque k sera impair, les deux formules se réduiront généralement à une seule, savoir:

$$\mu = E\left(\frac{k}{p}\right) + E\left(\frac{2k}{p}\right) + E\left(\frac{3k}{p}\right) \ldots + E\left(\frac{\frac{1}{2}(p-1)k}{p}\right).$$

(385) Lorsque k est pair, les deux formules peuvent aussi se réduire à une seule, savoir:

$$\mu = \tfrac{1}{4}(p\pm 1)(k-1) + E\left(\frac{k}{p}\right) + E\left(\frac{2k}{p}\right) + E\left(\frac{3k}{p}\right) \ldots + E\left(\frac{\frac{1}{2}(p-1)k}{p}\right),$$

pourvu qu'on détermine le signe ambigu de manière que $\frac{1}{4}(p\pm 1)$ soit un entier, et alors on peut même réduire $\frac{1}{4}(p\pm 1)(k-1)$ à $\frac{1}{4}(p\pm 1)$; car il n'est toujours question que de savoir si μ est pair ou impair.

(386) Soit, par exemple, $k=2$, alors tous les termes $E\left(\frac{2}{p}\right)$, $E\left(\frac{4}{p}\right) \ldots E\left(\frac{p-1}{p}\right)$ sont nuls, et on a simplement $\mu = \frac{1}{4}(p\pm 1)$.

Donc si $p = 8n+1$ ou $8n+7$, le nombre μ sera pair, et on aura $\left(\frac{2}{p}\right) = +1$.

Si, au contraire, $p = 8n+3$ ou $8n+5$, le nombre μ sera impair, et on aura $\left(\frac{2}{p}\right) = -1$.

On parvient ainsi très-simplement aux théorèmes connus contenant la relation de 2 à tous les autres nombres premiers (n° 148), théorèmes qui étaient regardés comme difficiles à démontrer, lorsque la science des nombres était moins avancée.

(387) Soient maintenant k et p deux nombres premiers impairs quelconques; ayant déjà fait $\left(\frac{k}{p}\right) = (-1)^{\mu}$, faisons semblablement..... $\left(\frac{p}{k}\right) = (-1)^{\nu}$; nous aurons, suivant la formule du n° 384,

$$\mu + \nu = E\left(\frac{k}{p}\right) + E\left(\frac{2k}{p}\right) + E\left(\frac{3k}{p}\right) \ldots + E\left(\frac{\frac{1}{2}(p-1)k}{p}\right)$$
$$+ E\left(\frac{p}{k}\right) + E\left(\frac{2p}{k}\right) + E\left(\frac{3p}{k}\right) \ldots + E\left(\frac{\frac{1}{2}(k-1)p}{k}\right).$$

Supposons $k < p$, et faisons $\frac{k}{p} = x$, $p = 2p'+1$, $k = 2k'+1$, ce qui donne

$$\mu + \nu = E(x) + E(2x) + E(3x) \ldots\ldots + E(p'x)$$
$$+ E\left(\frac{1}{x}\right) + E\left(\frac{2}{x}\right) + E\left(\frac{3}{x}\right) \ldots\ldots + E\left(\frac{k'}{x}\right),$$

je dis que le second membre se réduit à $p'k'$.

En effet, considérons d'abord la suite

$$Z = E(x) + E(2x) + E(3x) \ldots\ldots + E(p'x),$$

et observons que les termes de cette suite croissent par degrés, depuis zéro, qui est la valeur de $E(x)$, puisque $x < 1$, jusqu'à k', qui est la valeur de $E(p'x)$; car on a $p'x = \frac{p'k}{p} = k' + \frac{p'-k'}{p} = k' + \frac{p-k}{2p}$; donc $E(p'x) = k'$. Il faut maintenant examiner combien dans cette suite il y a de termes égaux à 1, combien d'égaux à 2, et ainsi de suite.

Pour cela prenons des indéterminées m_1, m_2, $m_3 \ldots m_{k'}$, telles qu'on ait

$$m_1x = 1,\ m_2x = 2,\ m_3x = 3,\ m_4x = 4 \ldots\ldots m_{k'}x = k'.$$

Aucun des nombres m_1, m_2, etc. ne pourra être entier, puisque leur expression générale $m_z = \frac{z}{x} = \frac{zp}{k}$, z étant $<k$. Soit donc........ $E(m_z) = M_z$, ensorte que m_z tombe entre les entiers consécutifs M_z, $M_z + 1$; il suit évidemment de ces suppositions,

1°. Que les premiers termes $E(x)$, $E(2x)$,... jusqu'à $E(M_1x)$ sont zéro; leur nombre $= M_1$.

2°. Que les termes suivans $E(\overline{M_1+1}x)$, $E(\overline{M_1+2}x)$,.... jusqu'à $E(M_2x)$ inclusivement, ont pour valeur 1; leur nombre $= M_2 - M_1$.

3°. Que les termes suivans $E(\overline{M_2+1}x) + E(\overline{M_2+2}x)$,... jusqu'à $E(M_3x)$ inclusivement, ont pour valeur 2; leur nombre $= M_3 - M_2$.

Et ainsi de suite jusqu'aux derniers termes dont la valeur est k' et dont le nombre $= p' - M_{k'}$.

Donc en réunissant tous les termes qui composent Z, on aura

$$\begin{aligned} Z = 0 \times M_1 &+ 1\,(M_2 - M_1) \\ &+ 2\,(M_3 - M_2) \\ &+ 3\,(M_4 - M_3) \\ &\;\;\cdot \\ &\;\;\cdot \\ &\;\;\cdot \\ &+ (k'-1)\,(M_{k'} - M_{k'-1}) \\ &+ k'(p' - M_{k'}), \end{aligned}$$

ou en réduisant,

$$Z = k'p' - M_1 - M_2 - M_3 \ldots - M_{k'-1} - M_{k'}.$$

Mais en général $M_z = E\,(m_z) = E\left(\frac{z}{x}\right)$; donc

$$Z = k'p' - E\left(\frac{1}{x}\right) - E\left(\frac{2}{x}\right) - E\left(\frac{3}{x}\right) \ldots\ldots - E\left(\frac{k'}{x}\right).$$

Substituant cette valeur dans celle de $\mu + \nu$, on en tire cette formule très-simple $\mu + \nu = p'k'$, ou

$$\mu + \nu = \tfrac{1}{4}(p-1)\,(k-1).$$

(388) De cette formule se déduit immédiatement le théorème contenant la loi de réciprocité qui existe entre deux nombres premiers quelconques p et k. Si l'un des nombres p et k, ou tous les deux, sont de la forme $4n+1$, la quantité $\frac{1}{4}(p-1)(k-1)$ sera un nombre pair; ainsi les deux nombres μ et ν seront tous deux pairs ou tous deux impairs, ce qui donnera $\left(\frac{p}{k}\right) = \left(\frac{k}{p}\right)$.

Si les deux nombres premiers p et k sont tous deux de la forme $4n+3$, la quantité $\frac{1}{4}(p-1)\,(k-1)$ sera un nombre impair; donc μ et ν devront toujours être l'un pair, l'autre impair, ce qui donnera $\left(\frac{k}{p}\right) = -\left(\frac{p}{k}\right)$.

D'ailleurs la formule générale qui satisfait à tous les cas, se déduit des expressions $\left(\frac{k}{p}\right) = (-1)^{\mu}$, $\left(\frac{p}{k}\right) = (-1)^{\nu}$, qui donnent.......
$\left(\frac{k}{p}\right) = \left(\frac{p}{k}\right)(-1)^{\mu+\nu} = (-1)^{\frac{p-1}{2}\cdot\frac{k-1}{2}}\left(\frac{p}{k}\right)$, comme au n° 164.

Ainsi se trouve démontré généralement un théorème qu'on peut regarder comme le plus important de la théorie des nombres, et qui a offert sous diverses formes des difficultés presqu'insurmontables à ceux qui ont entrepris de le démontrer par d'autres voies.

La démonstration que nous venons de donner, d'après Fréd. Gauss, est d'autant plus remarquable qu'elle repose sur les principes les plus élémentaires, et qu'elle n'exige aucune théorie préliminaire. Il est à croire que beaucoup de théorèmes, réputés très-difficiles dans la science des nombres, sont dans le même cas; et il y a toujours lieu d'espérer qu'on peut démontrer très-simplement ceux qui ne l'ont encore été que par des méthodes longues et compliquées.

§ VIII. *D'une loi très-remarquable observée dans l'énumération des nombres premiers.*

(389) Quoique la suite des nombres premiers soit extrêmement irrégulière, on peut cependant trouver avec une précision très-satisfaisante, combien il y a de ces nombres depuis 1 jusqu'à une limite donnée x. La formule qui résout cette question est

$$y = \frac{x}{log.\, x - 1.08366},$$

log. x étant un logarithme hyperbolique. En effet la comparaison de cette formule avec l'énumération immédiate faite dans les Tables les plus étendues, telles que celles de Wega, donne les résultats suivans :

Limite x	Nombre y par la formule.	Nombre y par les Tables.	Limite x	Nombre y par la formule.	Nombre y par les Tables.
10000	1230	1230	100000	9588	9592
20000	2268	2263	150000	13844	13849
30000	3252	3246	200000	17982	17984
40000	4205	4204	250000	22035	22045
50000	5136	5134	300000	26023	25998
60000	6049	6058	350000	29961	29977
70000	6949	6936	400000	33854	33861
80000	7838	7837			
90000	8717	8713			

(390) Il est impossible qu'une formule représente plus fidèlement une série de nombres d'une aussi grande étendue et sujette nécessairement à de fréquentes anomalies. Pour confirmer encore mieux une loi aussi remarquable, nous ajouterons qu'ayant cherché, d'après un procédé que nous exposerons bientôt, combien il y a de nombres premiers de 1 à 1000000, nous avons trouvé qu'il y en a 78527, sauf une erreur de

quelques unités, qui peut être due à la longueur des calculs. Or en faisant $x = 1000000$ la formule précédente donne $y = 78543$. Il n'y a donc aucun doute, non-seulement que la loi générale est représentée par une fonction de la forme $\frac{x}{A \log x + B}$, mais que les coefficiens A et B ont en effet les valeurs très-approchées $A = 1, \ldots$ $B = -1.08366$. Il resterait à démontrer cette loi *a priori*, et c'est une recherche intéressante sur laquelle nous donnerons ci-après quelques essais.

(391) Si on appelle α la quantité dont il faut que x augmente pour que y devienne $y+1$, on aura pour déterminer α l'équation suivante, dans laquelle on a fait pour abréger $c = 1,08366$,

$$1 = \frac{x+\alpha}{\log(x+\alpha) - c} - \frac{x}{\log x - c}.$$

De là résulte, en supposant que x est un nombre très-grand,

$$\alpha = (\log x - c + 1)\left(1 + \frac{1}{2x}\right),$$

ou simplement $\alpha = \log x - 0.08366$; car ces déterminations ne comportent pas une précision rigoureuse.

Il suit de là qu'à mesure que x augmente, la différence entre deux nombres premiers voisins de x augmente aussi, et peut être représentée avec beaucoup d'approximation, quant à la valeur moyenne, par $\log x - 0.08366$; de sorte que dans un intervalle de $2m$ termes compris depuis $x - m$ jusqu'à $x + m$, on devra compter autant de nombres premiers qu'il y a d'unités dans $\frac{2m}{\log x - 0.08366}$, pourvu que m soit assez petit par rapport à x.

Ce résultat s'accorde très-bien d'ailleurs avec la nature des nombres premiers qui, en général, doivent être plus éloignés les uns des autres, à mesure qu'ils deviennent plus grands. En effet, la probabilité qu'un nombre pris au hasard est un nombre premier, diminue toujours à mesure que ce nombre augmente, puisque le nombre des divisions à essayer pour s'assurer qu'il est premier, devient de plus en plus grand.

(392) D'après le résultat qu'on vient d'obtenir, il semble que les suites convergentes qui dépendent de la loi des nombres premiers, peuvent

être sommées, comme si cette loi était régulière et telle qu'un terme quelconque étant α, le terme suivant fût $x+\log x-c+1$. Voici un essai de ces sommations, qui d'ailleurs seront à vérifier, soit par le calcul numérique, soit par des méthodes plus directes.

Proposons-nous d'abord d'évaluer le produit

$$z=\left(1-\frac{1}{3}\right)\left(1-\frac{1}{5}\right)\left(1-\frac{1}{7}\right)\left(1-\frac{1}{11}\right)\ldots\ldots\left(1-\frac{1}{\omega}\right),$$

dans lequel les dénominateurs sont la suite des nombres premiers de 3 à ω. Si on appelle z' ce que devient z lorsque ω se change en... $\omega+\log\omega-c+1$, ou $\omega+\alpha$, on aura $z'=z\left(\frac{\omega+\alpha-1}{\omega+\alpha}\right)$. Mais par les formules connues on a $z'=z+\alpha\frac{dz}{d\omega}+\frac{1}{2}\alpha^2\frac{ddz}{d\omega^2}+$ etc.; donc en regardant α comme très-petit par rapport à ω, ce qui est d'autant plus exact que ω est plus grand, on aura d'abord à très-peu près..... $\frac{dz}{z}=\frac{-d\omega}{\omega\alpha}=\frac{-d\alpha}{\alpha}$, ce qui donnera $z=\frac{A}{\alpha}=\frac{A}{\log\omega-0.08366}$. En ayant égard aux termes du second ordre, on aurait plus exactement....

$$z=\frac{A\left(1-\frac{1}{2\omega}\right)}{\log\omega-0.08366+\frac{1}{2\omega}};$$ mais la première valeur est suffisamment approchée, et on trouve qu'en faisant $A=1.104$, elle représente très-bien les nombres de la Table IX.

(393) Soit proposé maintenant de sommer la suite de fractions

$$z=\frac{1}{3^2}+\frac{1}{5^2}+\frac{1}{7^2}+\frac{1}{11^2}\ldots\ldots+\frac{1}{\omega^2},$$

dont les dénominateurs sont les quarrés des nombres premiers successifs. En mettant $\omega+\alpha$ au lieu de ω, on aura $z'-z=\frac{1}{(\omega+\alpha)^2}$, ou... $\alpha\frac{dz}{d\omega}+\frac{1}{2}\alpha^2\frac{ddz}{d\omega^2}+$ etc. $=\frac{1}{\omega^2}-\frac{2\alpha}{\omega^3}+$ etc.; d'où l'on tire

$$z=A-\frac{1}{(\alpha+1)}=A-\frac{1}{\omega(\log\omega+0.91634)}.$$

La constante A est la valeur de la suite prolongée à l'infini: Euler l'a trouvée $=0.202247$. (*Introd. in Anal.*, n° 282.)

(394) Quant à la somme de la série réciproque simple

$$u = \frac{1}{3} + \frac{1}{5} + \frac{1}{7} + \frac{1}{11} \dots\dots + \frac{1}{\omega},$$

on peut la déduire des deux sommes déjà trouvées. En effet, puisqu'on a

$$\left(1 - \frac{1}{3}\right)\left(1 - \frac{1}{5}\right)\dots\dots\left(1 - \frac{1}{\omega}\right) = \frac{1.104}{\log \omega - 0.08366};$$

si on prend les logarithmes de chaque membre, on aura par les formules connues :

$$\begin{aligned} &\frac{1}{3} + \frac{1}{5} + \frac{1}{7} \dots\dots + \frac{1}{\omega} &&= \log(\log\omega - 0.08366) \\ &+ \frac{1}{2}\left(\frac{1}{3^2} + \frac{1}{5^2} + \frac{1}{7^2} \dots\dots + \frac{1}{\omega^2}\right) &&- \log(1.104) \\ &+ \frac{1}{3}\left(\frac{1}{3^3} + \frac{1}{5^3} + \frac{1}{7^3} \dots\dots + \frac{1}{\omega^3}\right) && \\ &+ \text{etc.} && \end{aligned}$$

Or la suite $\frac{1}{3^2} + \frac{1}{5^2} \dots\dots + \frac{1}{\omega^2}$, a pour somme 0,202247, en négligeant les termes de l'ordre $\frac{1}{\omega \log \omega}$; les autres sommes se réduisent pareillement à des constantes dont il est aisé de trouver des valeurs approchées ; on aura donc la somme cherchée

$$u = \log(\log \omega - 0.08366) - 0.2215.$$

(395) La propriété dont jouit la suite précédente, d'avoir une somme infinie, peut jeter quelque jour sur la loi générale des nombres premiers.

En effet, considérant u comme une fonction de ω qui satisfait à l'équation

$$u = \frac{1}{3} + \frac{1}{5} + \frac{1}{7} + \frac{1}{11} \dots\dots + \frac{1}{\omega},$$

si ω devient $\omega + \alpha$, on aura

$$\alpha \frac{du}{d\omega} + \frac{\alpha^2}{2} \cdot \frac{ddu}{d\omega^2} + \text{etc.} = \frac{1}{\omega + \alpha} = \frac{1}{\omega} - \frac{\alpha}{\omega^2} + \text{etc.}$$

Et en supposant ω très-grand ou α très-petit par rapport à ω, ces suites se réduisent à leur premier terme et donnent $du = \frac{1}{\alpha} \cdot \frac{d\omega}{\omega}$.

Dans la même hypothèse de ω très-grand, on peut supposer que la valeur de α, développée suivant les puissances descendantes de ω, est $\alpha = A\omega^m + B\omega^n +$ etc., l'exposant m étant plus grand que les suivans. En ne considérant donc que le premier terme de cette suite, on aurait $du = \frac{1}{A} \cdot \frac{d\omega}{\omega^{m+1}}$, d'où résulte $u = C - \frac{1}{mA\omega^m}$.

Mais si m était une quantité finie positive, lorsqu'on fait $x = \infty$, u se réduirait à la constante C, ce qui ne peut avoir lieu, puisqu'on sait que u est alors infini; d'un autre côté, on ne peut supposer $m = 0$, parce que la distance entre deux nombres premiers consécutifs aurait pour limite une constante A, tandis que par la nature de ces nombres elle doit augmenter indéfiniment. Donc il faut que m soit infiniment petit, et alors $A\omega^m + B\omega^n +$ etc. prendra la forme $A \log \omega + B$; faisant donc $\alpha = A \log \omega + B$, on a $du = \frac{1}{\alpha} \cdot \frac{d\omega}{\omega} = \frac{1}{A} \cdot \frac{d\alpha}{\alpha}$, d'où résulte $u = \frac{1}{A} \log \alpha + C$, quantité qui devient infinie, comme elle doit l'être, lorsque ω est infinie.

(396) Ayant $\alpha = A \log \omega + B$, on en déduit aisément la fonction y, au moyen de l'équation $y' - y = 1$, ou $\alpha \frac{dy}{d\omega} = 1$, laquelle donne $dy = \frac{d\omega}{\alpha}$, et en intégrant $y = \frac{\omega}{\alpha} + \int \frac{\omega d\alpha}{\alpha^2} = \frac{\omega}{\alpha} + \int \frac{A d\omega}{\alpha^2} = \frac{\omega}{\alpha} + \frac{A\omega}{\alpha^2} = \frac{\omega}{\alpha - A} = \frac{\omega}{A \log \omega + B - A}$, ce qui s'accorde avec la formule générale donnée ci-dessus, en prenant $A = 1$, $B = -0.08366$.

Il est remarquable qu'on déduise ainsi du calcul intégral une propriété essentielle des nombres premiers; mais toutes les vérités mathématiques sont liées les unes aux autres, et tous les moyens de les découvrir sont également admissibles. C'est ainsi qu'on a cru devoir employer la considération des fonctions, pour démontrer divers théorèmes fondamentaux de la Géométrie et de la Mécanique.

§ IX. *Démonstration de divers théorèmes sur les progressions arithmétiques.*

(397) Soit proposée la progression arithmétique

$$A - C,\quad 2A - C,\quad 3A - C \ldots\ldots nA - C, \qquad (Z)$$

dans laquelle A et C sont des nombres quelconques premiers entre eux; soit θ un nombre premier non-diviseur de A; si l'on détermine x de manière que $Ax - C$ soit divisible par θ, la valeur de x sera généralement de la forme $x = \alpha + \theta z$, d'où l'on voit que les termes divisibles par θ dans la progression proposée forment eux-mêmes la progression arithmétique

$$A\alpha - C,\quad A(\alpha + \theta) - C,\quad A(\alpha + 2\theta) - C, \text{ etc.}$$

et qu'ainsi sur θ termes consécutifs, pris partout où l'on voudra dans la progression (Z), il y en a toujours un divisible par θ, lequel est suivi et précédé d'une suite d'autres termes également divisibles par θ, et distans entre eux de l'intervalle θ.

Cela posé, soit θ, λ, $\mu \ldots \psi$, ω, une suite de nombres premiers, pris à volonté, dans un ordre quelconque, mais dont aucun ne divise A. Nous allons chercher quel est, dans la progression (Z), le plus grand nombre de termes consécutifs qui seraient divisibles par quelqu'un des nombres de la suite θ, λ, $\mu \ldots \psi$, ω, que nous appellerons (a). Il faut pour cet effet examiner d'abord les cas les plus simples.

(398) 1°. Si l'on ne considère que deux nombres premiers θ, λ, il ne peut y avoir plus de deux termes consécutifs divisibles l'un par θ, l'autre par λ, et ces termes peuvent être désignés par (θ), (λ). Le terme qui suit (λ) ne peut être divisible par θ, car l'intervalle avec (θ) n'étant que de deux termes, il faudrait qu'on eût $\theta = 2$; mais ce cas est exclu, et nous ne considérons dans la suite (a) que des nombres premiers impairs. Par la même raison, le terme qui précède (θ) ne saurait

être divisible par λ et encore moins par θ; donc dans ce premier cas le *maximum* cherché $M=2$.

(399) Soient les trois nombres premiers θ, λ, μ; on pourra concevoir trois termes consécutifs divisibles par ces nombres, lesquels seront (θ), (λ), (μ). Pour que le terme qui suit (μ) soit divisible par θ, il faut que θ soit 3, et pareillement pour que le terme qui précède θ soit divisible par μ, il faut que μ soit 3. Mais comme les nombres premiers que nous considérons sont nécessairement différens entre eux, il n'y a qu'une de ces deux suppositions qui puisse avoir lieu. Dans le cas donc de $\theta=3$, on pourrait avoir quatre termes consécutifs (3), (λ), (μ), (3), divisibles chacun par l'un des nombres premiers 3, λ, μ. A la suite de ces quatre termes on n'en peut pas mettre un cinquième; car la moindre valeur que puisse avoir (λ) étant 5, le premier terme divisible par 5, après (λ), serait le septième et non le cinquième. Donc dans le cas où la suite (a) est composée de trois nombres premiers, on a au plus $M=4$, encore faut-il que l'un de ces nombres premiers soit 3.

(400) Supposons maintenant que la suite (a) soit composée de quatre nombres premiers θ, λ, μ, ν. Si l'on considère quatre termes consécutifs divisibles par ces nombres, savoir: (θ), (λ), (μ), (ν); pour en ajouter un cinquième, il faudra que λ soit 3; alors on aura les cinq termes consécutifs (θ), (3), (μ), (ν), (3). Si l'on veut ajouter à ceux-ci un sixième terme, cela ne se pourra que lorsque $\theta=5$, car alors on aurait les six termes (5), (3), (μ), (ν), (3), (5). La progression ne peut plus être continuée ni vers la droite, ni vers la gauche, car μ et ν devant être plus grands que 5, les termes divisibles par μ ou par ν vont beaucoup au-delà. Donc dans le cas où la suite (a) est composée de quatre termes, il n'y a au plus que six termes consécutifs de la progression (Z) qui soient divisibles par quelqu'un des termes de la suite (a). On a donc alors $M=6$, mais ce *maximum* n'a lieu que lorsque deux des quatre nombres premiers sont 3 et 5.

(401) On concoit en effet que les nombres premiers les plus petits sont les plus propres à donner la plus grande valeur de M, toutes choses d'ailleurs égales, puisque de plus grands nombres premiers rendent plus grands les intervalles des termes dont ils sont diviseurs.

En vertu de cette observation, on peut considérer tout d'un coup la suite naturelle des nombres premiers 3, 5, 7...ψ, ω, en en laissant seulement deux indéterminés, tels qu'ils sont restés dans les cas précédens; et le *maximum* trouvé pour cette suite aura lieu à plus forte raison pour la suite (a), composée d'un pareil nombre de termes θ, λ, μ...ψ, ω.

Soient donc les cinq nombres premiers 3, 5, 7, ψ, ω; on a déjà trouvé qu'avec les quatre seuls 3, 5, ψ, ω, on pouvait former les six termes consécutifs (5), (3), (ψ), (ω), (3), (5). Si à la place de ψ ou ω on prenait 7, alors on ne pourrait former au plus que les huit termes (5), (3), (7), (ω), (3), (5), (ψ), (3), car leur continuation à droite exigerait que ω fût 5, et à gauche que ψ fût 7. On obtiendra un résultat plus grand en laissant (ψ) et (ω), comme dans le premier arrangement, et en ajoutant (7) d'un côté, ce qui permettra de l'ajouter en même temps de l'autre, puisque l'intervalle des deux termes (7) et (7) sera de sept termes, comme il doit être : on aura ainsi les huit termes consécutifs (7), (5), (3), (ψ), (ω), (3), (5), (7). Mais de plus on voit que (3) peut être ajouté de chaque côté, à cause de l'intervalle requis entre les (3) les plus proches ; et de cette manière on aura une combinaison de dix termes, savoir : (3), (7), (5), (3), (ψ), (ω), (3), (5), (7), (3). Elle ne peut être prolongée ni d'un côté ni de l'autre, parce qu'il faudrait pour cela que ω ou ψ fût 5, ce qui n'a pas lieu, 5 étant déjà employé. Donc dans le cas où la suite (a) est composée de cinq termes, le *maximum* cherché est $M = 10$.

(402) On aurait pu, par une simple observation, arriver immédiatement à ce résultat. Puisque les termes divisibles par 3 et représentés par (3) se succèdent à un intervalle de trois rangs, que les termes divisibles par 5, se succèdent à un intervalle de cinq rangs, et ainsi de suite, la série des termes consécutifs qu'on veut former au plus grand nombre possible, a cette propriété commune avec la série des nombres impairs, commençant à un terme quelconque, puisque dans cette dernière les termes divisibles par 3, par 5, etc. se succèdent pareillement à des intervalles de 3 termes, de 5 termes, etc. Mais le moyen d'obtenir le plus grand nombre de termes consécutifs de cette suite, qui soient divisibles par quelqu'un des nombres premiers 3, 5, 7, 11, etc., est de considérer la suite des nombres impairs dans ses moindres termes, c'est-à-dire dès l'origine de cette suite. Car à une distance plus grande

on ne manquerait pas d'être arrêté par des nombres premiers plus grands que les nombres premiers donnés, et qui empêcheraient la continuité des termes qu'on veut former. Il faut donc tout simplement considérer la série 1, 3, 5, 7, 9, 11, etc., qu'on peut également prolonger dans l'autre sens, ce qui donnera

$$\ldots -9,\ -7,\ -5,\ -3,\ -1,\ 1,\ 3,\ 5,\ 7,\ 9\ldots$$

ou parce que les signes des nombres sont indifférens, lorsqu'on a égard seulement à leur propriété d'être divisibles ou non-divisibles par un nombre donné, on pourra considérer la double suite

$$\ldots 15,\ 13,\ 11,\ 9,\ 7,\ 5,\ 3,\ 1,\ 1,\ 3,\ 5,\ 7,\ 9,\ 11,\ 13,\ 15\ldots$$

dans laquelle les termes divisibles par 3, 5, 7, etc. se succéderont toujours à des intervalles de 3, 5, 7, etc. termes, et cette suite aura l'avantage d'être composée des moindres nombres possibles. Désignant comme ci-dessus chaque terme par le moindre nombre premier qui en est diviseur, on pourra la représenter ainsi :

$$..(3), (13), (11), (3), (7), (5), (3), (1), (1), (3), (5), (7), (3), (11), (13), (3)..$$

(403) Maintenant si les nombres premiers donnés sont 3, 5, 7, ψ, ω, on mettra dans la suite précédente les indéterminées (ψ), (ω), à la place des deux termes (1) et (1) qui occupent le milieu, et on prendra dans les termes précédens et suivans tous ceux qui n'excèdent pas (7). De cette manière, on a immédiatement pour le cas dont il s'agit la suite

$$(3),\ (7),\ (5),\ (3),\ (\psi),\ (\omega),\ (3),\ (5),\ (7),\ (3),$$

qui est composée de dix termes et donne le *maximum* $M=10$, comme on l'a déjà trouvé.

Rien de plus facile ensuite que de généraliser le résultat pour tant de nombres premiers qu'on voudra. Si on a, par exemple, les six nombres premiers 3, 5, 7, 11, ψ, ω, on voit que la combinaison qui produit le plus grand nombre de termes consécutifs divisibles par quelqu'un de ces nombres premiers, est

$$(11),\ (3),\ (7),\ (5),\ (3),\ (\psi),\ (\omega),\ (3),\ (5),\ (7),\ (3),\ (11),$$

ce qui donne le *maximum* cherché $M=12$.

En admettant encore un nombre premier de plus, de sorte que la suite (a) fût composée des sept termes 3, 5, 7, 11, 13, ψ, ω, on aurait la combinaison

$$(3), (13), (11), (3), (7), (5), (3), (\psi), (\omega), (3), (5), (7), (3), (11), (13), (3),$$

laquelle est composée de seize termes et donne $M=16$. Elle ne peut être prolongée plus loin, parce que le terme qui viendrait à la suite, d'un côté ou de l'autre, est (17); or quand même ψ ou ω serait égal à 17, on ne peut l'employer pour continuer la suite, puisqu'il laisserait vers le milieu une place vide.

(404) Maintenant j'observe que le nombre 16 qui satisfait à la question précédente n'est autre chose que 17 — 1, 17 étant le nombre premier qui suit immédiatement 13; et il est aisé de voir que ce résultat, ainsi généralisé, est exact; car la progression dont nous venons de faire usage n'est autre chose que la progression des nombres impairs 1, 3, 5, 7, 9, etc. répétée dans deux sens différens, et dans laquelle on a désigné chaque terme par le plus petit nombre premier qui en est diviseur; de sorte qu'on peut établir ainsi la correspondance de ces deux progressions :

$$\overset{*}{17}, 15, 13, 11, 9, 7, 5, 3, 1, 1, 3, 5, 7, 9, 11, 13, 15, \overset{*}{17}$$
$$(3), (13), (11), (3), (7), (5), (3), (\psi), (\omega), (3), (5), (7), (3), (11), (13), (3);$$

or par cette disposition on voit évidemment que le nombre de termes compris entre les deux désignés par $\overset{*}{17}$, $\overset{*}{17}$, est $17-1$; donc on a $M=17-1$.

Il n'est pas moins facile de voir en général, que si la suite (a) est composée de k nombres premiers, dont deux, ψ et ω, sont indéterminés, et les $k-2$ autres forment la suite naturelle 3, 5, 7, 11, 13, 17, etc. jusqu'à $\pi^{(k-2)}$; le *maximum* cherché sera

$$M=\pi^{(k-1)}-1,$$

$\pi^{(k-1)}$ étant le terme de rang $k-1$ dans la suite des nombres premiers 3, 5, 7, 11, etc.

Cette formule s'accorde avec les résultats particuliers que nous avons trouvés, et il en résulte le théoreme général qui suit :

(405) « Soit donnée une progression arithmétique quelconque $A-C$, » $2A-C$, $3A-C$, etc., dans laquelle A et C sont premiers entre eux ; » soit donnée aussi une suite $\theta, \lambda, \mu \ldots \psi, \omega$, composée de k nombres » premiers impairs, pris à volonté et disposés dans un ordre quelconque; » si on appelle en général $\pi^{(z)}$ le $z^{ième}$ terme de la suite naturelle des » nombres premiers 3, 5, 7, 11, etc., je dis que sur $\pi^{(k-1)}$ termes » consécutifs de la progression proposée, il y en aura au moins un qui » ne sera divisible par aucun des nombres premiers $\theta, \lambda, \mu \ldots \psi, \omega$. »

En effet, on vient de prouver que dans la progression dont il s'agit, il ne peut y avoir au plus que $\pi^{(k-1)}-1$ termes consécutifs qui soient divisibles par quelqu'un des nombres premiers $\theta, \lambda, \mu \ldots \psi, \omega$. Donc sur $\pi^{(k-1)}$ termes consécutifs, il y en aura au moins un qui ne sera divisible par aucun de ces nombres.

Ce théorème très-remarquable est susceptible de plusieurs belles applications. On en jugera par les deux conséquences que nous allons en tirer.

(406) La progression $A-C$, $2A-C$, $3A-C$, etc. étant continuée jusqu'au $n^{ième}$ terme $nA-C$, soit L le plus grand entier compris dans $\sqrt{(nA-C)}$; soit en même temps ω le nombre premier immédiatement au-dessous de L, et ψ le nombre premier qui précède ω; si dans la progression $A-C$, $2A-C$, $3A-C$, etc., on prend partout où l'on voudra ψ termes consécutifs, il faut, en vertu du théorème précédent, que sur ces ψ termes il y en ait au moins un qui ne soit divisible par aucun des nombres premiers 3, 5, 7, 11...ψ, ω, et qui sera par conséquent un nombre premier, la progression étant terminée au terme $nA-C$.

Le nombre des termes de la progression, depuis celui qui approche le plus de $\sqrt{(nA-C)}$ jusqu'au dernier terme $nA-C$, est à peu près $n-\sqrt{\left(\frac{n}{A}\right)}$; (car on suppose $C<A$, et on a $\psi<\sqrt{nA}$). Donc dans les n termes de la progression dont il s'agit, il y aura au moins autant de nombres premiers qu'il y a d'unités dans $\frac{n-\sqrt{\frac{n}{A}}}{\sqrt{nA}}$, ou à peu près dans $\sqrt{\frac{n}{A}}$. Ce nombre peut être aussi grand qu'on veut, en donnant à n la valeur convenable. Donc

« Toute progression arithmétique dont le premier terme et la raison » sont premiers entre eux, contient une infinité de nombres premiers. »

Cette proposition, qui est très-utile dans la théorie des nombres, avait été indiquée dans les Mémoires de l'Acad. des Sciences, an 1785; mais jusqu'à présent sa démonstration n'était point encore connue et paraissait offrir de grandes difficultés.

(407) On pourrait, s'il était nécessaire, resserrer graduellement les limites entre lesquelles doit se trouver un nombre premier; car le nombre $\pi^{(k-1)}$ qui fixe l'étendue de ces limites, diminue en même temps que n, et à peu près en raison de $\sqrt{n}$; donc lorsque n est moindre, ou que la progression est moins avancée, il faut un moindre nombre de termes consécutifs pour trouver parmi eux un nombre premier, que lorsque la progression est plus avancée. Par cette raison on trouverait une quantité plus grande que $\sqrt{\frac{n}{A}}$ pour le nombre des termes de la progression qui sont des nombres premiers; ce résultat augmenterait encore en excluant les nombres premiers impairs qui peuvent diviser A; car si le nombre de ceux-ci est i, alors au lieu du nombre $\pi^{(k-1)}$ mentionné dans le théorème du n° 405, on devrait prendre $\pi^{(k-1-i)}$. Mais ces observations sont peu importantes, et il suffit d'avoir démontré généralement que toute progression arithmétique, dans laquelle C et A sont premiers entre eux, contient une infinité de nombres premiers. Quant à la multitude des nombres premiers contenus dans n termes de la progression arithmétique, elle ne peut être déterminée que par d'autres considérations.

(408) Examinons plus particulièrement la progression des nombres impairs 1, 3, 5, 7, 9... $2n-1$, et proposons-nous de trouver combien de termes il faut ajouter à cette progression, pour que parmi ces termes il se trouve nécessairement un nombre premier.

Soit ψ le nombre premier qui satisfait à la question, et ω le nombre premier qui suit immédiatement ψ; il faudra, suivant notre théorème, que ω soit le plus grand nombre premier contenu dans $\sqrt{(2n+2\psi-1)}$; donc $\omega^2-2\psi+1<2n$. Mais $\omega-\psi$ ne saurait être moindre que 2, on aura donc $\omega^2-2\omega+1<2n-4$; d'où résulte $\omega-1<\sqrt{(2n-4)}$, et par conséquent $\psi<-1+\sqrt{(2n-4)}$. Cette solution générale fournit le théorème suivant :

« Soit ψ le plus grand nombre premier contenu dans $\sqrt{(2n-4)}-1$;
» je dis que parmi les ψ nombres impairs qui suivent immédiatement
» $2n-1$, il y aura toujours au moins un nombre premier. »

(409) Par exemple, soit $2n-1=113$, ou $n=57$, le nombre premier le plus grand contenu dans $\sqrt{110}-1$ est 7. Donc parmi les sept nombres impairs qui suivent 113 et qui sont: 115, 117, 119, 121, 123, 125, 127, il y a nécessairement un nombre premier; c'est 127, qui est précisément le septième.

Ici la limite fixée à 7 ne s'est trouvée que de la grandeur nécessaire; le plus souvent, et surtout lorsque n est très-grand, elle est beaucoup trop étendue; on l'agrandirait encore, mais on simplifierait l'énoncé du théorème, en disant que de L à $L+2\sqrt{L}$ il doit nécessairement se rencontrer un nombre premier.

Ce théorème est au moins un premier pas vers la solution du problème regardé comme très-difficile, de trouver un nombre premier plus grand qu'une limite donnée.

Remarque. Si on donnait à n des valeurs très-petites, on trouverait que ce théorème est sujet à quelques exceptions; mais comme on a supposé que ψ est un terme de la suite 3, 5, 7, 11, etc., il faut que $\sqrt{(2n-4)}-1$ soit plus grand que 3, ainsi on doit faire $n>10$, et alors il n'y aura aucune exception.

§ X. *Où l'on prouve que tout diviseur quadratique de la formule* t^2+Nu^2, *contient au moins un nombre* Z *plus petit que* N *et premier à* N *ou à* $\frac{1}{2}$N.

(410) Cette proposition est nécessaire pour compléter la démonstration du théorème XII de la troisième partie; elle se vérifie immédiatement dans tous les exemples qu'on peut se proposer, et même on peut donner la valeur générale de Z dans un grand nombre de diviseurs quadratiques qui contiennent un coefficient indéterminé et s'étendent ainsi à une infinité de valeurs de N. Mais nous ne donnerons de ces cas particuliers que ceux qui sont nécessaires pour conduire à la démonstration générale.

Comme nous avons principalement en vue les formules de la Table VIII, qui font le sujet du théorème cité, nous ferons usage des mêmes dénominations. Soit donc le diviseur quadratique....... $\Gamma=cy^2+2byz+az^2$, où l'on a $ac-b^2=N$, a et $c>2b$, et $c<2\sqrt{\frac{1}{3}N}$; on suppose que les trois nombres a, b, c n'ont pas de commun diviseur; car s'ils en avaient un, il est évident que la proposition énoncée ne pourrait avoir lieu.

(411) Cela posé, remarquons d'abord qu'il y a deux cas principaux où on obtient immédiatement la valeur de Z.

1°. Si l'un des deux nombres a et c n'a point de diviseur commun avec N, ou s'il n'a que 2 de commun diviseur, ce nombre pourra être pris pour Z.

2°. Si le diviseur quadratique proposé manque de second terme, de sorte qu'on ait $\Gamma=cy^2+az^2$ et $N=ac$, il est visible que le nombre $c+a$, compris dans Γ, est plus petit que ac et n'a aucun diviseur commun avec ac; donc dans ce cas on a généralement $Z=c+a$.

Il ne s'agit donc plus que d'examiner les cas où b n'étant pas zéro, les coefficiens a et c ont chacun un diviseur commun avec N.

Dans cette double supposition, non-seulement il est possible de trouver le nombre cherché Z dans la formule proposée $cy^2+2byz+az^2$, mais il est possible de le trouver dans la formule moins générale.... $cy^2+2by+a$. Nous allons donc faire voir qu'on peut toujours satisfaire à l'équation $Z=cy^2+2by+a$, en supposant Z moindre que N et premier à N ou à $\frac{1}{2}N$.

(412) Soit $\theta^2\lambda$ le plus grand commun diviseur de c et N; nous représentons ainsi ce diviseur afin d'exprimer que λ n'a que des facteurs inégaux, et pour pouvoir conclure de l'équation $ac-b^2=N$ que $\theta\lambda$ est le plus grand commun diviseur de c et de b. Soit donc $c=\theta^2\lambda c'$, $b=\theta\lambda b'$, $N=\theta^2\lambda N'$, on aura $N'=ac'-\lambda b'^2$, et le diviseur Z deviendra

$$Z=\theta^2\lambda c'y^2+2\theta\lambda b'y+a.$$

J'observe d'abord que Z ne peut avoir aucun diviseur commun avec $\theta\lambda$; car si un même nombre premier ω divisait Z et $\theta\lambda$, il est évident, par la formule précédente, qu'il diviserait a; donc les trois coefficiens a, b, c seraient divibles par un même nombre, ce qui est contre la supposition.

Mais on a $N=\theta^2\lambda N'$; donc s'il y a un commun diviseur entre Z et N, ce même diviseur aura lieu entre Z et N'; et réciproquement si Z et N' sont premiers entre eux, Z et N le seront aussi, comme la question l'exige.

Tout se réduit donc à faire ensorte que Z et N' n'aient point entre eux de commun diviseur. Or la valeur de Z étant multipliée par c' donne

$$c'Z=\lambda(\theta c'y+b')^2+N',$$

et d'ailleurs les nombres c' et N' sont premiers entre eux, puisque $\theta^2\lambda$ est le plus grand commun diviseur de c et N. Donc on sera assuré que Z et N n'ont point de commun diviseur impair, si on fait ensorte que $\theta c'y+b'$ et N' soient premiers entre eux.

(413) Appelons α', α'', α'''....$\alpha^{(i)}$ les i différens nombres premiers impairs qui peuvent diviser N'; si on désigne par $\mu^{(i-1)}$ le terme de rang $i-1$ dans la suite naturelle des nombres premiers 3, 5, 7, 11, etc., et que d'après le terme général $\theta c'y+b'$, où $\theta c'$ et b' sont premiers entre eux, on forme la progression arithmétique indéfinie dans les deux sens :

$$\ldots -2\theta c'+b',\ -\theta c'+b',\ b,\ \theta c'+b',\ 2\theta c'+b',\ \ldots$$

Il a été démontré (n° 405) que sur $\mu^{(i-1)}$ termes consécutifs de cette progression, il y en aura au moins un qui, n'étant divisible par aucun des nombres premiers α', α'',....$\alpha^{(i)}$, sera nécessairement premier à N'.

On trouvera donc ainsi tant de valeurs de Z qu'on voudra, lesquelles n'auront aucun diviseur commun avec N; mais il reste à faire voir que parmi ces valeurs il y en aura toujours au moins une moindre que N.

(414) Observons d'abord que pour avoir les limites des valeurs de y qui rendent Z moindre que N, il faut résoudre l'équation...... $N = cy^2 + 2by + a$, laquelle donne pour ces limites

$$y' = \frac{-b + \sqrt{(cN-c)}}{c}, \quad y'' = \frac{-b - \sqrt{(cN-c)}}{c}.$$

Leur différence $\frac{2}{c}\sqrt{(cN-c)}$ est à très-peu près le nombre des valeurs de y qui rendent $Z < N$; car au moyen des valeurs précédentes, et en observant qu'on a $b < \frac{1}{2}c$, on trouve aisément que le nombre de ces valeurs est égal à l'entier compris dans $\frac{2}{c}\sqrt{(cN-c)}$, ou ne peut surpasser cet entier que d'une unité. Appelant donc n' ce nombre, on aura $n' = E\left(\frac{2\sqrt{(cN-c)}}{c}\right)$, ou dans certains cas, $n' = 1 + E\left(\frac{2\sqrt{(cN-c)}}{c}\right)$; mais on peut s'en tenir généralement à la première valeur, et le calcul ne sera que plus concluant en faveur de notre proposition.

On peut donner à cette valeur une forme plus commode. Puisque a et c ont chacun un commun diviseur avec N, et que b n'est pas zéro, il faut que b soit divisible au moins par deux nombres premiers impairs différens l'un de l'autre; ainsi b ne saurait être moindre que 3×5, et comme on a $c > 2b$, on doit donc avoir aussi $c > 30$.

Le même nombre c, supposé le plus petit des deux a et c, est $< 2\sqrt{\frac{1}{3}N}$; et comme on a $cN - c > (c-1)N$, la valeur de n' peut être mise sous la forme

$$n' > 2\sqrt{\left(\frac{c-1}{c} \cdot \frac{N}{2\sqrt{\frac{1}{3}N}} \cdot \frac{2\sqrt{\frac{1}{3}N}}{c}\right)},$$

où l'on a $\frac{c-1}{c} > \frac{29}{30}$, $\frac{2\sqrt{\frac{1}{3}N}}{c} > 1$; ce qui donne

$$n' > \frac{183}{100}\sqrt[4]{N}.$$

Il faut maintenant faire voir que, quel que soit le nombre i des facteurs premiers différens dont N' est composé, on aura toujours $\mu^{(i-1)} < n'$.

(415) Reprenons la valeur $N' = ac' - \lambda b'^2$, et supposons que le plus grand commun diviseur entre a et N soit $\mu^2\nu$, μ^2 étant le plus grand quarré qui en est facteur; il faudra que b' soit divisible par $\mu\nu$: ainsi en faisant $a = \mu^2\nu a'$, $b' = \mu\nu b''$, on aura $N' = \mu^2\nu(a'c' - \lambda\nu b''^2)$. Le facteur μ^2 pourrait se réduire à l'unité, mais ν est un facteur impair qui reste nécessairement, puisqu'on raisonne dans l'hypothèse que a et N ont un commun diviseur autre que 2. Quant à l'autre facteur $a'c' - \lambda\nu b''^2$, on peut faire voir qu'il est plus grand que $3\lambda\nu b''^2$; car a et c étant l'un et l'autre $> 2b$, on a $ac > 4b^2$, ce qui donne $a'c' > 4\lambda\nu b''^2$. Cela posé, on voit que N' ne peut avoir moins de deux facteurs impairs différens, ou que i ne peut être moindre que 2. Nous allons examiner successivement les différens cas qui ont lieu selon les différentes valeurs de i.

Supposons 1°. que N' n'a que deux facteurs, ν et α; le nombre i étant 2, on aura $\mu^{(i-1)} = \mu' = 3$, puisque 3 est le premier terme de la suite 3, 5, 7, 11, etc. Il faut donc prouver que n' est plus grand que 3.

Ayant d'une part $N' = \nu\alpha$, et de l'autre $N' > 3\lambda\nu^2 b''^2$, on a à plus forte raison $\alpha > 3\lambda\nu$; et comme les moindres nombres à prendre pour λ et ν sont 3 et 5, on aura $\alpha > 45$. Ainsi on ne saurait supposer α moindre que 46 ou 47; on peut prendre $\alpha = 46$, parce que le facteur 2 ne change rien au résultat qu'on veut obtenir. Alors on aura $N = \theta^2\lambda N' = \theta^2\lambda\nu . 46$; la moindre valeur de N est donc $N = 3.5.46 = 690$, d'où résulte $n' > \frac{183}{100}\sqrt[4]{690} > 9,37$. Donc si N' n'a que deux facteurs premiers impairs, on aura $n' > \mu^{(i-1)}$.

2°. Supposons que N' a trois facteurs premiers, et de plus que ces facteurs sont inégaux, afin de rendre d'autant plus grande la valeur de i; on fera donc $N' = \nu\alpha\beta$, $i = 3$, ce qui donnera $\mu^{(i-1)} = \mu^{(2)} = 5$; il faudra encore qu'on ait $N' > 3\nu^2\lambda b''^2$; et par conséquent $\alpha\beta > 3\nu\lambda$. La quantité $3\nu\lambda$ a pour *minimum* 3.3.5, ou 45; donc $\alpha\beta > 45$. Mais les nombres α et β doivent être inégaux entre eux et différens de 3 et 5; on ne peut donc prendre pour α et β des valeurs moindres que 7 et 11. Elles donnent $N' = \nu.7.11$, et la moindre valeur de $N = \theta^2\lambda N'$ sera $\lambda\nu.7.11$, ou 3.5.7.11. Mais il est évident que $\sqrt[4]{(3.5.7.11)}$ est > 5. Donc on a encore $n' > \mu^{(i-1)}$.

3°. Soit $N' = \nu\alpha\beta\gamma$; ces quatre facteurs étant impairs et inégaux, on aura $i = 4$ et $\mu^{(i-1)} = \mu''' = 7$. Dans ce cas la moindre valeur de $N = \theta^2\lambda\nu\alpha\beta\gamma$ sera 3.5.7.11.13; or $\sqrt[4]{(3.5.7.11.13)}$ ou $\sqrt[4]{(7.11.13.15)}$ est évidemment plus grande que 7; donc on a encore $n' > \mu^{(i-1)}$.

4°. En admettant un facteur de plus, on aurait $i = 5$, $\mu^{(i-1)} = 11$, et la moindre valeur de N étant 3.5.7.11.13.17 ou 11.13.17.105, on aurait $\sqrt[4]{N} > 11$, et par conséquent $n' > \frac{183}{100}\sqrt[4]{N} > \mu^{(i-1)}$.

L'inégalité devient évidemment de plus en plus grande en faveur de n', à mesure que le nombre des facteurs augmente au-delà de trois : ainsi la proposition est rigoureusement démontrée lorsque N' aura un nombre quelconque de facteurs impairs, inégaux.

S'il y a des facteurs égaux dans N', ils n'entreront que comme facteurs simples dans la valeur de i, et par conséquent dans celle de $\mu^{(i-1)}$; mais $\sqrt[4]{N}$ augmentera et l'inégalité deviendra encore plus grande en faveur de n'. Il en sera de même du facteur 2, qui, lorsqu'il a lieu, augmente la valeur de n' sans augmenter celle de $\mu^{(i-1)}$.

Donc dans toutes les formules qui ne se rapportent pas aux cas 1 et 2 du n° 411, on pourra toujours trouver un ou plusieurs nombres Z plus petits que N et premiers à N ou à $\frac{1}{2}N$.

§ XI. *Méthodes pour trouver combien, dans une progression arithmétique quelconque, il y a de termes qui ne sont divisibles par aucun des nombres premiers compris dans une suite donnée.*

(416) Considérons de nouveau la progression arithmétique

$$A-C,\quad 2A-C,\quad 3A-C\ldots\ldots nA-C,$$

dans laquelle A et C sont premiers entre eux, et soit θ un nombre premier non-diviseur de A. Si on détermine le nombre θ° plus petit que θ, de manière que $A\theta^\circ+C$ soit divisible par θ, et qu'on fasse $x=\theta z-\theta^\circ$, toutes les valeurs de x comprises dans cette formule rendront $Ax-C$ divisible par θ. Cela posé, le nombre des termes de la progression proposée étant n, supposons qu'on demande combien il y a de ces termes qui ne sont pas divisibles par θ.

Si n est un multiple de θ, il est clair que le nombre des termes divisibles par θ sera $\frac{n}{\theta}$; donc le nombre des termes non-divisibles étant nommé y, on aura

$$y=n-\frac{n}{\theta}=n\left(1-\frac{1}{\theta}\right).$$

Si n n'est pas un multiple de θ, la formule précédente désignera, à une fraction près, le nombre des termes non-divisibles par θ. Mais pour avoir une formule exacte dans tous les cas, observons que les termes divisibles par θ forment la suite $A(\theta-\theta^\circ)-C$, $A(2\theta-\theta^\circ)-C$, $A(3\theta-\theta^\circ)-C$, etc., jusqu'à un terme $kA\theta-A\theta^\circ-C$, aussi approché qu'il est possible de $An-C$, et plus petit que $An-C$.

Désignons à l'ordinaire par $E\left(\frac{n+\theta^\circ}{\theta}\right)$ l'entier le plus grand contenu dans $\frac{n+\theta^\circ}{\theta}$; cet entier sera la valeur de k; donc le nombre des termes divisibles par θ dans la progression proposée sera $E\left(\frac{n+\theta^\circ}{\theta}\right)$, et par conséquent le nombre des termes non-divisibles est

$$y = n - E\left(\frac{n + \theta^\circ}{\theta}\right).$$

Lorsque n est divisible par θ, l'entier contenu dans $\frac{n + \theta^\circ}{\theta}$ est $\frac{n}{\theta}$, quel que soit θ°, puisque θ° est positif et $< \theta$. Donc alors on aura..... $y = n - \frac{n}{\theta}$, comme ci-dessus.

(417) Soient maintenant θ et λ deux nombres premiers non-diviseurs de A, et soit proposé de trouver combien, dans la même progression, il y a de termes qui ne sont divisibles ni par θ ni par λ.

Désignons en général par Δ° le nombre positif et moindre que Δ, qui rend $A\Delta^\circ + C$ divisible par Δ; l'expression $E\left(\frac{n + \theta^\circ}{\theta}\right)$ désignera le nombre des termes divisibles par θ dans la suite proposée, et $E\left(\frac{n + \lambda^\circ}{\lambda}\right)$, le nombre des termes divisibles par λ. Si on retranche l'un et l'autre du nombre total n, il restera $n - E\left(\frac{n + \theta^\circ}{\theta}\right) - E\left(\frac{n + \lambda^\circ}{\lambda}\right)$. Mais de cette manière on retrancherait deux fois les termes divisibles par $\theta\lambda$; pour ne les retrancher qu'une fois, ainsi que la question l'exige, il faut ajouter à la quantité précédente le nombre des termes divisibles par $\theta\lambda$, lequel est $E\left(\frac{n + (\theta\lambda)^\circ}{\theta\lambda}\right)$. On aura ainsi le nombre demandé

$$y = n - E\left(\frac{n + \theta^\circ}{\theta}\right) + E\left(\frac{n + (\theta\lambda)^\circ}{\theta\lambda}\right)$$
$$- E\left(\frac{n + \lambda^\circ}{\lambda}\right).$$

Dans le cas où n est divisible par $\theta\lambda$, cette formule devient

$$y = n\left(1 - \frac{1}{\theta}\right)\left(1 - \frac{1}{\lambda}\right).$$

(418) En général soient θ, λ, $\mu \ldots \psi$, ω, tant de nombres premiers qu'on voudra (2 excepté) dont aucun ne divise A, et soit proposé de trouver combien, dans la progression $A - C$, $2A - C$, ... $nA - C$, il y a de termes qui ne sont divisibles par aucun de ces nombres; il faudra distinguer deux cas :

1°. Si n est un multiple du produit $\theta\lambda\mu \ldots \psi\omega$, le nombre demandé sera

$$y = n\left(1-\frac{1}{\theta}\right)\left(1-\frac{1}{\lambda}\right)\left(1-\frac{1}{\mu}\right)\ldots\ldots\left(1-\frac{1}{\omega}\right)\ldots\ldots(a')$$

Cette même formule donnera en général un résultat approché pour toute valeur de n; mais l'approximation pourrait devenir fautive si le produit $\theta\lambda\mu\ldots\psi\omega$ équivalait à une puissance très-élevée de n.

2°. Quel que soit n, on obtiendra toujours la solution exacte, au moyen de la formule

$$y = n - \int E\left(\frac{n+\theta^\circ}{\theta}\right) + \int E\left(\frac{n+(\theta\lambda)^\circ}{\theta\lambda}\right) - \int E\left(\frac{n+(\theta\lambda\mu)^\circ}{\theta\lambda\mu}\right) + \text{etc.}\ldots(b')$$

dans laquelle $\int E\left(\frac{n+\theta^\circ}{\theta}\right)$ exprime la somme des entiers $E\left(\frac{n+\theta^\circ}{\theta}\right)$, $E\left(\frac{n+\lambda^\circ}{\lambda}\right)$, etc., dus aux simples nombres θ, λ, etc.; $\int E\left(\frac{n+(\theta\lambda)^\circ}{\theta\lambda}\right)$ la somme des entiers $E\left(\frac{n+(\theta\lambda)^\circ}{\theta\lambda}\right)$, $E\left(\frac{n+(\theta\mu)^\circ}{\theta\mu}\right)$, etc., dus aux produits deux à deux de ces nombres, et ainsi de suite; ces quantités devant être formées dans toutes les combinaisons possibles et avec les mêmes signes que les termes de même dénomination dans le produit développé $n\left(1-\frac{z}{\theta}\right)\left(1-\frac{z}{\lambda}\right)\ldots\left(1-\frac{z}{\omega}\right)$.

Il faut observer cependant que dans la formule (b′) les termes ne doivent être continués que tant que les dénominateurs Δ n'excèdent pas $An-C$, dernier terme de la suite proposée; car lorsque Δ surpasse $An-C$, le nombre Δ° qui rend $A\Delta^\circ+C$ divisible par Δ, est plus petit que $\Delta-n$; ainsi on a $E\left(\frac{n+\Delta^\circ}{\Delta}\right)=0$.

Dans le cas où n est un multiple du produit $\theta\lambda\mu\ldots\psi\omega=\Omega$, chaque terme $E\left(\frac{n+\Delta^\circ}{\Delta}\right)$ de la formule (b′) se réduit à $\frac{n}{\Delta}$, et on retombe exactement sur la formule (a′).

En général si on a $n=k\Omega+m$, la valeur de y sera composée 1°. de la partie $k(\theta-1)(\lambda-1)\ldots(\omega-1)$ qui répond à la valeur $n=\Omega$; 2°. de la partie qui répond à la valeur $n=m$, et qui est donnée par la formule (b′).

(419) Dans le cas particulier où l'on considère la progression des nombres impairs 1, 3, 5...$2n-1$, on a $A=2$, $C=1$, et la valeur de Δ° qui rend $2\Delta^\circ+1$ divisible par Δ, est en général $\Delta^\circ=\frac{1}{2}(\Delta-1)$,

ce qui permet de former immédiatement tous les termes de la formule (b′), chacun étant $\pm E\left(\frac{n+\frac{1}{2}(\Delta-1)}{\Delta}\right)$.

Soit proposé, par exemple, de trouver combien, dans les 100 premiers termes de la progression 1, 3, 5, 7, 9, etc., il y a de termes qui ne sont divisibles par aucun des nombres premiers 3, 5, 7, 11; la formule générale donnera

$$\begin{aligned} y = 100 &- E\left(\tfrac{101}{3}\right) + E\left(\tfrac{107}{15}\right) - E\left(\tfrac{152}{105}\right) \\ &- E\left(\tfrac{102}{5}\right) + E\left(\tfrac{110}{21}\right) - E\left(\tfrac{182}{165}\right) \\ &- E\left(\tfrac{103}{7}\right) + E\left(\tfrac{116}{33}\right) \\ &- E\left(\tfrac{105}{11}\right) + E\left(\tfrac{117}{35}\right) \\ &\phantom{- E\left(\tfrac{105}{11}\right)} + E\left(\tfrac{127}{55}\right) \\ &\phantom{- E\left(\tfrac{105}{11}\right)} + E\left(\tfrac{138}{77}\right) \end{aligned}$$

On ne va pas plus loin, parce que les autres produits formés avec les facteurs 3, 5, 7, 11, surpasseraient 199, dernier terme de la suite proposée. Faisant donc les réductions, on aura $y = 43$.

La formule d'approximation (a′) donne pour le même cas..... $y = 100 . \frac{2}{3} . \frac{4}{5} . \frac{6}{7} . \frac{10}{11} = 41\frac{43}{77}$, ce qui s'écarte peu de la vérité.

(420) Examinons plus particulièrement la suite des nombres impairs 1, 3, 5, 7, jusqu'à $2n - 1 = a$, et désignons, pour abréger, par $T\left(\frac{n}{\omega}\right)$ le nombre des termes qui restent de cette progression, après avoir supprimé ceux qui sont divisibles par quelqu'un des nombres premiers successifs 3, 5, 7, 11...ω. Nous distinguerons deux cas :

1°. Si l'on a $\omega =$ ou $> \sqrt{a}$, tous les termes dont il s'agit seront des nombres premiers; supposons donc que par $N(\omega, a)$ on désigne combien il y a de nombres premiers depuis ω jusqu'à a, l'un et l'autre inclusivement, on aura

$$T\binom{n}{\omega} = N(\omega, a).$$

Quant au nombre $N(\omega, a)$, il se trouvera ou par les Tables, ou par la formule approchée

$$N(\omega, a) = 1 + \frac{a}{\log a - c} - \frac{\omega}{\log \omega - c},$$

dans laquelle $c = 1{,}08366$.

2°. Si on a $\omega < \sqrt{a}$, appelons ω', ω'', etc. les nombres premiers qui suivent ω, depuis ω jusqu'à $\sqrt{a}$; appelons en outre a', a'', a''', etc. les entiers impairs les plus grands contenus dans les fractions $\frac{a}{\omega'}$, $\frac{a}{\omega''}$, $\frac{a}{\omega'''}$, etc. Parmi les termes dont le nombre est représenté par $T\left(\frac{n}{\omega}\right)$, il y a d'abord tous les nombres premiers de ω' à a, lesquels avec le premier terme 1, qui est toujours du nombre des restans, font un nombre $N(\omega', a) + 1$ ou $N(\omega, a)$. Viennent ensuite les nombres qui résultent du produit de ω' par chacun des nombres premiers de ω' à a', leur nombre est $N(\omega', a')$; ainsi de suite. On aura donc

$$T\left(\frac{n}{\omega}\right) = N(\omega, a) + N(\omega', a') + N(\omega'', a'') + \text{etc.}$$

Cette quantité s'évalue aisément au moyen d'une Table de nombres premiers suffisamment étendue. Car en commençant par les derniers termes et connaissant, par exemple, la valeur de $N(\omega'', a'')$, on en déduit $N(\omega', a') = N(\omega'', a'') + N(\underline{a''}, a')$; l'expression $N(a'', a')$ désignant combien il y a de nombres premiers depuis a'' jusqu'à a' inclusivement, ou ce nombre augmenté d'une unité, si a'' n'est pas premier.

(421) Pour donner une application de ces formules, cherchons la valeur de $T\left(\frac{626}{13}\right)$, c'est-à-dire, le nombre de termes de la progression 1, 3, 5....1251, qui ne sont divisibles par aucun des nombres premiers 3, 5, 7, 11, 13.

Je trouve d'abord que de 13 à 1251 il y a 199 nombres premiers, ce qui donne $N(13, 1251) = 199$; je divise ensuite 1251 par les nombres premiers 17, 19, 23, 29, 31, compris de 13 à $\sqrt{1251}$; les quotiens impairs qui en résultent sont 73, 65, 53, 43, 39. Or à l'aide de la Table on trouve $N(31, 39) = 2$, $N(29, 43) = 2 + N(\underline{39}, 43) = 5$, $N(23, 53) = 5 + N(\underline{43}, 53) = 8$, $N(19, 65) = 8 + N(\underline{53}, 65) = 11$, $N(17, 73) = 11 + N(\underline{65}, 73) = 15$. La somme de ces nombres est 41; donc $T\left(\frac{626}{13}\right) = 199 + 41 = 240$.

La formule d'approximation (a') donne dans le même cas.... $T\left(\frac{626}{13}\right) = 626 \times 0{,}3836 = 240$. Mais le résultat n'en est pas toujours aussi exact; par exemple, cette même formule donnerait....... $T\left(\frac{10638}{43}\right) = 10638 \times 0{,}28344 = 3015$, tandis que la vraie valeur de cette quantité est 2987.

(422) La quantité $T\left(\frac{n}{\omega}\right)$, ou en général $P\left(\frac{n}{\omega}\right)$, relative à une progression quelconque $A - C$, $2A - C \ldots nA - C$, et en supposant des diviseurs premiers quelconques $\theta, \lambda, \mu \ldots \psi, \omega$, peut se ramener à d'autres quantités de la même espèce, dans lesquelles la série des diviseurs serait moins étendue.

En effet la valeur de $P\left(\frac{n}{\omega}\right)$ donnée par la formule (b'), est.... $n - \int E\left(\frac{n+\theta^\circ}{\theta}\right) + \int E\left(\frac{n+(\theta\lambda)^\circ}{\theta\lambda}\right) -$ etc.; on y remarque d'abord une suite de termes qui ne contiennent pas ω, et dont la somme peut être représentée par $P\left(\frac{n}{\psi}\right)$, ce qui suppose que la suite des diviseurs θ, λ, μ, etc. a pour dernier terme ψ. Les autres termes contenant ω sont en général $-E\left(\frac{n+\omega^\circ}{\omega}\right) + \int E\left(\frac{n+(\omega\theta)^\circ}{\omega\theta}\right) -$ etc. Considérons un de ces termes quelconque $E\left(\frac{n+\alpha}{\omega\Delta}\right)$; comme le nombre α doit rendre $A\alpha + C$ divisible par $\omega\Delta$, si l'on fait $\alpha = k\omega + \mathcal{C}$, $\mathcal{C}$ étant positif et plus petit que ω, le terme $E\left(\frac{n+\alpha}{\omega\Delta}\right)$ deviendra $E\left(\frac{n+k\omega+\mathcal{C}}{\omega\Delta}\right)$.

Soit encore $n + \mathcal{C} = n'\omega + \gamma$, γ étant positif et $< \omega$, on aura... $E\left(\frac{n+\alpha}{\omega\Delta}\right) = E\left(\frac{n'\omega + k\omega + \gamma}{\omega\Delta}\right) = E\left(\frac{n'+k}{\Delta}\right)$. Quant au nombre k, pour voir ce qu'il signifie, il faut substituer la valeur $\alpha = k\omega + \mathcal{C}$ dans la quantité $A\alpha + C$, ce qui donnera $\frac{Ak\omega + A\mathcal{C} + C}{\omega\Delta} = e$. De là on voit que $A\mathcal{C} + C$ doit être divisible par ω, et qu'ainsi $\mathcal{C}$ est ce qu'on a déjà appelé ω°; faisant donc $\mathcal{C} = \omega^\circ$, puis $\frac{A\omega^\circ + C}{\omega} = C'$, la quantité k devra satisfaire à l'équation $\frac{Ak + C'}{\Delta} = e$, de sorte qu'on aura encore $k = \Delta^\circ$.

Si on réunit maintenant tous les termes $E\left(\frac{n'+\Delta^\circ}{\Delta}\right)$, avec les signes qui leur conviennent, la somme sera représentée par $-P'\left(\frac{n'}{\psi}\right)$, $P'\left(\frac{n'}{\psi}\right)$ étant le nombre de termes qui restent de la progression $A-C'$, $2A-C' \ldots n'A-C'$, après en avoir retranché tous ceux qui sont divisibles par quelqu'un des nombres premiers θ, λ, $\mu \ldots \psi$. On aura donc enfin

$$P\left(\frac{n}{\omega}\right)=P\left(\frac{n}{\psi}\right)-P'\left(\frac{n'}{\psi}\right), \ldots\ldots\ldots\ldots (c')$$

formule qui sert à déterminer la quantité $P\left(\frac{n}{\omega}\right)$, au moyen de deux autres quantités semblables dans lesquelles il y a un nombre premier de moins à considérer.

Le nombre C' étant en général différent de C, la progression $A-C'$, $2A-C'$, etc. est différente de la progression donnée; mais elles ont l'une et l'autre la même raison A. C'est pourquoi nous avons distingué par un accent la quantité $P'\left(\frac{n'}{\psi}\right)$ relative à cette nouvelle progression.

On voit d'ailleurs que C' se trouve immédiatement par la valeur $C'=\frac{A\omega^\circ+C}{\omega}$, ainsi que n' par la formule $n'=E\left(\frac{n+\omega^\circ}{\omega}\right)$.

(423) Les deux progressions dont nous venons de parler se réduisent à une seule lorsqu'on a $A=2$, $C=1$, ou lorsqu'il s'agit de la progression 1, 3, 5...$(2n-1)$. Alors on a $\omega^\circ=\frac{1}{2}(\omega-1)$, $C'=1$, $n'=E\left(\frac{n+\frac{1}{2}(\omega-1)}{\omega}\right)$, et la formule de réduction devient

$$T\left(\frac{n}{\omega}\right)=T\left(\frac{n}{\psi}\right)-T\left(\frac{n'}{\psi}\right) \ldots\ldots\ldots\ldots (d')$$

Cette formule renferme une sorte d'algorithme qui peut avoir des applications utiles.

Supposons, par exemple, qu'au moyen de la Table des nombres premiers de 1 à 100 seulement, on veuille savoir combien il y a de nombres premiers de 1 à 1000. Le nombre premier immédiatement plus petit que $\sqrt{1000}$ est 31; ainsi en cherchant la valeur de $T\left(\frac{500}{31}\right)$, où l'on considère comme diviseurs tous les nombres premiers de 3 à 31, il suffira d'ajouter 11 au résultat, parce que 31 est le 12e des nombres premiers. Or par la formule (d′) on a

$$T\left(\frac{500}{31}\right)=T\left(\frac{500}{29}\right)-T\left(\frac{16}{29}\right)$$
$$T\left(\frac{500}{29}\right)=T\left(\frac{500}{23}\right)-T\left(\frac{17}{23}\right)$$
$$T\left(\frac{500}{23}\right)=T\left(\frac{500}{19}\right)-T\left(\frac{22}{19}\right)$$
$$T\left(\frac{500}{19}\right)=T\left(\frac{500}{17}\right)-T\left(\frac{26}{17}\right)$$
$$T\left(\frac{500}{17}\right)=T\left(\frac{500}{13}\right)-T\left(\frac{29}{13}\right)$$
$$T\left(\frac{500}{13}\right)=T\left(\frac{500}{11}\right)-T\left(\frac{38}{11}\right)$$
$$T\left(\frac{500}{11}\right)=T\left(\frac{500}{7}\right)-T\left(\frac{45}{7}\right).$$

On trouve ensuite par la Table de 1 à 100, $T\left(\frac{16}{29}\right)=2$, $T\left(\frac{17}{23}\right)=3$, $T\left(\frac{22}{19}\right)=7$, $T\left(\frac{26}{17}\right)=9$, $T\left(\frac{29}{13}\right)=11$, $T\left(\frac{38}{11}\right)=17$, $T\left(\frac{45}{7}\right)=21$. La somme de ces nombres est 70; d'ailleurs par la formule (b′) on a $T\left(\frac{500}{7}\right)=228$; donc $T\left(\frac{500}{31}\right)=228-70=158$, à quoi ajoutant 11, le résultat est 169. Il y a en effet 169 nombres premiers de 1 à 1000.

C'est par de semblables procédés qu'on s'est assuré que de 1 à 1000 000, il y a 78527 nombres premiers, résultat qui sert à confirmer la formule du n° 389.

(424) Revenons à la formule générale (b′), et appelons ε le plus petit nombre positif qui rend $A\varepsilon+C$ divisible par Ω; au moyen du seul nombre ε, on pourra transformer d'une manière commode les différens termes de la formule (b′). Soit, par exemple, $E\left(\frac{n+\Delta^\circ}{\Delta}\right)$ un de ces termes où Δ doit être en général un diviseur de Ω; on pourra faire $\varepsilon=\Delta z+\delta$, δ étant positif et $<\Delta$. Alors $A\varepsilon+C$ devient $A\Delta z+A\delta+C$, et comme cette quantité divisible par Ω, l'est à plus forte raison par Δ, il faudra que $A\delta+C$ soit divisible par Δ, ce qui donnera $\Delta^\circ=\delta=\varepsilon-\Delta z$. On aura donc

$$E\left(\frac{n+\Delta^\circ}{\Delta}\right)=E\left(\frac{n+\varepsilon}{\Delta}\right)-z=E\left(\frac{n+\varepsilon}{\Delta}\right)-E\left(\frac{\varepsilon}{\Delta}\right).$$

Faisant une semblable transformation pour chacun des termes dont la formule (b′) est composée, on aura pour résultat général

$$P\left(\frac{n}{\omega}\right) = \Pi\left(\frac{n+\varepsilon}{\omega}\right) - \Pi\left(\frac{\varepsilon}{\omega}\right) \ldots\ldots\ldots (e'),$$

Π étant une fonction semblable à P, et dont la valeur générale est

$$\Pi\left(\frac{n}{\omega}\right) = n - \int E\left(\frac{n}{\theta}\right) + \int E\left(\frac{n}{\theta\lambda}\right) - \int E\left(\frac{n}{\theta\lambda\mu}\right) + \text{etc.} \ldots\ldots\ldots (f').$$

(425) Cette valeur de la fonction Π prouve qu'elle n'est autre chose que la fonction P appliquée à la simple progression des nombres naturels 1, 2, 3...n, et qu'elle désigne par conséquent le nombre des termes qui restent de cette progression après en avoir exclus tous les termes divisibles par quelqu'un des nombres premiers θ, λ, $\mu \ldots \omega$. En effet, dans le cas où le terme général $An - C$ se réduit à n, on a $A = 1$, $C = 0$, et la valeur de ε qui rend $A\varepsilon + C$ divisible par Ω est simplement $\varepsilon = 0$, de sorte qu'alors P se change en Π.

La fonction Π est nulle, ainsi que la fonction P, lorsque $n = 0$; et lorsque n est négatif, on a généralement $\Pi\left(\frac{-n}{\omega}\right) = -\Pi\left(\frac{n-1}{\omega}\right)$; car la progression 1, 2, 3...n fait partie de la suite plus générale ......—3, —2, —1, 0, 1, 2, 3, 4, etc.

Suivant ce qu'on a déjà observé n° 418, si l'on a $n = k\Omega + m$, et qu'on fasse $\Omega' = (\theta - 1)(\lambda - 1)(\mu - 1) \ldots (\omega - 1)$, il en résultera

$$P\left(\frac{k\Omega + m}{\omega}\right) = k\Omega' + P\left(\frac{m}{\omega}\right) \ldots\ldots\ldots\ldots (g').$$

Cette propriété aura donc lieu aussi pour les fonctions Π et T, qui sont des cas particuliers de la fonction P.

La fonction $P\left(\frac{n}{\omega}\right)$ s'accorde avec la quantité $Z\left(\frac{n}{\omega}\right) = n . \frac{\Omega'}{\Omega}$ toutes les fois que n est un multiple de Ω ; dès-lors on voit que $Z\left(\frac{n}{\omega}\right)$ peut être regardée comme la valeur moyenne de $P\left(\frac{n}{\omega}\right)$; ensorte que.... $P\left(\frac{n}{\omega}\right) - Z\left(\frac{n}{\omega}\right)$ est une quantité qui ne peut passer certaines limites, en plus ou en moins.

La quantité $Z\left(\frac{n}{\omega}\right)$ augmente constamment de $\frac{\Omega'}{\Omega}$ à mesure que n

augmente d'une unité; la fonction $P\left(\frac{n}{\omega}\right)$ n'augmente pas aussi régulièrement; cependant lorsque n est devenue $n+\Omega$, elles ont augmenté l'une et l'autre de la même quantité Ω'. En général comme le $(n+1)^{ième}$ terme de la suite $A-C$, $2A-C$, etc. est $(n+1)A-C$, on voit que $P\left(\frac{n+1}{\omega}\right)-P\left(\frac{n}{\omega}\right)$ sera $=0$ ou $=1$, selon que $(n+1)A-C$ est divisible ou non divisible par un des facteurs de Ω.

(426) Lorsqu'on considère la progression $1, 3, 5 \ldots (2n-1)$, la fonction P se change en T, et il faut faire $\epsilon = \frac{1}{2}(\Omega - 1)$. Soit donc $\frac{1}{2}(\Omega-1)=\sigma$, et on aura

$$T\left(\frac{n}{\omega}\right)=\Pi\left(\frac{n+\sigma}{\omega}\right)-\Pi\left(\frac{\sigma}{\omega}\right).$$

De cette équation on déduit, en changeant le signe de n,

$$T\left(\frac{-n}{\omega}\right)=\Pi\left(\frac{\sigma-n}{\omega}\right)-\Pi\left(\frac{\sigma}{\omega}\right).$$

Mais comme la progression $1, 3, 5, 7$, etc. continuée dans le sens négatif, est $-1, -3, -5$, etc., il est clair qu'on a $T\left(\frac{-n}{\omega}\right)=-T\left(\frac{n}{\omega}\right)$. Donc des deux équations précédentes, on tire

$$\Pi\left(\frac{\sigma+n}{\omega}\right)+\Pi\left(\frac{\sigma-n}{\omega}\right)=2\Pi\left(\frac{\sigma}{\omega}\right).$$

Si l'on fait dans celle-ci $n=\sigma$, il en résulte $\Pi\left(\frac{2\sigma}{\omega}\right)=2\Pi\left(\frac{\sigma}{\omega}\right)$; mais puisque $2\sigma+1=\Omega$, il est clair qu'on a $\Pi\left(\frac{2\sigma}{\omega}\right)=\Pi\left(\frac{2\sigma+1}{\omega}\right)=\Omega'$; donc $\Pi\left(\frac{\sigma}{\omega}\right)=\frac{1}{2}\Omega'$, ce qui donne les deux formules

$$\Pi\left(\frac{\sigma+n}{\omega}\right)+\Pi\left(\frac{\sigma-n}{\omega}\right)=\Omega' \ldots\ldots\ldots\ldots \text{(h')}$$

$$T\left(\frac{n}{\omega}\right)=\Pi\left(\frac{n+\sigma}{\omega}\right)-\tfrac{1}{2}\Omega' \ldots\ldots\ldots\ldots \text{(i')}$$

Réciproquement de la seconde on déduit

$$\Pi\left(\frac{n}{\omega}\right)=T\left(\frac{n-\sigma}{\omega}\right)+\tfrac{1}{2}\Omega' \ldots\ldots\ldots\ldots \text{(k')}$$

Et cette valeur étant substituée dans la formule (c'), on aura l'expression générale de P en fonction de T, laquelle sera

$$P\left(\frac{n}{\omega}\right)=T\left(\frac{n+\varepsilon-\sigma}{\omega}\right)-T\left(\frac{\varepsilon-\sigma}{\omega}\right)\ldots\ldots\ldots\ldots\quad (\mathrm{l}')$$

D'où il suit qu'une progression quelconque $A-C,\ 2A-C\ldots nA-C$, contient autant de termes premiers à Ω, qu'il y en a dans un pareil nombre de termes consécutifs de la suite des nombres impairs pris, non depuis le commencement de la suite, mais depuis le terme.... $2\varepsilon-2\sigma+1$ jusqu'au terme $2n+2\varepsilon-2\sigma-1$ inclusivement.

Cette propriété établit une relation très-remarquable entre une progression arithmétique quelconque et la simple progression des nombres impairs. Il faut en effet, d'après le résultat qu'on vient d'obtenir, que ces deux progressions étant disposées, terme à terme, comme il suit :

$$\begin{array}{cccccc} \ldots -A-C, & -C, & A-C, & 2A-C\ldots, & nA-C, & \text{etc.} \\ \ldots 2\varepsilon-2\sigma-3, & 2\varepsilon-2\sigma-1, & 2\varepsilon-2\sigma+1, & 2\varepsilon-2\sigma+3\ldots, & 2\varepsilon-2\sigma+2n-1, & \text{etc.} \end{array}$$

deux termes correspondans quelconques soient tous deux divisibles ou tous deux non-divisibles par l'un des facteurs de Ω. Or c'est ce qu'il est facile de vérifier indépendamment de la théorie précédente; car deux termes correspondans quelconques étant représentés par $nA-C$ et $2\varepsilon+2n-2\sigma-1$, si on observe que $A\varepsilon+C$ est divisible par Ω, et que $2\sigma+1=\Omega$, ces termes deviennent, en rejetant les multiples de Ω, l'un $A(n+\varepsilon)$, l'autre $2(n+\varepsilon)$. Donc ils seront tous deux premiers à Ω, ou tous deux non premiers à Ω, selon que $n+\varepsilon$ sera premier ou non premier à Ω.

Il résulte encore de cette propriété ou de l'équation (l'), que si on ne peut avoir plus de α termes consécutifs dans la suite 1, 3, 5, 7, 9, etc. qui soient divisibles par quelqu'un des facteurs de Ω, il ne pourra non plus y avoir plus de α termes consécutifs dans une progression quelconque $A-C,\ 2A-C$, etc., qui aient chacun un diviseur commun avec Ω. Car si la quantité $T\left(\frac{n+\varepsilon-\sigma}{\omega}\right)$ augmente d'une unité lorsque n devient $n+\alpha$, il faudra qu'en même temps $P\left(\frac{n}{\omega}\right)$, qui devient $P\left(\frac{n+\alpha}{\omega}\right)$, augmente aussi d'une unité. C'est ce qui s'accorde avec le théorème du n° 405.

(427) Les fonctions Π, T, P ont encore quelques autres relations assez remarquables. D'abord, comme la progression 1, 2, 3..... $2n$

relative à $\Pi\left(\frac{2n}{\omega}\right)$, est composée de la progression 1, 3, 5... $(2n-1)$ relative à $T\left(\frac{n}{\omega}\right)$ et de la progression 2, 4, 6... $2n$, dont les termes divisés par 2 donnent 1, 2, 3... n, il est clair qu'on a en général

$$T\left(\frac{n}{\omega}\right)=\Pi\left(\frac{2n}{\omega}\right)-\Pi\left(\frac{n}{\omega}\right)\ldots\ldots\ldots\ldots\ (\mathrm{m}')$$

On trouverait semblablement

$$T\left(\frac{n}{\omega}\right)=\Pi\left(\frac{2n-1}{\omega}\right)-\Pi\left(\frac{n-1}{\omega}\right)\ldots\ldots\ (\mathrm{n}')$$

Et comme on a $P\left(\frac{n}{\omega}\right)=\Pi\left(\frac{n+\varepsilon}{\omega}\right)-\Pi\left(\frac{\varepsilon}{\omega}\right)$, si on fait $n=\varepsilon$, cette équation donnera

$$P\left(\frac{\varepsilon}{\omega}\right)=\Pi\left(\frac{2\varepsilon}{\omega}\right)-\Pi\left(\frac{\varepsilon}{\omega}\right)=T\left(\frac{\varepsilon}{\omega}\right)\ldots\ldots\ldots\ (\mathrm{p}')$$

Faisant $n=\varepsilon$ dans la formule (l'), on aura donc $T\left(\frac{\varepsilon}{\omega}\right)=T\left(\frac{2\varepsilon-\sigma}{\omega}\right)$ $-T\left(\frac{\varepsilon-\sigma}{\omega}\right)$. Mais dans cette dernière équation ε est à volonté, puisqu'il ne reste plus de trace de la progression d'où ε est tirée; donc on a, quel que soit n,

$$T\left(\frac{n}{\omega}\right)=T\left(\frac{2n-\sigma}{\omega}\right)-T\left(\frac{n-\sigma}{\omega}\right)\ldots\ldots\ldots\ (\mathrm{q}')$$

Cette formule se déduirait aussi de la combinaison des équations (k') et (m').

§ XII. *Méthodes pour compléter la résolution en nombres entiers des équations indéterminées du second degré.*

(428) Nous avons donné dans la première partie les méthodes nécessaires pour résoudre en nombres entiers les équations indéterminées du second degré, qui sont de la forme $ay^2 + byz + cz^2 = H$; c'est en effet à cette forme que peut être réduite toute équation proposée du second degré; mais il reste une condition à remplir lorsque l'équation dont il s'agit contient des termes du premier degré.

Soit en général $ay^2 + byz + cz^2 + dy + fz + g = 0$ l'équation proposée; pour faire disparaître les termes où les indéterminées sont au premier degré, je fais $y = \frac{y' + \alpha}{\theta}$, $z = \frac{z' + \beta}{\theta}$, et j'ai la transformée

$$\begin{aligned} 0 = ay'^2 + by'z' + cz'^2 &+ 2a\alpha y' + 2c\beta z' + a\alpha^2 + d\alpha\theta \\ &+ b\beta y' + b\alpha z' + b\alpha\beta + f\beta\theta \\ &+ d\theta y' + f\theta z' + c\beta^2 + g\theta^2. \end{aligned}$$

Supposant donc $2a\alpha + b\beta + d\theta = 0$, $2c\beta + b\alpha + f\theta = 0$, on aura $\frac{\alpha}{\theta} = \frac{2cd - fb}{bb - 4ac}$, $\frac{\beta}{\theta} = \frac{2af - db}{bb - 4ac}$; d'où l'on voit que si dans l'équation proposée on fait immédiatement

$$y = \frac{y' + 2cd - fb}{bb - 4ac}, \quad z = \frac{z' + 2af - db}{bb - 4ac},$$

la transformée sera

$$ay'^2 + by'z' + cz'^2 = -(af^2 - bdf + cd^2)(bb - 4ac) - g(bb - 4ac)^2.$$

Je remarque maintenant qu'on peut supposer que les coefficiens a, b, c des termes du second degré dans l'équation proposée, n'ont pas de diviseur commun; car s'ils avaient un commun diviseur ω, il faudrait que $dy + fz + g$ fût aussi divisible par ω; or cette condition est facile à remplir, en introduisant une indéterminée nouvelle à la place de y ou de z, et alors toute l'équation devient divisible par ω.

Je remarque aussi qu'on peut faire abstraction du cas où $bb - 4ac$ est une quantité négative, parce qu'alors le nombre des solutions de la transformée étant toujours limité, le procédé le plus simple est de substituer successivement les valeurs trouvées de y' et z' dans les formules $y = \frac{y' + 2cd - fb}{bb - 4ac}$, $z = \frac{z' + 2af - db}{bb - 4ac}$, afin de voir quelles sont celles qui donnent pour y et z des nombres entiers.

On peut se dispenser encore de discuter le cas où $b^2 - 4ac$, quoique positif, serait égal à un quarré, parce qu'alors la transformée n'a encore qu'un nombre de solutions limité (n° 70). Il ne reste donc à examiner que le cas où $bb - 4ac$ est un nombre positif non-quarré.

(429) Alors la transformée, si elle est résoluble, aura toujours une infinité de solutions renfermées dans un ou plusieurs systèmes, et chaque système pourra être représenté par les formules

$$y' = \gamma F + \delta G$$
$$z' = \varepsilon F + \zeta G$$
$$[\varphi + \psi\sqrt{(bb - 4ac)}]^n = F + G\sqrt{(bb - 4ac)}.$$

Pour éviter la considération des cas particuliers, nous supposerons que ces formules sont préparées de manière que les nombres γ, δ, ε, ζ, φ, ψ sont des entiers, et que l'exposant n est un nombre à volonté. Quelquefois la solution immédiate donnera, pour ces coefficiens, des nombres affectés de la fraction $\frac{1}{2}$; il pourra arriver aussi que l'exposant n soit d'une forme désignée paire ou impaire. Mais dans tous les cas, il est facile de réduire les formules à la forme que nous supposons, où tous les nombres sont entiers et l'exposant n à volonté : il faut de plus se rappeler qu'on aura toujours $\varphi^2 - \psi^2(b^2 - 4ac) = 1$.

Cela posé, il s'agit de trouver en général la valeur de n telle que les quantités

$$y = \frac{\gamma F + \delta G + \alpha}{bb - 4ac}, \quad z = \frac{\varepsilon F + \zeta G + \beta}{bb - 4ac}.$$

soient des entiers. Or on a

$$F = \varphi^n + \frac{n.n-1}{1.2}\varphi^{n-2}\psi^2(bb - 4ac) + \text{etc.}$$
$$G = n\varphi^{n-1}\psi + \frac{n.n-1.n-2}{1.2.3}\varphi^{n-3}\psi^3(bb - 4ac) + \text{etc.}$$

Ainsi en substituant ces valeurs de F et G, on voit que la question se réduit à déterminer n de manière que les quantités $\frac{\gamma\varphi^n + \delta n\varphi^{n-1}\psi + \alpha}{bb - 4ac}$, $\frac{\varepsilon\varphi^n + \zeta n\varphi^{n-1}\psi + \beta}{bb - 4ac}$, soient des entiers. Pour cela, nous distinguerons deux cas, selon que n est pair ou impair.

Soit 1°. $n = 2m$, l'équation $\varphi^2 - \psi^2(b^2 - 4ac) = 1$, donne, en négligeant les multiples de $b^2 - 4ac$, $\varphi^{2m} = 1$ on peut donc, au lieu de α et β, mettre $\alpha\varphi^{2m}$ et $\beta\varphi^{2m}$, et alors supprimant le facteur φ^{2m-1} qui ne peut avoir aucun diviseur commun avec $b^2 - 4ac$, on trouve que la détermination de m ne dépend plus que des équations du premier degré

$$\frac{(\alpha + \gamma)\varphi + 2\delta\psi m}{bb - 4ac} = e, \quad \frac{(\beta + \varepsilon)\varphi + 2\zeta\psi m}{bb - 4ac} = e,$$

lesquelles doivent s'accorder entre elles, pour que l'équation proposée soit résoluble en nombres entiers.

Soit 2°. $n = 2m + 1$, alors, en négligeant les multiples de $bb - 4ac$, on aura encore $\alpha = \alpha\varphi^{2m}$ et $\beta = \beta\varphi^{2m}$, et la détermination de m dépendra des équations du premier degré

$$\frac{\gamma\varphi + \alpha + (2m + 1)\delta\psi}{bb - 4ac} = e, \quad \frac{\varepsilon\varphi + \beta + (2m + 1)\zeta\psi}{bb - 4ac} = e,$$

lesquelles doivent encore s'accorder entre elles.

Donc dans tous les cas on trouvera les valeurs convenables de l'exposant n par la simple résolution d'une équation indéterminée du premier degré, et la valeur de n qui résultera de cette solution étant en général de la forme $\nu + (bb - 4ac)k$, où k est une indéterminée, il s'ensuit qu'on aura une infinité de valeurs de n qui satisferont à la question, de sorte qu'on aura aussi une infinité de solutions de l'équation proposée en nombres entiers. On doit d'ailleurs observer que les nombres F et G peuvent être pris chacun avec le signe qu'on voudra, ce qui donnera quatre combinaisons à examiner séparément, et d'où pourront résulter différentes solutions.

(430) Soit proposé maintenant, pour compléter cette théorie, de résoudre la question suivante :

Les nombres F *et* G *étant donnés par la formule* $(\varphi + \psi\sqrt{A})^n = F + G\sqrt{A}$, *dans laquelle l'exposant* n *est indéterminé, et où l'on a* $\varphi^2 - \psi^2 A = 1$, *trouver toutes les valeurs de* n *telles que la quantité* $\lambda F + \mu G + \nu$ *soit divisible par un nombre premier* ω *qui ne divise pas* $A\psi$.

Voici une méthode qui a été indiquée pour cet objet par Lagrange (Mém. de Berlin, 1767).

Je suppose d'abord qu'on connaisse une valeur de l'exposant n qui satisfait à la question; soit cette valeur p, il faudra qu'en faisant $(\varphi+\psi\sqrt{A})^p=f+g\sqrt{A}$, la quantité $\frac{\lambda f+\mu g+\nu}{\omega}$ soit un entier. Je cherche ensuite un exposant q, tel qu'en faisant $(\varphi+\psi\sqrt{A})^q=f'+g'\sqrt{A}$, le nombre g' soit divisible par ω. Il est certain que cet exposant existe, puisqu'on peut toujours satisfaire à l'équation $x^2-A\omega^2y^2=1$. Cet exposant étant trouvé, on peut supposer en même temps que $f'-1$ soit divisible par ω; si cela n'était pas, on doublerait l'exposant q; et faisant $(\varphi+\psi\sqrt{A})^{2q}$ ou $(f'+g'\sqrt{A})^2=f''+g''\sqrt{A}$, on aurait $f''=f'^2+Ag'^2=1+2Ag'^2$, et $g''=2f'g'$, de sorte que $f''-1$ et g'' seraient à-la-fois divisibles par ω. Donc en faisant les préparations convenables, on trouvera toujours un exposant q, tel qu'en faisant.... $(\varphi+\psi\sqrt{A})^q=f'+g'\sqrt{A}$, les nombres $f'-1$ et g' soient l'un et l'autre divisibles par ω.

Je dis maintenant qu'en prenant $n=qx+p$, la quantité proposée $\lambda F+\mu G+\nu$ sera divisible par ω, quel que soit l'entier x. Car soit $(f'+g'\sqrt{A})^x=F'+G'\sqrt{A}$, on aura $F+G\sqrt{A}=(f+g\sqrt{A})(F'+G'\sqrt{A})$, d'où l'on tire $F=fF'+gAG'$, $G=fG'+gF'$, et $\lambda F+\mu G+\nu=(\lambda f+\mu g)F'+(\lambda gA+\mu f)G'+\nu$. Mais les valeurs développées de F' et G' étant $F'=f'^x+\frac{x.x-1}{1.2}f'^{x-2}g'^2A+$ etc., $G'=nf'^{x-1}g'+$ etc., si on néglige les multiples de ω, on aura $G'=0$, et $F'=f'^x=1$; donc en négligeant les mêmes multiples, la quantité $\lambda F+\mu G+\nu$ se réduit à $\lambda f+\mu g+\nu$, donc elle est divisible par ω.

Puisque toutes les valeurs de n comprises dans la formule $n=qx+p$ satisfont à la question, il y aura toujours une de ces valeurs qui sera moindre que q, de sorte qu'on pourra toujours supposer $p<q$. Donc pour avoir l'exposant p qui donne la première solution, il faut élever $\varphi+\psi\sqrt{A}$ à ses puissances successives $0, 1, 2, 3\ldots q-1$, et essayer, pour chaque puissance représentée par $f+g\sqrt{A}$, si la quantité $\lambda f+\mu g+\nu$ est divisible par ω. On peut aussi former directement la suite des quantités $\lambda f+\mu g$, en observant que cette suite est récurrente, et qu'elle a pour échelle de relation $2\varphi, -1$; d'où il suit qu'au moyen des deux premiers termes connus λ, $\lambda\varphi+\mu\psi$, on formera aisément tous les autres. Ces calculs sont d'autant plus faciles, qu'on peut rejeter les multiples de ω, à mesure qu'ils se présentent, et si le pro-

blème est possible, il faudra que dans les q premiers termes de la suite dont il s'agit, on trouve une ou plusieurs fois $\lambda f+\mu g+\nu=0$.

(431) Connaissant l'exposant le plus petit p qui rend $\lambda f+\mu g+\nu$ divisible par un nombre premier ω, voici la méthode qu'on peut suivre pour trouver *a priori* une valeur de n, telle que $\lambda F+\mu G+\nu$ soit divisible par une puissance donnée ω.

Nous observerons d'abord qu'on peut résoudre généralement l'équation $\frac{L+Mx+N\omega+P\omega^2+Q\omega^3+\text{etc.}}{\omega^m}=e$, dans laquelle L et M sont des nombres donnés, et N, P, Q, etc. des fonctions quelconques entières de x. Pour cela, il faudra déterminer x de manière que $\frac{L+Mx}{\omega}$ soit un entier; ayant trouvé $x=l+\omega x'$, si on substitue cette valeur dans l'équation proposée, elle deviendra de la forme.................. $\frac{L'+M'x'+N'\omega+P'\omega^2+Q'\omega^3+\text{etc.}}{\omega^{m-1}}=e$ semblable à la proposée, mais dont le dénominateur est d'un degré moindre d'une unité. On aura donc, par une suite de procédés semblables, $x=l+\omega x'$, $x'=l'+\omega x''$, $x''=l''+\omega x'''$, etc.; d'où l'on conclura $x=l+l'\omega+l''\omega^2+l'''\omega^3+\text{etc.}$ jusqu'à un terme de la forme $\omega^m x^{(m)}$ dans lequel $x^{(m)}$ sera une nouvelle indéterminée.

Cela posé, si l'on veut, par exemple, déterminer la valeur de n telle que la quantité $\lambda F+\mu G+\nu$ soit divisible par ω^3, on fera, comme ci-dessus, $n=qx+p$, et toutes choses étant d'ailleurs les mêmes, faisant de plus $\lambda f+\mu g=\lambda'$, $\lambda gA+\mu f=\mu'$, on aura $\lambda F+\mu G+\nu$ $=\lambda' F'+\mu' G'+\nu$. Dans cette quantité, qui est déjà divisible par ω, quel que soit x, il faudra substituer, au lieu de F' et G' leurs valeurs développées, en omettant la troisième puissance et les puissances supérieures de g'; ces valeurs sont :

$$F'=f'^x+\frac{x.x-1}{2}f'^{x-2}g'^2A,\quad G'=xf'^{x-1}g'.$$

On distinguera ensuite deux cas, selon que x est pair ou impair.

1°. Si x est pair, on pourra, à la place de ν, mettre $\nu(f'^2-g'^2A)^{\frac{x}{2}}$, et développer cette quantité, en omettant les termes qui contiennent g'^3 et les puissances supérieures de g'. Par ces substitutions, l'équation proposée $\frac{\lambda' F'+\mu' G'+\nu}{\omega^3}=e$ deviendra

$$\frac{\lambda'\left(f'^x+\frac{x.x-1}{1.2}f'^{x-2}g'^2A\right)+\mu'.xf'^{x-1}g'+\nu\left(f'^x-\frac{x}{2}.f'^{x-2}g'^2A\right)}{\omega^3}=e.$$

Or f' n'étant pas divisible par ω, puisque $f'-1$ l'est, on peut supprimer du numérateur le facteur commun f'^{x-2}, ce qui fait disparaître la variable en exposant ; si de plus on fait $g'=\omega h'$, $\lambda'+\nu=\omega L$, l'équation à résoudre deviendra

$$\frac{Lf'^2+\mu'f'h'x+\left(\lambda'.\frac{x.x-1}{1.2}-\nu\frac{x}{2}\right)h'^2A\omega}{\omega^2}=e.$$

Et celle-ci pouvant se traiter par la méthode précédente, on aura le résultat de la forme $x=l+l'\omega+\omega^2x''$, où il faudra prendre l'indéterminée x'' de manière que x soit pair.

2°. Si x est impair, il faudra, à la place de ν, mettre $\nu(f'^2-g'^2A)^{\frac{x-1}{2}}$, et d'ailleurs le calcul sera entièrement semblable à celui du premier cas.

On voit maintenant le procédé à suivre, pour faire ensorte qu'une quantité de la forme $\lambda F+\mu G+\nu$ soit divisible par un nombre quelconque P. Ayant décomposé P en ses facteurs premiers, soit ω^m un de ces facteurs, on cherchera les valeurs de n, telles que la quantité proposée soit divisible par ω^m, et ainsi successivement par rapport à chacun des autres facteurs. On aura différentes valeurs particulières de n qu'il faudra combiner ensemble, afin d'avoir une valeur générale qui satisfasse à toutes les conditions, et le problème ne sera résoluble qu'autant que toutes ces conditions pourront être remplies.

(432) Nous remarquerons que la valeur de q dont on a besoin dans la solution précédente (n° 431), peut être donnée directement par le théorème suivant.

« Si l'on a $\varphi^2-A\psi^2=1$, et qu'on cherche un exposant q, tel que » $(\varphi+\psi\sqrt{A})^q-1$ soit divisible par un nombre premier ω non-di» viseur de $A\psi$, je dis qu'on peut faire $q=\omega-1$ si l'on a $\left(\frac{A}{\omega}\right)=+1$, » ou $q=\omega+1$ si l'on a $\left(\frac{A}{\omega}\right)=-1$.

En effet on trouvera, comme au n° 129, que la quantité .... $(\varphi+\psi\sqrt{A})^\omega-(\varphi+\psi\sqrt{A})$, divisée par ω, laisse le même reste qu'une quantité semblable $(\varphi-k+\psi\sqrt{A})^\omega-(\varphi-k+\psi\sqrt{A})$, dans laquelle k est un entier quelconque. Soit $k=\varphi$, on aura ainsi, en omettant les multiples de ω,

$$(\varphi+\psi\sqrt{A})^{\omega}-(\varphi+\psi\sqrt{A})=(\psi\sqrt{A})^{\omega}-\psi\sqrt{A},$$

et le second membre, à cause de $\psi^{\omega}=\psi$, devient $\psi\sqrt{A}(A^{\frac{\omega-1}{2}}-1)$ ou $\psi\sqrt{A}\left[\left(\frac{A}{\omega}\right)-1\right]$.

Soit 1°. $\left(\frac{A}{\omega}\right)=1$, on aura $(\varphi+\psi\sqrt{A})^{\omega}-(\varphi+\psi\sqrt{A})=0$; donc $(\varphi+\psi\sqrt{A})^{\omega-1}-1$ est divisible par ω, donc on peut faire $q=\omega-1$.

Soit 2°. $\left(\frac{A}{\omega}\right)=-1$, on aura $(\varphi+\psi\sqrt{A})^{\omega}=\varphi-\psi\sqrt{A}$; donc $(\varphi+\psi\sqrt{A})^{\omega+1}=\varphi^2-A\psi^2=1$, donc on peut faire $q=\omega+1$.

§ XIII. *Méthode de Fermat pour la résolution de l'équation* $y^2 = a + bx + cx^2 + dx^3 + ex^4$ *en nombres rationnels.*

(433) AYANT été conduits à traiter fort au long de la résolution des équations indéterminées, nous devons faire mention d'une méthode indiquée par Fermat pour résoudre en nombres rationnels l'équation $y^2 = a + bx + cx^2 + dx^3 + ex^4$, dont le second membre est un polynome rationnel où la variable ne passe pas le quatrième degré. Voici les cas principaux dans lesquels la résolution est possible.

1°. Si le nombre a est égal à un quarré positif f^2, les valeurs $x = 0$, $y = f$ donneront immédiatement une solution de l'équation proposée. Pour avoir une autre solution, on supposera $a + bx + cx^2 + dx^3 + ex^4 = (f + gx + hx^2)^2$, ce qui donnera, en développant et ordonnant,

$$\begin{array}{l} 0 = f^2 + 2fgx + 2fhx^2 + 2ghx^3 + h^2x^4 \\ \quad\; - a \;\; - b \quad\;\; + g^2 \quad\;\; - d \quad\;\; - e \\ \quad\qquad\qquad\quad\; - c \end{array}$$

Or on a déjà $f^2 = a$; si pour faire disparaître les deux termes suivans, on fait $2fg - b = 0$, $2fh + g^2 - c = 0$, on en tirera les valeurs des coefficiens g et h, lesquelles seront $g = \frac{b}{2f}$, $h = \frac{c - g^2}{2f}$. Alors l'équation étant réduite aux seuls termes qui contiennent x^3 et x^4, il en résultera une valeur rationnelle de x, savoir $x = \frac{2gh - d}{e - h^2}$. Cette valeur donnera donc une nouvelle solution en nombres rationnels de l'équation proposée; si toutefois on n'a pas $2gh = d$, ni $e = h^2$.

La nouvelle solution étant désignée par $x = m$, si l'on fait généralement $x = m + x'$, et qu'on substitue cette valeur dans l'équation proposée, le second membre deviendra de la forme $a' + b'x + c'x'^2 + d'x'^3 + e'x'^4$, dans laquelle a' sera encore un quarré positif. On procédera donc de la même manière pour trouver une nouvelle valeur de x' et ainsi à l'infini. D'où l'on voit qu'une première valeur connue de x suffit pour en faire trouver une infinité d'autres, sauf quelques cas particuliers qui ne peuvent guères avoir lieu que lorsqu'il est absolument impossible de résoudre l'équation proposée autrement que par les premières valeurs données.

2°. Si le coefficient e du terme ex^4 est égal à un quarré positif h^2, on fera $a+bx+cx^2+dx^3+ex^4=(f+gx+hx^2)^2$, ce qui donnera, en développant et réduisant,

$$\begin{array}{llll} 0 = f^2 & + 2fgx & + 2fhx^2 & + 2ghx^3 \\ \quad - a & - b & + g^2 & - d \\ & & - c. & \end{array}$$

Maintenant on peut faire disparaître les x^2 et x^3, en prenant $g=\frac{d}{2h}$, $f=\frac{c-g^2}{2h}$, et alors l'équation réduite au premier degré, donne $x=\frac{a-f^2}{2fg-b}$. Cette solution en fournira ensuite une infinité d'autres comme dans le cas précédent, mais il faut qu'on n'ait pas $2fg-b=0$.

3°. Si l'équation proposée est de la forme $y^2=f^2+bx+cx^2+dx^3+h^2x^4$, ensorte qu'elle tombe à-la-fois dans les deux cas précédens, on pourra faire usage de chacun des moyens indiqués. On peut aussi tout d'un coup faire $y=f+gx\pm hx^2$, ce qui donnera, en substituant, développant et réduisant,

$$\begin{array}{llll} 0 = & 2fgx & \pm 2fhx^2 & \pm 2ghx^3 \\ & - b & + g^2 & - d \\ & & - c. & \end{array}$$

Or on peut satisfaire à celle-ci de deux manières, soit en faisant $g=\frac{b}{2f}$, ce qui donne $x=\frac{c-g^2\mp 2fh}{\pm 2gh-d}$, soit en faisant $g=\pm\frac{d}{2h}$, d'où l'on tire $x=\frac{2fg-b}{c-g^2\mp 2fh}$.

4°. Si on a une solution désignée par $x=m$, on fera $x=m+x'$, et l'équation sera ramenée au premier cas.

Nous pourrions ajouter un grand nombre d'applications de cette méthode tirées des problèmes d'analyse indéterminée, dont Euler a donné les solutions dans plusieurs de ses Mémoires, et dans le second volume de son Algèbre. Nous nous bornerons à un ou deux exemples de ce genre, afin de donner une idée de cette branche d'analyse, qui exige une grande sagacité dans le choix des moyens de solution, mais qui étant trop particulière, n'a qu'un rapport éloigné avec notre sujet.

(434) Proposons-nous de trouver trois nombres x, y, z, tels que les trois formules

$$x^2+y^2+2z^2,\quad x^2+z^2+2y^2,\quad y^2+z^2+2x^2$$

soient égales à des quarrés.

Comme on peut supposer que ces nombres sont premiers entre eux, il est aisé de voir qu'ils doivent être tous trois impairs : on peut donc faire $y=x+2p$, $z=x+2q$, et on aura

$$x^2+y^2+2z^2=4x^2+4(p+2q)x+4(p^2+2q^2).$$

Je fais cette quantité $=4(x+f)^2$, et j'en tire $x=\frac{p^2+2q^2-f^2}{2f-p-2q}$. La seconde formule donnera semblablement $x=\frac{q^2+2p^2-g^2}{2g-q-2p}$, et pour faire accorder ces deux valeurs, je fais

$$p^2+2q^2-f^2=q^2+2p^2-g^2,\quad 2f-p-2q=2g-q-2p;$$

j'en tire des valeurs rationnelles de f et de g, savoir $f=\frac{1}{4}(5q+3p)$, $g=\frac{1}{4}(5p+3q)$, au moyen desquelles la valeur de x deviendra

$$x=\frac{7p^2-30pq+7q^2}{8(p+q)}.$$

Cette valeur satisfait déjà aux deux premières conditions : on aura d'ailleurs les valeurs correspondantes de y et z par les formules $y=x+2p$, $z=x+2q$; de sorte qu'en supprimant le dénominateur commun, on pourra faire

$$\begin{aligned} x &= 7p^2-30pq+7q^2\\ y &= 23p^2-14pq+7q^2\\ z &= 7p^2-14pq+23q^2. \end{aligned}$$

Substituant ces valeurs dans la formule $y^2+z^2+2x^2$, et faisant.... $\frac{p}{q}=1+\theta$, il restera à satisfaire à la condition

$$1+2\theta+2\theta^2+\theta^3+\tfrac{169}{256}\theta^4=\text{à un quarré}.$$

Or on trouve immédiatement $\theta=0$, ou $\theta=-1$, ou $\theta=-2$; mais il ne résulte de là aucune solution. Soit donc, suivant la méthode précédente,

$$1+2\theta+2\theta^2+\theta^3+\tfrac{169}{256}\theta^4=(1+\alpha\theta+\tfrac{13}{16}\theta^2)^2;$$

si l'on développe cette équation, et qu'on prenne $\alpha=\frac{8}{13}$, on aura $\theta=208$; donc $p=209$, $q=1$, ce qui donne cette solution

$$x=18719,\quad y=62609,\quad z=18929.$$

Il serait facile d'en trouver plusieurs autres, mais elles seraient probablement plus composées, quoique la méthode dont nous avons fait usage ne prouve pas que les nombres trouvés sont les moindres possibles qui satisfont à la question.

Soit proposé encore de trouver trois quarrés inégaux x^2, y^2, z^2, tels que les trois formules $x^2+y^2-z^2$, $x^2+z^2-y^2$, $y^2+z^2-x^2$, soient égales à des quarrés.

On trouve aisément que les deux premières conditions sont remplies, en faisant

$$\begin{aligned} x &= r^2 + s^2 \\ y &= r^2 + rs - s^2 \\ z &= r^2 - rs - s^2. \end{aligned}$$

Il reste donc à satisfaire à la troisième, laquelle devient, par la substitution de ces valeurs, $r^4 - 4r^2s^2 + s^4 =$ à un quarré. Soit $r = \theta s$, la question se réduit à faire ensorte que $\theta^4 - 4\theta^2 + 1$ soit un quarré. On pourrait prendre $\theta = 0$, ou $\theta = 2$, mais il ne résulte de là aucune solution convenable; pour avoir d'autres valeurs, soit $\theta = 2 + \varphi$, on aura $1 + 16\varphi + 20\varphi^2 + 8\varphi^3 + 8\varphi^4 =$ à un quarré. Je fais cette quantité $= (1 + 8\varphi + \alpha\varphi^2)^2$; prenant ensuite $\alpha = 1$, je trouve $\varphi = -\frac{23}{4}$; donc $\theta = -\frac{15}{4}$, $r = 15$, $s = 4$, d'où résulte cette solution :

$$x = 241, \quad y = 269, \quad z = 149.$$

Ce sont vraisemblablement les moindres nombres qui satisfont à la question. On aurait pu faire encore $\alpha = -22$, ce qui aurait donné $\varphi = \frac{120}{161}$, $\theta = \frac{442}{161}$, ou $r = 442$, $s = 161$: mais de là résultent des nombres beaucoup plus considérables que les précédens.

On peut suivre un autre procédé pour faire ensorte que la quantité $1 + 16\varphi + 20\varphi^2 + 8\varphi^3 + \varphi^4$ soit égale à un quarré. Représentons ce quarré par $(1 + m\varphi + n\varphi^2)^2$, nous aurons, en comparant et développant,

$$\begin{aligned} 0 = \; & 2m\varphi + 2n\varphi^2 + 2mn\varphi^3 + n^2\varphi^4 \\ & -16 \quad\; + m^2 \quad\; -8 \quad\;\; -1 \\ & \qquad\quad\; -20 \end{aligned}$$

Soit $\varphi = \dfrac{16 - 2m}{2n + m^2 - 20} = \dfrac{8 - 2mn}{n^2 - 1}$, on aura entre m et n l'équation

$$(8 + m)n^2 + (m^3 - 20m - 8)n - 4m^2 + m + 72 = 0.$$

Maintenant, pour avoir une valeur rationnelle de n, soit $m = -8$, on aura $n = -\frac{8}{15}$, $\varphi = \frac{120}{161}$, ce qui est la seconde des deux solutions trouvées par l'autre méthode.

CINQUIÈME PARTIE.

Usage de l'analyse indéterminée dans la résolution de l'équation $x^n - 1 = 0$, *n étant un nombre premier.*

(435) Si l'on écarte du premier membre le facteur $x - 1$, et qu'on fasse

$$X = \frac{x^n - 1}{x - 1} = x^{n-1} + x^{n-2} + x^{n-3} \ldots\ldots\ldots + x + 1,$$

on sait par le théorème de Côtes que le polynome X a pour facteur général $x^2 - 2x \cos\frac{2k\pi}{n} + 1$, k étant un nombre quelconque non-divisible par n; de sorte qu'en donnant à k les valeurs successives $1, 2, 3, \ldots \frac{1}{2}(n-1)$, on aura tous les facteurs dont ce polynome est composé.

Les connaissances des Analystes sur la résolution de l'équation $x^n - 1 = 0$, étaient presque réduites à ce seul théorème, lorsque M. Gauss publia son excellent ouvrage intitulé *Disquisitiones Arithmeticæ*, où l'on trouve une théorie nouvelle et très-complete de la résolution de la même équation, ou, ce qui revient au même, de la division de la circonférence en n parties égales.

Comme cette théorie est une des applications les plus intéressantes de l'analyse indéterminée, et qu'elle conduit à des résultats très-curieux, nous avons cru faire plaisir à nos lecteurs, en l'exposant ici avec tous les développemens nécessaires.

(436) Si on appelle r l'une quelconque des racines imaginaires de l'équation $x^n - 1 = 0$, c'est-à-dire, si l'on fait $r = \cos\frac{2k\pi}{n} + \sqrt{-1}\sin\frac{2k\pi}{n}$, k étant un nombre quelconque non-multiple de n, toutes les racines de cette équation seront $r, r^2, r^3 \ldots\ldots r^n$; desquelles séparant la racine $r^n = 1$, il restera pour les racines de l'équation $X = 0$, ces $n - 1$ valeurs :

$$x = r,\ r^2,\ r^3 \ldots\ldots\ldots r^{n-1}.$$

En général donc r^{α} sera une racine quelconque de l'équation $X=0$, pourvu que α ne soit ni zéro ni multiple de n.

Avec cette restriction il n'y a que $n-1$ valeurs différentes comprises dans l'expression $x=r^{\alpha}$; car si on avait $\alpha=nk+i$, il est clair qu'on aurait $r^{\alpha}=r^{i}$, puisque $r^{n}=1$; et par la même raison, on aurait aussi $r^{-\alpha}=r^{n-\alpha}=r^{kn-\alpha}$.

D'ailleurs on prouve aisément que les $n-1$ valeurs précédentes sont différentes entre elles; car si on avait $r^{\alpha}=r^{6}$, α et 6 étant plus petits que n, il en résulterait $r^{\varepsilon}=1$, ε étant $\pm(\alpha-6)$ et par conséquent plus petit que n. Mais comme n est un nombre premier, les deux équations $r^{n}=1$, $r^{\varepsilon}=1$, ne sauraient avoir lieu ensemble, à moins qu'on n'eût $r=1$, ce qui est contre la supposition.

(437) Cela posé, le polynome X peut être mis sous la forme

$$X=(x-r)\,(x-r^{2})\,(x-r^{3})\ldots\ldots(x-r^{n-1}).$$

Et comme on peut mettre r^{2}, ou en général r^{α} au lieu de r, on aura aussi

$$X=(x-r^{2})\,(x-r^{4})\,(x-r^{6})\ldots\ldots(x-r^{2n-2}),$$

et en général,

$$X=(x-r^{\alpha})\,(x-r^{2\alpha})\,(x-r^{3\alpha})\ldots\ldots(x-r^{n\alpha-\alpha}).$$

Donc puisque le second terme du polynome X a pour coefficient $+1$, on aura

$$0=1+r+r^{2}+r^{3}+\ldots\ldots\ldots+r^{n-1},$$

et en général,

$$0=1+r^{\alpha}+r^{2\alpha}+r^{3\alpha}+\ldots\ldots+r^{(n-1)\alpha};$$

équations qui ont lieu sans désigner celle des racines de l'équation $X=0$ qu'on prend pour r.

(438) « Théorème. Soit $\varphi(r, s, t, u, \text{etc.})$ une fonction rationnelle

» et entière (1) des racines r, s, t, etc. de l'équation $X = 0$, ou seule-
» ment de quelques-unes d'entre elles ; si dans cette fonction on substitue
» successivement, au lieu des racines r, s, t, etc., leurs quarrés, leurs
» cubes, et ainsi jusqu'aux puissances de l'ordre n, lesquelles se ré-
» duisent toutes à l'unité ; je dis que la somme des n fonctions ainsi
» formées,

» $\varphi(r, s, t, \text{etc.}) + \varphi(r^2, s^2, t^2, \text{etc.}) + \ldots\ldots + \varphi(r^n, s^n, t^n, \text{etc.})$,

» sera égale à un multiple de n. »

En effet chaque terme en particulier de la fonction φ étant de la forme $Ar^\alpha s^\beta t^\gamma$, et les racines s, t, u, etc. étant des puissances déterminées de l'une d'elles r, il est clair que ce terme se réduira toujours à la forme Ar^ε, où l'on peut supposer $\varepsilon < n$. Donc la fonction entière $\varphi(r, s, t, u, \text{etc.})$ se réduira à la forme

$$A' + A''r + A'''r^2 \ldots\ldots + A^{(n)}r^{n-1}.$$

Si l'on met ensuite r^2 à la place de r, ce qui change en même temps s en s^2, t en t^2, etc., la fonction $\varphi(r^2, s^2, t^2, u^2, \text{etc.})$ sera représentée par

$$A' + A''r^2 + A'''r^4 \ldots\ldots A^{(n)}r^{2n-2},$$

et en général la fonction $\varphi(r^\alpha, s^\alpha, t^\alpha, \text{etc.})$ le sera par

$$A' + A''r^\alpha + A'''r^{2\alpha} \ldots\ldots\ldots + A^{(n)}r^{(n-1)\alpha}.$$

Donc la somme de toutes ces fonctions jusqu'à $\varphi(r^n, s^n, t^n, \text{etc.})$ inclusivement, sera

$$\begin{aligned} nA' &+ A''(r + r^2 + r^3 \ldots\ldots r^n) \\ &+ A'''(r^2 + r^4 + r^6 \ldots\ldots r^{2n}) \\ &\quad\vdots \\ &+ A^{(n)}(r^{n-1} + r^{2n-2} + r^{3n-3} \ldots\ldots + r^{n(n-1)}), \end{aligned}$$

(1) Nous appellerons désormais *fonction rationnelle et entière* des quantités r, s, t, u, etc. toute fonction composée de tant de termes qu'on voudra, de la forme $Ar^\alpha s^\beta t^\gamma$, etc., A étant un entier.

quantité qui se réduit à nA' (n° 437), et par conséquent est un multiple de n.

Il est bien à remarquer que ce théorème a lieu, quel que soit le nombre des racines r, s, t, etc. qui entrent dans la fonction φ.

(439) Théorème. « Si le polynome $Z = x^m + Ax^{m-1} + Bx^{m-2} +$ » $Cx^{m-3} +$ etc., dans lequel les coefficiens A, B, C, etc. sont entiers, » est divisible par le polynome $P = x^n + ax^{n-1} + bx^{n-2} +$ etc., dont » tous les coefficiens a, b, c, etc. sont rationnels; je dis que ces der- » niers doivent aussi être des nombres entiers. »

Car après avoir réduit tous les termes de P, excepté le premier x^n, à un même dénominateur, soit ce dénominateur $= \alpha^\mu \Delta$, α^μ étant la plus haute puissance de l'un des nombres premiers qui en sont diviseurs; on pourra supposer (n° 14),

$$P = P' + \frac{P''}{\alpha^\mu} + \frac{P'''}{\Delta},$$

P', P'', P''' étant des polynomes en x dont tous les coefficiens sont entiers, le premier du degré n commençant par x^n, les deux autres du degré $n - 1$ au plus. Si on appelle Q le quotient de Z divisé par P, on pourra faire semblablement

$$Q = Q' + \frac{Q''}{\alpha^\nu} + \frac{Q'''}{\Delta}.$$

Cela posé, le produit PQ devant se réduire à un polynome dont tous les coefficiens sont entiers, il faudra que le terme $\frac{P''Q''}{\alpha^{\mu+\nu}}$ disparaisse de lui-même, puisque les autres n'offrent dans leurs dénominateurs que des puissances moins élevées de α. Donc l'une au moins des quantités P'' et Q'' est nulle : ce ne peut être P'', puisque P contient α^μ dans ses dénominateurs; donc on a $Q'' = 0$, donc α ne se trouve pas dans les dénominateurs de Q. Mais alors ayant d'une part $P = P' + \frac{P''}{\alpha^\mu} + \frac{P'''}{\Delta}$, de l'autre $Q = Q' + \frac{Q'''}{\Delta'}$, le produit PQ contiendra la partie $\frac{P''Q'}{\alpha^\mu} + \frac{P''Q'''}{\alpha^\mu \Delta'}$, dont le dernier terme peut être changé en $\frac{fP''Q'''}{\alpha^\mu} + \frac{gP''Q'''}{\Delta'}$, f et g étant des nombres entiers (n° 14). Or la puissance la plus élevée de x dans $fP''Q'''$ est moindre que dans $P''Q'$, puisque Q' contient le terme x^{m-n} qui n'est point dans Q'''. Donc $\frac{P''Q' + fP''Q'''}{a^{\mu}}$ ne saurait se réduire à un entier. Donc le polynome P ne doit contenir dans ses coefficiens aucun terme fractionnaire.

(440) Théorème. « Le polynome X, dans lequel n est toujours sup- » posé un nombre premier, ne peut se décomposer en deux facteurs » rationnels. »

Car supposons que le polynome X du degré $n-1$, ait pour facteur le polynome de degré inférieur

$$P = x^{\nu} + ax^{\nu-1} + bx^{\nu-2} \ldots + hx + k,$$

il faudra, par le théorème précédent, que tous les coefficiens a, b, c, etc. soient des entiers. De plus on peut observer que ν doit être pair et k positif; car si ces conditions n'avaient pas lieu à-la-fois, l'équation $P=0$ aurait au moins une racine réelle, laquelle serait aussi une racine de l'équation $X=0$: or on sait que celle-ci n'a que des racines imaginaires.

Soient r, s, t, u, etc. les racines de l'équation $P=0$, ensorte qu'on ait l'équation identique

$$P = (x-r)(x-s)(x-t)(x-u) \text{ etc.},$$

le nombre des facteurs $x-r$, $x-s$, etc. étant ν. On peut donner une valeur quelconque à x dans cette équation; soit donc $x=1$, et appelons p' ce que devient P; nous aurons

$$p' = (1-r)(1-s)(1-t)(1-u) \text{ etc.}$$

Le nombre p' aura aussi pour valeur $1+a+b+c+$ etc., et ainsi il sera entier; de plus, il devra être positif, puisque toutes les racines r, s, t, etc. sont imaginaires.

Au moyen de l'équation $P=0$, dont les racines sont r, s, t, u, etc., il est aisé de former une autre équation $P^{(\alpha)}=0$, dont les racines soient r^{α}, s^{α}, t^{α}, etc.; et parce que les coefficiens du polynome P sont entiers, le premier étant $=1$, ceux du polynome de même degré $P^{(\alpha)}$ seront pareillement entiers, ainsi qu'il résulte des formules connues. Donc si on fait $x=1$ dans chacun des polynomes $P^{(\alpha)}$, et que les nombres résultans soient successivement

$$p'' = (1-r^2)\,(1-s^2)\,(1-t^2)\,(1-u^2) \text{ etc.}$$
$$p''' = (1-r^3)\,(1-s^3)\,(1-t^3)\,(1-u^3) \text{ etc.}$$
$$\vdots$$
$$p^{(n-1)} = (1-r^{n-1})\,(1-s^{n-1})\,(1-t^{n-1})\,(1-u^{n-1}) \text{ etc.},$$

il est clair que tous les nombres p', p'', p''',... $p^{(n-1)}$ seront des entiers positifs.

Maintenant si on multiplie toutes ces équations entre elles, et qu'on observe que par l'équation $X=(x-r)\,(x-s)\,(x-t)$, etc., on a pour chacune des racines r, s, t, etc.

$$(1-r)\,(1-r^2)\,(1-r^3)\ldots(1-r^{n-1}) = n$$
$$(1-s)\,(1-s^2)\,(1-s^3)\ldots(1-s^{n-1}) = n$$
etc.

le produit sera

$$p'p''p'''\ldots p^{(n-1)} = n^{\nu}.$$

Mais puisque toutes les quantités p', p'',... $p^{(n-1)}$ sont des entiers positifs, et que leur nombre $n-1$ surpasse ν, il faut, pour que leur produit soit n^{ν}, que quelques-unes d'entre elles soient égales à n ou à une puissance de n, et que d'autres soient égales à l'unité. Le nombre de celles-ci ne peut être moindre que $n-1-\nu$; si on l'appelle k, il est clair que la somme $p+p'+p''\ldots+p^{(n-1)}$ sera de la forme $k+An$. Or on a démontré (n° 438) que la même somme, en y comprenant $p^{(n)}$, qui est zéro, est un multiple de n. Il faudrait donc qu'on eût $k+An=Bn$, équation impossible, puisque k est $<\nu$ et $>n-1-\nu$, ou $=n-1-\nu$. Donc si P est diviseur de la fonction X, les coefficiens de P ne peuvent être des nombres entiers. Donc la fonction X ne peut avoir que des facteurs irrationnels.

Remarque. Ce théorème n'aurait pas lieu si n était un nombre composé; par exemple, lorsque $n=9$, on a $X=(x^2+x+1)\,(x^6+x^3+1)$.

(441) Puisqu'il est démontré que le polynome X ne peut avoir aucun facteur rationnel, n étant un nombre premier, la résolution de l'équation $X=0$ ne peut se faire qu'en décomposant X en facteurs irration-

nels. Or la théorie que nous allons exposer, d'apres M. Gauss, a pour but de démontrer cette proposition très-générale :

« Ayant décomposé $n-1$ en facteurs premiers a, b, c, etc., de » sorte qu'on ait $n-1=a^\alpha b^\beta c^\gamma$, etc., je dis que la résolution de l'é- » quation $X=0$, ou, ce qui revient au même, celle de $x^n-1=0$, » pourra toujours se réduire à la résolution de plusieurs équations de » degré inférieur, savoir : α équations du degré a, β du degré b, γ du » degré c, et ainsi de suite. »

Par exemple, si l'on a $n=73$, ce qui donne $n-1=2^3.3^2$, la résolution de l'équation $x^{73}-1=0$ s'effectuera moyennant trois équations du second degré et deux du troisième.

Si l'on a $n=17$, ce qui donne $n-1=2^4$, la résolution de l'équation $x^{17}-1=0$ se réduira à celle de quatre équations du second degré. On peut donc diviser géométriquement la circonférence en dix-sept parties égales, ce qu'on était loin de regarder comme possible avant la démonstration de M. Gauss.

En général, si le nombre premier n est de la forme 2^m+1, on pourra réduire la résolution de l'équation $x^n-1=0$ à celle de m équations du second degré ; il ne faudra même que $m-1$ de ces équations, s'il s'agit de la division du cercle en n parties égales.

Observons que 2^m+1 ne pourrait être un nombre premier, si m était impair ou qu'il eût seulement un diviseur impair, car $2^{2k+1}+1$ a pour facteur 3, et $2^{\alpha\beta}+1$ a pour facteur $2^\alpha+1$, si β est impair. Donc 2^m+1 ne pourra être premier que lorsque m sera une puissance de 2, et cependant il ne sera pas premier toutes les fois que m sera une puissance de 2; car il y a exception lorsque $m=2^5=32$.

Après les cas de $m=1$, 2, 4, qui sont déjà connus, si l'on prend celui de $m=8$, il en résulte $n=2^8+1=257$, qui est un nombre premier. Donc on peut diviser géométriquement la circonférence en 257 parties égales, ce qui se fera au moyen de sept équations du second degré.

La division géométrique peut se faire aussi en 255 et 256 parties, puisque $255=3.5.17$ et $256=2^8$; de sorte que les trois nombres consécutifs 255, 256, 257, ont la propriété de diviser géométriquement la circonférence. Dans les nombres inférieurs, il faudrait descendre jusqu'à 15, 16, 17, pour rencontrer une semblable propriété.

Et parce que $2^{16}+1=65537$ est aussi un nombre premier, si on remarque que $2^{16}-1=(2^8-1).(2^8+1)=255.257$, on verra que les trois nombres consécutifs 65535, 65536, 65537, quoique très-grands, jouissent encore de la même propriété. Mais on ne peut continuer immédiatement cette suite, parce que $2^{32}+1$ n'est pas un nombre premier.

(442) Toute racine de l'équation $X=0$ pouvant être représentée par r^α, α n'étant ni zéro ni multiple de n, nous désignerons cette racine par l'expression abrégée (α). Cela posé, deux racines (α) et (β) seront les mêmes si $\alpha-\beta$ est divisible par n, et différentes s'il n'est pas divisible. De plus, il suit de l'origine de ces racines que le produit $(\alpha)\times(\beta)=(\alpha+\beta)$, et que la puissance $(\alpha)^m=(m\alpha)$, propriétés analogues à celles des logarithmes. On observera aussi qu'on a $(0)=1$, $(n)=1$, et en général $(kn)=1$, puisque ces expressions représentent r^0, r^n, r^{kn}, qui sont égales à l'unité.

Toutes les racines de l'équation $X=0$ sont représentées par la suite (1), (2), $(3)\ldots.(n-1)$; mais comme au lieu de r on peut prendre en général r^α, pourvu que α ne soit pas divisible par n, ces mêmes racines seront représentées par la suite (α), (2α), $(3\alpha)\ldots(\overline{n-1}.\alpha)$, qui ne différera de la première que par l'ordre de ses termes.

(443) Considérons maintenant l'équation indéterminée $x^{n-1}-1=\mathcal{M}(n)$, dont le second membre désigne un multiple quelconque de n. On sait que les $n-1$ racines de cette équation, supposées positives et moindres que n, sont la suite des nombres naturels $1, 2, 3\ldots.(n-1)$. On sait en même temps (n° 336) qu'il est toujours possible de trouver un nombre g qui par ses puissances successives donne toutes les racines de la même équation; de sorte que la suite $g, g^2, g^3,\ldots g^{n-1}$, ou, ce qui revient au même, $1, g, g^2,\ldots g^{n-2}$, donne, en omettant les multiples de n, les mêmes termes qui sont contenus dans la suite $1, 2, 3\ldots.(n-1)$.

Ce nombre g, auquel nous donnerons le nom de *racine primitive*, doit être tel que m étant plus petit que $n-1$, on ne puisse avoir $g^m=1$, ou $g^m-1=\mathcal{M}(n)$. Alors α étant un nombre quelconque non-divisible par n, on pourra toujours trouver un exposant μ tel que $g^\mu=\alpha$, c'est-à-dire, tel que $g^\mu-\alpha=\mathcal{M}(n)$; car le nombre α, s'il se trouve dans la suite $1, 2, 3\ldots n-1$, doit également se trouver dans la suite $1, g, g^2, g^3\ldots g^{n-2}$, et si α est plus grand que n, il suffit de considérer le reste de α divisé par n.

Au moyen de la racine primitive g on peut donc exprimer toutes les racines de l'équation $X=0$, de cette manière: (1), (g), $(g^2)\ldots(g^{n-2})$, et plus généralement, en prenant pour α un nombre quelconque non-divisible par n, ces racines pourront être représentées par la suite

$$(\alpha),\ (\alpha g),\ (\alpha g^2)\ldots\ldots(\alpha g^{n-2});$$

elles le seraient également par la suite

$$(\alpha),\ (\alpha G),\ (\alpha G^2)\ldots\ldots(\alpha G^{n-2}),$$

si G était une autre racine primitive de l'équation $x^{n-1}-1=\mathcal{M}(n)$; or il en existe toujours plusieurs, excepté le cas de $n=3$, où il n'y en a qu'une.

(444) Soit m un diviseur quelconque, premier ou non-premier, de $n-1$, et soit $n-1=mk$, l'équation indéterminée $x^{n-1}-1=\mathcal{M}(n)$, qui devient $x^{mk}-1=\mathcal{M}(n)$, pourra se décomposer en un nombre k d'équations de la forme $x^m-A=\mathcal{M}(n)$.

Pour cela il faut faire $A^k=1$, c'est-à-dire, $A^k-1=\mathcal{M}(n)$; et si on représente par 1, A', $A''\ldots A^{(k-1)}$ les $k-1$ valeurs de A qui satisfont à cette équation, il est clair que l'équation $x^{mk}-1=\mathcal{M}(n)$ sera équivalente à ces k équations:

$$\begin{aligned}
x^m - 1 &= \mathcal{M}(n)\\
x^m - A' &= \mathcal{M}(n)\\
x^m - A'' &= \mathcal{M}(n)\\
&\ \ \vdots\\
x^m - A^{(k-1)} &= \mathcal{M}(n);
\end{aligned}$$

et toutes les solutions de l'équation $x^{n-1}-1=\mathcal{M}(n)$ seront ainsi partagées en k *groupes* de chacun m termes, puisque chacune des équations précédentes doit avoir m solutions.

(445) Appelons α, α', $\alpha''\ldots\alpha^{(m-1)}$, les m racines de l'équation indéterminée $x^m-A'=\mathcal{M}(n)$. Ces mêmes racines considérées comme exposans de r et transportées à l'équation $X=0$, formeront le groupe de racines correspondantes

$$(\alpha),\ (\alpha'),\ (\alpha'')\ldots\ldots(\alpha^{(m-1)}),$$

que nous appellerons une *période*, et que nous désignerons par l'expression abrégée (m, α), où m est le nombre des termes de la période, et α l'exposant d'un de ses termes.

Sous ce point-de-vue, la totalité des racines de l'équation $X=0$ forme elle-même une période de $n-1$ termes, dont un terme est r^1 ou (1); et cette période peut se désigner par $(\overline{n-1}, 1)$ ou $(\overline{n-1}, \alpha)$, α étant un nombre quelconque non-divisible par n.

Lorsqu'on fait $n-1=mk$, la période totale $(\overline{n-1}, 1)$ ou $(mk, 1)$ se décomposera en k périodes de m termes, dont une quelconque sera désignée par (m, α). Mais il convient d'examiner plus particulièrement la formation de ces périodes.

(446) Pour trouver toutes les valeurs de A qui satisfont à l'équation $A^k-1=\mathcal{M}(n)$, j'observe qu'on peut faire $A^k=g^{n-1}=g^{mk}$, ce qui donnera $A=g^m$; et cette valeur élevée à ses puissances successives donnera toutes les autres, de sorte que les k racines de l'équation $A^k-1=\mathcal{M}(n)$, seront

$$1,\ g^m,\ g^{2m}\ldots\ldots g^{(k-1)m}.$$

Ces valeurs sont toutes différentes entre elles; car si on avait $g^{m\mu}=g^{n\nu}$, il en résulterait $g^{m(\mu-\nu)}=1$, ce qui ne peut avoir lieu (443), puisque $m(\mu-\nu)$ est plus petit que mk ou $n-1$.

Les valeurs de A étant connues, il sera facile de résoudre chacune des équations $x^m-A=\mathcal{M}(n)$.

Et d'abord l'équation $x^m-1=\mathcal{M}(n)$ étant la même que...... $x^m-g^{mk}=\mathcal{M}(n)$, on en tire $x=g^k$. Soit donc $h=g^k$, et les m valeurs de x dans l'équation $x^m-1=\mathcal{M}(n)$, seront

$$1,\ h,\ h^2,\ h^3\ldots\ldots h^{m-1}.$$

On prouverait d'ailleurs, comme ci-dessus, qu'elles sont toutes différentes entre elles.

La seconde équation $x^m-A'=\mathcal{M}(n)$, où l'on a $A'=g^m$, donne $x=g$, et de là les m solutions comprenant le second groupe

$$g,\quad gh,\quad gh^2,\ldots\ldots gh^{m-1}.$$

La troisième $x^m-A''=\mathcal{M}(n)$, où l'on a $A''=g^{2m}$, donne pour les valeurs de x composant le troisième groupe,

$$g^2,\quad g^2h,\quad g^2h^2\ldots\ldots g^2h^{m-1},$$

et ainsi de suite.

Revenant donc à l'équation $X=0$, on voit que les racines formant la période $(m, 1)$ sont

$$(1),\quad (h),\quad (h^2)\ldots\ldots(h^{m-1});$$

que les m racines de la seconde période (m, g) sont

$$(g),\quad (gh),\quad (gh^2)\ldots\ldots(gh^{m-1});$$

que les m racines de la troisième période (m, g^2) sont

$$(g^2),\quad (g^2h),\quad (g^2h^2)\ldots\ldots(g^2h^{m-1}),$$

et ainsi jusqu'à la période (m, g^{k-1}), qui comprend les racines

$$(g^{k-1}),\quad (g^{k-1}h),\quad (g^{k-1}h^2)\ldots\ldots(g^{k-1}h^{m-1}).$$

(447) La période $(n-1, 1)$ ou $(mk, 1)$ comprenant toutes les racines de l'équation $X=0$, se divise donc en k périodes de m termes, lesquelles sont :

$$(m, 1),\quad (m, g),\quad (m, g^2)\ldots\ldots(m, g^{k-1});$$

et parce qu'au lieu de r on peut mettre r^{α}, ou parce qu'on peut supposer $\alpha = g^i$, ces k périodes peuvent aussi être représentées par

$$(m, \alpha),\quad (m, \alpha g),\quad (m, \alpha g^2)\ldots\ldots(m, \alpha g^{k-1}),$$

α étant un nombre quelconque non-divisible par n.

Chacune de ces périodes représentée par (m, α) est composée des termes (α), (αh), $(\alpha h^2)\ldots(\alpha h^{m-1})$; et comme cette suite est rentrante sur elle-même, puisqu'en omettant les multiples de n, on a $\alpha h^m = \alpha$, il est clair qu'au lieu du terme (α), on peut prendre un terme quelconque de la période, et qu'ainsi la période désignée par (m, α) peut l'être également par $(m, \alpha h)$, $(m, \alpha h^2)$, etc.

(448) Ayant ainsi décomposé la période $(mk, 1)$ en k périodes de m termes, dont une quelconque est (m, α), si on a $m = m'k'$, on pourra décomposer de même chaque période (m, α) ou $(m'k', \alpha)$ en k' périodes de m' termes.

Soit $x^m - A = \mathcal{M}(n)$ l'équation indéterminée dont les racines servent à former la période (m, α), de sorte que α soit une des valeurs de x, ou qu'on ait $\alpha^m = A$; nous commencerons par décomposer l'équation indéterminée $x^m - A = \mathcal{M}(n)$ ou $x^{m'k'} - A = \mathcal{M}(n)$ en k' équations de la forme $x^{m'} - B = \mathcal{M}(n)$.

Pour cela il faut qu'on ait $B^{k'} - A = \mathcal{M}(n)$, ou pour abréger, ... $B^{k'} = A = \alpha^m = \alpha^{m'k'}$; de là on tire $B = \alpha^{m'}$, ou plus généralement $B = \alpha^{m'}y$; y étant l'une des racines de l'équation $y^{k'} - 1 = \mathcal{M}(n)$. Celle-ci donne, en omettant toujours les multiples de n, $y^{k'} = 1 = g^{n-1} = g^{mk} = g^{m'k'k}$; donc $y = g^{m'k}$.

Soit $g' = g^{m'k} = g^{(n-1):k'}$, et les k' valeurs de B' seront

$$\alpha^{m'},\quad \alpha^{m'}g',\quad \alpha^{m'}g'^2, \ldots\ldots \alpha^{m'}g'^{(k'-1)}.$$

On aura ensuite à résoudre les k' équations

$$\begin{aligned} x^{m'} - \alpha^{m'} &= \mathcal{M}(n) \\ x^{m'} - \alpha^{m'}g' &= \mathcal{M}(n) \\ x^{m'} - \alpha^{m'}g'^2 &= \mathcal{M}(n) \\ &\cdot \\ &\cdot \\ &\cdot \\ x^{m'} - \alpha^{m'}g'^{(k'-1)} &= \mathcal{M}(n); \end{aligned}$$

et le groupe de racines provenant de chacune de ces équations servira à former l'une des périodes de m' termes dans lesquelles se décompose la période (m, α).

(449) La première $x^{m'} - \alpha^{m'} = \mathcal{M}(n)$ donne $x = \alpha$, ou plus généralement $x = \alpha y$, y étant une des m' racines de l'équation $y^{m'} - 1 = \mathcal{M}(n)$. Celle-ci donne, en omettant les multiples de n, $y^{m'} = 1 = g^{n-1} = g^{m'k'k}$; donc $y = g^{k'k}$. Soit $h' = g^{k'k} = g^{(n-1):m'}$, et les racines de l'équation... $x^{m'} - \alpha^{m'} = \mathcal{M}(n)$, seront

$$\alpha,\quad \alpha h',\quad \alpha h'^2 \ldots\ldots \alpha h'^{(m'-1)}.$$

La seconde équation $x^{m'} - \alpha^{m'}g' = \mathcal{M}(n)$ ne diffère de la précédente qu'en ce qu'au lieu de $\alpha^{m'}$ on a $\alpha^{m'}g'$ ou $\alpha^{m'}g^{m'k}$; ainsi il suffit de mettre αg^k à la place de α, et on aura pour les racines de la seconde équation

$$\alpha g^k,\quad \alpha g^k h',\quad \alpha g^k h'^2, \ldots\ldots \alpha g^k h'^{(m'-1)};$$

celles de la troisième seront semblablement

$$\alpha g^{2k},\quad \alpha g^{2k} h',\quad \alpha g^{2k} h'^2, \ldots\ldots \alpha g^{2k} h'^{(m'-1)},$$

et ainsi de suite.

Donc la période (m, α) ou $(m'k', \alpha)$ se décomposera en k' périodes de m' termes, savoir :

$$(m', \alpha),\ (m', \alpha g^{k}),\ (m', \alpha g^{2k}) \ldots\ldots (m', \alpha g^{(k'-1)k}),$$

et l'une quelconque de ces périodes, désignée par (m', β), contiendra les racines

$$(\beta),\ (\beta h'),\ (\beta h'^2) \ldots\ldots (\beta h'^{(m'-1)});$$

elle pourra être également désignée par $(m', \beta h')$, $(m', \beta h'^2)$, etc.

(450) Maintenant les autres sous-divisions, s'il y a lieu, ne présentent aucune difficulté. Par exemple, si l'on a $m' = m''k''$, et qu'on veuille de nouveau décomposer la période (m', α) ou $(m''k'', \alpha)$ en k'' périodes de m'' termes, ces périodes seront, en faisant $e = kk'$,

$$(m'', \alpha),\ (m'', \alpha g^{e}),\ (m'', \alpha g^{2e}) \ldots\ldots (m'', \alpha g^{(k''-1)e});$$

et chacune d'elles, par exemple la période (m'', α), sera composée des racines

$$(\alpha),\ (\alpha H),\ (\alpha H^2) \ldots\ldots (\alpha H^{m''-1}),$$

où l'on a $H = g^{(n-1):m''}$. Ainsi on peut directement obtenir ces périodes sans recourir à celles qui précèdent.

(451) Soit pour exemple $n = 19$; comme 2 est une des racines primitives de l'équation $x^{18} - 1 = \mathcal{M}(19)$, on pourra faire $g = 2$. Si ensuite on décompose le nombre $n - 1 = 18$ en deux facteurs 6 et 3, on fera $m = 6$, $k = 3$, $h = g^k = 8$. La période (18, 1) contenant toutes les racines de l'équation $X = 0$, se décomposera donc en trois périodes de six termes, savoir : (6, 1), (6, 2) et (6, 4).

La période (6, 1) comprend les racines (1), (8), (8^2), etc., lesquelles, par l'omission des multiples de 19, deviennent (1), (8), (7), (18), (11), (12).

Multipliant les nombres ainsi réduits par 2, et omettant encore les multiples de 19, on aura (2), (16), (14), (17), (3), (5) pour les racines qui composent la période (6, 2).

Enfin on trouve de même que les racines composant la période (6, 4) sont (4), (13), (9), (15), (6), (10).

Ainsi les 18 racines de l'équation $X = 0$ sont distribuées entre les trois périodes (6, 1), (6, 2), (6, 4), et toute période désignée par

$(6, \alpha)$ se rapportera à l'une de ces trois périodes, savoir, à celle dans laquelle (α) est compris. Ainsi on a $(6, 3) = (6, 2)$, $(6, 5) = (6, 2)$, $(6, 6) = (6, 4)$, etc.

(452) Si l'on veut décomposer ultérieurement l'une des périodes de six termes en trois autres de deux termes, on aura, d'après les formules du nº 448, $m' = 2$, $k' = 3$, $g^k = 8$. Donc la période $(6, 1)$ se décompose en trois autres, savoir: $(2, 1)$, $(2, 8)$, et $(2, 64)$ ou $(2, 7)$.

Et pour avoir les termes dont chacune de ces dernières périodes est composée, il faut prendre $h' = g^{k'k} = 2^9 = 18$. D'après cette valeur de h', les deux termes de la période $(2, 1)$ seront (1) et (18), ceux de la période $(2, 8)$ seront (8) et (11), et ceux de la période $(2, 7)$ seront (7) et (12).

Décomposant de la même manière les périodes $(6, 2)$ et $(6, 4)$, on formera le tableau suivant, qui contient les périodes de six, de deux et d'un seul terme, dans lesquelles se décomposent les racines de l'équation $X = 0$.

Périodes de six termes.	Périodes de deux termes.	Termes simples.
	(2, 1)	(1), (18)
(6, 1)	(2, 8)	(8), (11)
	(2, 7)	(7), (12)
	(2, 2)	(2), (17)
(6, 2)	(2, 16)	(16), (3)
	(2, 14)	(14), (5)
	(2, 4)	(4), (15)
(6, 4)	(2, 13)	(13), (6)
	(2, 9)	(9), (10)

(453) Théorème. « Soient (m, α), $(m, 6)$, deux périodes semblables, ou du même nombre de termes m, mais d'ailleurs égales ou inégales; si on désigne par $\int(m, \alpha)$ et $\int(m, 6)$, la somme des racines dont ces périodes sont composées, et que le produit de $\int(m, \alpha)$ par $\int(m, 6)$ soit appelé Π, je dis qu'on aura

$$\Pi = \int(m, \alpha + 6) + \int(m, \alpha h + 6) + \int(m, \alpha h^2 + 6) + \text{etc.}$$

» (α), (αh), (αh^2), etc. étant les différentes racines comprises dans la » période (m, α). »

En effet, soit comme ci-dessus $n-1=mk$ et $h=g^k$, on aura par ce qui précède $(m, \alpha)=(m, \alpha h)=(m, \alpha h^2)$, etc. On aura aussi....... $f(m, 6)=(6)+(6h)+(6h^2)+$ etc. Donc le produit Π peut se mettre sous la forme

$$(6) f(m, \alpha)+(6h) f(m, \alpha h)+(6h^2) f(m, \alpha h^2)+\text{etc.},$$

le dernier terme de cette suite étant $(6h^{m-1}) f(m, \alpha h^{m-1})$. Mais puisque $f(m, \alpha)=(\alpha)+(\alpha h)+(\alpha h^2)+$ etc., et qu'en général $(\alpha)\times(\;)=(\alpha+6)$, on aura $(6)f(m, \alpha)=(\alpha+6)+(\alpha h+6)+(\alpha h^2+6)+$etc. Développant de même chacun des autres produits partiels, on aura le produit total $\Pi=$

$$\begin{array}{l}
(\alpha+6)+(\alpha h+6)+(\alpha h^2+6)+\ldots+(\alpha h^{m-1}+6)\\
+(\alpha h+6h)+(\alpha h^2+6h)+(\alpha h^3+6h)+\ldots+(\alpha h^m+6h)\\
+(\alpha h^2+6h^2)+(\alpha h^3+6h^2)+(\alpha h^4+6h^2)+\ldots+(\alpha h^{m+1}+6h^2)\\
\vdots\\
+(\alpha h^{m-1}+6h^{m-1})+(\alpha h^m+6h^{m-1})+(\alpha h^{m+1}+6h^{m-1})+\ldots+(\alpha h^{2m-2}+6h^{m-1}).
\end{array}$$

Prenant la somme des différentes colonnes verticales qui donnent chacune une même période, on aura le produit cherché

$$\Pi=f(m, \alpha+6)+f(m, \alpha h+6)+f(m, \alpha h^2+6)\ldots\ldots+f(m, \alpha h^{m-1}+6).$$

(454) Voici maintenant quelques corollaires généraux qui se déduisent de cette proposition.

I. Les différentes parties dont le produit Π est composé se réduiront toujours soit à l'expression $f(m, 0)$ ou $f(m, n)$ dont la valeur est m, soit à quelques-unes des quantités $f(m, 1)$, $f(m, g)$, $f(m, g^2)$ etc. Donc on aura toujours

$$\Pi=am+a' f(m, 1)+a'' f(m, g)+a''' f(m, g^2)+\text{etc.}$$

les coefficiens a, a', a'', etc. étant des entiers positifs ou zéro.

II. i étant un entier quelconque, le produit de $f(m, i\alpha)$ par $f(m, i6)$ sera $=f(m, i\alpha+i6)+f(m, i\alpha h+i6)+f(m, i\alpha h^2+i6)+$ etc.; ce même produit s'exprimera donc aussi par

$$\Pi^{(i)}=am+a' f(m, i)+a'' f(m, ig)+a''' f(m, ig^2)+\text{etc.}$$

III. Le produit de deux quantités de la forme $f(m, \alpha)$ pouvant toujours se réduire à la somme de plusieurs quantités de la même espèce, il est clair que le produit d'un nombre quelconque de quantités de cette forme, et par conséquent aussi leurs puissances et les produits de ces puissances se réduiront toujours à une forme linéaire telle que....... $Am + A'f(m, 1) + A''f(m, g) +$ etc., les coefficiens A, A', A'', etc. étant des entiers positifs ou zéro.

IV. Donc si une fonction F est composée de plusieurs termes de la forme $Nt^\lambda u^\mu v^\nu$, etc., où N est entier, et t, u, v, etc. désignant les quantités $f(m, \alpha)$, $f(m, \beta)$, $f(m, \gamma)$, etc.; cette fonction se réduira toujours à la forme $A + A'f(m, 1) + A''f(m, g) +$ etc., les coefficiens A, A', A'', etc. étant pareillement entiers.

Si ensuite, au lieu de t, u, v, etc., on substitue $f(m, i\alpha)$, $f(m, i\beta)$, $f(m, i\gamma)$, etc. respectivement, le résultat formé avec les mêmes coefficiens A, A', A'', etc., sera $A + A'f(m, i) + A''f(m, ig) +$ etc. Car le changement dont il s'agit se fait en substituant simplement r^i à r, puisqu'alors toute racine désignée par (α) devient $(i\alpha)$; il faut seulement que i ne soit pas divisible par n.

(455) Théorème. « Si l'on considère comme donnée la quantité » $f(m, \alpha) = p$, je dis que toute autre quantité de la même espèce $f(m, \beta)$ » se déterminera rationnellement par le moyen de p, de sorte qu'on aura

» $$f(m, \beta) = A + A'p + A''p^2 + \ldots + A^{(k-1)}p^{k-1},$$

» A, A', A'', etc. étant des coefficiens rationnels. »

Désignons par p', p'', p''', etc. les quantités $f(m, \alpha g)$, $f(m, \alpha g^2)$, $f(m, \alpha g^3)$, etc. respectivement; parmi ces quantités se trouvera nécessairement $f(m, \beta)$, dont on cherche la valeur.

La somme des racines de l'équation $X = 0$ étant -1, on a pour première équation

$$0 = 1 + p + p' + p'' + \text{etc.}$$

Si ensuite par le théorème précédent on développe les puissances successives p^2, p^3, ...p^{k-1}, pour les réduire à la forme linéaire, on aura $k-2$ autres équations de la forme

$$\begin{aligned} p^2 &= am + a'p + a''p' + a'''p'' + \text{etc.} \\ p^3 &= bm + b'p + b''p' + b'''p'' + \text{etc.} \\ p^4 &= cm + c'p + c''p' + c'''p'' + \text{etc.} \\ &\text{etc.} \end{aligned}$$

où les coefficiens doivent être des entiers positifs ou zéro.

Au moyen de ces $k-1$ équations, il est clair qu'on pourra déterminer les $k-1$ quantités p', p'', p''', etc. en fonctions de p, et la valeur de chacune sera de la forme $A+A'p+A''p^2+\ldots+A^{(k-1)}p^{k-1}$, A, A', A'', etc. étant des nombres rationnels.

C'est ce qui aura lieu nécessairement par la nature des équations linéaires, à moins qu'il n'y ait dans le problème une indétermination fondée sur ce que l'une des équations ci-dessus serait une conséquence des autres. Mais comme elles contiennent dans leurs premiers membres différentes puissances de p, nulle de ces équations ne pourra être une conséquence des autres, à moins qu'on ne suppose qu'entre les quantités p, p^2, p^3, etc., il existe une relation telle que $0=f+f'p+f''p^2+\ldots+f^{(k-1)}p^{k-1}$. Or cette relation ne peut avoir lieu.

En effet, les équations qui donnent les valeurs linéaires des puissances p^2, p^3, etc. donneraient également celles des puissances de p', p'', etc., puisqu'en général si une fonction entière de $\int(m, \alpha)$ est........ $A+A'\int(m, 1)+A''\int(m, g)+$ etc., une semblable fonction de $\int(m, i\alpha)$ sera $A+A'\int(m, i)+A''\int(m, ig)+$ etc. Donc l'équation qui déterminerait p, savoir : $0=f+f'p+f''p^2\ldots+f^{(k-1)}p^{k-1}$, conviendrait également aux autres quantités p', p'', etc.; elle devrait donc être du degré k et non du degré $k-1$, ou d'un degré inférieur.

Si on objecte que parmi les quantités p, p', p'', etc. il pourrait y en avoir qui fussent égales entre elles, je répondrai que suivant la marche ordinaire de l'analyse, l'équation en p n'en devrait pas moins être du degré k, mais qu'alors elle aurait des racines égales.

Au surplus, il est facile de faire voir par une autre considération que deux des quantités p, p', p'', etc. ne peuvent pas être égales entre elles. En effet, p désignant une somme telle que $x^{\alpha}+x^{\alpha'}+x^{\alpha''}+$ etc., et p' une somme semblable $x^{6}+x^{6'}+$ etc., si ces deux sommes étaient égales il faudrait qu'on eût

$$x^{\alpha}+x^{\alpha'}+x^{\alpha''}+\text{etc.}-x^{6}-x^{6'}-x^{6''}-\text{etc.}=0,$$

les nombres α, 6, α', $6'$, etc. étant positifs et plus petits que $n-1$. Donc il faudrait que le premier membre de cette équation eût un commun diviseur avec la fonction X, et ce commun diviseur serait nécessairement rationnel, ce qui a été démontré impossible (n° 440).

(456) *Exemple.* Soit comme ci-dessus $n=19$, $m=6$, $k=3$, nous

ferons de plus $p = \int(6, 1)$, $p' = \int(6, 2)$, $p'' = \int(6, 4)$, quantités qui s'expriment immédiatement par les racines, de cette manière :

$$p = (1) + (7) + (8) + (11) + (12) + (18)$$
$$p' = (2) + (3) + (5) + (14) + (16) + (17)$$
$$p'' = (4) + (6) + (9) + (10) + (13) + (15).$$

Suivant le n° 453, on aura $pp = \int(6, 2) + \int(6, 8) + \int(6, 9) + \int(6, 12) + \int(6, 13) + \int(6, 19) = p' + p + p'' + p + p'' + 6$. Donc

$$pp = 6 + 2p + p' + 2p''.$$

Dans cette équation on peut changer p en p', pourvu qu'on change en même temps p' en p'' et p'' en p ; car cela revient à mettre $g\alpha$ à la place de α dans une fonction de $\int(m, \alpha)$; on aura ainsi

$$p'p' = 6 + 2p' + p'' + 2p,$$

et semblablement

$$p''p'' = 6 + 2p'' + p + 2p'.$$

Le théorème cité donnera encore $pp' = \int(6, 3) + \int(6, 9) + \int(6, 10) + \int(6, 13) + \int(6, 14) + \int(6, 20)$, ou

$$pp' = p + 2p' + 3p'';$$

d'où l'on déduit

$$p'p'' = p' + 2p'' + 3p$$
$$p''p = p'' + 2p + 3p'.$$

Ces produits suffisent pour trouver tous les autres : on aurait, par exemple, $p^3 = 6p + 2p^2 + pp' + 2p''p = 12 + 15p + 10p' + 9p''$, et de là se déduiraient les valeurs de p'^3 et p''^3.

Maintenant si on veut déterminer p' et p'' par le moyen de p, il faudra résoudre les deux équations

$$0 = 1 + p + p' + p''$$
$$p^2 = 6 + 2p + p' + 2p'';$$

d'où l'on déduira

$$p' = 4 - p^2$$
$$p'' = p^2 - p - 5,$$

valeurs rationnelles et même entières.

Si on substitue ces valeurs dans l'expression de p^3, on aura.... $p^3 = 7 + 6p - p^2$; d'où l'on voit que les trois quantités p, p', p'', sont les racines de l'équation

$$p^3 + p^2 - 6p - 7 = 0.$$

Cette équation est du troisième degré et ne souffre aucune réduction, mais elle jouit de cette propriété, qu'une de ses racines p étant trouvée, les deux autres p' et p'' s'expriment rationnellement au moyen de p. Toutes les équations que nous aurons à considérer dans la résolution de l'équation $X = 0$ jouissent de la même propriété.

(457) Théorème. « Soit φ une fonction *invariable* et entière des » racines (α), (α'), (α''), etc. comprises dans une même période (m, α); » je dis que φ sera toujours réductible à la forme $B + B' \int(m, 1)$ » $+ B'' \int(m, g) + B''' \int(m, g^2) +$ etc., où tous les coefficiens B, B', » B'', etc. seront entiers. »

Nous appelons ici *fonction invariable* des quantités s, t, u, etc. toute fonction qui ne change pas par une permutation quelconque faite entre ces quantités. Tels sont les coefficiens de l'équation qui aurait pour racines les quantités s, t, u, etc., et une foule d'autres fonctions.

Cela posé, la fonction dont il s'agit, comme toute autre qui ne serait pas invariable, mais dont les coefficiens seraient entiers, se réduira toujours à la forme $A + A'(1) + A''(2) + A'''(3) +$ etc., où A, A', A'', etc. seront entiers (n° 438). Il s'agit donc de faire voir que dans cette valeur développée, les différentes racines d'une même période (m, g^i) ont des coefficiens égaux, car alors les termes dépendans de ces racines auront pour somme $\int(m, g^i)$ multiplié par le coefficient commun.

Soient (β) et (γ) deux racines d'une même période; en faisant... $g^{(n-1):m} = h$, on aura $\gamma = \beta h^e$, h^e étant une puissance donnée de h.

Si dans l'équation

$$\varphi\,[(\alpha), (\alpha'), (\alpha''), \text{etc.}] = A + A'(1) + A''(2) + A'''(3) + \text{etc.}$$

on met αh^e à la place de α, le premier membre restera toujours le même, puisque la suite (αh^e), $(\alpha' h^e)$, $(\alpha'' h^e)$, etc. ne diffère que par l'ordre des termes, de la suite (α), (α'), (α''), etc., et que l'ordre est ici indifférent. On aura donc par cette substitution

$$\varphi\,[(\alpha), (\alpha'), (\alpha''), \text{etc.}] = A + A'(h^e) + A''(2h^e) + A'''(3h^e) + \text{etc.};$$

d'où l'on voit que dans le développement de la fonction φ deux termes tels que (1) et (h^c), (2) et $(2h^c)$, et en général (β) et (βh^c) ou (β) et (γ) ont des coefficiens égaux.

La fonction φ pourra donc toujours se réduire à la forme...... $B+B'f(m, 1)+B''f(m, g)+$etc., où tous les coefficiens sont entiers. Ainsi cette fonction sera connue si on connaît toutes les quantités $f(m, 1)$, $f(m, g)$, $f(m, g^2)$, etc., dont le nombre est k.

(458) De là il suit encore que la même fonction des racines d'une autre période $(m, i\alpha)$, sera exprimée par la suite $B+B'f(m, i)$ $+B''f(m, ig)+B'''f(m, ig^2)+$ etc., qui contient les mêmes coefficiens B, B', B'', etc., et qui ensuite s'ordonnera, si l'on veut, de la même manière que φ.

Comme ce corollaire est lui-même un théorème très-remarquable, il ne sera pas inutile de le démontrer par une autre voie qui d'ailleurs est propre à faciliter les calculs quand on en vient aux applications.

Toute fonction invariable et entière des quantités t, s, u, v, etc. se détermine d'une manière rationnelle, si on connaît la somme de ces quantités, la somme de leurs quarrés, et en général la somme de leurs puissances de même degré. Or les racines composant la période (m, α) étant (α), (αh), (αh^2), etc., la somme de leurs quarrés est $(2\alpha)+(2\alpha h)$ $+(2\alpha h^2)+$etc., laquelle se réduit à $f(m, 2\alpha)$. La somme de leurs cubes se réduirait de même à $f(m, 3\alpha)$, et ainsi de suite. Comme d'ailleurs les produits de ces quantités peuvent se réduire à la forme linéaire (n° 454), il s'ensuit que toute fonction invariable et entière des racines contenues dans la période (m, α) s'exprimera rationnellement par la formule $M+M'f(m, \alpha)+M''f(m, 2\alpha)+$etc., ou, ce qui revient au même, par la formule $B+B'f(m, 1)+B''f(m, g)+B'''f(m, g^2)+$ etc.; mais de plus on voit par la démonstration de l'article précédent, que les coefficiens B, B', B'', etc. devront être entiers, si tous ceux des termes de la fonction φ le sont.

(459) Soit proposé, par exemple, de trouver la somme des produits deux à deux, trois à trois, etc. des racines (α), (α'), (α''), etc. comprises dans la période (m, α); on fera $\psi'=f(m, \alpha)$, $\psi''=f(m, 2\alpha)$, $\psi'''=f(m, 3\alpha)$, et désignant les sommes cherchées par $f(\alpha\alpha')$, $f(\alpha\alpha'\alpha'')$, etc., on aura pour déterminer ces sommes les équations:

$$\begin{aligned}
&\int(\alpha) &&= \psi' \\
&2\int(\alpha\alpha') &&= \psi'\int(\alpha) - \psi'' \\
&3\int(\alpha\alpha'\alpha'') &&= \psi'\int(\alpha\alpha') - \psi''\int(\alpha) + \psi''' \\
&4\int(\alpha\alpha'\alpha''\alpha''') &&= \psi'\int(\alpha\alpha'\alpha'') - \psi''\int(\alpha\alpha') + \psi'''\int(\alpha) - \psi^{\text{IV}} \\
&\quad\text{etc.}
\end{aligned}$$

Au reste, toute fonction rationnelle et entière des racines (α), (α'), (α''), etc. devant se réduire à la forme $A + A'(1) + A''(2) +$ etc., dont tous les coefficiens sont entiers, il faudra pareillement que les valeurs de $\int(\alpha\alpha')$, $\int(\alpha\alpha'\alpha'')$, etc. déduites des équations précédentes, ne contiennent aucune fraction dans leurs coefficiens.

Au moyen des quantités $\int(m, 1)$, $\int(m, g)$, $\int(m, g^2)$, etc. supposées connues par une équation du degré k, on pourra donc former l'équation qui a pour racines toutes celles qui composent une période déterminée (m, α). Car en représentant cette équation, qui est du degré m, par... $x^m - Px^{m-1} + P'x^{m-2} - P''x^{m-3} +$ etc. $= 0$, on aura

$$P = \int(\alpha) = \int(m, \alpha), \quad P' = \int(\alpha\alpha'), \quad P'' = \int(\alpha\alpha'\alpha''), \text{ etc.};$$

de sorte que les coefficiens de cette équation seront connus au moyen des quantités ψ', ψ'', ψ''', etc., ou, ce qui revient au même, au moyen des quantités $\int(m, 1)$, $\int(m, g)$, $\int(m, g^2)$, etc.

On peut observer de plus que la dernière des quantités P, P', P'', etc. sera toujours égale à l'unité; de sorte que le dernier terme de l'équation sera $+1$ si m est pair, et -1 s'il est impair.

En effet, le produit des racines comprises dans la période (m, α) est $(\alpha + \alpha h + \alpha h^2 \ldots + \alpha h^{m-1})$: or le nombre compris dans la parenthèse $= \alpha . \frac{h^m - 1}{h - 1} = \mathcal{M}(n)$; donc le produit dont il s'agit $= (0) = 1$.

(460) *Exemple.* n étant 19, cherchons l'équation qui contient les racines de la période $(6, 1)$. Pour cela nous ferons comme ci-dessus $\int(6, 1) = p$, $\int(6, 2) = p'$, $\int(6, 4) = p''$, ce qui donnera $\psi' = p$, $\psi'' = \int(6, 2) = p'$, $\psi''' = \int(6, 3) = p'$, $\psi^{\text{IV}} = \int(6, 4) = p''$, $\psi^{\text{V}} = \int(6, 5) = p'$, $\psi^{\text{VI}} = \int(6, 6) = p''$. Soit donc l'équation cherchée

$$x^6 - Px^5 + P'x^4 - P''x^3 + P'''x^2 - P^{\text{IV}}x + P^{\text{V}} = 0;$$

on aura

$$\begin{aligned}
P &= p \\
2P' &= pP - p' = 6 + 2p + 2p'' \\
3P'' &= pP' - p'P + p' = 6 + 6p + 3p' \\
4P''' &= pP'' - p'P' + p'P - p'' = 12 + 4p + 4p'';
\end{aligned}$$

d'où résulte $P'=3+p+p''$, $P''=2+2p+p'$, $P'''=P'$ on trouverait de même $P^{\text{IV}}=P$ et $P^{\text{V}}=1$. En effet les racines comprises dans (6, 1) étant r^1, r^7, r^8, r^{11}, r^{12}, r^{18}, si on met r^{-1} à la place de r, et qu'on les multiplie par $r^{19}=1$, elles deviennent r^{18}, r^{12}, r^{11}, r^8, r^7, r^1 ; c'est-à-dire qu'elles sont toujours les mêmes ; d'où il suit que l'équation en x ne doit pas changer en mettant $\frac{1}{x}$ à la place de x.

(461) La même propriété aura lieu en général toutes les fois que m sera pair. Car les racines comprises dans (m, α) étant r^{α}, $r^{\alpha h}$, $r^{\alpha h^2}$, etc., si on change r en r^{-1}, elles deviennent

$$r^{-\alpha},\ r^{-\alpha h},\ r^{-\alpha h^2} \ldots . r^{-\alpha h^{m-1}}.$$

Mais la racine primitive g est toujours telle qu'on a $g^{\frac{n-1}{2}}=-1$; donc si m est pair et qu'on fasse $m=2\mu$, on aura $g^{\mu k}=-1$, ou $h^{\mu}=-1$. La suite précédente pourra donc s'écrire ainsi :

$$r^{\alpha h^{\mu}},\ r^{\alpha h^{\mu+1}},\ r^{\alpha h^{\mu+2}},\ \text{etc.};$$

c'est-à-dire qu'elle contient les racines (αh^{μ}), $(\alpha h^{\mu+1})$, $(\alpha h^{\mu+2})$, etc., lesquelles ne diffèrent que par l'ordre des termes, de la suite (α), (αh), (αh^2), etc.

Lorsque m sera impair on ne pourra plus mettre $\frac{1}{x}$ à la place de x, c'est-à-dire que les coefficiens de deux termes également éloignés des extrêmes ne seront plus égaux ; mais l'un se déduira aisément de l'autre. Soit l'équation dont il s'agit

$$x^m - Px^{m-1} + P'x^{m-2} - P''x^{m-3} \ldots . + Q''x^3 - Q'x^2 + Qx - 1 = 0;$$

je dis que Q se déduira de P, Q' de P', Q'' de P'', etc., en changeant simplement chaque quantité $\int(m, \mathcal{C})$ qui y est contenue, en sa complémentaire $\int(m, n-\mathcal{C})$.

En effet par le changement de r en r^{-1}, ou de x en x^{-1}, les racines r^{α}, $r^{\alpha h}$, $r^{\alpha h^2}$, etc. deviennent toujours $r^{-\alpha}$, $r^{-\alpha h}$, $r^{-\alpha h^2}$, etc. ; et à cause de $r^n=1$, celles-ci pouvant être mises sous la forme

$$r^{n-\alpha},\ r^{(n-\alpha)h},\ r^{(n-\alpha)h^2},\ \text{etc.},$$

et alors on voit qu'elles appartiennent à la période $(m, n-\alpha)$. De plus on peut toujours supposer $n-\alpha=\alpha g^i$, puisqu'il suffit pour cela de prendre $i=\frac{1}{2}(n-1)$; donc la période précédente devient $(m, \alpha g^i)$.

Soit donc pour la période (m, α) le coefficient $P=a+a'f(m, \alpha) + a''f(m, \alpha g)+a'''f(m, \alpha g^2)+$ etc. : si on change α en αg^i, on devra avoir $Q=a+a'f(m, \alpha g^i)+a''f(m, \alpha g^{i+1})+a'''f(m, \alpha g^{i+2})+$ etc., ou, ce qui est la même chose,

$$Q=a+a'f(m, n-\alpha)+a''f(m, n-\alpha g)+a'''f(m, n-\alpha g^2)+\text{etc.},$$

car en supprimant les multiples de n on a $n-\alpha=\alpha g^i$, $n-\alpha g=\alpha g^{i+1}$, etc. Donc chaque terme $af(m, 6)$ compris dans la valeur de P, devient $af(m, n-6)$ dans la valeur de Q; il en sera de même de deux autres coefficiens tels que P' et Q', P'' et Q'', etc.

Cette proposition a également lieu lorsque m est pair; car alors la période (m, α) est la même que $(m, n-\alpha)$. Ainsi on a $P=Q$, $P'=Q'$, $P''=Q''$, etc., et l'équation en x est de la forme

$$x^m - Px^{m-1} + P'x^{m-2} - \ldots + P'x^2 - Px + 1 = 0.$$

(462) Dans l'exemple de l'art. 460, on a trouvé que les six racines de la période (6, 1) sont déterminées par l'équation

$$\begin{aligned} 0 = \;& x^6 - px^5 + (3+p+p'')x^4 - (2+2p+p')x^3 \\ & + 1 - px + (3+p+p'')x^2; \end{aligned}$$

si dans cette équation on change p, p', p'' en p', p'', p, respectivement, on aura l'équation qui donne les six racines de la période (6, 2),

$$\begin{aligned} 0 = \;& x^6 - p'x^5 + (3+p'+p)x^4 - (2+2p'+p'')x^3 \\ & + 1 - p'x + (3+p'+p)x^2; \end{aligned}$$

enfin celle qui donne les six racines de la période (6, 4) sera semblablement

$$\begin{aligned} 0 = \;& x^6 - p''x^5 + (3+p''+p')x^4 - (2+2p''+p)x^3 \\ & + 1 - p''x + (3+p''+p')x^2: \end{aligned}$$

ces équations, à cause de leur symétrie, se réduiraient au troisième degré, en faisant $x^2+1=xy$, ce qui revient à décomposer chaque période de six termes en trois de deux.

Si on joint à ces équations celle qui détermine p, p', p'', et qui est

$p^3+p^2-6p-7=0$, on aura tout ce que l'analyse peut offrir de plus simple pour la résolution de l'équation $x^{19}-1=0$, ou pour la division de la circonférence en 19 parties égales. Et comme on peut se borner à la résolution de l'équation qui regarde la période (6, 1), puisqu'une racine suffit pour déterminer toutes les autres, on voit qu'en conformité de la proposition générale (n° 441), la division du cercle en 19 parties égales dépend de deux équations du troisième degré, ce qu'indiquent les facteurs $2^1.3^2$ du nombre $19-1$.

(463) Ayant déterminé, comme il a été dit ci-dessus, les quantités $\int(m, 1)$, $\int(m, g)$, $\int(m, g^2)$, etc. qui résultent des k périodes dans lesquelles se décompose la période totale $(\overline{n-1, 1})$, ou $(mk, 1)$; supposons $m=m'k'$; chaque période de m termes, désignée par (m, α), se décomposera en k' périodes de m' termes, savoir :

$$(m', \alpha),\quad (m', \alpha g'),\quad (m', \alpha g'^2)\ldots\ldots(m', \alpha g'^{(k'-1)}),$$

où l'on a $g'=g^k=g^{(n-1)\cdot m}$; et l'une quelconque de ces périodes, désignée par (m', β), contiendra les termes

$$(\beta),\quad (\beta h'),\quad (\beta h'^2)\ldots\ldots(\beta h'^{(m'-1)}),$$

où l'on a $h'=g^{kk'}=g^{(n-1):m'}$.

Cela posé, désignons par t, s, u, etc. les quantités $\int(m', \alpha)$, $\int(m', \alpha g')$, $\int(m', \alpha g'^2)$, etc. respectivement, et soit φ une fonction rationnelle et entière des quantités t, s, u, v, etc., ou de quelques-unes d'entre elles, cette fonction pourra se réduire à la forme

$$A+A'\int(m', 1)+A''\int(m', g)+A'''\int(m', g^2)+\ldots+A^{k'k}\int(m', g^{k'k-1}),$$

où les coefficiens sont entiers. C'est ce qu'on démontrera comme au n° 457, attendu que chacune des quantités t, s, u, v, etc. désigne une somme de racines entre lesquelles la permutation peut avoir lieu, et qui ne doit pas changer en mettant $(\alpha h'^c)$ au lieu de la racine (α).

(464) Théorème. « Les mêmes choses étant supposées que dans le » n° précédent, si on suppose, de plus, que φ est une fonction invariable » des quantités t, s, u, v, etc., ensorte qu'une permutation quelconque » entre ces quantités n'apporte aucun changement à la fonction φ; je dis

» que la valeur développée de cette fonction sera de la forme

» $B + B'f(m, 1) + B''f(m, g) + B'''f(m, g^2) \ldots + B^{(k)}f(m, g^{(k-1)})$,

» les coefficiens B, B', B'', etc. étant des entiers. »

En effet, les périodes (m', α), $(m', \alpha g')$, $(m', \alpha g'^2)$, etc., dont la période (m, α), ou $(m'k', \alpha)$ est composée, restent les mêmes en mettant $\alpha g'^e$ à la place de α. Donc dans la valeur développée $A + A'f(m', 1) + A''f(m', g) + A'''f(m', g^2) +$ etc., l'un des termes $f(m', \theta)$ doit avoir le même coefficient que le terme $f(m', \theta g'^e)$, l'exposant e étant à volonté. Mais en donnant à e les valeurs successives $0, 1, 2, 3 \ldots k'-1$, la période $(m', \theta g'^e)$ donne successivement toutes les périodes partielles comprises dans la période totale $(m'k', \theta)$. Donc toutes les quantités $f(m', \theta)$, $f(m', \theta g')$, $f(m', \theta g'^2)$, etc. ont le même coefficient dans la valeur de φ; donc cette valeur se réduit à la forme

$$B + B'f(m, 1) + B''f(m, g) + B'''f(m, g^2) \ldots + B^{(k)}f(m, g^{k-1}),$$

où tous les coefficiens sont entiers.

(465). Si dans le résultat du nº précédent on met $i\alpha$ au lieu de α, on en conclura que toute fonction invariable et entière des quantités $f(m', i\alpha)$, $f(m', i\alpha g')$, $f(m', i\alpha g'^2)$, etc., formées d'après les diverses périodes partielles $(m', i\alpha)$, $(m', i\alpha g')$, $(m', i\alpha g'^2)$, etc. qui composent la période totale $(m'k', i\alpha)$, aura pour valeur $B + B'f(m, i) + B''f(m, ig) + B'''f(m, ig^2) +$ etc., les coefficiens B, B', B'', etc. restant les mêmes, quel que soit i.

Donc si on connaît la somme des racines dans chaque période de m termes, c'est-à-dire, si l'on connaît toutes les quantités $f(m, 1)$, $f(m, g)$, $f(m, g^2)$, etc., on trouvera facilement l'équation qui a pour racines les sommes semblables dans les diverses périodes de m' termes qui composent une période déterminée (m, α), ou $(m'k', \alpha)$. En effet, les coefficiens de cette équation sont des fonctions invariables et entières des sommes inconnues, et par conséquent pourront s'exprimer au moyen des sommes connues $f(m, 1)$, $f(m, g)$, etc. Et l'équation qui a lieu pour la décomposition d'une période (m, α), a également lieu pour la décomposition de toute autre période semblable $(m, i\alpha)$; puisqu'il suffit de changer chaque quantité $f(m, \theta)$ en $f(m, i\theta)$, pour passer d'une équation à l'autre.

(466). On pourra suivre la même méthode pour trouver l'équation qui a pour racines les k quantités $\int(m, 1)$, $\int(m, g)$, $\int(m, g^2)$, etc.; et les coefficiens de cette équation se réduiront tous à la forme $B+B'\int(mk, 1)$, ou $B-B'$, et ainsi seront des nombres entiers. Mais il est encore plus simple de chercher, comme au n° 455, les valeurs linéaires de $p^2, p^3, \ldots$ jusqu'à p^k inclusivement, exprimées en p, p', p'', etc.; on a alors k équations, lesquelles, par l'élimination de p', p'', etc., donnent une équation du degré k, dont les racines sont les quantités p, p', p'', etc.

C'est ainsi que dans l'art. 456 on a trouvé que l'équation qui a pour racines les quantités p, p', p'', est $x^3+x^2-6x-7=0$. Pour trouver cette même équation par la méthode du n° précédent, il faudrait chercher les valeurs des fonctions invariables $P=p+p'+p''$, $P'=pp'+p'p''+p''p$, $P''=pp'p''$; or à l'aide des produits déjà calculés n° 456, on trouve $P=-1$, $P'=-6$, $P''=7$; on a donc pour l'équation cherchée $x^3+x^2-6x-7=0$.

(467) Supposons qu'on ait trouvé par cette équation les quantités... $p=\int(6, 1)$, $p'=\int(6, 2)$, $p''=\int(6, 4)$; si ensuite on décompose la période $(6, 1)$ en trois autres de deux termes, savoir: $(2, 1)$, $(2, 8)$ et $(2, 7)$, et qu'on demande l'équation qui a pour racines $q=\int(2, 1)$, $q'=\int(2, 8)$ et $q''=\int(2, 7)$; il faut pour cela exprimer les trois quantités $Q=q+q'+q''$, $Q'=qq'+q'q''+q''q$ et $Q''=qq'q''$, en fonctions de p, p', p''.

On a d'abord $Q=\int(6, 1)=p$; ensuite on trouvera par le n° 453, $q^2=2+\int(2, 2)$, $qq'=\int(2, 9)+\int(2, 7)$, $q'q''=\int(2, 4)+\int(2, 1)$, $q''q=\int(2, 8)+\int(2, 6)$; de là résulte $Q'=\int(6, 1)+\int(6, 4)=p+p''$. Enfin en multipliant la valeur de qq' par q'', on a $qq'q''=p'+2$. Donc l'équation qui a pour racines les trois quantités q, q', q'' est

$$x^3-px^2+(p+p'')x-(p'+2)=0.$$

Si dans cette équation on avance d'un rang les lettres p, p', p'', en regardant p comme suivant p'', on aura pour déterminer les trois quantités $\int(2, 2)$, $\int(2, 3)$, $\int(2,5)$, comprises dans $\int(6, 2)$, l'équation

$$x^3-p'x^2+(p'+p)x-(p''+2)=0.$$

De même l'équation qui a pour racines les trois quantités $\int(2, 4)$, $\int(2, 6)$, $\int(2, 9)$, comprises dans $\int(6, 4)$, sera

$$x^3-p''x^2+(p''+p')x-(p+2)=0.$$

Ces équations reviennent à celles qu'on tirerait des équations de l'art. 463, en faisant dans celles-ci $x^2+1=xy$.

(468) Il n'est pas nécessaire de résoudre séparément les trois équations du troisième degré qu'on vient de trouver, il suffit d'en résoudre une, ou même d'avoir une seule racine de l'une de ces équations. Car au moyen de cette racine, toutes les autres seront aisées à déterminer.

En effet, ayant trouvé $q^2 = 2 + \int(2, 2)$, on en déduit........ $\int(2, 2) = q^2 - 2 = \int^2(2, 1) - 2$, ou plus généralement $\int(2, 2i) = \int^2(2, i) - 2$. Faisant successivement $i = 8$ et $i = 7$, on a $\int(2, 16) = \int^2(2, 8) - 2$ et $\int(2, 14) = \int^2(2, 7) - 2$. Donc les trois quantités relatives à la période (6, 2) s'exprime ainsi :

$$\int(2, 2) = q^2 - 2$$
$$\int(2, 3) = q'^2 - 2$$
$$\int(2, 5) = q''^2 - 2.$$

Il reste à trouver les quantités $\int(2, 4)$, $\int(2, 6)$ et $\int(2, 9)$, comprises dans $\int(6, 4)$: or elles se déduisent immédiatement des valeurs de qq', $q'q''$, $q''q$, et on a

$$\int(2, 4) = q'q'' - q$$
$$\int(2, 6) = q''q - q'$$
$$\int(2, 9) = qq' - q''.$$

Toutes les quantités de la forme $\int(2, \theta)$ se déterminent donc rationnellement, au moyen des trois q, q', q''. Mais on peut faire voir, de plus, qu'elles peuvent se déterminer toutes par le moyen de la seule quantité q.

En effet, de l'équation $\int(2, 2i) = \int^2(2, i) - 2$, on déduit successivement

$$\int(2, 2) = q^2 - 2$$
$$\int(2, 4) = (q^2 - 2)^2 - 2 = q^4 - 4q^2 + 2$$
$$\int(2, 8) = (q^4 - 4q^2 + 2)^2 - 2$$
etc.

Or la suite (2, 2), (2, 4), (2, 8), (2, 16), etc. qui a pour terme général $(2, g^e)$, comprend toutes les périodes à deux termes, c'est-à-dire toutes les périodes de la forme $(2, \theta)$. Donc toutes les quantités $\int(2, \theta)$ s'expriment facilement en fonctions de q.

Ces relations, au reste, se trouveraient d'une manière directe, par les formules connues des sinus, en observant que si l'on fait $\frac{2k\pi}{19} = \omega$, on aura $q = 2\cos\omega$, $q' = 2\cos 8\omega$, $q'' = 2\cos 7\omega$, $\int(2, 2) = 2\cos 2\omega$, $\int(2, 4) = 2\cos 4\omega$, etc., et en général $\int(2, \theta) = 2\cos\theta\omega$.

(469) Développons maintenant le cas de $n=17$, alors on a $n-1=16=2^4$, et il faut faire voir que la résolution de l'équation $X=0$ se réduit à celle de quatre équations du second degré.

L'une des racines primitives de l'équation indéterminée $x^{16}-1=\mathcal{M}(17)$ étant 3, on pourra faire $g=3$, et la période (16, 1) comprenant toutes les racines de l'équation $X=0$ se décomposera en deux autres (8, 1) et (8, 3), la première comprenant les racines (1), (3^2), (3^4), etc., la seconde comprenant les racines (3), (3^3), (3^5), etc. Réduisant ces nombres par l'omission des multiples de 17, on a les périodes et les racines comprises dans chacune, comme il suit :

Pér. (8, 1)...rac. (1), (9), (13), (15), (16), (8), (4), (2)
Pér. (8, 3)...rac. (3), (10), (5), (11), (14), (7), (12), (6).

Soit $\int(8, 1)=p'$ et $\int(8, 3)=p''$, on aura d'abord $p'+p''=\int(16, 1)=-1$, ensuite par le théorème n° 453, on trouve

$$p'p''=\int(8, 4)+\int(8, 12)+\int(8, 16)+\int(8, 18)+\int(8, 19)+\int(8, 11)$$
$$+\int(8, 7)+\int(8, 5),$$

ce qui se réduit à $p'p''=4p'+4p''=-4$. Donc l'équation qui a pour racines p' et p'' est $x^2+x-4=0$, ou, ce qui revient au même, on a

$$(x-p')(x-p'')=x^2+x-4.$$

(470) La période (8, 1) se décompose en deux périodes de quatre termes (4, 1) et $(4, 3^2)$; de même la période (8, 3) se décompose en deux autres (4, 3) et $(4, 3^3)$. Ces périodes, rangées par ordre de formation, avec les racines contenues, sont :

(4, 1)....(1), (13), (16), (4)
(4, 3)....(3), (5), (14), (12)
(4, 9)....(9), (15), (8), (2)
(4, 10)....(10), (11), (7), (6).

Soit donc $\int(4, 1)=q'$, $\int(4, 3)=q''$, $\int(4, 9)=q'''$, $\int(4, 10)=q^{\text{IV}}$, on aura

$$q'+q'''=p',\quad q'q'''=-1$$
$$q''+q^{\text{IV}}=p'',\quad q''q^{\text{IV}}=-1,$$

d'où résultent les équations

$$(x-q')(x-q''')=x^2-p'x-1$$
$$(x-q'')(x-q^{\text{IV}})=x^2-p''x-1,$$

avec lesquelles on déterminera $q', q''', q'', q^{\text{IV}}$.

(471) Chaque période $(4, \alpha)$ se décompose en deux de deux termes; or celles-ci forment la suite (2, 1), (2, 3), (2, 9), (2, 27) ou (2, 10), (2, 30) ou (2, 13), (2, 39) ou (2, 5), (2, 15), (2, 45) ou (2, 11). Soit donc

$$\int(2,\ 1)=t',\quad \int(2,\ 3)=t'',\quad \int(2,\ 9)=t''',\quad \int(2,\ 10)=t^{\text{IV}},$$
$$\int(2,\ 13)=t^{\text{V}},\quad \int(2,\ 5)=t^{\text{VI}},\quad \int(2,\ 15)=t^{\text{VII}},\quad \int(2,\ 11)=t^{\text{VIII}},$$

on trouvera de la même manière :

$$t'+t^{\text{V}}=q',\ t'\,t^{\text{V}}=q'',\quad (x-t')(x-t^{\text{V}})=x^2-q'x+q''$$
$$t''+t^{\text{VI}}=q'',\ t''\,t^{\text{VI}}=q''',\quad (x-t'')(x-t^{\text{VI}})=x^2-q''x+q'''$$
$$t'''+t^{\text{VII}}=q''',\ t'''\,t^{\text{VII}}=q^{\text{IV}},\quad (x-t''')(x-t^{\text{VII}})=x^2-q'''x+q^{\text{IV}}$$
$$t^{\text{IV}}+t^{\text{VIII}}=q^{\text{IV}},\ t^{\text{IV}}\,t^{\text{VIII}}=q',\quad (x-t^{\text{IV}})(x-t^{\text{VIII}})=x^2-q^{\text{IV}}x+q'.$$

Enfin connaissant chacune des quantités t ou $\int(2, \alpha)$, on connaîtra les deux racines contenues (α), $(n-\alpha)$, par l'équation

$$x^2-tx+1=0.$$

(472) Lorsqu'on connaît une seule des racines (α), on en déduit toutes les autres par les puissances successives de celle-ci; mais lorsqu'on descend des valeurs de p à celles de q, de t et enfin de (α), il est à craindre qu'on ne commette quelqu'erreur, à cause de l'ambiguité que présentent les solutions successives. Dans les exemples particuliers, on pourra éviter ces erreurs, au moyen des formules connues des sinus. En effet, posant $\frac{2k\pi}{17}=\omega$, on peut prendre la racine $(1)=\cos\omega+\sqrt{-1}\sin\omega$, et de là une racine quelconque $(m)=\cos m\omega+\sqrt{-1}\sin(m\omega)$, et la somme de deux racines réciproques l'une de l'autre $(m)+(n-m)=2\cos m\omega$. On obtient ainsi les diverses valeurs de t, savoir :

$$t'=2\cos\omega,\quad t''=2\cos 3\omega,\quad t'''=2\cos 9\omega,\quad t^{\text{IV}}=2\cos 7\omega$$
$$t^{\text{V}}=2\cos 13\omega,\quad t^{\text{VI}}=2\cos 5\omega,\quad t^{\text{VII}}=2\cos 15\omega,\quad t^{\text{VIII}}=2\cos 11\omega.$$

Ces valeurs substituées dans celles de q', q'', q''', q^{IV}, donnent

$$\begin{aligned}
q' &= 2\cos\omega + 2\cos 13\omega = 4\cos 6\omega \cos 7\omega,\\
q'' &= 2\cos 3\omega + 2\cos 5\omega = 4\cos\omega \cos 4\omega,\\
q''' &= 2\cos 9\omega + 2\cos 15\omega = 4\cos 3\omega \cos 12\omega,\\
q^{\text{IV}} &= 2\cos 7\omega + 2\cos 11\omega = 4\cos 2\omega \cos 9\omega.
\end{aligned}$$

Enfin on conclut de celles-ci :

$$\begin{aligned}
p' &= 4\cos 6\omega \cos 7\omega + 4\cos 3\omega \cos 12\omega,\\
p'' &= 4\cos\omega \cos 4\omega + 4\cos 2\omega \cos 9\omega.
\end{aligned}$$

(473) Ces diverses équations ont lieu sans supposer aucune valeur particulière à k; soit $k=1$, ce qui donne $\omega = \frac{2\pi}{17}$; alors on reconnaît immédiatement que q' et q'' sont positifs, q''' et q^{IV} négatifs; qu'enfin p' est positif et p'' négatif. Ces signes suffisent pour diriger la solution de manière à éviter toute ambiguité.

En effet, puisque p' et p'' sont les racines de l'équation $x^2 + x - 4 = 0$, on aura d'abord

$$p' = -\tfrac{1}{2} + \tfrac{1}{2}\sqrt{17}, \quad p'' = -\tfrac{1}{2} - \tfrac{1}{2}\sqrt{17}.$$

Ensuite l'équation qui donne q' et q''' étant $x^2 - p'x - 1 = 0$, on en tire

$$\begin{aligned}
q' &= \tfrac{1}{2}p' + \sqrt{(\tfrac{1}{4}p'^2 + 1)},\\
q''' &= \tfrac{1}{2}p' - \sqrt{(\tfrac{1}{4}p'^2 + 1)}.
\end{aligned}$$

A l'égard de q'', il se déduit de l'équation $x^2 - p''x - 1 = 0$, et puisque q'' doit être positif, on a

$$q'' = \tfrac{1}{2}p'' + \sqrt{(\tfrac{1}{4}p''^2 + 1)}.$$

On pourrait aussi déterminer q'' par le moyen de q' et q''', car on a l'équation $q'^2 = 4 + q''' + 2q''$, laquelle donne

$$q'' = \tfrac{1}{2}(p' + 1)\sqrt{(\tfrac{1}{4}p'^2 + 1)} - \tfrac{1}{2}(p' + 1).$$

Connaissant q' et q'', on aura t' et t^{V} par l'équation $t^2 - q't + q'' = 0$, laquelle donne $t = \tfrac{1}{2}q' \pm \sqrt{(\tfrac{1}{4}q'^2 - q'')}$. Ces deux racines sont toutes deux positives, puisque q' et q'' le sont; et en effet, on a $t' = 2\cos\omega$, $t^{\text{V}} = 2\cos 13\omega = 2\cos 4\omega$; mais comme la seconde est évidemment la plus petite, on aura

$$t' = 2\cos\,\omega = \tfrac{1}{2}q' + \sqrt{(\tfrac{1}{4}q'^2 - q'')}$$
$$t^{v} = 2\cos 4\omega = \tfrac{1}{2}q' - \sqrt{(\tfrac{1}{4}q'^2 - q'')}.$$

D'ailleurs $\cos 4\omega = \cos\frac{8\pi}{17} = \sin\frac{\pi}{34}$. Donc enfin la division de la circonférence en 17 parties égales s'exécutera au moyen de l'une ou l'autre des formules

$$\cos\frac{2\pi}{17} = \tfrac{1}{4}q' + \tfrac{1}{2}\sqrt{(\tfrac{1}{4}q'^2 - q'')}$$
$$\sin\frac{\pi}{34} = \tfrac{1}{4}q' - \tfrac{1}{2}\sqrt{(\tfrac{1}{4}q'^2 - q'')};$$

et on peut remarquer qu'il suffit de trois extractions de racines, savoir $\sqrt{17}$, $\sqrt{(\tfrac{1}{4}p'^2 + 1)}$, $\sqrt{(\tfrac{1}{4}q'^2 - q'')}$, pour parvenir au résultat.

(474). Par ces exemples il est manifeste qu'on résoudra généralement l'équation $X = 0$, en la ramenant à des équations de degré inférieur, de sorte que si on a $n - 1 = 2^{\alpha}3^{6}5^{\gamma}$, etc., la résolution s'effectuera moyennant α équations du deuxième degré, 6 du troisième, γ du cinquième, etc.

Comme $n - 1$ est pair, on pourra toujours diriger le calcul des sommes de racines, de manière qu'on finisse par la détermination des racines contenues dans chaque période à deux termes $(2, \alpha)$. Ces racines étant (α) et $(n - \alpha)$, leur somme est réelle et de la forme $2\cos m\omega$; d'où il suit que les équations précédentes qui déterminent les sommes de différentes périodes, auront toutes leurs racines réelles. On opérera donc de cette manière sur des quantités toujours réelles, excepté dans la dernière opération où, pour distinguer chaque racine (α) de sa réciproque $(n - \alpha)$, il faudra résoudre l'équation $x^2 - 2x\cos(\alpha\omega) + 1 = 0$ dont les racines sont imaginaires. Lorsqu'il est question de la division de la circonférence, cette dernière équation devient inutile; ainsi il y a une équation du second degré de moins à résoudre, et on peut éviter entièrement les racines imaginaires.

Les principes que nous avons développés sont tels, que le succès des calculs ne peut laisser aucun doute. Ainsi se trouve établie une très-belle théorie concernant la division du cercle, ou la résolution de l'équation $x^n - 1 = 0$.

(475) Pour faire une application de cette théorie, nous nous propo-

serons de décomposer généralement l'équation $X=0$ en deux autres du degré $\frac{1}{2}(n-1)$, ce qui conduit à un théorème très-remarquable.

Soit $n-1=2m$, la période $(2m, 1)$ contenant toutes les racines de l'équation $X=0$, se décomposera en deux autres périodes $(m, 1)$, (m, g); et faisant $\int(m, 1)=p'$, $\int(m, g)=p''$, on aura d'abord $p'+p''=\int(2m, 1)=-1$. Ensuite comme on a

$$\int(m, g)=(g)+(g^3)+(g^5)+\ldots\ldots(g^{2m-1}),$$

le produit de cette quantité par $\int(m, 1)$ sera, suivant le théorème n° 453

$$p'p''=\int(m, g+1)+\int(m, g^3+1)+\int(m, g^5+1)\ldots\ldots+\int(m, g^{3m-1}+1).$$

Comme il n'y a que deux périodes de la forme (m, α), savoir $(m, 1)$ et (m, g), auxquelles il faut joindre l'expression $(m, 0)$ qui n'est pas proprement une période, mais pour laquelle on a $\int(m, 0)=m$, il s'ensuit que la valeur de $p'p''$ se réduit à cette forme

$$p'p''=Am+A'p'+A''p''.$$

Pour déterminer les coefficiens A, A', A'', observons 1°. que p' et p'' pouvant être échangées entre elles, on a $A'=A''$; 2°. que le nombre des termes $\int(m, g+1)$, $\int(m, g^3+1)$, etc. qui composent la valeur de $p'p''$ est m, et qu'ainsi on doit avoir $A+A'+A''=m$.

Par ces deux conditions on aura $p'p''=Am+A'(p'+p'')=Am-A'$ et $A+2A'=m$. Il faut maintenant distinguer deux cas, selon que m est pair ou impair.

1°. Si m est impair, comme on a toujours $g^m=-1$, c'est-à-dire $g^m+1=\mathcal{M}(n)$, il y aura nécessairement dans la suite $1+g$, $1+g^3$, $1+g^5$, etc. un terme $=0$, et il n'y en aura qu'un. Car si on avait une autre puissance $g^e=-1$, il résulterait des deux $g^{m-e}=+1$, ce qui ne peut avoir lieu, g étant une racine primitive. Donc alors on aura $A=1$, $A'=\frac{1}{2}(m-1)$, et $p'p''=\frac{1}{2}(m+1)$.

2°. Si m est pair, ayant toujours $g^m=-1$, on ne pourra avoir en même temps $g^e=-1$, e étant un nombre impair; car il en résulterait g^{e-m} ou $g^{m-e}=1$, ce qui ne peut avoir lieu. Donc alors on aura $A=0$, $A'=\frac{1}{2}m$ et $p'p''=-\frac{1}{2}m$.

Il suit de là que l'équation qui a pour racines p' et p'' sera...... $p^2+p+\frac{1}{2}(m+1)=0$, si m est impair ou n de la forme $4i+3$, et qu'elle sera $p^2+p-\frac{1}{2}m=0$, si m est pair ou n de la forme $4i+1$.

Donc on aura

$$p = -\tfrac{1}{2} \pm \tfrac{1}{2}\sqrt{(-n)}, \text{ si } n \text{ est de la forme } 4i+3,$$

et
$$p = -\tfrac{1}{2} \pm \tfrac{1}{2}\sqrt{n}, \text{ si } n \text{ est de la forme } 4i+1.$$

(476) Soit $x^m - ax^{m-1} + bx^{m-2} - cx^{m-3} + \text{etc.} = 0$ l'équation qui a pour racines toutes celles de la période $(m, 1)$, on aura le coefficient $a = f(m, 1) = p'$; quant aux autres coefficiens b, c, etc., leurs valeurs se trouveront par la méthode du n° 459, et ces valeurs seront toujours de la forme $B + B'p' + B''p''$, les coefficiens B, B', B'' étant des entiers.

De là on voit qu'en faisant

$$Z = x^m - ax^{m-1} + bx^{m-2} - cx^{m-3} + \text{etc.},$$

le polynome Z se réduira à la forme

$$Z = P + Qp' + Rp'',$$

où P, Q, R désignent des fonctions de x dont les coefficiens seront des entiers déterminés.

Si on considère pareillement la fonction

$$Z' = x^m - a'x^{m-1} + b'x^{m-2} - c'x^{m-3} + \text{etc.},$$

laquelle égalée à zéro, donne toutes les racines de la période (m, g), on aura

$$Z' = P + Qp'' + Rp'.$$

Il faut maintenant substituer les valeurs de p' et p'', ce qui donne deux cas à examiner.

1°. Si n est de la forme $4i+3$, on aura $p' = -\frac{1}{2} + \frac{1}{2}\sqrt{-n}$, $p'' = -\frac{1}{2} - \frac{1}{2}\sqrt{-n}$, ce qui donne

$$Z = P - \tfrac{1}{2}(Q+R) + \tfrac{1}{2}(Q-R)\sqrt{(-n)},$$
$$Z' = P - \tfrac{1}{2}(Q+R) - \tfrac{1}{2}(Q-R)\sqrt{(-n)}.$$

Mais $ZZ' = X$; donc, dans ce cas, on a

$$4X = (2P - Q - R)^2 + n(Q-R)^2.$$

2°. Si n est de la forme $4i+1$, les valeurs de p' et p'' sont les mêmes au signe près de n; on aura donc alors

$$4X = (2P - Q - R)^2 - n(Q-R)^2,$$

d'où résulte ce théorème très-remarquable :

« n étant un nombre premier quelconque, et la fonction X étant
» le quotient de $x^n - 1$ divisé par $x - 1$, on pourra toujours trouver
» deux polynomes Y et Z, qui satisferont à l'équation $4X = Y^2 \pm nZ^2$,
» le signe supérieur ayant lieu si n est de la forme $4i + 3$, et l'inférieur
» si n est de la forme $4i + 1$. »

Il serait très-difficile de démontrer ce théorème sans le secours de l'analyse indéterminée; d'où l'on voit que cette analyse n'est pas bornée aux spéculations sur les nombres, mais qu'elle est utile au perfectionnement de l'analyse algébrique.

(477) Sachant ainsi *a priori* que la fonction $4X$ peut être mise sous la forme $Y^2 \pm nZ^2$, il est facile de trouver les valeurs de Y et Z dans les différens cas. Pour cela, on peut extraire la racine quarrée de $4X$, d'abord par la voie ordinaire qui donne les deux premiers termes $2x^m + x^{m-1}$; puis, pour continuer l'opération, on ajoutera au premier coefficient de chaque reste le plus petit multiple de n, positif ou négatif, qui rendra possible la division par 4, ce qui donne un nouveau terme à la racine. Lorsqu'on sera parvenu aux termes qui occupent le milieu du polynome $2x^m + x^{m-1} +$ etc., l'opération sera terminée, parce que les coefficiens sont égaux à égale distance des extrêmes; de plus, ils ont le même signe lorsque n est de la forme $4i + 1$, et des signes différens lorsque n est de la forme $4i + 3$. Connaissant Y, on aura Z par l'équation $Z^2 = \frac{\pm 4X \mp Y^2}{n}$.

Par ce moyen, l'équation $X = 0$ sera décomposée en deux autres du degré m, $Y + Z\sqrt{(\mp n)} = 0$, $Y - Z\sqrt{(\mp n)} = 0$; décomposition d'autant plus remarquable, qu'elle n'aurait pas lieu si n n'était pas un nombre premier.

(478). Il y a une autre manière de trouver directement la fonction Y, d'après l'équation $Y^2 \pm nZ^2 = 4X$.

Si on rejette les multiples de n, on aura $Y = 2\sqrt{X}$: or $X = \frac{x^{2m+1} - 1}{x - 1}$ $= x^{2m}\left(1 - \frac{1}{x}\right)^{-1}\left(1 - \frac{1}{x^{2m+1}}\right)$; donc $\sqrt{X} = x^m\left(1 - \frac{1}{x}\right)^{-\frac{1}{2}}\left(1 - \frac{1}{x^{2m+1}}\right)^{\frac{1}{2}}$
Mais comme dans la valeur de Y on n'a besoin que des puissances entières de x, il est clair qu'on peut supprimer le facteur $\left(1 - \frac{1}{x^{2m+1}}\right)^{\frac{1}{2}}$

qui n'a d'influence qu'après les puissances x^{-m}. Donc on aura simplement

$$Y = 2x^m\left(1-\frac{1}{x}\right)^{-\frac{1}{2}} = 2x^m + x^{m-1} + \frac{3}{4}x^{m-2} + \frac{3.5}{4.6}x^{m-3} + \frac{3.5.7}{4.6.8}x^{m-4} + \text{etc.}$$

Il restera à donner aux fractions $\frac{3}{4}$, $\frac{3.5}{4.6}$, $\frac{3.5.7}{4.6.8}$, etc. une valeur en nombres entiers, au moyen des multiples de n qu'on est censé avoir négligé, et qu'il faut rétablir dans les numérateurs pour rendre la division possible par les dénominateurs. Au reste chaque coefficient servira à former le suivant; car si, par exemple, $\left(\frac{3.5.7}{4.6.8}\right)$ se change en un entier k, la fraction suivante $\left(\frac{3.5.7.9}{4.6.8.10}\right)$ devient $\left(\frac{9k}{10}\right)$; et si elle n'est pas déjà un entier, on la rendra telle, en ajoutant à son numérateur $9k$, le multiple convenable de n, le plus petit possible.

Soit, par exemple, $n = 17$, on trouvera de la manière suivante les valeurs des différens coefficiens fractionnaires :

$$\left(\frac{3}{4}\right) = \frac{3+17}{4} = 5$$

$$\left(\frac{3.5}{4.6}\right) = \left(\frac{5.5}{6}\right) = \frac{25+17}{6} = 7$$

$$\left(\frac{3.5.7}{4.6.8}\right) = \left(\frac{7.7}{8}\right) = \frac{49-17}{8} = \overset{*}{4}$$

$$\left(\frac{3.5.7.9}{4.6.8.10}\right) = \left(\frac{4.9}{10}\right) = \left(\frac{36+34}{10}\right) 7.$$

On s'apperçoit par le terme 7 déjà trouvé avant $\overset{*}{4}$, que celui-ci occupe le milieu de la fonction Y. En effet on a par les coefficiens trouvés

$$Y = 2x^8 + x^7 + 5x^6 + 7x^5 + \overset{*}{4}x^4 + 7x^3 + 5x^2 + x + 2.$$

Y étant connu, on déduira Z de l'équation $17Z^2 = Y^2 - 4X$, laquelle donne

$$Z = x^7 + x^6 + x^5 + 2x^4 + x^3 + x^2 + x.$$

On trouverait semblablement pour le cas de $n = 19$,

$$Y = 2x^9 + x^8 - 4x^7 + 3x^6 + 5x^5 - 5x^4 - 3x^3 + 4x^2 - x - 2;$$

et pour le cas de $n = 29$,

$$Y = 2x^{14} + x^{13} + 8x^{12} - 3x^{11} + x^{10} - 2x^9 + 3x^8 + 9x^7$$
$$+ 2 \quad + x \quad + 8x^2 - 3x^3 + x^4 - 2x^5 + 3x^6.$$

(479) Soit maintenant $n=3m+1$; comme alors la période $(3m, 1)$ contenant toutes les racines de l'équation $X=0$, se décompose en trois autres $(m, 1)$, (m, g), (m, g^2), nous chercherons généralement l'équation qui a pour racines $p'=\int(m, 1)$, $p''=\int(m, g)$, $p'''=\int(m, g^2)$. Et d'abord il est visible qu'on a $p'+p''+p'''=\int(3m, 1)=-1$; l'équation cherchée est donc de la forme

$$p^3+p^2+Pp-Q=0,$$

où il faudra déterminer les coefficiens P et Q d'après les valeurs développées $P=p'p''+p''p'''+p'''p'$, $Q=p'p''p'''$.

Comme on a $p'=(1)+(g^3)+(g^6)+$ etc., le produit $p'p''$ est la somme de m quantités de la forme $\int(m, \alpha)$, dans lesquelles α a les valeurs successives $1+g$, g^3+g, g^6+g, etc. Or en général la quantité $g^{3i}+g$ ne peut pas être un multiple de n; car par la propriété de la racine primitive g, on doit avoir $g^{3\mu}=-1$, ou $g^{3\mu}+1=\mathcal{M}(n)$, μ étant $\frac{1}{2}m$; on ne saurait donc avoir $g^{3i-1}=-1$. Donc la valeur de $p'p''$ se réduira à la forme

$$p'p''=Ap'+Bp''+Cp''',$$

dans laquelle A, B, C, devront être positifs, et tels qu'on ait

$$m=A+B+C.$$

De cette valeur on déduit

$$p''p'''=Ap''+Bp'''+Cp',$$
$$p'''p'=Ap'''+Bp'+Cp''.$$

La somme de ces trois produits $=(A+B+C)(p'+p''+p''')=-m$. Donc $P=-m$.

(480) Pour avoir la valeur de $p'p''p'''$, je mets celle de $p'p''$ sous la forme

$$p'p''=-C+(A-C)p'+(B-C)p'';$$

et multipliant de part et d'autre par p''', puis substituant les valeurs des produits $p'p'''$, $p''p'''$, j'ai

$$p'p''p'''=-Cp'''+(A-C)(Bp'+Cp''+Ap''')$$
$$+(B-C)(Cp'+Ap''+Bp''').$$

Le premier membre étant une fonction invariable de p', p'', p''', le second doit en être une aussi; partant, il doit se réduire à la forme $M(p'+p''+p''')$, de sorte qu'on aura

$$(A-C)B+(B-C)C=(A-C)C+(B-C)A$$
$$(A-C)B+(B-C)C=(A-C)A+(B-C)B-C.$$

La première équation est identique, mais la seconde donne

$$C=(A-C)(A-B)+(B-C)^2.$$

Or on a déjà $A+B=m-C$; soit encore $A-B=\nu$, il en résultera $A=\frac{1}{2}(m-C+\nu)$, $B=\frac{1}{2}(m-C-\nu)$, et la substitution de ces valeurs donnera

$$9C^2-(6m+4)C+3\nu^2+m^2=0;$$

d'où l'on tire $(9C-3m-2)^2=4(3m+1)-27\nu^2$, ou

$$4n=(9C-n-1)^2+27\nu^2.$$

(481) Cette équation détermine complètement le coefficient C, ainsi que ν; car n étant un nombre premier de forme $3m+1$, on pourra toujours faire $n=\alpha^2+3\beta^2$. Or 1°. si β est divisible par 3, et qu'on fasse $\beta=3\beta'$, on aura $4n=4\alpha^2+27(2\beta')^2$, ou $4n=a^2+27b^2$.

2°. Si β n'est pas divisible par 3; comme α ne peut jamais l'être, l'un des deux nombres $\alpha+\beta$, $\alpha-\beta$, sera divisible par 3. Mais en mettant $4n$ sous la forme $(1+3)(\alpha^2+3\beta^2)=(\alpha\pm3\beta)^2+3(\alpha\mp\beta)^2$, on pourra supposer $\alpha\mp\beta=3b$, de sorte qu'on aura encore $4n=a^2+27b^2$; et on voit de plus que $4n$ ne peut être qu'une fois de cette forme.

Cela posé, on aura $C=\frac{n+1\pm a}{9}$ et $\nu=\pm b$. Ensuite les équations trouvées donnent $p'p''p'''=-(A-C)B-(B-C)C=C^2-AB=C^2-\frac{1}{4}(m-C)^2+\frac{1}{4}\nu^2$, et de là

$$Q=\frac{(3C-m)(C+m)+\nu^2}{4}=\frac{nC-m^2}{3},$$

valeur qui n'a que la forme fractionnaire, et qui se réduit toujours à un entier. L'équation cherchée sera donc en général

$$p^3+p^2-mp+\tfrac{1}{3}(m^2-nC)=0.$$

(482). Soit, par exemple, $n=991$; on aura $m=330$, $4n=61^2+27.3^2$,

$a=61$, $C=\frac{992+61}{9}=117$, $\frac{nC-m^2}{3}=2349$. On trouvera semblablement pour les nombres premiers les plus simples de la forme $3m+1$, les résultats suivans :

$n=7$,	13,	19,	31,	37,	43,	61,	67,	73,	97
$m=2$,	4,	6,	10,	12,	14,	20,	22,	24,	32
$Q=1$,	-1,	7,	8,	-11,	-8,	9,	-5,	27,	79.

On formera donc ainsi autant d'équations qu'on voudra de la forme $x^3+x^2-mx-Q=0$, lesquelles auront cette propriété qu'une racine étant connue, les deux autres s'en déduiront chacune par une valeur de la forme $a+bx+cx^2$.

Les trois racines p', p'', p''' étant trouvées, le polynome X pourra en général se décomposer en trois facteurs de la forme $P+Qp'+Rp''$, $P+Qp''+Rp'''$, $P+Qp'''+Rp'$, dans lesquels P, Q, R sont des polynomes en x dont tous les coefficiens seront entiers. On trouvera même que ces polynomes satisfont à l'équation $3P-Q-R=\sqrt[3]{27X}$ $=3x^m+x^{m-1}+\frac{4}{6}x^{m-2}+\frac{4.7}{6.9}x^{m-3}+$ etc., où l'on fera disparaître les fractions comme au n° 478.

(483) Par une semblable analyse appliquée au cas de $n=4m+1$, il est facile de trouver l'équation qui a pour racines les quatre quantités $f(m, 1)$, $f(m, g)$, $f(m, g^2)$, $f(m, g^3)$, provenant des quatre périodes dans lesquelles se décompose la période totale $(4m, 1)$. Mais pour cela, il faut distinguer deux cas :

1°. Si $m=2k$, ou $n=8k+1$, alors on aura d'une seule manière $n=a^2+16b^2$, ce qui déterminera $C=\frac{4k+1\pm a}{8}$; et l'équation cherchée sera

$$p^4+p^3-3kp^2+(4k^2-nC)p+\tfrac{1}{4}k^2-n(\tfrac{1}{2}k-C)^2=0.$$

2°. Si $m=2k+1$, ou $n=8k+5$, on déterminera α et β d'une manière unique par l'équation $2n=(4\alpha+1)^2+(4\beta+1)^2$; cette valeur donnera $C=\frac{1}{2}(\alpha^2+\alpha)+\frac{1}{2}(\beta^2+\beta)$, et l'équation cherchée sera

$$p^4+p^3+(k+1)p^2+(m^2-nC)p+(1+\tfrac{3}{2}k)^2-n(C+\tfrac{1}{2}k)^2=0.$$

(484) Indépendamment de la théorie précédente qui ne laisse rien à

desirer sur la résolution de l'équation $x^n - 1 = 0$, M. Gauss a indiqué une méthode particulière, au moyen de laquelle les équations auxiliaires données par cette théorie, peuvent se réduire à des équations à deux termes de même degré. Comme cette réduction est assez remarquable, et qu'elle offre peut-être le seul exemple un peu général qu'on puisse produire de la résolution des équations au-delà du quatrième degré, nous allons l'appliquer à l'équation $x^{11} - 1 = 0$.

Dans ce cas, l'équation $X = 0$ pourrait se décomposer en deux du cinquième degré, de la forme $Y + Z\sqrt{(-11)} = 0$, $Y - Z\sqrt{(-11)} = 0$; mais cette décomposition n'ayant aucun avantage, il est plus simple de faire $x + \frac{1}{x} = z$, ou $x^2 - xz + 1 = 0$, et alors l'équation du dixième degré $X = 0$, se réduit à celle du cinquième,

$$z^5 + z^4 - 4z^3 - 3z^2 + 3z + 1 = 0. \qquad \text{(a)}$$

Ce procédé, comme nous l'avons déjà remarqué, revient à décomposer la période $(10, 1)$ en cinq autres, lesquelles sont $(2, 1)$, $(2, 2)$, $(2, 4)$, $(2, 8)$ et $(2, 16)$ ou $(2, 5)$; car l'équation indéterminée $x^{10} - 1 = \mathcal{M}(11)$ a pour l'une de ses racines primitives 2, et ainsi faisant $g = 2$, on a la suite des périodes précédentes. Soit maintenant

$$\begin{aligned} a &= \int(2, 1) = r + r^{10}, \\ b &= \int(2, 2) = r^2 + r^9, \\ c &= \int(2, 4) = r^4 + r^7, \\ d &= \int(2, 8) = r^8 + r^3, \\ e &= \int(2, 5) = r^5 + r^6. \end{aligned}$$

De ces équations on tire soit immédiatement, soit par les principes précédens, $a^2 = b + 2$, $ab = a + d$, $ac = d + e$. Or on peut regarder les quantités a, b, c, d, e, comme formant une suite rentrante sur elle-même, dans laquelle a est précédé de e; on peut donc, en avançant successivement chaque lettre d'un rang, former, au moyen des trois équations précédentes, les quinze qui suivent :

$$\begin{array}{lll} a^2 = b + 2, & ab = a + d, & ac = d + e, \\ b^2 = c + 2, & bc = b + e, & bd = e + a, \\ c^2 = d + 2, & cd = c + a, & ce = a + b, \\ d^2 = e + 2, & de = d + b, & da = b + c, \\ e^2 = a + 2, & ea = e + c, & eb = c + d. \end{array}$$

Par ces équations il est évident qu'on pourra réduire toute fonction rationnelle et entière des quantités a, b, c, d, e, à la forme linéaire $A + Ba + Cb + Dc + Ed + Fe$, où l'on pourra même faire disparaître un terme à volonté, au moyen de l'équation $0 = 1 + a + b + c + d + e$.

(485) Nous allons faire voir maintenant que l'équation (a), quoique pourvue de tous ses termes, peut être résolue à l'aide d'une équation à deux termes $t^5 = V$, dans laquelle V est une quantité connue de la $M + N\sqrt{-1}$.

Soit R l'une des racines imaginaires de l'équation $R^5 - 1 = 0$, les cinq racines de cette équation seront $1, R, R^2, R^3, R^4$, et leur somme étant zéro, on aura

$$0 = 1 + R + R^2 + R^3 + R^4.$$

Les racines de la même équation seraient également $1, R^2, R^4, R^6, R^8$; et en général, $1, R^m, R^{2m}, R^{3m}, R^{4m}$, pourvu que m ne soit pas divisible par n, de sorte qu'on aura aussi

$$0 = 1 + R^m + R^{2m} + R^{3m} + R^{4m}.$$

Soit maintenant

$$T = a + bR + cR^2 + dR^3 + eR^4,$$

et imaginons qu'on élève ce polynome à la cinquième puissance; puisqu'on a $R^5 = 1$, cette puissance pourra se réduire à la forme:

$$T^5 = A + BR + CR^2 + DR^3 + ER^4,$$

où les coefficiens A, B, C, D, E ne contiendront que les racines a, b, c, d, e, et ne les contiendront, si l'on veut, que sous la forme linéaire.

Si l'on observe de plus qu'en faisant $T' = b + cR + dR^2 + eR^3 + aR^4$, on a $T = T'R$, et ainsi $T^5 = T'^5R^5 = T'^5$, il s'ensuit que dans la valeur développée de T^5, on peut avancer chaque lettre d'un rang, en écrivant b au lieu de a, c au lieu de b, etc. Donc l'un des coefficiens A, B, C, D, E, dans T^5, étant désigné par $\alpha + \beta a + \gamma b + \delta c + \varepsilon d + \zeta e$, cette valeur doit être la même que $\alpha + \beta b + \gamma c + \delta d + \varepsilon e + \zeta a$. Donc $\beta = \gamma = \delta = \varepsilon = \zeta$, et le coefficient dont il s'agit $= \alpha + \beta(a + b + c + d + e) = \alpha - \beta$, c'est-à-dire qu'il se réduit à un nombre entier indépendant des racines a, b, c, d, e. C'est ce que le calcul suivant va confirmer.

(486) Si l'on met d'abord la valeur de T^2 sous la forme

$$T^2 = a' + b'R^2 + c'R^4 + d'R^6 + e'R^8\,;$$

sans réduire R^6 et R^8 à leurs plus simples expressions R et R^3, on aura $a' = a^2 + 2be + 2cd$, et semblablement $b' = b^2 + 2ca + 2de$, etc., chaque coefficient se déduisant du précédent, en avançant les lettres d'un rang. Or en réduisant la valeur de a' à la forme linéaire, on a $a' = -b + 2c - 2e$; on aura donc tout-à-la-fois :

$$\begin{aligned} a' &= -b + 2c - 2e\,, \\ b' &= -c + 2d - 2a\,, \\ c' &= -d + 2e - 2b\,, \\ d' &= -e + 2a - 2c\,, \\ e' &= -a + 2b - 2d. \end{aligned}$$

Si l'on fait semblablement $T^4 = a'' + b''R^4 + c''R^8 + d''R^{12} + e''R^{16}$, on aura $a'' = a'^2 + 2b'e' + 2c'd'$, et en valeurs linéaires,

$$\begin{aligned} a'' &= 2 - 16a - 10b + 25c + 10e\,, \\ b'' &= 2 - 16b - 10c + 25d + 10a\,, \\ c'' &= 2 - 16c - 10d + 25e + 10b\,, \\ d'' &= 2 - 16d - 10e + 25a + 10c\,, \\ e'' &= 2 - 16e - 10a + 25b + 10d. \end{aligned}$$

Il reste à multiplier entre eux les deux polynomes

$$\begin{aligned} T &= a + bR + cR^2 + dR^3 + eR^4\,, \\ T^4 &= a'' + b''R^4 + c''R^8 + d''R^{12} + eR^{16}, \end{aligned}$$

et on trouvera leur produit

$$T^5 = -196 - 130R + 255R^2 - 20R^3 + 90R^4\,,$$

ou en chassant R^4 au moyen de l'équation $0 = 1 + R + R^2 + R^3 + R^4$,

$$T^5 = -11\,(26 + 20R - 15R^2 + 10R^3)\,,$$

quantité indépendante des racines a, b, c, d, e, ainsi que nous l'avions prévu.

(487) Connaissant d'après cette équation la valeur de T en fonction de R, on connaîtra la valeur du polynome $a + bR + cR^2 + dR^3 + eR^4$; changeant ensuite R en R^2, R^3, R^4 successivement, on aura la valeur de

trois autres polynomes où a, b, c, d, e seront les mêmes. Au moyen de ces quatre équations jointes à l'équation $0 = 1 + a + b + c + d + e$, on pourra déterminer les valeurs des cinq racines a, b, c, d, e; et dans cette solution on ne suppose connues que la valeur de R, et celle de T d'après l'équation à deux termes $T^5 = V$, où V est une quantité donnée de la forme $M + N\sqrt{-1}$.

Mais la multiplicité des racines tirées de chacune des équations $T^5 = V$, puis combinées entre elles, pourrait donner lieu à quelqu'embarras. Pour éviter toute indétermination, examinons particulièrement les polynomes formés comme il vient d'être dit, savoir,

$$T' = a + bR^2 + cR^4 + dR^6 + eR^8,$$
$$T'' = a + bR^3 + cR^6 + dR^9 + eR^{12},$$
$$T''' = a + bR^4 + cR^8 + dR^{12} + eR^{16}.$$

Si on développe les produits $T'T''$, TT''', on trouvera les résultats très-simples $T'T'' = 11$, $TT''' = 11$; d'où résulte $T'' = \frac{11}{T'}$ et $T''' = \frac{11}{T}$; il suffit donc de connaître T et T', et alors on formera les équations

$$-1 = a + b + c + d + e,$$
$$T = a + bR + cR^2 + dR^3 + eR^4,$$
$$T' = a + bR^2 + cR^4 + dR^6 + eR^8,$$
$$\frac{11}{T'} = a + bR^3 + cR^6 + dR^9 + eR^{12},$$
$$\frac{11}{T} = a + bR^4 + cR^8 + dR^{12} + eR^{16}.$$

Ajoutant ensemble ces équations et réduisant, on aura enfin

$$5a = -1 + T + \frac{11}{T} + T' + \frac{11}{T'}.$$

(488) Il faut maintenant dans l'équation

$$T^5 = -11\,(26 + 20R - 15R^2 + 10R^3),$$

substituer pour R l'une des racines imaginaires de l'équation $R^5 - 1 = 0$. Soit donc $\alpha = \frac{2k\pi}{5}$, k étant l'un des nombres 1, 2, 3, 4; on aura $\cos 5\alpha = 1$, $\sin 5\alpha = 0$, $\cos 4\alpha = \cos \alpha$, $\sin 4\alpha = -\sin \alpha$, $\cos 3\alpha = \cos 2\alpha$, $\sin 3\alpha = -\sin 2\alpha$; et les quatre racines imaginaires de l'équation

$R^5 - 1 = 0$ seront

$$\begin{aligned} R &= \cos\alpha + \sqrt{-1}\,\sin\alpha, \\ R^2 &= \cos 2\alpha + \sqrt{-1}\,\sin 2\alpha, \\ R^3 &= \cos 2\alpha - \sqrt{-1}\,\sin 2\alpha, \\ R^4 &= \cos\alpha - \sqrt{-1}\,\sin\alpha. \end{aligned}$$

De plus, leur somme étant -1, il faudra qu'on ait

$$0 = 1 + 2\cos\alpha + 2\cos 2\alpha,$$

équation qui a lieu sans déterminer la valeur de k.

Cela posé, la substitution de la valeur de R dans celle de T^5, donne

$$T^5 = 11\left(-16 + 25\cos 2\alpha + (25\sin 2\alpha - 20\sin\alpha)\sqrt{-1}\right).$$

Soit $p\cos\varphi = -16 + 25\cos 2\alpha$ et $p\sin\varphi = 25\sin 2\alpha - 20\sin\alpha$, on trouvera $p^2 = 1331 = 11^3$, ou $p = 11^{\frac{3}{2}}$; ainsi l'angle φ étant déterminé par les équations

$$\cos\varphi = \frac{-16 + 25\cos 2\alpha}{11\sqrt{11}}, \quad \sin\varphi = \frac{25\sin 2\alpha - 20\sin\alpha}{11\sqrt{11}},$$

on aura $T^5 = 11^{\frac{5}{2}}(\cos\varphi + \sqrt{-1}\,\sin\varphi)$, d'où résulte

$$T = 11^{\frac{1}{2}}\left(\cos\frac{\varphi}{5} + \sqrt{-1}\,\sin\frac{\varphi}{5}\right).$$

(489) La valeur de T' se déduit de celle de T, en mettant simplement R^2 à la place de R, ou 2α à la place de α; ainsi faisant

$$\cos\varphi' = \frac{-16 + 25\cos 4\alpha}{11\sqrt{11}}, \quad \sin\varphi' = \frac{25\sin 4\alpha - 20\sin 2\alpha}{11\sqrt{11}},$$

on aura

$$T' = 11^{\frac{1}{2}}\left(\cos\frac{\varphi'}{5} + \sqrt{-1}\,\sin\frac{\varphi'}{5}\right).$$

Donc par la substitution de ces valeurs, on obtiendra enfin

$$5a = -1 + 2\sqrt{11}\left(\cos\frac{\varphi}{5} + \cos\frac{\varphi'}{5}\right);$$

mais il reste à fixer le choix des racines dans l'usage de cette solution.

Et d'abord on peut prendre pour α celle qu'on voudra des quatre valeurs $\frac{2\pi}{5}$, $\frac{4\pi}{5}$, $\frac{6\pi}{5}$, $\frac{8\pi}{5}$; car si à la place de α on met 2α, 3α, 4α, les valeurs de $\cos\varphi$ et $\cos\varphi'$ restent les mêmes, ou s'échangent entre elles; ainsi on peut se borner à faire $\alpha = \frac{2\pi}{5} = 72^\circ$, ce qui donne $\cos\alpha = -\frac{1}{4} + \frac{1}{4}\sqrt{5}$, $\cos 2\alpha = -\frac{1}{4} - \frac{1}{4}\sqrt{5}$; il en résultera

$$\cos\varphi = \frac{-89 - 25\sqrt{5}}{44\sqrt{11}}, \qquad \cos\varphi' = \frac{-89 + 25\sqrt{5}}{44\sqrt{11}},$$
$$\varphi = 186^\circ\ 48'\ 38''61, \qquad \varphi' = 103^\circ\ 6'\ 33''00,$$
$$\tfrac{1}{5}\varphi = 37^\circ\ 21'\ 43''72, \qquad \tfrac{1}{5}\varphi' = 20^\circ\ 37'\ 18''60.$$

Comme on peut prendre $\varphi + 2i\pi$ au lieu de φ, il est clair que le terme $\cos\frac{\varphi}{5}$ aura cinq valeurs différentes, savoir,

$$\cos\frac{\varphi}{5},\ \cos\left(\frac{\varphi}{5} + \frac{2\pi}{5}\right),\ \cos\left(\frac{\varphi}{5} + \frac{4\pi}{5}\right),\ \cos\left(\frac{\varphi}{5} + \frac{6\pi}{5}\right),\ \cos\left(\frac{\varphi}{5} + \frac{8\pi}{5}\right).$$

De même $\cos\frac{\varphi'}{5}$ aura cinq valeurs différentes, et il faudra savoir laquelle de ces cinq valeurs doit être jointe à une de $\cos\frac{\varphi}{5}$, pour en déduire la valeur de la racine a, ou plutôt l'une des valeurs de a. Car on voit bien que a peut représenter indifféremment celle qu'on voudra des cinq racines a, b, c, d, e, et qu'ainsi la même formule qui donne a, doit donner en même temps les quatre autres racines b, c, d, e.

(490) Il ne faudrait qu'un petit nombre d'essais pour établir la correspondance qui doit avoir lieu entre les valeurs de $\cos\frac{\varphi}{5}$ et celles de $\cos\frac{\varphi'}{5}$. Mais pour éviter tout tâtonnement, reprenons les formules

$$T'' = a + bR^3 + cR^6 + dR^9 + eR^{12},$$
$$T^2 = a' + b'R^2 + c'R^4 + d'R^{12} + e'R^{16}.$$

En les multipliant entre elles, on devra trouver un produit indépendant des racines a, b, c, d, e. En effet, on aura

$$T^2T'' = 11\,(2R - 2R^2 - R^3).$$

Substituant la valeur $R = \cos\alpha + \sqrt{-1}\sin\alpha$, il vient

$$T^2T'' = 11\left(2\cos\alpha - 3\cos 2\alpha + (2\sin\alpha - \sin 2\alpha)\sqrt{-1}\right).$$

Soit $q\cos\psi = 2\cos\alpha - 3\cos 2\alpha$, $q\sin\psi = 2\sin\alpha - \sin 2\alpha$, on trouvera

$q^2 = 11$; donc

$$\cos\psi = \frac{2\cos\alpha - 3\cos 2\alpha}{\sqrt{11}}, \quad \sin\psi = \frac{2\sin\alpha - \sin 2\alpha}{\sqrt{11}};$$

et comme on a fait $\alpha = 72°$, il en résulte $\cos\psi = \frac{1+5\sqrt{5}}{4\sqrt{11}}$, de sorte qu'on a $\psi = 23° \, 20' \, 46''05$; ψ étant connu, on aura

$$T'' = \frac{11}{T^2}(\cos\psi + \sqrt{-1}\sin\psi) = 11^{\frac{1}{2}}\left(\cos\left(\psi - \frac{2\phi}{5}\right) + \sqrt{-1}\sin\left(\psi - \frac{2\phi}{5}\right)\right).$$

Donc $T' + T'' = T'' + \frac{11}{T''} = 2\sqrt{11}.\cos\left(\psi - \frac{2\phi}{5}\right)$. Cette quantité a été représentée ci-dessus par $\sqrt{11}\cos\frac{\phi'}{5}$; donc la valeur de $\frac{\phi'}{5}$ qui correspond à une valeur donnée de $\frac{\phi}{5}$, est

$$\frac{\phi'}{5} = \psi - \frac{2\phi}{5}.$$

Par ce moyen on trouvera que les valeurs de $\frac{\phi}{5}$ et $\frac{\phi'}{5}$ qui doivent se combiner ensemble pour former une des valeurs de a, sont les suivantes :

$\frac{\phi}{5} = 57° \, 21' \, 43'' \, 72$,	$\frac{\phi'}{5} = 308° \, 37' \, 18'' \, 60$,	$a = 2\cos\frac{2\pi}{11}$,
325.21.43.72,	92.37.18.60,	$2\cos\frac{4\pi}{11}$,
181.21.43.72,	20.37.18.60,	$2\cos\frac{6\pi}{11}$,
253.21.43.72,	236.37.18.60,	$2\cos\frac{8\pi}{11}$,
109.21.43.72,	164.37.18.60,	$2\cos\frac{10\pi}{11}$.

(491) Si on rétablissait la valeur de T sous la forme

$$T = \sqrt[5]{[11(-16 + 25\cos 2\alpha) + (25\sin 2\alpha - 20\sin\alpha)\sqrt{-1})]};$$

ensuite T', T'', T''', sous une forme semblable, la formule

$$5a = -1 + T + T' + T'' + T'''$$

reviendrait à celle que *Vandermonde* a donnée dans les Mémoires de l'Académie des Sciences de Paris, année 1771, pag. 416.

L'auteur n'est entré dans aucun détail sur les moyens de faire disparaître l'indétermination de sa formule ; mais sa méthode a les mêmes fondemens que celle de M. Gauss. L'une et l'autre doivent leur succès à ce que le polynome $a + bR + cR^2 + dR^3 + eR^4$, élevé à la cinquième puissance, donne une quantité indépendante des racines a, b, c, d, e, puisque par la propriété particulière de ces racines, toute fonction rationnelle et entière qui en est composée, doit se réduire à la forme linéaire $A + Ba + Cb +$ etc. D'ailleurs Vandermonde a remarqué que toute équation $x^n - 1 = 0$, dans laquelle n est un nombre premier, pouvait être résolue de la même manière; ainsi la priorité de cette découverte ne saurait lui être contestée.

FIN.

TABLE I.

EXPRESSIONS les plus simples des formules $Ly^2 + 2Myz + Nz^2$, pour toutes les valeurs du nombre non quarré $A = M^2 - LN$, depuis $A = 2$ jusqu'à $A = 136$.

NOMBRE A.	FORMULE RÉDUITE.
2	$y^2 - 2z^2$
3	$\pm(y^2 - 3z^2)$
5	$y^2 - 5z^2$
6	$\pm(y^2 - 6z^2)$
7	$\pm(y^2 - 7z^2)$
8	$\pm(y^2 - 8z^2)$
10	$y^2 - 10z^2$ $2y^2 - 5z^2$
11	$\pm(y^2 - 11z^2)$
12	$\pm(y^2 - 12z^2)$
13	$y^2 - 13z^2$
14	$\pm(y^2 - 14z^2)$
15	$\pm(y^2 - 15z^2)$ $\pm(3y^2 - 5z^2)$
17	$y^2 - 17z^2$
18	$\pm(y^2 - 18z^2)$
19	$\pm(y^2 - 19z^2)$
20	$\pm(y^2 - 20z^2)$
21	$\pm(y^2 - 21z^2)$
22	$\pm(y^2 - 22z^2)$
23	$\pm(y^2 - 23z^2)$
24	$\pm(y^2 - 24z^2)$ $\pm(3y^2 - 8z^2)$
26	$y^2 - 26z^2$ $2y^2 - 13z^2$
27	$\pm(y^2 - 27z^2)$
28	$\pm(y^2 - 28z^2)$
29	$y^2 - 29z^2$
30	$\pm(y^2 - 30z^2)$ $\pm(2y^2 - 15z^2)$
31	$\pm(y^2 - 31z^2)$
32	$\pm(y^2 - 32z^2)$
33	$\pm(y^2 - 33z^2)$
34	$\pm(y^2 - 34z^2)$ $\pm(3y^2 + 2yz - 11z^2)$
35	$\pm(y^2 - 35z^2)$ $\pm(5y^2 - 7z^2)$
37	$y^2 - 37z^2$ $3y^2 + 2yz - 12z^2$
38	$\pm(y^2 - 38z^2)$
39	$\pm(y^2 - 39z^2)$ $\pm(2y^2 + 2yz - 19z^2)$
40	$\pm(y^2 - 40z^2)$ $\pm(5y^2 - 8z^2)$
41	$y^2 - 41z^2$
42	$\pm(y^2 - 42z^2)$ $\pm(2y^2 - 21z^2)$
43	$\pm(y^2 - 43z^2)$
44	$\pm(y^2 - 44z^2)$
45	$\pm(y^2 - 45z^2)$
46	$\pm(y^2 - 46z^2)$
47	$\pm(y^2 - 47z^2)$
48	$\pm(y^2 - 48z^2)$ $\pm(3y^2 - 16z^2)$
50	$y^2 - 50z^2$ $2y^2 - 25z^2$
51	$\pm(y^2 - 51z^2)$ $\pm(3y^2 - 17z^2)$

TABLE I.

NOMBRE *A*.	FORMULE RÉDUITE.
52	$\pm(y^2 - 52z^2)$
53	$y^2 - 53z^2$
54	$\pm(y^2 - 54z^2)$
55	$\pm(y^2 - 55z^2)$ $\pm(2y^2 + 2yz - 27z^2)$
56	$\pm(y^2 - 56z^2)$ $\pm(5y^2 + 2yz - 11z^2)$
57	$\pm(y^2 - 57z^2)$
58	$y^2 - 58z^2$ $2y^2 - 29z^2$
59	$\pm(y^2 - 59z^2)$
60	$\pm(y^2 - 60z^2)$ $\pm(3y^2 - 20z^2)$
61	$y^2 - 61z^2$
62	$\pm(y^2 - 62z^2)$
63	$\pm(y^2 - 63z^2)$ $\pm(7y^2 - 9z^2)$
65	$y^2 - 65z^2$ $5y^2 - 13z^2$
66	$\pm(y^2 - 66z^2)$ $\pm(3y^2 - 22z^2)$
67	$\pm(y^2 - 67z^2)$
68	$\pm(y^2 - 68z^2)$
69	$\pm(y^2 - 69z^2)$
70	$\pm(y^2 - 70z^2)$ $\pm(2y^2 - 35z^2)$
71	$\pm(y^2 - 71z^2)$
72	$\pm(y^2 - 72z^2)$ $\pm(4y^2 + 4yz - 17z^2)$
73	$y^2 - 73z^2$
74	$y^2 - 74z^2$ $2y^2 - 37z^2$
75	$\pm(y^2 - 75z^2)$ $\pm(3y^2 - 25z^2)$
76	$\pm(y^2 - 76z^2)$
77	$\pm(y^2 - 77z^2)$
78	$\pm(y^2 - 78z^2)$ $\pm(2y^2 - 39z^2)$
79	$\pm(y^2 - 79z^2)$ $\pm(3y^2 + 2yz - 26z^2)$
80	$\pm(y^2 - 80z^2)$ $\pm(5y^2 - 16z^2)$
82	$y^2 - 82z^2$ $2y^2 - 41z^2$ $3y^2 + 2yz - 27z^2$
83	$\pm(y^2 - 83z^2)$
84	$\pm(y^2 - 84z^2)$ $\pm(7y^2 - 12z^2)$
85	$y^2 - 85z^2$ $3y^2 + 2yz - 28z^2$
86	$\pm(y^2 - 86z^2)$
87	$\pm(y^2 - 87z^2)$ $\pm(3y^2 - 29z^2)$
88	$\pm(y^2 - 88z^2)$ $\pm(8y^2 - 11z^2)$
89	$y^2 - 89z^2$
90	$\pm(y^2 - 90z^2)$ $\pm(2y^2 - 45z^2)$
91	$\pm(y^2 - 91z^2)$ $\pm(7y^2 - 13z^2)$
92	$\pm(y^2 - 92z^2)$
93	$\pm(y^2 - 93z^2)$
94	$\pm(y^2 - 94z^2)$

TABLE I.

NOMBRE A.	FORMULE RÉDUITE.	NOMBRE A.	FORMULE RÉDUITE.
95	$\pm(y^2 - 95z^2)$ $\pm(2y^2 + 2yz - 47z^2)$	115	$\pm(y^2 - 115z^2)$ $\pm(5y^2 - 23z^2)$
96	$\pm(y^2 - 96z^2)$ $\pm(3y^2 - 32z^2)$	116 117 118	$\pm(y^2 - 116z^2)$ $\pm(y^2 - 117z^2)$ $\pm(y^2 - 118z^2)$
97 98	$y^2 - 97z^2$ $\pm(y^2 - 98z^2)$	119	$\pm(y^2 - 119z^2)$ $\pm(7y^2 - 17z^2)$
99	$\pm(y^2 - 99z^2)$ $\pm(9y^2 - 11z^2)$ $\pm(7y^2 + 2yz - 14z^2)$	120	$\pm(y^2 - 120z^2)$ $\pm(3y^2 - 40z^2)$ $\pm(5y^2 - 24z^2)$ $\pm(15y^2 - 8z^2)$
101	$y^2 - 101z^2$ $4y^2 + 2yz - 25z^2$	122	$y^2 - 122z^2$ $2y^2 - 61z^2$
102	$\pm(y^2 - 102z^2)$ $\pm(3y^2 - 34z^2)$	123	$\pm(y^2 - 123z^2)$ $\pm(3y^2 - 41z^2)$
103	$\pm(y^2 - 103z^2)$	124 125	$\pm(y^2 - 124z^2)$ $y^2 - 125z^2$
104	$\pm(y^2 - 104z^2)$ $\pm(8y^2 - 13z^2)$	126	$\pm(y^2 - 126z^2)$ $\pm(2y^2 - 63z^2)$
105	$\pm(y^2 - 105z^2)$ $\pm(3y^2 - 35z^2)$	127 128 129	$\pm(y^2 - 127z^2)$ $\pm(y^2 - 128z^2)$ $\pm(y^2 - 129z^2)$
106	$y^2 - 106z^2$ $2y^2 - 53z^2$	130	$y^2 - 130z^2$ $2y^2 - 65z^2$ $5y^2 - 26z^2$ $10y^2 - 13z^2$
107 108 109	$\pm(y^2 - 107z^2)$ $\pm(y^2 - 108z^2)$ $y^2 - 109z^2$	131 132 133 134	$\pm(y^2 - 131z^2)$ $\pm(y^2 - 132z^2)$ $\pm(y^2 - 133z^2)$ $\pm(y^2 - 134z^2)$
110	$\pm(y^2 - 110z^2)$ $\pm(2y^2 - 55z^2)$	135	$\pm(y^2 - 135z^2)$ $\pm(5y^2 - 27z^2)$
111	$\pm(y^2 - 111z^2)$ $\pm(2y^2 + 2yz - 55z^2)$	136	$\pm(y^2 - 136z^2)$ $\pm(8y^2 - 17z^2)$ $\pm(3y^2 + 2yz - 45z^2)$
112	$\pm(y^2 - 112z^2)$ $\pm(3y^2 + 2yz - 37z^2)$		
113	$y^2 - 113z^2$		
114	$\pm(y^2 - 114z^2)$ $\pm(3y^2 - 38z^2)$		

TABLE II.

Expressions les plus simples des formules $Ly^2 + Myz + Nz^2$, où M est impair pour toutes les valeurs de $B = M^2 - 4LN$, depuis $B = 5$ jusqu'à $B = 305$.

Nombre B.	Formule réduite.	Nombre B.	Formule réduite.
5	$y^2 + yz - z^2$	173	$y^2 + yz - 43z^2$
13	$y^2 + yz - 3z^2$	177	$\pm(y^2 + yz - 44z^2)$
17	$y^2 + yz - 4z^2$	181	$y^2 + yz - 45z^2$
21	$\pm(y^2 + yz - 5z^2)$	185	$y^2 + yz - 46z^2$
29	$y^2 + yz - 7z^2$		$2y^2 + yz - 23z^2$
33	$\pm(y^2 + yz - 8z^2)$	189	$\pm(y^2 + yz - 47z^2)$
37	$y^2 + yz - 9z^2$	193	$y^2 + yz - 48z^2$
41	$y^2 + yz - 10z^2$	197	$y^2 + yz - 49z^2$
45	$\pm(y^2 + yz - 11z^2)$	201	$\pm(y^2 + yz - 50z^2)$
53	$y^2 + yz - 13z^2$	205	$\pm(y^2 + yz - 51z^2)$
57	$\pm(y^2 + yz - 14z^2)$		$\pm(3y^2 + yz - 17z^2)$
61	$y^2 + yz - 15z^2$	209	$\pm(y^2 + yz - 52z^2)$
65	$y^2 + yz - 16z^2$	213	$\pm(y^2 + yz - 53z^2)$
	$2y^2 + yz - 8z^2$	217	$\pm(y^2 + yz - 54z^2)$
79	$\pm(y^2 + yz - 17z^2)$	221	$\pm(y^2 + yz - 55z^2)$
73	$y^2 + yz - 18z^2$		$\pm(5y^2 + yz - 11z^2)$
77	$\pm(y^2 + yz - 19z^2)$	229	$y^2 + yz - 57z^2$
85	$y^2 + yz - 21z^2$		$3y^2 + yz - 19z^2$
	$3y^2 + yz - 7z^2$	233	$y^2 + yz - 58z^2$
89	$y^2 + yz - 22z^2$	237	$\pm(y^2 + yz - 59z^2)$
93	$\pm(y^2 + yz - 23z^2)$	241	$y^2 + yz - 60z^2$
97	$y^2 + yz - 24z^2$	245	$\pm(y^2 + yz - 61z^2)$
101	$y^2 + yz - 25z^2$	249	$\pm(y^2 + yz - 62z^2)$
105	$\pm(y^2 + yz - 26z^2)$	253	$\pm(y^2 + yz - 63z^2)$
	$\pm(2y^2 + yz - 13z^2)$	257	$y^2 + yz - 64z^2$
109	$y^2 + yz - 27z^2$		$2y^2 + yz - 32z^2$
113	$y^2 + yz - 28z^2$	261	$\pm(y^2 + yz - 65z^2)$
117	$\pm(y^2 + yz - 29z^2)$	265	$y^2 + yz - 66z^2$
125	$y^2 + yz - 31z^2$		$2y^2 + yz - 33z^2$
129	$\pm(y^2 + yz - 32z^2)$	269	$y^2 + yz - 67z^2$
133	$\pm(y^2 + yz - 33z^2)$	273	$\pm(y^2 + yz - 68z^2)$
137	$y^2 + yz - 34z^2$		$\pm(2y^2 + yz - 34z^2)$
141	$\pm(y^2 + yz - 35z^2)$	277	$y^2 + yz - 69z^2$
145	$y^2 + yz - 36z^2$	281	$y^2 + yz - 70z^2$
	$2y^2 + yz - 18z^2)$	285	$\pm(y^2 + yz - 71z^2)$
	$4y^2 + yz - 9z^2$		$\pm(3y^2 + 3yz - 23z^2)$
149	$y^2 + yz - 37z^2$	293	$y^2 + yz - 73z^2$
153	$\pm(y^2 + yz - 38z^2)$	297	$\pm(y^2 + yz - 74z^2)$
157	$\pm(y^2 + yz - 39z^2)$	301	$\pm(y^2 + yz - 75z^2)$
161	$\pm(y^2 + yz - 40z^2)$	305	$\pm(y^2 + yz - 76z^2)$
165	$\pm(y^2 + yz - 41z^2)$		$\pm(2y^2 + yz - 38z^2)$
	$\pm(3y^2 + 3yz - 13z^2)$		

TABLE III.

DIVISEURS de la formule $t^2 - au^2$.

FORMULE.	DIVISEURS QUADRATIQUES.	DIVISEURS LINÉAIRES IMPAIRS.
$t^2 - 2u^2$	$y^2 - 2z^2$	$8x + 1, 7$
$t^2 - 3u^2$	$y^2 - 3z^2$ $3z^2 - y^2$	$12x + 1$ $12x + 11$
$t^2 - 5u^2$	$y^2 - 5z^2$	$20x + 1, 9, 11, 19$
$t^2 - 6u^2$	$y^2 - 6z^2$ $6z^2 - y^2$	$24x + 1, 19$ $24x + 5, 23$
$t^2 - 7u^2$	$y^2 - 7z^2$ $7z^2 - y^2$	$28x + 1, 9, 25$ $28x + 3, 19, 27$
$t^2 - 10u^2$	$y^2 - 10z^2$ $2y^2 - 5z^2$	$40x + 1, 9, 31, 39$ $40x + 3, 13, 27, 37$
$t^2 - 11u^2$	$y^2 - 11z^2$ $11z^2 - y^2$	$44x + 1, 5, 9, 25, 37$ $44x + 7, 19, 35, 39, 43$
$t^2 - 13u^2$	$y^2 - 13z^2$	$52x + 1, 3, 9, 17, 23 : 25, 27, 29, 35,$ $43, 49, 51$
$t^2 - 14u^2$	$y^2 - 14z^2$ $14z^2 - y^2$	$56x + 1, 9, 11, 25, 43, 51$ $56x + 5, 13, 31, 45, 47, 55$
$t^2 - 15u^2$	$y^2 - 15z^2$ $15z^2 - y^2$ $3y^2 - 5z^2$ $5z^2 - 3y^2$	$60x + 1, 49$ $60x + 11, 59$ $60x + 7, 43$ $60x + 17, 53$
$t^2 - 17u^2$	$y^2 - 17z^2$	$68x + 1, 9, 13, 15, 19 : 21, 25, 33, 35,$ $43 : 47, 49, 53, 55, 59 : 67$
$t^2 - 19u^2$	$y^2 - 19z^2$ $19z^2 - y^2$	$76x + 1, 5, 9, 17, 25 : 45, 49, 61, 73$ $76x + 3, 15, 27, 31, 51 : 59, 67, 71, 75$
$t^2 - 21u^2$	$y^2 - 21z^2$ $21z^2 - y^2$	$84x + 1, 25, 37, 43, 67, 79$ $84x + 5, 17, 41, 47, 59, 83$
$t^2 - 22u^2$	$y^2 - 22z^2$ $22z^2 - y^2$	$88x + 1, 3, 9, 25, 27 : 49, 59, 67, 75, 81$ $88x + 7, 13, 21, 29, 39 : 61, 63, 79, 85, 87$
$t^2 - 23u^2$	$y^2 - 23z^2$ $23z^2 - y^2$	$92x + 1, 9, 13, 25, 29 : 41, 49, 73, 77,$ $81 : 85$ $92x + 7, 11, 15, 19, 43 : 51, 63, 67, 79,$ $83 : 91$

TABLE III.

FORMULE.	DIVISEURS QUADRATIQUES.	DIVISEURS LINÉAIRES IMPAIRS.
$t^2 - 26u^2$	$y^2 - 26z^2$	$104x +$ 1, 9, 17, 23, 25 : 49, 55, 79, 81, 87 : 95, 103
	$2y^2 - 13z^2$	$104x +$ 5, 11, 19, 21, 37 : 45, 59, 67, 83, 85 : 93, 99
$t^2 - 29u^2$	$y^2 - 29z^2$	$116x +$ 1, 3, 5, 9, 13 : 23, 25, 33, 35, 45 : 49, 51, 53, 57, 59 : 63, 65, 67, 71, 81 : 83, 91, 93, 103, 107 : 109, 111, 115
$t^2 - 30u^2$	$y^2 - 30z^2$	$120x +$ 1, 19, 49, 91
	$30z^2 - y^2$	$120x +$ 29, 71, 101, 119
	$2y^2 - 15z^2$	$120x +$ 17, 83, 107, 113
	$15z^2 - 2y^2$	$120x +$ 7, 13, 37, 103
$t^2 - 31u^2$	$y^2 - 31z^2$	$124x +$ 1, 5, 9, 25, 33 : 41, 45, 49, 69, 81 : 97, 101, 109, 113, 121
	$31z^2 - y^2$	$124x +$ 3, 11, 15, 23, 27 : 43, 55, 75, 79, 83, 91, 99, 115, 119, 123
$t^2 - 33u^2$	$y^2 - 33z^2$	$132x +$ 1, 25, 31, 37, 49 : 67, 91, 97, 103, 115
	$33z^2 - y^2$	$132x +$ 17, 29, 35, 41, 65 : 83, 95, 101, 107, 131
$t^2 - 34u^2$	$y^2 - 34z^2$ } $34z^2 - y^2$ }	$136x +$ 1, 9, 15, 25, 33 : 47, 49, 55, 81, 87 : 89, 103, 111, 121, 123 : 135
	$3y^2 + 2yz - 11z^2$ } $11z^2 - 2yz - 3y^2$ }	$136x +$ 3, 5, 11, 27, 29 : 37, 45, 61, 75, 91, 99, 107, 109, 125, 131 : 133
$t^2 - 35u^2$	$y^2 - 35z^2$	$140x +$ 1, 9, 29, 81, 109, 121
	$35z^2 - y^2$	$140x +$ 19, 31, 59, 111, 131, 139
	$5y^2 - 7z^2$	$140x +$ 13, 17, 33, 73, 97, 117
	$7z^2 - 5y^2$	$140x +$ 23, 43, 67, 107, 123, 127
$t^2 - 37u^2$	$y^2 - 37z^2$ } $3y^2 + 2yz - 12z^2$ }	$148x +$ 1, 3, 7, 9, 11 : 21, 25, 27, 33, 41 : 47, 49, 53, 63, 65 : 67, 71, 73, 75, 77 : 81, 83, 85, 95, 99, 101, 107, 115, 121, 123 : 127, 137, 139, 141, 145 : 147
$t^2 - 38u^2$	$y^2 - 38z^2$	$152x +$ 1, 9, 11, 17, 25 : 35, 43, 49, 73, 81 : 83, 99, 115, 121, 123 : 129, 137, 139
	$38z^2 - y^2$	$152x +$ 13, 15, 23, 29, 31 : 37, 53, 69, 71, 79 : 103, 109, 117, 127, 135 : 141, 143, 151

TABLE III.

FORMULE.	DIVISEURS QUADRATIQUES.	DIVISEURS LINÉAIRES IMPAIRS.
$t^2 - 39u^2$	$y^2 - 39z^2$ $39z^2 - y^2$ $2y^2 + 2yz - 19z^2$ $19z^2 - 2yz - 2y^2$	$156x$ + 1, 25, 49, 61, 121, 133 $156x$ + 23, 35, 95, 107, 131, 155 $156x$ + 5, 41, 89, 125, 137, 149 $156x$ + 7, 19, 31, 67, 115, 151
$t^2 - 41u^2$	$y^2 - 41z^2$	$164x$ + 1, 5, 9, 21, 23 : 25, 31, 33, 37, 39 : 43, 45, 49, 51, 57 : 59, 61, 73, 77, 81 : 83, 87, 91, 103, 105 : 107, 113, 115, 119, 121 : 125, 127, 131, 133, 139 : 141, 143, 155, 159, 163
$t^2 - 42u^2$	$y^2 - 42z^2$ $42z^2 - y^2$ $2y^2 - 21z^2$ $21z^2 - 2y^2$	$168x$ + 1, 25, 79, 121, 127, 151 $168x$ + 17, 41, 47, 89, 143, 167 $168x$ + 11, 29, 53, 107, 149, 155 $168x$ + 13, 19, 61, 115, 139, 157
$t^2 - 43u^2$	$y^2 - 43z^2$ $43z^2 - y^2$	$172x$ + 1, 9, 13, 17, 21 : 25, 41, 49, 53, 57 : 81, 97, 101, 109, 117 : 121, 133, 145, 153, 165 : 169 $172x$ + 3, 7, 19, 27, 39 : 51, 55, 63, 71, 75 : 91, 115, 119, 123, 131 : 147, 151, 155, 159, 163 : 171
$t^2 - 46u^2$	$y^2 - 46z^2$ $46z^2 - y^2$	$148x$ + 1, 3, 9, 25, 27 : 35, 41, 49, 59, 73 : 75, 81, 105, 121, 123 : 131, 139, 147, 163, 169 : 177, 179 $184x$ + 5, 7, 15, 21, 37 : 45, 53, 61, 63, 79 : 103, 109, 111, 125, 135 : 143, 149, 157, 159, 175, 181, 183
$t^2 - 47u^2$	$y^2 - 47z^2$ $47z^2 - y^2$	$188x$ + 1, 9, 17, 21, 25 : 37, 49, 53, 61, 65 : 81, 89, 97, 101, 121 : 145, 149, 153, 157, 165 : 169, 173, 177 $188x$ + 11, 15, 19, 23, 31 : 35, 39, 43, 67, 87 : 91, 99, 107, 123, 127 : 135, 139, 151, 163, 167 : 171, 179, 187
$t^2 - 51u^2$	$y^2 - 51z^2$ $51z^2 - y^2$ $3y^2 - 17z^2$ $17z^2 - 3y^2$	$204x$ + 1, 13, 25, 49, 121, 145, 157, 169 $204x$ + 35, 47, 59, 83, 155, 179, 191, 203 $204x$ + 7, 31, 79, 91, 139, 163, 175, 199 $204x$ + 5, 29, 41, 65, 113, 125, 173, 197

TABLE III.

FORMULE.	DIVISEURS QUADRATIQUES.	DIVISEURS LINÉAIRES IMPAIRS.
$t^2 - 53u^2$	$y^2 - 53z^2$	$212x +$ 1, 7, 9, 11, 13 : 15, 17, 25, 29, 37 : 43, 47, 49, 57, 59 : 63, 69, 77, 81, 89 : 91, 93, 95, 97, 99 : 105, 107, 113, 115, 117 : 119, 121, 123, 131, 135 : 143, 149, 153, 155, 163 : 165, 169, 175, 183, 187 : 195, 197, 199, 201, 203 : 205, 211
$t^2 - 55u^2$	$y^2 - 55z^2$	$220x +$ 1, 9, 49, 69, 81 : 89, 141, 169, 181, 201
	$55z^2 - y^2$	$220x +$ 19, 39, 51, 79, 131 : 139, 151, 171, 211, 219
	$2y^2 + 2yz - 27z^2$	$220x +$ 13, 17, 57, 73, 117 : 153, 173, 193, 197, 217
	$27z^2 - 2yz - 2y^2$	$220x +$ 3, 23, 27, 47, 67 : 103, 147, 163, 203, 207
$t^2 - 57u^2$	$y^2 - 57z^2$	$228x +$ 1, 7, 25, 43, 49 : 55, 61, 73, 85, 115 : 121, 139, 157, 163, 169 : 175, 187, 199
	$57z^2 - y^2$	$228x +$ 29, 41, 53, 59, 65 : 71, 89, 107, 113, 143 : 155, 167, 173, 179, 185 : 203, 221, 227
$t^2 - 58u^2$	$y^2 - 58z^2$	$232x +$ 1, 7, 9, 23, 25 : 33, 49, 57, 63, 65 : 71, 81, 103, 111, 121 : 129, 151, 161, 167, 169 : 175, 183, 199, 207, 209 : 223, 225, 231
	$2y^2 - 29z^2$	$232x +$ 3, 11, 19, 21, 27 : 37, 43, 61, 69, 75 : 77, 85, 99, 101, 131 : 133, 147, 155, 157, 163 : 171, 189, 195, 205, 211 : 213, 221, 229
$t^2 - 59u^2$	$y^2 - 59z^2$	$236x +$ 1, 5, 9, 17, 21 : 25, 29, 41, 45, 49 : 53, 57, 81, 85, 105 : 121, 125, 133, 137, 145 : 153, 169, 181, 189, 193 : 197, 205, 213, 225
	$59z^2 - y^2$	$236x +$ 11, 23, 31, 39, 43 : 47, 55, 67, 83, 91 : 99, 103, 111, 115, 131 : 151, 155, 179, 183, 187 : 191, 195, 207, 211, 215 : 219, 227, 231, 235

TABLE III.

FORMULE.	DIVISEURS QUADRATIQUES.	DIVISEURS LINÉAIRES IMPAIRS.
$t^2 - 61u^2$	$y^2 - 61z^2$	$244x +$ 1, 5, 7, 9, 11 : 13, 23, 25, 31, 35 : 41, 43, 45, 49, 51 : 55, 57, 59, 63, 65 : 67, 71, 73, 77, 79 : 81, 87, 91, 97, 99 : 109, 111, 113, 115, 117 : 121, 125, 137, 139, 141 : 143, 149, 151, 155, 159 : 161, 169, 175, 191, 197 : 205, 207, 211, 215, 217 : 223, 225, 227, 229, 241
$t^2 - 62u^2$	$y^2 - 62z^2$	$248x +$ 1, 9, 19, 25, 33 : 35, 41, 49, 51, 59 : 67, 81, 97, 103, 113 : 121, 129, 131, 163, 169 : 171, 187, 193, 195, 211 : 219, 225, 227, 233, 235
	$62z^2 - y^2$	$248x +$ 13, 15, 21, 23, 29 : 37, 53, 55, 61, 77 : 79, 85, 117, 119, 127 : 135, 141, 151, 167, 181 : 189, 197, 199, 207, 213 : 215, 223, 229, 239, 247
$t^2 - 65u^2$	$y^2 - 65z^2$	$260x +$ 1, 9, 29, 49, 51 : 61, 69, 79, 81, 101 : 121, 129, 131, 139, 159 : 179, 181, 191, 199, 209 : 211, 231, 251, 259
	$5y^2 - 13z^2$	$260x +$ 7, 33, 37, 47, 57 : 63, 67, 73, 83, 93 : 97, 123, 137, 163, 167 : 177, 187, 193, 197, 203 : 213, 223, 227, 253
$t^2 - 66u^2$	$y^2 - 66z^2$	$264x +$ 1, 25, 31, 49, 97 : 103, 169, 199, 223, 247
	$66z^2 - y^2$	$264x +$ 17, 41, 65, 95, 161 : 167, 215, 233, 239, 263
	$3y^2 - 22z^2$	$264x +$ 5, 53, 59, 125, 155 : 179, 203, 221, 245, 251
	$22z^2 - 3y^2$	$264x +$ 13, 19, 43, 61, 85 : 109, 139, 205, 211, 259
$t^2 - 67u^2$	$y^2 - 67z^2$	$268x +$ 1, 9, 17, 21, 25 : 29, 33, 37, 49, 65 : 73, 77, 81, 89, 93 : 121, 129, 149, 153, 157 : 169, 173, 181, 189, 193 : 205, 217, 225, 237, 241 : 257, 261, 265
	$67z^2 - y^2$	$268x +$ 3, 7, 11, 27, 31 : 43, 51, 63, 75, 79 : 87, 95, 99, 111, 115 : 119, 139, 147, 175, 179 : 187, 191, 195, 203, 219 : 231, 235, 239, 243, 247 : 251, 259, 267

TABLE III.

FORMULE.	DIVISEURS QUADRATIQUES.	DIVISEURS LINÉAIRES IMPAIRS.
$t^2 - 69u^2$	$y^2 - 69z^2$	$276x +$ 1, 13, 25, 31, 49 : 55, 73, 85, 121, 127 : 133, 139, 151, 163, 169 : 187, 193, 211, 223, 259 : 265, 271
	$69z^2 - y^2$	$276x +$ 5, 11, 17, 53, 65 : 83, 89, 107, 113, 125 : 137, 143, 149, 155, 191 : 203, 221, 227, 245, 251 : 263, 275
$t^2 - 70u^2$	$y^2 - 70z^2$	$280x +$ 1, 9, 11, 51, 81 : 99, 121, 169, 179, 211 : 219, 249
	$70z^2 - y^2$	$280x +$ 31, 61, 69, 101, 111 : 159, 181, 199, 229, 269 : 271, 279
	$2y^2 - 35z^2$	$280x +$ 23, 37, 53, 93, 127 : 183, 197, 207, 247, 253 : 263, 277
	$35z^2 - 2y^2$	$280x +$ 3, 17, 27, 33, 73 : 83, 97, 153, 187, 227 : 243, 257
$t^2 - 71u^2$	$y^2 - 71z^2$	$284x +$ 1, 5, 9, 25, 29 : 37, 45, 49, 57, 73 : 77, 81, 89, 101, 109 : 121, 125, 129, 145, 157 : 161, 169, 185, 217, 221 : 225, 229, 233, 237, 245 : 249, 253, 261, 273, 277
	$71z^2 - y^2$	$284x +$ 7, 11, 23, 31, 35 : 39, 47, 51, 55, 59 : 63, 67, 99, 115, 123, 127, 139, 155, 159, 163 : 175, 183, 195, 203, 207 : 211, 227, 235, 239, 247 : 255, 259, 275, 279, 283
$t^2 - 73u^2$	$y^2 - 73z^2$	$252x +$ 1, 3, 9, 19, 23 : 25, 27, 35, 37, 41 : 49, 55, 57, 61, 65 : 67, 99, 71, 75, 77 : 79, 81, 85, 89, 91 : 97, 105, 109, 111, 119 : 121, 123, 127, 137, 143 : 145, 147, 149, 155, 165 : 169, 171, 173, 181, 183 : 187, 195, 201, 203, 207 : 211, 213, 215, 217, 221 : 223, 225, 227, 231, 235 : 237, 243, 251, 255, 257 : 265, 267, 269, 273, 283 : 289, 291

TABLE III.

FORMULE.	DIVISEURS QUADRATIQUES.	DIVISEURS LINÉAIRES IMPAIRS.
$t^2 - 74u^2$	$y^2 - 74z^2$	$296x +$ 1, 7, 9, 25, 33 : 41, 47, 49, 63, 65 : 71, 73, 81, 95, 121 : 127, 137, 145, 151, 159 : 169, 175, 201, 215, 223 : 225, 231, 233, 247, 249 : 255, 263, 271, 287, 289 : 295
	$2y^2 - 37z^2$	$296x +$ 5, 13, 19, 29, 35 : 43, 45, 51, 59, 61 : 69, 91, 93, 109, 117 : 125, 131, 133, 163, 165 : 171, 179, 187, 203, 205 : 227, 235, 237, 245, 251 : 253, 261, 267, 277, 283 : 291
$t^2 - 77u^2$	$y^2 - 77z^2$	$308x +$ 1, 9 : 15, 23, 25 : 37, 53, 67, 71, 81 : 93, 113, 135, 141, 155 : 163, 169, 177, 179, 191 : 207, 221, 225, 235, 247 : 255, 267, 289, 291, 295
	$77z^2 - y^2$	$308x +$ 13, 17, 19, 41, 53 : 61, 73, 83, 87, 101 : 117, 129, 131, 139, 145 : 153, 167, 173, 195, 215 : 227, 237, 241, 255, 271 : 283, 285, 293, 299, 307
$t^2 - 78u^2$	$y^2 - 78z^2$	$312x +$ 1, 25, 43, 49, 121 : 139, 211, 217, 235, 259 : 283, 289
	$78z^2 - y^2$	$312x +$ 23, 29, 53, 77, 95 : 101, 173, 191, 263, 269 : 287, 311
	$2y^2 - 39z^2$	$312x +$ 11, 41, 59, 83, 89 : 137, 161, 203, 227, 275 : 281, 305
	$39z^2 - 2y^2$	$312x +$ 7, 31, 37, 85, 109 : 151, 175, 223, 229, 253 : 271, 301
$t^2 - 79u^2$	$y^2 - 79z^2$ $26y^2 + 2yz - 3z^2$	$316x +$ 1, 5, 9, 13, 21 : 25, 45, 49, 65, 73 : 81, 89, 97, 101, 105 : 117, 121, 125, 129, 141 : 169, 177, 181, 189, 209 : 213, 225, 241, 245, 253 : 257, 269, 273, 277, 281 : 289, 301, 309, 313
	$79z^2 - y^2$ $3z^2 - 2yz - 26y^2$	$316x +$ 3, 7, 15, 27, 35 : 39, 43, 47, 59, 63 : 71, 75, 91, 103, 107 : 127, 135, 139, 147, 175 : 187, 191, 195, 199, 211, 215, 219, 227, 235, 243 : 251, 267, 271, 291, 295 : 303, 307, 311, 315

TABLE IV.

DIVISEURS de la formule $t^2 + au^2$, a étant un nombre de la forme $4n+1$.

FORMULE.	DIVISEURS QUADRATIQUES.	DIVISEURS LINÉAIRES IMPAIRS.
$t^2 + u^2$	$y^2 + z^2$	$4x + 1$
$t^2 + 5u^2$	$y^2 + 2yz + 6z^2$	$20x + 1, 9$
	$2y^2 + 2yz + 3z^2$	$20x + 3, 7$
$t^2 + 13u^2$	$y^2 + 2yz + 14z^2$	$52x + 1, 9, 17, 25, 29 : 49$
	$2y^2 + 2yz + 7z^2$	$52x + 7, 11, 15, 19, 31 : 47$
$t^2 + 17u^2$	$y^2 + 2yz + 18z^2$	$68x + 1, 9, 13, 21, 25 : 33, 49, 53$
	$2y^2 + 2yz + 9z^2$	
	$3y^2 + 2yz + 6z^2$	$68x + 3, 7, 11, 23, 27 : 31, 39, 63$
$t^2 + 21u^2$	$y^2 + 2yz + 22z^2$	$84x + 1, 25, 37$
	$2y^2 + 2yz + 11z^2$	$84x + 11, 23, 71$
	$5y^2 + 6yz + 6z^2$	$84x + 5, 17, 41$
	$10y^2 + 6yz + 3z^2$	$84x + 19, 31, 55$
$t^2 + 29u^2$	$y^2 + 2yz + 30z^2$	$116x + 1, 5, 9, 13, 25 : 33, 45, 49, 53, 57 : 65, 81, 93, 109$
	$5y^2 + 2yz + 6z^2$	
	$2y^2 + 2yz + 15z^2$	$116x + 3, 11, 15, 19, 27 : 31, 39, 43, 47, 55 : 75, 79, 95, 99$
	$10y^2 + 2yz + 3z^2$	
$t^2 + 33u^2$	$y^2 + 2yz + 34z^2$	$132x + 1, 25, 37, 49, 97$
	$2y^2 + 2yz + 17z^2$	$132x + 17, 29, 41, 65, 101$
	$3y^2 + 6yz + 14z^2$	$132x + 23, 47, 59, 71, 119$
	$6y^2 + 6yz + 7z^2$	$132x + 7, 19, 43, 79, 127$
$t^2 + 37u^2$	$y^2 + 2yz + 38z^2$	$148x + 1, 9, 21, 25, 33 : 41, 49, 53, 65, 73 : 77, 81, 85, 101, 121 : 137, 141, 145$
	$2y^2 + 2yz + 19z^2$	$148x + 15, 19, 23, 31, 35 : 39, 43, 51, 55, 59 : 79, 87, 91, 103, 119 : 131, 135, 143$
$t^2 + 41u^2$	$y^2 + 2yz + 42z^2$	$164x + 1, 5, 9, 21, 25 : 33, 37, 45, 49, 57 : 61, 73, 77, 81, 105 : 113, 121, 125, 133, 141$
	$2y^2 + 2yz + 21z^2$	
	$5y^2 + 6yz + 10z^2$	
	$3y^2 + 2yz + 14z^2$	$164x + 3, 7, 11, 15, 19 : 27, 35, 47, 55, 63 : 67, 71, 75, 79, 95 : 99, 111, 135, 147, 151$
	$2y^2 + 2yz + 7z^2$	

Nota. Les diviseurs quadratiques contiennent, outre les diviseurs impairs mentionnés dans la table, des diviseurs pairs ; savoir, les diviseurs $8n + 2$, lorsque a est de forme $8m + 1$, et les diviseurs $8n + 6$ lorsque a est de forme $8m + 5$.

TABLE IV.

FORMULE.	DIVISEURS QUADRATIQUES.	DIVISEURS LINÉAIRES IMPAIRS.
$t^2 + 53u^2$	$y^2 + 2yz + 54z^2$ $9y^2 + 2yz + 6z^2$	$212x +$ 1, 9, 13, 17, 25 : 29, 37, 49, 57, 69 : 77, 81, 89, 93, 97 : 105, 113, 117, 121, 149 : 153, 165, 169, 197, 201 : 205
	$2y^2 + 2yz + 27z^2$ $18y^2 + 2yz + 3z^2$	$212x +$ 3, 19, 23, 27, 31 : 35, 39, 51, 55, 67 : 71, 75, 79, 83, 87, : 103, 111, 127, 139, 147 : 151, 167, 171, 179, 191 : 207
$t^2 + 57u^2$	$y^2 + 2yz + 58z^2$	$228x +$ 1, 25, 49, 61, 73 : 85, 121, 157, 169
	$2y^2 + 2yz + 29z^2$	$228x +$ 29, 41, 53, 65, 89 : 113, 173, 185, 221
	$3y^2 + 6yz + 22z^2$	$228x +$ 31, 67, 79, 91, 103 : 127, 151, 211, 223
	$6y^2 + 6yz + 11z^2$	$228x +$ 11, 23, 35, 47, 83 : 119, 131, 191, 215
$t^2 + 61u^2$	$y^2 + 2yz + 62z^2$ $5y^2 + 6yz + 14z^2$	$244x +$ 1, 5, 9, 13, 25 : 41, 45, 49, 57, 65, 73, 77, 81, 97, 109 : 113, 117, 121, 125, 137 : 141, 149, 161, 169, 197 : 205, 217, 225, 229, 241
	$2y^2 + 2yz + 31z^2$ $10y^2 + 6yz + 7z^2$	$244x +$ 7, 11, 23, 31, 35 : 43, 51, 55, 59, 63 : 67, 71, 79, 87, 91 : 99, 111, 115, 139, 143 : 151, 155, 159, 175, 191, 207, 211, 215, 223, 227
$t^2 + 65u^2$	$y^2 + 2yz + 66z^2$ $9y^2 + 10yz + 10z^2$	$260x +$ 1, 9, 29, 49, 61 : 69, 81, 101, 121, 129 : 181, 209
	$2y^2 + 2yz + 33z^2$ $18y^2 + 10yz + 5z^2$	$260x +$ 33, 37, 57, 73, 93 : 97, 137, 177, 193, 197 : 213, 253
	$3y^2 + 2yz + 22z^2$	$260x +$ 3, 23, 27, 43, 87 : 103, 107, 127, 147, 183 : 207, 243
	$6y^2 + 2yz + 11z^2$	$260x +$ 11, 19, 31, 59, 71 : 99, 111, 119, 151, 171 : 219, 239
$t^2 + 69u^2$	$y^2 + 2yz + 70z^2$ $13y^2 + 6yz + 6z^2$	$276x +$ 1, 13, 25, 49, 73 : 85, 121, 133, 169, 193 : 265
	$14y^2 + 2yz + 5z^2$	$276x +$ 5, 17, 53, 65, 89 : 113, 125, 137, 149, 221 : 245
	$2y^2 + 2yz + 35z^2$ $26y^2 + 6yz + 3z^2$	$276x +$ 35, 47, 59, 71, 95 : 119, 131, 167, 179, 215 : 239
	$7y^2 + 2yz + 10z^2$	$276x +$ 7, 19, 43, 67, 79 : 91, 103, 175, 199, 235 : 247

TABLE IV.

FORMULE.	DIVISEURS QUADRATIQUES.	DIVISEURS LINÉAIRES IMPAIRS.
t^2+73u^2	$y^2+2yz+74z^2$ $2y^2+2yz+37z^2$	$292x+$ 1, 9, 25, 37, 41 : 49, 57, 61, 65, 69 : 77, 81, 85, 89, 97 : 105, 109, 121, 137, 145 : 149, 165, 169, 173, 181 : 201, 213, 217, 221, 225 : 237, 257, 265, 269, 273 : 289
	$7y^2+10yz+14z^2$	$292x+$ 7, 11, 15, 31, 39 : 43, 47, 51, 59, 63 : 83, 87, 95, 99, 103 : 107, 115, 131, 135, 139 : 151, 159, 163, 167, 175 : 179, 191, 199, 239, 247 : 259, 263, 271, 275, 279 : 287
t^2+77u^2	$y^2+2yz+78z^2$ $9y^2+14yz+14z^2$	$308x+$ 1, 9, 25, 37, 53 : 81, 93, 113, 137, 141 : 169, 177, 221, 225, 289
	$13y^2+2yz+6z^2$	$308x+$ 13, 17, 41, 73, 89 : 113, 113, 129, 145, 149 : 173, 241, 257, 285, 293
	$2y^2+2yz+39z^2$ $18y^2+14yz+7z^2$	$308x+$ 39, 43, 51, 79, 95 : 107, 123, 127, 151, 183 : 211, 219, 239, 263, 303
	$26y^2+2yz+3z^2$	$308x+$ 3, 27, 31, 47, 59 : 75, 103, 111, 115, 119 : 199, 223, 243, 251, 279
t^2+85u^2	$y^2+2yz+86z^2$	$340x+$ 1, 9, 21, 49, 69 : 81, 89, 101, 121, 149 : 161, 169, 189, 229, 281 : 321
	$5y^2+10yz+22z^2$	$340x+$ 37, 57, 73, 97, 113 : 133, 173, 177, 193, 197 : 233, 277, 313, 317, 333, 337
	$2y^2+2yz+43z^2$	$340x+$ 43, 47, 67, 83, 87 : 103, 123, 127, 183, 203 : 223, 247, 263, 287, 307 : 327
	$10y^2+10yz+11z^2$	$340x+$ 11, 31, 39, 71, 79 : 91, 99, 131, 139, 159 : 199, 211, 231, 279, 299 : 311
t^2+89u^2	$y^2+2yz+90z^2$ $2y^2+2yz+45z^2$ $5y^2+2yz+18z^2$ $10y^2+2yz+9z^2$	$356x+$ 1, 5, 9, 17, 21 : 25, 45, 49, 53, 57 : 69, 73, 81, 85, 93 : 97, 105, 109, 121, 125 : 129, 133, 153, 157, 161 : 169, 173, 177, 189, 217 : 225, 233, 245, 249, 257 : 265, 269, 277, 285, 289 : 301, 309, 317, 345
	$3y^2+2yz+30z^2$ $6y^2+2yz+15z^2$ $7y^2+6yz+14z^2$	$356x+$ 3, 7, 15, 19, 23 : 27, 31, 35, 43, 51 : 59, 63, 75, 83, 95 : 103, 115, 119, 127, 135 : 143, 147, 151, 155, 159 : 163, 171, 175, 191, 207 : 211, 215, 219, 239, 243 : 255, 279, 291, 295, 315 : 319, 323, 327, 343

TABLE IV.

FORMULE.	DIVISEURS QUADRATIQUES.	DIVISEURS LINÉAIRES IMPAIRS.
$t^2 + 93u^2$	$y^2 + 2yz + 94z^2$	$372x +$ 1, 25, 49, 97, 109 : 121, 133, 157, 169, 193 : 205, 253, 289, 349, 361
	$17y^2 + 6yz + 6z^2$	$372x +$ 17, 29, 53, 65, 77 : 89, 137, 161, 185, 197 : 209, 269, 305, 353, 365
	$2y^2 + 2yz + 47z^2$	$372x +$ 35, 47, 59, 71, 95 : 107, 131, 143, 191, 227 : 287, 299, 311, 335, 359
	$34y^2 + 6yz + 3z^2$	$372x +$ 43, 55, 79, 91, 115 : 127, 139, 151, 199, 223 : 247, 259, 271, 331, 367
$t^2 + 97u^2$	$y^2 + 2yz + 98z^2$ $2y^2 + 2yz + 49z^2$	$388x +$ 1, 9, 25, 33, 49 : 53, 61, 65, 73, 81 : 85, 89, 93, 101, 105 : 109, 113, 121, 129, 133, : 141, 145, 161, 169, 185 : 193, 197, 205, 221, 225 : 229, 237, 241, 269, 273 : 285, 289, 293, 297, 309 : 313, 341, 345, 353, 357 : 361, 377, 385
	$7y^2 + 2yz + 14z^2$	$388x +$ 7, 15, 19, 23, 39 : 51, 55, 59, 63, 67 : 71, 83, 87, 107, 111 : 123, 127, 131, 135, 139 : 143, 155, 171, 175, 179 : 187, 199, 207, 211, 215 : 223, 231, 235, 239, 251 : 263, 271, 311, 319, 331 : 343, 347, 351, 359, 367 : 371, 375, 383
$t^2 + 101u^2$	$y^2 + 2yz + 102z^2$ $5y^2 + 6yz + 22z^2$ $17y^2 + 2yz + 6z^2$ $9y^2 + 10yz + 14z^2$	$404x +$ 1, 5, 9, 13, 17 : 21, 25, 33, 37, 45 : 49, 65, 77, 81, 85 : 97, 105, 117, 121, 125 : 137, 153, 157, 165, 169 : 177, 181, 185, 189, 193 : 197, 201, 221, 225, 233 : 245, 249, 273, 281, 289 : 297, 305, 313, 321, 329 : 357, 361, 373, 381, 385
	$2y^2 + 2yz + 51z^2$ $10y^2 + 6yz + 11z^2$ $34y^2 + 2yz + 3z^2$ $18y^2 + 10yz + 7z^2$	$404x +$ 3, 7, 11, 15, 27 : 35, 39, 51, 55, 59 : 63, 67, 75, 83, 91 : 99, 103, 111, 119, 127 : 135, 139, 143, 147, 151 : 163, 167, 175, 187, 191 : 195, 199, 231, 243, 255 : 259, 263, 271, 275, 291 : 295, 311, 315, 331, 335 : 343, 347, 351, 363, 375
$t^2 + 105u^2$	$y^2 + 2yz + 106z^2$	$420x +$ 1, 109, 121, 169, 289, 361
	$2y^2 + 2yz + 53z^2$	$420x +$ 53, 113, 137, 197, 233, 317
	$10y^2 + 10yz + 13z^2$	$420x +$ 13, 73, 97, 157, 313, 397
	$5y^2 + 10yz + 26z^2$	$420x +$ 41, 89, 101, 209, 269, 341
	$3y^2 + 6yz + 38z^2$	$420x +$ 47, 83, 143, 167, 227, 383
	$6y^2 + 6yz + 19z^2$	$420x +$ 19, 31, 139, 199, 271, 391
	$7y^2 + 14yz + 22z^2$	$420x +$ 43, 67, 127, 163, 247, 403
	$14y^2 + 14yz + 11z^2$	$420x +$ 11, 71, 179, 191, 239, 359

TABLE V.

DIVISEURS de la formule $t^2 + au^2$, a étant un nombre de la forme $4n + 3$.

FORMULE.	DIVISEURS QUADRATIQUES.	DIVISEURS LINÉAIRES IMPAIRS.
$t^2 + 3u^2$	$y^2 + yz + z^2$	$6x + 1$
$t^2 + 7u^2$	$y^2 + 7z^2$	$14x + 1, 9, 11$
$t^2 + 11u^2$	$y^2 + yz + 3z^2$	$22x + 1, 3, 5, 9, 15$
$t^2 + 15u^2$	$y^2 + 15z^2$ $3y^2 + 5z^2$	$30x + 1, 19$ $30x + 17, 23$
$t^2 + 19u^2$	$y^2 + yz + 5z^2$	$38x + 1, 5, 7, 9, 11 : 17, 23, 25, 35$
$t^2 + 23u^2$	$y^2 + 23z^2$ $3y^2 + 2y^2 + 8z^2$	$46x + 1, 3, 9, 13, 25 : 27, 29, 31, 35, 39 : 41$
$t^2 + 31u^2$	$y^2 + 31z^2$ $5y^2 + 4yz + 7z^2$	$62x + 1, 5, 7, 9, 19 : 25, 33, 35, 39, 41 : 45, 47, 49, 51, 59$
$t^2 + 35u^2$	$y^2 + yz + 9z^2$ $3y^2 + yz + 3z^2$	$70x + 1, 9, 11, 29, 39, 51$ $70x + 3, 13, 17, 27, 33, 47$
$t^2 + 39u^2$	$y^2 + 39z^2$ $3y^2 + 13z^2$ $5y^2 + 2yz + 8z^2$	$78x + 1, 25, 43, 49, 55, 61$ $78x + 5, 11, 41, 47, 59, 71$
$t^2 + 43u^2$	$y^2 + yz + 11z^2$	$86x + 1, 9, 11, 13, 15 : 17, 21, 23, 25, 31 : 35, 41, 47, 49, 53 : 57, 59, 67, 79, 81 : 83$
$t^2 + 47u^2$	$y^2 + 47z^2$ $3y^2 + 2yz + 16z^2$ $7y^2 + 6yz + 8z^2$	$94x + 1, 3, 7, 9, 17 : 21, 25, 27, 37, 49 : 51, 53, 55, 59, 61 : 63, 65, 71, 75, 79 : 81, 83, 89$
$t^2 + 51u^2$	$y^2 + yz + 13z^2$ $3y^2 + 3yz + 5z^2$	$102x + 1, 13, 19, 25, 43 : 49, 55, 67$ $102x + 5, 11, 23, 29, 41 : 65, 71, 95$
$t^2 + 55u^2$	$y^2 + 55z^2$ $5y^2 + 11z^2$ $7y^2 + 2yz + 8z^2$	$110x + 1, 9, 31, 49, 59 : 69, 71, 81, 89, 91$ $110x + 7, 13, 17, 43, 57 : 63, 73, 83, 87, 107$
$t^2 + 59u^2$	$y^2 + yz + 15z^2$ $3y^2 + yz + 5z^2$	$118x + 1, 3, 5, 7, 9 : 15, 17, 19, 21, 25 : 27, 29, 35, 41, 45 : 49, 51, 53, 57, 63 : 71, 75, 79, 81, 85 : 87, 95, 105, 107$

TABLE V.

FORMULE.	DIVISEURS QUADRATIQUES.	DIVISEURS LINÉAIRES IMPAIRS.
$t^2 + 67u^2$	$y^2 + yz + 17z^2$	$134x +$ 1, 9, 15, 17, 19 : 21, 23, 25, 29, 33, 35, 37, 39, 47, 49 : 55, 59, 65, 71, 73 : 77, 81, 83, 89, 91 : 93, 103, 107, 121, 123 : 127, 129, 131
$t^2 + 71u^2$	$y^2 + 17z^2$ $3y^2 + 2yz + 24z^2$ $9y^2 + 2yz + 8z^2$ $5y^2 + 4yz + 15z^2$	$142x +$ 1, 3, 5, 9, 15 : 19, 25, 27, 29, 37 : 43, 45, 49, 57, 73 : 75, 77, 79, 81, 83 : 87, 89, 91, 95, 101 : 103, 107, 109, 111, 119 : 121, 125, 129, 131, 135
$t^2 + 79u^2$	$y^2 + 79z^2$ $5y^2 + 2yz + 16z^2$ $11y^2 + 6yz + 8z^2$	$158x +$ 1, 5, 9, 11, 13 : 19, 21, 23, 25, 31 : 45, 49, 51, 55, 65 : 67, 73, 81, 83, 87 : 89, 95, 97, 99, 101 : 105, 111, 115, 117, 119 : 121, 123, 125, 129, 131 : 141, 143, 151, 155
$t^2 + 83u^2$	$y^2 + yz + 21z^2$ $3y^2 + yz + 7z^2$	$166x +$ 1, 3, 7, 9, 11 : 17, 21, 23, 25, 27 : 29, 31, 33, 37, 41 : 49, 51, 59, 61, 63 : 65, 69, 75, 77, 81 : 87, 93, 95, 99, 109 : 111, 113, 119, 121, 123 : 127, 131, 147, 151, 153 : 161
$t^2 + 87u^2$	$y^2 + 87z^2$ $7y^2 + 4yz + 13z^2$ $3y^2 + 29z^2$ $11y^2 + 2yz + 8z^2$	$174x +$ 1, 7, 13, 25, 49 : 67, 91, 103, 109, 115 : 121, 139, 151 : 169 $174x +$ 11, 17, 41, 47, 77 : 89, 95, 101, 113, 119 : 131, 137, 143, 155
$t^2 + 91u^2$	$y^2 + yz + 23z^2$ $5y^2 + 3yz + 5z^2$	$182x +$ 1, 9, 23, 25, 29 : 43, 51, 53, 79, 81 : 95, 107, 113, 121, 127 : 155, 165, 179 $182x +$ 5, 7, 19, 31, 33 : 41, 45, 47, 59, 73 : 83, 89, 97, 111, 125 : 145, 167, 171
$t^2 + 95u^2$	$y^2 + 95z^2$ $5y^2 + 19z^2$ $9y^2 + 4yz + 11z^2$ $3y^2 + 2yz + 32z^2$ $13y^2 + 6yz + 8z^2$	$190x +$ 1, 9, 11, 39, 49 : 61, 81, 99, 101, 111 : 119, 121, 131, 139, 149 : 159, 161, 169 $190x +$ 3, 13, 27, 33, 37 : 53, 67, 97, 103, 107 : 113, 117, 127, 143, 147 : 167, 173, 183
$t^2 + 103u^2$	$y^2 + 103z^2$ $13y^2 + 2yz + 8z^2$ $7y^2 + 6yz + 16z^2$	$206x +$ 1, 7, 9, 13, 15 : 17, 19, 23, 25, 29 : 33, 41, 49, 55, 59 : 61, 63, 79, 81, 83 : 91, 93, 97, 105, 107 : 111, 117, 119, 121, 129 : 131, 133, 135, 137, 139 : 141, 149, 153, 155, 159 : 161, 163, 167, 169, 171 : 175, 179, 185, 195, 201 : 203

TABLE VI.

DIVISEURS de la formule $t^2 + 2au^2$, *a* étant un nombre de la forme $4n + 1$.

FORMULE.	DIVISEURS QUADRATIQUES.	DIVISEURS LINÉAIRES IMPAIRS.
$t^2 + 2u^2$	$y^2 + 2z^2$	$8x + 1, 3$
$t^2 + 10u^2$	$y^2 + 10z^2$ $2y^2 + 5z^2$	$40x + 1, 9, 11, 19$ $40x + 7, 13, 23, 37$
$t^2 + 26u^2$	$y^2 + 26z^2$ $3y^2 + 4yz + 10z^2$ $2y^2 + 13z^2$ $6y^2 + 4yz + 5z^2$	$104x + 1, 3, 9, 17, 25 : 27, 35, 43, 49, 51, 75, 81$ $104x + 5, 7, 15, 21, 31 : 37, 45, 47, 63, 71 : 85, 93$
$t^2 + 34u^2$	$y^2 + 52z^2$ $2y^2 + 17z^2$ $5y^2 + 8yz + 10z^2$	$136x + 1, 9, 19, 25, 33 : 35, 43, 49, 59, 67 : 81, 83, 89, 115, 121 : 123$ $136x + 5, 7, 23, 29, 31 : 37, 39, 45, 61, 63 : 71, 79, 95, 109, 125 : 133$
$t^2 + 42u^2$	$y^2 + 42z^2$ $3y^2 + 14z^2$ $6y^2 + 7z^2$ $2y^2 + 21z^2$	$168x + 1, 25, 43, 67, 121, 163$ $168x + 17, 41, 59, 83, 89, 131$ $168x + 13, 31, 55, 61, 103, 157$ $168x + 23, 29, 53, 71, 95, 149$
$t^2 + 58u^2$	$y^2 + 58z^2$ $2y^2 + 29z^2$	$232x + 1, 9, 25, 33, 35 : 49, 51, 57, 59, 65 : 67, 81, 83, 91, 107 : 115, 121, 123, 129, 139 : 161, 169, 179, 187, 209 : 219, 225, 227$ $232x + 15, 21, 31, 37, 39 : 47, 55, 61, 69, 77 : 79, 85, 95, 101, 119 : 127, 133, 135, 143, 157 : 159, 189, 191, 205, 213 : 215, 221, 229$
$t^2 + 66u^2$	$y^2 + 66z^2$ $3y^2 + 22z^2$ $2y^2 + 33z^2$ $6y^2 + 11z^2$ $5y^2 + 4yz + 14z^2$ $10y^2 + 4yz + 7z^2$	$264x + 1, 25, 49, 67, 91 : 97, 115, 163, 169, 235$ $264x + 17, 35, 41, 65, 83 : 107, 131, 161, 227, 233$ $264x + 5, 23, 47, 53, 71 : 119, 125, 191, 221, 245$ $264x + 7, 13, 61, 79, 85 : 109, 127, 151, 175, 205$

TABLE VI.

FORMULE.	DIVISEURS QUADRATIQUES.	DIVISEURS LINÉAIRES IMPAIRS.
$t^2 + 74u^2$	$y^2 + 74z^2$ $3y^2 + 4yz + 26z^2$ $9y^2 + 8yz + 10z^2$	$296x +$ 1, 3, 9, 11, 25, 27 : 33, 41, 49, 65, 67 : 73, 75, 81, 83, 99 : 107, 115, 121, 123, 137 : 139, 145, 147, 155, 169 : 195, 201, 211, 219, 225 : 233, 243, 249, 275, 289
	$2y^2 + 37z^2$ $6y^2 + 4yz + 13z^2$ $18y^2 + 8yz + 5z^2$	$296x +$ 5, 13, 15, 23, 29 : 31, 39, 45, 55, 61 : 69, 79, 87, 93, 103 : 109, 117, 119, 125, 133 : 135, 143, 165, 167, 183 : 191, 199, 205, 207, 237 : 239, 245, 253, 261, 277 : 279
$t^2 + 82u^2$	$y^2 + 82z^2$ $2y^2 + 41z^2$	$328x +$ 1, 9, 25, 33, 43 : 49, 51, 57, 59, 73 : 81, 83, 91, 105, 107 : 113, 115, 121, 131, 139 : 155, 163, 169, 185, 187 : 195, 201, 203, 209, 225 : 241, 251, 267, 283, 289 : 291, 297, 305, 307, 323
	$7y^2 + 8yz + 14z^2$	$328x +$ 7, 13, 15, 29, 47 : 53, 55, 63, 69, 71 : 79, 85, 93, 95, 101 : 109, 111, 117, 135, 149 : 151, 157, 167, 175, 181 : 183, 191, 199, 229, 231 : 239, 253, 261, 263, 293 : 301, 309, 311, 317, 325
$t^2 + 106u^2$	$y^2 + 106z^2$ $11y^2 + 4yz + 10z^2$	$424x +$ 1, 9, 11, 17, 25 : 43, 49, 57, 59, 81 : 89, 91, 97, 99, 105 : 107, 113, 115, 121, 123 : 131, 153, 155, 163, 169 : 187, 195, 201, 203, 211 : 219, 225, 227, 241, 249 : 259, 275, 281, 289, 305 : 307, 329, 331, 347, 355 : 361, 377, 387, 395, 409 : 411, 417
	$2y^2 + 53z^2$ $22y^2 + 4yz + 5z^2$	$424x +$ 5, 21, 23, 31, 39 : 45, 55, 61, 71, 79 : 85, 87, 101, 103, 109 : 111, 125, 127, 133, 141 : 151, 157, 167, 173, 181 : 189, 191, 207, 215, 231 : 239, 245, 247, 253, 263 : 277, 279, 285, 287, 295 : 341, 349, 351, 357, 359 : 373, 383, 389, 391, 397 : 405, 421

TABLE VII.

DIVISEURS de la formule $t^2 + 2au^2$, *a* étant un nombre de la formule $4n + 3$.

FORMULE.	DIVISEURS QUADRATIQUES.	DIVISEURS LINÉAIRES IMPAIRS.
$t^2 + 6u^2$	$y^2 + 6z^2$	$24x + 1,\ 7$
	$2y^2 + 3z^2$	$24x + 5,\ 11$
$t^2 + 14u^2$	$y^2 + 14z^2$ $2y^2 + 7z^2$	$56x + 1, 9, 15, 23, 25, 39$
	$3y^2 + 4yz + 6z^2$	$56x + 3, 5, 13, 19, 27, 45$
$t^2 + 22u^2$	$y^2 + 22z^2$	$88x + 1, 9, 15, 23, 25 : 31, 47, 49, 71, 81$
	$2y^2 + 11z^2$	$88x + 13, 19, 21, 29, 35 : 43, 51, 61, 83, 85$
$t^2 + 30u^2$	$y^2 + 30z^2$	$120x + 1, 31, 49, 79$
	$2y^2 + 15z^2$	$120x + 17, 23, 47, 113$
	$5y^2 + 6z^2$	$120x + 11, 29, 59, 101$
	$10y^2 + 3z^2$	$120x + 13, 37, 43, 67$
$t^2 + 38u^2$	$y^2 + 38z^2$ $6y^2 + 4yz + 7z^2$	$152x + 1, 7, 9, 17, 23 : 25, 39, 47, 49, 55 : 63, 73, 81, 87, 111, 119, 121, 137$
	$2y^2 + 19z^2$ $3y^2 + 4yz + 14z^2$	$152x + 3, 13, 21, 27, 29 : 37, 51, 53, 59, 67 : 69, 75, 91, 107, 109 : 117, 141, 147$
$t^2 + 46u^2$	$y^2 + 46z^2$ $2y^2 + 23z^2$	$184x + 1, 9, 25, 31, 39 : 41, 47, 49, 55, 71 : 73, 81, 87, 95, 105 : 119, 121, 127, 151, 167 : 169, 177$
	$5y^2 + 4yz + 10z^2$	$184x + 5, 11, 19, 21, 37 : 43, 45, 51, 53, 61 : 67, 83, 91, 99, 107 : 109, 125, 149, 155, 157 : 171, 181$
$t^2 + 62u^2$	$y^2 + 62z^2$ $2y^2 + 31z^2$ $7y^2 + 12yz + 14z^2$	$248x + 1, 7, 9, 25, 33, 39 : 41, 47, 49, 63 : 71, 81, 87, 95, 97 : 103, 111, 113, 121, 129 : 143, 159, 169, 175, 183 : 191, 193, 225, 231, 233$
	$6y^2 + 4yz + 11z^2$ $3y^2 + 4yz + 22z^2$	$248x + 3, 11, 13, 21, 27 : 29, 37, 43, 53, 61 : 75, 77, 83, 85, 91 : 99, 115, 117, 123, 139 : 141, 147, 179, 181, 189 : 197, 203, 213, 229, 243$
$t^2 + 70u^2$	$y^2 + 70z^2$	$280x + 1, 9, 39, 71, 79 : 81, 121, 151, 169, 191 : 239, 249$
	$10y^2 + 7z^2$	$280x + 17, 33, 47, 73, 87 : 97, 103, 143, 153, 167 : 223, 257$
	$5y^2 + 14z^2$	$280x + 19, 59, 61, 69, 101 : 131, 139, 171, 181, 229 : 251, 269$
	$2y^2 + 35z^2$	$280x + 37, 43, 53, 67, 93 : 107, 123, 163, 197, 253 : 267, 277$

TABLE VII.

FORMULE.	DIVISEURS QUADRATIQUES.	DIVISEURS LINÉAIRES IMPAIRS.
$t^2 + 78u^2$	$y^2 + 78z^2$	$312x$ + 1, 25, 49, 55, 79 : 102, 121, 127, 199, 217 : 289, 295
	$2y^2 + 39z^2$	$312x$ + 41, 47, 71, 89, 119 : 137, 161, 167, 215, 239 : 281, 305
	$3y^2 + 26z^2$	$312x$ + 29, 35, 53, 77, 101 : 107, 131, 155, 173, 179 : 251, 269
	$6y^2 + 13z^2$	$312x$ + 19, 37, 67, 85, 109 : 115, 163, 187, 229, 253 : 301, 307
$t^2 + 86u^2$	$y^2 + 86z^2$ $10y^2 + 4yz + 9z^2$ $6y^2 + 4yz + 15z^2$	$344x$ + 1, 9, 15, 17, 23 : 25, 31, 41, 47, 49, 57, 79, 81, 87, 95 : 97, 103, 111, 121, 127 : 135, 143, 145, 153, 167, 169, 183, 185, 193, 207 : 225, 231, 239, 255, 271 : 273, 279, 281, 289, 305 : 311, 337
	$2y^2 + 43z^2$ $5y^2 + 4yz + 18z^2$ $3y^2 + 4yz + 30z^2$	$344x$ + 3, 5, 19, 27, 29 : 37, 45, 51, 61, 69, 75, 77, 85, 91, 93 : 115, 123, 125, 131, 141, : 147, 149, 155, 157, 163 : 171, 179, 205, 211, 227 : 235, 237, 243, 245, 261 : 277, 285, 291, 309, 323 : 331, 333
$t^2 + 94u^2$	$y^2 + 94z^2$ $2y^2 + 47z^2$ $7y^2 + 4yz + 14z^2$	$376x$ + 1, 7, 9, 17, 25 : 49, 55, 63, 65, 71 : 79, 81, 89, 95, 97 : 103, 111, 119, 121, 143 : 145, 153, 159, 169, 175, 177, 183, 191, 209, 215 : 225, 239, 241, 247, 249 : 263, 271, 289, 303, 319 : 335, 337, 343, 345, 353 : 361
	$5y^2 + 8yz + 22z^2$ $10y^2 + 8yz + 11z^2$	$376x$ + 5, 11, 13, 19, 29 : 35, 43, 45, 67, 69 : 77, 85, 91, 93, 99 : 107, 109, 117, 123, 125 : 133, 139, 163, 171, 179 : 181, 187, 203, 211, 219 : 221, 227, 229, 245, 261 : 275, 293, 301, 315, 317 : 323, 325, 339, 349, 355 : 373
$t^2 + 102u^2$	$y^2 + 102z^2$	$408x$ + 1, 25, 49, 55, 103 : 121, 127, 145, 151, 169 : 217, 223, 247, 271, 319 : 361
	$6y^2 + 17z^2$	$408x$ + 23, 41, 65, 71, 95 : 113, 143, 167, 209, 215 : 233, 311, 329, 335, 377 : 401
	$2y^2 + 51z^2$	$408x$ + 35, 53, 59, 77, 83 : 101, 149, 155, 179, 203 : 251, 293, 341, 365, 389 : 395
	$3y^2 + 34z^2$	$408x$ + 37, 61, 91, 109, 133 : 139, 163, 181, 211, 235 : 277, 283, 301, 379, 397 : 403

TABLE VIII,

Contenant les diviseurs quadratiques trinaires de la formule t^2+cu^2, avec les valeurs trinaires correspondantes de c.

FORMULE.	DIVISEURS QUADRATIQUES TRINAIRES.	VALEURS TRINAIRES DE c.
t^2+u^2	$y^2+z^2=y^2+z^2$	1
t^2+2u^2	$y^2+2z^2=y^2+z^2+z^2$	$1+1$
t^2+3u^2	$2y^2+2yz+2z^2=(y+z)^2+y^2+z^2$	$1+1+1$
t^2+5u^2	$y^2+5z^2=y^2+z^2+4z^2$	$4+1$
t^2+6u^2	$2y^2+3z^2=(y+z)^2+(y-z)^2+z^2$	$4+1+1$
t^2+9u^2	$2y^2+2yz+5z^2=(y+z)^2+y^2+4z^2$	$4+4+1$
t^2+10u^2	$y^2+10z^2=y^2+z^2+9z^2$	$9+1$
t^2+11u^2	$2y^2+2yz+6z^2=(y+2z)^2+(y-z)^2+z^2$	$9+1+1$
t^2+13u^2	$y^2+13z^2=y^2+4z^2+9z^2$	$9+4$
t^2+14u^2	$3y^2+2yz+5z^2=y^2+(y+2z)^2+(y-z)^2$	$9+4+1$
t^2+17u^2	$y^2+17z^2=y^2+16z^2+z^2$ $2y^2+2yz+9z^2=(y+2z)^2+(y-2z)^2+z^2$	$16+1$ $9+4+4$
t^2+18u^2	$2y^2+9z^2=(y+2z)^2+(y-2z)^2+z^2$	$16+1+1$
t^2+19u^2	$2y^2+2yz+10z^2=(y+z)^2+y^2+9z^2$	$9+9+1$
t^2+21u^2	$5y^2+4yz+5z^2=\begin{cases}(2y+z)^2+y^2+4z^2\\(y+2z)^2+4y^2+z^2\end{cases}$	$16+4+1$ $16+4+1$
t^2+22u^2	$2y^2+11z^2=(y+z)^2+(y-z)^2+9z^2$	$9+9+4$
t^2+25u^2	$y^2+25z^2=y^2+16z^2+9z^2$	$16+9$
t^2+26u^2	$y^2+26z^2=y^2+z^2+25z^2$ $3y^2+2yz+9z^2=(y+z)^2+(y-2z)^2+(y+2z)^2$	$25+1$ $16+9+1$
t^2+27u^2	$2y^2+2yz+14z^2=(y+3z)^2+(y-2z)+z^2$	$25+1+1$
t^2+29u^2	$y^2+29z^2=y^2+25z^2+4z^2$ $5y^2+2yz+6z^2=(y-z)^2+(2y+z)^2+4z^2$	$25+4$ $16+9+4$

TABLE VIII.

FORMULE.	DIVISEURS QUADRATIQUES TRINAIRES.	VALEURS TRINAIRES DE c.
t^2+30u^2	$5y^2+6z^2=\begin{cases}(y+2z)^2+(2y-z)^2+z^2\\(y-2z)^2+(2y+z)^2+z^2\end{cases}$	25+ 4+1 25+ 4+1
t^2+33u^2	$2y^2+2yz+17z^2=\begin{cases}y^2+(y+z)^2+16z^2\\(y+3z)^2+(y-2z)^2+4z^2\end{cases}$	16+16+1 25+ 4+4
t^2+34u^2	$y^2+34z^2=y^2+25z^2+9z^2$ $2y^2+17z^2=(y+2z)^2+(y-2z)^2+9z^2$	25+ 9 16+ 9+9
t^2+35u^2	$6y^2+2yz+6z^2=\begin{cases}(2y+z)^2+(y+z)^2+(y-2z)^2\\(y+2z)^2+(y+z)^2+(2y-z)^2\end{cases}$	25+ 9+1 25+ 9+1
t^2+37u^2	$y^2+37z^2=y^2+36z^2+z^2$	36+ 1
t^2+38u^2	$2y^2+19z^2=(y+3z)^2+(y-3z)^2+z^2$ $3y^2+2yz+13z^2=(y-2z)^2+y^2+(y+3z)^2$	36+ 1+1 25+ 9+4
t^2+41u^2	$y^2+41z^2=y^2+25z^2+16z^2$ $2y^2+2yz+21z^2=(y+2z)^2+(y-z)^2+16z^2$ $5y^2+4yz+9z^2=(2y+2z)^2+(y-2z)^2+z^2$	25+16 16+16+9 36+ 4+1
t^2+42u^2	$3y^2+14z^2=\begin{cases}(y-2z)^2+(y+3z)^2+(y-z)^2\\(y+2z)^2+(y-3z)^2+(y+z)^2\end{cases}$	25+16+1 25+16+1
t^2+43u^2	$2y^2+2yz+22z^2=(y+3z)^2+(y-2z)^2+9z^2$	25+ 9+9
t^2+45u^2	$5y^2+9z^2=\begin{cases}(2y+z)^2+(y-2z)^2+4z^2\\(2y-z)^2+(y+2z)^2+4z^2\end{cases}$	25+16+4 25+16+4
t^2+46u^2	$5y^2+4yz+10z^2=(2y+z)^2+y^2+9z^2$	36+ 9+1
t^2+49u^2	$5y^2+2yz+10z^2=4y^2+(y+z)^2+9z^2$	36+ 9+4
t^2+50u^2	$y^2+50z^2=y^2+49z^2+z^2$ $6y^2+4yz+9z^2=(y+2z)^2+(y-2z)^2+(2y+z)^2$	49+ 1 25+16+9
t^2+51u^2	$2y^2+2yz+26z^2=\begin{cases}y^2+(y+z)^2+25z^2\\(y+4z)^2+(y-3z)^2+z^2\end{cases}$	25+25+1 49+ 1+1
t^2+53u^2	$y^2+53z^2=y^2+49z^2+4z^2$ $6y^2+2yz+9z^2=(y-2z)^2+(y-z)^2+(2y+2z)^2$	49+ 4 36+16+1
t^2+54u^2	$2y^2+27z^2=(y+z)^2+(y-z)^2+25z^2$ $5y^2+2yz+11z^2=(2y-z)^2+(y+3z)^2+z^2$	25+25+4 46+ 4+1

TABLE VIII.

FORMULE.	DIVISEURS QUADRATIQUES TRINAIRES.	VALEURS TRINAIRES DE c.
t^2+57u^2	$2y^2+2yz+29z^2=\begin{cases}(y+4z)^2+(y-3z)^2+4z^2\\(y+3z)^2+(y-2z)^2+16z^2\end{cases}$	49+4+4 25+16+16
t^2+58u^2	$y^2+58z^2=y^2+49z^2+9z^2$	49+9
t^2+59u^2	$2y^2+2yz+30z^2=(y+2z)^2+(y-z)^2+25z^2$ $6y^2+2yz+10z^2=(y+3z)^2+(2y-z)^2+y^2$	25+25+9 49+9+1
t^2+61u^2	$y^2+61z^2=y^2+36z^2+25z^2$ $5y^2+4yz+13z^2=4y^2+(y+2z)^2+9z^2$	36+25 36+16+9
t^2+62u^2	$3y^2+2yz+21z^2=(y-2z)^2+(y+4z)^2+(y-z)^2$ $6y^2+4yz+11z^2=(y+z)^2+(y+3z)^2+(2y-z)^2$	36+25+1 49+9+4
t^2+65u^2	$y^2+65z^2=\begin{cases}y^2+64z^2+z^2\\y^2+49z^2+16z^2\end{cases}$ $9y^2+8yz+9z^2=\begin{cases}(2y-z)^2+(2y+2z)^2+(y+2z)^2\\(y-2z)^2+(2y+2z)^2+(2y+z)^2\end{cases}$	64+1 49+16 36+25+4 36+25+4
t^2+66u^2	$2y^2+33z^2=\begin{cases}(y+4z)^2+(y-4z)^2+z^2\\(y+2z)^2+(y-2z)^2+25z^2\end{cases}$ $6y^2+11z^2=\begin{cases}(2y+z)^2+(y-3z)^2+(y+z)^2\\(2y-z)^2+(y+3z)^2+(y-z)^2\end{cases}$	64+1+1 25+25+16 49+16+1 49+16+1
t^2+67u^2	$2y^2+2yz+34z^2=(y+4z)^2+(y-3z)^2+9z^2$	49+9+9
t^2+69u^2	$5y^2+2yz+14z^2=\begin{cases}(2y+2z)^2+(y-3z)^2+z^2\\(2y-z)^2+(y+3z)^2+4z^2\end{cases}$	64+4+1 49+16+4
t^2+70u^2	$5y^2+14z^2=\begin{cases}(2y+z)^2+(y-2z)^2+9z^2\\(2y-z)^2+(y+2z)^2+9z^2\end{cases}$	36+25+9 36+25+9
t^2+73u^2	$y^2+73z^2=y^2+64z+9z^2$ $2y^2+2yz+37z^2=(y+z)^2+y^2+36z^2$	64+9 36+36+1
t^2+74u^2	$y^2+74z^2=y^2+49z^2+25z^2$ $3y^2+2yz+25z^2=(y-3z)^2+y^2+(y+4z)^2$ $9y^2+8yz+10z^2=(2y+3z)^2+(2y-z)^2+y^2$	49+25 49+16+9 64+9+1
t^2+75u^2	$6y^2+6yz+14z^2=\begin{cases}(2y+3z)^2+(y-2z)^2+(y-z)^2\\(2y-z)^2+(y+3z)^2+(y+2z)^2\end{cases}$	49+25+1 49+25+1

TABLE VIII.

FORMULE.	DIVISEURS QUADRATIQUES TRINAIRES.	VALEURS TRINAIRES DE C.
t^2+77u^2	$6y^2+2yz+13z^2=\begin{cases}(y+3z)^2+(y-2z)^2+4y^2\\(y-3z)^2+(2y+2z)^2+y^2\end{cases}$	36+25+16 64+9+4
t^2+78u^2	$3y^2+26z^2=\begin{cases}(y+4z)^2+(y-3z)^2+(y-z)^2\\(y-4z)^2+(y+3z)^2+(y+z)^2\end{cases}$	49+25+4 49+25+4
t^2+81u^2	$2y^2+2yz+41z^2=(y+4z)^2+(y-3z)^2+16z^2$ $5y^2+4yz+17z^2=(2y+z)^2+y^2+16z^2$	49+16+16 64+16+1
t^2+82u^2	$y^2+82z^2=y^2+81z^2+z^2$ $2y^2+41z^2=(y+4z)^2+(y-4z)^2+9z^2$	81+1 64+9+9
t^2+83u^2	$2y^2+2yz+42z^2=(y+5z)^2+(y-4z)^2+z^2$ $6y^2+2yz+14z^2=(2y+z)^2+(y+2z)^2+(y-3z)^2$	81+1+1 49+25+9
t^2+85u^2	$y^2+85z^2=\begin{cases}y^2+81z^2+4z^2\\y^2+49z^2+36z^2\end{cases}$	81+4 49+36
t^2+86u^2	$2y^2+43z^2=(y+3z)^2+(y-3z)^2+25z^2$ $3y^2+2yz+29z^2=(y+3z)^2+(y+2z)^2+(y-4z)^2$ $5y^2+4yz+18z^2=(2y-z)^2+(y+4z)^2+z^2$	36+25+25 49+36+1 81+4+1
t^2+89u^2	$y^2+89z^2=y^2+64z^2+25z^2$ $2y^2+2yz+45z^2=(y+5z)^2+(y-4z)^2+4z^2$ $5y^2+2yz+18z^2=(2y+z)^2+(y-z)^2+16z^2$ $9y^2+2yz+10z^2=(2y-z)^2+(y+3z)^2+4y^2$	64+25 81+4+4 64+16+9 49+36+4
t^2+90u^2	$9y^2+6yz+11z^2=\begin{cases}(2y+3z)^2+(2y-z)^2+(y-z)^2\\(y+3z)^2+(2y+z)^2+(2y-z)^2\end{cases}$	64+25+1 49+25+16
t^2+91u^2	$10y^2+6yz+10z^2=\begin{cases}y^2+(3y+z)^2+9z^2\\9y^2+(y+3z)^2+z^2\end{cases}$	81+9+1 81+9+1
t^2+93u^2	$6y^2+6yz+17z^2=\begin{cases}(y+4z)^2+(y-z)^2+4y^2\\(y-3z)^2+(y+2z)^2+(2y+2z)^2\end{cases}$	64+25+4 64+25+4
t^2+94u^2	$5y^2+2yz+19z^2=(2y-z)^2+(y+3z)^2+9z^2$ $10y^2+8yz+11z^2=(3y+z)^2+(y+z)^2+9z^2$	49+36+9 81+9+4
t^2+97u^2	$y^2+97z^2=y^2+81z^2+16z^2$ $2y^2+2yz+49z^2=(y+3z)^2+(y-2z)^2+36z^2$	81+16 36+36+25

TABLE VIII.

FORMULE.	DIVISEURS QUADRATIQUES TRINAIRES.	VALEURS TRINAIRES DE C
t^2+98u^2	$3y^2+2yz+33z^2=(y+4z)^2+(y-4z)^2+(y+z)^2$ $6y^2+4yz+17z^2=y^2+(2y-z)^2+(y+4z)^2$	$64+25+9$ $81+16+1$
t^2+99u^2	$2y^2+2yz+50z^2=\begin{cases}y^2+(y+z)^2+49z^2\\(y+4z)^2+(y-3z)^2+25z^2\end{cases}$	$49+49+1$ $49+25+25$
t^2+101u^2	$y^2+101z^2=y^2+100z^2+z^2$ $5y^2+4yz+21z^2=(2y-z)^2+(y+4z)^2+4z^2$ $6y^2+2yz+17z^2=(y+2z)^2+(y+3z)^2+(2y-2z)^2$ $9y^2+8yz+13z^2=(y-2z)^2+(2y+3z)^2+4y^2$	$100+1$ $81+16+4$ $64+36+1$ $49+36+16$
t^2+102u^2	$2y^2+51z^2=\begin{cases}(y+5z)^2+(y-5z)^2+z^2\\(y+z)^2+(y-z)^2+49z^2\end{cases}$	$100+1+1$ $49+49+4$
t^2+105u^2	$5y^2+21z^2=\begin{cases}(2y-z)^2+(y+2z)^2+16z^2\\(2y+z)^2+(y-2z)^2+16z^2\\(2y+2z)^2+(y-4z)^2+z^2\\(2y-2z)^2+(y+4z)^2+z^2\end{cases}$	$64+25+16$ $64+25+16$ $100+4+1$ $100+4+1$
t^2+106u^2	$y^2+106z^2=y^2+81z^2+25z^2$ $10y^2+4yz+11z^2=(y-z)^2+(3y+z)^2+9z^2$	$81+25$ $81+16+9$
t^2+109u^2	$y^2+109z^2=y^2+100z^2+9z^2$ $5y^2+2yz+22z^2=(y-3z)^2+(2y+2z)^2+9z^2$	$100+9$ $64+36+9$
t^2+110u^2	$10y^2+11z^2=\begin{cases}(3y+z)^2+(y-3z)^2+z^2\\(3y-z)^2+(y+3z)^2+z^2\end{cases}$ $6y^2+4yz+19z^2=\begin{cases}(2y+3z)^2+(y-3z)^2+(y-z)^2\\(2y+z)^2+(y+3z)^2+(y-3z)^2\end{cases}$	$100+9+1$ $100+9+1$ $81+25+4$ $49+36+25$
t^2+113u^2	$y^2+113z^2=y^2+64z^2+49z^2$ $2y^2+2yz+57z^2=(y+5z)^2+(y-4z)^2+16z^2$ $9y^2+4yz+13z^2=(2y-2z)^2+(2y+3z)^2+y^2$	$64+49$ $81+16+16$ $100+9+4$
t^2+114u^2	$2y^2+57z^2=\begin{cases}(y+2z)^2+(y-2z)^2+49z^2\\(y+4z)^2+(y-4z)^2+25z^2\end{cases}$ $3y^2+38z^2=\begin{cases}(y+5z)^2+(y-3z)^2+(y-2z)^2\\(y-5z)^2+(y+3z)^2+(y+2z)^2\end{cases}$	$49+49+16$ $64+25+25$ $64+49+1$ $64+49+1$
t^2+115u^2	$10y^2+10yz+14z^2=\begin{cases}(3y+z)^2+(y+2z)^2+9z^2\\(3y+2z)^2+(y-z)^2+9z^2\end{cases}$	$81+25+9$ $81+25+9$

TABLE VIII.

FORMULE.	DIVISEURS QUADRATIQUES TRINAIRES.	VALEURS TRINAIRES DE c
t^2+117u^2	$9y^2+6yz+14z^2=\begin{cases}(2y+3z)^2+(2y-2z)^2+(y+z)^2\\(2y+2z)^2+(2y+z)^2+(y-3z)^2\end{cases}$	$100+16+1$ $64+49+4$
t^2+118u^2	$2y^2+59z^2=(y+5z)^2+(y-5z)^2+9y^2$ $11y^2+10yz+13z^2=(y+2z)^2+(y+3z)^2+9y^2$	$100+9+9$ $81+36+1$
t^2+121u^2	$2y^2+2yz+61z^2=(y+4z)^2+(y-3z)^2+36z^2$ $10y^2+6yz+13z^2=(y+3z)^2+9y^2+4z^2$	$49+36+36$ $81+36+4$
t^2+122u^2	$y^2+122z^2=y^2+121z^2+z^2$ $3y^2+2yz+41z^2=(y-4z)^2+(y+5z)^2+y^2$ $9y^2+4yz+14z^2=(2y+3z)^2+(2y-z)^2+(y-2z)^2$	$121+1$ $81+25+16$ $64+49+9$
t^2+123u^2	$2y^2+2yz+62z^2=\begin{cases}(y-3z)^2+(y-2z)^2+49z^2\\(y+6z)^2+(y-5z)^2+z^2\end{cases}$	$49+49+25$ $121+1+1$
t^2+125u^2	$y^2+125z^2=y^2+121z^2+4z^2$ $6y^2+2yz+21z^2=(y+4z)^2+(y+z)^2+(2y-2z)^2$ $9y^2+2yz+14z^2=(2y+z)^2+(2y-2z)^2+(y+3z)^2$	$121+4$ $100+16+9$ $64+36+25$
t^2+126u^2	$5y^2+4yz+26z^2=\begin{cases}(y+4z)^2+(2y+3z)^2+z^2\\y^2+(2y+z)^2+25z^2\end{cases}$	$121+4+1$ $100+25+1$
t^2+129u^2	$2y^2+2yz+65z^2=\begin{cases}y^2+(y+z)^2+64z^2\\(y+6z)^2+(y-5z)^2+4z^2\end{cases}$ $5y^2+2yz+26z^2=\begin{cases}4y^2+(y+z)^2+25z^2\\(2y-z)^2+(y+3z)^2+16z^2\end{cases}$	$64+64+1$ $121+4+4$ $100+25+4$ $64+49+16$
t^2+130u^2	$y^2+130z^2=\begin{cases}y^2+121z^2+9z^2\\y^2+81z^2+49z^2\end{cases}$	$121+9$ $81+49$
t^2+131u^2	$2y^2+2yz+66z^2=(y+5z)^2+(y-4z)^2+25z^2$ $6y^2+2yz+22z^2=(2y+3z)^2+(y-3z)^2+(y-2z)^2$ $10y^2+6yz+14z^2=(3y+2z)^2+(y-3z)^2+z^2$	$81+25+25$ $81+49+1$ $121+9+1$
t^2+133u^2	$13y^2+12yz+13z^2=\begin{cases}(2y+3z)^2+9y^2+4z^2\\(3y+2z)^2+4y^2+9z^2\end{cases}$	$81+36+16$ $81+36+16$
t^2+134u^2	$2y^2+67z^2=(y+3z)^2+(y-3z)^2+49z^2$ $3y^2+2yz+45z^2=(y+2z)^2+(y-5z)^2+(y+4z)^2$ $5y^2+2yz+27z^2=(y-z)^2+(2y+z)^2+25z^2$ $11y^2+6yz+13z^2=(3y+2z)^2+(y-3z)^2+y^2$	$49+49+36$ $81+49+4$ $100+25+9$ $121+9+4$

TABLE VIII.

FORMULE.	DIVISEURS QUADRATIQUES TRINAIRES.	VALEURS TRINIARES DE *c*
t^2+137u^2	$y^2+137z^2= y^2+121z^2+16z^2$	$121+16$
	$2y^2+2yz+69z^2=(y+2z)^2+(y-z)^2+64z^2$	$64+64+9$
	$9y^2+8yz+17z^2=(2y-2z)^2+(2y+3z)^2+(y+2z)^2$	$100+36+1$
t^2+138u^2	$11y^2+8yz+14z^2=\begin{cases}(3y+z)^2+(y-2z)^2+(y+3z)^2\\(3y+2z)^2+(y-3z)^2+(y+z)^2\end{cases}$	$64+49+25$ $121+16+1$
t^2+139u^2	$2y^2+2yz+70z^2=(y+6z)^2+(y-5z)^2+9z^2$	$121+9+9$
	$10y^2+2yz+14z^2=(3y+z)^2+(y-2z)^2+9z^2$	$81+49+9$
t^2+141u^2	$5y^2+4yz+29z^2=\begin{cases}(2y+3z)^2+(y-4z)^2+4z^2\\4y^2+(y+2z)^2+25z^2\end{cases}$	$121+16+4$ $100+25+16$
t^2+142u^2	$11y^2+2yz+13z^2=9y^2+(y-2z)^2+(y+3z)^2$	$81+36+25$
t^2+145u^2	$y^2+145z^2=\begin{cases}y^2+144z^2+z^2\\y^2+81z^2+64z^2\end{cases}$	$144+1$ $81+64$
	$5y^2+29z^2=\begin{cases}(y+4z)^2+(2y-2z)^2+9z^2\\(y-4z)^2+(2y+2z)^2+9z^2\end{cases}$	$100+36+9$ $100+36+9$
t^2+146u^2	$y^2+146z^2= y^2+121z^2+25z^2$	$121+25$
	$2y^2+73z^2=(y+6z)^2+(y-6z)^2+z^2$	$144+1+1$
	$3y^2+2yz+49z^2=(y-3z)^2+(y-2z)^2+(y+6z)^2$	$81+64+1$
	$6y^2+4yz+25z^2= y^2+(2y+3z)^2+(y-4z)^2$	$121+16+9$
	$9y^2+8yz+18z^2=(2y+z)^2+(2y-z)^2+(y+4z)^2$	$81+49+16$
t^2+147u^2	$6y^2+6yz+26z^2=\begin{cases}(y+z)^2+(y-4z)^2+(2y+3z)^2\\(2y-z)^2+(y+5z)^2+y^2\end{cases}$	$121+25+1$ $121+25+1$
t^2+149u^2	$y^2+149z^2= y^2+100z^2+49z^2$	$100+49$
	$5y^2+2yz+30z^2=(y+5z)^2+(2y-2z)^2+z^2$	$144+4+1$
	$6y^2+2yz+25z^2=(y+4z)^2+(y-3z)^2+4y^2$	$64+49+36$
	$9y^2+4yz+17z^2=4y^2+(2y-z)^2+(y+4z)^2$	$81+64+4$
t^2+150u^2	$11y^2+4yz+14z^2=\begin{cases}(3y+2z)^2+(y-z)^2+(y-3z)^2\\(3y-z)^2+(y+3z)^2+(y+2z)^2\end{cases}$	$121+25+4$ $100+49+1$
t^2+153u^2	$2y^2+2yz+77z^2=\begin{cases}(y+3z)^2+(y-2z)^2+64z^2\\(y+6z)^2+(y-5z)^2+16z^2\end{cases}$	$64+64+25$ $121+16+16$
	$9y^2+17z^2=\begin{cases}(2y+3z)^2+(2y-2z)^2+(y-2z)^2\\(2y+2z)^2+(2y-3z)^2+(y+2z)^2\end{cases}$	$100+49+4$ $100+49+4$

TABLE VIII.

FORMULE.	DIVISEURS QUADRATIQUES TRINAIRES.	VALEURS TRINAIRES DE c
t^2+154u^2	$10y^2+8yz+17z^2=\begin{cases}(y+4z)^2+9y^2+z^2\\(y-2z)^2+(3y+2z)^2+9z^2\end{cases}$	$144+9+1$ $81+64+9$
t^2+155u^2	$6y^2+2yz+26z^2=\begin{cases}(2y+3z)^2+(y-4z)^2+(y-z)^2\\(2y+z)^2+(y+3z)^2+(y-4z)^2\end{cases}$	$121+25+9$ $81+49+25$
t^2+157u^2	$y^2+157z^2=y^2+121z^2+36z^2$ $13y^2+10yz+14z^2=(3y+3z)^2+(2y-2z)^2+z^2$	$121+36$ $144+9+4$
t^2+158u^2	$3y^2+2yz+53z^2=(y-4z)^2+(y+6z)^2+(y-z)^2$ $6y^2+4yz+27z^2=(2y-z)^2+(y+5z)^2+(y-z)^2$	$100+49+9$ $121+36+1$
t^2+161u^2	$5y^2+4yz+33z^2=\begin{cases}(2y+2z)^2+(y-2z)^2+25z^2\\(2y-z)^2+(y+4z)^2+16y^2\end{cases}$ $10y^2+6yz+17z^2=\begin{cases}y^2+(3y+z)^2+16z^2\\(3y+2z)^2+(y-3z)^2+4z^2\end{cases}$	$100+36+25$ $81+64+16$ $144+16+1$ $121+36+4$
t^2+162u^2	$2y^2+81z^2=(y+4z)^2+(y-4z)^2+49z^2$ $11y^2+10yz+17z^2=(y+2z)^2+(3y+2z)^2+(y-3z)^2$	$64+49+49$ $121+25+16$
t^2+163u^2	$2y^2+2yz+82z^2=y^2+(y+z)^2+81z^2$	$81+81+1$
t^2+165u^2	$6y^2+6yz+29z^2=\begin{cases}(y+5z)^2+(y-2z)^2+4y^2\\(y+3z)^2+(y-4z)^2+(2y+2z)^2\\(2y+4z)^2+(y-3z)^2+(y-2z)^2\\(y+4z)^2+(y+3z)^2+(2y-2z)^2\end{cases}$	$100+49+16$ $100+49+16$ $100+64+1$ $100+64+1$
t^2+166u^2	$2y^2+83z^2=(y+z)^2+(y-z)^2+81z^2$ $5y^2+4yz+34z^2=(2y+3z)^2+(y-4z)^2+9z^2$ $13y^2+8yz+14z^2=(3y+2z)^2+(2y-z)^2+9z^2$	$81+81+4$ $121+36+9$ $81+49+36$
t^2+169u^2	$y^2+169z^2=y^2+144z^2+25z^2$ $10y^2+2yz+17z^2=(y+z)^2+9y^2+16z^2$	$144+25$ $144+16+9$
t^2+170u^2	$y^2+170z^2=\begin{cases}y^2+169z^2+z^2\\y^2+121z^2+49z^2\end{cases}$ $9y^2+2yz+19z^2=\begin{cases}(2y+3z)^2+(2y-3z)^2+(y+z)^2\\(2y-z)^2+(2y+3z)^2+(y-3z)^2\end{cases}$	$169+1$ $121+49$ $144+25+1$ $81+64+25$
t^2+171u^2	$2y^2+2yz+86z^2=\begin{cases}(y+6z)^2+(y-5z)^2+25z^2\\(y+7z)^2+(y-6z)^2+z^2\end{cases}$ $14y^2+10yz+14z^2=\begin{cases}(3y+2z)^2+(2y+z)^2+(y-3z)^2\\(3y-z)^2+(y+2z)^2+(2y+3z)^2\end{cases}$	$121+25+25$ $169+1+1$ $121+49+1$ $121+49+1$

TABLE VIII.

FORMULE.	DIVISEURS QUADRATIQUES TRINAIRES.	VALEURS TRINAIRES DE c.
t^2+173u^2	$y^2+173z^2 = y^2+169z^2+4z^2$	169+4
	$6y^2+2yz+29z^2 = y^2+(y+5z)^2+(2y-2z)^2$	144+25+4
	$9y^2+8yz+21z^2 = (2y-z)^2+(y-2z)^2+(2y+4z)^2$	100+64+9
	$13y^2+6yz+14z^2 = (3y-z)^2+(2y+3z)^2+4z^2$	121+36+16
t^2+174u^2	$6y^2+29z^2 = \begin{cases}(y-4z)^2+(2y+3z)^2+(y-2z)^2\\(y+4z)^2+(2y-3z)^2+(y+2z)^2\end{cases}$	121+49+4 121+49+4
	$5y^2+2yz+35z^2 = \begin{cases}(y+3z)^2+(2y-z)^2+25z^2\\(2y+3z)^2+(y-5z)^2+z^2\end{cases}$	100+49+25 169+4+1
t^2+177u^2	$2y^2+2yz+89z^2 = \begin{cases}(y+4z)^2+(y-3z)^2+64z^2\\(y+7z)^2+(y-6z)^2+4z^2\end{cases}$	64+64+49 169+4+4
t^2+178u^2	$y^2+178z^2 = y^2+169z^2+9z^2$	169+9
	$2y^2+89z^2 = (y+2z)^2+(y-2z)^2+81z^2$	81+81+16
	$11y^2+6yz+17z^2 = 9y^2+(y+4z)^2+(y-z)^2$	144+25+9
t^2+179u^2	$2y^2+2yz+90z^2 = (y+5z)^2+(y-4z)^2+49z^2$	81+49+49
	$6y^2+2yz+30z^2 = (2y-z)^2+(y-2z)^2+(y+5z)^2$	121+49+9
	$10y^2+2yz+18z^2 = (3y-z)^2+(y+4z)^2+z^2$	169+9+1
t^2+181u^2	$y^2+181z^2 = y^2+100z^2+81z^2$	100+81
	$5y^2+4yz+37z^2 = (2y+z)^2+y^2+36z^2$	144+36+1
	$13y^2+2yz+14z^2 = (3y-z)^2+(2y+2z)^2+9z^2$	81+64+36
t^2+182u^2	$13y^2+14z^2 = \begin{cases}(3y+2z)^2+(2y-3z)^2+z^2\\(3y-2z)^2+(2y+3z)^2+z^2\end{cases}$	169+9+4 169+9+4
	$3y^2+2yz+61z^2 = \begin{cases}(y-6z)^2+(y+4z)^2+(y+3z)^2\\(y-5z)^2+(y+6z)^2+y^2\end{cases}$	100+81+1 121+36+25
t^2+185u^2	$y^2+185z^2 = \begin{cases}y^2+169z^2+16z^2\\y^2+121z^2+64z^2\end{cases}$	169+16 121+64
	$9y^2+4yz+21z^2 = \begin{cases}(2y+z)^2+(2y+2z)^2+(y-4z)^2\\(2y-2z)^2+(2y+z)^2+(y+4z)^2\end{cases}$	100+81+4 100+49+36
t^2+186u^2	$3y^2+62z^2 = \begin{cases}(y-z)^2+(y+6z)^2+(y-5z)^2\\(y+z)^2+(y-6z)^2+(y+5z)^2\end{cases}$	121+49+16 121+49+16
	$11y^2+2yz+17z^2 = \begin{cases}y^2+(y+4z)^2+(3y-z)^2\\(3y+2z)^2+(y-3z)^2+(y-2z)^2\end{cases}$	169+16+1 121+64+1

TABLE VIII.

FORMULE.	DIVISEURS QUADRATIQUES TRINAIRES.	VALEURS TRINAIRES DE C
t^2+187u^2	$2y^2+2yz+94z^2=\begin{cases}(y+3z)^2+(y-2z)^2+81z^2\\(y+7z)^2+(y-6z)^2+9z^2\end{cases}$	$81+81+25$ $169+9+9$
t^2+189u^2	$5y^2+2yz+38z^2=\begin{cases}(2y+3z)^2+(y-5z)^2+4z^2\\(2y+2z)^2+(y-3z)^2+25z^2\end{cases}$ $14y^2+14yz+17z^2=\begin{cases}(y+4z)^2+(3y+z)^2+4y^2\\(y-3z)^2+(3y+2z)^2+(2y+2z)^2\end{cases}$	$169+16+4$ $100+64+25$ $121+64+4$ $121+64+4$
t^2+190u^2	$10y^2+19z^2=\begin{cases}(3y+z)^2+(y-3z)^2+9z^2\\(3y-z)^2+(y+3z)^2+9z^2\end{cases}$	$100+81+9$ $100+81+9$
t^2+193u^2	$y^2+193z^2=y^2+144z^2+49z^2$ $2y^2+2yz+97z^2=(y+6z)^2+(y-5z)^2+36z^2$	$144+49$ $121+36+36$
t^2+194u^2	$y^2+194z^2=y^2+169z^2+25z^2$ $2y^2+97z^2=(y+6z)^2+(y-6z)^2+25z^2$ $3y^2+2yz+65z^2=(y-6z)^2+(y+5z)^2+(y+2z)^2$ $6y^2+4yz+33z^2=(2y+z)^2+(y+4z)^2+(y-4z)^2$ $9y^2+4yz+22z^2=(2y+2z)^2+(2y-3z)^2+(y+2z)^2$ $11y^2+4yz+18z^2=(y+4z)^2+(3y-z)^2+(y+z)^2$	$169+25$ $144+25+25$ $121+64+9$ $81+64+49$ $144+49+1$ $169+16+9$
t^2+195u^2	$14y^2+2yz+14z^2=\begin{cases}(3y+2z)^2+(2y-3z)^2+(y+z)^2\\(3y-2z)^2+(2y+3z)^2+(y+z)^2\\(3y+2z)^2+(2y-z)^2+(y-3z)^2\\(3y-z)^2+(2y+3z)^2+(y-2z)^2\end{cases}$	$169+25+1$ $169+25+1$ $121+49+25$ $121+49+25$
t^2+197u^2	$y^2+197z^2=y^2+196z^2+z^2$ $6y^2+2yz+33z^2=(y-5z)^2+(y+2z)^2+(2y+2z)^2$ $9y^2+2yz+22z^2=(2y+2z)^2+(2y-3z)^2+(y+3z)^2$	$196+1$ $144+49+4$ $100+81+16$
t^2+198u^2	$2y^2+99z^2=\begin{cases}(y+7z)^2+(y-7z)^2+z^2\\(y+5z)^2+(y-5z)^2+49z^2\end{cases}$	$196+1+1$ $100+49+49$
t^2+201u^2	$2y^2+2yz+101z^2=\begin{cases}y^2+(y+z)^2+100z^2\\(y+7z)^2+(y-6z)^2+16z^2\end{cases}$ $5y^2+4yz+41z^2=\begin{cases}(2y-2z)^2+(y+6z)^2+z^2\\(2y-3z)^2+(y-4z)^2+16y^2\end{cases}$	$100+100+1$ $169+16+16$ $196+4+1$ $121+64+16$

TABLE VIII.

FORMULE.	DIVISEURS QUADRATIQUES TRINAIRES.	VALEURS TRINAIRES DE c
t^2+202u^2	$y^2+202z^2 = y^2+121z^2+81z^2$ $14y^2+12yz+17z^2 = (y+4z)^2+(2y+z)^2+9y^2$	$121+81$ $144+49+9$
t^2+203u^2	$6y^2+2yz+34z^2 = \left\{\begin{array}{l}(2y+3z)^2+(y-5z)^2+y^2\\(2y-3z)^2+(y+4z)^2+(y+3z)^2\end{array}\right.$	$169+25+9$ $121+81+1$
t^2+205u^2	$y^2+205z^2 = \left\{\begin{array}{l}y^2+196z^2+9z^2\\y^2+169z^2+36z^2\end{array}\right.$ $5y^2+41z^2 = \left\{\begin{array}{l}(2y+z)^2+(y-2z)^2+36z^2\\(2y-z)^2+(y+2z)^2+36z^2\end{array}\right.$	$196+9$ $169+36$ $144+36+25$ $144+36+25$
t^2+206u^2	$3y^2+2yz+69z^2 = (y-4z)^2+(y-2z)^2+(y+7z)^2$ $5y^2+4yz+42z^2 = (2y-z)^2+(y+4z)^2+25z^2$ $6y^2+4yz+35z^2 = (2y+3z)^2+(y+z)^2+(y-5z)^2$ $10y^2+4yz+21z^2 = (3y+2z)^2+(y-4z)^2+z^2$ $11y^2+10yz+21z^2 = (3y+z)^2+(y+4z)^2+(y-2z)^2$	$121+81+4$ $100+81+25$ $169+36+1$ $196+9+1$ $121+49+36$
t^2+209u^2	$2y^2+2yz+105z^2 = \left\{\begin{array}{l}(y+2z)^2+(y-z)^2+100z^2\\(y+5z)^2+(y-4z)^2+64z^2\end{array}\right.$ $10y^2+2yz+21z^2 = \left\{\begin{array}{l}(3y-z)^2+(y+4z)^2+4z^2\\(3y+z)^2+(y-2z)^2+16z^2\end{array}\right.$ $13y^2+10yz+18z^2 = \left\{\begin{array}{l}(3y+z)^2+(2y+z)^2+16z^2\\(3y-z)^2+(2y+4z)^2+z^2\end{array}\right.$	$100+100+9$ $81+64+64$ $169+36+4$ $144+49+16$ $144+64+1$ $196+9+4$
t^2+210u^2	$6y^2+35z^2 = \left\{\begin{array}{l}(y+5z)^2+(2y-3z)^2+(y+z)^2\\(y-5z)^2+(2y+3z)^2+(y-z)^2\\(y+5z)^2+(y-3z)^2+(2y-z)^2\\(y-5z)^2+(y+3z)^2+(2y+z)^2\end{array}\right.$	$169+25+16$ $169+25+16$ $121+64+25$ $121+64+25$
t^2+211u^2	$2y^2+2yz+106z^2 = (y+4z)^2+(y-3z)^2+81z^2$ $10y^2+6yz+22z^2 = (3y+2z)^2+(y-3z)^2+9z^2$	$81+81+49$ $121+81+9$
t^2+213u^2	$14y^2+10yz+17z^2 = \left\{\begin{array}{l}(2y+4z)^2+(3y-z)^2+y^2\\(3y+2z)^2+(2y-2z)^2+(y+3z)^2\end{array}\right.$	$196+16+1$ $100+64+49$
t^2+214u^2 etc.	$2y^2+107z^2 = (y+7z)^2+(y-7z)^2+9z^2$ $5y^2+2yz+43z^2 = (2y+3z)^2+(y-5z)^2+9z^2$ etc.	$196+9+9$ $169+36+9$ etc.

TABLE IX.

VALEURS du produit $\frac{2}{3} \cdot \frac{4}{5} \cdot \frac{6}{7} \cdot \frac{10}{11} \cdots\cdots \frac{\omega - 1}{\omega}$.

ω	PRODUIT.	ω	PRODUIT.	ω	PRODUIT.	ω	PRODUIT.	ω	PRODUIT.
3	0.666667	181	0.212108	421	0.184357	673	0.171189	953	0.162925
5	0.533333	191	0.210998	431	0.183929	677	0.170936	967	0.162757
7	0.457143	193	0.209904	433	0.183505	683	0.170686	971	0.162589
11	0.415584	197	0.208839	439	0.183087	691	0.170439	977	0.162423
13	0.383616	199	0.207789	443	0.182673	701	0.170196	983	0.162257
17	0.361051	211	0.206804	449	0.182266	709	6.169956	991	0.162093
19	0.342048	223	0.205877	457	0.181868	719	0.169720	997	0.161930
23	0.327176	227	0.204970	461	0.181473	727	0.169486	1009	0.161770
29	0.315894	229	0.204075	463	0.181081	733	0.169255	1013	0.161610
31	0.305704	233	0.203199	467	0.180693	739	0.169026	1019	0.161451
37	0.297442	239	0.202349	479	0.180316	743	0.168799	1021	0.161293
41	0.290187	241	0.201509	487	0.179946	751	0.168574	1031	0.161137
43	0.283439	251	0.200707	491	0.179579	757	0.168351	1033	0.160981
47	0.277408	257	0.199926	499	0.179220	761	0.168130	1039	0.160826
53	0.272174	263	0.199165	503	0.178863	769	0.167911	1049	0.160673
59	0.267561	269	0.198425	509	0.178512	773	0.167694	1051	0.160520
61	0.263175	271	0.197693	521	0.178169	787	0.167481	1061	0.160369
67	0.259247	277	0.196979	523	0.177829	797	0.167271	1063	0.160218
71	0.255595	281	0.196278	541	0.177500	809	0.167064	1069	0.160068
73	0.252094	283	0.195585	547	0.177175	811	0.166858	1087	0.159921
79	0.248903	293	0.194917	557	0.176857	821	0.166655	1091	0.159774
83	0.245904	307	0.194282	563	0.176543	823	0.166453	1093	0.159628
89	0,243141	311	0.193657	569	0.176233	827	0.166252	1097	0.159482
97	0.240635	313	0.193039	571	0.175924	829	0.166051	1103	0.159337
101	0.238252	317	0.192430	577	0.175619	839	0.165852	1109	0.159193
103	0.235939	331	0.191848	587	0.175320	853	0.165658	1117	0.159051
107	0.233734	337	0.191279	593	0.175025	857	0.165465	1123	0.158909
109	0.231590	347	0.190728	599	0.174732	859	0.165272	1129	0.158768
113	0.229540	349	0.190181	601	0.174442	863	0.165081	1151	0.158630
127	0.227733	353	0.189643	607	0.174154	877	0.164892	1153	0.158492
131	0.225994	359	0.189114	613	0.173870	881	0.164705	1163	0.158356
137	0.224345	367	0.188599	617	0.173588	883	0.164518	1171	0.158221
139	0.222731	373	0.188093	619	0.173308	887	0.164332	1181	0.158087
149	0.221236	379	0.187597	631	0.173033	907	0.164151	1187	0.157954
151	0.219771	383	0.187107	641	0.172763	911	0.163972	1193	0.157822
157	0.218371	389	0.186626	643	0.172495	919	0.163794	1201	5.157691
163	0.217031	397	0.186156	647	0.172228	929	0.163618	1213	0.157561
167	0.215732	401	0.185692	653	0.171964	937	0.163443	1217	0.157432
173	0.214485	409	0.185238	659	0.171703	941	0.163269	1223	0.157303
179	0.213286	419	0.184796	661	0.171444	947	0.163096	1229	0.157175

TABLE X.

Fractions les plus simples $\frac{m}{n}$ qui satisfont à l'équation $m^2 - An^2 = \pm 1$ pour tout nombre non quarré A, depuis 2 jusqu'à 135.

A	$\frac{m}{n}$	A	$\frac{m}{n}$	A	$\frac{m}{n}$	A	$\frac{m}{n}$
2	$\frac{1}{1}$	38	$\frac{37}{6}$	71	$\frac{3480}{413}$	104	$\frac{51}{5}$
3	$\frac{2}{1}$	39	$\frac{25}{4}$	72	$\frac{17}{2}$	105	$\frac{41}{4}$
5	$\frac{2}{1}$	40	$\frac{19}{3}$	73	$\frac{1068}{125}$	106	$\frac{4005}{389}$
6	$\frac{5}{2}$	41	$\frac{32}{5}$	74	$\frac{43}{5}$	107	$\frac{962}{93}$
7	$\frac{8}{3}$	42	$\frac{13}{2}$	75	$\frac{26}{3}$	108	$\frac{1351}{130}$
8	$\frac{3}{1}$	43	$\frac{3482}{531}$	76	$\frac{57799}{6630}$	109	$\frac{8890182}{851525}$
10	$\frac{3}{1}$	44	$\frac{199}{30}$	77	$\frac{351}{40}$	110	$\frac{21}{2}$
11	$\frac{10}{3}$	45	$\frac{161}{24}$	78	$\frac{53}{6}$	111	$\frac{295}{28}$
12	$\frac{7}{2}$	46	$\frac{24335}{3588}$	79	$\frac{80}{9}$	112	$\frac{127}{12}$
13	$\frac{18}{5}$	47	$\frac{48}{7}$	80	$\frac{9}{1}$	113	$\frac{776}{73}$
14	$\frac{15}{4}$	48	$\frac{7}{1}$	82	$\frac{9}{1}$	114	$\frac{1025}{96}$
15	$\frac{4}{1}$	50	$\frac{7}{1}$	83	$\frac{82}{9}$	115	$\frac{1126}{105}$
17	$\frac{4}{1}$	51	$\frac{50}{7}$	84	$\frac{55}{6}$	116	$\frac{9801}{910}$
18	$\frac{17}{4}$	52	$\frac{649}{90}$	85	$\frac{378}{41}$	117	$\frac{649}{60}$
19	$\frac{170}{39}$	53	$\frac{182}{25}$	86	$\frac{10405}{1122}$	118	$\frac{306917}{28254}$
20	$\frac{9}{2}$	54	$\frac{485}{66}$	87	$\frac{28}{3}$	119	$\frac{120}{11}$
21	$\frac{55}{12}$	55	$\frac{89}{12}$	88	$\frac{197}{21}$	120	$\frac{11}{1}$
22	$\frac{197}{42}$	56	$\frac{15}{2}$	89	$\frac{500}{53}$	122	$\frac{11}{1}$
33	$\frac{24}{5}$	57	$\frac{151}{20}$	90	$\frac{19}{2}$	123	$\frac{122}{11}$
24	$\frac{5}{1}$	58	$\frac{99}{13}$	91	$\frac{1574}{165}$	124	$\frac{4620799}{414960}$
26	$\frac{5}{1}$	59	$\frac{530}{69}$	92	$\frac{1151}{120}$	125	$\frac{682}{61}$
27	$\frac{26}{5}$	60	$\frac{31}{4}$	93	$\frac{12151}{1260}$	126	$\frac{449}{40}$
28	$\frac{127}{24}$	61	$\frac{29718}{3805}$	94	$\frac{2143295}{221064}$	127	$\frac{4730624}{419775}$
29	$\frac{70}{13}$	62	$\frac{63}{8}$	95	$\frac{39}{4}$	128	$\frac{577}{51}$
30	$\frac{11}{2}$	63	$\frac{8}{1}$	96	$\frac{49}{5}$	129	$\frac{16855}{1484}$
31	$\frac{1520}{273}$	65	$\frac{8}{1}$	97	$\frac{5604}{569}$	130	$\frac{57}{5}$
32	$\frac{17}{3}$	66	$\frac{65}{8}$	98	$\frac{99}{10}$	131	$\frac{10610}{927}$
33	$\frac{23}{4}$	67	$\frac{48842}{5967}$	99	$\frac{10}{1}$	132	$\frac{23}{2}$
34	$\frac{35}{6}$	68	$\frac{33}{4}$	101	$\frac{10}{1}$	133	$\frac{2588599}{224460}$
35	$\frac{6}{1}$	69	$\frac{7775}{936}$	102	$\frac{101}{10}$	134	$\frac{145925}{12606}$
37	$\frac{6}{1}$	70	$\frac{251}{30}$	103	$\frac{227528}{22419}$	135	$\frac{244}{21}$

FIN DES TABLES.

Ouvrages qui se trouvent chez le même Libraire, et où l'on peut se compléter tous autres ouvrages de ce genre.

APOLLONIUS Pergæus. Conicorum libri octo et Sereni antissensis de sectione cylindri et coni libri duo. Oxoniæ, 1710, in-folio, *et autres éditions.*
Vie d'Apollonius de Tyane, par Philostrate, avec les commentaires donnés en anglais par Charles Blount, sur les deux premiers livres de cet ouvrage, le tout traduit en français, 4 v. in-4. 14 f.
ARCHIMÈDE (Œuvres d'), traduction littérale et complète, par M. Peyrard, professeur de mathématiques et d'astronomie au Lycée Bonaparte, etc., précédées du portrait d'Archimède, gravé en taille-douce, de sa vie, d'un mémoire et de la description de son miroir ardent, avec figures, et suivies d'un mémoire de M. Delambre, membre de l'Institut et trésorier de l'Université, sur l'arithmétique des Grecs, 1 vol. in-4. très-belle édition, sur papier superfin d'Angoulême, ornée de plus de 550 figures, gravées avec un tel soin, par J. L. Duplat, que l'on peut les considérer comme des chefs-d'œuvres. Ces figures sont placées dans le texte à l'instar des belles éditions d'Oxford. Prix, cartonné à la Bradel, sans remise. 36 f.
BERNOULLI (Johannis) Opera, 4 vol. in-4. 48 f.
— Et LEIBNITII Commercium philosophicum et mathematicum, 2 vol. in-4. 24 f.
BERNOULLI (Danielis) Hydrodynamica, in-4. 21 f.
BERTHOUD. Essai sur l'horlogerie, dans lequel on traite de cet art relativement à l'usage civil, à l'astronomie et à la navigation, avec 38 pl., 2 vol. in-4., seconde édition. 36 f.
— Histoire de la mesure du temps par les horloges, 2 vol. in-4. avec 23 pl. gravées. 36 f.
BERTRAND. Développement nouveau de la partie élémentaire des mathématiques. Genève, 1778, 2 vol. in-4. 33 f.
BION. Traité de la construction des principaux instrumens de mathématiques, in-4. 1752. 25 f.
BORDA. Description et usage d'un nouveau cercle de réflexion, in-4. 5 f.
CAGNOLI. Traité de Trigonométrie, traduit de l'italien, par M. Chompré, 2e édition, in-4. 1808. 18 f.
CARNOT, membre de l'Institut, etc. Géométrie de position, in-4. pap. vélin. 1803. 18 f.
Idem, grand papier vélin. 36 f.
— Mémoire sur la relation qui existe entre les distances respectives des cinq points quelconques pris dans l'espace; suivi d'un Essai sur la théorie des transversales, in-4. 1806. 5 f.
CONDORCET. Essai sur l'application de l'Analyse aux probabilités des décisions rendues à la pluralité des voix, vol. in-4. 15 f.
COTESIUS. Harmonia mensurarum, in-4.
D'ALEMBERT. Opuscules mathématiques, 8 vol. in-4. 120 f.
— Traité de l'équilibre et du mouvement des fluides, in-4. 1770.
— Traité de Dynamique. Paris, 1796, in-4. avec fig. br. 9 f.
— Autres éditions. Prix divers.
— Essai sur une nouvelle théorie de la résistance des fluides, in-4. 1770.
— Réflexions sur la précession des équinoxes, in-4.
— Réflexions sur la cause générale des vents, in-4. 1747.
— Recherches sur différens points importans du système du monde, 3 vol. in-4.
DEBARROS. Observations et explications de quelques phénomènes, in-4.
DIONIS-DU-SEJOUR. Traité des mouvemens apparens des corps célestes, 2 vol. in-4. 48 f.
DIOPHANTUS. (Alexandrinus) Arithmeticorum libri sex, et de numeris multangulis liber unus cum commentariis C. G. Bacheti V. C. et observationibus D. P. de Fermat, senatoris tolosani. Tolosæ, 1670, *in-f.*
DUBREUIL. La Perspective-pratique nécessaire à tous peintres, graveurs, sculpteurs, architectes, orfèvres, brodeurs, tapissiers, etc. 3 vol. in-4. Paris, 1642, 47, 49. 18 f.
EULER. Introductio in analysin infinitorum, 2 vol. in-4.
— Mecanica. Petrop., 2 vol. in-4.
— Methodus inveniendi lineas curvas, in-4. Laus. 1744.
— Theoria motuum Cometarum et Planetarum. Berolini, 1744, in-4.
— Tabulæ Astronomicæ Solis et Lunæ. Berol. 1740.
— Scientia navalis, 2 vol. in-4. 1749.
— Theoria motûs Lunæ, in-4. Berol. 1753.
— Institutiones Calculi differentialis, in-4. Petr. 1755.
— *Idem*, Ticini, cum supplemento, 2 vol. in-4. 1786.
— Institutiones Calculi integralis, 3 vol. in-4. Petrop. 1768 à 1770.
— *Idem*, 4 vol. in-4. Petrop. 1793.
— Constructio Lentium, in-4. Petrop. 1762.
— Theoria motûs corporum solidorum et rigidorum, in-4.
— Dioptrica, 3 vol. in-4. Petrop. 1769, 70, 71.
— Novæ tabulæ lunares, in-8. Petrop. 1772.
— Opuscula analytica, 2 vol. in-4.
— Tentamen novæ Theoriæ musicæ, in-4.
— Opuscula varii argumenti, in-4. Berolini, 1746.
FERMAT. Opera varia mathematica, in-folio. Tolosæ, 1679.
FLEURIEU. Voyage pour éprouver les horloges marines, 2 vol. in-4. 30 f.
FRISIUS. De gravitate universali corporum, in-4.
— Instituzioni di mecanica, d'idrostatica, in-4.
— De canali navigabili, in-4.
— Traité des rivières et torrens, in-4.
— Commentarii de theoria Lunæ, in-4.
GAUSS. Recherches Arithmétiques, traduit par M. Poulet-Delisle, Elève de l'Ecole Polytechnique et professeur de Mathématiques à Orléans, 1 vol. in-4. 1807. 18 f.
GREGORIUS. Astronomiæ, physicæ et Geometriæ Elementa, in-folio. *Idem* opus, 2 vol. in-4.

Journal de l'Ecole impériale polytechnique, par MM. Lagrange, Laplace, Monge, Prony, Fourcroy, Berthollet, Vauquelin, Lacroix, Hachette, Poisson, Sganzin, Guyton-Morveau, Barruel, Legendre, Haüy, Malus.

La Collection du Journal polytechnique, jusqu'à la fin de 1806, contient dix cahiers in-4, avec des tableaux et des planches. Elle comprend les 1er, 2e, 3e, 4e, 5e, 6e, 7e et 8e, 11e, 12e, et 13e cahiers. Le prix de cette collection est, pour Paris, de 48 f.

LACAILLE. Astronomiæ fundamenta, in-4. 1757.

LAGRANGE. Calcul des Fonctions, ou Cours d'analyse sur le calcul infinitésimal, vol. in-8. 6 f. 50 c.

LAGRIVE (Trigonométrie de), revue par les professeurs du Cadastre, MM. Reynaud, Haros, Plausol et Bozon, et augmentée des Tables des Logarithmes à l'usage des Ingénieurs du Cadastre, un vol. in-8. 7 f.

LALANDE. Astronomie, troisième édit. 3 vol. in-4. 60 f.

— Histoire céleste francaise, in-4. 18 f.

— Tables de logarithmes pour les nombres et les sinus, etc., revues par Reynaud, précédées de la Trigonométrie, par le même, 1 vol. in-18. 2 f. 50 c.

LAPLACE. Chancelier du Sénat-Conservateur, grand Officier de la Légion d Honneur, Membre de l'Institut et du Bureau des Longitudes de France, des Sociétés royales de Londres, de Gottingue, etc. Traité de Mécanique céleste, 4 vol. in-4. 66 f.

Le quatrième vol. de cet ouvrage qui vient de paraître, et qui contient la théorie de l'action capillaire et un supplément faisant suite au dixième livre de la Mécanique Céleste, se vend séparément, 21 f.

Chaque Suplément, séparément, 3 f. 50 c.

— Exposition du Système du Monde, troisième édit. revue et augmentée, in-4. 1808. 15 f.

Le même ouvrage, deux vol. in-8. 12 f.

— Le Traité de Mécanique Céleste, avec l'exposition du Système du Monde, 5 vol. in-4. grand p. vél. 180 f.

— Théorie de la figure elliptique des planètes, in-4.

LEGENDRE. Elémens de Géométrie, in-8. 6 f.

— Nouvelle méthode pour la détermination des orbites des Comètes, avec un supplément contenant divers perfectionnemens de ces méthodes et leur application aux deux Comètes de 1805, 1806, in-4. 6 f.

— Mémoire sur les Transcendantes elliptiques, où l'on donne des méthodes faciles pour comparer et évaluer ces Transcendantes, qui comprennent les arcs d'ellipse, et qui se rencontrent fréquemment dans les applications du Calcul Intégral, in 4. 7 f.

LEIBNITZ. Opera, 6 vol. in-4. 72 f.

LHUILIER. Principiorum Calculi differentialis et integralis expositio elementaris, in-4. 24 f.

MONTUCLA. Histoire des Mathématiques, 4 vol. in-4. 63 f.

NEWTON. Opuscula mathematica, 3 vol. in-4. 36 f.

— Philosophiæ naturalis principia mathematica perpetuis commentariis illustrata, etc. Th. Lesueur et Jacquier, 4 vol. in-4. 42 f.

— Méthode des fluxions et des suites infinies, in-4. 1740. 9 f.

— Arithmetica universalis, sive de composit. et resolutione arithm, edit. secunda, in-8. Londres, 1722. 21 f.

— Arithmetica universalis, 3 vol. in-12. Mediolani, 1752.

— Arithmétique universelle, trad. en francais par M. Beaudeux, avec des notes explicatives. 2 v. in-4. 14 pl. 18 f.

— Philosophiæ naturalis principia Mathematica (différentes éditions).

— Analysis per quantitatum, etc in-4.

— An account philosophical, etc, by Murdoch, in-4.

— Libri tres optices, in-4. 1749.

— Two treatise of the Quadrature of Curves, in-4.

— Tractatns de Quadratura, in-4.

— Optique. Differentes traductions.

PAOLI. Elementi d'Algebra, 5 vol in-4. 36 f.

PASCAL. (Œuvres de Blaise), 3 vol. in-8. 30 f.

PRONY. Exposition d'une méthode pour construire les équations indéterminées qui se rapportent aux Sections coniques, in-4. 3 f. 50 c.

— Recherches Physico-Mathématiques sur la théorie des eaux courantes. in-4. fig. 15 f.

— Mémoire sur le jaugeage des eaux courantes, in-4. fig. 5 f 50 c.

— Recherches sur la poussée des terres, et sur la forme et les dimensions à donner aux murs de revêtement, suivies d'une méthode pratique à la portée des ouvriers qui ont quelque habitude de se servir de la règle et du compas pour résoudre très-facilement les principaux problèmes relatifs à la forme et aux dimensions des murs de revêtement, imprimées pour l'usage de l'Ecole polytechnique et de celle des ponts et chaussées, in-4. fig. 3 f. 75 c.

— Instruction pratique sur une méthode pour déterminer les dimensions des murs de revêtement, en se servant de la formule graphique, in-4. fig. 3 f. 75 c.

— Architecture hydraulique, 2 vol. in-4. 60 f.

— Traité de Géodésie, ou exposition des méthodes astronomiques et trigonométriques, appliquées soit à la mesure de la terre, soit à la confection du canevas des cartes et des plans, 1 vol. in-4. huit pl. 1805. 18 f.

Traité de Topographie, d'Arpentage et de Nivellement, vol. in-4°, avec six planches. 1807. 15 fr.

SAUNDERSON. The Elements of Algebra in ten Bocks, in-4°.

Séances des écoles normales, nouvelle édition, 13 vol. in-8 et 1 vol. de planches. 30 f.

SIMSON (Robert). Opera quædam reliqua, in-4°. 1776.

TAYLOR (Broock). Methodus incrementorum, in-4.

VEGA (Georgius). Tabulæ Logarithmo-Trigonometricæ, cum diversis aliis in matheseos usum constructis tabulis et formulis. Lipsiæ, 1797, 2 vol. in-8°. 33 fr.

VERDUN, BORDA et PINGRÉ. Voyage fait par ordre du roi en 1771 et 1772 en diverses parties de l'Europe, de l'Afrique et de l'Amérique, etc. 1778. 2 vol. in-4°. 30 fr.

WALLIS (Johannis) s. t. d. Geometriæ professoris Saviliani in celeberrimâ academiâ Oxoniensi de algebrâ tractatus historicus et practicus, anno 1685 anglicè editus; nunc auctus latinè, cum variis appendicibus partìm priùs editis anglicè, partìm nunc primùm editis. Oxoniæ, 1693. 3 vol. in-fol.